高等微積分(上)

趙　文　敏　著

國立臺灣師範大學數學系教授

五南圖書出版公司 印行

謹以本書紀念我的母親

趙玉環女士(1912—1989)

自序

在數學系的課程中，高等微積分是最重要的核心科目之一，因爲它是引領學生進入近代分析數學領域的入門科目。但在學生的學習方面，高等微積分卻也是困難度最高的科目之一，因爲它的內容抽象而又要求敘述嚴謹。由於國內缺乏以中文編寫的高等微積分教材，學生的學習只能仰賴以外文編寫的書籍。本人在數學系講授高等微積分多年，深切體會文字的隔閡也是高等微積分學習難度高的另一個重要原因。由於這個緣故，編寫一本中文的高等微積分書籍乃成爲本人多年來的心願。事實上，在前此數年間，本人已陸續編寫完成各部分章節，做爲本人所開授之高等微積分課程的講義，並在講授過程中進行增刪與修訂。

全書共十章，分成上、下冊，供數學系高等微積分的八至十學分課程之用。茲將各章內容介紹如下：

第一章爲實數系，其內容以實數系的完備性爲中心。首先，以「有理數系 $\boldsymbol{Q}$ 是一個有序體而且正整數系 $\boldsymbol{N}$ 具有良序性」做爲基本假設，由此定義實數及其加法運算、乘法運算與次序關係，並證明「實數系 $\boldsymbol{R}$ 是一個具有完備性的有序體」。其次，專節討論實數系完備性的各種等價敘述，包括最小上界、最大下界、有界單調數列、Cauchy 數列及區間套等概念與完備性的關係。最後，介紹完備性的一些簡單應用，包括指數函數與對數函數的定義、實數的小數表示法與 Cantor 集等。

第二章是歐氏空間的拓樸性質，其內容爲介紹本書所要使用的拓樸概念與拓樸性質。首先，將有限集、無限集、可數集與不可數集等概念加以介紹，以供後文的討論之用。其次，介紹歐氏空間的各種結構，包括向量空間、內積空間、賦範空間與賦距空間等。最後，介紹歐氏空間中的開集、閉集、緊緻集與連通集等。

第三章是極限與連續，其內容包括點列、函數列與多變數向量值函數的極限，以及多變數向量值函數的連續性與均勻連續性。在點列的討論中，包含子點列、聚點概念及 Bolzano－Weierstrass 定理，也包含實數數列的上、下極限概念。對於函數列，討論重點是均勻收斂的概念。在連續函數的討論中，保持緊緻性與連通性自然是不可或缺的兩個重要定理。

第四章是 $\boldsymbol{R}^k$ 上的微分，其內容爲多變數向量值函數的微分理論。偏導數、方向導數、高階導數、全微分與高階全微分等是本章中的重要概念，連鎖規則、均值定理、Taylor 定理、反函數定理與隱函數定理等是本章中的重要定理，在微分的應用中，Lagrange 乘數法也列入討論。

第五章是 $\boldsymbol{R}^k$ 上的 Riemann 積分，其內容爲多變數實數值函數的 Riemann 積分理論。爲使積分的區域不侷限在區間等特殊形式的集合，本章中專節討論 Jordan 可測集與 Jordan 容量的概念。積分理論中的 Fubini 定理與變數代換定理自然是本章中不可少的。

第六章是 Riemann－Stieltjes 積分，其內容爲實變數實數值函數的 Riemann－Stieltjes 積分理論。爲使 Riemann－Stieltjes 積分的討論不流於空洞，本章中專節討論有界變差函數的概念，然後考慮連續函數對有界變差函數的 Riemann－Stieltjes 積分。

第七章是線積分與面積分，其內容是將 Riemann 積分推廣到積分的區域爲曲線或曲面的情形。在討論主題之前，專節介紹曲線與曲面的相關性質，如曲線的求長問題、曲面的定向問題等。Green 定理、Gauss 定理與 Stokes 等是本章的重要定理。不過，本章所討論的題材，在後面三章的討論中都沒使用。

第八章是無窮級數與無窮乘積，其內容爲無窮級數與無窮乘積的收斂理論及相關的應用。在無窮級數方面，正項級數與一般級數的斂散性檢驗法是一個主要的討論主題，其他如絕對收斂、級數的重排、級數的 Cauchy 乘積與二重級數等也都列入討論。至於無窮乘積，則仿無窮級數的方法來討論。

第九章是函數項級數，其內容爲函數項級數的收斂理論。對於函數項級數，均勻收斂概念及各種檢驗法是一個主要的討論主題。其次，冪級數、Taylor 級數與 Fourier 級數，更是函數項級數的討論中不可遺漏的題材。

第十章是瑕積分，其內容爲瑕積分的收斂理論及相關的應用。瑕積分的收斂理論與無窮級數的收斂理論有許多相似之處，斂散性與均勻收斂的檢驗法也有許多相似的定理。其次，探討瑕積分的收斂理論，自然要附帶介紹 Gamma 函數與 Beta 函數，因爲它們經常出現在實際應用之中。

本書之編寫，採取嚴密處理的方式。除了以大一微積分爲預備知識、也引用少數線性代數的定理外，其他內容在書中都給了證明。不過，本書中的一部分定理，例如：反函數定理、隱函數定理、秩的定理、Fubini 定理與變數代換定理等，在相關理論中都是很重要的定理，但其證明過程卻頗爲繁複抽象。對於此類定理，初學者不必強求在第一次學習時就要對其證明融會貫通，而應該先講究對定理的內容、意義及如何應用有所瞭解。等到未來對近代分析數學的訓練與素養更爲精進時，再回頭研讀這類定理的證明，自然可以得心應手了。

爲了讓本書能順利與讀者見面，參與編輯、排版、打字與校對的女士與先生們，都投入了許多心力，特別是五南圖書出版公司劉靜瑜小姐細心而不厭其煩的校稿，更令人佩服，在此一併致謝。

作者雖努力想編寫一本對讀者們有幫助的高等微積分書籍，唯因個人能力有限，疏漏之處在所難免，尚望海內方家，不吝指正。

趙文敏

於臺灣師大數學系

中華民國八十九年五月

目　次

◎第三章　極限與連續　・　123

〖附　下冊目次〗

第1章 實數系

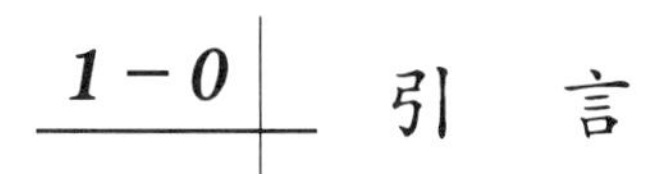

1-0 引言

分析數學中的主要概念，像收斂性、連續性、微分與積分等，對它們作嚴密的討論時，無可避免地都將追溯到實數系的某些基本性質。例如：導數的均值定理乃是微分理論中最重要的定理之一，它的證明需使用連續函數的最大與最小值定理，而後者的證明，則牽涉到實數集合的最小上界問題。又如：要討論正項級數斂散性的檢驗方法，必定會牽扯到有界單調數列的收斂問題。由此可見：要建立一門理論體系嚴密的分析數學，必須先有一個邏輯基礎嚴謹的實數系。

在初等微積分課程裏，我們通常將實數系的某些性質視爲基本假設而不加證明，然後由這些基本假設出發，來建立完整的理論體系。在這些基本假設中，實數系的完備性是很重要卻比較不易瞭解的一個。到了高等微積分課程中，理論的層次已經有所提升，不加證明的基本假設也應相對地減少。在本書中，實數系 $\boldsymbol{R}$ 的完備性是本章所要證明的性質之一。事實上，我們將證明實數系 $\boldsymbol{R}$ 是一個具有**完備性的有序體**（complete ordered field）。爲了證明這個性質，自然需要選定另外一組不加證明的基本假設來做為理論的出發點。本書所使用的新出發點乃是：有理數系 $\boldsymbol{Q}$ 是一個**有序體**（ordered field）而且正整數系 $\boldsymbol{N}$ 具有**良序性**（well-ordering property）。這項性質所包含的內容如下。

【基本假設】（有理數系是一個有序體且正整數系具有良序性）

所謂有理數，乃是指形如 m/n 的數，其中 m 與 n 是整數且 $n\neq 0$。在有理數集 $\boldsymbol{Q}$ 中，有加法運算＋與乘法運算×，亦即：若 $p,q\in\boldsymbol{Q}$，則 $p+q\in\boldsymbol{Q}$，$p\times q\in\boldsymbol{Q}$。另一方面，有理數集 $\boldsymbol{Q}$ 有一子集 $\boldsymbol{Q}^+$。運算＋、×與子集 $\boldsymbol{Q}^+$ 具有下列性質：

(1)對任意有理數 p 與 q，恆有 $p+q=q+p$。

(2)對任意有理數 p、q 與 r，恆有 $(p+q)+r=p+(q+r)$。

(3)有一個整數 0，使得每個有理數 p 都滿足 $p+0=p$。

(4)對每個有理數 p，都有一個有理數 $-p$ 滿足 $p+(-p)=0$。

(5)對任意有理數 p 與 q，恆有 $p\times q=q\times p$。

(6)對任意有理數 p、q 與 r，恆有 $(p\times q)\times r=p\times(q\times r)$。

(7)有一個整數 1，使得每個有理數 p 都滿足 $p\times 1=p$。

(8)對每個不為 0 的有理數 p，都有一個有理數 p^{-1} 滿足

$$p\times p^{-1}=1。$$

(9)對任意有理數 p、q 與 r，恆有 $p\times(q+r)=p\times q+p\times r$。

(10)對任意有理數 p，下列三者恰有一成立：

$$p\in\boldsymbol{Q}^+,\ -p\in\boldsymbol{Q}^+,\ p=0。$$

(11)若 $p\in\boldsymbol{Q}^+$ 且 $q\in\boldsymbol{Q}^+$，則 $p+q\in\boldsymbol{Q}^+$。

(12)若 $p\in\boldsymbol{Q}^+$ 且 $q\in\boldsymbol{Q}^+$，則 $p\times q\in\boldsymbol{Q}^+$。

(13)若 S 是由正整數所成的一個非空子集，則 S 必有最小元素。

（這就是正整數系的**良序性**）。

在上述基本假設中，$p\times q$ 自然可依一般習慣寫成 $p\cdot q$ 或簡寫成 pq；$p+(-q)$與 $p-q$ 意義相同；$p\times q^{-1}$與 p/q 意義相同。另一方

面，子集 $\boldsymbol{Q}^+$ 就是所有正有理數所成的集合，所以，所謂 $p \in \boldsymbol{Q}^+$，就是指 $p>0$，$p-q \in \boldsymbol{Q}^+$ 就是指 $p>q$。

當我們要根據基本假設「有理數系 $\boldsymbol{Q}$ 是一個有序體且正整數系 $\boldsymbol{N}$ 具有良序性」，來證明「實數系 $\boldsymbol{R}$ 是一個具有完備性的有序體」時，這項證明工作包括下面三部分：

⑴定義何謂實數；

⑵定義實數的次序關係、加法運算與乘法運算，並證明上述前十二個性質對實數也成立；

⑶證明實數的完備性。

全體實數所成的集合 $\boldsymbol{R}$ 配備了次序關係、加法運算與乘法運算後，我們稱之爲**實數系**（real number system）。

既然實數及其次序關係、加法運算與乘法運算都需要定義，有關的性質也都需要證明，那麼，有理數、整數、自然數以及它們的次序關係、加法運算、乘法運算也都可以定義嗎？有關的性質也都可以證明嗎？這兩個問題的答案都是否定的，爲什麼呢？就概念的定義而言，要定義概念甲，可能需要使用概念乙；要定義概念乙，可能需要使用概念丙；要定義概念丙，可能需要使用概念丁；……。如此不斷地追踪下去，假定要求每個概念都需要使用已定義過的概念來給以定義，產生的結果必將是永無止境、沒完沒了。要避免此種現象發生，我們必須選定某些概念做爲**無定義名詞**（undefined term），對於選定的無定義名詞，我們不給定義而利用它們來定義新的概念。同樣的道理，在有關的性質中，我們也不能要求每個性質都需要證明，而必須選定某些性質做爲**公設**（postulate），對於選定的公設，我們不加證明而利用它們來證明新的性質，此外，公設的另一層作用是說明各無定義名詞之間的關係，使不曾定義的無定義名詞藉公設的聯繫而具備適當的性質。

無定義名詞與公設是如何選定的呢？一般而言，這通常都根據實際需要來決定。例如：大數學家 David Hilbert（1862～1943，德國人）曾主張以實數爲無定義名詞，而以「實數系是一個具有完備性及 Archimedes 性質的有序體」做爲公設。本書則以有理數爲無定義名詞，而以「有理數系是一個有序體且正整數系具有良序性」做爲公設。表面上看起來，若引用 Hilbert 的做法將實數做爲無定義名詞，則不就可以省掉由有理數定義實數並證明有關性質的麻煩嗎？事實不然，當我們選取某些性質做爲公設時，首要的工作就是要確定公設中的所有性質之間沒有任何矛盾存在。要確定這一點時，Hilbert 的方法所要做的工作就困難多了，並沒有省掉前面所說的麻煩。

就實數系而言，最根本的做法乃是以自然數爲無定義名詞，這是 Giuseppe Peano（1858～1932，義大利人）在1889年所提出來的。Peano 以「集合」、「屬於」、「自然數」與「繼數」爲無定義名詞，而以下面五個性質做爲自然數的公設：

(1) 1 是一個自然數。

(2)每個自然數都有一**繼數**（successor）。

(3)若 m 與 n 的繼數相等，則 m 與 n 相等。

(4) 1 不是任何自然數的繼數。

(5)設 M 是由自然數所成的一個集合，若

　(i) M 包含 1；

　(ii)當 M 包含自然數 k 時，M 必也包含 k 的繼數；

　則 M 包含所有的自然數。

上面的第五個公設稱爲歸納公設，自然數系中的數學歸納法就是根據這項公設。請注意：歸納公設與良序性在邏輯上**等價**（equivalent）。

根據 Peano 公設，我們可以爲自然數定義加法運算、乘法運算與次序關係，並證明有關自然數系 $\boldsymbol{N}$ 的各個性質。接著，利用自然數可以定義整數及其加法運算、乘法運算與次序關係，並證明整數系 $\boldsymbol{Z}$ 的各個性質。最後，再根據整數定義有理數及其加法運算、乘法運算與次序關係，並證明有理數系 $\boldsymbol{Q}$ 是一個有序體。這段由 $\boldsymbol{N}$ 而 $\boldsymbol{Z}$ 至 $\boldsymbol{Q}$

的數系擴展過程，是一件冗長的工作。但它的方法卻是純代數的。在高等微積分的書籍中，我們不打算對這段過程做介紹，有興趣的讀者可參看 E. Landau 所著的 Foundation of Analysis 一書。

練習題 1－0

1. 試根據基本假設證明：
   (1) 對任意有理數 p，恆有 $p\times 0=0$。
   (2) $(-1)\times(-1)=1$。
   (3) 對每個有理數 r，必有一個正整數 n 滿足 $n>r$。
2. 試根據基本假設及數學歸納法證明：若 $p,q\in \boldsymbol{Q}$ 且 $p<q$，則對每個正整數 n，恆有 $p<[(2^n-1)p+q]/2^n<q$。由此可知：每一對有理數之間都有無限多個有理數存在。
3. 試證歸納公設與良序性在邏輯上等價。

1－1 Dedekind 分割

在本節裏，我們要根據 §1－0 中所定的基本假設來定義實數及其次序關係、加法運算與乘法運算，然後證明「實數系是具有完備性的一個有序體。」我們所採用的方法乃是 Richard Dedekind（1831～1916，德國人）在 1858 年所提出的。

甲、有理點間的空隙

Dedekind 認為實數系應建立其邏輯根據的想法，早在 1858 年他在德國 Zürich 地方的 Polytechnic School 講授微積分時就已產生。他發現當時的微積分中，許多性質的論證都訴諸於幾何直觀，例如：要證明有界單調數列必是收斂數列，就只能利用圖形來說明。論證既仰賴幾何直觀，但對於幾何學中所謂「直線具有連續性」這個敘述的意義，卻又無法給出一個能讓人接受的說法。

在 Dedekind 之前，不少數學家把「直線具有連續性」解釋成：「在直線上，任意兩點之間都有其他的點存在。」這種說法其實是不恰當的，爲什麼呢？我們說明如下。

在一直線 L 上選定兩點 O 與 U，以點 O 代表整數 0 、點 U 代表整數 1 。如此一來，對於每個正有理數 r，我們都可以由幾何作圖的方法，在射線 $\overrightarrow{OU}$ 上找到唯一的一個點 P，使得 $\overline{OP}=r$。於是，點 P 就代表正有理數 r。更進一步地，若點 P 對原點 O 的對稱點爲 Q，則點 Q 就代表負有理數 $-r$。換句話說，在直線 L 上選定代表 0 與 1 的兩個點之後，每個有理數都可在直線 L 上找到代表它的點，這些點就是直線 L 上相對於原點 O 與單位點 U 的全體**有理點**（rational point）。

若有理點 A 與 B 分別代表有理數 a 與 b，則線段 $\overline{AB}$ 的中點 M 必代表有理數 $(a+b)/2$ 。由此可知：只考慮直線 L 上的有理點時，我們也可以說：「任意兩（有理）點之間都有其他的（有理）點存在。」可是，直線 L 上的全體有理點所成的集合，也具有像直線 L 的連續性嗎？這是不可能的，下面我們來說明直線 L 上的有理點在 L 上留下許多空隙。

過單位點 U 作一線段 $\overline{UV}$ 與直線 L 垂直，並使 $\overline{UV}=1$；其次，在射線 $\overrightarrow{OU}$ 上找到一點 P_1，使得 $\overline{OP_1}=\overline{OV}$。因爲 $\triangle OUV$ 是直角三角形，所以，依畢氏定理，得 $\overline{OV}^2=\overline{OU}^2+\overline{UV}^2=2$。由此得 $\overline{OP_1}^2=2$。依下面的例 1 ，因爲任何有理數 r 都不能滿足 $r^2=2$，所以，$\overline{OP_1}$ 的長不是有理數，或是說，點 P_1 不代表任何有理數，亦即：點 P_1 不是有理點。不僅如此，對每個正有理數 r，利用幾何作圖，可在射線 $\overrightarrow{OU}$ 上找到一點 P_r，使得 $\overline{OP_r}=r\cdot\overline{OP_1}$。因爲 $\overline{OP_1}$ 的長不是有理數，所以，$\overline{OP_r}$ 的長也不是有理數，或是說，點 P_r 不代表任何有

理數，亦即：點 P_r 不是有理點。令點 Q_r 表示點 P_r 對原點 O 的對稱點，則點 Q_r 也不是有理點。由此可知：直線 L 上的非有理點 P_r 與 Q_r 等至少與有理點同樣多（事實上，非有理點比有理點多得多。）這不就表示直線 L 上的有理點在 L 上留下許多空隙嗎？

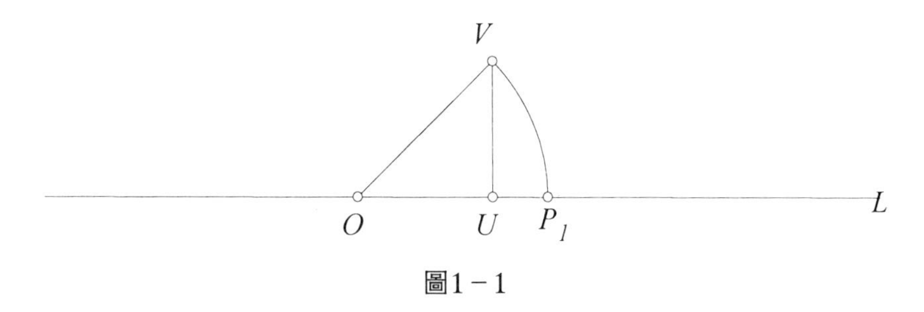

圖1－1

【例1】試證任何有理數 r 都不滿足 $r^2=2$。

證：設有理數 p 滿足 $p^2=2$，我們可將 p 表示成 $p=m/n$，其中 m 與 n 是整數而且 m 與 n 互質，代入該等式即得

$$m^2=2n^2。$$

由此等式可知 m^2 是一偶數。因爲奇數的平方必是奇數，所以，由 m^2 爲偶數可得知 m 也是偶數。設 $m=2m_1$，代入上式得

$$n^2=2m_1^2。$$

仿上法可知 n 也是偶數。於是，2 是 m 與 n 的一個公因數，此與 m 和 n 互質的假設不合。因此，任何有理數 r 都不滿足 $r^2=2$。‖

乙、有理數的分割

由於直線上的有理點會在直線上留下許多空隙，這種現象明白地指出有理數在應用上的不足，卻也提供我們定義新數的線索。在有理數之外定義新數的目的之一，就是想將有理點在直線上所留下的空隙填滿。如果只考慮這麼一個單純的目的，那就乾脆將直線上的點稱爲實數，如此一來，數與點不就構成一對一的對應了嗎？這樣的做法固

然簡單，但卻沒有意義。因爲直線上的點沒有良好且方便的運算規則，而我們所要定義的實數卻要能作運算並且具有若干性質。除此之外，如果做爲分析數學之基礎的實數採用直線的點做爲定義，那麼，Dedekind 所指出的論證訴諸幾何直觀的現象勢必更爲嚴重，分析能否達到嚴密化的目標就值得懷疑了。基於此，要定義實數及其運算必須純粹使用有理數及其運算，而不能借用任何幾何概念。例如：利用一對自然數就可以定義一個整數，利用一對整數（其中的第二個不爲 0）就可以定義一個有理數。事實上，每個整數都可視爲兩個自然數的差，每個有理數都可視爲兩個整數的商。仿照這種做法，我們也可以利用一組有理數來定義一個實數，應該採用什麼樣的一組有理數呢？古希臘人所提的比例理論提供給 Dedekind 一個有用的線索。

在 Euclid（紀元前三世紀，希臘人）的曠世名著 Elements 第五卷中，Euclid 對幾何量的比值是否相等做如下的定義：兩個比值 a/b 與 c/d 相等的充要條件是：對任意二自然數 m 與 n，恆有

(1)若 $na>mb$，則 $nc>md$；

(2)若 $na=mb$，則 $nc=md$；

(3)若 $na<mb$，則 $nc<md$。

這個定義使我們可以對每個比值 a/b 聯想到下面兩個由正有理數所成的集合：

$$\{m/n \mid m \text{ 與 } n \text{ 爲自然數}，na>mb\}，$$

$$\{m/n \mid m \text{ 與 } n \text{ 爲自然數}，na<mb\}。$$

以正數 a/b 來說，只要上述兩集合中任一個的元素完全確定，正數 a/b 不就跟著完全確定了嗎？由此可知：利用「比它小的全體有理數是那些」這種想法，就可以爲實數寫下一個簡單的定義了。

【定義1】設 α 是有理數系 $\boldsymbol{Q}$ 的一個子集。若

(1)$\alpha\neq\phi$，$\alpha\neq\boldsymbol{Q}$；

(2)若 $p\in\alpha$，則比 p 小的每個有理數都屬於 α；

(3)對每個 $p\in\alpha$，恆有一個有理數 q 滿足 $q>p$ 且 $q\in\alpha$；

則稱 α 是 $\boldsymbol{Q}$ 中的一個**分割**（cut）。

上述定義中所用的⑵、⑶兩性質，實際上就是前面所提的「比它小的全體有理數所成的集合」的特性，且看下面的例子。

【例2】若 $r \in \boldsymbol{Q}$，則 $r^* = \{ p \in \boldsymbol{Q} \mid p < r \}$ 是 $\boldsymbol{Q}$ 中的一個分割，稱為由有理數 r 所決定的**有理分割**（rational cut）。

證：根據有理數系的次序性質及稠密性很易證明。‖

【例3】若 $d \in \boldsymbol{Q}^+$，則 $\{ p \in \boldsymbol{Q} \mid p \leqslant 0 \} \cup \{ p \in \boldsymbol{Q} \mid p > 0$ 且 $p^2 < d \}$ 是 $\boldsymbol{Q}$ 中的一個分割。

證：將例中的集合以 α 表示。

⑴因為 $0 \in \alpha$，所以，$\alpha \neq \phi$。因為 $(1+d)^2 > d$，所以，$1+d$ 不屬於 α，$\alpha \neq \boldsymbol{Q}$。

⑵設 $p \in \alpha$ 而 q 是比 p 小的有理數。若 $q \leqslant 0$，則依 α 的定義，知 $q \in \alpha$。若 $q > 0$，則由 $0 < q < p$ 得 $q^2 < p^2 < d$，可知 $q \in \alpha$。

⑶設 $p \in \alpha$，要證明 α 中有一元素大於 p，只須考慮 $p > 0$ 的情形即可。令 $q = (p^3 + 3dp)/(3p^2 + d)$，則 $q \in \boldsymbol{Q}$ 而且

$$q - p = \frac{p^3 + 3dp}{3p^2 + d} - p = \frac{2p(d - p^2)}{3p^2 + d} > 0 \text{ ,}$$

$$d - q^2 = d - \frac{(p^3 + 3dp)^2}{(3p^2 + d)^2} = \frac{(d - p^2)^3}{(3p^2 + d)^2} > 0 \text{ 。}$$

由此可知 $q > p$ 且 $q \in \alpha$。

因此，α 是 $\boldsymbol{Q}$ 中的一個分割。‖

當例 3 中的 d 不等於任何有理數的平方時，例 3 中的分割不會是有理分割（參看練習題 1）。

對任何分割 α 而言，下面兩個簡單性質對下文的討論非常有用：

⑴若 $p \in \alpha$，$q \in \boldsymbol{Q}$ 但 $q \notin \alpha$，則 $q > p$。

⑵若 $p, q \in \boldsymbol{Q}$，$p \notin \alpha$ 且 $p < q$，則 $q \notin \alpha$。

丙、分割的次序關係

在討論分割的次序關係之前，首先說明相等關係。

【定義2】設 α 與 β 是 $\boldsymbol{Q}$ 中的分割。若將 α 與 β 看成集合時是相等的集合，則稱分割 α 與分割 β 相等，記爲 $\alpha=\beta$。

【定義3】設 α 與 β 是 $\boldsymbol{Q}$ 中的分割。若可以找到一個有理數 p 滿足 $p\in\alpha$ 且 $p\notin\beta$，則稱 α 大於 β 或 β 小於 α，記爲 $\alpha>\beta$ 或 $\beta<\alpha$。更進一步地，$\alpha\geqslant\beta$ 表示 $\alpha>\beta$ 或 $\alpha=\beta$；$\beta\leqslant\alpha$ 表示 $\beta<\alpha$ 或 $\alpha=\beta$。

對任意分割 α 與 β，若 $\alpha\geqslant\beta$，則將 α 與 β 看成集合時，β 是 α 的子集，反之亦然（參看練習題2）。

【定理1】（分割的次序滿足三一律）

若 α 與 β 爲 $\boldsymbol{Q}$ 中的分割，則下列三者恰有一成立：

$$\alpha>\beta，\alpha<\beta，\alpha=\beta。$$

證：首先證明三式中不能有兩式同時成立。根據定義2與定義3，可知當 $\alpha=\beta$ 時，$\alpha>\beta$ 與 $\alpha<\beta$ 兩式必都不成立。其次，若 $\alpha>\beta$ 與 $\alpha<\beta$ 都成立，則必有二有理數 p 與 q 滿足

$$p\in\alpha，p\notin\beta；q\notin\alpha，q\in\beta。$$

根據前小節最後一段的說明，由 $p\in\alpha$ 及 $q\notin\alpha$ 可得 $p<q$；由 $p\notin\beta$ 及 $q\in\beta$ 可得 $p>q$。但這兩結果與有理數系中次序的三一律不合，因此，$\alpha>\beta$ 與 $\alpha<\beta$ 不能同時成立。

其次，我們證明三式中至少有一會成立。若 $\alpha\neq\beta$，則集合 α 與集合 β 不相等。於是，必是 α 有一元素 p 不屬於 β，或是 β 有一元素 q 不屬於 α。若爲前者，則得 $\alpha>\beta$。若爲後者，則得 $\alpha<\beta$。因此，三式中至少有一會成立。‖

【定理2】（分割的次序滿足遞移律）

設 α、β 與 r 是 $\boldsymbol{Q}$ 中的分割。若 $\alpha>\beta$ 且 $\beta>\gamma$，則 $\alpha>\gamma$。

證：由 $\alpha>\beta$ 可知：必有一有理數 p 滿足 $p\in\alpha$ 且 $p\notin\beta$。由 $\beta>\gamma$ 可

知：必有一有理數 q 滿足 $q\in\beta$ 且 $q\notin\gamma$。因為 $p\notin\beta$ 而 $q\in\beta$，所以，$p>q$。因為 $q\notin\gamma$ 而 $p>q$，所以，$p\notin\gamma$。於是，由 $p\in\alpha$ 及 $p\notin\gamma$ 可知 $\alpha>\gamma$。‖

次序關係還有兩個重要性質必須與加法運算、乘法運算配合，留在後文再說明。

丁、分割的加法運算

【定理3】（兩分割可以相加）

若 α 與 β 為 $\boldsymbol{Q}$ 中的分割，則集合 $\{p+q \mid p\in\alpha, q\in\beta\}$ 也是 $\boldsymbol{Q}$ 中的一個分割。

證：將定理中的集合以 γ 表示。

(1)因為 $\alpha\neq\phi$ 且 $\beta\neq\phi$，所以，可知 $\gamma\neq\phi$。其次，因為 $\alpha\neq\boldsymbol{Q}$ 且 $\beta\neq\boldsymbol{Q}$，所以，可找到二有理數 s 與 t，使得 $s\notin\alpha$ 且 $t\notin\beta$。於是，對每個 $p\in\alpha$，恆有 $p<s$；對每個 $q\in\beta$，恆有 $q<t$。換言之，集合 γ 的每個元素都小於 $s+t$，故 $s+t\notin\gamma$，$\gamma\neq\boldsymbol{Q}$。

(2)設 $r\in\gamma$，$s\in\boldsymbol{Q}$ 且 $s<r$。依集合 γ 的定義，必可找到 $p\in\alpha$ 及 $q\in\beta$ 使得 $r=p+q$。令 $t=s-q$，則 $t\in\boldsymbol{Q}$，而且由 $s<r$ 可得 $t<p$。因為 α 是分割且 $p\in\alpha$，所以，$t\in\alpha$。因為 $s=t+q$ 且 $q\in\beta$，所以，$s\in\gamma$。

(3)設 $r\in\gamma$，則可找到 $p\in\alpha$ 及 $q\in\beta$ 使得 $r=p+q$。因為 α 是分割且 $p\in\alpha$，所以，可找到一個 $s\in\alpha$ 使得 $s>p$。於是，可得 $s+q\in\gamma$ 而且 $s+q>r$。

由此可知：γ 是 $\boldsymbol{Q}$ 中的一個分割。‖

【定義4】設 α 與 β 是 $\boldsymbol{Q}$ 中的分割。上述定理中所證明的分割稱為分割 α 與 β 的**和**（sum），以 $\alpha+\beta$ 表之。亦即：

$$\alpha+\beta=\{p+q \mid p\in\alpha, q\in\beta\}。$$

定義了加法運算之後，我們可以證明有關的性質。

【定理4】（分割的加法滿足交換律）

若 α 與 β 是 $\boldsymbol{Q}$ 中的分割，則 $\alpha+\beta=\beta+\alpha$。

證：根據定義 4，可知

$$\alpha+\beta=\{p+q \mid p\in\alpha, q\in\beta\},$$
$$\beta+\alpha=\{q+p \mid q\in\beta, p\in\alpha\}。$$

因爲有理數的加法滿足交換律，所以，$\alpha+\beta$ 與 $\beta+\alpha$ 兩集合相等。依定義 2，$\alpha+\beta=\beta+\alpha$。‖

【定理5】（分割的加法滿足結合律）

若 α、β 與 γ 是 $\boldsymbol{Q}$ 中的分割，則 $(\alpha+\beta)+\gamma=\alpha+(\beta+\gamma)$。

證：與定理 4 的證明相似。‖

【定理6】（分割的加法有單位元素）

若 α 是 $\boldsymbol{Q}$ 中的分割，則 $\alpha+0^*=\alpha$。

證：設 $r\in\alpha+0^*$，依定義，必可找到 $p\in\alpha$ 及 $q\in 0^*$ 使得 $r=p+q$。因爲 $q\in 0^*$，所以，$q<0$。於是，$p+q<p$，故得 $p+q\in\alpha$，亦即：$r\in\alpha$。

反之，設 $r\in\alpha$，選取一個有理數 p 使得 $p>r$ 且 $p\in\alpha$。令 $q=r-p$，則 $q<0$，$q\in 0^*$ 且 $r=p+q$。因此，$r\in\alpha+0^*$。‖

【定理7】（每個分割都有加法反元素）

若 α 是 $\boldsymbol{Q}$ 中的分割，則必有一個分割 β 滿足 $\alpha+\beta=0^*$。

證：集合 α 在有理數集 $\boldsymbol{Q}$ 中的餘集以 $\boldsymbol{Q}-\alpha$ 表示，令

$$\beta=\{p \mid -p\in\boldsymbol{Q}-\alpha, -p \text{ 不是 } \boldsymbol{Q}-\alpha \text{ 的最小元素}\}。$$

我們先證明 β 是 $\boldsymbol{Q}$ 中的一個分割。

(1)因爲 $\alpha\neq\boldsymbol{Q}$，所以，$\beta\neq\phi$。因爲 $\alpha\neq\phi$，所以，$\beta\neq\boldsymbol{Q}$。

(2)若 $p\in\beta$，$q\in\boldsymbol{Q}$ 且 $q<p$，則 $-p\in\boldsymbol{Q}-\alpha$ 且 $-q>-p$。於是，可得 $-q\in\boldsymbol{Q}-\alpha$ 而且 $-q$ 不是 $\boldsymbol{Q}-\alpha$ 的最小元素。依 β 的定義，可知 $q\in\beta$。

(3)若 $p\in\beta$，則 $-p\in\boldsymbol{Q}-\alpha$ 而且 $-p$ 不是 $\boldsymbol{Q}-\alpha$ 的最小元素。於

是，必有兩個有理數 q 與 r 使得 $-q<-r<-p$ 且 $-q\in \boldsymbol{Q}-\alpha$。由此可知：$-r\in \boldsymbol{Q}-\alpha$ 且 $-r$ 不是 $\boldsymbol{Q}-\alpha$ 的最小元素。因此，$r\in\beta$ 且 $r>p$。

由前述結果可知 β 是 $\boldsymbol{Q}$ 中的一個分割。

其次，設 $r\in\alpha+\beta$，依定義，必可找到 $p\in\alpha$ 及 $q\in\beta$，使得 $r=p+q$。因爲 $q\in\beta$，所以，$-q\in \boldsymbol{Q}-\alpha$。因爲 $p\in\alpha$ 而 $-q\notin\alpha$，所以，$p<-q$，$p+q<0$。由此可知 $r\in 0^*$。

反之，若 $r\in 0^*$，則 $r<0$，$-r>0$。依下面的引理 8，必可找到 $p\in\alpha$，$q\in \boldsymbol{Q}-\alpha$ 且 q 不是 $\boldsymbol{Q}-\alpha$ 的最小元素，使得 $q-p=-r$。依分割 β 的定義，$-q\in\beta$。於是，$r=p-q=p+(-q)\in\alpha+\beta$。

由前兩段結果可知：$\alpha+\beta=0^*$。至此，我們完成本定理的證明。‖

【引理8】（一個逼近定理）

若 α 是 $\boldsymbol{Q}$ 中的分割，則對每個正有理數 s，必可找到 $p\in\alpha$ 以及 $q\in \boldsymbol{Q}-\alpha$ 且 q 不是 $\boldsymbol{Q}-\alpha$ 的最小元素，使得 $q-p=s$。

證：任選一個有理數 $r\in\alpha$，考慮集合 $\{r+ns\mid n\in \boldsymbol{N}\}$。若 t 是任意有理數且 $t\in \boldsymbol{Q}-\alpha$，則依練習題§1－0 第1(3)題，必有一個 $k\in \boldsymbol{N}$ 滿足 $k>(t-r)/s$，或 $r+ks>t$，於是，$r+ks\in \boldsymbol{Q}-\alpha$。由此可知：$\{n\in \boldsymbol{N}\mid r+ns\in \boldsymbol{Q}-\alpha\}$ 是 $\boldsymbol{N}$ 的一個非空子集。依正整數系的良序性，此子集必有一個最小元素 m。由此可得：$r+(m-1)s\in\alpha$ 而 $r+ms\in \boldsymbol{Q}-\alpha$。

若 $r+ms$ 不是 $\boldsymbol{Q}-\alpha$ 的最小元素，則可令 $p=r+(m-1)s$ 及 $q=r+ms$。若 $r+ms$ 是 $\boldsymbol{Q}-\alpha$ 的最小元素，則令 $p=r+(m-1/2)s$ 及 $q=r+(m+1/2)s$。‖

【定義5】在定理 7 中所定義的分割 β 稱爲分割 α 的**加法反元素**，以 $-\alpha$ 表之。

請注意：對每個分割 α 而言，滿足 $\alpha+\beta=0^*$ 的分割 β 只有一

個。另一方面，等式 $\alpha+(-\alpha)=0^*$ 也表示 α 是 $-\alpha$ 的加法反元素，亦即：$-(-\alpha)=\alpha$。

若 $\alpha>0^*$，則 $-\alpha<0^*$。若 $\alpha<0^*$，則 $-\alpha>0^*$。這兩個性質很容易證明。

另外，由 $\alpha+(-\alpha)=0^*$ 及 $\beta+(-\beta)=0^*$ 配合交換律與結合律，可證明 $(\alpha+\beta)+[(-\alpha)+(-\beta)]=0^*$。由此可得

$$-(\alpha+\beta)=(-\alpha)+(-\beta)。$$

有了加法反元素的概念後，我們可以定義減法：所謂 $\beta-\alpha$，就是指 $\beta+(-\alpha)$。

【定理9】（分劃的加法可保持次序）

設 α、β 與 γ 是 $\mathbf{Q}$ 中的分劃，若 $\alpha>\beta$，則 $\alpha+\gamma>\beta+\gamma$。特例：若 $\alpha>0^*$ 且 $\gamma>0^*$，則 $\alpha+\gamma>0^*$。

證：因爲 $\alpha>\beta$，所以，可找到一個有理數 p 滿足 $p\in\alpha$ 且 $p\notin\beta$。於是，若 $q\in\beta$，則 $p>q$。因爲 $p\in\alpha$ 且 $p>q$，所以 $q\in\alpha$。由此可知：集合 β 是集合 α 的子集。於是，可知集合 $\beta+\gamma$ 是集合 $\alpha+\gamma$ 的子集，這表示 $\beta+\gamma>\alpha+\gamma$ 不會成立。因此，得 $\alpha+\gamma\geqslant\beta+\gamma$。

其次，若 $\alpha+\gamma=\beta+\gamma$，則得

$$\begin{aligned}\alpha &=\alpha+0^*=\alpha+(\gamma+(-\gamma))=(\alpha+\gamma)+(-\gamma)\\ &=(\beta+\gamma)+(-\gamma)=\beta+(\gamma+(-\gamma))\\ &=\beta+0^*=\beta。\end{aligned}$$

此與假設不合，故得 $\alpha+\gamma>\beta+\gamma$。‖

戊、分劃的乘法運算

在討論過分劃的加法運算之後，我們接著討論分劃的乘法運算。乘法運算有關性質的證明方法，大抵上與加法運算的對應性質的證明方法相似，只不過可能需要就各個分劃的正、負來分別考慮。我們將做適當的提示後將相似部分省略。

【定理10】(兩正分割可以相乘)

若 α 與 β 是 $\boldsymbol{Q}$ 中的分割，且 $\alpha>0^*$，$\beta>0^*$，則集合

$$\{r\in\boldsymbol{Q}\mid r\leqslant 0\}\cup\{pq\mid p\in\alpha\cap\boldsymbol{Q}^+,q\in\beta\cap\boldsymbol{Q}^+\}$$

是 $\boldsymbol{Q}$ 中的一個分割，稱爲正分割 α 與 β 的**積**(product)，記爲 $\alpha\beta$。因爲 $\alpha\beta$ 含有正有理數，所以，$\alpha\beta>0^*$。

證：與定理 3 的證明相似，但在(2)與(3)的證明中，對正有理數 r 以乘、除分別代替定理 3 中的加、減。‖

【定義6】設 α 與 β 是 $\boldsymbol{Q}$ 中的分割。若 $\alpha>0^*$ 且 $\beta>0^*$，則其積 $\alpha\beta$ 定義如定理10。在其餘情形中，$\alpha\beta$ 定義如下：

$$\alpha\beta=\begin{cases}0^*, & \text{若 } \alpha=0^* \text{ 或 } \beta=0^*\text{；}\\ -[\alpha(-\beta)], & \text{若 } \alpha>0^* \text{ 且 } \beta<0^*\text{；}\\ -[(-\alpha)\beta], & \text{若 } \alpha<0^* \text{ 且 } \beta>0^*\text{；}\\ (-\alpha)(-\beta), & \text{若 } \alpha<0^* \text{ 且 } \beta<0^*\text{。}\end{cases}$$

請注意：上述定義的後三種情形，都需要使用正分割的積的定義。例如：當 $\alpha>0^*$ 且 $\beta<0^*$ 時，得 $\alpha>0^*$ 且 $-\beta>0^*$，可依定理10定義 $\alpha(-\beta)$，而 $\alpha\beta$ 則定義爲 $\alpha(-\beta)$ 的加法反元素。

【定理11】(分割的乘法滿足交換律)

若 α 與 β 是 $\boldsymbol{Q}$ 中的分割，則 $\alpha\beta=\beta\alpha$。

證：此定理的證明需依積的定義分成五種情形來考慮。若 $\alpha=0^*$ 或 $\beta=0^*$，則 $\alpha\beta=\beta\alpha=0^*$。若 $\alpha>0^*$ 且 $\beta>0^*$，則證明與定理 4 相似。若 $\alpha>0^*$ 且 $\beta<0^*$，則因爲 $\alpha(-\beta)=(-\beta)\alpha$，故得

$$\alpha\beta=-[\alpha(-\beta)]=-[(-\beta)\alpha]=\beta\alpha\text{。}$$

其餘兩種情形仿上式可得。‖

【定理12】(分割的乘法滿足結合律)

若 α、β 與 γ 是 $\boldsymbol{Q}$ 中的分割，則 $(\alpha\beta)\gamma=\alpha(\beta\gamma)$。

證：與定理11的證明相似。‖

【定理13】（分劃的乘法有單位元素）

若 α 是 $\boldsymbol{Q}$ 中的分劃，則 $\alpha 1^* = \alpha$。

證：此定理的證明需分成三種情形來考慮。若 $\alpha = 0^*$，則顯然成立。若 $\alpha > 0^*$，則證明與定理 6 的證明相似。若 $\alpha < 0^*$，則因爲 $(-\alpha)1^* = -\alpha$，所以，得

$$\alpha 1^* = -[(-\alpha)1^*] = -(-\alpha) = \alpha \text{。}$$

至此完成本定理的證明。‖

【定理14】（每個不爲 0^* 的分劃都有乘法反元素）

若 α 是 $\boldsymbol{Q}$ 中的分劃且 $\alpha \neq 0^*$，則必有一個分劃 β 滿足 $\alpha\beta = 1^*$。

證：若 $\alpha\beta = 1^*$，則 $(-\alpha)(-\beta) = 1^*$。由此可知：證明此定理只須考慮 $\alpha > 0^*$ 的情形即可。

設 $\alpha > 0^*$，令

$\beta = \{r \in \boldsymbol{Q} \mid r \leqslant 0\} \cup \{p \mid p^{-1} \in \boldsymbol{Q} - \alpha，p^{-1}$不是 $\boldsymbol{Q} - \alpha$ 的最小元素$\}$。

仿照定理 7 證明的前半段，可證得 β 是 $\boldsymbol{Q}$ 中的一個分劃（請注意：因爲 $\alpha > 0^*$，所以，$\boldsymbol{Q} - \alpha$ 中的元素都是正有理數。）

其次，仿定理 7 證明的第二段可證得：若 $r \in \alpha\beta$，則 $r \in 1^*$。

爲了證明「若 $r \in 1^*$，則 $r \in \alpha\beta$。」我們也需要一個與引理 8 相似的引理（參看引理15），然後可以利用類似的方法來證明。‖

【引理15】（另一個逼近定理）

若 α 是 $\boldsymbol{Q}$ 中的一個正分劃（即：$\alpha > 0^*$），則對每個大於 1 的有理數 s，必可找到 $p \in \alpha$、$q \in \boldsymbol{Q} - \alpha$ 且 q 不是 $\boldsymbol{Q} - \alpha$ 的最小元素，使得 $s = q/p$。

證：留爲習題。‖

【定義7】在定理14中所定義的分劃 β 稱爲分劃 α 的**乘法反元素**，以 α^{-1}或 $1/\alpha$ 表之。

請注意：對每個不爲 0^* 的分劃 α 而言，滿足 $\alpha\beta = 1^*$ 的分劃 β 只有一個。另一方面，等式 $\alpha\alpha^{-1} = 1^*$ 也表示 α 是 α^{-1}的乘法反元

素，亦即：$(\alpha^{-1})^{-1}=\alpha$ 。

若 $\alpha\neq 0^*$，則$(-\alpha)^{-1}=-\alpha^{-1}$。若 $\alpha>0^*$，則 $\alpha^{-1}>0^*$。若 $\alpha<0^*$，則 $\alpha^{-1}<0^*$，這些性質都很容易證明。

有了乘法反元素的概念後，我們可以定義除法：所謂 $\beta\div\alpha$ 或寫成β/α，就是指 $\beta\alpha^{-1}$。

【定理16】（分劃的乘法對加法可分配）

若 α、β 與 γ 是 $\boldsymbol{Q}$ 的分劃，則$\alpha(\beta+\gamma)=\alpha\beta+\alpha\gamma$。

證：此定理的證明較爲繁複。我們先證明 $\beta>0^*$ 且 $\gamma>0^*$ 的情形。在 $\beta>0^*$ 且 $\gamma>0^*$ 的情形中，又得分成 $\alpha=0^*$、$\alpha>0^*$ 或 $\alpha<0^*$ 三種狀況。

若 $\alpha=0^*$、$\beta>0^*$ 且 $\gamma>0^*$，則$\alpha(\beta+\gamma)=\alpha\beta=\alpha\gamma=0^*$。因此，上述等式顯然成立。

若 $\alpha>0^*$、$\beta>0^*$ 且 $\gamma>0^*$，則$\alpha(\beta+\gamma)$所含的正有理數必是 ps 的形式，其中 $p\in\alpha\cap\boldsymbol{Q}^+$而 $s\in(\beta+\gamma)\cap\boldsymbol{Q}^+$。更進一步地，因爲 s 是$\beta+\gamma$ 的正元素，所以，必可找到 $q\in\beta\cap\boldsymbol{Q}^+$ 及 $r\in\gamma\cap\boldsymbol{Q}^+$ 使得 $s=q+r$（參看練習題4）。於是 $ps=pq+pr\in\alpha\beta+\alpha\gamma$。由此可知：$\alpha(\beta+\gamma)\leqslant\alpha\beta+\alpha\gamma$。反之，若 t 是$\alpha\beta+\alpha\gamma$ 的一個正元素，則 t 可以表示成$\alpha\beta$ 的一個正元素與$\alpha\gamma$ 的一個正元素之和。因此，必可找到 $p_1,p_2\in\alpha\cap\boldsymbol{Q}^+$、$q\in\beta\cap\boldsymbol{Q}^+$ 與 $r\in\gamma\cap\boldsymbol{Q}^+$ 使得 $t=p_1q+p_2r$。令 $p=\max\{p_1,p_2\}$，則可得 $p\in\alpha\cap\boldsymbol{Q}^+$，$p_1/p\leqslant 1$，$p_2/p\leqslant 1$。再令 $q_0=q(p_1/p)$，$r_0=r(p_2/p)$，則可得 $q_0\in\beta\cap\boldsymbol{Q}^+$，$r_0\in\gamma\cap\boldsymbol{Q}^+$，而且 $t=p(q_0+r_0)\in\alpha(\beta+\gamma)$。因此，$\alpha\beta+\alpha\gamma\leqslant\alpha(\beta+\gamma)$。

若 $\alpha<0^*$、$\beta>0^*$ 且 $\gamma>0^*$，則$-\alpha>0^*$。依前段的結果，可得$(-\alpha)(\beta+\gamma)=(-\alpha)\beta+(-\alpha)\gamma$。於是，依乘法的定義及加法反元素的性質，可得

$$\begin{aligned}\alpha(\beta+\gamma)&=-[(-\alpha)(\beta+\gamma)]\\&=-[(-\alpha)\beta+(-\alpha)\gamma]\end{aligned}$$

$=\{-[(-\alpha)\beta]\}+\{-[(-\alpha)\gamma]\}$
$=\alpha\beta+\alpha\gamma$。

其次，設 $\beta>0^*$、$\gamma<0^*$ 而且 $\beta+\gamma>0^*$。因爲 $\beta+\gamma>0^*$ 而且 $-\gamma>0^*$，所以，依前面三段的結果，可得

$$\alpha\beta=\alpha((\beta+\gamma)+(-\gamma))=\alpha(\beta+\gamma)+\alpha(-\gamma)。$$

因爲 $\alpha\gamma=-[\alpha(-\gamma)]$，所以，$\alpha(-\gamma)+\alpha\gamma=0^*$。於是，得

$$\alpha\beta+\alpha\gamma=\alpha(\beta+\gamma)+\alpha(-\gamma)+\alpha\gamma=\alpha(\beta+\gamma)+0^*$$
$$=\alpha(\beta+\gamma)。$$

其餘的情形可仿照上述最後一段的方法證明，我們留給讀者做爲習題。‖

己、具有完備性的有序體

在前面三小節中，我們對 ***Q*** 中的所有分割定義次序關係、加法運算與乘法運算，並證明了有關的性質，這些性質可以綜合成下面的結論，其中每個性質都是前面的某個定理。

【定理17】（所有分割構成一個有序體）

若 ***R*** 表示在 ***Q*** 中的所有分割所成的集合，則集合 ***R*** 中有一次序關係（定義3）、加法運算（定義4）與乘法運算（定義6），而且具有下述性質因而構成一個有序體：

(1)對任意 $\alpha,\beta\in \boldsymbol{R}$，恆有 $\alpha+\beta=\beta+\alpha$。（定理4）

(2)對任意 $\alpha,\beta,\gamma\in \boldsymbol{R}$，恆有 $(\alpha+\beta)+\gamma=\alpha+(\beta+\gamma)$。（定理5）

(3)有一個 $0^*\in \boldsymbol{R}$，使得每個 $\alpha\in \boldsymbol{R}$ 都滿足 $\alpha+0^*=\alpha$。（定理6）

(4)對每個 $\alpha\in \boldsymbol{R}$，都有一個 $-\alpha\in \boldsymbol{R}$ 滿足 $\alpha+(-\alpha)=0^*$。（定理7）

(5)對任意 $\alpha,\beta\in \boldsymbol{R}$，恆有 $\alpha\beta=\beta\alpha$。（定理11）

(6)對任意 $\alpha,\beta,\gamma\in \boldsymbol{R}$，恆有 $(\alpha\beta)\gamma=\alpha(\beta\gamma)$。（定理12）

⑺有一個 $1^* \in \boldsymbol{R}$，使得每個 $\alpha \in \boldsymbol{R}$ 都滿足 $\alpha 1^* = \alpha$。（定理13）

⑻對每個不為 0^* 的 $\alpha \in \boldsymbol{R}$，都有一個 $\alpha^{-1} \in \boldsymbol{R}$ 滿足 $\alpha\alpha^{-1} = 1$。（定理14）

⑼對任意 $\alpha, \beta, \gamma \in \boldsymbol{R}$，恆有 $\alpha(\beta + \gamma) = \alpha\beta + \alpha\gamma$。（定理16）

⑽對任意 $\alpha, \beta, \gamma \in \boldsymbol{R}$，下列三者恰有一成立：

$$\alpha > 0^*,\ \alpha < 0^*,\ \alpha = 0^*\text{。（定理 1 ）}$$

⑾若 $\alpha > 0^*$ 且 $\beta > 0^*$，則 $\alpha + \beta > 0^*$。（定理 9 ）

⑿若 $\alpha > 0^*$ 且 $\beta > 0^*$，則 $\alpha\beta > 0^*$。（定理10）

由分割所構成的有序體 $\boldsymbol{R}$ 還有一個很重要的性質，我們寫成下述定理。

【定理18】（分割所成的有序體具完備性）

若 A 與 B 是分割集 $\boldsymbol{R}$ 的非空子集，且滿足下述三條件：

⑴ $A \cup B = \boldsymbol{R}$；

⑵ $A \cap B = \phi$；

⑶ A 中每個元素都小於 B 中每個元素；

則下述兩者恰有一成立：A 有最大元素或 B 有最小元素。換言之，恰有一個分割 γ，使得每個 $\alpha \in A$ 都滿足 $\alpha \leqslant \gamma$ 而且每個 $\beta \in B$ 都滿足 $\beta \geqslant \gamma$。

證：令 $\gamma = \{p \in \boldsymbol{Q} \mid \text{可找到一個 } \alpha \in A \text{ 使得 } p \in \alpha\}$，我們先證明 γ 是 $\boldsymbol{Q}$ 中的一個分割，亦即：$\gamma \in \boldsymbol{R}$。

⑴因為 $A \neq \phi$，所以，$\gamma \neq \phi$。因為 $B \neq \phi$，所以，可以找到一個 $\beta \in B$。因為 $\beta \neq \boldsymbol{Q}$，所以，必有一個 $q \in \boldsymbol{Q}$ 使得 $q \notin \beta$。對每個 $\alpha \in A$，因為 $\alpha < \beta$，所以，$q \notin \alpha$。由此可知：$q \notin \gamma$，$\gamma \neq \boldsymbol{Q}$。

⑵設 $p \in \gamma$、$q \in \boldsymbol{Q}$ 且 $q < p$。因為 $p \in \gamma$，所以，必有一個 $\alpha \in A$ 使得 $p \in \alpha$。於是，$q \in \alpha$。由此可知：$q \in \gamma$。

⑶若 $p \in \gamma$，則必有一個 $\alpha \in A$ 使得 $p \in \alpha$。因為 α 是一個分割，所以，必可找到一個 $q \in \boldsymbol{Q}$ 使得 $q > p$ 且 $q \in \alpha$。於是，得 $q > p$ 而且

$q \in \gamma$。

由此可知：γ 是一個分割，亦即：$\gamma \in \boldsymbol{R}$。

其次，對每個 $\alpha \in A$，因爲 α 中的每個有理數都屬於 γ，所以，$\alpha \leqslant \gamma$。另一方面，若 B 中有一元素 β 滿足 $\beta < \gamma$，則必可找到一個有理數 p 滿足 $p \in \gamma$ 且 $p \notin \beta$。因爲 $p \in \gamma$，所以，必有一個 $\alpha \in A$ 使得 $p \in \alpha$。由此得 $\beta < \alpha$，但此與假設(3)不合。因此，每個 $\beta \in B$ 都滿足 $\gamma \leqslant \beta$。

因爲 $A \cup B = \boldsymbol{R}$ 而 $\gamma \in \boldsymbol{R}$，所以，$\gamma \in A$ 或 $\gamma \in B$。若 $\gamma \in A$，則 γ 是 A 的最大元素。若 $\gamma \in B$，則 γ 是 B 的最小元素。因爲 $A \cap B = \phi$，所以，$\gamma \in A$ 與 $\gamma \in B$ 兩者中只能有一成立。於是，A 有最大元素與 B 有最小元素兩種情形中也只能有一成立。‖

定理18所描述的性質何以稱爲完備性呢？粗略地說，如果我們用有理分割在一直線上代表有理點，那麼，有理點在直線上所留下的空隙都可以用非有理分割來表示，也就是說，直線上的所有點都被分割所塡滿了。改用嚴謹的數學語言來說明時，完備性的意義則是這樣的：若我們仿照定義 1 的方法在 $\boldsymbol{R}$ 中定義分割，則 $\boldsymbol{R}$ 中的分割都是例 2 的形式，也就是由 $\boldsymbol{R}$ 中某個元素仿例 2 的方法所定義的分割。我們寫成定理如下。

【系理19】(在 $\boldsymbol{R}$ 中定義分割無法得出新「數」)

若 A 是分割集 $\boldsymbol{R}$ 的一個子集，而且 A 具有下述三性質：

(1) $A \neq \phi$，$A \neq \boldsymbol{R}$；

(2)若 $\alpha \in A$，則比 α 小的每個分割都屬於 A；

(3)對每個 $\alpha \in A$，恆有一個分割 β 滿足 $\beta > \alpha$ 且 $\beta \in A$；

則必有一個分割 γ 使得 $A = \{\alpha \in \boldsymbol{R} \mid \alpha < \gamma\}$。

證：令 $B = \{\alpha \in \boldsymbol{R} \mid \alpha \notin A\}$，則子集 A 與 B 滿足定理18的三個條件。於是，必有一個 $\gamma \in \boldsymbol{R}$ 使得每個 $\alpha \in A$ 都滿足 $\alpha \leqslant \gamma$ 且每個 $\beta \in B$ 都滿足 $\beta \geqslant \gamma$。因爲假設(3)指出 A 沒有最大元素，所以，$\gamma \notin A$ 或 $\gamma \in B$。於是，$A = \{\alpha \in \boldsymbol{R} \mid \alpha < \gamma\}$。‖

在瞭解全體分劃構成一個具有完備性的有序體之後，讓我們進一步注意到它們所含的一些特殊元素——有理分劃。關於有理分劃，我們給出下面三個性質。

【定理20】（有理分劃也構成一個有序體）

對任意二有理數 p 與 q，可得

(1) $p^* + q^* = (p+q)^*$。特例：$-p^* = (-p)^*$。

(2) $p^* q^* = (pq)^*$。特例：若 $p \neq 0$，則 $(p^*)^{-1} = (p^{-1})^*$。

(3) $p^* < q^*$ 的充要條件是 $p < q$。

證：(1)若 $r \in p^* + q^*$，則 $r = s + t$，其中，$s \in p^*$，$t \in q^*$。因爲 $s \in p^*$ 表示 $s < p$，$t \in q^*$ 表示 $t < q$，所以，可得 $s + t < p + q$，亦即：$r < p + q$。於是，$r \in (p+q)^*$。這表示 $p^* + q^* \leqslant (p+q)^*$。反之，若 $r \in (p+q)^*$，則 $r < p + q$。因爲 $r - q < p$，所以，必有一個 $s \in \boldsymbol{Q}$ 滿足 $r - q < s < p$。由 $s < p$ 可知 $s \in p^*$，由 $r - q < s$ 可知 $r - s \in q^*$，於是，可得 $r = s + (r - s) \in p^* + q^*$。這表示 $(p+q)^* \leqslant p^* + q^*$。兩式合併即得 $p^* + q^* = (p+q)^*$。令 $q = -p$，即得 $p^* + (-p)^* = 0^*$，故 $-p^* = (-p)^*$。

(2)若 $p = 0$ 或 $q = 0$，則顯然成立。若 $p > 0$ 且 $q > 0$，則可仿照(1)的方法證明 $p^* q^*$ 與 $(pq)^*$ 所含的正元素完全相同。由此可知 $p^* q^* = (pq)^*$。若 $p > 0$ 且 $q < 0$，則 $p^*(-q)^* = (-pq)^*$。於是，得

$$
\begin{aligned}
p^* q^* &= -[p^*(-q^*)] = -[p^*(-q)^*] \\
&= -[(-pq)^*] \\
&= -[-(pq)^*] = (pq)^*。
\end{aligned}
$$

其餘兩情形可仿照上述方法證明。若 $p \neq 0$，令 $q = p^{-1}$，則由前述結果可得 $p^*(p^{-1})^* = 1^*$，故 $(p^*)^{-1} = (p^{-1})^*$。

(3)若 $p^* < q^*$，則必可找到一個有理數 r，使得 $r \notin p^*$ 而且 $r \in q^*$。由 $r \notin p^*$ 得 $p \leqslant r$，由 $r \in q^*$ 得 $r < q$，因此，得 $p < q$。反之，若 $p < q$，則 $p \notin p^*$ 而 $p \in q^*$。因此 $p^* < q^*$。‖

【定理21】(有理分割在全體分割中稠密)

若 α 與 β 爲 $\boldsymbol{Q}$ 中二分割且 $\alpha<\beta$，則必有一個有理分割 r^* 滿足 $\alpha<r^*<\beta$。

證：因爲 $\alpha<\beta$，所以，必可找到一個有理數 p 使得 $p\notin\alpha$ 且 $p\in\beta$。在分割 β 中，因爲 $p\in\beta$，所以，必可找到一個有理數 r 使得 $r>p$ 且 $r\in\beta$。因爲 $r\in\beta$ 且 $r\notin r^*$，所以，$r^*<\beta$。因爲 $p\in r^*$ 且 $p\notin\alpha$，所以，$\alpha<r^*$。‖

【定理22】(有理分割與非有理分割)

若 α 爲 $\boldsymbol{Q}$ 中的分割而 r 爲有理數，則 $r\in\alpha$ 的充要條件是 $r^*<\alpha$。

證：若 $r\in\alpha$，則因爲 $r\notin r^*$，所以，$r^*<\alpha$。反之，若 $r^*<\alpha$，則必可找到一個有理數 p 滿足 $p\in\alpha$ 且 $p\notin r^*$。由 $p\notin r^*$ 可知 $p\geqslant r$。因此，由 $p\in\alpha$ 可知 $r\in\alpha$。‖

【系理23】(非有理分割乃是某些有理分割的最小上界)

若 α 爲 $\boldsymbol{Q}$ 中的分割，則

(1)對每個 $r\in\alpha$，恆有 $r^*<\alpha$；

(2)對每個小於 α 的分割 β，恆有一個 $r\in\alpha$ 滿足 $\beta<r^*<\alpha$。

上面兩個性質乃是表示：α 是集合 $\{r^*\mid r\in\alpha\}$ 的最小上界(參看§1－2定義2(1))。

庚、總　結

在本節裏，我們由「有理數系 $\boldsymbol{Q}$ 是一個有序體且正整數系 $\boldsymbol{N}$ 具有良序性」的基本假設出發，將 $\boldsymbol{Q}$ 的某類子集稱爲分割，並在全體分割所成集合上定義次序關係、加法運算與乘法運算，接著證明全體分割所成集合構成一個具有完備性的有序體。

分割分成兩種：設 α 爲分割，我們依 $\boldsymbol{Q}-\alpha$ 含有或不含最小元素而分成兩種，前者稱爲有理分割，後者爲非有理分割。根據定理20，

我們發現：將有理分割進行加、乘運算或比較大小時，我們所做的其實是在將對應的有理數進行加、乘運算或比較大小。既然在進行運算與比較大小方面，有理數與有理分割的效果相同，我們何妨將記號及內涵方面都較為繁複的有理分割 r^* 就視為與有理數 r 相同，換言之，有理分割 r^* 改稱為有理數 r，有理數集 $\boldsymbol{Q}$ 成為 $\boldsymbol{R}$ 的一個子集。更進一步地，為了名稱比較對稱，$\boldsymbol{R}$ 中的元素也換個稱呼，我們寫成一定義如下。

【定義8】分割集 $\boldsymbol{R}$ 中的元素稱為**實數**（real number）；其中的有理分割 r^* 改稱為**有理數**（rational number），直接寫成 r；非有理分割稱為**無理數**（irrational number）。

在名稱與記號做了變動之後，從§1－2 開始，我們不再使用分割的稱呼，也不再使用 $r\in\alpha$ 這樣的關係式，表示實數的字母也不再限定是 $\alpha,\beta,\gamma,\cdots$。根據定理22，在後文中，$r\in\alpha$ 將改寫成 $r<\alpha$。根據系理23，每個實數都是小於該實數的全體有理數所成集的最小上界，亦即：$\alpha=\sup\{r\in\boldsymbol{Q}\mid r<\alpha\}$。定理21則表示：任意兩實數之間都有有理數存在。當然，最重要的是定理17與定理18所提的：全體實數所成集 $\boldsymbol{R}$ 對其加法運算、乘法運算與次序關係構成一個具有完備性的有序體。

練習題　1－1

1. 設 d 為一正有理數，令 α 表示例 3 中所定義的分割。試證：
   (1)若有一正有理數 r 滿足 $r^2=d$，則 $\alpha=r^*$。
   (2)若沒有任何正有理數 p 滿足 $p^2=d$，則 $\boldsymbol{Q}-\alpha$ 沒有最小元素。因此 α 不是有理分割。
   (3) $\alpha^2=d^*$。
2. 設 α 與 β 是 $\boldsymbol{Q}$ 中的分割。試證：$\alpha\leqslant\beta$ 的充要條件是：將 α 與 β 看成集合時，α 是 β 的子集。

3.試證引理15。

（提示：先證明$(1+a)^n \geqslant 1+na$ 對每個$a \in \boldsymbol{Q}^+$及 $n \in \boldsymbol{N}$ 都成立。）

4.若 α 與β 爲二正分劃，則 $\alpha+\beta$ 的每個正元素都可表示成α 的一個正元素與β 的一個正元素的和。試證之。

5.試完成定理16的證明。

6.設 d 爲一正有理數，n 爲一正整數且$n>1$。試證：

(1)若 $p \in \boldsymbol{Q}^+$，令

$$q=\frac{(n-1)p^{n+1}+(n+1)dp}{(n+1)p^n+(n-1)d},$$

則$(p-q)(p^n-d)>0$，$(p^n-d)(q^n-d)>0$。

(2)若$\alpha=\{r \in \boldsymbol{Q} \mid r \leqslant 0\} \cup \{p \in \boldsymbol{Q} \mid p>0$ 且 $p^n<d\}$，則 α 是$\boldsymbol{Q}$中的一個分劃。

(3)$\alpha^n=d^*$。

（提示：證明(1)的第二不等式時，注意：

$$q=\frac{p[n(p^n+d)-(p^n-d)]}{n(p^n+d)+(p^n-d)}。$$

思考題 1－1

1.設 $\boldsymbol{R}$ 表示所有實數所成的集合，令

$$\boldsymbol{C}=\{(\alpha,\beta) \mid \alpha,\beta \in \boldsymbol{R}\}。$$

在集合 $\boldsymbol{C}$ 中，定義加法＋與乘法×如下：

$$(\alpha,\beta)+(\gamma,\delta)=(\alpha+\gamma,\beta+\delta),$$

$$(\alpha,\beta)\times(\gamma,\delta)=(\alpha\gamma-\beta\delta,\alpha\delta+\beta\gamma)。$$

(1)試證集合 $\boldsymbol{C}$ 對上述二運算構成一個體（field），其加法單位元素爲(0,0)，乘法單位元素爲(1,0)。

(2)若$(a,b)\neq(0,0)$，試求$(a,b)^{-1}$。

(3)試證$(1,0)^2=(1,0)$，$(0,1)^2=(-1,0)$。並據此證明：在體 $\boldsymbol{C}$ 上無法定義一個次序關係使 $\boldsymbol{C}$ 成爲有序體。

由上述方法定義所得的體 $\boldsymbol{C}$，稱爲**複數體**，其元素稱爲**複數**（complex number）。利用實數的**序對**（ordered pair）來定義複數的方法，是 Sir William Hamilton（1805～1865，愛爾蘭人）在1837所提出的。若將$(\alpha,0)$簡記爲α，$(0,1)$簡記爲 i，則(α,β)就可寫成 $\alpha+\beta i$。這是近代數學習見的複數表示法。

1－2　實數系的完備性

實數系的完備性除了§1－1 定理18的表示法之外，還有許多在邏輯上等價的表示法。在完備性的應用中，這些等價的敘述往往更爲方便。本節所介紹的等價敘述共有(I)、(II)（定理 1 ）、(III)（定理 9 ）、(IV)、(V)（定理10）與(VI)（定理11）六個，除了這些等價敘述之外，§2－3的定理 4 、§2－4 的定理 3 與§3－1 定理13都與實數系的完備性等價。

甲、最小上界與最大下界

我們所要介紹的第一個等價敘述涉及集合的上界（下界）概念，首先寫一個定義。

【定義1】設 S 是實數集 $\boldsymbol{R}$ 的一個非空子集。

(1)若有一個實數 r，使得 S 中的每個實數 x 都滿足 $x\leqslant r$，則稱 S **有上界**（bounded above），而 r 稱爲 S 的一個**上界**（upper bound）。

(2)若有一個實數 s，使得 S 中的每個實數 x 都滿足 $x\geqslant s$，則稱 S **有下界**（bounded below），而 s 稱爲 S 的一個**下界**（lower bound）。

(3)若集合 S 既有上界、又有下界，則 S 稱爲**有界集合**（bounded set）。

【定義2】設 S 是實數集 $\boldsymbol{R}$ 的一個非空子集。

(1)若實數 b 是 S 的一個上界，而且比 b 小的每個實數都不是 S 的上界，則 b 稱爲 S 的**最小上界**（least upper bound or supremum）。S 的最小上界以 lub S 或 sup S 表之。

(2)若實數 c 是 S 的一個下界，而且比 c 大的每個實數都不是 S 的下界，則 c 稱爲 S 的**最大下界**（greatest lower bound or infimum）。S 的最大下界以 glb S 或 inf S 表之。

【例1】對於任意二實數 a 與 b，$a<b$，區間 (a,b)、$[a,b)$、$(a,b]$ 與 $[a,b]$ 都是有界集合，其最小上界都是 b，最大下界都是 a。‖

【例2】集合 $\{r\in\boldsymbol{Q}\mid r\leqslant 0\}\cup\{p\in\boldsymbol{Q}\mid p>0$ 且 $p^2<2\}$ 有上界、但無下界，其最小上界爲 $\sqrt{2}$。（參看§1－1例3及練習題1）‖

【例3】集合 $\{(1+1/n)^n\mid n\in\boldsymbol{N}\}$ 是有界集合，其最大下界是2，最小上界是 e，前者屬於此集合，後者則否。‖

【例4】集合 $\{(\sin x)/x\mid x\in\boldsymbol{R}, x\neq 0\}$ 是一有界集合，其最小上界爲1，此數不屬於此集合。‖

實數系的完備性，可用來保證最小上界與最大下界的存在，且看下述定理。

【定理1】（最小上界與最大下界的存在性）

(I)在實數系 $\boldsymbol{R}$ 中，每個有上界的非空子集都在 $\boldsymbol{R}$ 中有最小上界。

(II)在實數系 $\boldsymbol{R}$ 中，每個有下界的非空子集都在 $\boldsymbol{R}$ 中有最大下界。

證：我們先證明(I)，接著再根據(I)證明(II)。

設 S 是 $\boldsymbol{R}$ 的一個非空子集，且 S 有上界。令

$$A=\{a\in \boldsymbol{R}\mid S\text{ 中有一元素 }x\text{ 滿足 }x>a\},$$
$$B=\{b\in \boldsymbol{R}\mid S\text{ 中的每個元素 }x\text{ 都滿足 }x\leqslant b\}。$$
因爲 $S\neq\phi$，所以，$A\neq\phi$。因爲 S 有上界，所以，$B\neq\phi$。另一方面，根據 A 與 B 的定義，顯然可得 $A\cup B=\boldsymbol{R}$，$A\cap B=\phi$，而且 A 的每個元素都比 B 的每個元素小。於是，集合 A 與 B 滿足§1－1定理18的條件，依實數系的完備性，可知必有一個 $r\in\boldsymbol{R}$ 存在，使得每個 $a\in A$ 都滿足 $a\leqslant r$ 且每個 $b\in B$ 都滿足 $r\leqslant b$。只要能證明 $r\in B$，則因爲 B 是 S 的所有上界所成的集合，就可知 r 是 S 的最小上界。若 $r\notin B$，則 $r\in A$。依 A 的定義，必有一個 $s\in S$ 滿足 $r<s$。因爲 $s\in S$ 而 $(r+s)/2<s$，所以，$(r+s)/2\in A$ 且 $(r+s)/2>r$。此與 r 的性質不合，因此，$r\in B$。至此我們完成(I)的證明。

其次，我們根據(I)來證明(II)。設 T 是 $\boldsymbol{R}$ 的一個非空子集，且 T 有下界。令
$$S=\{x\in\boldsymbol{R}\mid -x\in T\}。$$
因爲 $T\neq\phi$，所以，$S\neq\phi$。因爲 T 有下界，所以，S 有上界。依(I)，S 有最小上界，設 $b=\sup S$，我們將證明 $-b$ 是 T 的最大下界。對每個 $y\in T$，因爲 $-y\in S$，所以，$-y\leqslant b$，或 $y\geqslant -b$。由此可知：$-b$ 是 T 的一個下界。接著，對任意正數 ε，因爲 $b-\varepsilon$ 小於 b 而 $b=\sup S$，所以，必可找到一個 $x_0\in S$ 使得 $x_0>b-\varepsilon$，由此可知 $-x_0<(-b)+\varepsilon$。因爲 $-x_0\in T$，所以，$(-b)+\varepsilon$ 不是 T 的下界。綜合前述二結果，可知 $-b$ 是 T 的最大下界。至此，我們完成(II)的證明。‖

關於定理 1 的證明，我們要說明一點。性質(II)的證明，本來可以「根據完備性仿(I)的證法即得」，在上述證明中我們沒有採用這種做法而是根據(I)來證明(II)，這樣做的原因是因爲我們要「根據完備性證明(I)、根據(I)證明(II)、根據(II)證明(III)、根據(III)證明(IV)、根據(IV)證明(V)、根據(V)證明(VI)、最後根據(VI)證明完備性」。這段證明完成後，就能表示前述六個性質都與完備性等價。

性質(I)與性質(II)是很對稱的兩個性質，只要將「上界」與「下界」互換、「最大」與「最小」互換，就可以將其中一性質換成另一性質。前面我們已經根據(I)證明(II)，利用類似的方法，也可以根據(II)證明(I)。在上面所提到的等價敘述中，(I)與(II)的等價性是很容易發現的。

關於最小上界與最大下界的有關性質，我們寫成三個定理。

【定理2】（最小上界與最大下界的基本性質之一）

設 A 是 $\boldsymbol{R}$ 的一個非空子集，$c\in\boldsymbol{R}$。令

$$cA=\{cx \mid x\in A\}。$$

(1)若 $c>0$，則得

(i)當 A 有上界時，cA 也有上界且 $\sup(cA)=c(\sup A)$。

(ii)當 A 有下界時，cA 也有下界且 $\inf(cA)=c(\inf A)$。

(2)若 $c<0$，則得

(i)當 A 有上界時，cA 有下界且 $\inf(cA)=c(\sup A)$。

(ii)當 A 有下界時，cA 有上界且 $\sup(cA)=c(\inf A)$。

證：我們只證明(2)的(i)。設 $\sup A=r$。

若 $y\in cA$，則 $y/c\in A$。於是，$r\geqslant y/c$。因爲 $c<0$，所以，由上式得 $y\geqslant cr$。由此可知：cr 是集合 cA 的一個下界。進一步地，設 ε 是任意正數。因爲 r 是A 的最小上界而 $r+\varepsilon/c<r$，所以，必有一個 $x\in A$ 滿足 $x>r+\varepsilon/c$。於是，$cx<cr+\varepsilon$。因爲 $cx\in cA$，所以，上式表示 $cr+\varepsilon$ 不是 cA 的下界。由此可知：cr 是cA 的最大下界，亦即：$\inf(cA)=cr=c(\sup A)$。 ‖

【定理3】（最小上界與最大下界的基本性質之二）

設 A 與B 是$\boldsymbol{R}$ 的兩個非空子集。

(1)若 $A\subset B$，則得

(i)當 B 有上界時，A 也有上界且 $\sup A\leqslant\sup B$。

(ii)當 B 有下界時，A 也有下界且 $\inf A\geqslant\inf B$。

(2)若 A 中每個元素 x 與 B 中每個元素 y 都滿足 $x \leqslant y$，則 A 有上界、B 有下界而且 $\sup A \leqslant \inf B$。

(3)(i)若對於 A 中每個元素 x，B 中都有一個元素 y 滿足 $x \leqslant y$；而且 B 有上界，則 A 也有上界且 $\sup A \leqslant \sup B$。

(ii)若對於 A 中每個元素 x，B 中都有一個元素 z 滿足 $x \geqslant z$；而且 B 有下界，則 A 也有下界且 $\inf A \geqslant \inf B$。

證：留為習題。‖

【定理4】（最小上界與最大下界的基本性質之三）

設 A 與 B 是 $\boldsymbol{R}$ 的兩個非空子集。

(1)若令 $A+B=\{x+y \mid x \in A, y \in B\}$，則得

(i)當 A 與 B 都有上界時，$A+B$ 也有上界而且

$$\sup(A+B)=(\sup A)+(\sup B)。$$

(ii)當 A 與 B 都有下界時，$A+B$ 也有下界而且

$$\inf(A+B)=(\inf A)+(\inf B)。$$

(2)令 $AB=\{xy \mid x \in A, y \in B\}$。若 $A \subset [0,+\infty)$ 而且 $B \subset [0,+\infty)$，則得

(i)當 A 與 B 都有上界時，AB 也有上界而且

$$\sup(AB)=(\sup A)(\sup B)。$$

(ii)集合 A、B 與 AB 顯然都有下界，而且

$$\inf(AB)=(\inf A)(\inf B)。$$

證：我們只證明(2)的(i)。令 $\sup A=r$，$\sup B=s$。因為 A 與 B 都是 $[0,+\infty)$ 的子集，所以，$r \geqslant 0$，$s \geqslant 0$。若 $r=0$ 或 $s=0$，則 $AB=\{0\}$。於是，定理的結論成立。

設 $r>0$ 且 $s>0$。若 $z \in AB$，則必有一個 $x \in A$ 及一個 $y \in B$ 滿足 $z=xy$。因為 $0 \leqslant x \leqslant r$ 且 $0 \leqslant y \leqslant s$，所以，$z=xy \leqslant rs$。換言之，$rs$ 是 AB 的一個上界。另一方面，設 $t \in \boldsymbol{R}$ 且 $t<rs$。因為 r 是 A 的最小上界而 $t/s<r$，所以，必有一個正實數 $x \in A$ 滿足 $x>t/s$。因為 $s>0$ 且 $x>0$，所以，$s>t/x$。因為 s 是 B 的最小上界，所以，必有

一個正實數 $y \in B$ 滿足 $y > t/x$，或 $xy > t$。因爲 $xy \in AB$，所以，上式表示 t 不是 AB 的上界。由此可知：rs 是 AB 的最小上界，亦即：$\sup(AB) = rs = (\sup A)(\sup B)$。‖

當一個非空子集 $A \subset \boldsymbol{R}$ 沒有上界時，A 當然沒有最小上界，因此 $\sup A$ 是沒有意義的記號，或者說，它不表示任何實數。不過，爲方便起見，我們通常將「非空集 A 沒有上界」一事記爲

$$\sup A = +\infty。$$

請注意：這只是一個記號而已，並不是表示我們發明一個數做爲 A 的最小上界。

同理，當一個非空子集 $A \subset \boldsymbol{R}$ 沒有下界時，我們將此現象記爲

$$\inf A = -\infty。$$

爲完整起見，我們也對 $\sup \phi$ 與 $\inf \phi$ 做個規定。對任意實數 r 而言，空集 ϕ 中既沒有元素大於 r，也沒有元素小於 r，我們可以將 r 視爲 ϕ 的上界、也可將 r 視爲 ϕ 的下界。既然每個實數都是 ϕ 的上界、也都是 ϕ 的下界，因此，對 $\sup \phi$ 與 $\inf \phi$ 的最合理規定乃是

$$\sup \phi = -\infty，\inf \phi = +\infty。$$

利用完備性的等價敘述(I)，我們可以證明實數的另一個有用性質。

【定理5】（Archimedes 性質）

若 x 爲正實數、y 爲實數，則必有一正整數 n 滿足 $nx > y$。

證：假設滿足上述不等式的正整數不存在，則表示 y/x 是正整數集 $\boldsymbol{N}$ 的一個上界。依定理1的(I)，集合 $\boldsymbol{N}$ 有最小上界，設 $b = \sup \boldsymbol{N}$。因爲 $b-1$ 比 b 小，所以，依最小上界的定義，必可找到一個 $m \in \boldsymbol{N}$ 滿足 $m > b-1$，由此可得 $m+1 > b$。因爲 $m+1 \in \boldsymbol{N}$，所以，上式表示 b 不是 $\boldsymbol{N}$ 的上界，此與 b 的定義矛盾。由此可知：必有一個 $n \in \boldsymbol{N}$ 滿足 $nx > y$。‖。

【系理6】（Archimedes 性質的應用）

(1)對每個正數 a，必有一個正整數 n 滿足 $0<1/n<a$。

(2)對每個實數 x，恰有一個整數 n 滿足 $n\leqslant x<n+1$，此整數 n 通常以 $[x]$ 表示。

證：(1)將定理 5 中的 x 與 y 分別令爲 a 與 1 即得。

(2)若 x 爲整數，則令 $n=x$。若 $x>0$，則依 Archimedes 性質，集合 $S=\{m\in \mathbf{N} \mid m>x\}$ 不是空集合。因爲 $S\subset \mathbf{N}$，所以，依正整數系的良序性，S 有最小元素，設其爲 k。於是，得 $k>x$ 且 $k-1\leqslant x$。令 $n=k-1$ 即爲所求的整數。若 $x<0$ 且 x 不是整數，則依前段結果，必可找到一個正整數 l 滿足 $l-1<-x<l$（左端爲什麼沒有等號）或 $-l<x<-l+1$。令 $n=-l$ 即爲所求的整數。‖

乙、Cauchy 數列與單調數列

應用到完備性的另一個重要主題，乃是數列的收斂問題。讓我們先復習一個定義。

【定義3】設 $\{a_n\}$ 爲一數列，而 l 爲一實數。若對每個正數 ε，都可找到一個正整數 n_0 使得：當 $n\geqslant n_0$ 時，$|a_n-a|<\varepsilon$ 恆成立，則我們稱：當 n 趨向無限大時，$\{a_n\}$ **收斂**於 l（$\{a_n\}$ converges to l）；或稱數列 $\{a_n\}$ 的**極限**（limit）爲 l，以

$$\lim_{n\to\infty} a_n=l$$

表之，或寫爲 $\lim_{n\to\infty} a_n=l$。

直觀上來說，所謂「當 n 趨向無限大時，$\{a_n\}$ 收斂於 l」乃是指：「不論我們要使 a_n 與 l 接近到任何程度，只要 n 的值選得足夠大必定可以辦到。」因爲 $|a_m-a_n|$ 的值不大於 $|a_m-l|+|a_n-l|$，所以，當 a_m 與 a_n 都很接近 l 時，a_m 與 a_n 兩數彼此自然也會很接近。這項觀點使我們可以引進 Cauchy 數列的概念。

【定義4】設 $\{a_n\}$ 爲一數列。若對每個正數 ε，都可找到一個正整數

n_0使得：當 $m, n \geqslant n_0$時，$|a_m - a_n| < \varepsilon$ 恆成立，則稱$\{a_n\}$是一個 **Cauchy 數列**（Cauchy sequence），用以紀念數學家 Augustin－Louis Cauchy（1789～1857，法國人）。

定義 4 前面所做的說明，可以寫成下述定理。

【定理7】（收斂即 Cauchy）

在實數系中，每個收斂數列都是 Cauchy 數列。

證：設$\{a_n\}$是一個數列，其極限爲 l。

不論 ε 爲任何正數，因爲 $\lim_{n\to\infty} a_n = l$，所以，對於正數 $\varepsilon/2$，必可找到一個正整數 n_0使得：當 $n \geqslant n_0$時，$|a_n - l| < \varepsilon/2$恆成立。於是，當 $m, n \geqslant n_0$時，恆有

$$|a_m - a_n| \leqslant |a_m - l| + |a_n - l| < \frac{\varepsilon}{2} + \frac{\varepsilon}{2} = \varepsilon。$$

由此可知：$\{a_n\}$是一個 Cauchy 數列。‖

要判定一數列收斂時，若直接根據定義 3，則就需要先知道（至少得猜到）正確的極限值，然後驗證猜測無誤。這樣的做法有一項缺點，那是：許多收斂數列的極限值並不是那麼明顯易得，想先找到極限值來證明其收斂，在許多情況中可以說是奢望。因此，不必先找到極限值就能判定數列收斂的方法，乃是數列的收斂理論中最重要的結果。這裏所介紹的 Cauchy 數列與下文所要介紹的有界單調數列，就是具有這項功用的兩個方法，這兩個方法都是實數系完備性的必然結果。首先看 Cauchy 數列的一個性質。

【定理8】（Cauchy 即有界）

在實數系中，每個 Cauchy 數列都是有界數列，亦即：數列的各項所成的集合是有界集合。

證：設$\{a_n\}$是一個 Cauchy 數列。依定義，對於正數 1，必可找到一個正整數 n_0使得：當 $m, n \geqslant n_0$時，$|a_m - a_n| < 1$恆成立。因此，當 $n \geqslant n_0$時，$|a_n - a_{n_0}| < 1$，於是，$|a_n| < |a_{n_0}| + 1$。令

$$r=\max\{|a_1|,|a_2|,\cdots,|a_{n_0-1}|,|a_{n_0}|+1\}。$$

顯然地，對每個 $n\in \mathbf{N}$，$|a_n|\leqslant r$ 恆成立。因此，$\{a_n|n\in \mathbf{N}\}$是一個有界集合，亦即：$\{a_n\}$是一個有界數列。‖

現在我們可以證明完備性的等價敘述(Ⅲ)了。我們的做法是根據定理 1 的(Ⅱ)證明(Ⅲ)，但因爲(Ⅰ)與(Ⅱ)等價，所以，在定理 9 的證明中，我們既使用(Ⅱ)也使用(Ⅰ)。

【定理9】（實數系的 Cauchy 收斂條件）

(Ⅲ)在實數系中，每個 Cauchy 數列都會收斂於某一實數。

證：設$\{a_n\}$是由實數所成的一個 Cauchy 數列，則依定理 8，集合$\{a_m|m\in \mathbf{N}\}$是一個有界集合。對每個 $n\in \mathbf{N}$，令

$$S_n=\{a_m|m\in \mathbf{N},m\geqslant n\}，$$

則 S_n 是$S_1=\{a_m|m\in \mathbf{N}\}$的子集，所以，$S_n$ 也是有界集合。依定理 1 的(Ⅰ)與(Ⅱ)，可知每個 S_n 都有最小上界、也都有最大下界，令

$$b_n=\sup S_n，c_n=\inf S_n。$$

顯然地，$c_n\leqslant a_n\leqslant b_n$。其次，對每個 $n\in \mathbf{N}$，因爲 $S_{n+1}\subset S_n$，所以，依定理 3 (1)可知：$b_{n+1}\leqslant b_n$ 而 $c_{n+1}\geqslant c_n$。於是，依數學歸納法可知：對任意 $m,n\in \mathbf{N}$，恆有 $b_n\geqslant b_{n+m}\geqslant c_{n+m}\geqslant c_m$，也就是說，集合$\{b_n|n\in \mathbf{N}\}$的每個元素都大於或等於集合$\{c_m|m\in \mathbf{N}\}$的每個元素。依定理 3 (2)可知：集合$\{b_n|n\in \mathbf{N}\}$有下界、集合$\{c_m|m\in \mathbf{N}\}$有上界，而且若令 $b=\inf\{b_n|n\in \mathbf{N}\}$、$c=\sup\{c_m|m\in \mathbf{N}\}$，則得 $b\geqslant c$。我們將證明 $b=c$ 而且數列$\{a_n\}$收斂於 b（$=c$）。

首先證明 $b=c$。對任意正數 ε，因爲$\{a_n\}$是 Cauchy 數列，所以，必可找到一個 $n_0\in \mathbf{N}$ 使得：當 $m,n\geqslant n_0$時，恆有$|a_m-a_n|<\varepsilon$，或是 $a_n-\varepsilon<a_m<a_n+\varepsilon$。於是，集合$\{a_m|m\in \mathbf{N},m\geqslant n_0\}$的每個元素都小於集合$\{a_n+\varepsilon|n\in \mathbf{N},n\geqslant n_0\}$的每個元素。依定理3(2)及定理4(1)，可知前一集合的最小上界小於或等於後一集合的最大下界，亦即：$b_{n_0}\leqslant c_{n_0}+\varepsilon$。由此可得

$$0 \leqslant b-c \leqslant b_{n_0}-c_{n_0} \leqslant \varepsilon。$$

因爲 $0 \leqslant b-c \leqslant \varepsilon$ 對所有正數 ε 都成立，所以，$b-c=0$ 或 $b=c$。

其次證明 $\{a_n\}$ 收斂於 $b(=c)$。不論 ε 是任何正數，$b+\varepsilon$ 不是 $\{b_n | n \in \mathbf{N}\}$ 的下界，於是，可找到 $n_1 \in \mathbf{N}$ 使得 $b_{n_1} < b+\varepsilon$。同理，$b-\varepsilon(=c-\varepsilon)$ 不是 $\{c_n | n \in \mathbf{N}\}$ 的上界，於是，可找到 $n_2 \in \mathbf{N}$ 使得 $c_{n_2} > b-\varepsilon$。令 $n_0=\max\{n_1, n_2\}$，則當 $n \in \mathbf{N}$ 且 $n \geqslant n_0$ 時，可得 $b_n \leqslant b_{n_1} < b+\varepsilon$ 及 $c_n \geqslant c_{n_2} > b-\varepsilon$。由此可得

$$b-\varepsilon < c_n \leqslant a_n \leqslant b_n < b+\varepsilon。$$

換言之，當 $n \geqslant n_0$ 時，恆有 $|a_n-b|<\varepsilon$。因此，$\{a_n\}$ 收斂於 b。‖

【例5】設 $\alpha, \beta \in \boldsymbol{R}$ 且 $\alpha<\beta$，$\{a_n\}$ 定義如下：$a_1=\alpha$，$a_2=\beta$，對每個 $n \in \mathbf{N}$，$a_{n+2}=(a_{n+1}+a_n)/2$。試證 $\{a_n\}$ 是收斂數列。

證：對每個 $n \in \mathbf{N}$，因爲 $a_{n+2}=(a_{n+1}+a_n)/2$，故得 $a_{n+2}-a_{n+1}=(a_n-a_{n+1})/2$，由此得 $|a_{n+1}-a_{n+2}|=|a_n-a_{n+1}|/2$。依數學歸納法，可得：對每個 $n \in \mathbf{N}$，恆有

$$|a_n-a_{n+1}|=\frac{1}{2^{n-1}}(\beta-\alpha)。$$

於是，對任意 $m, n \in \mathbf{N}$，$m>n>1$，恆有

$$\begin{aligned}|a_n-a_m| &\leqslant |a_n-a_{n+1}|+|a_{n+1}-a_{n+2}|+\cdots+|a_{m-1}-a_m| \\ &=\left(\frac{1}{2^{n-1}}+\frac{1}{2^n}+\cdots+\frac{1}{2^{m-2}}\right)(\beta-\alpha) \\ &<\frac{1}{2^{n-2}}(\beta-\alpha) \\ &\leqslant \frac{1}{n-1}(\beta-\alpha)。\text{（爲什麼？）}\end{aligned}$$

對每個正數 ε，依 Archimedes 性質，必可找到一個 $n_0 \in \mathbf{N}$ 使得 $n_0>1+(\beta-\alpha)/\varepsilon$，則當 $m, n \in \mathbf{N}$ 且 $m>n \geqslant n_0$ 時，可得

$$|a_n-a_m|<\frac{1}{n-1}(\beta-\alpha) \leqslant \frac{1}{n_0-1}(\beta-\alpha)<\varepsilon。$$

因此，$\{a_n\}$ 是 Cauchy 數列。依定理 9，$\{a_n\}$ 是收斂數列。‖

下面介紹另一種不必知道極限而能判定收斂數列的方法。

【定義5】設$\{a_n\}$為一數列。

(1)若對每個 $n\in\mathbf{N}$，都有 $a_n\leqslant a_{n+1}$，亦即：

$$a_1\leqslant a_2\leqslant\cdots\leqslant a_n\leqslant a_{n+1}\leqslant\cdots\cdots,$$

則稱$\{a_n\}$是一個**遞增數列**（increasing sequence）。

(2)若對每個 $n\in\mathbf{N}$，都有 $a_n\geqslant a_{n+1}$，亦即：

$$a_1\geqslant a_2\geqslant\cdots\geqslant a_n\geqslant a_{n+1}\geqslant\cdots\cdots,$$

則稱$\{a_n\}$是一個**遞減數列**（decreasing sequence）。

(3)遞增數列與遞減數列都稱為**單調數列**（monotonic sequence）。

【定理10】（有界單調即收斂）

(IV)在實數系中，每個有界遞增數列都會收斂到某一實數。

(V)在實數系中，每個有界遞減數列都會收斂到某一實數。

證：我們先根據(III)證明(IV)，再根據(IV)證明(V)。

設$\{a_n\}$是一有界遞增數列。因為$\{a_n\}$為有界數列，所以，可找到二實數 α 與β，$\alpha<\beta$，使每個 a_n 都屬於$[\alpha,\beta)$。只需證明$\{a_n\}$是 Cauchy 數列，則依定理 9 知$\{a_n\}$收斂於某一實數。設 ε 為任意正數，依 Archimedes 性質，可找到一個 $k\in\mathbf{N}$ 使得$k>(\beta-\alpha)/\varepsilon$，將區間$[\alpha,\beta]$ k 等分，令 $\alpha_0=\alpha<\alpha_1<\alpha_2<\cdots<\alpha_k=\beta$ 表$[\alpha,\beta]$ 的全體 k 等分點。令 $j=\max\{i\mid 1\leqslant i\leqslant k,[\alpha_{i-1},\alpha_i)$中含有某個 $a_n\}$，再令 $S=\{n\in\mathbf{N}\mid a_n\in[\alpha_{j-1},\alpha_j)\}$。因為 S 是$\mathbf{N}$ 的非空子集，所以，S 有最小元素，設其為 n_0。當 $n\in\mathbf{N}$ 且 $n\geqslant n_0$時，因為$\{a_n\}$是遞增數列，所以，$a_n\geqslant a_{n_0}\geqslant\alpha_{j-1}$。另外，依 j 的定義，對每個 $n\in\mathbf{N}$，恆有 $a_n<\alpha_j$。由此可知：若 $n\in\mathbf{N}$ 且 $n\geqslant n_0$，則 $a_n\in[\alpha_{j-1},\alpha_j)$。於是，當 $m,n\geqslant n_0$時，恆有$|a_m-a_n|<\alpha_j-\alpha_{j-1}=(\beta-\alpha)/k<\varepsilon$。換言之，$\{a_n\}$是一個 Cauchy 數列。

其次，我們根據(IV)證明(V)。設$\{b_n\}$是一個有界遞減數列，則數列$\{-b_n\}$是有界遞增數列。依(IV)的結果，$\{-b_n\}$收斂於某一實數 l。於

是，數列$\{b_n\}$收斂於實數$-l$。‖

性質(IV)與性質(V)的對稱狀況，跟性質(I)與性質(II)的對稱狀況非常相似。我們已根據(IV)證明了(V)，利用類似的方法，也可以根據(V)證明(IV)。換言之，性質(IV)與性質(V)的等價性也是顯而易見的。下一小節中將用它們來證明區間套定理。

丙、區間套定理

本節所要介紹的最後一個等價敘述稱為**區間套定理**（nested interval theorem），在外觀上，它似乎與其他等價敘述都不相同，實際上卻與單調數列的關係很密切。

【定理11】（區間套定理）

(VI)若$[a_1,b_1]\supset[a_2,b_2]\supset\cdots\cdots\supset[a_n,b_n]\supset\cdots\cdots$是由$\boldsymbol{R}$中的閉區間所成的遞減序列，而且$\lim_{n\to\infty}(b_n-a_n)=0$，則$\bigcap_{n=1}^{\infty}[a_n,b_n]$恰含一個實數$c$，而且$\lim_{n\to\infty}a_n=\lim_{n\to\infty}b_n=c$。

證：考慮左端點所成的數列$\{a_n\}$與右端點所成的數列$\{b_n\}$，因為對每個$n\in\mathbf{N}$，$[a_n,b_n]\supset[a_{n+1},b_{n+1}]$，所以，$a_n\leqslant a_{n+1}$，$b_n\geqslant b_{n+1}$。換言之，$\{a_n\}$是遞增數列而$\{b_n\}$是遞減數列。另一方面，因為所有區間都是$[a_1,b_1]$的子區間，所以，對每個$n\in\mathbf{N}$，恆有$a_1\leqslant a_n\leqslant b_n\leqslant b_1$。由此可知：$\{a_n\}$與$\{b_n\}$都是有界數列。依定理10的(IV)與(V)，可知$\{a_n\}$與$\{b_n\}$都是收斂數列，亦即：$\lim_{n\to\infty}a_n$與$\lim_{n\to\infty}b_n$都存在。因為$\lim_{n\to\infty}(b_n-a_n)=0$，所以，可知$\lim_{n\to\infty}a_n=\lim_{n\to\infty}b_n$，設此共同極限值為$c$。我們將證明所有區間只含一共同實數，它就是$c$。

首先，對任意$m,n\in\mathbf{N}$，恆有$a_m\leqslant a_{m+n}\leqslant b_{m+n}\leqslant b_n$。由此可知：對每個$m\in\mathbf{N}$，可得$a_m\leqslant\lim_{n\to\infty}b_n=c$。同理，對每個$n\in\mathbf{N}$，可得$c=\lim_{m\to\infty}a_m\leqslant b_n$。因此，對每個$n\in\mathbf{N}$，恆有$a_n\leqslant c\leqslant b_n$或$c\in[a_n,b_n]$，亦即：$c$屬於所有$[a_n,b_n]$的交集。另一方面，若$c$與

d 都屬於所有 $[a_n, b_n]$ 的交集，則對每個 $n \in \boldsymbol{N}$，恆有 $|c-d| \leqslant b_n - a_n$。因爲 $\lim_{n\to\infty}(b_n - a_n) = 0$，所以 $c-d=0$ 或 $c=d$。換言之，$\bigcap_{n=1}^{\infty}[a_n, b_n]$ 恰含一個實數。‖

區間套定理的條件 $[a_1, b_1] \supset [a_2, b_2] \supset \cdots \supset [a_n, b_n] \supset \cdots$，也可以改寫成「兩數列 $\{a_n\}$ 與 $\{b_n\}$ 滿足 $a_1 \leqslant a_2 \leqslant \cdots\cdots \leqslant a_n \leqslant \cdots\cdots \leqslant b_n \leqslant \cdots\cdots \leqslant b_2 \leqslant b_1$」，不過，採用定理11的寫法比較容易推廣到其他空間。在應用區間套定理證明問題時，通常是配合問題的要求，將 $[a_n, b_n]$ 等分成若干部分，再從其中選擇一個子區間做爲 $[a_{n+1}, b_{n+1}]$，如此就可以得出一個遞減的閉區間序列，下面我們就使用這個方法來根據區間套定理(VI)證明實數系的完備性。

【定理12】（由區間套定理證明完備性）

已知實數系 $\boldsymbol{R}$ 是一個有序體而且區間套定理成立，可以證明 $\boldsymbol{R}$ 的完備性（即§1－1定理18）。

證：設 A 與 B 是 $\boldsymbol{R}$ 的兩個非空子集，$A \cup B = \boldsymbol{R}$，$A \cap B = \phi$，而且 A 的每個元素都小於 B 的每個元素。在 A 中任取一元素 a_1，在 B 中任取一元素 b_1，顯然地，$a_1 < b_1$。接著，定義 a_2 與 b_2 如下：

（＊）若 $(a_1+b_1)/2 \in A$，則 $a_2 = (a_1+b_1)/2$ 且 $b_2 = b_1$。

（＊）若 $(a_1+b_1)/2 \in B$，則 $a_2 = a_1$，$b_2 = (a_1+b_1)/2$。

於是，可知 $a_2 \in A$、$b_2 \in B$、$[a_2, b_2] \subset [a_1, b_1]$、而且 $b_2 - a_2 = (b_1 - a_1)/2$。仿此，依數學歸納法，可得二數列 $\{a_n\}$ 及 $\{b_n\}$，使得：對每個 $n \in \boldsymbol{N}$，恆有 $a_n \in A$、$b_n \in B$、$[a_{n+1}, b_{n+1}] \subset [a_n, b_n]$、而且 $b_n - a_n = (b_1 - a_1)/2^{n-1}$。

因爲 $[a_1, b_1] \supset [a_2, b_2] \supset \cdots \supset [a_n, b_n] \supset \cdots$ 是一個遞減的閉區間序列，而且 $\lim(b_n - a_n) = \lim(b_1 - a_1)/2^{n-1} = 0$，所以，依區間套定理，恰有一個實數 c 屬於每個 $[a_n, b_n]$，而且 $\lim a_n = \lim b_n = c$。

對每個 $a \in A$，因爲每個 b_n 都滿足 $a < b_n$，所以，可得 $a \leqslant \lim b_n = c$。另一方面，對每個 $b \in B$，因爲每個 a_n 都滿足 $a_n < b$，所以，

可得 $c=\lim a_n \leqslant b$。這就是所欲證的結果。 ∥

至此，我們證明了完備性與性質(Ⅰ)、(Ⅱ)、(Ⅲ)、(Ⅳ)、(Ⅴ)與(Ⅵ)等六個性質都等價，這些性質中的每一個都可以看成是實數系完備性的一種形式。在這些性質中，§1－1的定理 18 最具幾何直觀，但在應用上反而不如其他六個性質方便。讀者將會發現：這些性質在分析數學中使用得非常頻繁，事實上，完備性及其等價性質可以說是分析數學中最基本也最重要的性質。

很重要的結語：在定理10由(Ⅲ)證明(Ⅳ)時，我們使用了 Archimedes 性質。所以，嚴格地說，性質(Ⅲ)加上 Archimedes 性質才與性質(Ⅳ)等價。

練習題　1－2

1. 若 r 是不為 0 的有理數而 x 為無理數，則 $r+x$ 與 rx 都是無理數。試證之。
2. 若 a、b、c 與 d 是有理數，$ad-bc\neq 0$，而 x 是無理數，試證 $(ax+b)/(cx+d)$ 是無理數。
3. 試證 $\sqrt{2}+\sqrt{3}$ 是無理數。
4. 試證：對每個 $n\in\boldsymbol{N}$，$\sqrt{n-1}+\sqrt{n+1}$ 都是無理數。
5. 試作一個由無理數所成的集合使其最小上界是有理數。
6. 試求集合 $\{2^{-a}+3^{-b}+5^{-c} \mid a,b,c\in\boldsymbol{N}\}$ 的最小上界與最大下界。
7. 試完成定理2的證明。
8. 試完成定理3的證明。
9. 試完成定理4的證明。
10. 設 X 與 Y 為非空集而 $f: X\times Y\to\boldsymbol{R}$ 是一個二變數實數值函數且值域 $f(X\times Y)$ 有上界。對每個 $x\in X$ 及每個 $y\in Y$，令

$$g(x)=\sup\{f(x,y)\mid y\in Y\},$$
$$h(y)=\sup\{f(x,y)\mid x\in X\}。$$

試證：集合$\{g(x)\mid x\in X\}$與$\{h(y)\mid y\in Y\}$都有上界，而且其最小上界都與$\sup f(X\times Y)$相等。此一關係式通常可簡寫成下述形式：

$$\sup_{x,y}f(x,y)=\sup_x\sup_y f(x,y)=\sup_y\sup_x f(x,y)。$$

11.承上題，設值域$f(X\times Y)$是有界集合。對每個$y\in Y$，令$k(y)=\inf\{f(x,y)\mid x\in X\}$，試證：

$$\sup\{k(y)\mid y\in Y\}\leqslant\inf\{g(x)\mid x\in X\}。$$

此不等式通常可簡寫成下述形式：

$$\sup_y\inf_x f(x,y)\leqslant\inf_x\sup_y f(x,y)。$$

並舉一例說明等號可以不成立。

12.若X爲非空集而$f,g:X\to\boldsymbol{R}$爲二有界函數（亦即：$f(X)$與$g(X)$都是有界集合），則

$$\begin{aligned}&\inf_x f(x)+\inf_x g(x)\leqslant\inf_x(f(x)+g(x))\\&\leqslant\inf_x f(x)+\sup_x g(x)\\&\leqslant\sup_x(f(x)+g(x))\leqslant\sup_x f(x)+\sup_x g(x)\end{aligned}$$

並舉例說明上式的等號可以都不成立。

13.在本節例5所定義的數列$\{a_n\}$中，試根據給定的遞迴關係式$a_{n+2}-a_{n+1}=(a_n-a_{n+1})/2$求出每個$a_n$的值，並由所得結果求$\lim_{n\to\infty}a_n$。

14.設$\alpha,\beta\in\boldsymbol{R}$且$\alpha<\beta$，$\{a_n\}$定義如下：$a_1=\alpha$，$a_2=\beta$，對每個$n\in\boldsymbol{N}$，$a_{n+2}=(4a_{n+1}-a_n)/3$。試證：$\{a_n\}$是收斂數列並求其極限。

15.設$\{a_n\}$定義如下：$a_1=0$，$a_2=1$，對每個$n\in\boldsymbol{N}$，$a_{n+2}=(na_{n+1}+a_n)/(n+1)$。試證：$\{a_n\}$是收斂數列並求其極限。

16.設$\{a_n\}$爲一實數數列，$k,c\in\boldsymbol{R}$且$k\geqslant0$，$0\leqslant c<1$。若對每個

$n\in \mathbf{N}$，恆有$|a_{n+1}-a_n|\leqslant kc^n$，試證：$\{a_n\}$是一個收斂數列。

17.(1)若$\{a_n\}$是有界遞增數列，試證：

$$\lim_{n\to\infty} a_n=\sup\{a_n\mid n\in \mathbf{N}\}。$$

(2)若$\{a_n\}$是有界遞減數列，試證：

$$\lim_{n\to\infty} a_n=\inf\{a_n\mid n\in \mathbf{N}\}。$$

18.試證下列各數列都是收斂數列，並求其極限：

(1)$a_1=1$，對每個$n\in \mathbf{N}$，$a_{n+1}=\sqrt{2a_n}$。

(2)$a_1=1$，對每個$n\in \mathbf{N}$，$a_{n+1}=\sqrt{2+a_n}$。

(3)$a_1>1$，對每個$n\in \mathbf{N}$，$a_{n+1}=2-1/a_n$。

(4)$a_1=1$，對每個$n\in \mathbf{N}$，$a_{n+1}=(a_n^4+4a_n)/(2a_n^3+2)$。

19.試作一個由開區間所成的遞減序列$(a_1,b_1)\supset(a_2,b_2)\supset\cdots\supset(a_n,b_n)\supset\cdots$使得$\lim_{n\to\infty}(b_n-a_n)=0$，但所有$(a_n,b_n)$的交集是空集合。

20.試作一個由無限閉區間所成的遞減序列

$$[a_1,+\infty)\supset[a_2,+\infty)\supset\cdots\supset[a_n,+\infty)\supset\cdots,$$

使得所有$[a_n,+\infty)$的交集是空集合。

21.設α與β爲二不相等的實數。若數列$\{a_n\}$中有無限多項是α，也有無限多項是β，則$\{a_n\}$是發散數列。

22.設一數列$\{a_n\}$定義如下：$a_1=\alpha$，$a_2=\beta$，對每個$n\in \mathbf{N}$，恆有$a_{n+2}=(1+a_{n+1})/a_n$。試證：不論α與β是任何不等於0也不等於-1的實數，數列$\{a_n\}$都是發散數列。

23.設α與β爲正實數，定義四個數列$\{a_n\}$、$\{b_n\}$、$\{c_n\}$與$\{d_n\}$如下：

$(*)$ $a_1=\alpha$，$b_1=\beta$，對每個$n\in \mathbf{N}$，

$$a_{n+1}=(a_n+b_n)/2，b_{n+1}=\sqrt{a_nb_n}；$$

$(*)$ $c_1=\alpha$，$d_1=\beta$，對每個$n\in \mathbf{N}$，

$$c_{n+1}=(c_n+d_n)/2，d_{n+1}=\sqrt{c_{n+1}d_n}；$$

(1)試證$\{a_n\}$與$\{b_n\}$收斂到同一極限，$\{c_n\}$與$\{d_n\}$收斂到同一極限。

(2)上述兩極限是否相等，試給以證明或反證。

(3)設 $\alpha=\cos\theta\ (0<|\theta|<\pi/2)$，$\beta=1$，試證：對每個 $n\in\mathbf{N}$，$c_{n+1}=\cos(\theta/2)\cos(\theta/2^2)\cdots\cos(\theta/2^{n-1})\cos^2(\theta/2^n)$，$d_{n+1}=c_{n+1}/\cos(\theta/2^n)$，並由此證明

$$\lim_{n\to\infty}c_n=\lim_{n\to\infty}d_n=\sin\theta/\theta。$$

24.若 X 為非空集合而 $f,g：X\to\boldsymbol{R}$ 為二有界函數，試證：

(1)$\sup_x(f\vee g)(x)=(\sup_x f(x))\vee(\sup_x g(x))$。

(2)$\inf_x(f\vee g)(x)\geqslant(\inf_x f(x))\vee(\inf_x g(x))$，並舉例說明等號可能不成立。

(3)$\sup_x(f\wedge g)(x)\leqslant(\sup_x f(x))\wedge(\sup_x g(x))$，並舉例說明等號可能不成立。

(4)$\inf_x(f\wedge g)(x)=(\inf_x f(x))\wedge(\inf_x g(x))$。

思考題 1－2

1.設 $x\in\boldsymbol{R}$ 而 $n\in\mathbf{N}$，試證：必可找到整數 h 與 k，$0<k\leqslant n$，使得$|kx-h|<1/n$。

（提示：考慮 $tx-[tx]$（$t=0,1,2,\cdots,n$）等$n+1$個數。）

2.若 x 是無理數，試證：必有無限多個有理數 h/k 滿足

$$|x-h/k|<1/k^2。$$

（提示：應用第 1 題。）

1－3 完備性的應用與 Cantor 集

介紹過完備性及其常用的等價性質之後，我們介紹有關完備性的一些基本應用，包括方根、指數與小數表示法等。

甲、方根與指數

指數的概念在中學數學課程中已經有所接觸，不過，對指數做嚴密的討論，必須仰賴數學歸納法及完備性。

【定義1】設 a 為實數，則 a 的**正整數乘冪** a^n 可利用數學歸納法定義如下：

(1)$a^1=a$；

(2)對任何正整數 n，$a^{n+1}=a^n\cdot a$。

根據上述定義，我們可以利用數學歸納法證明正整數乘冪的指數律（參看練習題1）。

其次，我們進一步定義正有理數乘冪，但這項定義需引用下面的定理。

【定理1】（方根的存在性）

若 n 為正整數而 a 為正實數，則恰有一正實數 b 滿足 $b^n=a$，正數 b 稱為正數 a 的**正 n 次方根**，以 $\sqrt[n]{a}$ 表之。

證：實數 b 的唯一性很明顯，因為依練習題 1(4)，若 $0<b_1<b_2$，則 $b_1^n<b_2^n$。

其次證明 b 的存在性：令 $S=\{x\in\boldsymbol{R}\mid x>0，x^n<a\}$。設 $y=a/(1+a)$，因為 $0<y<1$ 且 $y<a$，所以，$y^n\leqslant y<a$。於是，$y\in S$，$S\neq\phi$。另一方面，若 $z>1+a$，則 $z>1$ 且 $z>a$。於是，$z^n\geqslant z>a$，$z\notin S$。由此可知：$1+a$ 是集合 S 的一個上界。依§1－2 定理

1，S 有最小上界，設 $b=\sup S$。因爲 $b\geqslant a/(1+a)$，所以，$b>0$。下面我們採用歸謬證法證明 $b^n=a$。

設 $b^n>a$，令 $c=b-(b^n-a)/(nb^{n-1})$。因爲 $b^n>a$，所以，$c<b$。另一方面，因爲 $c=(n-1)b/n+a/(nb^{n-1})$，所以，$c>0$。若 $z>c$，則

$$\begin{aligned} b^n-z^n<b^n-c^n &=(b-c)(b^{n-1}+b^{n-2}c+\cdots+bc^{n-2}+c^{n-1}) \\ &<nb^{n-1}(b-c) \\ &=b^n-a。\end{aligned}$$

由此可知：$z^n>a$，$z\notin S$。於是，c 是集合 S 的一個上界，因爲 $c<b$，此與 $b=\sup S$ 矛盾，所以，$b^n>a$ 不能成立。

設 $b^n<a$，選取一個 $h\in \mathbf{R}$ 使得：$h<(a-b^n)/[n(b+1)^{n-1}]$且 $0<h<1$。顯然地，$b+h>b$。因爲

$$\begin{aligned} &(b+h)^n-b^n \\ &=h\left((b+h)^{n-1}+(b+h)^{n-2}b+\cdots+(b+h)b^{n-2}+b^{n-1}\right) \\ &<nh(b+h)^{n-1} \\ &<nh(b+1)^{n-1} \\ &<a-b^n，\end{aligned}$$

所以，$(b+h)^n<a$，$b+h\in S$。因爲 $b+h>b$，此與 $b=\sup S$ 矛盾，所以，$b^n<a$ 不能成立。

綜合上述兩段的結果，可知 $b^n=a$。‖

利用定理1的結果與記號，很容易證得下述結果。

【定理2】（方根的基本性質）

若 a 與 b 爲正實數，而 k、m 與 n 都是正整數，則

(1) $\sqrt[n]{a^m}=(\sqrt[n]{a})^m$。

(2) $\sqrt[kn]{a^{km}}=\sqrt[n]{a^m}$。

(3) $\sqrt[m]{\sqrt[n]{a}}=\sqrt[mn]{a}$。

(4) $\sqrt[n]{a}\sqrt[n]{b}=\sqrt[n]{ab}$。

下面是正有理數乘冪的定義。

【定義2】若 a 爲正實數，m 與 n 爲正整數，則 a 的正有理數乘冪 $a^{m/n}$ 定義爲 $\sqrt[n]{a^m}$，亦即：$a^{m/n}=\sqrt[n]{a^m}=(\sqrt[n]{a})^m$ 。

利用定義 2 、定理 1 、定理 2 及正整數乘冪的指數律，很容易證明正有理數乘冪的指數律（參看練習題 3 ）。

下面是正實數乘冪的定義。

【定義3】設 a 爲正實數，x 也爲正實數。

⑴若 $a>1$，則依練習題 3⑵，可知集合 $\{a^r \mid r\in \boldsymbol{Q}^+$ 且 $r<x\}$ 有上界。a 的**正實數乘冪** a^x 定義爲此集合的最小上界，亦即：

$$a^x=\sup\{a^r \mid r\in \boldsymbol{Q}^+ \text{ 且 } r<x\}。$$

⑵若 $a<1$，則 $a^{-1}>1$。a 的**正實數乘冪** a^x 定義爲 $(a^{-1})^x$ 的倒數，亦即：$a^x=[(a^{-1})^x]^{-1}$。

【定理3】（正實數乘冪的指數律）

設 a 與 b 爲正實數，x 與 y 也爲正實數。

⑴ $a^x>0$。

⑵若 $x>y$，則當 $a>1$ 時，$a^x>a^y$；當 $0<a<1$ 時，$a^x<a^y$。

⑶若 $a>b$ 且 $x>0$，則 $a^x>b^x$。

⑷ $a^xa^y=a^{x+y}$。

⑸ $(a^x)^y=a^{xy}$。

⑹ $a^xb^x=(ab)^x$ 。

證：我們只證明⑷，其餘留爲習題。

首先考慮 $a>1$ 的情形。若 $t\in \boldsymbol{Q}^+$ 且 $t<x+y$，則 $t-y<x$。於是，依有理數的稠密性（§1－1定理21），必可找到一個有理數 r 滿足 $\max\{0,t-y\}<r<\min\{x,t\}$。於是，$r\in \boldsymbol{Q}^+$ 而且 $r<x$、$r<t$ 且 $0<t-r<y$。依定義3⑴，可得 $a^r\leqslant a^x$ 且 $a^{t-r}\leqslant a^y$。再依練習題 3⑷，可得 $a^t=a^{r+(t-r)}=a^ra^{t-r}\leqslant a^xa^y$。由此可知：$a^xa^y$ 是集合

$\{a^t \mid t\in \boldsymbol{Q}^+$且$t<x+y\}$的一個上界。依定義3(1)，得$a^{x+y}\leqslant a^x a^y$。

其次，對小於y的每個正有理數s而言，若$r\in \boldsymbol{Q}^+$且$r<x$，則得$r+s<x+y$。由此得$a^r a^s=a^{r+s}\leqslant a^{x+y}$，或$a^r\leqslant a^{x+y}/a^s$。於是，$a^{x+y}/a^s$是集合$\{a^r \mid r\in \boldsymbol{Q}^+$且$r<x\}$的一個上界。依定義3(1)，得$a^x\leqslant a^{x+y}/a^s$，或$a^s\leqslant a^{x+y}/a^x$。由此可知：$a^{x+y}/a^x$是集合$\{a^s \mid s\in \boldsymbol{Q}^+$且$s<y\}$的一個上界。依定義3(1)，得$a^y\leqslant a^{x+y}/a^x$，或$a^x a^y\leqslant a^{x+y}$。

綜合前兩段的結果可知：若$a>1$，則$a^x a^y=a^{x+y}$。

若$0<a<1$，則$a^{-1}>1$。依前述結果可知$(a^{-1})^x(a^{-1})^y=(a^{-1})^{x+y}$。於是，依定義3(2)得

$$\begin{aligned}a^x a^y &=[(a^{-1})^x]^{-1}[(a^{-1})^y]^{-1}\\&=[(a^{-1})^x(a^{-1})^y]^{-1}=[(a^{-1})^{x+y}]^{-1}=a^{x+y}\text{。}\ \|\end{aligned}$$

最後介紹負實數乘冪與零乘冪。

【定義4】設a為正實數，x為實數。

(1)若$x>0$，則a^x的定義就依定義3。

(2)若$x=0$，則a^0定義為1，即$a^0=1$。

(3)若$x<0$，則a^x定義為a^{-x}的倒數，即$a^x=(a^{-x})^{-1}$。

根據定義4，我們可以證明一般的指數律，亦即：定理3中的六個性質，除(3)之外，其餘五個性質對於所有實數x與y都成立（參看練習題5）。

乙、對　數

有了前小節所定義的指數概念，我們可以進一步介紹對數的概念，但這需要引用一個數列的極限。

【例1】(1)不論a是任何正數，恆有$\lim_{n\to\infty}\sqrt[n]{a}=1$。

(2)若$a>1$，則$\lim_{n\to\infty}a^{-n}=0$，$\lim_{n\to\infty}a^n=+\infty$。

證：讀者參看微積分教材自證之。‖

【定理4】(對數的存在性)

若 a 爲一正數，$a \neq 1$，則對每個正實數 c，恰有一個實數 b 滿足 $a^b = c$。

證：實數 b 的唯一性很明顯，因爲依指數律，當 $a>1$時，由 $b_1<b_2$ 可得 $a^{b_1}<a^{b_2}$；當 $0<a<1$ 時，由 $b_1<b_2$可得 $a^{b_1}>a^{b_2}$。

其次證明 b 的存在性。因爲$(a^{-1})^x = a^{-x}$，所以，我們只需證明 $a>1$的情形。令 $S=\{x \in \mathbf{R} \mid a^x < c\}$。因爲$\lim_{n\to\infty} a^{-n}=0$，所以，必可找到一個 $k \in \mathbf{N}$ 使得 $0<a^{-k}<c$。於是，$-k \in S$，$S \neq \phi$。因爲$\lim_{n\to\infty} a^n = +\infty$，所以，必可找到一個 $m \in \mathbf{N}$ 使得$a^m>c$。於是，對每個 $x \geqslant m$，恆有 $a^x \geqslant a^m > c$，$x \notin S$。由此可知：m 是S 的一個上界。依§ 1－2 定理 1 ，S 有最小上界，設 $b=\sup S$。

若 $a^b<c$，則 $1<ca^{-b}$。因爲$\lim_{n\to\infty} a^{1/n}=1$，所以，必可找到一個 $p \in \mathbf{N}$ 使得 $1<a^{1/p}<ca^{-b}$。於是，$a^{b+1/p}<c$，$b+1/p \in S$。因爲 $b+1/p>b$，此與 $b=\sup S$ 矛盾，所以，$a^b<c$ 不能成立。

若 $a^b>c$，則 $1<a^b/c$。因爲$\lim_{n\to\infty} a^{1/n}=1$，所以，必可找到一個 $q \in \mathbf{N}$ 使得 $1<a^{1/q}<a^b/c$。於是，$c<a^{b-1/q}$，而且對每個 $x \geqslant b-1/q$，恆有 $a^x \geqslant a^{b-1/q}>c$，$x \notin S$。由此可知：$b-1/q$ 是S 的一個上界。因爲 $b-1/q<b$，此與 $b=\sup S$ 矛盾，所以，$a^b>c$ 不能成立。

綜合上述兩段的結果，可知 $a^b=c$。‖

【定義5】設 a 爲正實數，$a \neq 1$。對每個正數 c，滿足 $a^b=c$ 的實數 b 稱爲以 a 爲底時 c 的**對數**，以 $\log_a c$ 表之，亦即：$b=\log_a c$。

因爲 $b=\log_a c$ 與 $a^b=c$ 意義相同，所以，定理 3 所提的指數律很容易就可改寫成對數的基本性質。這件工作留給讀者自行討論。

丙、b 進位表示法

實數系完備性的另一項應用，乃是保證實數對任何進位制都可以用無限小數來表示。下面我們就討論這個主題。

【引理5】(除法定理)

若 $a\in \boldsymbol{Z}$ 而 $b\in \boldsymbol{N}$，則必可找到唯一的一對整數 q 與 r，使得 $a=bq+r$，$0\leqslant r<b$。事實上，$q=[a/b]$。

證：r 就是集合 $\{a+kb \mid k\in \boldsymbol{Z}$ 而 $a+kb\geqslant 0\}$ 的最小元素，證明的細節留為習題。‖

【定理6】(正整數的 b 進位表示法)

若 b 是大於 1 的一個固定整數，則對每個正整數 a，恆存在一個非負整數 n 以及 $n+1$ 個整數 $a_0,a_1,\cdots,a_n$，使得 a 可以唯一地表示成下述形式：

$$a=a_nb^n+a_{n-1}b^{n-1}+\cdots+a_1b+a_0,$$

其中，對每個 $i=0,1,2,\cdots,n$，恆有 $0\leqslant a_i\leqslant b-1$，而且 $a_n>0$。

證：留為習題。‖

【定理7】(正實數的 b 進位表示法)

若 b 是大於 1 的一個固定整數，則對每個 $x\in(0,1)$，都可以找到一個由整數所成的數列 $\{a_n\}$，使得

$$x=\sum_{n=1}^{\infty}\frac{a_n}{b^n}=\frac{a_1}{b}+\frac{a_2}{b^2}+\cdots+\frac{a_n}{b^n}+\cdots\cdots,$$

其中，對每個 $n\in \boldsymbol{N}$，恆有 $0\leqslant a_n\leqslant b-1$。

證：令 $a_1=[bx]$。因為 $0<x<1$，$0<bx<b$，所以，$0\leqslant a_1\leqslant b-1$。因為 $0\leqslant bx-a_1<1$，所以，得

$$\frac{a_1}{b}\leqslant x<\frac{a_1}{b}+\frac{1}{b}。$$

其次，令 $a_2=[b^2x-ba_1]$。因為 $0\leqslant bx-a_1<1$，$0\leqslant b^2x-ba_1<b$，所以，$0\leqslant a_2\leqslant b-1$。因為 $0\leqslant b^2x-ba_1-a_2<1$，所以，得

$$\frac{a_1}{b}+\frac{a_2}{b^2}\leqslant x<\frac{a_1}{b}+\frac{a_2}{b^2}+\frac{1}{b^2}。$$

仿此繼續行之，假設我們已得出 n 個整數 a_1、a_2、$\cdots$、a_n，使得對每個 $k=1,2,\cdots,n$，恆有

$$\frac{a_1}{b}+\frac{a_2}{b^2}+\cdots+\frac{a_k}{b^k}\leqslant x<\frac{a_1}{b}+\frac{a_2}{b^2}+\cdots+\frac{a_k}{b^k}+\frac{1}{b^k}, \qquad (*)$$

而且 $0\leqslant a_1,a_2,\cdots,a_n\leqslant b-1$。令

$$a_{n+1}=[b^{n+1}x-b^na_1-b^{n-1}a_2-\cdots-ba_n]。$$

因爲由(*)式可得 $0\leqslant b^{n+1}x-b^na_1-b^{n-1}a_2-\cdots-ba_n<b$，所以，$0\leqslant a_{n+1}\leqslant b-1$。因爲 $0\leqslant b^{n+1}x-b^na_1-b^{n-1}a_2-\cdots-ba_n-a_{n+1}<1$，所以，得

$$\frac{a_1}{b}+\frac{a_2}{b^2}+\cdots+\frac{a_{n+1}}{b^{n+1}}\leqslant x<\frac{a_1}{b}+\frac{a_2}{b^2}+\cdots+\frac{a_{n+1}}{b^{n+1}}+\frac{1}{b^{n+1}}。$$

由此可知：依數學歸納法，可找到一個由整數所成的數列 $\{a_n\}$，使得對每個 $n\in\mathbf{N}$，恆有 $0\leqslant a_n\leqslant b-1$，而且

$$\frac{a_1}{b}+\frac{a_2}{b^2}+\cdots+\frac{a_n}{b^n}\leqslant x<\frac{a_1}{b}+\frac{a_2}{b^2}+\cdots+\frac{a_n}{b^n}+\frac{1}{b^n}。$$

因爲 $b>1$，所以，$\lim_{n\to\infty} b^{-n}=0$。由此可得

$$x=\lim_{n\to\infty}\sum_{k=1}^{n}\frac{a_k}{b^k}=\sum_{n=1}^{\infty}\frac{a_n}{b^n}。$$

這就是我們所要證明的結果。‖

定理 7 中的結果，就稱爲將 x 表示成 b **進位的無限小數**。這種表示法並不像定理 6 的表示法具有唯一性，我們寫成一個定理。

【定理8】（ b 進位無限小數的相等關係）

設 $\{a_n\}$ 與 $\{c_n\}$ 是由整數所成的數列。若對每個 $n\in\mathbf{N}$，恆有 $0\leqslant a_n,c_n\leqslant b-1$，則 $\sum_{n=1}^{\infty}a_n/b^n=\sum_{n=1}^{\infty}c_n/b^n$ 的充要條件是下列兩者恰有一成立：

(1)對每個 $n\in\mathbf{N}$，$a_n=c_n$；

(2)可找到一個 $m\in\mathbf{N}$，$a_1=c_1$，$a_2=c_2$，$\cdots$，$a_{m-1}=c_{m-1}$，（設 $a_m>c_m$ ）$a_m=c_m+1$，$a_{m+1}=a_{m+2}=\cdots=0$，$c_{m+1}=c_{m+2}=\cdots$

$=b-1$。

證：上述條件(1)與(2)都具充分性，這一點由無窮等比級數的求和公式即可得。下面我們證明必要性。

假設 a_n 與 c_n 不全相等，依正整數系 $\mathbf{N}$ 的良序性，令 m 表示集合 $\{n\in\mathbf{N}\mid a_n\neq c_n\}$ 的最小元素，則可得 $a_1=c_1$，$a_2=c_2$，…，$a_{m-1}=c_{m-1}$，$a_m\neq c_m$。設 $a_m>c_m$，則得 $a_m-c_m\geqslant 1$。因爲 $0\leqslant a_n, c_n\leqslant b-1$，所以，將兩個無限小數相減，即得

$$\frac{1}{b^m}\leqslant\frac{a_m-c_m}{b^m}=\sum_{n=m+1}^{\infty}\frac{c_n-a_n}{b^n}\leqslant\sum_{n=m+1}^{\infty}\frac{b-1}{b^n}=\frac{1}{b^m}。$$

由於上式左、右兩端相等，故得 $a_m-c_m=1$，而且對每個 $n>m$，恆有 $c_n-a_n=b-1$。因爲 a_n 與 c_n 是 $[0,b-1]$ 上的整數，所以，由 $c_n-a_n=b-1$ 可得 $a_n=0$ 且 $c_n=b-1$。這就是所欲證的結果。‖

定理 8 的條件(2)中所提的無限小數 $\sum_{n=1}^{\infty}a_n/b^n$，由於從某一項起的各項都是 0，我們通常稱之爲**有限小數**。什麼樣的正實數表示成 b 進位小數時會是有限小數呢？這個問題留給讀者自己探討（參看練習題 9）。另一方面，定理 8 中的 $\sum_{n=1}^{\infty}a_n/b^n$ 與 $\sum_{n=1}^{\infty}c_n/b^n$ 還有一項共同的特性：從某一項起的各項之值都相等，或者說，同樣的值在不斷地重複。在無限小數中，若有某些項所成的一段在不斷地重複，則稱之爲**循環小數**。在任何進位制中，循環小數與有理數意義相同，且看下述定理。

【定理9】（有理數的 b 進位小數）

設 b 是大於 1 的一個固定整數，$x\in(0,1)$，則 $x\in\mathbf{Q}$ 的充要條件是：在 x 的 b 進位無限小數表示法 $\sum_{n=1}^{\infty}a_n/b^n$ 中，可找到兩個正整數 m 與 k，使得：對每個 $t\in\mathbf{N}$ 及大於 m 的每個 $n\in\mathbf{N}$，恆有 $a_{n+tk}=a_n$。

證：充分性：設對每個 $t\in\mathbf{N}$ 及大於 m 的每個 $n\in\mathbf{N}$，恆有 $a_{n+tk}=a_n$，則對每個非負整數 t，因爲

$$a_{m+1+tk}=a_{m+1}，a_{m+2+tk}=a_{m+2}，\cdots，a_{m+k+tk}=a_{m+k}，$$

所以，可得

$$\begin{aligned} x &= \sum_{n=1}^{m}\frac{a_n}{b^n}+\sum_{t=0}^{\infty}\left(\frac{a_{m+1+tk}}{b^{m+1+tk}}+\frac{a_{m+2+tk}}{b^{m+2+tk}}+\cdots+\frac{a_{m+k+tk}}{b^{m+k+tk}}\right) \\ &= \sum_{n=1}^{m}\frac{a_n}{b^n}+\sum_{t=0}^{\infty}\frac{1}{b^{tk}}\left(\frac{a_{m+1}}{b^{m+1}}+\frac{a_{m+2}}{b^{m+2}}+\cdots+\frac{a_{m+k}}{b^{m+k}}\right) \\ &= \sum_{n=1}^{m}\frac{a_n}{b^n}+\left(\frac{a_{m+1}}{b^{m+1}}+\frac{a_{m+2}}{b^{m+2}}+\cdots+\frac{a_{m+k}}{b^{m+k}}\right)\cdot\frac{b^k}{b^k-1}。\end{aligned}$$

因為 b 與所有 a_n 都是整數，所以，上式右端是一個有理數，亦即：$x\in\boldsymbol{Q}$。

必要性：設 $x=q/p$，其中 $p,q\in\mathbf{N}$ 且 $0<q<p$。設 $a_1=[bx]$，依除法定理，a_1 就是 bq 除以 p 時所得的商。因此，必有一個整數 r_1 滿足 $bq=a_1p+r_1$ 且 $0\leqslant r_1<p$。令 $a_2=[b^2x-ba_1]$，則 a_2 就是 b^2q-ba_1p 除以 p 時所得的商，但 $b^2q-ba_1p=br_1$。於是，a_2 就是 br_1 除以 p 時所得的商，因此，必有一個整數 r_2 滿足 $br_1=a_2p+r_2$ 且 $0\leqslant r_2<p$。由此我們發現：要求有理數 q/p 的 b 進位小數時，我們可以進行如下：

$$\begin{aligned} bq &= a_1p+r_1，0\leqslant r_1<p； \\ br_1 &= a_2p+r_2，0\leqslant r_2<p； \\ br_2 &= a_3p+r_3，0\leqslant r_3<p； \\ &\vdots \\ br_n &= a_{n+1}p+r_{n+1}，0\leqslant r_{n+1}<p； \\ &\vdots \end{aligned}$$

其中的 a_n 與 r_n 都是非負整數。因為 $q<p$，$bq<bp$，所以，可知 $0\leqslant a_1\leqslant b-1$。其次，對每個 $n\in\mathbf{N}$，因為 $0\leqslant r_n<p$，$br_n<bp$，所以，$0\leqslant a_{n+1}\leqslant b-1$。另一方面，利用數學歸納法，很容易就可證明：對每個 $n\in\mathbf{N}$，上述的商 a_{n+1} 與餘數 r_n 滿足

$$r_n=b^nq-b^{n-1}a_1p-\cdots-ba_{n-1}p-a_np；$$

$$a_{n+1}=[b^{n+1}x-b^{n}a_1-\cdots-b^2a_{n-1}-b\,a_n]。$$

換言之，利用上述除法所得的數列$\{a_n\}$，就是定理 7 的證明中將 x 表示成b 進位小數所需的數列。於是，$x=\sum_{n=1}^{\infty}(a_n/b^n)$。由於每個 r_n 都是$[0,b-1]$ 上的整數而$[0,b-1]$ 上的整數只有 b 個，這表示必可找到二正整數 m 與k，使得 $r_{m+k}=r_m$。因爲 $br_{m+k}=a_{m+1+k}p+r_{m+1+k}$且 $br_m=a_{m+1}p+r_{m+1}$，所以，可得 $a_{m+1+k}=a_{m+1}$且 $r_{m+1+k}=r_{m+1}$。依數學歸納法，可以證明：對每個 $t\in\mathbf{N}$ 及大於 m 的每個$n\in\mathbf{N}$，恆有 $a_{n+tk}=a_n$。這就是所欲證的結果。‖

有了定理 7 及定理 9 之後，我們可以對有理數與無理數做如下的區分：選定一個大於 1 的固定整數 b，則實數就是形如$\sum_{n=1}^{\infty}(a_n/b^n)$的數，其中每個 a_n 都是整數而且 $0\leqslant a_n\leqslant b-1$。當數列$\{a_n\}$自某一項起構成循環數列時，$\sum_{n=1}^{\infty}(a_n/b^n)$是有理數；若數列$\{a_n\}$沒有構成循環數列，則此數是無理數。

丁、Cantor 集

在這一小節裏，我們利用三進位法介紹實數集 $\boldsymbol{R}$ 中一個有趣的子集。

在閉區間$[0,1]$中，令 $I_1=(1/3,2/3)$，I_1乃是$[0,1]$的中央三分之一開區間，將 I_1挖掉後剩下兩個閉區間$[0,1/3]$與$[2/3,1]$。令 $I_2=(1/9,2/9)\cup(7/9,8/9)$，$I_2$乃是上述兩個閉區間的中央三分之一開區間所成的聯集，將 I_2再挖掉後剩下四個閉區間$[0,1/9]$、$[2/9,1/3]$、$[2/3,7/9]$與$[8/9,1]$。仿此，再挖掉上述四個閉區間的中央三分之一開區間所成的聯集 I_3，就剩下八個閉區間。再挖掉這八個閉區間的中央三分之一開區間所成的聯集 I_4。如此繼續下去，不斷挖掉前面所剩閉區間的中央三分之一開區間。我們要問：最後剩下什麼？$[0,1]$上的點都被挖掉了嗎？

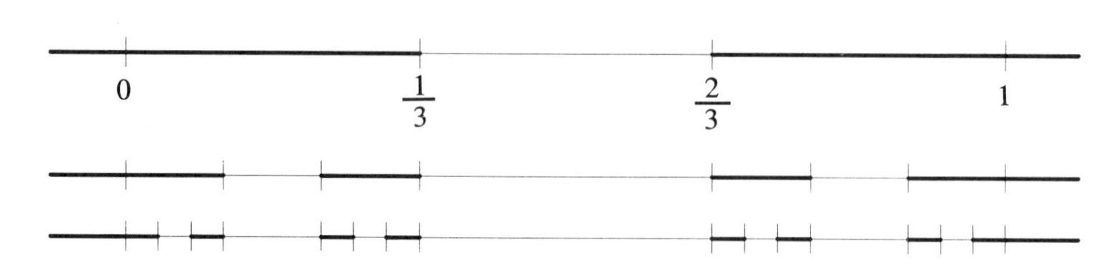

圖1－2　Cantor 集

前面所挖掉的集合，我們列出前三個如下：

$I_1 = (\frac{1}{3}, \frac{2}{3})$，

$I_2 = (\frac{1}{9}, \frac{2}{9}) \cup (\frac{7}{9}, \frac{8}{9})$，

$I_3 = (\frac{1}{27}, \frac{2}{27}) \cup (\frac{7}{27}, \frac{8}{27}) \cup (\frac{19}{27}, \frac{20}{27}) \cup (\frac{25}{27}, \frac{26}{27})$。

觀察上述三個集合，讓我們注意到：I_2 的前一區間乃是將 I_1 的元素都乘以 1/3 後的乘積所成的集合，而 I_2 的後一區間則是將 I_2 的前一區間向右平移 2/3 而得的，亦即：

$$I_2 = \{ \frac{1}{3}x \mid x \in I_1 \} \cup \{ \frac{1}{3}x + \frac{2}{3} \mid x \in I_1 \}$$
$$= (\frac{1}{3} I_1) \cup (\frac{1}{3} I_1 + \frac{2}{3})。$$

I_3與 I_2也有相同的關係式，亦即：

$$I_3 = (\frac{1}{3} I_2) \cup (\frac{1}{3} I_2 + \frac{2}{3})。$$

瞭解上述關係之後，我們就可以利用此項關係遞迴地定義出一序列的集合：$I_1 = (1/3, 2/3)$，而對每個 $n \in \mathbf{N}$，恆有

$$I_{n+1} = (\frac{1}{3} I_n) \cup (\frac{1}{3} I_n + \frac{2}{3})。$$

對於這序列的集合，我們可以得出下面的結果。

【引理10】(Cantor 集的間隙)

⑴對每個 $n \in \mathbf{N}$，I_n 乃是 2^{n-1}個兩兩不相交的開區間的聯集，

其中每個開區間的長都等於 $1/3^n$。事實上，

$$I_n=\bigcup\left\{\left(\sum_{k=1}^{n-1}\frac{a_k}{3^k}+\frac{1}{3^n},\sum_{k=1}^{n-1}\frac{a_k}{3^k}+\frac{2}{3^n}\right)\mid a_1,\cdots,a_{n-1}=0\text{ 或 }2\right\}。$$

(2)對每個 $n\in\mathbf{N}$，$x\in I_n$ 的充要條件是：在 x 的三進位表示式 $\sum_{k=1}^{\infty}(a_k/3^k)$ 中，$a_1,a_2,\cdots,a_{n-1}\in\{0,2\}$、$a_n=1$、而 $a_{n+1},a_{n+2},\cdots$ 中不全爲 0，也不全爲 2。

證：(1)的證明使用數學歸納法。$n=1$ 時顯然成立。其次，設 $n=m$ 時(1)的結論成立，亦即：

$$I_m=\bigcup\left\{\sum_{k=1}^{m-1}\frac{a_k}{3^k}+\frac{1}{3^m},\sum_{k=1}^{m-1}\frac{a_k}{3^k}+\frac{2}{3^m}\mid a_1,\cdots,a_{m-1}=0\text{ 或 }2\right\}。$$

因爲 $I_{m+1}=[(1/3)I_m]\cup[(1/3)I_m+2/3]$，所以，可得

$$I_{m+1}=\bigcup\left\{\left(\sum_{k=1}^{m-1}\frac{a_k}{3^{k+1}}+\frac{1}{3^{m+1}},\sum_{k=1}^{m-1}\frac{a_k}{3^{k+1}}+\frac{2}{3^{m+1}}\right)\mid a_1,\cdots,a_{m-1}=0\text{ 或 }2\right\}\cup$$

$$\bigcup\left\{\left(\frac{2}{3}+\sum_{k=1}^{m-1}\frac{a_k}{3^{k+1}}+\frac{1}{3^{m+1}},\ \frac{2}{3}+\sum_{k=1}^{m-1}\frac{a_k}{3^{k+1}}+\frac{2}{3^{m+1}}\right)\mid a_1,\cdots,a_{m-1}=0\text{ 或 }2\right\}。$$

在上式右端中，前後兩個聯集各含 2^{m-1} 個開區間（合計 2^m 個）。後一聯集中各開區間的端點都含有一項 2/3，前一聯集中的各開區間則無，或是說含有一項 0/3。因此，上述右端所含的 2^m 個開區間的聯集可改寫成

$$I_{m+1}=\bigcup\left\{\left(\sum_{k=1}^{m}\frac{b_k}{3^k}+\frac{1}{3^{m+1}},\sum_{k=1}^{m}\frac{b_k}{3^k}+\frac{2}{3^{m+1}}\right)\mid b_1,\cdots,b_m=0\text{ 或 }2\right\}。$$

這就表示(1)的結果在 $n=m+1$ 時也成立。

(2)設 $x\in I_n$，則必可找到 $a_1,a_2,\cdots,a_{n-1}\in\{0,2\}$，使得

$$\sum_{k=1}^{n-1}\frac{a_k}{3^k}+\frac{1}{3^n}<x<\sum_{k=1}^{n-1}\frac{a_k}{3^k}+\frac{2}{3^n}\text{，或是}$$

$$\sum_{k=1}^{n-1}\frac{a_k}{3^k}+\frac{1}{3^n}+\sum_{k=n+1}^{\infty}\frac{0}{3^k}<x<\sum_{k=1}^{n-1}\frac{a_k}{3^k}+\frac{1}{3^n}+\sum_{k=n+1}^{\infty}\frac{2}{3^k}。$$

由上述不等式可知：x 的三進位表示式必呈 $\sum_{k=1}^{\infty}(a_k/3^k)$ 的形式，其中的 $a_1,a_2,\cdots,a_{n-1}$ 與上述不等式意義相同，$a_n=1$，而在 $a_{n+1},a_{n+2},\cdots$ 中，至少有一項不爲 0，也至少有一項不爲 2。

反之，若 x 的三進位表示式$\sum_{k=1}^{\infty}(a_k/3^k)$滿足：$a_1, a_2, \cdots, a_{n-1} \in \{0,2\}$，$a_n=1$，且 $a_{n+1}, a_{n+2}, \cdots$中至少有一項不爲 0 ，也至少有一項不爲 2 ，則顯然可得

$$\sum_{k=1}^{n-1}\frac{a_k}{3^k}+\frac{1}{3^n}+\sum_{k=n+1}^{\infty}\frac{0}{3^k}<x<\sum_{k=1}^{n-1}\frac{a_k}{3^k}+\frac{1}{3^n}+\sum_{k=n+1}^{\infty}\frac{2}{3^k},$$

$$\sum_{k=1}^{n-1}\frac{a_k}{3^k}+\frac{1}{3^n}<x<\sum_{k=1}^{n-1}\frac{a_k}{3^k}+\frac{2}{3^n}。$$

依(1)，$x \in I_n$。‖

【定義6】$[0,1]$ 的子集$[0,1]-\bigcup_{n=1}^{\infty} I_n$ 稱爲 **Cantor 三分集**(Cantor's ternary set)或 **Cantor 集**（Cantor set），以 C 表之。

【定理11】（Cantor 集的元素）

若 $x \in [0,1]$，則 $x \in C$ 的充要條件是：可以找到一個由 0 與 2 所成的數列$\{a_n\}$使得 $x=\sum_{n=1}^{\infty}(a_n/3^n)$。

證：充分性：若 x 有一個三進位表示式$\sum_{n=1}^{\infty}(a_n/3^n)$中的 a_n 都是 0 或 2 ，則依引理10(2)，對任何 $n \in \mathbf{N}$，恆有 $x \notin I_n$。依 Cantor 集的定義，可知 $x \in C$。

必要性：設 $x \in C$，且 x 的一個三進位表示式爲$\sum_{k=1}^{\infty}(b_k/3^k)$。若每個 b_k 都是 0 或 2 ，則對每個 $n \in \mathbf{N}$，令 $a_n=b_n$，所得的整數數列$\{a_n\}$即合定理所求。若有某些 b_k 的值是 1 ，則依正整數系的良序性，令 n 表示集合$\{k \in \mathbf{N} \mid b_k=1\}$的最小元素，就可得$b_1, b_2, \cdots, b_{n-1} \in \{0,2\}$而 $b_n=1$。因爲 $x \in C$，所以，$x \notin I_n$。於是，依引理10(2)可知下列兩情形恰有一成立：每個正整數 $k>n$ 都滿足$b_k=0$ 或每個正整數 $k>n$ 都滿足$b_k=2$。若是前者成立，則定義數列$\{a_n\}$如下：$a_1=b_1, a_2=b_2, \cdots, a_{n-1}=b_{n-1}, a_n=0$，而對每個正整數 $k>n$，$a_k=2$。若是後者成立，則定義數列$\{a_n\}$如下：$a_1=b_1, a_2=b_2, \cdots, a_{n-1}=b_{n-1}, a_n=2$，而對每個正整數 $k>n$，$a_k=0$。不論是那一種情形，$\{a_n\}$中的各項都是 0 或 2 ，而且

$$x=\sum_{k=1}^{\infty}\frac{b_k}{3^k}=\sum_{k=1}^{\infty}\frac{a_k}{3^k}$$

這就是所欲證明的結果。‖

仿照上述定理的證明，很容易得到下述結果。

【系理12】（Cantor 集中各元素表示法的唯一性）

若 $x\in C$，則恰有一個由 0 與 2 所成的數列 $\{a_n\}$ 滿足

$$x=\sum_{n=1}^{\infty}\frac{a_n}{3^n}。$$

證：留爲習題。‖

Cantor 集有那些有趣的性質呢？下面我們寫成一個定理，但除了(2)外，各個性質的證明都留在第二章的各節之中。(2)的證明可參看§5－2 練習題19，或討論**測度論**（measure theory）的書籍。

【定理13】（Cantor 集的性質）

(1)Cantor 集是一個不可數集（§2－1 例11）。

(2)Cantor 集的測度爲0（§5－2 練習題19）。

(3)Cantor 集是緊緻集（§2－4 定理 3 ）。

(4)Cantor 集是完全集（§2－4 練習題17）。

(5)Cantor 集是疏落集（§2－3 例16）。

(6)Cantor 集是完全不連通集（§2－5 練習題 8 ）。

除了做爲集合而言已具有許多有趣的性質之外，Cantor 集還可以用來定義一個有趣的函數，我們說明如下：對於 C 中每個元素 x，必可找到一個由 0 與 2 所成的數列 $\{a_n\}$，使得 $x=\sum_{n=1}^{\infty}(a_n/3^n)$，令

$$f(x)=\sum_{n=1}^{\infty}\frac{a_n/2}{2^n},$$

則 $f:C\to[0,1]$構成由 Cantor 集 C 映至 $[0,1]$ 的一個函數。函數 f 具有一項特性：若 (x_n,y_n) 是第 n 次所挖掉的集合 I_n 中的一個開區間，則 $f(x_n)=f(y_n)$。爲什麼呢？依引理10(1)，可以找到 $n-1$ 個整數 $a_1,a_2,\cdots,a_{n-1}\in\{0,2\}$使得

$$x_n=\sum_{k=1}^{n-1}\frac{a_k}{3^k}+\frac{1}{3^n}=\sum_{k=1}^{n-1}\frac{a_k}{3^k}+\frac{0}{3^n}+\sum_{k=n+1}^{\infty}\frac{2}{3^k},$$

$$y_n=\sum_{k=1}^{n-1}\frac{a_k}{3^k}+\frac{2}{3^n}=\sum_{k=1}^{n-1}\frac{a_k}{3^k}+\frac{2}{3^n}+\sum_{k=n+1}^{\infty}\frac{0}{3^k}。$$

依函數 f 的定義，可得

$$f(x_n)=\sum_{k=1}^{n-1}\frac{a_k/2}{2^k}+\frac{0}{2^n}+\sum_{k=n+1}^{\infty}\frac{1}{2^k}=\sum_{k=1}^{n-1}\frac{a_k/2}{2^k}+\frac{1}{2^n},$$

$$f(y_n)=\sum_{k=1}^{n-1}\frac{a_k/2}{2^k}+\frac{1}{2^n}+\sum_{k=n+1}^{\infty}\frac{0}{2^k}=\sum_{k=1}^{n-1}\frac{a_k/2}{2^k}+\frac{1}{2^n}。$$

反之，若$f(u)=f(v)$，其中 $u,v\in C$，則 (u,v) 必是某個 I_n 中的一個開區間。這項性質的證明留爲習題（參看練習題21）。有了前述性質之後，我們可以將函數 f 的定義域擴大成 $[0,1]$ 而定義另一函數如下。

【定義7】函數 $F:[0,1]\to[0,1]$定義如下：

(1)若 $x\in C$，則$F(x)=f(x)$；

(2)若 $x\notin C$，即 x 屬於某個I_n 中的一個開區間 (x_n,y_n)，則 $F(x)=f(x_n)$；

函數 F 稱爲 **Cantor 三分函數**（Cantor's ternary function）。

【定理14】（Cantor 三分函數的性質）

(1)Cantor 函數 F 是由 $[0,1]$ 映成 $[0,1]$ 的函數；事實上，對每個 $y\in[0,1]$，必可找到一個 $x\in C$ 使得$f(x)=y$。

(2)Cantor 函數 F 是遞增函數。

(3)Cantor 函數 F 是連續函數。

證：(1)與(2)留爲習題。

(3)對每個 $x_0\in[0,1]$，我們證明 F 在點x_0連續。

若 $x_0\notin C$，則 x_0必屬於某個 I_n 的一個開區間(x_n,y_n)。因爲函數 F 在 (x_n,y_n) 上是常數函數，所以，函數 F 在點x_0連續。

設 $x_0\in C$。不論 ε 是任何正數，因爲$\lim_{n\to\infty}(1/2^n)=0$，所以，

可找到一個 $m \in \boldsymbol{N}$ 使得$1/2^m < \varepsilon$。令 $\delta = 1/3^m$，我們將證明：若 $x \in [0,1]$且$|x - x_0| < \delta$，則$|F(x) - F(x_0)| < \varepsilon$恆成立。若 $x \in C$ 而且 $|x - x_0| < \delta$，將 x 與 x_0展成三進位小數 $x_0 = \sum(a_k/3^k)$及$x = \sum(c_k/3^k)$，其中每個 a_k 與c_k 都是0或2，則由$|x - x_0| < 1/3^m$ 可得 $c_1 = a_1$、$c_2 = a_2$、…、$c_m = a_m$。於是，可得

$$|F(x) - F(x_0)| = \left| \sum_{k=m+1}^{\infty} \frac{c_k - a_k}{2^{k+1}} \right| \leqslant \sum_{k=m+1}^{\infty} \frac{|c_k - a_k|}{2^{k+1}}$$

$$\leqslant \sum_{k=m+1}^{\infty} \frac{2}{2^{k+1}} = \frac{1}{2^m} < \varepsilon。$$

若 $x \in [0,1] - C$ 而且$|x - x_0| < \delta$，則必有某個 I_n 的一個開區間(x_n, y_n)包含點 x。因爲 $x_0 \in C$，所以，當 $x_0 < x$ 時，可得 $x_0 \leqslant x_n < x$。於是，$|x_n - x_0| < |x - x_0| < \delta$ 且 $x_n \in C$，由前面的結果可知：

$$|F(x) - F(x_0)| = |F(x_n) - F(x_0)| < \varepsilon。$$

同理，當 $x_0 > x$ 時，可得

$$|F(x) - F(x_0)| = |F(y_n) - F(x_0)| < \varepsilon。$$

綜合上述兩段的結果，可知函數 F 在$[0,1]$上每個點都連續，亦即：函數 F 是$[0,1]$上的連續函數。‖

Cantor 函數的特色之一，就是它將一個測度爲 0 的集合 C 映成一個測度爲 1 的集合$[0,1]$。（請注意：依定理14(1)，可知$F(C) = [0,1]$。）這樣的現象可以說是幾何直觀所無法想像的。在本節的思考題 1 中，我們還利用 Cantor 集定義一個將$[0,1]$映成積集合$[0,1] \times [0,1]$的連續函數，由$[0,1]$映至 $\boldsymbol{R}^2$的任何連續函數，通常都稱爲**曲線**（curve）。在直覺上，曲線應該是很「薄」或是一種「線狀」的圖形，但此例指出了直觀的謬誤。由此可見，在數學上，沒有經過證明的直覺是靠不住的。像這種由一區間$[0,1]$映成積集合$[0,1] \times [0,1]$的曲線，我們稱爲 **Peano 曲線**（Peano curve）或**填滿空間的曲線**（space filling curve）。

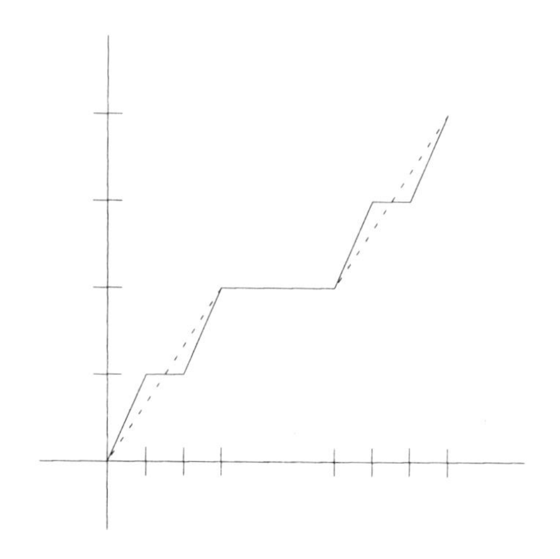

圖1－3　Cantor 函數可用函數列$\{F_n\}$逼近

練習題　1－3

1. 試利用數學歸納法及本節定義 1 證明：對任意實數 a 與 b，及任意正整數 m 與 n，恆有：(1) $a^m a^n = a^{m+n}$。(2) $a^n b^n = (ab)^n$。(3) $(a^m)^n = a^{mn}$。(4)若 $0 < a < b$，則 $a^n < b^n$。
2. 試證明定理 2。
3. 試根據本節定義 2 及上述練習題 1 證明：對任意正數 a 與 b，及任意正有理數 r 與 s，恆有：(1) $a^r > 0$。(2)若 $r > s$，則當 $a > 1$ 時，$a^r > a^s$；當 $0 < a < 1$ 時，$a^r < a^s$。(3)若 $a > b$，則 $a^r > b^r$。(4) $a^r a^s = a^{r+s}$。(5) $(a^r)^s = a^{rs}$。(6) $a^r b^r = (ab)^r$。
4. 試完成定理 3 的證明。
5. 試證：定理 3 中的(1)、(2)、(4)、(5)與(6)對所有實數 x 與 y 都成立。
6. 定理 4 的證明並不是非有例 1 的協助不可，下面的三個不等式就可直接提供所需的資料：

(1)對每個正數 $a>1$及每個 $n\in\mathbf{N}$，恆有 $a^n-1\geqslant n(a-1)$。

(2)對每個正數 $a>1$及每個 $n\in\mathbf{N}$，恆有 $a-1\geqslant n(a^{1/n}-1)$。

(3)若 $a,b>1$而 $n>(a-1)/(b-1)$，則 $a^{1/n}<b$。

7. 試證引理 5。

8. 試證定理 6。

9. 設 $x\in(0,1)$，$b\in\mathbf{N}$ 且$b>1$，試討論 x 的b進位小數是有限小數的充要條件。

10. (1)試求1/5與3/7的二進位表示式。

(2)試求1/4與9/13的三進位表示式。

11. 若 $x\in(0,1)$而 $x=\sum_{n=1}^{\infty}(a_n/2^n)$是 x 的一個二進位表示式，對每個 $n\in\mathbf{N}$，令 $c_n=4a_{3n-2}+2a_{3n-1}+a_{3n}$，試證明：$x=\sum_{n=1}^{\infty}(c_n/8^n)$是 x 的一個八進位表示式。並根據上述結果討論將八進位表示式轉換成二進位表示式的方法。

12. 試寫出$\sqrt{2}-1$的二進位表示式的前七項。

13. 試證系理12。

14. 試寫出 Cantor 集所含的有理數三個，但不能是任何 I_n 中的任何開區間的端點。

15. 試證下列各性質：

(1)若 $x\in C$，則$1-x\in C$。

(2)若 $x\in C$ 且$x\leqslant 1/3$，則得$3x\in C$。若 $x\in C$ 且$x\geqslant 2/3$，則得$3x-2\in C$。

(3)對任意 $k,n\in\mathbf{N}$，或 $k=0$，恆有

$$((3k+1)/3^n\ ,(3k+2)/3^n)\cap C=\phi。$$

16. 試證：$(0,1)$中的每個元素都可表示成 Cantor 集中某二元素的平均值，亦即：$(0,1)\subset\{(x+y)/2\mid x,y\in C\}$。

17. 試證：$[0,1]$中的每個元素都可表示成 Cantor 集中某二元素的差，亦即：$[0,1]=\{|x-y|\mid x,y\in C\}$。

18. 試證：Cantor 集的每個元素都可表示成下述形式之數列的極

限：該數列的每一項都是某個 I_n 中的某開區間的一端點。

19.試證定理14的(1)與(2)。

20.若將 I_n 所含的2^{n-1}個開區間由左而右依$1,2,\cdots,2^{n-1}$的順序編號，試證：在 I_n 的第 i 個開區間中，Cantor 函數的函數值都等於$(2i-1)/2^n$ 。

21.若 $x,y\in C$，$x\neq y$ 而且 $F(x)=F(y)$，其中 F 是 Cantor 函數，則 x 與 y 必是某個 I_n 中的某個開區間的兩端點。

思考題 1－3

1.對於 C 中每個元素 x，設 $x=\sum_{n=1}^{\infty}(a_n/3^n)$，其中每個 a_n 都是0或2，令

$$g(x)=\left(\sum_{n=1}^{\infty}\frac{a_{2n-1}}{2^{n+1}},\sum_{n=1}^{\infty}\frac{a_{2n}}{2^{n+1}}\right),$$

則 g：$C\to[0,1]\times[0,1]$是一個函數。定義函數 G：$[0,1]\to[0,1]\times[0,1]$如下：

(1)若 $x\in C$，則$G(x)=g(x)$；

(2)若 x 屬於某個I_n 中的一個開區間(x_n,y_n)，則

$$G(x)=\frac{y_n-x}{y_n-x_n}\times g(x_n)+\frac{x-x_n}{y_n-x_n}\times g(y_n)。$$

試證：G 是由$[0,1]$映成$[0,1]\times[0,1]$的一個連續函數。

2.設 $s,t,b\in\mathbf{N}$，$b>1$，$s<t$ 且s 與t 互質。設 b 的標準分解式爲$b=p_1^{\alpha_1}p_2^{\alpha_2}\cdots p_r^{\alpha_r}$（其中，$p_1,p_2,\cdots,p_r$ 爲相異質數），令$t=p_1^{\beta_1}p_2^{\beta_2}\cdots p_r^{\beta_r}\times d$，其中的 $\beta_1,\beta_2,\cdots,\beta_r$ 是非負整數而b 與d 互質。若正整數 $m,k\in\mathbf{N}$ 滿足下述二條件：

(1)$m\alpha_1\geqslant\beta_1$，$m\alpha_2\geqslant\beta_2$，…，$m\alpha_r\geqslant\beta_r$；

(2)b^k-1可被 d 整除；

則 s/t 的b 進位表示式是下述形式：

$$\frac{s}{t}=\sum_{n=1}^{m}\frac{a_k}{b^k}+\sum_{t=0}^{\infty}\frac{1}{b^{tk}}\left(\frac{a_{m+1}}{b^{m+1}}+\frac{a_{m+2}}{b^{m+2}}+\cdots+\frac{a_{m+k}}{b^{m+k}}\right),$$

其中，對每個 $n=1,2,\cdots,m+k$，$a_n\in\mathbf{Z}$ 且$0\leqslant a_n\leqslant b-1$。

第2章 歐氏空間的拓樸性質

2-0 引言

本章的內容，主要是討論歐氏空間（Euclidean space）中各種不同性質的集合以及與它們相關的各種點，像一集合的聚集點、孤立點與內點等。由於討論的內容都是以集合爲主，討論過程中當然會使用集合的各種基本概念及基本運算。此外，因爲許多性質的討論都會涉及到集合所含元素的「多寡」問題，所以，本章的第一節先討論有限集、無限集、可數集與不可數集的概念，以備往後各節的討論之用。

集合的各種基本概念及基本運算，讀者在中學數學及大一微積分課程裏，都已經有所接觸，甚至在本書第一章中，我們也已自由地運用過，此處我們只是將本書所要應用的基本性質列出來供讀者參考。

有關集合（set）的基本概念，不外乎指元素（element），屬於（belong to），空集合（empty set），非空集（nonempty set），子集（subset），包含（contain），包含於（is contained in），以及相等（equal），等等。至於基本運算，則有聯集（union），交集（intersection）與差集（difference set）。對於集合的這些基本運算，下面

的各種基本性質是經常要使用的：

(1)交換律：$A\cup B=B\cup A$，$A\cap B=B\cap A$。

(2)結合律：$(A\cup B)\cup C=A\cup(B\cup C)$，

$(A\cap B)\cap C=A\cap(B\cap C)$。

(3)空集合：$A\cup\phi=A$，$A\cap\phi=\phi$。

(4)子集：若 $A\subset B$，則 $A\cup B=B$，$A\cap B=A$。

(5)分配律：$A\cup(B\cap C)=(A\cup B)\cap(A\cup C)$，

$A\cap(B\cup C)=(A\cap B)\cup(A\cap C)$。

(6)De Morgan 定律：$A-(B\cup C)=(A-B)\cap(A-C)$，

$A-(B\cap C)=(A-B)\cup(A-C)$。

集合的另一種基本運算是**積集**（product set）。若 A 與 B 爲二集合，則 A 與 B 的積集 $A\times B$ 定義如下：

$$A\times B=\{(a,b)\mid a\in A,b\in B\},$$

其中 (a,b) 稱爲**序對**（ordered pair），這裏用了「序」字，乃是要強調 (a,b) 中的 a 與 b 的前後順序不能任意更動，或者說，若 $a\neq b$，則 (a,b) 與 (b,a) 表示不同的序對。下面是兩個基本性質：

(7)分配律：$A\times(B\cup C)=(A\times B)\cup(A\times C)$，

$A\times(B\cap C)=(A\times B)\cap(A\times C)$。

聯集、交集與積集三個運算，都很容易推廣到有限多個集合的情形，亦即：給定有限多個集合 $A_1,A_2,\cdots,A_k$，我們可以定義聯集 $A_1\cup A_2\cup\cdots\cup A_k$、交集 $A_1\cap A_2\cap\cdots\cap A_k$ 與積集 $A_1\times A_2\times\cdots\times A_k$。例如：實數集 $\boldsymbol{R}$ 的自乘積集呈下述形式：對每個 $k\in\boldsymbol{N}$，恆有

$$\boldsymbol{R}\times\boldsymbol{R}\times\cdots\times\boldsymbol{R}=\{(x_1,x_2,\cdots,x_k)\mid x_1,x_2,\cdots,x_k\in\boldsymbol{R}\}。$$

此集合是本書的主要討論對象，我們簡記爲 $\boldsymbol{R}^k$。此外，聯集與交集也很容易推廣到無限多個集合的情形。

與集合的基本概念密切相關的概念是函數（function）。有關函數的基本概念，不外乎指函數值（value）、定義域（domain）、對應域（codomain）、值域（range）、映像（image）、逆映像（inverse image）、合成函數（composite function）、一對一函數（one－to－one function）、映成函數（onto function）、常數函數（constant function）、恆等函數（identity function）與反函數（inverse function）。

在許多書籍中，函數也常被稱為**映射**（mapping），一對一函數稱為**嵌射**（injective mapping 或 injection），映成函數稱為**蓋射**（surjective mapping 或 surjection），一對一且映成的函數稱為**對射**（bijective mapping 或 bijection）。

關於函數的映像與逆映像，下面我們列出它們的一些基本性質，這些性質在後文中會經常被使用：設 $f：X \to Y$ 為一函數。

(8)若 $A \subset B \subset X$，則 $f(A) \subset f(B)$。

(9)若 $C \subset D \subset Y$，則 $f^{-1}(C) \subset f^{-1}(D)$。

(10)若 $A, B \subset X$，則 $f(A \cup B) = f(A) \cup f(B)$。

(11)若 $C, D \subset Y$，則 $f^{-1}(C \cup D) = f^{-1}(C) \cup f^{-1}(D)$。

(12)若 $A, B \subset X$，則 $f(A \cap B) \subset f(A) \cap f(B)$。若 f 是一對一函數，則對任意 $A, B \subset X$，恆有 $f(A \cap B) = f(A) \cap f(B)$。

(13)若 $C, D \subset Y$，則 $f^{-1}(C \cap D) = f^{-1}(C) \cap f^{-1}(D)$。

(14)若 $A, B \subset X$，則 $f(A) - f(B) \subset f(A - B) \subset f(A)$。

(15)若 $C, D \subset Y$，則 $f^{-1}(C - D) = f^{-1}(C) - f^{-1}(D)$。

(16)若 $A \subset X$，則 $A \subset f^{-1}(f(A))$。若 f 是一對一函數，則對任意 $A \subset X$，恆有 $A = f^{-1}(f(A))$。

(17)若 $C \subset Y$，則 $f(f^{-1}(C)) \subset C$。若 f 是映成函數，則對任意 $C \subset Y$，恆有 $f(f^{-1}(C)) = C$。

(18)若 $f：X \to Y$ 是一對一函數，則必可找到一個函數 $g：Y \to X$ 使得 $g \circ f = 1_X$。（1_X 是 X 上的恆等函數）

(19)若 $f：X \to Y$ 是映成函數，則必可找到一個函數 $h：Y \to X$ 使得 $f \circ h = 1_Y$。

(20)設 $g：Y \to Z$ 是任意函數。若 $g \circ f$ 為一對一函數，則 f 也是一對一函數。若 $g \circ f$ 是映成函數，則 g 也是映成函數。

練習題 2－0

1.試舉例說明 $f(A \cap B)$與 $f(A) \cap f(B)$可能不相等。

2.試舉例說明 $f(A-B)$與 $f(A)-f(B)$可能不相等。

3.試舉例說明 $f^{-1}(f(A))$與 A 可能不相等。

4.試舉例說明 $f(f^{-1}(C))$與 C 可能不相等。

2－1 無限集與可數集

在數學上，我們經常會使用有限多個（finitely many）與無限多個（infinitely many）這樣的詞彙，這兩個名詞的意義在直觀上似乎已經很清楚，但在嚴謹的數學理論中，我們仍然需要寫出一個明確的定義。

有限的直觀意義是什麼呢？粗略地說，所謂一集合的元素是有限多個，乃是表示：只要我們將該集合的元素一個一個地數，必定可以將元素數盡。所謂元素是無限多個，則表示我們無法經由一個一個地數來數盡所有的元素。在計數元素個數的過程中，數了第一個，就相當於將該元素編為 1 號；數了第二個，就相當於將該元素編為 2 號；…。將元素一個一個地編號，就是將每個元素與一個正整數對應，也就是在建立一個函數關係。例如：若一個集合的元素數盡時恰好數到一百，則表示我們已經定義出一個由該集合映成 $\{1,2,\cdots,100\}$ 的函數。

甲、集合的等價關係

前段所提的現象，使我們發現到判定集合元素多寡的一種簡便方法，且看下述定義。

【定義1】設 A 與 B 爲二集合。若由 A 至 B 可以定義出一對一且映成的函數 $f: A \to B$，則稱 A 與 B **等價**(equivalent)，或稱 A 與 B 的**基數相同**(have the same cardinal number)，以 $A \sim B$ 表之。

對於集合的等價關係，應用一對一、映成的性質，很容易證明下面的結果。

【定理1】(等價關係的基本性質)

(1)反身律：對任意集合 A，恆有 $A \sim A$。

(2)對稱律：對任意集合 A 與 B，若 $A \sim B$，則 $B \sim A$。

(3)遞移律：對任意集合 A、B 與 C，若 $A \sim B$ 且 $B \sim C$，則 $A \sim C$。

證：留爲習題。‖

下面舉出一些等價集合與不等價集合的例子。

【例1】整數集 $\mathbf{Z}$ 與自然數集 $\mathbf{N}$ 等價，亦即：$\mathbf{Z} \sim \mathbf{N}$。

證：定義一個函數 $f: \mathbf{N} \to \mathbf{Z}$ 如下：對每個 $n \in \mathbf{N}$，令

$$f(n) = \begin{cases} n/2, & \text{若 } n \text{ 爲偶數；} \\ -(n-1)/2, & \text{若 } n \text{ 爲奇數。} \end{cases}$$

很容易就能證明 f 爲一對一且映成，故得 $\mathbf{N} \sim \mathbf{Z}$，$\mathbf{Z} \sim \mathbf{N}$。若將 f 的函數值依 n 的大小列出，即爲 $0, 1, -1, 2, -2, \cdots$。‖

【例2】$\mathbf{N} \times \mathbf{N}$ 與 $\mathbf{N}$ 等價。

證：定義一函數 $f: \mathbf{N} \times \mathbf{N} \to \mathbf{N}$ 如下：對每個 $(m, n) \in \mathbf{N} \times \mathbf{N}$，令

$$f(m, n) = (m+n-2)(m+n-1)/2 + m。$$

我們留給讀者自行證明函數 f 爲一對一且映成，由此知 $\mathbf{N} \times \mathbf{N} \sim \mathbf{N}$。根據 f 將 $\mathbf{N} \times \mathbf{N}$ 的元素編序列出時，即爲

$(1,1)$，$(1,2)$，$(2,1)$，$\cdots$，$(1,n)$，$(2,n-1)$，$\cdots$，$(n,1)$，$\cdots$。

讀者可據此討論反函數 f^{-1} 的表示法(參見練習題3)。‖

【例3】實數集 $\mathbf{R}$ 與 $(-1,1)$ 等價。

證：函數 $f(x) = x/(1+|x|)$ 或 $g(x) = (2/\pi)\tan^{-1} x$ 都可以用來證

明此性質。‖

【例4】對任意實數 a 與 b，$a<b$，(a,b)與$(0,1)$等價。

證：利用函數 $f(x)=(x-a)/(b-a)$即可。‖

【例5】對任意兩個實數 a 與 b，$a<b$，有限區間$[a,b]$、$[a,b)$、$(a,b]$與(a,b)兩兩等價。更進一步地，與例 4 配合，可知所有的有限區間都兩兩等價。

證：留為習題。‖

【例6】區間$[0,1]$與集合$[0,1]\times[0,1]$等價。

證：因為區間$[0,1]$與區間$(0,1]$等價，所以，依練習題 2，集合$[0,1]\times[0,1]$與集合$(0,1]\times(0,1]$等價。我們只需證明$(0,1]$與$(0,1]\times(0,1]$等價即可。

改用左開右閉的區間，是為了方便使用二進位表示法的唯一性。根據§1－3 定理 7 與定理 8，對每個 $x\in(0,1]$，可找到唯一的一個數列$\{a_n\}$，使得 $x=\sum_{n=1}^{\infty}(a_n/2^n)$而且其中有無限多個 a_n 為1、其餘 a_n 為 0。設 $\{n\in\mathbf{N}\mid a_n\neq 0\}=\{m_1<m_2<\cdots<m_k<\cdots\}$，對每個 $k\in\mathbf{N}$，令 $n_{k+1}=m_{k+1}-m_k$，而令 $n_1=m_1$。如此，由每個 $x\in(0,1]$可得出一個由正整數所成的數列$\{n_k\}_{k=1}^{\infty}$，使得

$$x=\sum_{k=1}^{\infty}\frac{1}{2^{n_1+n_2+\cdots+n_k}},$$

定義 $f:(0,1]\to(0,1]\times(0,1]$如下：

$$f\left(\sum_{k=1}^{\infty}\frac{1}{2^{n_1+n_2+\cdots n_k}}\right)$$

$$=\left(\sum_{k=1}^{\infty}\frac{1}{2^{n_1+n_3+\cdots+n_{2k-1}}},\sum_{k=1}^{\infty}\frac{1}{2^{n_2+n_4+\cdots+n_{2k}}}\right)。$$

我們留給讀者自行證明 f 是一對一且映成的函數。‖

下面是兩個不等價的例子。

【例7】Cantor 集 C 與正整數集 $\mathbf{N}$ 不等價。

證：我們只需證明由 $\mathbf{N}$ 映至 C 的每個函數都不會是映成函數即可。設 $f:\mathbf{N}\to C$ 爲一函數。對每個 $m\in\mathbf{N}$，必有一個由 0 與 2 所成的數列 $\{a_{mn}\}_{n=1}^{\infty}$ 使得

$$f(m)=\sum_{n=1}^{\infty}\frac{a_{mn}}{3^n}。$$

定義一個數列 $\{b_n\}$ 如下：對每個 $n\in\mathbf{N}$，令 $b_n=2-a_{nn}$，則對每個 $n\in\mathbf{N}$，$b_n=0$ 或 2。於是，$x=\sum_{n=1}^{\infty}(b_n/3^n)$ 是 Cantor 集 C 的一個元素。對每個 $n\in\mathbf{N}$，因爲 $a_{nn}\neq b_n$，所以，依 § 1－3 定理 12，$x\neq f(n)$。由此可知：x 屬於 C 但不屬於函數 f 的值域，故 f 不是映成函數。‖

【例8】對任意集合 A，A 與它的**冪集**（power set）$P(A)$ 不等價。請注意：A 的冪集 $P(A)$ 是指 A 的所有子集所成的集合。
證：我們只要證明由 A 映至 $P(A)$ 的每個函數都不會是映成函數。設 $f:A\to P(A)$ 爲一函數，令

$$B=\{a\in A\mid a\notin f(a)\},$$

則 B 是 A 的一個子集，亦即：$B\in P(A)$。對於 B 中每個元素 a 而言，因爲 $a\in B$ 而 $a\notin f(a)$，所以，$B\neq f(a)$。對於 $A-B$ 中每個元素 b 而言，因爲 $b\notin B$ 而 $b\in f(b)$，所以，$B\neq f(b)$。由此可知 B 不屬於 f 的值域，故 f 不是映成函數。‖

乙、有限集與無限集

對每個正整數 $k\in\mathbf{N}$，令 $\mathbf{N}_k=\{1,2,\cdots,k\}$。

【定義2】設 A 爲一集合。

(1)若可找到一個正整數 $k\in\mathbf{N}$ 使得 $A\sim\mathbf{N}_k$，則稱 A 是一個**有限集**（finite set）。此時，我們稱 A 含有 k 個元素。

(2)空集合 ϕ 規定爲有限集。

(3)若 A 不是有限集，則稱 A 是一個**無限集**（infinite set）。

根據定義，若 A 是一個非空有限集且 $A\sim \mathbf{N}_k$，則必有一個函數 $f:\mathbf{N}_k\to A$ 使得 $A=\{f(1),f(2),\cdots,f(k)\}$。

【定理2】（有限集的子集）

有限集的子集必是有限集。

證：設 A 是有限集，我們就 A 的元素個數來使用數學歸納法。

若 $A=\phi$，則 A 只有一個子集 ϕ，此子集是有限集。

若 $A\sim \mathbf{N}_1$，則 A 只有兩個子集：ϕ 與 A，它們都是有限集。

假設此定理對含有 k 個元素的每個有限集都成立，而且集合 A 含有 $k+1$ 個元素。因爲有限集的等價集合都是有限集，所以，我們可以假設 $A=\mathbf{N}_{k+1}$。設 B 是 A 的一個子集，若 $k+1\notin B$，則 B 是 $\mathbf{N}_k$ 的一個子集。依歸納假設，B 是一個有限集。若 $k+1\in B$，令 $C=B-\{k+1\}$，則 $C\subset \mathbf{N}_k$。依歸納假設，C 是一個有限集。因爲 $B=C\cup\{k+1\}$ 是兩個有限集的聯集，所以，B 是有限集（參看練習題 7）。至此，我們知道此定理對含有 $k+1$ 個元素的有限集也成立。

依數學歸納法，任何有限集的每個子集都是有限集。 ‖

【定理3】（有限集的特性）

若 A 是有限集，則 A 不會與它的任何眞子集等價。請注意：此處所謂 A 的**眞子集**（proper subset），乃是指 A 中不等於 A 的任何子集。

證：設 A 是有限集，我們仍然就 A 的元素個數來使用數學歸納法。

若 $A\sim \mathbf{N}_1$，則 A 只有一個眞子集 ϕ。因爲 A 不是空集合，所以，A 與 ϕ 不等價。

假設此定理對含有 k 個元素的每個有限集都成立，而且集合 A 含有 $k+1$ 個元素。因爲 $A\sim \mathbf{N}_{k+1}$，所以，A 的每個眞子集都與 $\mathbf{N}_{k+1}$ 的某個眞子集等價。於是，我們可以假設 $A=\mathbf{N}_{k+1}$。設 B 是 $\mathbf{N}_{k+1}$ 的一個眞子集，而且 B 與 $\mathbf{N}_{k+1}$ 等價，亦即：由 $\mathbf{N}_{k+1}$ 至 B 有一個一對一且映成的函數 $f:\mathbf{N}_{k+1}\to B$ 存在，我們分成三種情形來說明這會引出矛盾：

⑴若 $k+1 \notin B$，則 $B-\{f(k+1)\}$是 $\mathbf{N}_k$ 的一個眞子集。因爲函數 $f|\mathbf{N}_k：\mathbf{N}_k \to B-\{f(k+1)\}$爲一對一且映成，所以，$\mathbf{N}_k$ 與它的眞子集$B-\{f(k+1)\}$等價，此與歸納假設矛盾。

⑵若 $k+1 \in B$ 而$f(k+1)=k+1$，則 $B-\{k+1\}$是 $\mathbf{N}_k$ 的一個眞子集，而且 $f|\mathbf{N}_k：\mathbf{N}_k \to B-\{k+1\}$是一對一且映成的函數。由此得知 $\mathbf{N}_k$ 與它的眞子集$B-\{k+1\}$等價，此與歸納假設矛盾。

⑶若 $k+1 \in B$ 但$f(k+1) \neq k+1$，則可定義一函數 $g：B \to B$ 如下：

$$g(i)=\begin{cases} i, & \text{若 } i \neq k+1, i \neq f(k+1); \\ k+1, & \text{若 } i=f(k+1); \\ f(k+1), & \text{若 } i=k+1。\end{cases}$$

因爲 $g：B \to B$ 是一對一且映成的函數，所以，$g \circ f：\mathbf{N}_{k+1} \to B$ 是一對一且映成的函數。因爲 $k+1 \in B$ 且$(g \circ f)(k+1)=k+1$，所以，仿⑵的討論可知此情形與歸納假設矛盾。

由此可知 $\mathbf{N}_{k+1}$不會與它的任何眞子集等價，亦即：此定理對含有 $k+1$個元素的有限集也成立。

依數學歸納法，每個有限集都不會與它的任何眞子集等價。‖

由定理 3 立即可得出下面兩個結果。

【系理4】（$\mathbf{N}$ 及其子集）

⑴若 $k, l \in \mathbf{N}$ 且$k \neq l$，則 $\mathbf{N}_k$ 與$\mathbf{N}_l$ 不等價。

⑵$\mathbf{N}$ 是一個無限集，因此，$\mathbf{N}$ 與任何$\mathbf{N}_k$ 都不等價。

證：⑴若 $k > l$，則 $\mathbf{N}_l$ 是$\mathbf{N}_k$ 的一個眞子集。

⑵令 E 表示所有正偶數所成的集合，則 E 是$\mathbf{N}$ 的一個眞子集。設函數 $f：\mathbf{N} \to E$ 定義爲$f(n)=2n(n \in \mathbf{N})$，則 f 是一對一且映成的函數，由此可知 $\mathbf{N}$ 與它的眞子集E 等價，依定理 3 ，$\mathbf{N}$ 是無限集。
‖

前面的結果可用來對無限集做一項有用的描述。

【定理5】（無限集的充要條件之一）

集合 A 是無限集的充要條件是：由 $\mathbf{N}$ 至 A 有一對一的函數存在，或者說，A 中含有各項彼此不同的點列。

證：充分性：若由 $\mathbf{N}$ 至 A 有一個一對一函數 $f:\mathbf{N}\rightarrow A$ 存在，則函數 $f:\mathbf{N}\rightarrow f(\mathbf{N})$ 是一個一對一且映成的函數。於是，$f(\mathbf{N})$ 與 $\mathbf{N}$ 等價，依系理 4(2)，$f(\mathbf{N})$ 是無限集。因爲 $f(\mathbf{N})$ 是 A 的子集，所以，依定理 2，A 是無限集。

必要性：設 A 是無限集，依定義 2，$A\neq\phi$。任選 $x_1\in A$，因爲 A 與 $\mathbf{N}_1$ 不等價，所以，$A-\{x_1\}\neq\phi$。任選 $x_2\in A-\{x_1\}$，則 x_1 與 x_2 是 A 中兩個相異元素。對任意正整數 $k\in\mathbf{N}$，設我們已在 A 中找到 k 個相異元素 $x_1,x_2,\cdots,x_k$，因爲 A 與 $\mathbf{N}_k$ 不等價，所以，$A-\{x_1,x_2,\cdots,x_k\}\neq\phi$。於是，可在 $A-\{x_1,x_2,\cdots,x_k\}$ 中任選一個元素 x_{k+1}，由此可知 $x_1,x_2,\cdots,x_k,x_{k+1}$ 是 A 中的 $k+1$ 個相異元素。根據數學歸納法，我們在 A 中得出一個子集 $\{x_k \mid k\in\mathbf{N}\}$。在此集合中，當 $k\neq l$ 時，恆有 $x_k\neq x_l$。定義函數 $f:\mathbf{N}\rightarrow A$ 如下：對每個 $k\in\mathbf{N}$，令 $f(k)=x_k$，則 $f:\mathbf{N}\rightarrow A$ 是一個一對一函數。‖

【定理6】（無限集的充要條件之二）

集合 A 是無限集的充要條件是 A 與它的某個眞子集等價。

證：充分性：若 A 與它的某個眞子集等價，則依定理 3，A 不是有限集，亦即：A 是無限集。

必要性：若 A 是無限集，則依定理 5，在 A 中可找到一個各項彼此不同的點列 $\{x_k\}$。令 $B=A-\{x_{2k-1} \mid k\in\mathbf{N}\}$，則因爲 $x_1\in A$ 而 $x_1\notin B$，故知 B 是 A 的一個眞子集。定義函數 $f:A\rightarrow B$ 如下：

$$f(x)=\begin{cases} x， & 若\ x\in A\ 但\ x\neq x_n，n\in\mathbf{N}； \\ x_{2n}， & 若\ x=x_n； \end{cases}$$

則 f 是一個一對一且映成的函數。由此可知 A 與它的眞子集 B 等價。‖

【例9】實數集 $\boldsymbol{R}$ 是無限集。對任意實數 a 與 b，$a<b$，$[a,b]$、$[a,b)$、$(a,b]$與(a,b)等區間都是無限集。

證：依例 3、例 5 及定理 6 即得。‖

丙、可數集與不可數集

在例 7 中，我們證明 Cantor 集 C 與正整數集 $\boldsymbol{N}$ 不等價，而它們都是無限集，可見在無限集之間，元素的多寡仍然是不全相同的。下面我們寫出一個定義來加以區別。

【定義3】設 A 爲一集合。

⑴若集合 A 與正整數集 $\boldsymbol{N}$ 等價，則稱集合 A 是一個**可數無限集**（countably infinite set）。此時，A 可表成 $\{x_n \mid n\in\boldsymbol{N}\}$ 的形式。

⑵若集合 A 是有限集或可數無限集，則稱集合 A 是一個**可數集**（countable set）。

⑶若集合 A 不是可數集，則稱集合 A 是一個**不可數集**（uncountable set）。

【例10】$\boldsymbol{N}$、$\boldsymbol{N}\times\boldsymbol{N}$ 以及所有正偶數所成的集合都是可數無限集。‖

【例11】Cantor 集 C 是不可數集。

證：Cantor 集中含有數列$\{2/3^n\}$，其中各項彼此不同，可知 Cantor 集是無限集。因爲 C 與$\boldsymbol{N}$ 不等價，所以，C 不是可數集。‖

【定理7】（可數集的子集）

可數集的子集必是可數集。

證：配合定理 2 的結果，我們只需考慮可數無限集的情形。設 A 爲一可數無限集，B 爲A 的一個子集。

若 B 是有限集，則 B 是可數集。

設 B 爲一無限集。因爲集合 A 是可數無限集。所以，A 可表示成$A=\{x_n \mid n\in\boldsymbol{N}\}$。因爲 B 是無限集，所以，$\{n\in\boldsymbol{N} \mid x_n\in B\}\neq\phi$，令 m_1表示此集合的最小元素。其次，因爲 B 是無限集，所以，

$B-\{x_{m_1}\}\neq\phi$。於是，$\{n\in\mathbf{N}\mid x_n\in B-\{x_{m_1}\}\}\neq\phi$。令 m_2表示此集合的最小元素，顯然地，$m_2>m_1$。假設我們已找到 k 個正整數 $m_1<m_2<\cdots<m_k$ 使得$\{x_n\mid n\in\mathbf{N},n\leqslant m_k\}\cap B=\{x_{m_1},x_{m_2},\cdots,x_{m_k}\}$。因為 B 是無限集，所以，$\{n\in\mathbf{N}\mid x_n\in B,n>m_k\}\neq\phi$。令 m_{k+1}表示此集合的最小元素，顯然地，$m_{k+1}>m_k$、$x_{m_{k+1}}\in B$ 而且對每個$x_n\in B-\{x_{m_1},x_{m_2},\cdots,x_{m_{k+1}}\}$，恆有 $n>m_{k+1}$。根據數學歸納法，可得一個由正整數所成的嚴格遞增數列$\{m_k\}$使得 $B=\{x_{m_k}\mid k\in\mathbf{N}\}$。根據此表示法，可知 B 是一個可數無限集。‖

【例12】實數集 $\boldsymbol{R}$ 是不可數集；對任意兩個實數 a 與b，$a<b$，$[a,b]$、$[a,b)$、$(a,b]$、(a,b)、$[a,+\infty)$、$(a,+\infty)$、$(-\infty,b]$與$(-\infty,b)$都是不可數集。

證：$\boldsymbol{R}$、$[0,+\infty)$、$(-\infty,1]$與$[0,1]$都包含 Cantor 集 C，而 C 是不可數集，依定理 7，這些集合都是不可數集。‖

【定理8】（可數個可數集的聯集）

若對每個 $n\in\mathbf{N}$，A_n 都是可數集，則$\bigcup_{n=1}^{\infty}A_n$ 也是可數集。

證：首先定義另一組集合 B_n 如下：$B_1=A_1$，而對每個 $n\in\mathbf{N}$，令 $B_{n+1}=A_{n+1}-(A_1\cup A_2\cup\cdots\cup A_n)$。很容易就可證得$\bigcup_{n=1}^{\infty}B_n=\bigcup_{n=1}^{\infty}A_n$，而且對任意 $m,n\in\mathbf{N}$，$m\neq n$，恆有 $B_m\cap B_n=\phi$（參看練習題9）。

對每個 $n\in\mathbf{N}$，因為 B_n 是可數集A_n 的子集，所以，B_n 也是可數集。於是，集合 B_n 可表示成$B_n=\{x_{n1},x_{n2},\cdots\}$。（請注意：$B_n$ 可能是有限集。）令 $S=\bigcup_{n=1}^{\infty}B_n=\bigcup_{n=1}^{\infty}A_n$，定義一個函數 $f:S\to\mathbf{N}\times\mathbf{N}$ 如下：對每個 $x\in S$，因為全體 B_n 兩兩不相交，所以，恰有一個 $n\in\mathbf{N}$ 使得$x\in B_n$。於是，恰有一個 $m\in\mathbf{N}$ 使得$x=x_{nm}$，令 $f(x)=f(x_{nm})=(n,m)$。f 顯然是一對一函數，因此，S 與可數集$\mathbf{N}\times\mathbf{N}$ 的子集$f(S)$等價。依定理 7，S 是一個可數集。‖

定理 8 可讓我們討論有理數集的可數性。

【例13】有理數集 $\boldsymbol{Q}$ 是一個可數集。

證：對每個 $n \in \boldsymbol{N}$，令 $A_n = \{m/n \mid m \in \boldsymbol{Z}\}$，則 A_n 與整數集 $\boldsymbol{Z}$ 等價，因此，A_n 是可數集。因爲 $\boldsymbol{Q} = \bigcup_{n=1}^{\infty} A_n$，所以，依定理 8，$\boldsymbol{Q}$ 是可數集。‖

練習題 2-1

1. 試證定理1。
2. 試證：若 $A \sim B$ 且 $C \sim D$，則 $A \times C \sim B \times D$。
3. 試證例2中的函數 f 是一對一且映成的函數，並求 f^{-1}。
4. 試證例5。
5. 在例6利用二進位法證明 $(0,1]$ 與 $(0,1] \times (0,1]$ 等價的函數 f 中，試證 f 是一對一且映成的函數，並求 $f(9/31)$ 的值。
6. 函數 $g:(0,1] \to (0,1] \times (0,1]$ 定義如下：對每個 $x \in (0,1]$，將 x 以二進位表示成 $x = \sum_{n=1}^{\infty}(a_n/2^n)$，使其中有無限多個 a_n 爲1，令
$$g(x) = \left(\sum_{n=1}^{\infty}(a_{2n-1}/2^n), \sum_{n=1}^{\infty}(a_{2n}/2^n)\right),$$
試證 g 爲映成函數但不是一對一函數。
7. 試證：若 A 與 B 都是有限集，則 $A \cup B$ 也是有限集。並由此證明有限多個有限集的聯集也是有限集。
8. 試證：若 A 與 B 都是有限集，則 $A \times B$ 也是有限集。並由此證明有限多個有限集的積集也是有限集。
9. 對每個 $n \in \boldsymbol{N}$，A_n 爲任意集合。定義另一組集合如下：$B_1 = A_1$，對每個 $n \in \boldsymbol{N}$，$B_{n+1} = A_{n+1} - (A_1 \cup A_2 \cup \cdots \cup A_n)$。試證當 $n \neq m$ 時，恆有 $B_n \cap B_m = \phi$，而且 $\bigcup_{n=1}^{\infty} B_n = \bigcup_{n=1}^{\infty} A_n$。
10. 試證：若 A 與 B 都是可數集，則 $A \times B$ 也是可數集。並由此證明有限多個可數集的積集也是可數集。
11. 若 A 是可數集而 $f: A \to B$ 是一個映成函數，則 B 必是可數

集。試證之。

12.試證：在實數集 $\boldsymbol{R}$ 中，兩端點都是有理數的所有區間所成的集合是可數集。

13.試證：若 S 是由一組兩兩不相交且長度不爲0的區間所成的集合，則 S 是可數集。

14.設 $A=\{x_\lambda \mid \lambda\in I\}$ 是一集合，其中的每個元素 x_λ 都是非負實數。若有一個正數 M 具有下述性質：A 的每個有限子集 $\{x_{\lambda_1}, x_{\lambda_2}, \cdots, x_{\lambda_n}\}$ 都滿足 $x_{\lambda_1}+x_{\lambda_2}+\cdots+x_{\lambda_n}\leqslant M$，試證：$\{\lambda\in I \mid x_\lambda>0\}$ 是一個可數集。

15.若一複數 α 是某個有理係數方程式 $a_0x^n+a_1x^{n-1}+\cdots+a_n=0$ 的根，其中 a_0、a_1、…、a_n 都是有理數，則 α 稱爲一個**代數數**(algebraic number)。試證：所有有理係數多項式所成的集合是一可數集，再由此證明所有代數數所成的集合是一可數集。(若一複數不是代數數，則稱爲**超越數**（transcendental number）。π 與 e 都是超越數。)

16.試證：只由0與1所做出的所有數列所成的集合是一個不可數集。

17.試證：若 A 是不可數集，而 B 是可數集，則 $A-B$ 與 A 等價。與第15題比較，此結果指出超越數比代數數多得多。

18.試證正整數集 $\boldsymbol{N}$ 的所有有限子集所成的集合是可數集。（提示：對每個 $n\in\boldsymbol{N}$，考慮所含的最大元素是 n 的所有子集。）

19.試證正整數集 $\boldsymbol{N}$ 的冪集 $P(\boldsymbol{N})$ 與Cantor 集 C 等價。

20.試證 Cantor 集與實數集 $\boldsymbol{R}$ 等價。

21.設 S 表示由 $\boldsymbol{R}$ 映至 $\boldsymbol{R}$ 的所有函數所成的集合，試證 S 與 $\boldsymbol{R}$ 不等價。

思考題 2－1

1.下述結果稱爲 Schröder－Bernstein 定理。

(1)若三集合 A、B 與 C 滿足 $A \supset B \supset C$ 而且 A 與 C 等價，則 A 與 B 等價。

(2)設 A 與 B 爲二集合，若由 A 至 B 有一對一函數存在，由 B 至 A 也有一對一函數存在，則 A 與 B 等價。

（提示：(2)由(1)即可得。在(1)中，設 $f: A \to C$ 爲一對一且映成的函數，令 $A_0 = A$，$A_1 = B$，對每個 $n \in \mathbf{N}$，令 $A_{2n} = f(A_{2n-2})$，$A_{2n+1} = f(A_{2n-1})$。又設 $D = \bigcap_{n=1}^{\infty} A_n$，則得 $A = D \cup \bigcup_{n=0}^{\infty}(A_n - A_{n+1})$，$B = D \cup \bigcup_{n=1}^{\infty}(A_n - A_{n+1})$。利用上述分解式並借用 f 定義 A 與 B 間的等價關係。）

2-2 $\boldsymbol{R}^k$ 中的開集

從本節起，我們開始討論 $\boldsymbol{R}^k$ 中的各種子集。討論的第一個概念是開集，它除了比較簡單、容易瞭解之外，還將做爲定義其他概念的基礎。

甲、$\boldsymbol{R}^k$ 的基本結構

所謂 $\boldsymbol{R}^k$ 中的開集，乃係根據 $\boldsymbol{R}^k$ 中的距離概念來定義的，所以，在討論開集與其他概念之前，我們先將 $\boldsymbol{R}^k$ 中有關的結構略作整理。

$\boldsymbol{R}^k$ 的元素都是由實數所成的**有序 k 元組**（ordered k－tuple），也就是說，$\boldsymbol{R}^k$ 是下述集合：

$$\boldsymbol{R}^k = \{(x_1, x_2, \cdots, x_k) \mid x_1, x_2, \cdots, x_k \in \boldsymbol{R}\}。$$

在此集合中，我們可以仿照平面向量與空間向量的方法定義加法與係數積如下：

$$(x_1, x_2, \cdots, x_k) + (y_1, y_2, \cdots, y_k) = (x_1 + y_1, x_2 + y_2, \cdots, x_k + y_k)；$$

$$a(x_1, x_2, \cdots, x_k) = (ax_1, ax_2, \cdots, ax_k)。$$

這兩項運算使得 $\boldsymbol{R}^k$ 成爲一個佈於 $\boldsymbol{R}$ 的 k **維向量空間**（k－dimensional vector space over $\boldsymbol{R}$）。

其次，在向量空間 $\boldsymbol{R}^k$ 上，我們可以定義**內積**（inner product）的概念，而使得 $\boldsymbol{R}^k$ 成爲一個**內積空間**（inner product space）。所謂內積，乃是將 $\boldsymbol{R}^k$ 中的兩個點「相乘」而得出一實數。若 $x,y\in\boldsymbol{R}^k$, $x=(x_1,x_2,\cdots,x_k)$，$y=(y_1,y_2,\cdots,y_k)$，則所謂 x 與 y 的內積 $\langle x,y\rangle$，乃是指

$$\langle x,y\rangle=x_1y_1+x_2y_2+\cdots+x_ky_k。$$

$\boldsymbol{R}^k$ 中的內積具有下列基本性質：

(1)對每個 $x\in\boldsymbol{R}^k$，恆有 $\langle x,x\rangle\geqslant 0$；而且 $\langle x,x\rangle=0$ 的充要條件是 $x=0$。

(2)對任意 $x,y\in\boldsymbol{R}^k$，恆有 $\langle x,y\rangle=\langle y,x\rangle$。

(3)對任意 $x,y,z\in\boldsymbol{R}^k$ 及 $a,b\in\boldsymbol{R}$，恆有

$$\langle ax+by,z\rangle=a\langle x,z\rangle+b\langle y,z\rangle。$$

$\boldsymbol{R}^k$ 的內積概念，可在 $\boldsymbol{R}^k$ 上定義**範數**（norm）或**長度**（length）的概念而使得 $\boldsymbol{R}^k$ 成爲一個**賦範空間**（normed vector space）。對每個 $x=(x_1,x_2,\cdots,x_k)\in\boldsymbol{R}^k$，所謂 x 的**範數**或**長度** $\|x\|$，乃是指

$$\|x\|=\sqrt{\langle x,x\rangle}=\sqrt{x_1^2+x_2^2+\cdots+x_k^2}，$$

$\boldsymbol{R}^k$ 中的範數概念具有下列基本性質：

(4)對每個 $x\in\boldsymbol{R}^k$，恆有 $\|x\|\geqslant 0$；而且 $\|x\|=0$ 的充要條件是 $x=0$。

(5)對每個 $x\in\boldsymbol{R}^k$ 及每個 $a\in\boldsymbol{R}$，恆有 $\|ax\|=|a|\,\|x\|$。

(6)對任意 $x,y\in\boldsymbol{R}^k$，恆有 $\|x+y\|\leqslant\|x\|+\|y\|$。

此處的性質(6)對後文的討論非常重要，我們特地給出證明於下。

【定理1】（Cauchy－Schwarz 不等式）

對任意 $x,y\in\boldsymbol{R}^k$ 恆有 $|\langle x,y\rangle|\leqslant\|x\|\,\|y\|$。更進一步地，對非 0 的點 x 與 y 而言，上式中等號成立的充要條件是可找到一個

實數 a 使得 $y=ax$。

證：對任意實數 t，依上述性質(1)，可得 $\langle tx+y, tx+y\rangle \geqslant 0$。反覆運用上述性質(2)與(3)，可得：對任意 $t\in \boldsymbol{R}$，恆有

$$t^2\langle x,x\rangle+2t\langle x,y\rangle+\langle y,y\rangle\geqslant 0。\qquad (*)$$

若 $x=0$，則 $\|x\|=0$ 且 $\langle x,y\rangle=0$。於是，

$$|\langle x,y\rangle|=\|x\|\,\|y\|。$$

若 $x\neq 0$，則 $\langle x,x\rangle\neq 0$。令 $t=-\langle x,y\rangle/\langle x,x\rangle$，代入$(*)$式，化簡即得

$$-\langle x,y\rangle^2+\langle x,x\rangle\langle y,y\rangle\geqslant 0,$$

或 $\langle x,y\rangle^2\leqslant\langle x,x\rangle\langle y,y\rangle$，$|\langle x,y\rangle|\leqslant\|x\|\,\|y\|$。

定理的後半段留給讀者自己證明（參看練習題 1）。‖

【定理2】（三角形不等式）

對任意 $x,y\in \boldsymbol{R}^k$，恆有 $\|x+y\|\leqslant\|x\|+\|y\|$。更進一步地，對非 0 的點 x 與 y 而言，上式中等號成立的充要條件是可找到一個正數 a 使得 $y=ax$。

證：依定理 1，知 $\langle x,y\rangle\leqslant|\langle x,y\rangle|\leqslant\|x\|\,\|y\|$。於是，得

$$\begin{aligned}\|x+y\|^2&=\langle x+y,x+y\rangle\\&=\langle x,x\rangle+2\langle x,y\rangle+\langle y,y\rangle\\&\leqslant\|x\|^2+2\|x\|\,\|y\|+\|y\|^2\\&=(\|x\|+\|y\|)^2。\end{aligned}$$

由此可知 $\|x+y\|\leqslant\|x\|+\|y\|$。

定理的後半段留給讀者自己證明（參看練習題 2）。‖

最後，利用 $\boldsymbol{R}^k$ 中的範數概念，可在 $\boldsymbol{R}^k$ 中定義**距離**（metric 或 distance）的概念，而使得 $\boldsymbol{R}^k$ 成爲一個**賦距空間**（metric space）。若 $x=(x_1,x_2,\cdots,x_k)$，$y=(y_1,y_2,\cdots,y_k)$，則 x 與 y 的距離 $d(x,y)$ 定義爲

$$d(x,y)=\|x-y\|$$

$$=\sqrt{(x_1-y_1)^2+(x_2-y_2)^2+\cdots+(x_k-y_k)^2}。$$

$\boldsymbol{R}^k$ 中的距離具有下列基本性質：

(7)對任意 $x,y\in\boldsymbol{R}^k$，恆有$d(x,y)\geqslant 0$；而且$d(x,y)=0$ 的充要條件是 $x=y$。

(8)對任意 $x,y\in\boldsymbol{R}^k$，恆有$d(x,y)=d(y,x)$。

(9)對任意 $x,y,z\in\boldsymbol{R}^k$，恆有$d(x,z)\leqslant d(x,y)+d(y,z)$。

前面所定義的距離，當 $k=1, 2$ 或 3 時，與古典的歐氏（坐標）幾何的距離相同，所以，當 $\boldsymbol{R}^k$ 配備這些結構時，我們通常稱它爲 k **維歐氏空間**（k − dimensional Euclidean space）。它的元素我們稱爲**點**（point）。

乙、內點與開集

在實數線上，開區間(a,b)是形式比較簡單、性質比較特殊的集合，我們當然希望能在 $\boldsymbol{R}^k$ 中找到與 $\boldsymbol{R}$ 中的開區間類似的集合。接近這項目的的一個例子是 k **維開區間**，它是形如$(a_1,b_1)\times(a_2,b_2)\times\cdots\times(a_k,b_k)$的積集，我們在§2－3會談到這類子集。另一個例子是下面定義1所介紹的開球，它是將(a,b)中的條件 $a<x<b$ 看成 $|x-(a+b)/2|<(b-a)/2$ 所引伸的概念。

【定義1】設 $x\in\boldsymbol{R}^k$ 而 $r>0$。

(1)集合 $\{y\in\boldsymbol{R}^k \mid \|y-x\|<r\}$ 稱爲以 x 爲**球心**、r 爲**半徑**的k **維開球**（open ball with center x and radius r），以$B_r(x)$表之。

(2)集合 $\{y\in\boldsymbol{R}^k \mid \|y-x\|\leqslant r\}$ 稱爲以 x 爲**球心**、r 爲**半徑**的k **維閉球**（closed ball with center x and radius r），以 $\overline{B_r}(x)$表之。

(3)集合 $\{y\in\boldsymbol{R}^k \mid \|y-x\|=r\}$ 稱爲以 x 爲**球心**、r 爲**半徑**的k **維球面**（sphere with center x and radius r），以$S_r(x)$表之。

【例1】在 $\boldsymbol{R}$ 中，一維開球$B_r(x)$就是開區間$(x-r,x+r)$。反之，開區間(a,b)就是一維開球 $B_{(b-a)/2}((a+b)/2)$。由此可見：一維開

球只是有限開區間的另一種名稱而已。同理，一維閉球$\overline{B_r}(x)$就是閉區間$[x-r,x+r]$，一維球面$S_r(x)$則表示只含兩個點的集合$\{x-r,x+r\}$。‖

【例2】在 $\boldsymbol{R}^2$中，二維球面$S_r(x)$乃是以 x 爲圓心、r 爲半徑的**圓**。二維閉球 $\overline{B_r}(x)$乃是以 x 爲圓心、r 爲半徑的**圓形區域**（circular region）或**圓盤**（circular disk）。二維開球$B_r(x)$乃是以 x 爲圓心、r 爲半徑的**圓的內部**。‖

【例3】在 $\boldsymbol{R}^3$中，三維球面$S_r(x)$乃是以 x 爲球心、r 爲半徑的**球面**（sphere）。三維閉球 $\overline{B_r}(x)$乃是以 x 爲球心、r 爲半徑的**球體**（spheroid）。三維開球$B_r(x)$乃是以 x 爲球心、r 爲半徑的**球面的內部**。‖

有了開球的概念之後，$\boldsymbol{R}^k$ 中的子集與點的可能關係就可以有新的考慮了，而不是只能問「屬於」或「不屬於」這麼表面的問題了。且看下述定義。

【定義2】設 $A\subset\boldsymbol{R}^k$ 而 $x\in\boldsymbol{R}^k$。

(1)若可以找到一個正數 r 使得 $B_r(x)\subset A$，則稱點 x 是集合 A 的一個**內點**（interior point）。集合 A 的所有內點所成的集合稱爲集合 A 的**內部**（interior），以 A^0表之。

(2)若可以找到一個正數 r 使得 $B_r(x)\subset\boldsymbol{R}^k-A$，則稱點 x 是集合 A 的一個**外點**（exterior point）。集合 A 的所有外點所成的集合稱爲集合 A 的**外部**（exterior），以 A^e 表之。

(3)若對任意正數 r，開球$B_r(x)$恆滿足$B_r(x)\cap A\neq\phi$ 以及 $B_r(x)\cap(\boldsymbol{R}^k-A)\neq\phi$，則稱點 x 是集合 A 的一個**邊界點**（boundary point）。集合 A 的所有邊界點所成的集合稱爲集合 A 的**邊界**（boundary），以 A^b 表之。

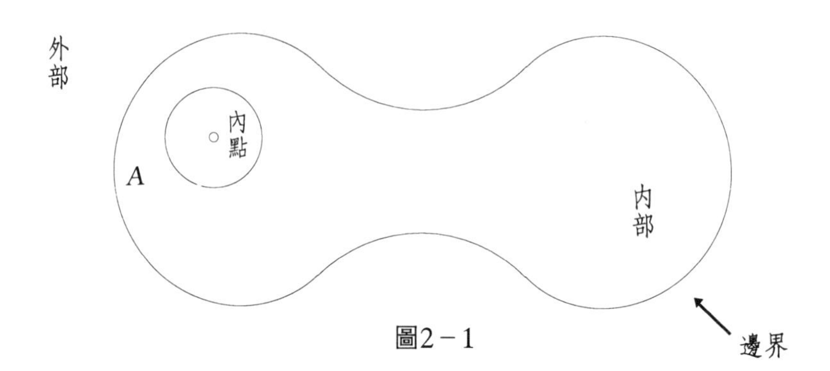

圖2－1

【例4】對任意 $a, b \in \boldsymbol{R}$，$a < b$，$[a, b]$、$[a, b)$、$(a, b]$與(a, b)等區間的內部都是(a, b)，外部都是$(-\infty, a) \cup (b, +\infty)$，邊界都是$\{a, b\}$。例如：若 $x \in (a, b)$，令 $r = \min\{x - a, b - x\}$，則開球$B_r(x)$包含於上述四區間中的每一個。‖

【例5】在 $\boldsymbol{R}^2$中，令 $A = \{(x, y) \in \boldsymbol{R}^2 \mid xy \geqslant 0\}$，則 A 表示兩坐標軸以及第一、第三兩象限內所有點所成的集合。A 的內部是第一與第三兩象限內所有點所成的集合，A 的外部是第二與第四兩象限內所有點所成的集合，A 的邊界是兩坐標軸上所有點所成的集合。‖

【例6】在 $\boldsymbol{R}^2$中，令 $A = \{(x, y) \in \boldsymbol{R}^2 \mid x^2 + y^2 < 1\} \cup B$，其中 B 是圓$\{(x, y) \in \boldsymbol{R}^2 \mid x^2 + y^2 = 1\}$的任意子集，則不論 B 是任何子集，A 的內部都是$\{(x, y) \in \boldsymbol{R}^2 \mid x^2 + y^2 < 1\}$，$A$ 的外部都是$\{(x, y) \in \boldsymbol{R}^2 \mid x^2 + y^2 > 1\}$，$A$ 的邊界都是圓$x^2 + y^2 = 1$。‖

根據定義 2，我們知道：對 $\boldsymbol{R}^k$ 的任意子集A 而言，下面的性質都成立：

(1)$A^0 \subset A$。

(2)$A^e = (\boldsymbol{R}^k - A)^0$，$A^e \subset \boldsymbol{R}^k - A$。

(3)A^0、A^e 與A^b 兩兩不相交，而且 $A^0 \cup A^e \cup A^b = \boldsymbol{R}^k$。

(4)$A^b = (\boldsymbol{R}^k - A)^b$。

當某集合能使上述(1)中的包含關係成為等號時，當然表示比較特殊的集合，且看下述定義。

【定義3】設 $U \subset \boldsymbol{R}^k$。若集合 U 中的每個點都是 U 的內點，亦即：對每個 $x \in U$，都可找到一個 $r>0$ 使得 $B_r(x) \subset U$，則稱集合 U 是 $\boldsymbol{R}^k$ 的一個**開集**（open set）。

【例7】依例 4，可知 (a, b) 是 $\boldsymbol{R}$ 中的開集。用類似的方法，可得知 $(a, +\infty)$ 與 $(-\infty, b)$ 都是 $\boldsymbol{R}$ 中的開集。‖

【例8】依例 6，可知 $\{(x, y) \in \boldsymbol{R}^2 \mid x^2+y^2<1\}$ 是 $\boldsymbol{R}^2$ 中的開集，但集合 $\{(x, y) \in \boldsymbol{R}^2 \mid x^2+y^2 \leqslant 1\}$ 不是開集，因為圓 $x^2+y^2=1$ 上的點 (x, y) 都是此集合的邊界點而不是內點。‖

【例9】在 $\boldsymbol{R}^2$ 中，集合

$$A=\{(x, y) \in \boldsymbol{R}^2 \mid x^2+y^2<1\}-\{(x, 0) \in \boldsymbol{R}^2 \mid 0 \leqslant x<1\}$$

是一個開集，但集合

$$B=\{(x, y) \in \boldsymbol{R}^2 \mid x^2+y^2<1\}-\{(x, 0) \in \boldsymbol{R}^2 \mid 0<x<1\}$$

不是開集。此二集合的邊界都是 $\{(x, y) \in \boldsymbol{R}^2 \mid x^2+y^2=1\} \cup \{(x, 0) \in \boldsymbol{R}^2 \mid 0 \leqslant x \leqslant 1\}$，可是集合 A 不含任何邊界點，而集合 B 卻包含一個邊界點 $(0, 0)$。‖

【例10】在 $\boldsymbol{R}$ 中，集合 $\{x \in \boldsymbol{R} \mid 0<x<1\}$ 是開集。在 $\boldsymbol{R}^2$ 中，集合 $\{(x, 0) \in \boldsymbol{R}^2 \mid 0<x<1\}$ 卻不是開集，事實上，此集合中的每個點都不是它的內點。這裏的兩個集合看來很相似，但結果卻迥然不同，原因是前者為 $\boldsymbol{R}$ 的子集而後者為 $\boldsymbol{R}^2$ 的子集。在 $\boldsymbol{R}^2$ 中，檢驗內點必須使用圓的內部；而在 $\boldsymbol{R}$ 中，檢驗內點卻只使用開區間。‖

【定理3】（$\boldsymbol{R}^k$ 中的全體開集構成 $\boldsymbol{R}^k$ 上的一個拓樸結構）

(1) ϕ 與 $\boldsymbol{R}^k$ 都是 $\boldsymbol{R}^k$ 中的開集。

(2) $\boldsymbol{R}^k$ 中的任一組開集的聯集仍是 $\boldsymbol{R}^k$ 中的開集。

(3) $\boldsymbol{R}^k$ 中的有限多個開集的交集仍是 $\boldsymbol{R}^k$ 中的開集。

證：(1)因為 ϕ 中不含任何點，所以，ϕ 中沒有任何點可做為 ϕ 的邊界

點，這表示 ϕ 是開集。另一方面，對每個 $x \in \boldsymbol{R}^k$，$B_1(x) \subset \boldsymbol{R}^k$，所以，$\boldsymbol{R}^k$ 是一個開集。

(2)設 $\{U_\alpha \mid \alpha \in I\}$ 是由 $\boldsymbol{R}^k$ 中的開集所成的**集合族**（family），令 U 表示它們的聯集 $\bigcup\{U_\alpha \mid \alpha \in I\}$。設 $x \in U$，依聯集的定義，必可找到一個 $\alpha \in I$ 使得 $x \in U_\alpha$。因爲 U_α 是開集，所以，可找到一個 $r>0$ 使得 $B_r(x) \subset U_\alpha$。因爲 $U_\alpha \subset U$，所以，$B_r(x) \subset U$。這表示 U 的每個點都是內點，U 是一個開集。

(3)設 $U_1, U_2, \cdots, U_n$ 爲 $\boldsymbol{R}^k$ 中的開集。若 $\bigcap_{i=1}^n U_i = \phi$，則此交集爲開集。設 $\bigcap_{i=1}^n U_i \neq \phi$。對每個 $x \in \bigcap_{i=1}^n U_i$，依交集的定義，對每個 $i=1,2,\cdots,n$，恆有 $x \in U_i$。因爲每個 U_i 都是開集，所以，對每個 $i=1,2,\cdots,n$，都可找到一個正數 $r_i>0$ 使得 $B_{r_i}(x) \subset U_i$。令 $r=\min\{r_1, r_2, \cdots, r_n\}$，則對每個 $i=1,2,\cdots,n$，恆有 $B_r(x) \subset B_{r_i}(x) \subset U_i$。由此得 $B_r(x) \subset \bigcap_{i=1}^n U_i$。這表示 $\bigcap_{i=1}^n U_i$ 的每個點都是內點，$\bigcap_{i=1}^n U_i$ 是一個開集。‖

定理 3(3)中的「有限多個」不能加以改進，且看下例。

【例11】對每個 $n \in \boldsymbol{N}$，$(-1/n, 1/n)$ 都是開集。但這些開集的交集爲 $\{0\}$，此集合不是開集。‖

【定理4】（開球是開集）

在 $\boldsymbol{R}^k$ 中，每個（k 維）開球都是開集。

證：設 $B_r(x)$ 是 $\boldsymbol{R}^k$ 中的一個 k 維開球。設 y 是 $B_r(x)$ 中的任意點，因爲 $y \in B_r(x)$，$\|y-x\|<r$，所以，$s=r-\|y-x\|>0$。若 $z \in B_s(y)$，則 $\|z-y\|<s$。於是，可得

$$\|z-x\| \leqslant \|z-y\| + \|y-x\| < s + \|y-x\| = r,$$

或是說 $z \in B_r(x)$。由此可知 $B_s(y) \subset B_r(x)$，y 是 $B_r(x)$ 的一個內點。因爲 $B_r(x)$ 中的每個點都是內點，故知 $B_r(x)$ 是開集。‖

【定理5】（開集的充要條件）

若 U 是 $\boldsymbol{R}^k$ 的一個非空子集，則 U 是 $\boldsymbol{R}^k$ 中之開集的充要條件是

U 可表示成一組 k 維開球的聯集。

證：充分性：若 U 可表示成一組 k 維開球的聯集，則依定理 3(2)與定理 4，可知 U 是 $\boldsymbol{R}^k$ 中的開集。

必要性：若 U 是 $\boldsymbol{R}^k$ 中的非空開集，則對每個 $x \in U$，都可找到一個正數 $r_x > 0$ 使得 $B_{r_x}(x) \subset U$。很容易就可證得等式

$$U = \bigcup \{B_{r_x}(x) \mid x \in U\},$$

由此可知 U 可表示成一組 k 維開球的聯集。‖

將一個非空開集表示成開球的聯集時，所用的開球可選爲可數個即已足夠（參看§2－4練習題6）。

將 $\boldsymbol{R}^k$ 的一般開集表示成較簡單開集的聯集時，在 $k=1$（即實數系 $\boldsymbol{R}$）的情形中可得出更良好的結果，且看下述定理。

【定理6】（$\boldsymbol{R}$ 中的開集）

實數線 $\boldsymbol{R}$ 中的每個非空開集都可以表示成可數個兩兩不相交的開區間的聯集。（請注意：開區間可爲有限或無限。）

證：設 U 是 $\boldsymbol{R}$ 中的一個非空開集，對每個 $x \in U$，我們考慮包含於 U 且包含 x 的所有開區間所成的集合族：

$$I_x = \{(a,b) \mid (a,b) \text{是一開區間，} x \in (a,b) \subset U\}。$$

因爲 $x \in U^0$，所以，必可找到一正數 r 使得 $(x-r, x+r) \subset U$。由此可知集合族 I_x 不是空集合。因爲 I_x 中的每個開區間都包含 x，所以，I_x 中所有開區間的聯集仍然是一個包含 x 的開區間，記爲 $(a(x), b(x))$。請注意：$a(x)$ 可能是實數也可能是 $-\infty$，$b(x)$ 可能是實數也可能是 $+\infty$。顯然地，$x \in (a(x), b(x)) \subset U$。由此可知

$$U = \bigcup \{(a(x), b(x)) \mid x \in U\}。$$

若 $x, y \in U$ 且 $(a(x), b(x)) \cap (a(y), b(y)) \neq \phi$，則其聯集 $(a(x), b(x)) \cup (a(y), b(y))$ 是一個開區間，它包含 x 且包含於 U，換言之，它是集合族 I_x 的一個元素。依集合族 I_x 定義，可知聯集 $(a(x), b(x)) \cup (a(y), b(y))$ 是 $(a(x), b(x))$ 的子集。由此可知

$(a(y),b(y))$是$(a(x),b(x))$的子集。同理，$(a(x),b(x))$是$(a(y),b(y))$的子集。換言之，對於 U 中任意二點 x 與 y，兩區間$(a(x),b(x))$與$(a(y),b(y))$只有重合或不相交兩種可能關係，亦即：它們不會既相交卻又不相等。

在 U 中選取一子集 V 使得$\{(a(x),b(x))\mid x\in V\}$中的每一對開區間都兩兩不相等而且

$$\{(a(x),b(x))\mid x\in V\}=\{(a(x),b(x))\mid x\in U\}。$$

於是，$U=\bigcup\{(a(x),b(x))\mid x\in V\}$，而且依前段的說明，$\{(a(x),b(x))\mid x\in V\}$中的每一對開區間都兩兩不相交。依練習題2－1第13題，可知$\{(a(x),b(x))\mid x\in V\}$是一個可數集。由此可知：$U$ 可以表示成可數個兩兩不相交的開區間的聯集。‖

【例12】在 $\boldsymbol{R}$ 中，集合$(0,1)-\{2^{-n}\mid n\in\boldsymbol{N}\}$是一開集，因為它可表示成$\bigcup_{n=1}^{\infty}(2^{-n},2^{-n+1})$。‖

丙、鄰　域

在討論各種概念時，另有一個重要而有用的概念是鄰域。

【定義4】設 $x\in\boldsymbol{R}^k$ 而$N\subset\boldsymbol{R}^k$。若 $\boldsymbol{R}^k$ 中有開集 U 滿足$x\in U\subset N$，則稱 N 是x 的一個**鄰域**（neighborhood）。若 N 是x 的一個鄰域，則 $N-\{x\}$稱為 x 的一個**去心鄰域**（deleted neighborhood）。

鄰域與內點兩概念的關係至為密切，我們寫成一個定理。

【定理7】（鄰域與內點）

若 $x\in\boldsymbol{R}^k$ 而$N\subset\boldsymbol{R}^k$，則 N 是x 之鄰域的充要條件為：x 是N 的內點。

證：留為習題。‖

利用鄰域的概念可以描述開集，且看下述定理。

【定理8】（鄰域與開集）

若 $U\subset\boldsymbol{R}^k$ 是一非空集，則 U 是開集的充要條件是：U 是它所

含的每個點的鄰域。

證：充分性：假設 U 是所含的每個點的鄰域，則對每個 $x\in U$，U 是 x 的鄰域，依定理 7，x 是 U 的內點。因爲 U 的每個點都是 U 的內點，所以，U 是開集。

必要性：若 U 是開集，則對每個 $x\in U$，都可找到一開集 U 滿足 $x\in U\subset U$，依定義，U 是 x 的鄰域。‖

由於有上述兩定理中的簡潔性質，所以，許多性質的敘述都可改用鄰域，且看下例。

【例13】點 $x\in \boldsymbol{R}^k$ 是集合 $A\subset \boldsymbol{R}^k$ 之邊界點的充要條件是：x 的每個鄰域都與 A 相交，也都與 $\boldsymbol{R}^k-A$ 相交。

證：留爲習題。‖

練習題　2－2

1. 試完成定理1的證明。
2. 試完成定理2的證明。
3. 試證：在 $\boldsymbol{R}$ 中，$\boldsymbol{Q}$ 與 $\boldsymbol{R}-\boldsymbol{Q}$ 的內部都是空集，邊界都是 $\boldsymbol{R}$。
4. 對每個 $x\in \boldsymbol{R}^k$ 及每個 $r>0$，集合 $\{y\in \boldsymbol{R}^k \mid \|y-x\|>r\}$ 是一開集，其邊界是 $S_r(x)$。試證之。
5. 若 $U\subset \boldsymbol{R}^k$ 而 $r>0$，試證下述集合是 $\boldsymbol{R}^k$ 的開集：
$$\{x\in \boldsymbol{R}^k \mid \text{有一個 } y\in U \text{ 滿足 } \|y-x\|<r\}。$$
6. 若 $U\subset \boldsymbol{R}$ 爲開集且 $f:U\to \boldsymbol{R}$ 爲連續函數，則對每個 $a\in \boldsymbol{R}$，集合 $f^{-1}((-\infty,a))$ 與 $f^{-1}((a,+\infty))$ 都是 $\boldsymbol{R}$ 的開集。
7. 若 $f:\boldsymbol{R}\to(0,+\infty)$ 爲連續函數，則集合
$$\{(x,y)\in \boldsymbol{R}^2 \mid x\in \boldsymbol{R}, 0<y<f(x)\}$$
是 $\boldsymbol{R}^2$ 的開集。試證之。
8. 若 $U_1, U_2, \cdots, U_k$ 都是 $\boldsymbol{R}$ 中的開集，試證 $U_1\times U_2\times\cdots\times U_k$

是 $\boldsymbol{R}^k$ 的開集。

9.若 $A_1, A_2, \cdots, A_k \subset \boldsymbol{R}$，試證：

$$(A_1 \times A_2 \times \cdots \times A_k)^0 = A_1^0 \times A_2^0 \times \cdots \times A_k^0。$$

10.若 $A, B \subset \boldsymbol{R}^k$，試證下述性質成立：

(1)A^0是一個開集。

(2)$A^0 = A$ 的充要條件是：A 爲一開集。

(3)$A^{00} = A^0$。

(4)若 $U \subset \boldsymbol{R}^k$ 爲一開集且 $U \subset A$，則 $U \subset A^0$。由此可知：A^0 是包含於 A 的所有開集中最大的一個。

(5)若 $A \subset B$，則 $A^0 \subset B^0$。

(6)$(A \cap B)^0 = A^0 \cap B^0$。

(7)$A^0 \cup B^0 \subset (A \cup B)^0$，並舉例說明等號可能不成立。

11.(1)在 $\boldsymbol{R}$ 中，舉例說明由 $A \subset B$ 不一定可得 $A^b \subset B^b$。

(2)在 $\boldsymbol{R}$ 中，舉例說明 $A^b \cup B^b$ 與$(A \cup B)^b$ 可能不相等。

(3)在 $\boldsymbol{R}$ 中，舉例說明 $A^b \cap B^b$ 與$(A \cap B)^b$ 可能不相等。

12.試證定理7。

13.試證例13。

14.試證：若 $A \subset \boldsymbol{R}^k$，則$(A^b)^b \subset A^b$。

15.設 $x \in \boldsymbol{R}^k$ 而 $A \subset \boldsymbol{R}^k$，試證：$x \in A^0$的充要條件是：可找到一正數 r 使得：

$(x_1 - r, x_1 + r) \times (x_2 - r, x_2 + r) \times \cdots \times (x_k - r, x_k + r) \subset A$，

其中 $x = (x_1, x_2, \cdots, x_k)$。

思考題 2-2

1.設 X 爲一非空集，τ 是 X 中某些子集所成的集合族。若

(1)$\phi \in \tau$，$X \in \tau$；

(2)若$\{U_\alpha | \alpha \in I\} \subset \tau$，則$\bigcup \{U_\alpha | \alpha \in I\} \in \tau$；

(3)若 $U_1, U_2, \cdots, U_n \in \tau$，則 $U_1 \cap U_2 \cap \cdots \cap U_n \in \tau$；

則 τ 稱爲集合 X 上的一個**拓樸結構**（topological structure 或 topology），(X, τ)稱爲一個**拓樸空間**（topological space），拓樸結構 τ 中所含的子集稱爲拓樸空間(X, τ)的**開集**（open set）。依定理 3，$\boldsymbol{R}^k$ 中的全體開集構成 $\boldsymbol{R}^k$ 上的一個拓樸結構，稱爲 $\boldsymbol{R}^k$ 上的**標準拓樸**（standard topology）。對每個非空集 X，試證：

(1) $\{\phi, X\}$ 是 X 上的一個拓樸結構。

(2)X 的冪集 $P(X)$是 X 上的一個拓樸結構，稱爲 X 的**離散拓樸**（discrete topology）。

(3)$\{\phi\} \cup \{U \subset X \mid X - U$ 是有限集$\}$是X 上的一個拓樸結構，稱爲 X 上的**餘有限拓樸**（cofinite topology）。

2.設 X 爲一非空集，$d: X \times X \to \boldsymbol{R}$ 爲一函數。若

(1)對任意 $x, y \in X$，恆有$d(x, y) \geqslant 0$；而且$d(x, y) = 0$的充要條件是 $x = y$；

(2)對任意 $x, y \in X$，恆有$d(x, y) = d(y, x)$；

(3)對任意 $x, y, z \in X$，恆有$d(x, z) \leqslant d(x, y) + d(y, z)$；

則稱 d 爲集合 X 上的一個**距離**（metric 或 distance），(X, d)稱爲一個**賦距空間**（metric space）。若(X, d)爲一賦距空間，試依照本節的方法定義開球、內點、鄰域與開集，並證明賦距空間中所有開集所成的集合族構成 X 上的一個拓樸結構。

2－3　$\boldsymbol{R}^k$ 中的閉集

本節所要討論的子集是閉集。在觀念上，閉集只是開集的餘集，但在結構上，閉集卻有許多特殊的性質。

甲、閉集的意義與性質

【定義1】設 $F \subset \boldsymbol{R}^k$。若 F 的餘集 $\boldsymbol{R}^k - F$ 是 $\boldsymbol{R}^k$ 中的一個開集，則稱 F 是 $\boldsymbol{R}^k$ 的一個**閉集**（closed set）。

因爲閉集的餘集是開集，所以，利用 De Morgan 定律，很容易就可將§2－2 定理 3 的三個性質轉換成下述三個性質。

【定理1】（閉集的基本性質）

(1) ϕ 與 $\boldsymbol{R}^k$ 都是 $\boldsymbol{R}^k$ 中的閉集。

(2) $\boldsymbol{R}^k$ 的任一組閉集的交集仍是 $\boldsymbol{R}^k$ 中的閉集。

(3) $\boldsymbol{R}^k$ 中的有限多個閉集的聯集仍是 $\boldsymbol{R}^k$ 中的閉集。

證：留爲習題。‖

定理 1(3)中的「有限多個」不能加以改進，且看下例。

【例1】對每個 $n \in \boldsymbol{N}$，因爲 $(-\infty, 1/n)$ 是開集，所以，它的餘集 $[1/n, +\infty)$ 是閉集。但這些閉集的聯集爲 $(0, +\infty)$，此集合不是閉集。‖

除了使用餘集之外，我們可以利用邊界點來判定閉集。

【定理2】（閉集與邊界點）

若 $F \subset \boldsymbol{R}^k$，則 F 爲閉集的充要條件是：F 的每個邊界點都屬於 F，亦即：$F^b \subset F$。

證：必要性：設 F 爲閉集。對每個 $x \in \boldsymbol{R}^k - F$，因爲 $\boldsymbol{R}^k - F$ 是 x 的一個開鄰域，而 $(\boldsymbol{R}^k - F) \cap F = \phi$，所以，依§2－2 例13，$x$ 不是 F 的邊界點。由此可知：$\boldsymbol{R}^k - F \subset \boldsymbol{R}^k - F^b$，$F^b \subset F$。

充分性：設 $F^b \subset F$。對每個 $x \in \boldsymbol{R}^k - F$，可得 $x \notin F^b$，即：x 不是 F 的邊界點。依定義，必可找到一個 $r > 0$ 使得 $B_r(x) \cap F = \phi$ 或 $B_r(x) \cap (\boldsymbol{R}^k - F) = \phi$。因爲 $x \in B_r(x) \cap (\boldsymbol{R}^k - F)$，所以，$B_r(x) \cap F = \phi$，$B_r(x) \subset \boldsymbol{R}^k - F$。由此可知：$\boldsymbol{R}^k - F$ 是 $\boldsymbol{R}^k$ 的一個

開集，$\boldsymbol{F}$ 是 $\boldsymbol{R}^k$ 的一個閉集。‖

定理 2 指出了開集與閉集的一項決定性的差異：開集不包含它的任何邊界點，閉集包含它的所有邊界點。

【例2】因爲閉球$\overline{B_r}(x)$的邊界就是球面$S_r(x)$（參看練習題2），所以，閉球$\overline{B_r}(x)$是一個閉集。另一方面，因爲$B_r(x)$是開集，所以，$\boldsymbol{R}^k - B_r(x)$是閉集。於是，$\overline{B_r}(x) \cap (\boldsymbol{R}^k - B_r(x))$也是 $\boldsymbol{R}^k$ 的閉集，亦即$S_r(x)$是 $\boldsymbol{R}^k$ 的閉集。‖

【例3】在 $\boldsymbol{R}^k$ 中，有限集都是閉集。

證：設 $F \subset \boldsymbol{R}^k$ 爲一有限集。對每個 $x \in \boldsymbol{R}^k - F$，任選一正數 r，使得 F 中每個點至 x 的距離都大於 r，則$B_r(x) \subset \boldsymbol{R}^k - F$。因此，$\boldsymbol{R}^k - F$ 是開集，F 是閉集。‖

【定義2】若$[a_1, b_1]$、$[a_2, b_2]$、…、$[a_k, b_k]$是 $\boldsymbol{R}$ 上的 k 個閉區間，則積集$[a_1, b_1] \times [a_2, b_2] \times \cdots \times [a_k, b_k]$稱爲 $\boldsymbol{R}^k$ 中的 k **維閉區間**（k − dimensional closed interval）。

【例4】k 維閉區間$[a_1, b_1] \times [a_1, b_1] \times \cdots \times [a_k, b_k]$是 $\boldsymbol{R}^k$ 中的閉集（參看練習題13）。當 $a_1 < b_1$、$a_2 < b_2$、…、$a_k < b_k$ 時，這個 k 維閉區間的內部乃是(a_1, b_1)、(a_2, b_2)、…、(a_k, b_k)的積集$(a_1, b_1) \times (a_2, b_2) \times \cdots \times (a_k, b_k)$，此積集稱爲 $\boldsymbol{R}^k$ 中的 k **維開區間**（k − dimensional open interval）（參看§2－2 練習題9）。‖

乙、聚集點與導集

與閉集的概念密切相關的，還有聚集點與導集，且看下述定義。

【定義3】設 $A \subset \boldsymbol{R}^k$ 而 $x \in \boldsymbol{R}^k$。若 x 的每個鄰域 N 都滿足 $N \cap A - \{x\} \neq \phi$，則稱 x 是集合 A 的一個**聚集點**（accumulation point 或 cluster point）。集合 A 的所有聚集點所成的集合稱爲集合 A 的**導集**（derived set），以 A^d 表之。

【定理3】（閉集與聚集點）

若 $F \subset \boldsymbol{R}^k$，則 F 爲閉集的充要條件是：F 的每個聚集點都屬於 F，亦即：$F^d \subset F$。

證：必要性：設 F 爲閉集。對每個 $x \in \boldsymbol{R}^k - F$，因爲 $\boldsymbol{R}^k - F$ 是 x 的一個開鄰域，而且 $(\boldsymbol{R}^k - F) \cap F = \phi$，所以，$x$ 不是 F 的聚集點。由此可知：$\boldsymbol{R}^k - F \subset \boldsymbol{R}^k - F^d$，$F^d \subset F$。

充分性：設 $F^d \subset F$。對每個 $x \in \boldsymbol{R}^k - F$，可得 $x \notin F^d$，即：x 不是 F 的聚集點。依定義，必可找到一個正數 r，使得 $B_r(x) \cap F = \phi$，或 $B_r(x) \subset \boldsymbol{R}^k - F$。由此可知：$\boldsymbol{R}^k - F$ 是 $\boldsymbol{R}^k$ 的開集，F 是 $\boldsymbol{R}^k$ 的閉集。‖

定理 2 與定理 3 的性質頗爲相像，但這並不表示邊界點與聚集點的意義相同，它們其實是獨立的概念，且看下面兩例。另外，再參看練習題 8。

【例5】在 $\boldsymbol{R}$ 中，正整數集 $\boldsymbol{N}$ 所含的每個點都是邊界點，但 $\boldsymbol{N}$ 沒有聚集點。實數集 $\boldsymbol{R}$ 所含的每個點都是聚集點，但 $\boldsymbol{R}$ 沒有邊界點。‖

【例6】在 $\boldsymbol{R}$ 中，每個點都是有理數集 $\boldsymbol{Q}$ 的聚集點，每個點也都是 $\boldsymbol{Q}$ 的邊界點。‖

例 5 中已指出有些集合可能沒有聚集點，下面我們要證明一個有關聚集點的存在問題的重要定理。

【定理4】（Bolzano－Weierstrass 定理）

在 $\boldsymbol{R}^k$ 中，每個有界的無限集都有聚集點。

證：設 $A \subset \boldsymbol{R}^k$ 是一個有界無限集。因爲 A 有界，所以，可找到一個 k 維閉區間 $I_1 = [a_{11}, b_{11}] \times [a_{12}, b_{12}] \times \cdots \times [a_{1k}, b_{1k}]$，使得 $A \subset I_1$。其次，將組成 I_1 的 k 個一維閉區間 $[a_{1i}, b_{1i}]$ 等都平分成兩個閉區間 $[a_{1i}, (a_{1i}+b_{1i})/2]$ 與 $[(a_{1i}+b_{1i})/2, b_{1i}]$，然後對每個 $i = 1, 2, \cdots, k$，從兩個閉區間中任選其一而作積集，如此共得 2^k 個 k 維閉區間，它們是下述形式：

$$\prod_{i=1}^{k}\ [a_{1i}+(t_i-1)(b_{1i}-a_{1i})/2, a_{1i}+t_i(b_{1i}-a_{1i})/2],$$

其中，對每個 $i=1,2,\cdots,k$，$t_i=1$或2。因爲無限集 A 包含在這2^k個k 維閉區間的聯集之中，所以，其中至少有一個 k 維閉區間包含了集合A 中的無限多個點，從其中選擇具有此性質的一個 k 維閉區間$I_2=[a_{21},b_{21}]\times[a_{22},b_{22}]\times\cdots\times[a_{2k},b_{2k}]$，則 $I_2\subset I_1$，$I_2\cap A$ 是無限集，而且 $b_{2i}-a_{2i}=(b_{1i}-a_{1i})/2$，$i=1,2,\cdots,k$。

接著，我們對 k 維閉區間 I_2做前面對 I_1所做的相同工作，亦即：將 I_2的每一「邊」平分而得出2^k 個k 維閉區間，因爲 $I_2\cap A$ 是無限集，所以，這2^k 個k 維閉區間中，至少有一個包含了集合 A 的無限多個點，我們從其中選擇具有此性質的一個 k 維閉區間 $I_3=[a_{31},b_{31}]\times[a_{32},b_{32}]\times\cdots\times[a_{3k},b_{3k}]$，則 $I_3\subset I_2$，$I_3\cap A$ 是無限集，而且 $b_{3i}-a_{3i}=(b_{1i}-a_{1i})/4$，$i=1,2,\cdots,k$。

仿此繼續行之，我們得出一個由 $\boldsymbol{R}^k$ 中的k 維閉區間所成的遞減序列$I_1\supset I_2\supset\cdots\supset I_n\supset\cdots$，其中，對每個 $n\in\mathbf{N}$，$I_n\cap A$ 是無限集，而且若 $I_n=[a_{n1},b_{n1}]\times[a_{n2},b_{n2}]\times\cdots\times[a_{nk},b_{nk}]$，則

$$b_{ni}-a_{ni}=\frac{b_{1i}-a_{1i}}{2^{n-1}}\ ,\ i=1,2,\cdots,k。$$

對每個 $i=1,2,\cdots,k$，因爲

$$[a_{1i},b_{1i}]\supset[a_{2i},b_{2i}]\supset\cdots\supset[a_{ni},b_{ni}]\supset\cdots$$

是由一維閉區間所成的遞減序列，而且 $\lim_{n\to\infty}(b_{ni}-a_{ni})=0$，所以，依§1－2 定理11（區間套定理），恰有一個實數 c_i 屬於每一個$[a_{ni},b_{ni}]$，$n\in\mathbf{N}$。令 $c=(c_1,c_2,\cdots,c_k)$，則對每個 $n\in\mathbf{N}$，恆有 $c\in I_n$。我們將證明 c 是集合A 的一個聚集點。

對任意正數 r，因爲 $\lim_{n\to\infty}(b_{n1}-a_{n1})=\lim_{n\to\infty}(b_{n2}-a_{n2})=\cdots=\lim_{n\to\infty}(b_{nk}-a_{nk})=0$，所以，可找到一個 $n\in\mathbf{N}$ 使得：對每個 $i=1,2,\cdots,k$，恆有 $0<b_{ni}-a_{ni}<r/\sqrt{k}$。於是，對 I_n 中每個點x，$x=(x_1,x_2,\cdots,x_k)$，恆有

$$\| x-c \| =\sqrt{\sum_{i=1}^{k}(x_i-c_i)^2} \leqslant \sqrt{\sum_{i=1}^{k}(b_{ni}-a_{ni})^2} < r。$$

由此可知：$I_n \subset B_r(c)$。因爲 $I_n \cap A$ 是無限集。所以，$B_r(c) \cap A$ 是無限集，$B_r(c) \cap A - \{c\} \neq \phi$。$c$ 是 A 的一個聚集點。‖

在定理 4 中，我們以區間套定理證明了 Bolzano－Weierstrass 定理。另一方面，利用 $k=1$ 時的 Bolzano－Weierstrass 定理，很容易就可證明 $\boldsymbol{R}$ 中的有界單調數列會收斂。可見 Bolzano－Weierstrass 定理與實數系的完備性等價。

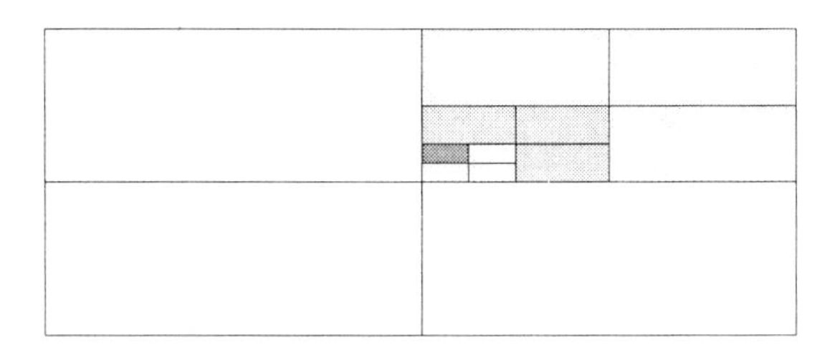

圖2－2　I_1至 I_5

對於定理 4 的證明方法，若以集合 $A=\{1/n \mid n \in \boldsymbol{N}\}$爲例，則可將閉區間 I_1選爲 $I_1=[0,1]$。接著，爲了讓 $I_n \cap A$ 爲無限集，對每個 $n \in \boldsymbol{N}$，恆有 $I_n=[0,1/2^{n-1}]$。於是，所有 I_n 只有一個共同的元素，它就是 0；集合 A 也只有一個聚集點 0。

正整數集 $\boldsymbol{N}$ 是一個無界的無限集，它沒有聚集點。有理數集 $\boldsymbol{Q}$ 也是一個無界的無限集，它有許多聚集點。至於有限集，則一定沒有聚集點。這件事實是下述定理的必然結果。

【定理5】（聚集點的充要條件）

若 $A \subset \boldsymbol{R}^k$ 而 $x \in \boldsymbol{R}^k$，則 x 是 A 之聚集點的充要條件是：x 的每個鄰域都與 A 有無限多個交點。

證：留爲習題。‖

關於聚集點與導集的其他性質，參看練習題 8 至 10。

丙、閉包及相關概念

當一集合包含它的所有聚集點時，就成爲一閉集。一般的集合不一定包含它的所有聚集點，若將一集合添上它的所有聚集點，會變成什麼樣的集合呢？

【定義4】若 $A\subset \boldsymbol{R}^k$，則 $A\cup A^d$ 稱爲 A 的**閉包**（closure），以 $\overline{A}$ 表之。

關於閉包，我們寫出一些基本性質。

【定理6】（閉包的基本性質）

若 $A, B\subset \boldsymbol{R}^k$，則下述性質成立：

(1) $x\in\overline{A}$ 的充要條件是：x 的每個鄰域都與 A 相交。

(2) $\overline{A}$ 是一個閉集。

(3) $\overline{A}=A$ 的充要條件是：A 爲一閉集。

(4)若 $F\subset \boldsymbol{R}^k$ 爲一閉集且 $A\subset F$，則 $\overline{A}\subset F$。由此可知：$\overline{A}$ 是包含 A 的所有閉集中最小的一個。

(5) $\overline{A}^d=A^d$。

(6) $\overline{A}=A\cup A^b$。

(7)若 $A\subset B$，則 $\overline{A}\subset\overline{B}$。

(8) $\overline{A\cup B}=\overline{A}\cup\overline{B}$。

證：我們只證明(1)、(2)與(3)，其餘留爲習題。

(1)設 $x\in\overline{A}$ 而 N 是 x 的一個鄰域。若 $x\in A$，則 $x\in N\cap A$。若 $x\in A^d$，則 $N\cap A-\{x\}\neq\phi$。無論那一種情形，都可得 $N\cap A\neq\phi$。反之，設 x 的每個鄰域都與 A 相交。若 $x\notin A$，則表示 x 的每個鄰域都與 A 有異於 x 的交點。由此知 $x\in A^d$。因此，$x\in\overline{A}$。

(2)對每個 $x\in\boldsymbol{R}^k-\overline{A}$，因爲 $x\notin\overline{A}$，所以，依(1)，必可找到一個 $r>0$ 使得 $B_r(x)\cap A=\phi$。對每個 $y\in B_r(x)$，因爲 $B_r(x)$ 是 y 的一

個鄰域，所以，依(1)，由$B_r(x)\cap A=\phi$可知$y\notin\overline{A}$。由此可得$B_r(x)\subset\mathbf{R}^k-\overline{A}$。因此，$\mathbf{R}^k-\overline{A}$是開集，$\overline{A}$是閉集。

(3)若$\overline{A}=A$，則依(2)，可知A是閉集。反之，若A是閉集，則依定理3，$A^d\subset A$。於是，$\overline{A}=A\cup A^d=A$。‖

【例7】依定理6(6)及§2－2例4可知：對任意$a,b\in\mathbf{R}$，$a<b$，區間$[a,b]$、$[a,b)$、$(a,b]$與(a,b)的閉包都是$[a,b]$。‖

【例8】依定理6(6)及§2－2例6可知：不論B是圓$x^2+y^2=1$的任何子集，集合$\{(x,y)\in\mathbf{R}^k\mid x^2+y^2<1\}\cup B$的閉包都是

$$\{(x,y)\in\mathbf{R}^k\mid x^2+y^2\leqslant 1\}。‖$$

【例9】依例6可知：$\overline{\mathbf{Q}}=\mathbf{R}$。同理可得$\overline{\mathbf{R}-\mathbf{Q}}=\mathbf{R}$。‖

【定義5】若集合$D\subset\mathbf{R}^k$滿足$\overline{D}=\mathbf{R}^k$，則稱集合$D$在$\mathbf{R}^k$中**稠密**（dense）。

因爲非空開集是它所含的每個點的鄰域，所以，可得下面的結果。

【定理7】（稠密集的充要條件）

若$D\subset\mathbf{R}^k$，則D在$\mathbf{R}^k$中稠密的充要條件是：D與$\mathbf{R}^k$中的每個非空開集都相交。

證：留爲習題。‖

【例10】$\mathbf{Q}$與$\mathbf{R}-\mathbf{Q}$都是$\mathbf{R}$中的稠密集。‖

【例11】對每個$k\in\mathbf{N}$，$\mathbf{Q}^k=\{(r_1,r_2,\cdots,r_k)\mid r_1,r_2,\cdots,r_k\in\mathbf{Q}\}$在$\mathbf{R}^k$中稠密（參看練習題14）。‖

【例12】若$b\in\mathbf{N}$且$b>1$，則集合$\{m/b^n\mid n\in\mathbf{N},m\in\mathbf{Z}\}$在$\mathbf{R}$中稠密。

證：讀者利用b進位法自證之。‖

【例13】若α爲一無理數，則集合$\{m+n\alpha\mid m,n\in\mathbf{Z}\}$在$\mathbf{R}$中稠

密。

證：令 $A=\{m+n\alpha \mid m,n\in \boldsymbol{Z}\}$。我們先證明 $0\in A^d$。

設 r 爲一正數，任選一個 $n\in \boldsymbol{N}$ 使得 $1/n<r$，並將 $[0,1)$ 分成 n 個區間 $[0,1/n)$、$[1/n,2/n)$、…、$[(n-1)/n,1)$。因爲 $0\cdot\alpha-[0\cdot\alpha]$、$1\cdot\alpha-[1\cdot\alpha]$、…、$n\alpha-[n\alpha]$ 等 $n+1$ 個數都屬於 $[0,1)$，所以，必有二不同的整數 k 與 l，$0\leqslant k,l\leqslant n$，使得 $k\alpha-[k\alpha]$ 與 $l\alpha-[l\alpha]$ 屬於 n 個區間中的同一個。因爲 $k\neq l$ 而且 α 是無理數，所以，$k\alpha-[k\alpha]\neq l\alpha-[l\alpha]$。設前一數較大，則 $0<(k\alpha-[k\alpha])-(l\alpha-[l\alpha])<1/n<r$。令 $u=[l\alpha]-[k\alpha]$，$v=k-l$，則 $0<u+v\alpha<r$，$u+v\alpha$ 屬於集合 $B_r(0)\cap A-\{0\}$。於是，$0\in A^d$。

設 x 爲任意實數而 N 爲 x 的一個鄰域，任選二實數 a 與 b，使得 $x\in(a,b)\subset N$。依前段的結論，必可找到二整數 $u,v\in \boldsymbol{Z}$ 使得 $0<u+v\alpha<b-a$。因爲 $b/(u+v\alpha)-a/(u+v\alpha)>1$，所以，必有一個整數 p 滿足 $a/(u+v\alpha)<p<b/(u+v\alpha)$，$a<p(u+v\alpha)<b$。於是，$p(u+v\alpha)\in N\cap A$，$N\cap A\neq\phi$。由此可知 $x\in\overline{A}$。

由前段結果可知 $\overline{A}=\boldsymbol{R}$，即 A 在 $\boldsymbol{R}$ 中稠密。‖

稠密集的特性是「密」，而「密」的反義字是「疏」。稠密集是指閉包等於 $\boldsymbol{R}^k$ 本身的子集，與此項性質對立的是閉包爲空集的子集。不過，當 $\overline{A}=\phi$ 時，必得 $A=\phi$。換言之，我們不能用 $\overline{A}=\phi$ 來定義任何新的子集。要定義一種「疏」的子集，就需要把條件放寬些。且看下述定義。

【定義6】若集合 $A\subset\boldsymbol{R}^k$ 滿足 $\overline{A}^0=\phi$，則稱 A 是 $\boldsymbol{R}^k$ 中的一個**疏落集**（nowhere dense set）。

【例14】$\boldsymbol{R}^k$ 中的每個有限集都是疏落集。‖

【例15】$\boldsymbol{R}^k$ 中的可數無限集可能是疏落集，像 $\boldsymbol{N}$；也可能不是疏落集，像 $\boldsymbol{Q}$。‖

【例16】Cantor 集是 $\boldsymbol{R}$ 中的一個疏落集（它是不可數集）。

證：設(a,b)為 $\boldsymbol{R}$ 中一開區間。若$(a,b)\not\subset[0,1]$，則$(a,b)\not\subset C$。若$(a,b)\subset[0,1]$，則必有一個 $n\in\boldsymbol{N}$ 使得$b-a>2/3^{n-1}$。於是，必有一個 $k\in\boldsymbol{N}$ 使得$a<k/3^{n-1}<(k+1)/3^{n-1}<b$，由此可得 $a<(3k+1)/3^n<(3k+2)/3^n<b$，或$((3k+1)/3^n,(3k+2)/3^n)\subset(a,b)$。因為依§1－3練習題15(3)，$((3k+1)/3^n,(3k+2)/3^n)\cap C=\phi$，所以，可得$(a,b)\not\subset C$。由此可知：$\boldsymbol{R}$ 中任何開球都不會包含於C，這表示 $C^0=\phi$。因為 C 是閉集，所以，上式可改寫成$\overline{C}^0=\phi$，亦即：C 是疏落集。‖

稠密集的「密」與疏落集的「疏」，兩者的實際關係是下述定理。

【定理8】（疏落集的充要條件）

若 $A\subset\boldsymbol{R}^k$，則 A 是疏落集的充要條件是：$\boldsymbol{R}^k-\overline{A}$ 為稠密集。

證：若 A 是疏落集，則 $\overline{A}^0=\phi$。對於 $\boldsymbol{R}^k$ 中每個非空開集 U，因為 $\overline{A}$ 沒有內點，所以，$U\not\subset\overline{A}$（否則，U 所含的點都是$\overline{A}$ 的內點。）於是，$U\cap(\boldsymbol{R}^k-\overline{A})\neq\phi$。依定理 7，$\boldsymbol{R}^k-\overline{A}$ 是稠密集。

反之，若 $\boldsymbol{R}^k-\overline{A}$ 是稠密集，則 $\boldsymbol{R}^k-\overline{A}$ 與$\boldsymbol{R}^k$ 的每個非空開集都相交。因為 $\overline{A}^0$為開集且 $\overline{A}^0\cap(\boldsymbol{R}^k-\overline{A})=\phi$，所以 $\overline{A}^0=\phi$，A 是疏落集。‖

練習題　2－3

1.試證定理1。

2.試證：若 $x\in\boldsymbol{R}^k$ 而 $r>0$，則閉球$\overline{B_r}(x)$是 $\boldsymbol{R}^k$ 的閉集。

3.若 $F\subset\boldsymbol{R}^k$ 而 $r>0$，試證下述集合是 $\boldsymbol{R}^k$ 的閉集：

$$\{x\in\boldsymbol{R}^k\mid\inf\{\|x-z\|\mid z\in F\}\leqslant r\}。$$

4.若 $F\subset\boldsymbol{R}$ 為閉集且f：$F\rightarrow\boldsymbol{R}$ 為連續函數，則對每個 $a\in\boldsymbol{R}$，集合 $f^{-1}((-\infty,a])$與 $f^{-1}([a,+\infty))$都是 $\boldsymbol{R}$ 的閉集。

5.若 f：$\boldsymbol{R} \to [0, +\infty)$ 爲連續函數，試證下述集合是 $\boldsymbol{R}^2$的閉集：

$$\{(x, y) \in \boldsymbol{R}^2 \mid x \in \boldsymbol{R}, 0 \leqslant y \leqslant f(x)\}。$$

6.若 f：$\boldsymbol{R} \to \boldsymbol{R}$ 爲連續函數，試證 f 的圖形$\{(x, f(x)) \in \boldsymbol{R}^2 \mid x \in \boldsymbol{R}\}$是 $\boldsymbol{R}^2$的閉集。

7.最大整數函數 $x \longmapsto [x]$的圖形$\{(x, [x]) \in \boldsymbol{R}^2 \mid x \in \boldsymbol{R}\}$是 $\boldsymbol{R}^2$ 的閉集嗎？若不是，試求其閉包。

8.設 $x \in \boldsymbol{R}^k$ 而 $A \subset \boldsymbol{R}^k$。若 $x \in A^b$ 但 $x \notin A$，試證 $x \in A^d$。

9.試證定理5。

10.設 $A, B \subset \boldsymbol{R}^k$，試證下述性質成立：

(1)若 $x \in A^d$，則 $x \in (A - \{x\})^d$。

(2)A^d 是 $\boldsymbol{R}^k$ 的閉集。因此，$(A^d)^d \subset A^d$ 。

(3)若 $A \subset B$，則 $A^d \subset B^d$。

(4)$(A \cup B)^d = A^d \cup B^d$。

11.設 $A = \{(1/m, 1/n) \in \boldsymbol{R}^2 \mid m, n \in \boldsymbol{N}\}$，試求 A^d 與$(A^d)^d$ 。

12.試完成定理6的證明。並舉例說明$\overline{A \cap B}$與$\overline{A} \cap \overline{B}$ 可能不相等。

13.若 $F_1, F_2, \cdots, F_k$ 都是$\boldsymbol{R}$ 中的閉集，試證 $F_1 \times F_2 \times \cdots \times F_k$ 是 $\boldsymbol{R}^k$ 中的閉集。

14.若 $A_1, A_2, \cdots, A_k \subset \boldsymbol{R}$，試證：

$$\overline{A_1 \times A_2 \times \cdots \times A_k} = \overline{A_1} \times \overline{A_2} \times \cdots \times \overline{A_k}。$$

15.設 $A = \{(x, \sin(1/x)) \in \boldsymbol{R}^2 \mid x > 0\}$，試證：

$$\overline{A} = A \cup \{(0, y) \in \boldsymbol{R}^2 \mid -1 \leqslant y \leqslant 1\}。$$

16.設 $A = \{\cos n \mid n \in \boldsymbol{Z}\}$，$B = \{\sin n \mid n \in \boldsymbol{Z}\}$，試證：

$$\overline{A} = \overline{B} = [-1, 1]。$$

（提示：使用例13的結果。）

17.設 $x \in \boldsymbol{R}^k$ 而 $A \subset \boldsymbol{R}^k$，試證 $x \in \overline{A}$ 的充要條件是

$$\inf\{\|x - y\| \mid y \in A\} = 0。$$

18.設 $A, B \subset \boldsymbol{R}^k$，試證下述性質成立：

(1)$A^b=\overline{A}\cap(\overline{\boldsymbol{R}^k-A})$。

(2)$(\overline{A})^b\subset A^b$，並舉例說明等號可能不成立。

(3)$(A^0)^b\subset A^b$，並舉例說明等號可能不成立。

(4)若 A 是開集或閉集，則$(A^b)^0=\phi$。

(5)若 $\overline{A}\cap\overline{B}=\phi$，則$(A\cup B)^b=A^b\cup B^b$。

19.試證定理7。

20.試證例11。

21.試證例12。

22.試證：$\boldsymbol{R}^k$ 中的每個閉集都可表示成可數個開集的交集。

（提示：利用§2－2練習題5及前面第17題。）

23.試證：$\boldsymbol{R}^k$ 中的每個開集都可表示成可數個閉集的聯集。

24.若 $A,B\subset\boldsymbol{R}$，試證：

(1)$(A\times B)^d=(A^d\times\overline{B})\cup(\overline{A}\times B^d)$。

(2)$(A\times B)^b=(A^b\times\overline{B})\cup(\overline{A}\times B^b)$。

(3)將(1)與(2)的性質推廣到 k 個子集的情形。

25.試證：若 $U\subset\boldsymbol{R}^k$ 是開集而 $x\in U$，則必可找到一開集 V 使得 $x\in V\subset\overline{V}\subset U$。

思考題　2－3

1.設 $A\subset\boldsymbol{R}^k$。若對任意 $x,y\in A$，$\{(1-t)x+ty\mid 0\leqslant t\leqslant 1\}$都包含於 A，則稱 A 爲一個**凸集合**（convex set）。試證：

(1)每個 k 維開球都是凸集合。

(2)每個 k 維開區間都是凸集合。

(3)若 A 是凸集合，則 A^0也是凸集合。

(4)若 A 是凸集合，則 $\overline{A}$ 也是凸集合。

2-4 $\boldsymbol{R}^k$ 的緊緻集

在本節裏，我們要介紹 $\boldsymbol{R}^k$ 空間中的**緊緻集**（compact set），這種子集在本書後文的討論中將扮演非常重要的角色。事實上，緊緻性是近代分析數學中最重要的概念之一。

甲、開覆蓋與 Heine－Borel 定理

在微積分課程裏，讀者已瞭解下面這定理：定義域是 $\boldsymbol{R}$ 中有限閉區間的連續函數必是有界函數。$\boldsymbol{R}$ 中的有限閉區間能引導出這麼美好的結果，自然是由於它具有某些特殊的性質所造成的。到底是什麼性質引導出這項結果呢？仔細地分析此項結果的證明方法，就可發現導出此項結果的性質有許多表示法（參看定理 3,4,5,6）。爲了說明其中的一種表示法，讓我們先觀察一個現象。

設 $f: A \to \boldsymbol{R}$ 爲一連續函數，其中 A 爲一區間。當我們要討論函數 f 是否爲有界函數時，我們可能就區間 A 的每個點附近來考慮。對每個 $c \in A$，因爲函數 f 在點 c 連續，所以，必可找到一個正數 δ_c，使得：當 $x \in A$ 且 $|x-c| < \delta_c$ 時，恆有 $|f(x)-f(c)| < 1$。令 $U_c = \{x \in \boldsymbol{R} \mid |x-c| < \delta_c\}$ 而 $B_c = 1 + |f(c)|$，則由上述結果可得：若 $x \in U_c \cap A$，則 $|f(x)| < B_c$。這個現象表示：對每個 $c \in A$，我們可找到 c 的一個開鄰域 U_c，使得 f 在 $U_c \cap A$ 上有界。前面這段做法所表示的意義是：許多像「f 在整個定義域 A 上是否有界？」這樣的**全域問題**（global problem），往往可以在每個點 c 的某個鄰域 U_c 上找到**局部的解**（local solution）。對某個全域問題先就局部來討論，通常會由集合 A 引出一個集合族 $\{U_c \mid c \in A\}$，此集合族滿足 $A \subset \bigcup \{U_c \mid c \in A\}$。由於此種現象經常出現，我們爲它們定個名稱。

【定義1】設 $A \subset \boldsymbol{R}^k$。

(1)若由 $\boldsymbol{R}^k$ 的子集所成的集合族$\{C_\alpha \mid \alpha \in I\}$的聯集包含 A，亦即：$A \subset \bigcup\{C_\alpha \mid \alpha \in I\}$，則稱集合族$\{C_\alpha \mid \alpha \in I\}$是集合 A 的一個**覆蓋**（covering）。

(2)若集合族$\{C_\alpha \mid \alpha \in I\}$是集合 A 的一個覆蓋，而 $J \subset I$，且子族$\{C_\alpha \mid \alpha \in J\}$也是 A 的一個覆蓋，則$\{C_\alpha \mid \alpha \in J\}$稱爲$\{C_\alpha \mid \alpha \in I\}$的一個**子覆蓋**（subcovering）。

(3)若集合族$\{U_\alpha \mid \alpha \in I\}$是集合 A 的一個覆蓋，且其中每個 U_α 都是 $\boldsymbol{R}^k$ 的開集，則$\{U_\alpha \mid \alpha \in I\}$稱爲 A 的一個**開覆蓋**（open covering）。

【例1】$\{(x, x+2) \subset \boldsymbol{R} \mid x \in \boldsymbol{R}\}$是 $\boldsymbol{R}$ 的一個開覆蓋，顯然地，子族$\{(n, n+2) \subset \boldsymbol{R} \mid n \in \boldsymbol{Z}\}$乃是它的一個可數子覆蓋，此覆蓋沒有有限的子覆蓋。‖

【例2】$\{(1/n, 1-1/n) \subset \boldsymbol{R} \mid n \in \boldsymbol{N}, n \geqslant 3\}$是$(0,1)$的一個可數開覆蓋，它沒有有限的子覆蓋。‖

【例3】$\{S_r((r,r)) \subset \boldsymbol{R}^2 \mid r \in \boldsymbol{Q}^+\}$是第一象限的一個可數開覆蓋，它沒有有限的子覆蓋。‖

因爲有理數集 $\boldsymbol{Q}$ 是可數集，所以，依練習題2－1第10題，可知集合族$\{S_r(y) \subset \boldsymbol{R}^k \mid y \in \boldsymbol{Q}^k, r \in \boldsymbol{Q}^+\}$是一個可數集。另一方面，因爲 $\boldsymbol{Q}$ 在 $\boldsymbol{R}$ 中稠密，所以，此可數的開球族提供一個重要的性質，且看下述引理。

【引理1】（有理點爲中心、有理數爲半徑的開球）

若 $U \subset \boldsymbol{R}^k$ 是$\boldsymbol{R}^k$ 中一非空開集，則對每個 $x \in U$，必可找到一個 $y \in \boldsymbol{Q}^k$ 及一個$r \in \boldsymbol{Q}^+$，使得 $x \in B_r(y) \subset U$。

證：因爲 x 點是集合 U 的一個內點，所以，必可找到一個 $t>0$，使得$B_t(x) \subset U$。設 $x=(x_1, x_2, \cdots, x_k)$，因爲 $\boldsymbol{Q}$ 在$\boldsymbol{R}$ 中稠密，所以，對每個 $i=1,2,\cdots,k$，必可找到一個 $y_i \in \boldsymbol{Q}$，使得$|x_i - y_i| <$

$t/(4k)$。令 $y=(y_1,y_2,\cdots,y_k)$，則

$$\| x-y \| \leqslant |x_1-y_1|+|x_2-y_2|+\cdots+|x_k-y_k|<\frac{t}{4}。$$

因爲 $\boldsymbol{Q}$ 在 $\boldsymbol{R}$ 中稠密，所以，可找到一個 $r\in \boldsymbol{Q}$ 使得 $t/4<r<t/2$。由 $\| x-y \|<t/4<r$ 可知 $x\in B_r(y)$。對每個 $z\in B_r(y)$，因爲

$$\| z-x \| \leqslant \| z-y \| + \| y-x \| < r+t/4<t,$$

所以 $z\in B_t(x)$。由此可知：$B_r(y)\subset B_t(x)\subset U$。‖

【定理2】（Lindelöf 覆蓋定理）

對於 $\boldsymbol{R}^k$ 的任意子集 A，A 的每個開覆蓋都有一個可數的子覆蓋。

證：設 $\{U_\alpha \mid \alpha\in I\}$ 是集合 A 的一個開覆蓋，我們利用前面的引理 1 來證明它有一個可數的子覆蓋。因爲以有理點爲中心、半徑爲有理數的所有開球構成一個可數族，所以，我們可以將它表示成下列形式：

$$\{B_r(y)\subset \boldsymbol{R}^k \mid y\in \boldsymbol{Q}^k, r\in \boldsymbol{Q}^+\}=\{B_n \mid n\in \boldsymbol{N}\}。$$

令 $M=\{n\in \boldsymbol{N} \mid B_n$ 包含於某個 $U_\alpha\}$，則 M 是一個可數集。對每個 $x\in A$，因爲 $\{U_\alpha \mid \alpha\in I\}$ 是集合 A 的開覆蓋，所以，必可找到一 $\alpha\in I$ 使得 $x\in U_\alpha$。依引理 1，必有一個 $m\in \boldsymbol{N}$ 使得 $x\in B_m\subset U_\alpha$。依 M 的定義，可知 $m\in M$。由此可知：$A\subset \bigcup\{B_n \mid n\in M\}$。對每個 $n\in M$，因爲 B_n 包含於某個 U_α，所以，我們可選取一 $\alpha(n)\in I$ 使得 $B_n\subset U_{\alpha(n)}$。因爲 M 是可數集，所以，集合 $\{\alpha(n)\in I \mid n\in M\}$ 是 I 的可數子集，而且由 $A\subset \bigcup\{B_n \mid n\in M\}$ 可得 $A\subset \bigcup\{U_{\alpha(n)} \mid n\in M\}$。換言之，$\{U_{\alpha(n)} \mid n\in M\}$ 是 A 的開覆蓋 $\{U_\alpha \mid \alpha\in I\}$ 的一個可數子覆蓋。‖

在 $\boldsymbol{R}^k$ 中，每個子集的每個開覆蓋都有可數的子覆蓋，但前面三個例子已經指出：有些子集的某些開覆蓋沒有有限的子覆蓋。我們當然要問：那些子集的每個開覆蓋都有有限的子覆蓋呢？下面的定理給出了答案。

【定理3】(Heine－Borel 定理)

若 $K \subset \boldsymbol{R}^k$ 是一個有界的閉集，則 K 的每個開覆蓋都有一個有限的子覆蓋。

證：設 $\{U_\alpha | \alpha \in I\}$ 是 K 的一個開覆蓋，依定理2，$\{U_\alpha | \alpha \in I\}$ 有可數的子覆蓋，亦即：集合 I 有一個可數子集 $\{\alpha(n) | n \in \boldsymbol{N}\}$，使得 $K \subset \bigcup \{U_{\alpha(n) | n \in \boldsymbol{N}}\}$。我們要證明：有一個 $m \in \boldsymbol{N}$ 使得 $\{U_{\alpha(1)}, U_{\alpha(2)}, \cdots, U_{\alpha(m)}\}$ 構成 K 的一個開覆蓋，它是 K 的開覆蓋 $\{U_\alpha | \alpha \in I\}$ 的一個有限的子覆蓋。

假設此種正整數 m 不存在，那表示：對每個正整數 $n \in \boldsymbol{N}$，恆有 $K \not\subset U_{\alpha(1)} \cup U_{\alpha(2)} \cup \cdots \cup U_{\alpha(n)}$，令

$$F_n = K \cap (\boldsymbol{R}^k - U_{\alpha(1)} \cup U_{\alpha(2)} \cup \cdots \cup U_{\alpha(n)}),$$

則 F_n 爲 $\boldsymbol{R}^k$ 中的一個非空有界閉集，而且所有 F_n 構成一個遞減序列 $F_1 \supset F_2 \supset \cdots \supset F_n \supset \cdots$。我們將證明全體 F_n 的交集不是空集合，亦即：有一個 $x_0 \in \boldsymbol{R}^k$ 屬於每一個 F_n。

對每個 $n \in \boldsymbol{N}$，任選 F_n 的一個元素 x_n。令 $A = \{x_n | n \in \boldsymbol{N}\}$，因爲 A 是有界集合 K 的子集，所以，A 是有界集合。若 A 是有限集，則 $\boldsymbol{N}$ 有一無限子集 $\{n_1 < n_2 < \cdots < n_l < \cdots\}$ 使得 $x_{n_1} = x_{n_2} = \cdots = x_{n_l} = \cdots = x_0$。對每個 $n \in \boldsymbol{N}$，因爲 $\lim_{l \to \infty} n_l = +\infty$，所以，必有一個 $l \in \boldsymbol{N}$ 滿足 $n_l \geqslant n$。由此得 $F_{n_l} \subset F_n$，$x_0 = x_{n_l} \in F_{n_l} \subset F_n$。換言之，$x_0$ 屬於每個 F_n。若 A 是無限集，則因爲 A 是有界集，所以，依 Bolzano-Weierstrass 定理，A 有一個聚集點 x_0，由 $A \subset F_1$ 可知 x_0 也是 F_1 的聚集點。因爲 F_1 是閉集，所以，$x_0 \in F_1$。更進一步地，對每個 $n \in \boldsymbol{N}$，因爲 x_0 的每個鄰域 N 都與 A 有無限多個交點，所以，x_0 的每個鄰域 N 都與 $A - \{x_1, \cdots, x_n\}$ 有無限多個交點。由此可知：x_0 是 $A - \{x_1, \cdots, x_n\}$ 的聚集點。再由 $A - \{x_1, \cdots, x_n\} \subset F_{n+1}$ 可知 x_0 也是 F_{n+1} 的聚集點。因爲 F_{n+1} 是閉集，所以，$x_0 \in F_{n+1}$。換言之，x_0 屬於每個 F_n。

因爲 x_0屬於每個 F_n，所以，$x_0 \in K$ 而且 x_0不屬於每個 $U_{\alpha(n)}$，這表示 $x_0 \in K$ 而 $x_0 \notin \bigcup\{U_{\alpha(n)} \mid n \in \boldsymbol{N}\}$，此結論與前面所提的 $K \subset \bigcup\{U_{\alpha(n)} \mid n \in \boldsymbol{N}\}$不合。因此，必有一個 $m \in \boldsymbol{N}$ 使得$\{U_{\alpha(1)}, U_{\alpha(2)}, \cdots, U_{\alpha(m)}\}$構成 K 的一個開覆蓋。‖

在定理 3 中，我們以 Bolzano－Weierstrass 定理證明了 Heine－Borel 定理。另一方面，利用 $k=1$時的 Heine－Borel 定理，可以證明區間套定理（採用間接證法，假設區間套的交集爲空集合，而利用 Heine－Borel 定理得出矛盾的結果。）可見 Heine－Borel 定理與實數系的完備性等價。

乙、緊緻性及其等價敘述

由於「每個開覆蓋都有一個有限的子覆蓋」是一項非常有用的性質，我們根據它來寫一個定義。

【定義2】設 $K \subset \boldsymbol{R}^k$。若 K 的每個開覆蓋都有一個有限的子覆蓋，則稱 K 是 $\boldsymbol{R}^k$ 的一個**緊緻集**（compact set）。

前面的定理 3 可重述如下：

【定理3】（Heine－Borel 定理）

$\boldsymbol{R}^k$ 中的有界閉集都是緊緻集。

$\boldsymbol{R}^k$ 中的有限集都是有界閉集，因此，$\boldsymbol{R}^k$ 中的有限集都是緊緻集。定理 3 的逆敘述也成立，且看下述定理。

【定理4】（Heine－Borel 定理的逆定理）

$\boldsymbol{R}^k$ 中的緊緻集都是有界的閉集。

證：設 $K \subset \boldsymbol{R}^k$ 爲一緊緻集。

因爲$\{B_n(0) \subset \boldsymbol{R}^k \mid n \in \boldsymbol{N}\}$的緊緻集 K 的一個開覆蓋，所以，必可找到 $n_1, n_2, \cdots, n_l \in \boldsymbol{N}$，使得$K \subset B_{n_1}(0) \cup B_{n_2}(0) \cup \cdots \cup B_{n_l}(0)$。令 $m=\max\{n_1, n_2, \cdots, n_l\}$，則$K \subset B_m(0)$。於是，每個 $x \in K$ 都滿足$\|x\|<m$，K 爲有界集合。

其次，對每個 $x \in \boldsymbol{R}^k - K$，因爲 K 中每個點 y 與 x 的距離都是正數而且 $\lim_{n\to\infty} 1/n = 0$，所以，$\{\boldsymbol{R}^k - \overline{B}_{1/n}(x) \mid n \in \boldsymbol{N}\}$是集合 K 的一個開覆蓋。因爲 K 是緊緻集，所以，仿前段的方法，可找到一個 $s \in \boldsymbol{N}$，使得 $K \subset \boldsymbol{R}^k - \overline{B}_{1/s}(x)$。於是，每個 $y \in K$ 都滿足 $\| y - x \| > 1/s$，由此知$B_{1/s}(x) \subset \boldsymbol{R}^k - K$。因此，$\boldsymbol{R}^k - K$ 是$\boldsymbol{R}^k$ 的開集，K 是 $\boldsymbol{R}^k$ 的閉集。‖

因爲 $\boldsymbol{R}^k$ 中的緊緻集與有界閉集同義，所以，利用 Bolzano－Weierstrass 定理，我們可以利用聚集點的概念來描述緊緻性。

【定理5】（緊緻性的第二個等價敘述）

在 $\boldsymbol{R}^k$ 中，集合 $K \subset \boldsymbol{R}^k$ 是緊緻集的充要條件是：K 的每個無限子集都有一個聚集點屬於K。

證：必要性：設 K 是緊緻集，亦即：K 是有界的閉集。若 A 是K 的一個無限子集，則因爲 K 爲有界集合，所以，A 是一個有界的無限集。依 Bolzano－Weierstrass 定理，A 有一個聚集點x。因爲 $A \subset K$，所以，x 也是K 的聚集點。因爲 K 是閉集，所以，$x \in K$。

充分性：設 K 的每個無限子集都有一個聚集點屬於K，我們根據這項性質證明 K 是有界的閉集。

設 x 是K 的一個聚集點，則對每個 $n \in \boldsymbol{N}$，$B_{1/n}(x) \cap K$ 是無限集。任選一個 $x_n \in B_{1/n}(x) \cap K - \{x\}$，則得 $x_n \neq x$ 而且 $\| x_n - x \| < 1/n$。令 $A = \{x_n \mid n \in \boldsymbol{N}\}$，則 A 是無限集。（爲什麼？）依假設，A 有一個聚集點y 屬於K。若 $y \neq x$，則當 $n > 2/\| x - y \|$ 時，恆有

$$\begin{aligned}\| x_n - y \| &\geqslant \| x - y \| - \| x - x_n \| > \| x - y \| - 1/n \\ &> \| x - y \| / 2。\end{aligned}$$

這表示 y 的鄰域$\{z \in \boldsymbol{R}^k \mid \| z - y \| < \| x - y \| / 2\}$與 A 只有有限多個交點，依§2－3定理 5，這是不可能的。因此，$y = x$，$x \in K$。既然 K 的聚集點都屬於K，K 是閉集。

另一方面，設 K 不是有界集合，則對每個 $n\in \boldsymbol{N}$，都可找到 $z_n \in K$ 滿足 $\| z_n \| \geqslant n$。令 $C=\{z_n \mid n\in \boldsymbol{N}\}$，則 C 是一個無限集。（爲什麼？）對每個 $z\in \boldsymbol{R}^k$，因爲當正整數 $n\in \boldsymbol{N}$ 滿足 $n>1+\| z \|$ 時，恆有

$$\| z_n - z \| \geqslant \| z_n \| - \| z \| \geqslant n - \| z \| > 1,$$

所以，z 的鄰域 $B_1(z)$ 與 C 只有有限多個交點，亦即：z 不是 C 的聚集點。換言之，K 的無限子集 C 沒有任何聚集點，此與假設不合。因此，K 是有界集合。‖

定理 5 中的「K 的無限子集有聚集點」可以改用「K 中的點列有收斂的子點列」來代替，且看下述定理。

【定理6】（緊緻性的第三個等價叙述）

在 $\boldsymbol{R}^k$ 中，集合 $K\subset \boldsymbol{R}^k$ 是緊緻集的充要條件是：K 中的每個點列都有一個子點列收斂於 K 中某一點。

證：參看§3－1定理15。‖

除了前面所提的三個等價叙述之外，由於緊緻性乃是根據開集來定義，我們自然可改用閉集來描述。

【定理7】（緊緻性的第四個等價叙述）

集合 $K\subset \boldsymbol{R}^k$ 是緊緻集的充要條件是：對於 $\boldsymbol{R}^k$ 中每個由閉集所成的集合族 $\{F_\alpha \mid \alpha\in I\}$，只要 I 的每個有限子集 $\{\alpha_1, \alpha_2, \cdots, \alpha_n\}$ 都滿足 $(\bigcap_{i=1}^{n} F_{\alpha_i})\cap K\neq \phi$，就可得 $(\bigcap_{\alpha\in I} F_\alpha)\cap K\neq\phi$。

證：留爲習題。‖

【系理8】（Cantor 交集定理）

設 $\{F_n \mid n\in \boldsymbol{N}\}$ 是由 $\boldsymbol{R}^k$ 中的非空子集所成的可數族。若

(1) $F_1\supset F_2\supset\cdots\supset F_n\supset\cdots$，

(2) 每個 F_n 都是閉集且 F_1 是有界集合，

則 $\bigcap_{n=1}^{\infty} F_n\neq\phi$。

證：令 $K=F_1$，則 K 是緊緻集。另一方面，集合族 $\{F_n \mid n\in \boldsymbol{N}\}$ 滿足

定理 7 的閉集族所需的性質，依定理 7，所有 F_n 的交集不為 ϕ。‖

丙、一些應用

【定理9】（點至閉集的距離）

若 $F\subset \boldsymbol{R}^k$ 是一非空閉集，$x\in \boldsymbol{R}^k$，則 F 中有一個點 y 滿足下述關係式：$\| x-y \| =\inf\{ \| x-z \| \mid z\in F \}$。

證：令 $d=\inf\{ \| x-z \| \mid z\in F \}$。對每個 $n\in \boldsymbol{N}$，依 d 的定義，集合 $\{z\in F \mid \| x-z \| \leqslant d+1/n \}\neq\phi$，令 F_n 表示此非空集。對每個 $n\in \boldsymbol{N}$，因為 F_n 是閉集 F 與閉球 $\overline{B}_{d+1/n}(x)$ 的交集，所以 F_n 是閉集。因為 $F_1\subset \overline{B}_{d+1}(x)$，所以，$F_1$ 是有界集合。另一方面，$F_1\supset F_2\supset\cdots\supset F_n\supset\cdots$ 顯然成立。依 Cantor 交集定理，必有一個 y 屬於每個 F_n。於是，$y\in F$ 而且對每個 $n\in \boldsymbol{N}$，恆有 $\| x-y \| \leqslant d+1/n$。由此可知 $\| x-y \| \leqslant d$。但由 $y\in F$ 又可得 $\| x-y \| \geqslant d$，故 $\| x-y \| =d=\inf\{ \| x-z \| \mid z\in F \}$。‖

對任意集合 $A\subset \boldsymbol{R}^k$ 及任意點 $x\in \boldsymbol{R}^k$，$\inf\{ \| x-z \| \mid z\in A \}$ 稱為點 x 與集合 A 的**距離**，以 $d(x,A)$ 表之。對一般的集合 A，A 中不一定有一點 y 滿足 $d(x,A)=\| x-y \|$。例如：若 $x\in \overline{A}$ 但 $x\notin A$，則 $d(x,A)=0$，但 A 中每個點 y 都滿足 $\| x-y \| >0$。另一方面，對閉集 F 而言，滿足 $d(x,F)=\| x-y \|$ 的 y 不一定唯一，但若 F 是一**凸集合**（convex set），則此種 y 點是唯一的（參看思考題 3）。

定理 9 的結果可推廣到一緊緻集與一閉集的情形。

【定理10】（緊緻集與閉集的距離）

若 $K\subset \boldsymbol{R}^k$ 為一非空緊緻集而 F 為一非空閉集，則 K 中有一個點 x、F 中有一個點 y 滿足下述關係式：

$$\| x-y \| =\inf\{ \| z-w \| \mid z\in F, w\in K \}。$$

證：留為習題。‖

定理10中的緊緻集 K 與閉集 F 若改爲一對非空閉集，該定理的結論就可能不成立（參看練習題10）。

【定義3】若一集合 $A\subset \boldsymbol{R}^k$ 滿足 $A=A^d$，則稱 A 是一個**完全集**（perfect set）。換言之，完全集是一閉集，而且它所含的每個點都是它的聚集點。

【定理11】（完全集的重要性質）

$\boldsymbol{R}^k$ 中的非空完全集都是不可數集。

證：設 $A\subset \boldsymbol{R}^k$ 是一個非空完全集。因爲 A 有聚集點，所以，A 是無限集。假設 A 是可數集，我們可將 A 表示成 $A=\{x_n \mid n\in \boldsymbol{N}\}$。作一序列的開集 $\{U_n \mid n\in \boldsymbol{N}\}$ 如下：

任選點 x_1 的一個有界開鄰域 U_1（例如：$U_1=B_r(x_1)$），因爲 $x_1\in A^d$，所以，$U_1\cap A$ 是無限集。選取 $U_1\cap A-\{x_1\}$ 的任一點，並作此點的一個開鄰域 U_2 使得 $\overline{U}_2\subset U_1$ 且 $x_1\notin \overline{U}_2$（參看§2－3練習題25）。顯然地，因爲 $A=A^d$，所以，$U_2\cap A$ 是無限集。

假設我們已作了 n 個開集 $U_1, U_2, \cdots, U_n$，而且對每個 $i=1,2,\cdots,n-1$，恆有 $\overline{U}_{i+1}\subset U_i$ 且 $x_i\notin \overline{U}_{i+1}$，同時 $U_n\cap A$ 是無限集。選取 $U_n\cap A-\{x_n\}$ 中的任一點，並作此點的一個開鄰域 U_{n+1}，使得 $\overline{U}_{n+1}\subset U_n$ 且 $x_n\notin \overline{U}_{n+1}$。顯然地，因爲 $A=A^d$，所以，$U_{n+1}\cap A$ 是無限集。

仿此，依數學歸納法，我們可得出一序列的開集 $\{U_n \mid n\in \boldsymbol{N}\}$，使得對每個 $n\in \boldsymbol{N}$，恆有 $\overline{U}_{n+1}\subset U_n$、$x_n\notin \overline{U}_{n+1}$ 且 $U_n\cap A$ 是無限集。

對每個 $n\in \boldsymbol{N}$，令 $F_n=\overline{U}_n\cap A$。因爲 A 是閉集，所以，每個 F_n 都是閉集。因爲 F_1 是有界集合 $\overline{U}_1$ 的子集，所以，F_1 是有界集合。因爲 $F_1\supset F_2\supset\cdots\supset F_n\supset\cdots$，所以，依 Cantor 交集定理，可知 $\bigcap_{n=1}^{\infty} F_n\neq\phi$。另一方面，對每個 $m\in \boldsymbol{N}$，因爲 $x_m\notin \overline{U}_{m+1}$，$x_m\notin F_{m+1}$，所

以，$x_m \notin \bigcap_{n=1}^{\infty} F_n$。由此可知 $A \cap (\bigcap_{n=1}^{\infty} F_n) = \phi$。因爲$\bigcap_{n=1}^{\infty} F_n \subset A$，所以，這表示$\bigcap_{n=1}^{\infty} F_n = \phi$。至此得出兩個矛盾的結果。

由此可知：完全集 A 是一個不可數集。‖

【定理12】(Baire 類型定理)

在 $\boldsymbol{R}^k$ 中，可數個稠密開集的交集仍是一個稠密集。

證：設$\{U_n \mid n \in \boldsymbol{N}\}$是 $\boldsymbol{R}^k$ 中的可數個稠密開集，我們要證明交集$\bigcap_{n=1}^{\infty} U_n$ 是$\boldsymbol{R}^k$ 的一個稠密集。依§2－3定理 7，只需證明$\bigcap_{n=1}^{\infty} U_n$ 與$\boldsymbol{R}^k$ 的每個非空開集相交。

設 U_0是 $\boldsymbol{R}^k$ 中的一個非空開集。因爲 U_1是稠密集而 U_0是非空開集，所以，$U_0 \cap U_1 \neq \phi$。設 $x_1 \in U_0 \cap U_1$。因爲 U_0與 U_1都是開集，所以，$U_0 \cap U_1$也是開集。於是，可找到 x_1的一個有界開鄰域 V_1，使得 $\overline{V}_1 \subset U_0 \cap U_1$。其次，因爲 U_2是稠密開集而 V_1是非空開集，所以，$V_1 \cap U_2$是非空開集。於是，可找到一個非空開集 V_2，使得 $\overline{V}_2 \subset V_1 \cap U_2$。

假設我們已作出 n 個非空開集 $V_1, V_2, \cdots, V_n$，使得 $\overline{V}_1 \subset U_0 \cap U_1$，而且對每個 $i = 1,2,\cdots,n-1$，恆有 $\overline{V}_{i+1} \subset V_i \cap U_{i+1}$。因爲 U_{n+1}是稠密開集而 V_n 是非空開集，所以，$V_n \cap U_{n+1}$是非空開集。於是，可找到一個非空開集 V_{n+1}，使得 $\overline{V}_{n+1} \subset V_n \cap U_{n+1}$。

依數學歸納法，我們可得出一序列的開集$\{V_n \mid n \in \boldsymbol{N}\}$，使得 $\overline{V}_1 \subset U_0 \cap U_1$，而且對每個 $n \in \boldsymbol{N}$，恆有 $\overline{V}_{n+1} \subset V_n \cap U_{n+1}$。因爲 $\overline{V}_1$是有界集合而且 $\overline{V}_1 \supset \overline{V}_2 \supset \cdots \supset \overline{V}_n \supset \cdots$，所以，依 Cantor 交集定理，可知$\bigcap_{n=1}^{\infty} \overline{V}_n \neq \phi$。因爲 $\overline{V}_1 \subset U_0 \cap U_1$且 $\overline{V}_{n+1} \subset U_{n+1}$，所以，$U_0 \cap (\bigcap_{n=1}^{\infty} U_n) \neq \phi$。這就是我們所欲證的結果。‖

練習題　2－4

1. 試證：在 $\boldsymbol{R}^k$ 中，若 K 是緊緻集而 F 是閉集，則 $K \cap F$ 是緊

緻集。

2. 試證：在 $\boldsymbol{R}^k$ 中，若 K_1、K_2、…、K_n 都是緊緻集，則聯集 $K_1 \cup K_2 \cup \cdots \cup K_n$ 也是緊緻集。

3. 若 C_1、C_2、…、C_k 都是 $\boldsymbol{R}$ 中的緊緻集，則 $C_1 \times C_2 \times \cdots \times C_k$ 是 $\boldsymbol{R}^k$ 的緊緻集。

4. 試證：若 A 是 $\boldsymbol{R}^k$ 中的有界集合，則 $\overline{A}$ 是緊緻集。

5. 試證：若 K 是 $\boldsymbol{R}$ 中的緊緻集，則 $\sup K$ 與 $\inf K$ 都是屬於 K。

6. 試利用引理1證明：$\boldsymbol{R}^k$ 中的每個非空開集都可以表示成可數個開球的聯集。

7. 試證 $\{S_r((r,r)) \subset \boldsymbol{R}^2 \mid r \in \boldsymbol{Q}^+\}$ 是第一象限的一個開覆蓋。

8. 試證定理7。

9. 試證定理10。

10. 試舉出二閉集 F_1 與 F_2，使得 $F_1 \cap F_2 = \phi$ 而

$$\inf\{\|x-y\| \mid x \in F_1, y \in F_2\} = 0。$$

11. 設 $A \subset \boldsymbol{R}^k$。若 $x \in A$ 但 $x \notin A^d$，則稱 x 是集合 A 的一個**孤立點**（isolated point）。試證：任何集合的孤立點至多爲可數個。

12. 設 $A \subset \boldsymbol{R}^k$。若 A 的每個點 x 都有一個鄰域 N_x 使得 $N_x \cap A$ 是可數集，則 A 必是可數集。試證之。

13. 設 $A \subset \boldsymbol{R}^k$ 而 $x \subset \boldsymbol{R}^k$。若 x 的每個鄰域與 A 的交集都是不可數集，則稱 x 是 A 的一個**凝聚點**（condensation point）。試證：若 A 是一個不可數集，則 A 必有一個凝聚點屬於 A。

14. 試證：$\boldsymbol{R}^k$ 不能表示成可數個疏落集的聯集。

（提示：利用 Baire 類型定理。）

15. 若 $a_1, a_2, \cdots, a_k$ 是不全爲0的實數，$b \in \boldsymbol{R}$，則集合

$$\{(x_1, x_2, \cdots, x_k) \in \boldsymbol{R}^k \mid a_1x_1 + a_2x_2 + \cdots + a_kx_k = b\}$$

稱爲 $\boldsymbol{R}^k$ 中的一個**超平面**（hyperplane）。試證：

(1)$\boldsymbol{R}^k$ 中的超平面都是疏落閉集。

(2)$\boldsymbol{R}^k$ 不能表示成可數個超平面的聯集。

16.試證：$\boldsymbol{Q}$ 不能表示成 $\boldsymbol{R}$ 中可數個開集的交集。

（提示：利用 Baire 類型定理。）

17.試證：Cantor 集是完全集。

思考題 2－4

1.設 $A\subset\boldsymbol{R}^k$ 是一不可數集，令 C 表示 A 的所有凝聚點所成的集合。試證：

(1)$A-C$ 是可數集。

(2)$A\cap C$ 是不可數集。

(3)C 是一個完全集。

2.試證：$\boldsymbol{R}^k$ 中的每個不可數閉集都可表示成一個完全集與一個可數集的聯集。此性質稱爲 Cantor－Bendixon 定理。

3.設 $F\subset\boldsymbol{R}^k$ 是一個非空閉集而 $x\in\boldsymbol{R}^k$。試證：若 F 是凸集合，則滿足 $\|x-y\|=d(x,F)$ 的點 y 是唯一的。

2－5 $\boldsymbol{R}^k$ 的連通集

本節所要討論的子集稱爲連通集，它是與連續函數的中間值定理有密切關係的子集。

甲、連通集的意義與性質

在微積分課程裏，讀者已瞭解下面這定理：定義域是 $\boldsymbol{R}$ 中任意區間的連續函數 f 都具有中間值性質，亦即：若 a 與 b 屬於定義域，則對介於$f(a)$與$f(b)$之間的每個實數r，都可找到介於a與b之間的某個點c使得$f(c)=r$。這個中間值定理得以成立，當然是由區間所具備的某些性質所引導而來，到底是什麼性質呢？讓我們做一番觀察。

設$f: A\to \boldsymbol{R}$是一個連續函數，其中A是$\boldsymbol{R}$中的開集。假設函數f沒有具備中間值定理，則可以找到一實數r，使得$r\notin f(A)$而且$f(A)\cap(-\infty,r)\neq\phi$、$f(A)\cap(r,+\infty)\neq\phi$。令

$$U=f^{-1}((-\infty,r))、V=f^{-1}((r,+\infty)),$$

則依§2-2練習題6，U與V都是$\boldsymbol{R}$中的開集。更進一步地，下面的四個性質成立：$U\neq\phi$，$V\neq\phi$，$A=U\cup V$，$U\cap V=\phi$。這四個性質說明了一個現象，那是：集合A被兩個不相交的非空開集U與V分割成兩部分。這個現象正是我們所要討論的主題，寫成一個定義如下：

【定義1】設$A\subset\boldsymbol{R}^k$。

(1)若$\boldsymbol{R}^k$中有兩個開集U與V使得：$A\cap U\neq\phi$、$A\cap V\neq\phi$、$A\subset U\cup V$且$A\cap U\cap V=\phi$，則稱A是一個**不連通集**（disconnected set）。

(2)若$A\subset\boldsymbol{R}^k$不是不連通集，則稱A是一個**連通集**（connected set）。

【例1】對任意$a\in\boldsymbol{R}$，$\boldsymbol{R}-\{a\}$不是連通集。因為$\boldsymbol{R}-\{a\}$可表示成$(-\infty,a)$與$(a,+\infty)$兩個不相交的非空開集的聯集。‖

【例2】在$\boldsymbol{R}^k$中，$\boldsymbol{Q}^k$不是連通集。例如：令

$$U=\{(x_1,x_2,\cdots,x_k)\in\boldsymbol{R}^k \mid x_1>\sqrt{2}\},$$

$$V=\{(x_1,x_2,\cdots,x_k)\in\boldsymbol{R}^k \mid x_1<\sqrt{2}\},$$

則U與V都是$\boldsymbol{R}^k$的開集，$U\cap\boldsymbol{Q}^k\neq\phi$，$V\cap\boldsymbol{Q}^k\neq\phi$，$\boldsymbol{Q}^k\subset U\cup V$，$U\cap V=\phi$。‖

【例3】在 $\boldsymbol{R}^k$ 中，一元素集 $\{x\}$ 顯然是連通集。‖

下面先證明連通集的幾個基本性質。

【定理1】（連通集的閉包）

若 $A \subset \boldsymbol{R}^k$ 爲一連通集，則滿足 $A \subset B \subset \overline{A}$ 的集合 B 都是連通集。

證：設 U 與 V 是 $\boldsymbol{R}^k$ 中的開集，且 $B \subset U \cup V$、$B \cap U \cap V = \phi$。因爲 $A \subset B$，所以，$A \subset U \cup V$ 且 $A \cap U \cap V = \phi$。因爲 A 是連通集，所以，$A \cap U = \phi$ 或 $A \cap V = \phi$。若 $A \cap U = \phi$，則因爲 U 是開集，所以，由 $A \subset \boldsymbol{R}^k - U$ 可得 $\overline{A} \subset \boldsymbol{R}^k - U$，$\overline{A} \cap U = \phi$，$B \cap U = \phi$。同理，若 $A \cap V = \phi$，則 $B \cap V = \phi$。因此，$\boldsymbol{R}^k$ 中找不到兩開集 U 與 V 能滿足 $B \cap U \neq \phi$、$B \cap V \neq \phi$、$B \subset U \cup V$ 及 $B \cap U \cap V = \phi$。依定義，可知 B 是連通集。‖

【定理2】（連通集的聯集）

設 $\{A_\alpha \mid \alpha \in I\}$ 是 $\boldsymbol{R}^k$ 中一批連通集所成的集合族。若 $\bigcap_{\alpha \in I} A_\alpha \neq \phi$，則 $\bigcup_{\alpha \in I} A_\alpha$ 也是連通集。

證：令 $A = \bigcup \{A_\alpha \mid \alpha \in I\}$。設 U 與 V 是 $\boldsymbol{R}^k$ 中的開集，且 $A \subset U \cup V$、$A \cap U \cap V = \phi$。對每個 $\alpha \in I$，可得 $A_\alpha \subset A$，由此得 $A_\alpha \subset U \cup V$ 及 $A_\alpha \cap U \cap V = \phi$。因爲 A_α 是連通集，所以，$A_\alpha \cap U = \phi$ 或 $A_\alpha \cap V = \phi$，亦即：$A_\alpha \subset V$ 或 $A_\alpha \subset U$。假設有兩個相異的 $\beta, \gamma \in I$ 使得 $A_\beta \subset U$ 而 $A_\gamma \subset V$，則 $\bigcap_{\alpha \in I} A_\alpha \subset A \cap U \cap V = \phi$，此與假設不合。因此，必是每個 A_α 都包含於 U 或每個 A_α 都包含於 V，亦即：$A \subset U$ 或 $A \subset V$。於是，$A \cap V = \phi$ 或 $A \cap U = \phi$。因此，A 是連通集。‖

【定理3】（可數個連通集的聯集）

設 $\{A_n \mid n \in \mathbf{N}\}$ 是 $\boldsymbol{R}^k$ 中可數個連通集所成的集合族。若對每個 $n \in \mathbf{N}$，恆有 $\overline{A}_n \cap A_{n+1} \neq \phi$ 或 $A_n \cap \overline{A}_{n+1} \neq \phi$，則 $\bigcup_{n=1}^{\infty} A_n$ 爲一連通集。

證：留爲習題。‖

乙、R 中的連通集

【定理4】（區間是連通集）

在實數線 $\boldsymbol{R}$ 中，每個區間（有限或無限）都是連通集。

證：首先證明：對任意 $a,b\in\boldsymbol{R}$，$a<b$，開區間(a,b)是連通集。

設 U 與 V 是 $\boldsymbol{R}$ 中的開集，$(a,b)\cap U\neq\phi$，$(a,b)\cap V\neq\phi$ 且 $(a,b)\cap U\cap V=\phi$。任選 $x\in(a,b)\cap U$ 及 $y\in(a,b)\cap V$，並設 $x<y$。令 $c=\sup\{z\in U\mid z<y\}$，則 $x<c<y$，（$c\neq x$，$c\neq y$，爲什麼？）$c\in(a,b)$。依 c 的定義，$(c,y)\cap U=\phi$，此式指出 c 不是 U 的內點，因此，$c\notin U$。對每個 $z\in(x,c)$，恆有$(z,c)\cap U\neq\phi$，$(z,c)\not\subset V$，這表示 c 不是 V 的內點，因此，$c\notin V$。由此可知：$c\notin U\cup V$。換言之，$\boldsymbol{R}^k$ 中找不到兩開集 U 與 V 能滿足$(a,b)\cap U\neq\phi$、$(a,b)\cap V\neq\phi$、$(a,b)\subset U\cup V$ 及$(a,b)\cap U\cap V=\phi$。依定義，可知(a,b)是連通集。

依定理 1，可知$[a,b)$、$(a,b]$與$[a,b]$都是連通集。

另一方面，因爲$(a,+\infty)=\bigcup_{n=1}^{\infty}(a,a+n)$且$(-\infty,a)=\bigcup_{n=1}(a-n,a)$，所以，依定理 2，$(a,+\infty)$與$(-\infty,a)$都是連通集。再依定理 1，可知$[a,+\infty)$與$(-\infty,a]$都是連通集。‖

定理 3 的逆敘述也成立。

【定理5】（$\boldsymbol{R}$ 的連通集）

在實數線 $\boldsymbol{R}$ 上，每個連通集都是區間。（請注意：一元素集$\{a\}$可視爲閉區間$[a,a]$。）

證：設 A 是 $\boldsymbol{R}$ 中的連通集。我們分成四種情形來討論 A 的可能形式。

(1)設 A 爲有界集合，令 $a=\inf A$，$b=\sup A$。顯然地，$A\subset[a,b]$。對每個 $c\in(a,b)$，依 a 的定義，必有一 $x\in A$ 滿足$x<c$，因此，$A\cap(-\infty,c)\neq\phi$。同理，$A\cap(c,+\infty)\neq\phi$。因爲 A 是連通

集且$(-\infty,c)\cap(c,+\infty)=\phi$，所以，$A\not\subset(-\infty,c)\cup(c,+\infty)$，亦即：$c\in A$。換言之，$(a,b)\subset A$。於是，由$(a,b)\subset A\subset[a,b]$可知集合 A 必是(a,b)、$[a,b)$、$(a,b]$或$[a,b]$中的一個。

⑵設 A 有下界、但 A 沒有上界，令 $a=\inf A$。顯然地，$A\subset[a,+\infty)$。對每個$c\in(a,+\infty)$，仿⑴知$A\cap(-\infty,c)\neq\phi$。另一方面，因爲 A 沒有上界，所以，必有一個 $y\in A$ 滿足$y>c$，亦即：$A\cap(c,+\infty)\neq\phi$。於是，仿⑴可知$A\not\subset(-\infty,c)\cup(c,+\infty)$，亦即：$c\in A$。換言之，$(a,+\infty)\subset A$。於是，由$(a,+\infty)\subset A\subset[a,+\infty)$可知集合 A 必是$(a,+\infty)$或$[a,+\infty)$。

⑶設 A 有上界但沒有下界，令 $b=\sup A$。仿⑵的證法，可知集合 A 必是$(-\infty,b)$或$(-\infty,b]$。

⑷設 A 沒有上界也沒有下界，仿⑵的證法，可知集合 A 必是$(-\infty,+\infty)$。‖

丙、一般 $\boldsymbol{R}^k$ 中的連通集

根據定理 4 與定理 5，我們知道：在實數線 $\boldsymbol{R}$ 中，連通集只是區間的同義詞。但是，當 $k\geqslant 2$時，$\boldsymbol{R}^k$ 中的連通集就沒有這麼簡單的結構了。下面我們對這類 $\boldsymbol{R}^k$ 空間中的連通集略作介紹，首先介紹幾個名詞。

設 $x,y\in\boldsymbol{R}^k$，則子集$\{(1-t)x+ty\,|\,0\leqslant t\leqslant 1\}$稱爲以 x 與y 爲端點的**線段**（line segment），記爲$\overline{xy}$。設 $z^1,z^2,\cdots,z^n$ 爲$\boldsymbol{R}^k$ 中的n 個點，則線段的聯集$\overline{z^1z^2}\cup\overline{z^2z^3}\cup\cdots\cup\overline{z^{n-1}z^n}$稱爲連接$z^1$與 z^n 的一條**多邊形曲線**（polygonal curve）或簡稱爲**折線**（broken line）。

【定理6】（連通集的一個充分條件）

設 $A\subset\boldsymbol{R}^k$。若對於 A 的每對點x 與y，都可找到包含於 A 中的一條多邊形曲線來連接x 與y，則 A 是連通集。

證：設 U 與V 爲開集，$A\cap U\neq\phi$，$A\cap V\neq\phi$，且 $A\cap U\cap V=\phi$。

任選 $x\in A\cap U$ 及 $y\in A\cap V$。依假設，A 中有一多邊形曲線 $\Gamma=\overline{z^0z^1}\cup\overline{z^1z^2}\cup\cdots\cup\overline{z^{n-1}z^n}$ 使得 $z^0=x$ 及 $z^n=y$。因爲 $A\cap U\cap V=\phi$ 而 $z^0\in A\cap U$、$z^n\in A\cap V$，所以，必有一個 $i=1,2,\cdots,n$ 使得 $z^{i-1}\in U$ 且 $z^i\in V$。令

$$U_1=\{t\in(0,1)\mid(1-t)z^{i-1}+tz^i\in U\},$$
$$V_1=\{t\in(0,1)\mid(1-t)z^{i-1}+tz^i\in V\}。$$

因爲 $A\cap U\cap V=\phi$，所以，顯然有 $U_1\cap V_1=\phi$。因爲 $z^{i-1}\in U$ 而 U 爲 $\boldsymbol{R}^k$ 的開集，所以，必可找到一個 $r>0$ 使得 $B_r(z^{i-1})\subset U$。由此可知 $(0,r/\|z^i-z^{i-1}\|)\subset U_1$，$U_1\neq\phi$。同理，$V_1\neq\phi$。因爲 $(0,1)$ 是 $\boldsymbol{R}$ 中的連通集，所以，可知 $(0,1)\not\subset U_1\cup V_1$。換言之，必有一個 $t_0\in(0,1)$ 使得 $t_0\notin U_1\cup V_1$。由此可知 $(1-t_0)z^{i-1}+t_0z^i\in A$ 但 $(1-t_0)z^{i-1}+t_0z^i\notin U\cup V$，亦即：$A\not\subset U\cup V$。由此可知：$\boldsymbol{R}^k$ 中找不到兩開集 U 及 V 能滿足 $A\cap U\neq\phi$、$A\cap V\neq\phi$、$A\subset U\cup V$ 及 $A\cap U\cap V=\phi$。依定義，A 是 $\boldsymbol{R}^k$ 的連通集。‖

若 $A\subset\boldsymbol{R}^k$ 中的每對點都可用 A 中的一線段來連接，亦即：對任意 $x,y\in A$，線段 $\overline{xy}$ 恆包含於 A，則稱 A 爲一**凸集合**（convex set）。

【系理7】（凸集合是連通集）

在 $\boldsymbol{R}^k$ 中，每個凸集合都是連通集。特別：$\boldsymbol{R}^k$ 本身是一個連通集。

證：線段是一種特殊的多邊形曲線，定理的前半段依定理 6 即得。另一方面，依定義，$\boldsymbol{R}^k$ 顯然是凸集合，故 $\boldsymbol{R}^k$ 是連通集。‖

【系理8】（又開又閉的集合）

在 $\boldsymbol{R}^k$ 中，既是開集又是閉集的子集只有 ϕ 與 $\boldsymbol{R}^k$。

證：若 U 在 $\boldsymbol{R}^k$ 中既是開集又是閉集，則 U 與 $\boldsymbol{R}^k-U$ 都是 $\boldsymbol{R}^k$ 的開集。顯然 $U\cup(\boldsymbol{R}^k-U)=\boldsymbol{R}^k$ 且 $U\cap(\boldsymbol{R}^k-U)=\phi$。因爲 $\boldsymbol{R}^k$ 是連通集，所以，$U=\phi$ 或 $\boldsymbol{R}^k-U=\phi$，亦即：$U=\phi$ 或 $U=\boldsymbol{R}^k$。‖

依定理 5，$\boldsymbol{R}$ 中的每個連通集都具有定理 6 中所提的性質。但當 $k\geqslant 2$ 時，$\boldsymbol{R}^k$ 的連通集就不必有這項性質了。例如：呈「線」性的連通集就是如此（參看練習題 6）。但當一個連通集又是開集時，情況又有所不同，且看下述定理。

【定理9】（連通開集的性質）

若 $G\subset \boldsymbol{R}^k$ 是具有連通性的開集（簡稱爲**連通開集**），則 G 中每對點都可以用包含於 G 的一條多邊形曲線將它們連接。

證：在 G 中任取一定點 x，令

$U=\{y\in G \mid G$ 中有一條多邊形曲線連接 x 與 $y\}$，

$V=\{z\in G \mid G$ 中無任何多邊形曲線連接 x 與 $z\}$。

顯然地，$G=U\cup V$ 且 $U\cap V=\phi$。我們先證明 U 與 V 都是 $\boldsymbol{R}^k$ 中的開集。

設 $y\in U$，則依 U 的定義，集合 G 中有一條多邊形曲線 Γ 連接 x 與 y。另一方面，因爲 G 是開集，所以，可找到一個 $r>0$，使得 $B_r(y)\subset G$。對於 $B_r(y)$ 中每個點 w，因爲線段 $\overline{yw}$ 上的每個點都屬於 $B_r(y)$（爲什麼？）所以，$\Gamma\cup\overline{yw}$ 是在 G 中連接 x 與 w 的一條多邊形曲線，這表示 $B_r(y)$ 的每個點都能以 G 中的多邊形曲線與 x 連接。於是 $B_r(y)\subset U$。由此可知 U 是 $\boldsymbol{R}^k$ 的開集。

其次，設 $z\in V$。因爲 G 是開集而 $z\in G$，所以，必可找到一個 $s>0$ 使得 $B_s(z)\subset G$。另一方面，因爲 $z\in V$，所以，G 中沒有任何多邊形曲線能連接 x 與 z。於是，對於 $B_s(z)$ 中每個點 w，因爲線段 $\overline{zw}$ 包含於 $B_s(z)$，所以，若 G 中有一條多邊形曲線 Γ' 連接 x 與 w，則 $\Gamma'\cup\overline{wz}$ 是 G 中的多邊形曲線且連接 x 與 z。由此可知：$B_s(z)$ 中每個點都不能以 G 中的多邊形曲線與 x 連接。於是，$B_s(z)\subset V$。由此可知 V 是 $\boldsymbol{R}^k$ 的開集。

至此，我們已知 U 與 V 都是 $\boldsymbol{R}^k$ 的開集、$G=U\cup V$ 且 $U\cap V=\phi$。因爲 G 是連通集，所以，可知 $U=\phi$ 或 $V=\phi$。依 U 的定義，易

知 x 是 U 中一點，於是，$U \neq \phi$，$V = \phi$。再由 $G = U \cup V$ 可知 $G = U$。換言之，G 中每個點都能以多邊形曲線與 x 連接。於是，對於 G 中每一對點 y 與 w，將它們以 G 中的多邊形曲線與 x 連接，則兩多邊形曲線聯合就成爲 G 中連接 y 與 w 的一條多邊形曲線。‖

要對定理 6 及定理 9 作完整的比較，讓我們再給出下面的例子。

【例4】若 $A \subset \boldsymbol{R}^k$ 是一個可數集而 $k \geqslant 2$，則 $\boldsymbol{R}^k - A$ 是一個連通集。

證：設 $x, y \in \boldsymbol{R}^k - A$。若線段 $\overline{xy}$ 不含 A 的任何點，則 $\overline{xy} \subset \boldsymbol{R}^k - A$，亦即：$x$ 與 y 可以用 $\boldsymbol{R}^k - A$ 中的一線段來連接。設 $\overline{xy}$ 含有 A 的點。因爲 $k \geqslant 2$，所以，過線段 $\overline{xy}$ 的中點可作不含 x 與 y 的一直線 L，對於 L 上每個點 z，令 $\Gamma_z = \overline{xz} \cup \overline{zy}$，則 Γ_z 是一條多邊形曲線。因爲 A 是可數集而任意二相異的 Γ_z 的交點 x 與 y 都不屬於 A，所以，集合 $\{z \in L \mid \Gamma_z \cap A \neq \phi\}$ 是一個可數集。因爲 L 是不可數集，所以，必有一個 $w \in L$ 使得 $\Gamma_w \cap A = \phi$。於是，此多邊形曲線 Γ_w 在 $\boldsymbol{R}^k - A$ 中而連接了 x 與 y。綜合上述兩種情形，依定理 6，可知 $\boldsymbol{R}^k - A$ 是連通集。‖

對於例 4，我們可以引申出下面兩點，其一：滿足定理 6 的連通集不一定是開集，$\boldsymbol{R}^2 - \boldsymbol{Q}^2$ 就是一個例子。其二：若 A 是 $\boldsymbol{R}$ 的非空可數子集，則 $\boldsymbol{R} - A$ 是不連通集（參看例 1）。將此現象與例 4 的結果相比較，就可發現 $\boldsymbol{R}$ 與 $\boldsymbol{R}^k$（$k \geqslant 2$）的拓樸結構是不相同的。

練習題　2－5

1. 試證定理3。
2. 若 $A \subset \boldsymbol{R}^k$ 是連通集，而對每個 $\alpha \in I$，$B_\alpha \subset \boldsymbol{R}^k$ 也是連通集且 $A \cap B_\alpha \neq \phi$，試證 $A \cup (\bigcup_{\alpha \in I} B_\alpha)$ 爲連通集。
3. 試舉例說明：對於二連通集 A 與 B，$A \cup B$、$A \cap B$ 與 $A - B$ 都可能是連通集、也可能是不連通集。

4.試證：集合 A 是不連通集的充要條件是：A 可以表示成 $A=B\cup C$，其中 $B\cap\overline{C}=\overline{B}\cap C=\phi$，但 $B\neq\phi$、$C\neq\phi$。

5.若 $A_1,A_2,\cdots,A_k$ 都是 $\boldsymbol{R}$ 中的連通集，試證 $A_1\times A_2\times\cdots\times A_k$ 是 $\boldsymbol{R}^k$ 的連通集。

6.若 $f:\boldsymbol{R}\to\boldsymbol{R}$ 是連續函數，則 $\{(x,f(x))\in\boldsymbol{R}^2\mid x\in\boldsymbol{R}\}$ 是 $\boldsymbol{R}^2$ 的連通集。

7.設 $A,B\subset\boldsymbol{R}^k$。若 A 是連通集，$A\cap B\neq\phi$，$A\cap(\boldsymbol{R}^k-B)\neq\phi$，試證：$A\cap B^b\neq\phi$。

8.設 $A\subset\boldsymbol{R}^k$。若 A 的子集中只有一元素子集是連通集，則稱 A 是一個**完全不連通集**（totally disconnected set）。試證：

(1)$\boldsymbol{Q}$ 是完全不連通集。

(2)Cantor 集是完全不連通集。

9.試證集合 $A=\{(x,y)\in\boldsymbol{R}^2\mid 0<y\leqslant x^2,x>0\}\cup\{(0,0)\}$ 是 $\boldsymbol{R}^2$ 中的連通集，但 A 中沒有任何多邊形曲線能連接 $(0,0)$ 與 A 中任何其他點。

10.設集合 A 爲 $\{(x,y)\in\boldsymbol{R}^2\mid x>0,y>0,xy=1\}$ 與 x 軸的聯集，試證 A 不是連通集。

思考題2－5

1.設 $A\subset\boldsymbol{R}^k$。對每個 $x\in A$，令

$$\text{comp}(x)=\bigcup\{B\subset A\mid x\in B，B\text{ 是連通集}\}，$$

則 comp (x) 稱爲 A 中包含 x 的**連通區**（connected component）。試證：

(1)A 中任意二連通區必是不相交或相等。

(2)A 等於它的所有連通區的聯集。

(3)A 的每個連通子集都包含於 A 的某個連通區內。

(4)若 A 是完全不連通集，則對每個 $x\in A$，恆有 comp $(x)=$

$\{x\}$。

(5)舉例說明一集合可以有不可數個連通區。

第3章 極限與連續

本章所要討論的主題，乃是極限概念與連續函數。在極限概念方面，包括點列（sequence）的極限與函數的極限。至於連續性，則是針對一般的多變數向量值函數（vector－valued function in several variables）。極限與連續兩概念，當然也是微積分課程的重要主題，不過，卻只限於單變數或實數值的情形。本章所要討論的多變數與向量值的情形，在觀念上當然更具一般性，在討論過程中則通常比較複雜，所以，需要借重第二章所介紹的各種拓樸概念。

3－1 點列的極限

微積分課程介紹過數列的極限概念、證明了極限的基本性質、也利用數列的極限來定義某些特殊的數，像 π 與 e，等等。在本節裏，我們將實數線上的數列推廣成 $\boldsymbol{R}^k$ 空間中的點列。將名稱由數列改爲點列，只是爲了強調它的每一項都是 $\boldsymbol{R}^k$ 空間中的一個點。$\boldsymbol{R}^k$ 空間中點列的收斂理論與 $\boldsymbol{R}$ 中數列的收斂理論，可以說是大同小異，因此，下面的甲小節中有一部分定理的證明與數列的情形相似，這些證明我們都略去不證。從乙小節起所介紹的題材，一般的微積分課程大都不會涵蓋，可說都屬新的內容。

甲、歐氏空間中的點列

【定義1】由 $\boldsymbol{N}$ 映至 $\boldsymbol{R}^k$ 的每個函數都稱爲 $\boldsymbol{R}^k$ 中的一個**點列**（sequence）。設 $x：\boldsymbol{N}\to\boldsymbol{R}^k$ 是 $\boldsymbol{R}^k$ 的一個點列，我們通常將函數值 $x(n)$ 寫成 x_n，點列 x 寫成 $\{x_n\}_{n=1}^{\infty}$ 或 $\{x_n\}$，x_m 稱爲點列 $\{x_n\}_{n=1}^{\infty}$ 的**第 m 項**（mth term）。

【例1】對每個 $n\in\boldsymbol{N}$，令 $x_n=(1/n,2/n^2)\in\boldsymbol{R}^2$，則 $\{x_n\}_{n=1}^{\infty}$ 是 $\boldsymbol{R}^2$ 中的一個點列。‖

【定義2】設 $\{x_n\}$ 是 $\boldsymbol{R}^k$ 中的一點列而 $a\in\boldsymbol{R}^k$。若對於 a 的每個鄰域 M，都可找到一個 $n_0\in\boldsymbol{N}$ 使得：當 $n\in\boldsymbol{N}$ 且 $n\geqslant n_0$ 時，恆有 $x_n\in M$，則我們稱：當 n 趨向無限大時，點列 $\{x_n\}$ **收斂**於 a（$\{x_n\}$ converges to a），或稱點列 $\{x_n\}$ 的**極限**（limit）爲 a，以 $\lim\limits_{n\to\infty}x_n=a$ 表之，或寫成 $\lim_{n\to\infty}x_n=a$。

若一點列有極限，則稱它爲**收斂點列**（convergent sequence）。否則，稱它爲**發散點列**（divergent sequence）。

定義 2 中使用「$\{x_n\}$ 的極限爲 a」這樣的詞句，它其實要有下面的定理 1 才算是正確合理。

【定理1】（極限的唯一性）

在 $\boldsymbol{R}^k$ 中，每個點列最多只有一個極限。

證：與 $\boldsymbol{R}$ 中數列的情形證法相似，留爲習題。‖

定義 2 對點列極限的定義方法採用鄰域的概念，這似乎與微積分課程採用 $\varepsilon-n_0$ 方法定義數列極限的做法不同，事實上，這兩種方法在邏輯上等價，我們寫成一個定理。

【定理2】（點列極限的另一種定義）

在 $\boldsymbol{R}^k$ 中，點列 $\{x_n\}$ 收斂於點 a 的充要條件是：對每個正數 ε，

都可找到一個 $n_0 \in \boldsymbol{N}$ 使得：當 $n \in \boldsymbol{N}$ 且 $n \geqslant n_0$ 時，$\| x_n - a \| < \varepsilon$ 恆成立。此充要條件也可表示成 $\lim_{n\to\infty} \| x_n - a \| = 0$。

證：必要性：設點列 $\{x_n\}$ 收斂於 a。對每個正數 ε，開球 $B_\varepsilon(a)$ 都是 a 的一個鄰域，依定義 2，必可找到一個 $n_0 \in \boldsymbol{N}$ 使得：當 $n \in \boldsymbol{N}$ 且 $n \geqslant n_0$ 時，恆有 $x_n \in B_\varepsilon(a)$。於是，當 $n \in \boldsymbol{N}$ 且 $n \geqslant n_0$ 時，$\| x_n - a \| < \varepsilon$ 恆成立。

充分性：設定理的條件成立。設 M 是 a 的一個鄰域，依鄰域的定義，必可找到一個正數 ε 使得 $B_\varepsilon(a) \subset M$。依假設，對於正數 ε，必可找到一個 $n_0 \in \boldsymbol{N}$ 使得：當 $n \in \boldsymbol{N}$ 且 $n \geqslant n_0$ 時，$\| x_n - a \| < \varepsilon$ 恆成立。於是，當 $n \in \boldsymbol{N}$ 且 $n \geqslant n_0$ 時，恆有 $x_n \in B_\varepsilon(a) \subset M$。依定義 2，點列 $\{x_n\}$ 收斂於 a。‖

有了定理 2，當我們討論極限的問題時，可以根據問題的特性，自由地使用「鄰域」的方法或「$\varepsilon - n_0$」的方法。

對點列 $\{x_n\}$ 而言，若集合 $\{x_n \in \boldsymbol{R}^k \mid n \in \boldsymbol{N}\}$ 是 $\boldsymbol{R}^k$ 的有界集合，則稱點列 $\{x_n\}$ 爲**有界點列**（bounded sequence）。下面的定理與 $\boldsymbol{R}$ 中數列的情形證法相似，或仿照§1－2定理 8 的證法。

【定理3】（收斂即有界）

在 $\boldsymbol{R}^k$ 中，每個收斂點列都是有界點列。

證：留爲習題。‖

$\boldsymbol{R}^k$ 中點列的各項都是 k 維向量，它們可以做加法、減法、係數積與內積的運算，這些運算可轉換成點列的運算，而得下述定理。

【定理4】（點列極限與各種運算）

設 $\{x_n\}$ 與 $\{y_n\}$ 都是 $\boldsymbol{R}^k$ 中的點列，$\{\alpha_n\}$ 與 $\{\beta_n\}$ 都是 $\boldsymbol{R}$ 中的數列。若 $\lim_{n\to\infty} x_n = x$，$\lim_{n\to\infty} y_n = y$，$\lim_{n\to\infty} \alpha_n = \alpha$，$\lim_{n\to\infty} \beta_n = \beta$，則

(1)數列 $\{\| x_n \|\}$ 收斂於 $\| x \|$，即：$\lim_{n\to\infty} \| x_n \| = \| x \|$。

(2)點列 $\{x_n + y_n\}$ 收斂於 $x + y$，即：$\lim_{n\to\infty}(x_n + y_n) = x + y$。

(3)點列$\{x_n - y_n\}$收斂於 $x-y$，即：$\lim_{n\to\infty}(x_n - y_n) = x - y$。

(4)數列$\{\langle x_n, y_n\rangle\}$收斂於$\langle x, y\rangle$，即：$\lim_{n\to\infty}\langle x_n, y_n\rangle = \langle x, y\rangle$。

(5)點列$\{\alpha_n x_n\}$收斂於 αx，即：$\lim_{n\to\infty}\alpha_n x_n = \alpha x$。

(6)當每個 β_n 與β 都不爲 0 時，點列$\{\beta_n^{-1} x_n\}$收斂於 $\beta^{-1} x$，亦即：$\lim_{n\to\infty}\beta_n^{-1} x_n = \beta^{-1} x$。

證：此定理的證明與 $\boldsymbol{R}$ 中數列的情形證法相似，我們所根據的是下面的各不等式。

(1)$|\,\| x_n \| - \| x \|\,| \leqslant \| x_n - x \|$。

(2)$\| (x_n + y_n) - (x + y) \| \leqslant \| x_n - x \| + \| y_n - y \|$。

(3)$\| (x_n - y_n) - (x - y) \| \leqslant \| x_n - x \| + \| y_n - y \|$。

(4)$|\langle x_n, y_n\rangle - \langle x, y\rangle|$

$\leqslant \| x_n - x \| \| y_n - y \| + \| x_n - x \| \| y \| + \| x \| \| y_n - y \|$。

(5)$\| \alpha_n x_n - \alpha x \|$

$\leqslant |\alpha_n - \alpha| \| x_n - x \| + |\alpha_n - \alpha| \| x \| + |\alpha| \| x_n - x \|$。

(6)根據(5)及 $\lim_{n\to\infty}\beta_n^{-1} = \beta^{-1}$。‖

在一般的 $\boldsymbol{R}^k$ 空間中討論點列的收斂理論，除了記號比較繁複之外，理論本身並不會比 $\boldsymbol{R}$ 中數列的收斂理論複雜。下面的定理 5 指出：$\boldsymbol{R}^k$ 中點列的收斂問題可以化簡成它的所有「坐標數列」的收斂問題。

【定理5】(以 $\boldsymbol{R}$ 中的收斂表示 $\boldsymbol{R}^k$ 中的收斂)

設$\{x_n\}$爲 $\boldsymbol{R}^k$ 中一點列而 $a \in \boldsymbol{R}^k$。若 $a = (a_1, a_2, \cdots, a_k)$，而且對每個 $n \in \mathbf{N}$，$x_n = (x_{1n}, x_{2n}, \cdots, x_{kn})$，則點列$\{x_n\}$收斂於 a 的充要條件是：對每個 $i = 1, 2, \cdots, k$，數列$\{x_{in}\}_{n=1}^{\infty}$收斂於 a_i。

證：必要性：設 $\lim_{n\to\infty} x_n = a$。對於任意正數 ε，因爲$\{x_n\}$收斂於 a，所以，必可找到一個 $n_0 \in \mathbf{N}$ 使得：當 $n \geqslant n_0$時，$\| x_n - a \| < \varepsilon$ 恆成立。於是，對每個 $i = 1, 2, \cdots, k$，當 $n \geqslant n_0$時，恆有

$$|x_{in}-a_i|\leqslant\|x_n-a\|<\varepsilon。$$

由此可知：數列$\{x_{in}\}$收斂於 a_i。

充分性：設每個數列$\{x_{in}\}$都收斂於 a_i，$i=1,2,\cdots,k$。設 ε 爲任意正數。因爲對每個 $i=1,2,\cdots,k$，恆有 $\lim_{n\to\infty}x_{in}=a_i$，所以，對於正數 ε/k，必可找到一個 $n_i\in\boldsymbol{N}$ 使得：當 $n\geqslant n_i$ 時，$|x_{in}-a_i|<\varepsilon/k$ 恆成立。令 $n_0=\max\{n_1,n_2,\cdots,n_k\}$，則當 $n\in\boldsymbol{N}$ 且 $n\geqslant n_0$ 時，因爲對每個 $i=1,2,\cdots,k$，恆有 $n\geqslant n_i$，所以，得

$$\begin{aligned}\|x_n-a\|&\leqslant|x_{1n}-a_1|+|x_{2n}-a_2|+\cdots+|x_{kn}-a_k|\\&<k(\varepsilon/k)=\varepsilon。\end{aligned}$$

由此可知：點列$\{x_n\}$收斂於 a。‖

根據定理 5，可得出下面的 Cauchy 條件。

【定理6】（$\boldsymbol{R}^k$ 的 Cauchy 收斂條件）

在 $\boldsymbol{R}^k$ 中，點列$\{x_n\}$收斂的充要條件是：對每個正數 ε，都可找到一個 $n_0\in\boldsymbol{N}$ 使得：當 $m,n\geqslant n_0$時，$\|x_m-x_n\|<\varepsilon$ 恆成立。滿足此條件的點列稱爲 Cauchy **點列**（Cauchy sequence）。

證：必要性：與§1－2定理 7 的證明相似。

充分性：設定理的假設條件成立。對每個 $n\in\boldsymbol{N}$，設 x_n 表示成 $x_n=(x_{1n},x_{2n},\cdots,x_{kn})$。對任意正數 ε，依假設，可找到一個 $n_0\in\boldsymbol{N}$ 使得：當 $m,n\geqslant n_0$時，$\|x_m-x_n\|<\varepsilon$ 恆成立。於是，對每個 $i=1,2,\cdots,k$，當 $m,n\geqslant n_0$時，恆有

$$|x_{im}-x_{in}|\leqslant\|x_m-x_n\|<\varepsilon。$$

由此可知：對每個 $i=1,2,\cdots,k$，數列$\{x_{in}\}$是一個 Cauchy 數列。依§1－2定理 9，$\{x_{in}\}$收斂於某一實數 a_i。依定理 5，可知點列$\{x_n\}$收斂於點$(a_1,a_2,\cdots,a_k)$。‖

【例2】在 $\boldsymbol{R}^2$中，點列$\{(1/n,(1+1/n)^n)\}$的極限是$(0,e)$，因爲在 $\boldsymbol{R}$ 中，$\lim\limits_{n\to\infty}(1/n)=0$，$\lim\limits_{n\to\infty}(1+1/n)^n=e$。‖

乙、子點列與聚點

討論點列的收斂問題時，常常需要注意其中的一部分項因而引出下面的名詞。

【定義3】設$\{x_n\}$是 $\boldsymbol{R}^k$ 中的一點列。若 φ：$\boldsymbol{N}\to\boldsymbol{N}$ 是一個嚴格遞增函數，則點列 $x\circ\varphi$ 或記爲$\{x_{\varphi(n)}\}_{n=1}^{\infty}$稱爲點列$\{x_n\}$的一個**子點列**（subsequence）。

定義 3 中所謂「φ 爲嚴格遞增函數」，乃是指：若 $n_1<n_2$，則 $\varphi(n_1)<\varphi(n_2)$。

【例3】在 $\boldsymbol{R}$ 中，設 $x_n=(-1)^n n/(n+1)$。若 φ,ψ：$\boldsymbol{N}\to\boldsymbol{N}$ 分別定義爲

$$\varphi(n)=2n-1，\psi(n)=2n，n\in\boldsymbol{N}，$$

則子數列$\{x_{\varphi(n)}\}$與$\{x_{\psi(n)}\}$分別爲

$$\{x_{\varphi(n)}\}：-\frac{1}{2},-\frac{3}{4},-\frac{5}{6},\cdots,-\frac{2n-1}{2n},\cdots；$$

$$\{x_{\psi(n)}\}：\frac{2}{3},\frac{4}{5},\frac{6}{7},\cdots,\frac{2n}{2n+1},\cdots。\|$$

【例4】$\{1,1/2,1/3,\cdots,1/n,\cdots\}$是 $\boldsymbol{R}$ 中一數列，在此數列中，$\{1/3, 1/6, 1/9,\cdots, 1/(3n),\cdots\}$是它的一個子數列，此子數列是根據函數 $\varphi(n)=3n$ 定義而得的。‖

【定理7】（點列與其子點列的極限）

在 $\boldsymbol{R}^k$ 中，若點列$\{x_n\}$收斂於 a，則$\{x_n\}$的每個子點列也都收斂於 a。

證：設 φ：$\boldsymbol{N}\to\boldsymbol{N}$ 爲一嚴格遞增函數，$\{x_{\varphi(n)}\}$是$\{x_n\}$的一個子點列。對任意正數 ε，因爲$\{x_n\}$收斂於 a，所以，必可找到一個 $n_0\in\boldsymbol{N}$ 使得：當 $n\geqslant n_0$時，$\|x_n-a\|<\varepsilon$ 恆成立。因爲 φ：$\boldsymbol{N}\to\boldsymbol{N}$ 是嚴格遞增函數，所以，每個 $n\in\boldsymbol{N}$ 都滿足 $\varphi(n)\geqslant n$。於是，當 $n\geqslant n_0$ 時，可得$\varphi(n)\geqslant n\geqslant n_0$，由前述結果得 $\|x_{\varphi(n)}-a\|<\varepsilon$。由此可

知：子點列$\{x_{\varphi(n)}\}$收斂於 a。‖

定理 7 提供一個判定發散點列的方法。

【系理8】（判定發散點列）

若點列$\{x_n\}$有一個子點列發散，或是有兩個子點列收斂於不同的極限，則$\{x_n\}$是發散點列。

證：由定理 7 立即可得。‖

【系理9】（收斂點列的尾段）

若點列$\{x_n\}$收斂於 a，則對每個 $m\in\mathbf{N}$，點列

$$\{x_{m+1}, x_{m+2}, \cdots, x_{m+n}, \cdots\}$$

也收斂於 a。

證：令 $\varphi:\mathbf{N}\to\mathbf{N}$ 爲$\varphi(n)=m+n$，即可知定理中的點列就是點列$\{x_n\}$的子點列$\{x_{\varphi(n)}\}$。‖

在例 3 中的數列$\{(-1)^n n/(n+1)\}$是發散數列，因爲由奇數項所成的子數列$\{-(2n-1)/(2n)\}$收斂於-1，而由偶數項所成的子數列$\{(2n)/(2n+1)\}$收斂於 1。-1 與 1 都不是數列$\{(-1)^n n/(n+1)\}$的極限，但它們既然是該數列的子數列的極限，自然也與該數列有較密切的關係，寫成一個定義如下。

【定義4】設$\{x_n\}$是 $\boldsymbol{R}^k$ 中的一個點列而$a\in\boldsymbol{R}^k$。若對於 a 的每個鄰域M，都有無限多個 $n\in\mathbf{N}$ 使得$x_n\in M$，則稱 a 是點列$\{x_n\}$的一個**聚點**（cluster point）。

【定理10】（聚點的充要條件）

在 $\boldsymbol{R}^k$ 中，點 a 是點列$\{x_n\}$之聚點的充要條件是$\{x_n\}$有一個子點列收斂於 a。

證：充分性：設$\{x_n\}$的子點列$\{x_{\varphi(n)}\}$收斂於 a。對 a 的每個鄰域M，因爲 a 是$\{x_{\varphi(n)}\}$的極限，所以，可找到一個 $n_0\in\mathbf{N}$，使得：當$n\geqslant n_0$時，恆有 $x_{\varphi(n)}\in M$。於是，集合$\{n\in\mathbf{N}\mid x_n\in M\}$包含了集合

$\{\varphi(n)\mid n\in \mathbf{N}, n\geqslant n_0\}$。因爲後者是無限集，所以，前者也是無限集。由此可知：a 是點列$\{x_n\}$的聚點。

必要性：設 a 是$\{x_n\}$的聚點。因爲 $B_1(a)$是 a 的鄰域，所以，依定義，$\{n\in \mathbf{N}\mid x_n\in B_1(a)\}$是無限集，任選它的一個元素 n_1，則 $\| x_{n_1}-a\|<1$。同理，$\{n\in \mathbf{N}\mid x_n\in B_{1/2}(a)\}$也是無限集，任選其中一元素 n_2使得 $n_1<n_2$，則 $\| x_{n_2}-a\|<1/2$。當我們已在 $\mathbf{N}$ 中選了 m 個元素 $n_1,n_2,\cdots,n_m$ ，使得 $n_1<n_2<\cdots<n_m$ 而且對每個 $i=1,2,\cdots,m$ ，恆有 $\| x_{n_i}-a\|<1/i$ 。因爲$\{n\in \mathbf{N}\mid x_n\in B_{1/(m+1)}(a)\}$是無限集，我們可從其中選一個元素 n_{m+1}使得 $n_m<n_{m+1}$，則 $\| x_{n_{m+1}}-a\|<1/(m+1)$。如此繼續行之，依數學歸納法，可得 $\mathbf{N}$ 中的一個嚴格遞增數列$\{n_m\}_{m=1}^{\infty}$使得：對每個 $m\in \mathbf{N}$，恆有 $\| x_{n_m}-a\|<1/m$。由此可知：$\{x_{n_m}\}$是$\{x_n\}$的一個子點列且 $\lim_{m\to\infty}x_{n_m}=a$。 ‖

由定理10（及定理 7 ）立即可得下面的結果。

【系理11】 在 $\boldsymbol{R}^k$ 中，收斂點列恰有一個聚點，也就是它的極限。

【定理12】 在 $\boldsymbol{R}^k$ 中，若$\{x_{\varphi(n)}\}$是點列$\{x_n\}$的一個子點列，則$\{x_{\varphi(n)}\}$的每個聚點也都是$\{x_n\}$的聚點。

證：$\{x_{\varphi(n)}\}$的子點列也都是$\{x_n\}$的子點列。 ‖

將定義 4 與§ 2－3定理 5 比較，不難發現點列的聚點與集合的聚集點有些相似，兩者都有一個存在性定理。

【定理13】（Bolzano－Weierstrass）

在 $\boldsymbol{R}^k$ 中，每個有界點列都有聚點。

證：設$\{x_n\}$是 $\boldsymbol{R}^k$ 中一個有界點列，令 $A=\{x_n\mid n\in \mathbf{N}\}$，則 A 是$\boldsymbol{R}^k$ 中的有界集合。若 A 是有限集，則$\{x_n\}$必有一個子點列的所有項都相同。此子點列當然是收斂點列，其極限是點列$\{x_n\}$的一個聚點。若 A 是無限集，則 A 是有界無限集。依§ 2－3 的 Bolzano－Weierstrass 定理，A 有一個聚集點a。於是，依§ 2－3 定理 5 ，對於 a 的每個鄰域M，$M\cap A$ 是無限集，因此，$\{n\in \mathbf{N}\mid x_n\in M\}$也是無限

集。依定義，a 是點列$\{x_n\}$的聚點。‖

【例5】試討論數列$\{(5+1/n)\sin(n\pi/2)\}$的聚點。

解：令 $x_n=(5+1/n)\sin(n\pi/2)$，$n\in\mathbf{N}$。因爲數列$\{5+1/n\}$的極限爲5，而$\sin(n\pi/2)$的值依 n 爲$4m-3$、$4m-2$、$4m-1$或$4m$ 的型式分別爲1、0、-1或0。由此可知：子數列$\{x_{4m-3}\}$的極限爲5、子數列$\{x_{2m}\}$的極限爲0、子數列$\{x_{4m-1}\}$的極限爲-5。由此可知：-5、0與5都是數列$\{x_n\}$的聚點。

另一方面，設$\{x_{\varphi(n)}\}$是$\{x_n\}$的一個收斂子數列，則依系理11，$\{x_{\varphi(n)}\}$只有一個聚點。於是，依定理13，數列$\{x_{\varphi(n)}\}$只能與三數列$\{x_{4m-3}\}$、$\{x_{2m}\}$、$\{x_{4m-1}\}$中的一個有無限多個共同項。若$\{x_{\varphi(n)}\}$與$\{x_{4m-3}\}$有無限多個共同項，則$\{x_{\varphi(n)}\}$的極限必是5。若$\{x_{\varphi(n)}\}$與$\{x_{2m}\}$有無限多個共同項，則$\{x_{\varphi(n)}\}$的極限必是0。若$\{x_{\varphi(n)}\}$與$\{x_{4m-1}\}$有無限多個共同項，則$\{x_{\varphi(n)}\}$的極限必是-5。由此可知：除了-5、0與5之外，數列$\{x_n\}$沒有其他聚點。‖

聚點與聚集點在觀念上相近，我們還可以仿定理10利用點列的收斂概念來描述聚集點等拓樸概念，且看下面兩個定理。

【定理14】(以點列描述聚集點、閉包與閉集)

(1)點 $x\in\boldsymbol{R}^k$ 是集合$A\subset\boldsymbol{R}^k$ 之聚集點的充要條件是：A 中有一個點列$\{x_n\}$收斂於 x，而且對每個 $n\in\mathbf{N}$，恆有 $x_n\neq x$。

(2)點 $x\in\boldsymbol{R}^k$ 屬於集合$A\subset\boldsymbol{R}^k$ 之閉包$\overline{A}$ 的充要條件是：A 中有一個點列$\{x_n\}$收斂於 x。

(3)集合 $A\subset\boldsymbol{R}^k$ 是閉集的充要條件是：A 中每個收斂點列的極限都屬於A。

證：留爲習題。‖

【定理15】(以點列描述緊緻性)

在 $\boldsymbol{R}^k$ 中，集合 $K\subset\boldsymbol{R}^k$ 是緊緻集的充要條件是：K 中的每個點列都有一個子點列收斂到K 中某一點。

證：留爲習題。 ‖

丙、上極限與下極限

將點列的聚點概念應用到實數所成的數列時，配合實數的次序關係，我們可以引出上極限與下極限的概念。

【定義5】設$\{x_n\}$是 $\boldsymbol{R}$ 中的一個有界數列，令 C 表示$\{x_n\}$的所有聚點所成的集合。

⑴集合 C 的最小上界 $\sup C$ 稱爲數列$\{x_n\}$的**上極限**（upper limit 或 limit superior），以 $\overline{\lim}_{n\to\infty} x_n$ 或 $\limsup_{n\to\infty} x_n$ 表之。

⑵集合 C 的最大下界 $\inf C$ 稱爲數列$\{x_n\}$的**下極限**（lower limit 或 limit inferior），以 $\underline{\lim}_{n\to\infty} x_n$ 或 $\liminf_{n\to\infty} x_n$ 表之。

對於定義 5 中的集合 C，我們需要注意到幾點，第一：依 Bolzano－Weierstrass 定理，當$\{x_n\}$是有界數列時，$C\neq\phi$。第二：若數列$\{x_n\}$的各項都屬於$[a,b]$，則 $C\subset[a,b]$。由此可知：C 是有界集合，$\sup C$ 與 $\inf C$ 都存在。第三：不論數列$\{x_n\}$是否有界，集合 C 一定是閉集（參看練習題11）。所以，當$\{x_n\}$是有界數列時，$\underline{\lim}_{n\to\infty} x_n$ 與 $\overline{\lim}_{n\to\infty} x_n$ 都屬於 C，也就是說，都是$\{x_n\}$的聚點。

【例6】依§2－3練習題16，$\{\cos n \mid n\in\boldsymbol{N}\}$在$[-1,1]$上稠密。由此可知：$[-1,1]$上每個點都是$\{\cos n\}_{n=1}^{\infty}$的聚點，亦即：$C=[-1,1]$。於是，$\overline{\lim}_{n\to\infty}\cos n=1$，$\underline{\lim}_{n\to\infty}\cos n=-1$。 ‖

【例7】依例 5 的結果可知：

$\overline{\lim}_{n\to\infty}(5+1/n)\sin(n\pi/2)=5$，$\overline{\lim}_{n\to\infty}(5+1/n)\sin(n\pi/2)=-5$。 ‖

有界數列的上極限與下極限，還有其他的等價表示法，我們寫成一個定理。

【定理16】（上極限的等價表示法）

若$\{x_n\}$爲 $\boldsymbol{R}$ 中一有界數列而 $a\in\boldsymbol{R}$，則下面五個敘述等價：

(1)$a=\overline{\lim}_{n\to\infty}x_n$。

(2)令 $U=\{x\in\boldsymbol{R}\mid$只有有限多個 $n\in\boldsymbol{N}$ 滿足$x_n>x\}$，則

$$a=\inf U。$$

(3)對每個正數 ε，必有無限多個 $n\in\boldsymbol{N}$ 滿足 $x_n>a-\varepsilon$；而且必可找到一個 $n_0\in\boldsymbol{N}$ 使得：當 $n\geqslant n_0$時，恆有 $x_n<a+\varepsilon$。

(4)對每個 $n\in\boldsymbol{N}$，令 $u_n=\sup\{x_m\mid m\geqslant n\}$，則

$$a=\inf\{u_n\mid n\in\boldsymbol{N}\}。$$

(5)對每個 $n\in\boldsymbol{N}$，令 $u_n=\sup\{x_m\mid m\geqslant n\}$，則

$$a=\lim_{n\to\infty}u_n。$$

證：(1)⇒(2)　設 $a=\overline{\lim}_{n\to\infty}x_n$。若 $x>a$，則因爲數列$\{x_n\}$在區間$[x,+\infty)$上沒有任何聚點，所以，依 Bolzano－Weierstrass 定理及定理12，滿足 $x_n>x$ 的n 只有有限多個。由此可知：$(a,+\infty)\subset U$。其次，對每個正數 ε，依 a 的定義，$\{x_n\}$有一個聚點 b 滿足$a-\varepsilon<b\leqslant a$。因爲$(a-\varepsilon,+\infty)$是聚點 b 的一個鄰域，所以，有無限多個 $n\in\boldsymbol{N}$ 滿足$x_n>a-\varepsilon$。由此可知：$(-\infty,a)\cap U=\phi$，$U\subset[a,+\infty)$。由$(a,+\infty)\subset U\subset[a,+\infty)$可知 $a=\inf U$。

(2)⇒(3)　對每個正數 ε，因爲 $a-\varepsilon<a$ 而$a=\inf U$，所以，可知 $a-\varepsilon\notin U$，亦即：有無限多個 $n\in\boldsymbol{N}$ 滿足 $x_n>a-\varepsilon$。另一方面，因爲 $a+\varepsilon>a$ 而$a=\inf U$，所以，必有一個 $x\in U$ 使得$a\leqslant x<a+\varepsilon$。依 U 的定義，只有有限多個 $n\in\boldsymbol{N}$ 滿足$x_n>x$，也因此只有有限多個 $n\in\boldsymbol{N}$ 滿足$x_n\geqslant a+\varepsilon$。亦即：可找到一個 $n_0\in\boldsymbol{N}$ 使得：當$n\geqslant n_0$時，恆有 $x_n<a+\varepsilon$。

(3)⇒(4)　對每個正數 ε，依假設，有無限多個 $n\in\boldsymbol{N}$ 滿足 $x_n>a-\varepsilon$，而且可找到一個 $n_0\in\boldsymbol{N}$ 使得：當 $n\geqslant n_0$時，恆有 $x_n<a+\varepsilon$。因爲$\{n\in\boldsymbol{N}\mid x_n>a-\varepsilon\}$是無限集，所以，對每個 $n\in\boldsymbol{N}$，必有一個正整數 $m\geqslant n$ 使得$x_m>a-\varepsilon$，由此得 $u_n>a-\varepsilon$。於是，得$\inf\{u_n\mid n\in\boldsymbol{N}\}\geqslant a-\varepsilon$。另一方面，因爲集合$\{x_m\mid m\geqslant n_0\}$的每個元素都小於 $a+\varepsilon$，所以，得 $u_{n_0}\leqslant a+\varepsilon$。更進一步得 $\inf\{u_n\mid n\in\boldsymbol{N}\}\leqslant$

$a+\varepsilon$。由此可知：對每個正數 ε，恆有 $|a-\inf\{u_n \mid n\in \boldsymbol{N}\}|\leqslant\varepsilon$。因此，$a=\inf\{u_n \mid n\in \boldsymbol{N}\}$。

(4)⇒(5)　因爲 $u_n=\sup\{x_m \mid m\geqslant n\}$，所以，顯然可知 $\{u_n\}_{n=1}^{\infty}$ 是一個有界遞減數列。由此可知：$a=\inf\{u_n \mid n\in \boldsymbol{N}\}=\lim_{n\to\infty} u_n$。

(5)⇒(1)　設 b 是數列 $\{x_n\}$ 的一個聚點，依定理10，$\{x_n\}$ 有一個子數列 $\{x_{n_m}\}$ 收斂於 b。因爲對每個 $m\in \boldsymbol{N}$，恆有 $x_{n_m}\leqslant u_{n_m}$，所以，$b=\lim_{m\to\infty} x_{n_m}\leqslant\lim_{m\to\infty} u_{n_m}=\lim_{n\to\infty} u_n=a$。另一方面，對每個正數 ε，因爲 $\lim_{n\to\infty} u_n=a$，所以，必可找到一個 $n_0\in \boldsymbol{N}$ 使得：當 $n\geqslant n_0$ 時，恆有 $a-\varepsilon<u_n<a+\varepsilon$。對每個 $n\geqslant n_0$，因爲 $u_n=\sup\{x_m \mid m\geqslant n\}$，所以，必有一個 $m\geqslant n$ 滿足 $a-\varepsilon<x_m\leqslant u_n$。由此可知：有無限多個 $m\in \boldsymbol{N}$ 滿足 $a-\varepsilon<x_m<a+\varepsilon$。這表示 a 是數列 $\{x_n\}$ 的一個聚點，也因此得知 a 是 $\{x_n\}$ 的最大聚點，亦即 $a=\overline{\lim}_{n\to\infty} x_n$。‖

與定理 16 相似地，我們也可寫出下極限的等價表示法。

【定理17】（下極限的等價表示法）

若 $\{x_n\}$ 爲 $\boldsymbol{R}$ 中一有界數列而 $b\in \boldsymbol{R}$，則下面五個敘述等價：

(1) $b=\underline{\lim}_{n\to\infty} x_n$。

(2) 令 $V=\{x\in \boldsymbol{R} \mid$ 只有有限多個 $n\in \boldsymbol{N}$ 滿足 $x_n<x\}$，則

$$b=\sup V。$$

(3) 對每個正數 ε，必有無限多個 $n\in \boldsymbol{N}$ 滿足 $x_n<b+\varepsilon$；而且必可找到一個 $n_0\in \boldsymbol{N}$ 使得：當 $n\geqslant n_0$ 時，恆有 $x_n>b-\varepsilon$。

(4) 對每個 $n\in \boldsymbol{N}$，令 $v_n=\inf\{x_m \mid m\geqslant n\}$，則

$$b=\sup\{v_n \mid n\in \boldsymbol{N}\}。$$

(5) 對每個 $n\in \boldsymbol{N}$，令 $v_n=\inf\{x_m \mid m\geqslant n\}$，則

$$b=\lim_{n\to\infty} v_n。$$

證：讀者自證之。‖

上極限與下極限對數列的斂散性所代表的意義是什麼呢？且看下述定理。

【定理18】（上、下極限與收斂性）

若$\{x_n\}_{n=1}^{\infty}$爲 $\boldsymbol{R}$ 中一有界數列，則$\{x_n\}$是收斂數列的充要條件是$\{x_n\}$的上極限與下極限相等。當上述條件滿足時，則有

$$\lim_{n\to\infty} x_n = \overline{\lim_{n\to\infty}}\, x_n = \underline{\lim_{n\to\infty}}\, x_n \text{。}$$

證：必要性：若$\{x_n\}$收斂於 a，則依系理11，$\{x_n\}$只有一個聚點，也就是它的極限。因此，依定義，$\overline{\lim}_{n\to\infty} x_n = a$，$\underline{\lim}_{n\to\infty} x_n = a$。

充分性：設$\overline{\lim}_{n\to\infty} x_n = \underline{\lim}_{n\to\infty} x_n = a$。對每個正數 ε，因爲$\overline{\lim}_{n\to\infty} x_n = a$，所以，依定理16(3)，必可找到一個 $n_1 \in \boldsymbol{N}$ 使得：當 $n \geqslant n_1$時，恆有 $x_n < a+\varepsilon$。另一方面，因爲$\underline{\lim}_{n\to\infty} x_n = a$，所以，依定理17(3)，必可找到一個 $n_2 \in \boldsymbol{N}$ 使得：當 $n \geqslant n_2$時，恆有 $x_n > a-\varepsilon$。令 $n_0 = \max\{n_1, n_2\}$，則當 $n \geqslant n_0$時，恆有$a-\varepsilon < x_n < a+\varepsilon$，$|x_n - a| < \varepsilon$。由此可知$\{x_n\}$收斂於 a。‖

下面是有關上極限與下極限的一些基本性質，我們只對定理24的一半給了證明，其餘留爲習題。

【定理19】（上、下極限的大小關係）

若$\{x_n\}$爲 $\boldsymbol{R}$ 中一有界數列，則 $\overline{\lim}_{n\to\infty} x_n \geqslant \underline{\lim}_{n\to\infty} x_n$。

【定理20】（上、下極限與係數積）

設$\{x_n\}$爲 $\boldsymbol{R}$ 中一有界數列而$c \in \boldsymbol{R}$。

(1)若 $c \geqslant 0$，則

$\underline{\lim}_{n\to\infty}(cx_n) = c \cdot \underline{\lim}_{n\to\infty} x_n$，$\overline{\lim}_{n\to\infty}(cx_n) = c \cdot \overline{\lim}_{n\to\infty} x_n$。

(2)若 $c < 0$，則

$\underline{\lim}_{n\to\infty}(cx_n) = c \cdot \overline{\lim}_{n\to\infty} x_n$，$\overline{\lim}_{n\to\infty}(cx_n) = c \cdot \underline{\lim}_{n\to\infty} x_n$。

【定理21】（上、下極限與倒數）

設$\{x_n\}$是由正數所成的有界數列。若$\underline{\lim}_{n\to\infty} x_n > 0$，則

$\underline{\lim}_{n\to\infty} x_n^{-1} = (\overline{\lim}_{n\to\infty} x_n)^{-1}$，$\overline{\lim}_{n\to\infty} x_n^{-1} = (\underline{\lim}_{n\to\infty} x_n)^{-1}$。

【定理22】（兩數列的上、下極限）

設$\{x_n\}$與$\{y_n\}$是 $\boldsymbol{R}$ 中二有界數列。若有一個 $n_0 \in \boldsymbol{N}$ 存在，使得：當 $n \geqslant n_0$時，恆有 $x_n \leqslant y_n$，則

$$\underline{\lim}_{n\to\infty} x_n \leqslant \underline{\lim}_{n\to\infty} y_n，\overline{\lim}_{n\to\infty} x_n \leqslant \overline{\lim}_{n\to\infty} y_n。$$

【定理23】（上、下極限與加法）

若$\{x_n\}$與$\{y_n\}$爲 $\boldsymbol{R}$ 中二有界數列，則

$$\begin{aligned}\underline{\lim}_{n\to\infty} x_n + \underline{\lim}_{n\to\infty} y_n &\leqslant \underline{\lim}_{n\to\infty}(x_n + y_n) \leqslant \overline{\lim}_{n\to\infty} x_n + \underline{\lim}_{n\to\infty} y_n \\ &\leqslant \overline{\lim}_{n\to\infty}(x_n + y_n) \leqslant \overline{\lim}_{n\to\infty} x_n + \overline{\lim}_{n\to\infty} y_n。\end{aligned}$$

特例：若數列$\{x_n\}$收斂，則

$$\underline{\lim}_{n\to\infty}(x_n + y_n) = \lim_{n\to\infty} x_n + \underline{\lim}_{n\to\infty} y_n，$$

$$\overline{\lim}_{n\to\infty}(x_n + y_n) = \lim_{n\to\infty} x_n + \overline{\lim}_{n\to\infty} y_n。$$

【定理24】（上、下極限與乘法）

設$\{x_n\}$與$\{y_n\}$爲 $\boldsymbol{R}$ 中二有界數列。若每個 x_n 與每個 y_n 都是非負實數，則

$$\begin{aligned}(\underline{\lim}_{n\to\infty} x_n)(\underline{\lim}_{n\to\infty} y_n) &\leqslant \underline{\lim}_{n\to\infty}(x_n y_n) \leqslant (\overline{\lim}_{n\to\infty} x_n)(\underline{\lim}_{n\to\infty} y_n) \\ &\leqslant \overline{\lim}_{n\to\infty}(x_n y_n) \leqslant (\overline{\lim}_{n\to\infty} x_n)(\overline{\lim}_{n\to\infty} y_n)。\end{aligned}$$

特例：若數列$\{x_n\}$收斂，則

$$\underline{\lim}_{n\to\infty}(x_n y_n) = (\lim_{n\to\infty} x_n)(\underline{\lim}_{n\to\infty} y_n),$$

$$\overline{\lim}_{n\to\infty}(x_n y_n) = (\lim_{n\to\infty} x_n)(\overline{\lim}_{n\to\infty} y_n)。$$

證：我們對本定理的一半給出證明，另一半留爲習題。

因爲每個 x_n 與每個 y_n 都是非負實數，所以，對每個 $n \in \boldsymbol{N}$ 及每個 $m \geqslant n$，恆有$(\inf\{x_r \mid r \geqslant n\})(\inf\{y_r \mid r \geqslant n\}) \leqslant x_m y_m$。由此得

$$(\inf\{x_r \mid r \geqslant n\})(\inf\{y_r \mid r \geqslant n\}) \leqslant \inf\{x_m y_m \mid m \geqslant n\}。$$

在上述不等式兩端令 n 趨向∞，即得

$$(\underline{\lim}_{n\to\infty} x_n)(\underline{\lim}_{n\to\infty} y_n) \leqslant \underline{\lim}_{n\to\infty}(x_n y_n)。$$

若 $\underline{\lim}_{n\to\infty} x_n > 0$，則依定理 21，得$\underline{\lim}_{n\to\infty} x_n^{-1} = (\overline{\lim}_{n\to\infty} x_n)^{-1}$。依前段的

結果，可得

$$(\underline{\lim}_{n\to\infty} x_n^{-1})(\underline{\lim}_{n\to\infty}(x_n\ y_n)) \leqslant \underline{\lim}_{n\to\infty}(x_n^{-1}(x_n\ y_n)) = \underline{\lim}_{n\to\infty}\ y_n\ ,$$

$$\underline{\lim}_{n\to\infty}(x_n\, y_n) \leqslant (\underline{\lim}_{n\to\infty} x_n^{-1})^{-1}(\underline{\lim}_{n\to\infty}\ y_n) = (\overline{\lim}_{n\to\infty}\ x_n)(\underline{\lim}_{n\to\infty}\ y_n)。$$

若 $\underline{\lim}_{n\to\infty} x_n = 0$，則$\{x_n\}$有一個子數列$\{x_{n_m}\}$收斂於 0。因為子數列$\{y_{n_m}\}$是有界數列，所以，子數列$\{x_{n_m} y_{n_m}\}$也收斂於 0。由此可知：$\underline{\lim}_{n\to\infty}(x_n\, y_n) = 0$。綜合上述兩種情況，可知下式恆成立：

$$\underline{\lim}_{n\to\infty}(x_n\, y_n) \leqslant (\overline{\lim}_{n\to\infty}\ x_n)(\underline{\lim}_{n\to\infty}\ y_n)。$$

將前面結果合併，得：

$$(\underline{\lim}_{n\to\infty} x_n)(\underline{\lim}_{n\to\infty} y_n) \leqslant \underline{\lim}_{n\to\infty}(x_n\, y_n) \leqslant (\overline{\lim}_{n\to\infty} x_n)(\underline{\lim}_{n\to\infty} y_n)。$$

若數列$\{x_n\}$收斂，則依定理18知$\underline{\lim}_{n\to\infty} x_n = \overline{\lim}_{n\to\infty} x_n = \lim_{n\to\infty} x_n$。於是，上式可寫成 $\underline{\lim}_{n\to\infty}(x_n\, y_n) = (\lim_{n\to\infty} x_n)(\underline{\lim}_{n\to\infty} y_n)$。‖

為求完整與方便起見，我們也在無界數列與上、下極限概念之間做一些約定，且看下述定義。

【定義6】設$\{x_n\}$是 $\boldsymbol{R}$ 中的一個無界數列，令 C 表示$\{x_n\}$的所有圍繞點所成的集合。

(1) 若$\{x_n \mid n \in \mathbf{N}\}$沒有上界、也沒有下界，則定義

$$\overline{\lim}_{n\to\infty} x_n = +\infty\ ,\ \underline{\lim}_{n\to\infty} x_n = -\infty。$$

(2) 若$\{x_n \mid n \in \mathbf{N}\}$沒有上界、但有下界，則定義

$$\overline{\lim}_{n\to\infty} x_n = +\infty\ ,\ \underline{\lim}_{n\to\infty} x_n = \inf C。$$

(3) 若$\{x_n \mid n \in \mathbf{N}\}$沒有下界、但有上界，則定義

$$\overline{\lim}_{n\to\infty} x_n = \sup C\ ,\ \underline{\lim}_{n\to\infty} x_n = -\infty。$$

在上述定義中，請注意§1－2甲小節所做的約定：$\inf \phi = +\infty$，$\sup \phi = -\infty$。在定義 6 的三種情形中，C 都可能是ϕ、也可能不是 ϕ（參看練習題24與25）。

若$\{x_n \mid n \in \mathbf{N}\}$沒有上界，則對每個 $x \in \boldsymbol{R}$，都有無限多個 $n \in \mathbf{N}$ 滿足 $x_n > x$。換言之，定理16(2)中所定義的集合 U 是ϕ。因為 $U = \phi$

而 inf $\phi=+\infty$，所以，定義 6(1)與(2)中將此種情形下的 $\overline{\lim_{n\to\infty}} x_n$ 定義爲$+\infty$是合理的。

練習題　3－1

1. 試證定理1。
2. 試證定理3。
3. 試證本節定理13與§2－3定理4兩個 Bolzano－Weierstrass 定理等價。因此，本節定理13也與實數系的完備性等價。
4. 設$\{x_n\}$與$\{y_n\}$是 $\boldsymbol{R}^k$ 中二點列。若數列$\{\langle x_n, y_n\rangle\}$收斂，則點列$\{x_n\}$與$\{y_n\}$必都收斂嗎？試給以證明或反證。
5. 試證定理14。
6. 試證定理15。
7. 若點列$\{x_n\}$的兩個子點列$\{x_{2n-1}\}$與$\{x_{2n}\}$都收斂且極限都是 a，試證點列$\{x_n\}$也收斂於 a。
8. 設$\{x_n\}$爲 $\boldsymbol{R}^k$ 中一點列，其極限爲 x；$c\in\boldsymbol{R}^k$ 而 $r>0$。若對每個 $n\in\mathbf{N}$，恆有 $\|x_n-c\|\leqslant r$，試證：$\|x-c\|\leqslant r$。
9. 上題的 $\|x_n-c\|\leqslant r$ 都改成 $\|x_n-c\|<r$，則可得 $\|x-c\|<r$ 嗎？
10. 試證：$\boldsymbol{R}$ 中每個數列必有一個單調的子數列。
11. 試證：在 $\boldsymbol{R}^k$ 中，任何點列的所有聚點所成的集合都是 $\boldsymbol{R}^k$ 中的閉集。
12. 若 $k\in\mathbf{N}$，則數列$\{\sin(n\pi/k)\}_{n=1}^{\infty}$恰有 $k+(1+(-1)^k)/2$ 個聚點。試證之。
13. 設$\{x_n\}$爲 $\boldsymbol{R}^k$ 中的一點列，試證：集合$\{x_n\mid n\in\mathbf{N}\}$的每個聚集點都是點列$\{x_n\}$的一個聚點。
14. 試作一實數數列，使得每個實數都是該數列的一個聚點。
15. 試作一個發散數列，使得它只有一個聚點。

16.試證定理17。

17.試證定理19。

18.試證定理20。

19.試證定理21，並討論 $\underline{\lim}_{n\to\infty} x_n = 0$的情形。

20.試證定理22。

21.試證定理23，並以數列{1,2,3,4,1,2,3,4,⋯}及數列{4,2,6,5,4,2,6,5,⋯}爲例討論此不等式中各個值。

22.試完成定理24的證明，並以上題的兩個數列討論不等式中各個值。

23.試求下列各數列$\{x_n\}$的$\underline{\lim}_{n\to\infty} x_n$ 與$\overline{\lim}_{n\to\infty} x_n$：

(1) $x_n = n\sin(n\pi/3)$　　(2) $x_n = (1+1/n)^n \sin(n\pi/4)$

(3) $x_n = (-1)^n n/(1+n)^n$　　(4) $x_n = n/4 - [n/4]$

24.試舉出兩個實數數列$\{x_n\}$，使得$\{x_n \mid n \in \mathbf{N}\}$沒有上界、也沒有下界，並分別滿足：(1)$\{x_n\}$有聚點；(2)$\{x_n\}$沒有聚點。

25.試舉出兩個實數數列$\{x_n\}$，使得$\{x_n \mid n \in \mathbf{N}\}$沒有上界、但有下界，並分別滿足：(1)$\{x_n\}$有聚點；(2)$\{x_n\}$沒有聚點。

26.若$\{x_n\}$是由正數所成的一個數列，試證：

$$\underline{\lim}_{n\to\infty}(x_{n+1}/x_n) \leqslant \underline{\lim}_{n\to\infty}\sqrt[n]{x_n} \leqslant \overline{\lim}_{n\to\infty}\sqrt[n]{x_n} \leqslant \overline{\lim}_{n\to\infty}(x_{n+1}/x_n)。$$

並由此證明：若數列$\{x_{n+1}/x_n\}$收斂於 a，則數列$\{\sqrt[n]{x_n}\}$也收斂於 a。再以數列$\{1/2, 1/3, 1/2^2, 1/3^2, \cdots\}$討論此不等式中各個值。

27.利用上題的結果求下列二極限：

(1) $\lim_{n\to\infty}\frac{1}{n}\sqrt[n]{(n+1)(n+2)\cdots(n+n)}$

(2) $\lim_{n\to\infty}\frac{n}{(n!)^{1/n}}$

28.若$\{x_{n_r}\}$是實數數列$\{x_n\}$的子數列，試證：

$$\underline{\lim}_{n\to\infty} x_n \leqslant \underline{\lim}_{r\to\infty} x_{n_r} \leqslant \overline{\lim}_{r\to\infty} x_{n_r} \leqslant \overline{\lim}_{n\to\infty} x_n。$$

29.若$\{x_n\}$是一實數數列，試證：

$$\varliminf_{n\to\infty} x_n \leqslant \varliminf_{n\to\infty}\frac{x_1+x_2+\cdots+x_n}{n} \leqslant \varlimsup_{n\to\infty}\frac{x_1+x_2+\cdots+x_n}{n} \leqslant \varlimsup_{n\to\infty} x_n 。$$

30.若 a 爲一正數，定義一數列$\{x_n\}$如下：$x_1=a$；對每個 $n\in \boldsymbol{N}$，$x_{n+1}=a^{x_n}$。試證：$\{x_n\}$收斂的充要條件是 $e^{-e}\leqslant a\leqslant e^{1/e}$。

3－2 函數列與均勻收斂

在本節裏，我們繼續討論收斂的理論，討論的對象爲每一項都是函數的函數列（sequence of functions）。在分析數學中，函數列的收斂理論是一個非常重要的主題。

甲、逐點收斂與均勻收斂

從本節開始，函數的概念正式成爲每一章節的討論主體。在本書中所討論的函數，其定義域是某個 $\boldsymbol{R}^k$ 空間的子集，其對應域是某個 $\boldsymbol{R}^l$ 空間的子集。因爲定義域中的點有 k 個坐標而函數值可視爲一個 l 維向量，所以，此種函數稱爲**多變數向量值函數**（vector-valued function in several variables）。當 $k=1$時稱爲**實變數或單變數函數**（function of a real variable），當 $l=1$時稱爲**實數值函數**（real－valued function）。

設 $A\subset\boldsymbol{R}^k$，考慮由 A 映至$\boldsymbol{R}^l$ 的所有函數所成的集合$(\boldsymbol{R}^l)^A$。由 $\boldsymbol{N}$ 映至集合$(\boldsymbol{R}^l)^A$ 的每個函數我們稱爲由$A\subset\boldsymbol{R}^k$ 至$\boldsymbol{R}^l$ 的一個**函數列**（a sequence of functions on $A\subset\boldsymbol{R}^k$ to $\boldsymbol{R}^l$）。若一函數列的第 n 項爲 $f_n：A\to\boldsymbol{R}^l$，則此函數列記爲$\{f_n：A\to\boldsymbol{R}^l\}_{n=1}^{\infty}$或$\{f_n\}_{n=1}^{\infty}$。

若$\{f_n:A\to\boldsymbol{R}^l\}$爲一函數列，對每個 $x\in A$，將每個 f_n 在點x 取值，則就得出 $\boldsymbol{R}^l$ 中的一個點列$\{f_n(x)\}_{n=1}^{\infty}$。對於點列$\{f_n(x)\}$，我

們可以討論它的斂散性、子點列或聚點等，寫成一個定義如下。

【定義1】設$\{f_n: A\to \boldsymbol{R}^l\}$爲一函數列，$B\subset A\subset \boldsymbol{R}^k$。若對每個$x\in B$，點列$\{f_n(x)\}$都收斂，其極限爲$f(x)$，則稱函數列$\{f_n\}$在集合$B$上**逐點收斂**（converge pointwise）於$f: B\to \boldsymbol{R}^l$，函數f稱爲函數列$\{f_n\}$在B上的**極限函數**（limit function）。

【例1】設$f_n(x)=1/(nx^2+1)$，$x\in \boldsymbol{R}$，$n\in \boldsymbol{N}$。若$x\neq 0$，則可得$\lim_{n\to\infty}f_n(x)=0$；若$x=0$，則可得$\lim_{n\to\infty}f_n(x)=1$。因此，函數列$\{f_n\}$的極限函數$f: \boldsymbol{R}\to \boldsymbol{R}$爲

$$f(x)=\begin{cases}1, & \text{若 } x=0;\\ 0, & \text{若 } x\neq 0。\end{cases} \quad \|$$

【例2】設$g_n(x)=x^2/(nx^2+1)$，$x\in \boldsymbol{R}$，$n\in \boldsymbol{N}$。因爲對每個$x\in \boldsymbol{R}$及每個$n\in \boldsymbol{N}$，顯然可得$|g_n(x)|<1/n$，所以，對每個$x\in \boldsymbol{R}$，恆有$\lim_{n\to\infty}g_n(x)=0$。由此可知：函數列$\{g_n\}$的極限函數爲零函數$0: \boldsymbol{R}\to \boldsymbol{R}$。‖

前面兩個函數列的收斂狀況有一項重要的差異：在例1的$\{f_n\}$中，對每個實數x，若我們想要使$|f_n(x)-f(x)|<1/2$成立，則當$x=0$時，只需$n\geqslant 1$即可；當$x=1$時，只需$n>1$即可；當$x=1/100$時，需要$n>10000$；當$x=1/10000$時，需要$n>100000000$。換句話說，讓n值增大以使$|f_n(x)-f(x)|<1/2$成立，對不同的x所需n值的大小程度完全不同。事實上，對每個實數$x\neq 0$，爲了使$|f_n(x)-f(x)|<1/2$成立，需要$n>x^{-2}$。顯然地，x愈接近0所需的n值愈大。相反地，對每個$n\in \boldsymbol{N}$，當$0<|x|\leqslant 1/\sqrt{n}$時，$|f_n(x)-f(x)|<1/2$就不會成立。另一方面，在例2的$\{g_n\}$中，因爲$|g_n(x)|<1/n$恆成立，所以，只要$n\geqslant 2$，則不論$x$是$\boldsymbol{R}$中任何點，$|g_n(x)-0|<1/2$就會成立。就前述兩例的差異的狀況，我們寫一個定義。

【定義2】設$\{f_n：A\rightarrow\mathbf{R}^l\}$爲一個函數列，$B\subset A\subset\mathbf{R}^k$，$f：B\rightarrow\mathbf{R}^l$爲一個函數。若對每個正數 ε，都可找到一個 $n_0\in\mathbf{N}$ 使得：當 $n\in\mathbf{N}$ 且 $n\geqslant n_0$時，$\|f_n(x)-f(x)\|<\varepsilon$ 對每個$x\in B$ 都成立，則稱函數列$\{f_n\}$在子集 B 上**均勻收斂**(converge uniformly)於函數 f。

將定義 2 與定義 1（及§3-1定理 2）比較，可知：若$\{f_n\}$在 B 上均勻收斂於f，則$\{f_n\}$必在 B 上逐點收斂於 f。但其逆敘述不成立，因爲在例 1 的函數列$\{f_n\}$中，對於正數1/2，不論 n 是任何正整數，對於集合$[-1/\sqrt{n},0)\cup(0,1/\sqrt{n}]$中的每個點 x，不等式$|f_n(x)-f(x)|<1/2$都不成立。

另一方面，在例 2 的函數列$\{g_n\}$中，對每個正數 ε，任選一個 $n_0\in\mathbf{N}$ 使得$n_0\geqslant 1/\varepsilon$（例如：將 n_0選爲$[1/\varepsilon]+1$），則當 $n\geqslant n_0$時，$|g_n(x)-0|<\varepsilon$ 對每個$x\in\mathbf{R}$ 都成立。由此可知：函數列$\{g_n\}$在 $\mathbf{R}$ 上均勻收斂於零函數 0。

下面的充要條件用來判定某一函數列沒有均勻收斂時非常方便。

【定理1】（沒有均勻收斂的充要條件）

若$\{f_n：A\rightarrow\mathbf{R}^l\}$爲一函數列，$f：A\rightarrow\mathbf{R}^l$ 爲一函數，$A\subset\mathbf{R}^k$，則函數列$\{f_n\}$在 A 上沒有均勻收斂於函數f 的充要條件是：可以找到$\{f_n\}$的一個子函數列$\{f_{n_m}\}$以及 A 中的一個點列$\{x_m\}$，使得：數列$\{\|f_{n_m}(x_m)-f(x_m)\|\}$沒有收斂於 0。

證：必要性：若$\{f_n\}$在 A 上沒有均勻收斂於f，則依定義 2，必有一正數 ε 存在使得：對每個 $n_0\in\mathbf{N}$，都可找到一個 $n\geqslant n_0$及一個 $x\in A$ 滿足$\|f_n(x)-f(x)\|\geqslant\varepsilon$。於是，令 $n_0=1$，可找到 $n_1\in\mathbf{N}$ 及$x_1\in A$ 滿足$\|f_{n_1}(x_1)-f(x_1)\|\geqslant\varepsilon$。令 $n_0=n_1+1$，可找到 $n_2>n_1$及$x_2\in A$ 滿足$\|f_{n_2}(x_2)-f(x_2)\|\geqslant\varepsilon$。依數學歸納法，可找到$\{f_n\}$的一個子函數列$\{f_{n_m}\}$及 A 中的一個點列$\{x_m\}$使得：對每個 $m\in\mathbf{N}$，恆有$\|f_{n_m}(x_m)-f(x_m)\|\geqslant\varepsilon$。顯然地，數列$\{\|f_{n_m}(x_m)-f(x_m)\|\}$不會收斂於 0。

充分性：設有$\{f_n\}$的一個子函數列$\{f_{n_m}\}$及 A 中的一個點列$\{x_m\}$使得數列$\{\|f_{n_m}(x_m)-f(x_m)\|\}$沒有收斂於 0。因爲此數列的各項都是非負實數，所以，可得$\overline{\lim}_{m\to\infty}\|f_{n_m}(x_m)-f(x_m)\|>0$。令 ε 等於此上極限值的一半，則依§3－1定理16(3)，可知必有無限多個 $m\in\boldsymbol{N}$ 滿足$\|f_{n_m}(x_m)-f(x_m)\|\geqslant\varepsilon$。於是，對每個 $n_0\in\boldsymbol{N}$，都可找到一個 $m\in\boldsymbol{N}$ 使得 $n_m\geqslant n_0$，並且$\|f_{n_m}(x_m)-f(x_m)\|\geqslant\varepsilon$。於是，依定義 2，函數列$\{f_n\}$在 A 上沒有均匀收斂於 f。‖

【例3】設$f_n(x)=nx(1-x)^n$，$x\in[0,1]$，$n\in\boldsymbol{N}$。依 L'Hospital 法則，可知函數列$\{f_n\}$在$[0,1]$上逐點收斂於零函數 0。對每個 $n\in\boldsymbol{N}$，恆有$f_n(1/(n+1))=(n/(n+1))^{n+1}$。因爲數列$\{f_n(1/(n+1))\}$的極限 e^{-1}不等於 0，所以，依定理 1，函數列$\{f_n\}$在$[0,1]$上沒有均匀收斂於零函數 0。‖

【例4】設$f_n(x)=(\sin nx)/\sqrt{n}$，$x\in\boldsymbol{R}$，$n\in\boldsymbol{N}$。對每個正數 ε，任選 $n_0\in\boldsymbol{N}$ 使得$n_0>1/\varepsilon^2$，則當 $n\geqslant n_0$時，$|f_n(x)|\leqslant 1/\sqrt{n}<\varepsilon$ 對每個 $x\in\boldsymbol{R}$ 都成立。由此可知：函數列$\{(\sin nx)/\sqrt{n}\}$在 $\boldsymbol{R}$ 上均匀收斂於零函數 0。‖

【例5】對每個 $n\in\boldsymbol{N}$，函數 f_n：$\boldsymbol{R}\to\boldsymbol{R}$ 定義如下：

$$f_n(x)=\begin{cases}0, & \text{若 } x=q/p,\ q\in\boldsymbol{Z},\ p\in\boldsymbol{N},\ 1\leqslant p\leqslant n;\\ 1, & \text{若 } x \text{ 不是上述形式。}\end{cases}$$

若 x 是有理數且$x=q/p$，$q\in\boldsymbol{Z}$，$p\in\boldsymbol{N}$，則數列$\{f_n(x)\}$中最多只有前 $p-1$項的值是 1，以後所有項都是 0。因此，$\lim_{n\to\infty}f_n(x)=0$。另一方面，若 x 是無理數，則數列$\{f_n(x)\}$的每一項都是 1。因此，$\lim_{n\to\infty}f_n(x)=1$。由此可知：函數列$\{f_n\}$的極限函數 f：$\boldsymbol{R}\to\boldsymbol{R}$ 爲

$$f(x)=\begin{cases}0, & \text{若 } x \text{ 是有理數；}\\ 1, & \text{若 } x \text{ 是無理數。}\end{cases}$$

更進一步地，因爲數列$\{f_n(1/(n+1))-f(1/(n+1))\}$的每一項都是1，其極限不爲0，所以，依定理1，上述收斂不是均勻收斂。‖

乙、均勻收斂的基本性質

均勻收斂的概念，也可用Cauchy條件來判定斂散性。

【定理2】（均勻收斂的Cauchy收斂條件）

若$\{f_n:A\to\boldsymbol{R}^l\}$爲一函數列，$A\subset\boldsymbol{R}^k$，則$\{f_n\}$在$A$上均勻收斂的充要條件是：對每個正數$\varepsilon$，都可找到一個$n_0\in\boldsymbol{N}$使得：當$m,n\geqslant n_0$時，$\|f_m(x)-f_n(x)\|<\varepsilon$對每個$x\in A$都成立。

證：必要性：與§1－2定理7的證明相似。

充分性：設定理的條件成立。對每個$x\in A$，依定理的假設條件，很易得知點列$\{f_n(x)\}$是$\boldsymbol{R}^l$中的一個Cauchy點列，依§3－1定理6，點列$\{f_n(x)\}$收斂於$\boldsymbol{R}^l$中某一點$f(x)$。於是，$x\mapsto f(x)$構成由A映至$\boldsymbol{R}^l$的一個函數。我們將證明函數列$\{f_n\}$在A上均勻收斂於f。設ε爲任意正數，依假設，必可找到一個$n_0\in\boldsymbol{N}$使得：當$m,n\geqslant n_0$時，$\|f_n(x)-f_m(x)\|<\varepsilon/2$對每個$x\in A$都成立。對每個固定的$n\geqslant n_0$及每個固定的$x\in A$，令$m$趨向無限大，則依§3－1練習題8，可得：$\|f_n(x)-f(x)\|\leqslant\varepsilon/2$。於是，當$n\geqslant n_0$時，$\|f_n(x)-f(x)\|<\varepsilon$對每個$x\in A$都成立。由此可知：函數列$\{f_n\}$在$A$上均勻收斂於$f$。‖

在定義2中，若每個f_n都是實變數實數值函數（即$k=l=1$），則所謂$|f_n(x)-f(x)|<\varepsilon$對每個$x\in A$都成立，乃是表示每個$x\in A$都滿足

$$f(x)-\varepsilon<f_n(x)<f(x)+\varepsilon\ 。$$

上述不等式可作如下的幾何解釋：以函數$f:A\to\boldsymbol{R}$的圖形做爲「中央線」，在它兩側繪出與它平行的兩圖形而形成一條寬爲2ε的帶狀區域，則所謂每個$x\in A$都滿足上述不等式，乃是表示函數$f_n:A$

$\to \boldsymbol{R}$ 的圖形完全落在此區域之內（參看圖 3－1）。

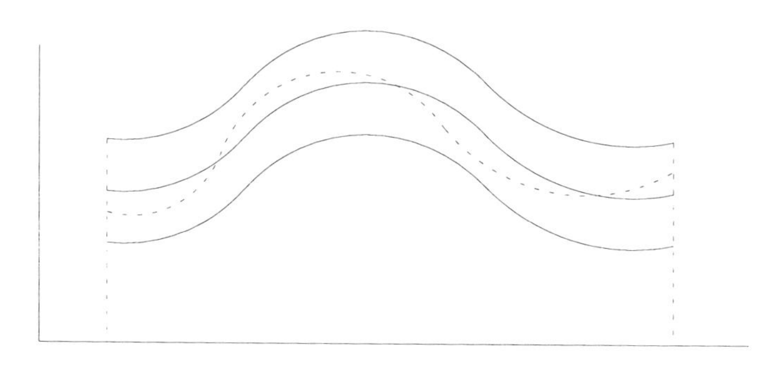

圖3－1

另一方面，要讓每個 $x \in A$ 都滿足 $\| f_n(x) - f(x) \| < \varepsilon$，只需這些值中的最大值小於 ε 即可辦到。爲此我們可引進下面的名詞。

【定義3】設 $f : A \to \boldsymbol{R}^l$ 爲一函數，$A \subset \boldsymbol{R}^k$，令

$$\| f \|_\infty = \sup \{ \| f(x) \| \mid x \in A \}。$$

若 $\| f \|_\infty$爲實數，則稱它爲函數 f 的**上界範數**（supremum norm）或**均勻範數**（uniform norm）。

顯然地，$\| f \|_\infty$爲實數的充要條件是 f 爲有界函數。或者說，$\| f \|_\infty = +\infty$的充要條件是 f 爲無界函數。有界函數的上界範數也具有像§2－2 所提的範數的性質（參看練習題20）。

【定理3】（均勻收斂的範數表示法）

若$\{f_n : A \to \boldsymbol{R}^l\}$爲一函數列，$f : A \to \boldsymbol{R}^l$ 爲一函數，$A \subset \boldsymbol{R}^k$，則$\{f_n\}$在 A 上均勻收斂於f 的充要條件是 $\lim_{n\to\infty} \| f_n - f \|_\infty = 0$。

證：必要性：設函數列$\{f_n\}$在 A 上均勻收斂於f。對任意正數 ε，必可找到一個 $n_0 \in \mathbf{N}$ 使得：當 $n \geqslant n_0$時，$\| f_n(x) - f(x) \| < \varepsilon/2$ 對每個 $x \in A$ 都成立。於是，當 $n \geqslant n_0$時，$\varepsilon/2$ 是$\{ \| f_n(x) - f(x) \| \mid x \in A \}$的一個上界。由此可知：當 $n \geqslant n_0$時，恆有 $\| f_n - f \|_\infty \leqslant \varepsilon/2 < \varepsilon$。因此，$\lim_{n\to\infty} \| f_n - f \|_\infty = 0$。

充分性：設 $\lim_{n\to\infty}\|f_n-f\|_\infty=0$。對任意正數 ε，因為此極限成立，所以，可找到一個 $n_0\in\mathbf{N}$ 使得：當 $n\geqslant n_0$時，$\|f_n-f\|_\infty<\varepsilon$ 恆成立。於是，當 $n\geqslant n_0$時，對每個 $x\in A$，恆有

$$\|f_n(x)-f(x)\|=\|(f_n-f)(x)\|\leqslant\|f_n-f\|_\infty<\varepsilon。$$

由此可知：函數列$\{f_n\}$在 A 上均勻收斂於 f。‖

儘管$\{f_n\}$均勻收斂於 f 可用 $\lim_{n\to\infty}\|f_n-f\|_\infty=0$來表示，讀者卻不可因而誤會在均勻收斂的函數列中的每一項都是有界函數，且看下例。

【例6】設$f_n(x)=x+1/n$，$x\in\boldsymbol{R}$，$n\in\mathbf{N}$。顯然地，函數列$\{f_n\}$在 $\boldsymbol{R}$ 上均勻收斂於函數$f(x)=x$ ，但每個函數 f_n 都不是有界函數。‖

當一個均勻收斂函數列的每一項都是有界函數時，則此函數列必是均勻有界，其意義如下。

【定理4】（有界函數所成的均勻收斂函數列）

若函數列$\{f_n:A\to\boldsymbol{R}^l\}$在集合 A 上均勻收斂，而且每個 f_n 都在 A 上有界，則$\{f_n\}$在 A 上**均勻有界**（uniformly bounded），亦即：可找到一個 $M>0$ 使得：對每個 $n\in\mathbf{N}$ 及每個$x\in A$，恆有$\|f_n(x)\|\leqslant M$。更進一步地，$\{f_n\}$的極限函數也是 A 上的有界函數。

證：留為習題。‖

定理 3 與定理 4 用來判定非均勻收斂也很方便。

【例7】設$f_n(x)=x^n$，$x\in(-1,1)$，$n\in\mathbf{N}$，則易證函數列$\{f_n\}$在$(-1,1)$上逐點收斂於零函數。因為對每個 $n\in\mathbf{N}$，恆有$\|f_n-0\|_\infty=1\neq0$，所以，依定理 3，函數列$\{f_n\}$在$(-1,1)$上沒有均勻收斂於 0。‖

【例8】設$f_n(x)=nx^n$，$x\in(-1,1)$，$n\in\mathbf{N}$，則易證函數列$\{f_n\}$在$(-1,1)$上逐點收斂於零函數 0。因為對每個 $n\in\mathbf{N}$，f_n 是一有界函數且$\|f_n\|_\infty=n$，由此可知$\{f_n\}$在$(-1,1)$上不是均勻有界。依定理 4，函數列$\{f_n\}$在$(-1,1)$上沒有均勻收斂於 0。‖

均勻收斂與加、減、乘等運算也有關聯，我們寫成三個定理。

【定理5】（均勻收斂與加、減法）

若函數列$\{f_n: A \to \boldsymbol{R}^l\}$在 A 上均勻收斂於函數$f: A \to \boldsymbol{R}^l$，函數列$\{g_n: A \to \boldsymbol{R}^l\}$在 A 上均勻收斂於函數 $g: A \to \boldsymbol{R}^l$，則函數列$\{f_n + g_n\}$與$\{f_n - g_n\}$在 A 上分別均勻收斂於$f+g$ 與$f-g$。

證：甚易，留爲習題。‖

上述定理中的加、減改爲乘時，在一般情況下是不成立的，且看下例及練習題 9。

【例9】設$f_n(x) = x + 1/n$，$x \in \boldsymbol{R}$，$n \in \boldsymbol{N}$，則函數列$\{f_n\}$在 $\boldsymbol{R}$ 上均勻收斂於函數$f(x) = x$。令 $g_n = (f_n)^2$，則$g_n(x) = x^2 + (2x)/n + 1/n^2$，$x \in \boldsymbol{R}$。顯然地，函數列$\{g_n\}$在 $\boldsymbol{R}$ 上逐點收斂於函數$g(x) = x^2$。另一方面，對每個 $n \in \boldsymbol{N}$，$\| g_n - g \|_\infty = +\infty$。依定理 4，可知函數列$\{g_n\}$在 $\boldsymbol{R}$ 上沒有均勻收斂於函數g。‖

【定理6】（均勻收斂與內積）

設函數列$\{f_n: A \to \boldsymbol{R}^l\}$在 A 上均勻收斂於函數$f: A \to \boldsymbol{R}^l$，函數列$\{g_n: A \to \boldsymbol{R}^l\}$在 A 上均勻收斂於函數$g: A \to \boldsymbol{R}^l$。若 f 與g 都是有界函數，則內積函數列$\{\langle f_n, g_n \rangle\}$在 A 上均勻收斂於內積函數$\langle f, g \rangle$。請注意：函數$\langle f, g \rangle$在點 x 的值爲$\langle f(x), g(x) \rangle$。

證：甚易，留爲習題。‖

【定理7】（均勻收斂與係數積）

設函數列$\{f_n: A \to \boldsymbol{R}^l\}$在 A 上均勻收斂於函數$f: A \to \boldsymbol{R}^l$，函數列$\{\alpha_n: A \to \boldsymbol{R}\}$在 A 上均勻收斂於函數$\alpha: A \to \boldsymbol{R}$。若 f 與α 都是有界函數，則係數積函數列$\{\alpha_n f_n\}$在 A 上均勻收斂於係數積函數αf。請注意：函數 αf 在點x 的值爲$\alpha(x) f(x)$。

證：留爲習題。‖

當一個逐點收斂的函數列在一集合上沒有均勻收斂時，它通常會在某些子集上均勻收斂，讓我們舉一個例子。

【例10】設$f_n(x)=nx/(1+n^2x^2)$，$x\in \boldsymbol{R}$，$n\in \boldsymbol{N}$，則函數列$\{f_n\}$在 $\boldsymbol{R}$ 上逐點收斂於零函數 0。因爲數列$\{f_n(1/n)\}$的極限不爲 0，所以，上述收斂不是均勻收斂。另一方面，設 K 爲 $\boldsymbol{R}$ 中一緊緻集且 $K\subset(0,+\infty)$。令 $a=\inf K$，因爲 K 是有界閉集，所以，$a\in K$，$a>0$。依 a 的定義，對每個 $x\in K$，恆有 $x\geqslant a$，$0\leqslant f_n(x)<1/(nx)\leqslant 1/(na)$。對每個正數 ε，任選一個 $n_0\in \boldsymbol{N}$，使得 $n_0>1/(a\varepsilon)$。當 $n\geqslant n_0$時，$|f_n(x)-0|<\varepsilon$ 對每個$x\in K$ 都成立。因此，函數列$\{f_n\}$在緊緻集 K 上均勻收斂於零函數 0。‖

丙、判定均勻收斂的兩個定理

一個函數列在一集合上是否均勻收斂，並沒有一貫性的簡便判定法。下面的兩個定理只在適當的情況下才能使用。

【定理8】（Dini，均勻收斂判定法之一）

設$\{f_n: K\to \boldsymbol{R}\}$爲一函數列，$K\subset \boldsymbol{R}^k$。若

(1)K 爲緊緻集；

(2)對每個 $x\in K$，$\{f_n(x)\}$都是一個收斂的遞減數列，其極限爲 $f(x)$；

(3)f 及每個f_n 都是K 上的連續函數；

則函數列$\{f_n\}$在 K 上均勻收斂於函數$f: K\to \boldsymbol{R}$。

證：多變數函數的連續性定義參看§3－4定義 2，它其實與單變數函數的定義相似。

設 ε 爲任意正數。對每個 $x\in K$，因爲根據假設條件(2)，數列$\{f_n(x)\}$遞減且收斂於$f(x)$，所以，必可找到一個 $n_x\in \boldsymbol{N}$，使得：當 $n\geqslant n_x$ 時，恆有$0\leqslant f_n(x)-f(x)<\varepsilon/2$。因爲函數 $f_{n_x}-f$ 在點x連續，所以，可找到 x 的一個開鄰域 U_x 使得：當 $y\in U_x\cap K$ 時，恆有$|f_{n_x}(y)-f(y)-f_{n_x}(x)+f(x)|<\varepsilon/2$。於是，當 $y\in U_x\cap K$

時，恆有$0\leqslant f_{n_x}(y)-f(y)<\varepsilon$。因爲集合族$\{U_x\mid x\in K\}$是$K$的一個開覆蓋而$K$爲緊緻集，所以，必可找到$x_1,x_2,\cdots,x_r\in K$使得$K\subset\bigcup_{i=1}^{r}U_{x_i}$。我們將$n_{x_i}$與$U_{x_i}$分別簡寫爲$n_i$與$U_i$，令$n_0=\max\{n_1,n_2,\cdots,n_r\}$。當$n\geqslant n_0$且$y\in K$時，因爲$K\subset\bigcup_{i=1}^{r}U_i$，所以，有一個$i=1,2,\cdots,r$滿足$y\in U_i$。因爲$n\geqslant n_0\geqslant n_i$而$\{f_n(y)-f(y)\}$是遞減數列，所以，得

$$0\leqslant f_n(y)-f(y)\leqslant f_{n_i}(y)-f(y)<\varepsilon。$$

由此可知：函數列$\{f_n\}$在集合K上均勻收斂於函數f。‖

請注意：定理8中的假設(2)改成「$\{f_n(x)\}$是遞增數列」時，定理仍成立。另一方面，若將「K爲緊緻集」或「f爲連續函數」刪去，則定理結論可能不成立（參看練習題10）。

【定理9】（Polya，均勻收斂判定法之二）

設$\{f_n:[a,b]\to\boldsymbol{R}\}$爲一函數列。若

(1) 每個f_n都是遞增函數；

(2) 函數列$\{f_n\}$在$[a,b]$上逐點收斂於函數$f:[a,b]\to\boldsymbol{R}$；

(3) 極限函數f是$[a,b]$上的連續函數；

則函數列$\{f_n\}$在$[a,b]$上均勻收斂於函數f。

證：設ε爲任意正數。因爲f是有限閉區間$[a,b]$上的連續函數，所以，f在$[a,b]$上**均勻連續**（uniformly continuous）。（均勻連續的概念參看§3－6定義1。）於是，必可找到$[a,b]$的一個分割$P=\{a=x_0<x_1<\cdots<x_r=b\}$使得：對每個$i=1,2,\cdots,r$及$[x_{i-1},x_i]$中的任一對點$x$與$y$，恆有$|f(x)-f(y)|<\varepsilon/5$。對每個$i=0,1,2,\cdots,r$，因爲$\lim_{n\to\infty}f_n(x_i)=f(x_i)$，所以，必可找到一個$m_i\in\boldsymbol{N}$使得：當$n\geqslant m_i$時，恆有$|f_n(x_i)-f(x_i)|<\varepsilon/5$。令$n_0=\max\{m_0,m_1,\cdots,m_r\}$，我們將證明：當$n\geqslant n_0$時，對每個$x\in[a,b]$，恆有$|f_n(x)-f(x)|<\varepsilon$。由此可知：函數列$\{f_n\}$在$[a,b]$上均勻收斂於函數$f$。

設$n\geqslant n_0$且$x\in[a,b]$，選定一個$i=1,2,\cdots,r$，使得$x\in$

$[x_{i-1}, x_i]$。根據分割 P 的意義，可知 $|f(x_i) - f(x_{i-1})| < \varepsilon/5$，$|f(x) - f(x_{i-1})| < \varepsilon/5$。另一方面，因為 $n \geqslant m_{i-1}$ 且 $n \geqslant m_i$，所以，可知 $|f_n(x_{i-1}) - f(x_{i-1})| < \varepsilon/5$，$|f_n(x_i) - f(x_i)| < \varepsilon/5$。因為 f_n 是遞增函數，所以，知 $f_n(x_{i-1}) \leqslant f_n(x) \leqslant f_n(x_i)$。於是，可得

$$
\begin{aligned}
&|f_n(x) - f(x)| \\
&\leqslant (f_n(x) - f_n(x_{i-1})) + |f_n(x_{i-1}) - f(x_{i-1})| + |f(x_{i-1}) - f(x)| \\
&< (f_n(x_i) - f_n(x_{i-1})) + (2\varepsilon)/5 \\
&\leqslant |f_n(x_i) - f(x_i)| + |f(x_i) - f(x_{i-1})| + |f(x_{i-1}) - f_n(x_{i-1})| + \\
&\quad (2\varepsilon/5) \\
&< \varepsilon 。
\end{aligned}
$$

這就是我們所要證的結果。‖

定理 9 中的函數定義域若改為開區間，則定理結論可能不成立（參看練習題 11）。

丁、均勻收斂與連續、積分、微分的關係

在例 1 的函數列中，每個 f_n 都是連續函數，但其極限函數卻不是連續函數，這種現象在均勻收斂的函數列是不會發生的。我們寫成一個定理。

【定理10】（均勻收斂與連續性）

設 $\{f_n : A \to \boldsymbol{R}^l\}$ 為一函數列，$A \subset \boldsymbol{R}^k$，$x_0 \in A$。若

(1) $\{f_n\}$ 在 A 上均勻收斂於函數 $f : A \to \boldsymbol{R}^l$；

(2) 每個 f_n 在點 x_0 都連續；

則極限函數 f 在點 x_0 也連續。

證：設 ε 為任意正數。因為 $\{f_n\}$ 在 A 上均勻收斂於 f，所以，可找到一個 $n_0 \in \mathbf{N}$ 使得：當 $n \geqslant n_0$ 時，$\| f_n(x) - f(x) \| < \varepsilon/3$ 對每個 $x \in A$ 都成立。其次，任選一個固定的 $n \geqslant n_0$，因為 f_n 在點 x_0 連續，所以，必可找到一個正數 δ，使得：當 $x \in A$ 且 $\| x - x_0 \| < \delta$ 時，恆

有 $\| f_n(x)-f_n(x_0) \| < \varepsilon/3$。於是，當 $x \in A$ 且 $\| x-x_0 \| < \delta$ 時，可得

$$\begin{aligned}
&\| f(x)-f(x_0) \| \\
&\leqslant \| f(x)-f_n(x) \| + \| f_n(x)-f_n(x_0) \| + \| f_n(x_0)-f(x_0) \| \\
&< \varepsilon/3+\varepsilon/3+\varepsilon/3 \\
&= \varepsilon \text{。}
\end{aligned}$$

因此，f 在點 x_0 連續。‖

定理10可以推廣到函數極限的情形，我們也寫成一個定理。

【定理11】（均勻收斂與極限）

設 $\{f_n: A \to \boldsymbol{R}^l\}$ 爲一函數列，$A \subset \boldsymbol{R}^k$，$c$ 是 A 的聚集點。若

(1) $\{f_n\}$ 在 A 上均勻收斂於函數 $f: A \to \boldsymbol{R}^l$；

(2) 對每個 $n \in \boldsymbol{N}$，極限 $\lim_{x \to c} f_n(x)$ 存在，設極限值爲 a_n；

則 $\lim_{x \to c} f(x)$ 與 $\lim_{n \to \infty} a_n$ 都存在，而且 $\lim_{x \to c} f(x) = \lim_{n \to \infty} a_n$，亦即：

$$\lim_{x \to c} \lim_{n \to \infty} f_n(x) = \lim_{n \to \infty} \lim_{x \to c} f_n(x) \text{。}$$

證：與定理10的證明類似，但需先以 Cauchy 條件證明點列 $\{a_n\}$ 收斂，我們留爲習題。函數極限的定義參看§3－3定義 1。‖

觀察例10中的函數列，就可知道逐點收斂的函數列也可能有一個連續的極限函數。

在例 5 的函數列 $\{f_n\}$ 中，每個 f_n 在任何有限閉區間 $[a,b]$ 上都只有有限多個不連續點，因此，f_n 在 $[a,b]$ 上可積分，但其極限函數 f 是 Dirichlet 函數，當 $a \neq b$ 時，f 在 $[a,b]$ 上不可積分。這種現象在均勻收斂的函數列中也不會發生，且看下述定理。

【定理12】（均勻收斂與積分）

設 $\{f_n: [a,b] \to \boldsymbol{R}\}$ 爲一函數列。若

(1) $\{f_n\}$ 在 $[a,b]$ 上均勻收斂於函數 $f: [a,b] \to \boldsymbol{R}$；

(2) 每個 f_n 在 $[a,b]$ 上都可積分；

則極限函數 f 在$[a,b]$上可積分，而且

$$\int_b^a f(x)dx=\lim_{n\to\infty}\int_b^a f_n(x)dx \text{ 。}$$

證：首先證明 f 在$[a,b]$上可積分。（可積分的 Riemann 條件參看§5－1 定理 10。）設 ε 爲任意正數，因爲$\{f_n\}$在$[a,b]$上均勻收斂於 f，我們可以選取一個 $n\in\mathbf{N}$，使得$|f_n(x)-f(x)|<\varepsilon/(3b-3a)$對每個 $x\in[a,b]$都成立。因爲 f_n 在$[a,b]$上可積分，所以，可以找到$[a,b]$的一個分割 $P=\{a=x_0<x_1<\cdots<x_r=b\}$，使得

$$0\leqslant\sum_{i=1}^{r}M_i(f_n)(x_i-x_{i-1})-\sum_{i=1}^{r}m_i(f_n)(x_i-x_{i-1})<\frac{\varepsilon}{3},$$

其中$M_i(f_n)$與 $m_i(f_n)$分別表示$\{f_n(x)\mid x_{i-1}\leqslant x\leqslant x_i\}$的最小上界與最大下界。同理，令$M_i(f)$與 $m_i(f)$分別表示$\{f(x)\mid x_{i-1}\leqslant x\leqslant x_i\}$的最小上界與最大下界。因爲$|f_n(x)-f(x)|<\varepsilon/(3b-3a)$對每個 $x\in[a,b]$都成立，所以，對每個 $i=1,2,\cdots,r$，可得

$$|M_i(f_n)-M_i(f)|\leqslant\varepsilon/(3b-3a),$$
$$|m_i(f_n)-m_i(f)|\leqslant\varepsilon/(3b-3a)\text{。}$$

由此可得

$$\begin{aligned}
0&\leqslant\sum_{i=1}^{r}M_i(f)(x_i-x_{i-1})-\sum_{i=1}^{r}m_i(f)(x_i-x_{i-1})\\
&=\sum_{i=1}^{r}(M_i(f)-M_i(f_n))(x_i-x_{i-1})+\\
&\quad\sum_{i=1}^{r}(M_i(f_n)-m_i(f_n))(x_i-x_{i-1})+\\
&\quad\sum_{i=1}^{r}(m_i(f_n)-m_i(f))(x_i-x_{i-1})\\
&<\frac{\varepsilon}{(3b-3a)}\sum_{i=1}^{r}(x_i-x_{i-1})+\frac{\varepsilon}{3}+\frac{\varepsilon}{(3b-3a)}\sum_{i=1}^{r}(x_i-x_{i-1})\\
&=\varepsilon\text{ 。}
\end{aligned}$$

因此，函數 f 在$[a,b]$上可積分。

其次，設 ε 爲任意正數。因爲$\{f_n\}$在$[a,b]$上均勻收斂於 f，所以，可找到一個 $n_0\in\mathbf{N}$，使得：當 $n\geqslant n_0$時，$|f_n(x)-f(x)|<$

$\varepsilon/(b-a)$對每個 $x\in[a,b]$都成立。於是，當 $n\geqslant n_0$時，可得

$$\left|\int_a^b f_n(x)dx-\int_a^b f(x)dx\right|\leqslant\int_a^b |f_n(x)-f(x)|dx$$

$$<\frac{\varepsilon}{b-a}\int_a^b dx=\varepsilon \text{ 。}$$

因此，$\lim\limits_{x\to\infty}\int_a^b f_n(x)dx=\int_a^b f(x)dx$ 。‖

對於逐點收斂的函數列，定理12的結論可能也成立（參看練習題13），但也可能不成立（參看練習題14）。

【定理13】（均勻收斂與微分）

設$\{f_n:(a,b)\to\boldsymbol{R}\}$爲一函數列。若

(1) 存在一個 $x_0\in(a,b)$使得數列$\{f_n(x_0)\}$收斂；

(2) 每個 f_n 在(a,b)上都可微分；

(3) 函數列$\{f'_n\}$在(a,b)上均勻收斂於某函數 $g:(a,b)\to\boldsymbol{R}$；

則函數列$\{f_n\}$在(a,b)上均勻收斂於某可微分函數 $f:(a,b)\to\boldsymbol{R}$，而且對每個 $x\in(a,b)$，恆有$f'(x)=g(x)$。亦即：$\{f'_n\}$在(a,b)上均勻收斂於 f'。

證：對於任意 $m,n\in\boldsymbol{N}$，因爲函數 f_m-f_n 在(a,b)上可微分，所以，對每個 $x\in(a,b)$，依 Lagrange 均值定理，必可找到介於 x 與 x_0之間的一個點 y，使得

$$f_m(x)-f_n(x)=f_m(x_0)-f_n(x_0)+(x-x_0)(f'_m(y)-f'_n(y)) \text{。}$$

由此可知：在(a,b)上，恆有

$$\|f_m-f_n\|_\infty\leqslant|f_m(x_0)-f_n(x_0)|+(b-a)\|f'_m-f'_n\|_\infty \text{。}$$

因爲數列$\{f_n(x_0)\}$收斂而且函數列$\{f'_n\}$在(a,b)上均勻收斂，所以，由上式可知函數列$\{f_n\}$在(a,b)上滿足均勻收斂的 Cauchy 條件，依定理2，$\{f_n\}$在(a,b)上均勻收斂於某函數 $f:(a,b)\to\boldsymbol{R}$。

其次，對於每個 $c\in(a,b)$，我們將證明$f'(c)=g(c)$。對每個 $n\in\boldsymbol{N}$，定義函數 $\varphi_n:(a,b)\to\boldsymbol{R}$ 如下：

$$\varphi_n(x)=\begin{cases} f'_n(c), & 若 x=c； \\ \dfrac{f_n(x)-f_n(c)}{x-c}, & 若 x\neq c。\end{cases}$$

對任意 $m,n\in\boldsymbol{N}$，若 $x\neq c$，則依 Lagrange 均值定理，必可找到介於 x 與 c 之間的一個點 z，使得

$$f_m(x)-f_n(x)-f_m(c)+f_n(c)=(x-c)(f'_m(z)-f'_n(z))。$$

於是，得 $\varphi_m(x)-\varphi_n(x)=f'_m(z)-f'_n(z)$。另一方面，$\varphi_m(c)-\varphi_n(c)=f'_m(c)-f'_n(c)$。因爲函數列 $\{f'_n\}$ 在 (a,b) 上均勻收斂，所以，由上式可知函數列 $\{\varphi_n\}$ 在 (a,b) 上滿足均勻收斂的 Cauchy 條件。依定理 2，函數列 $\{\varphi_n\}$ 在 (a,b) 上均勻收斂。依定理 11，可得

$$\lim_{x\to c}\lim_{n\to\infty}\varphi_n(x)=\lim_{n\to\infty}\lim_{x\to c}\varphi_n(x)。$$

因爲對每個 $x\in(a,b)$，恆有 $\lim_{n\to\infty}f_n(x)=f(x)$ 及 $\lim_{n\to\infty}f'_n(x)=g(x)$，所以，由上式得

$$\lim_{x\to c}\frac{f(x)-f(c)}{x-c}=\lim_{n\to\infty}f'_n(c)=g(c)。$$

上式就是表示 $f'(c)=g(c)$，也就是我們欲證的結果。‖

【例11】設 $f_n(x)=(\sin nx)/\sqrt{n}$，$x\in\boldsymbol{R}$，$n\in\boldsymbol{N}$。依例 4，已知函數列 $\{f_n\}$ 在 $\boldsymbol{R}$ 上均勻收斂於零函數 0。另一方面，因爲 $f'_n(x)=\sqrt{n}\cos nx$，$x\in\boldsymbol{R}$，$n\in\boldsymbol{N}$，所以，可得 $\lim_{n\to\infty}f'_n(0)=+\infty$。事實上，對每個 $x\in\boldsymbol{R}$，恆有 $\overline{\lim}_{n\to\infty}f'_n(x)=+\infty$（參看練習題15）。由此可知：只由函數列 $\{f_n\}$ 均勻收斂甚至不能保證函數列 $\{f'_n\}$ 逐點收斂。‖

練習題 3－2

1.試求下列各函數列的收斂範圍及極限函數：

(1) $\{(\cos\pi x)^{2n}\}$，$x\in\boldsymbol{R}$。

(2) $\{e^{-nx}\}$，$x\in\boldsymbol{R}$。

(3) $\{xe^{-nx}\}$，$x\in\boldsymbol{R}$。

(4) $\{x^2e^{-nx}\}$，$x\in\boldsymbol{R}$。

(5) $\{x^n/n\}$，$x\in\boldsymbol{R}$。

(6) $\{xe^{-x}/n\}$，$x\in[0,+\infty)$。

(7) $\{x^n/(1+x^n)\}$，$x\in[0,+\infty)$。

(8) $\{x^n/(n+x^n)\}$，$x\in[0,+\infty)$。

(9) $\{x^n/(1+x^{2n})\}$，$x\in[0,+\infty)$。

(10) $\{x^{2n}/(1+x^n)\}$，$x\in[0,+\infty)$。

2. 試討論第1題中各函數列在其收斂範圍上是否均勻收斂？

3. 若函數列$\{f_n:A\to\boldsymbol{R}^l\}$在 A 上逐點收斂，試證：$\{f_n\}$在 A 的每個有限子集上都均勻收斂。

4. 若函數列$\{f_n:A\to\boldsymbol{R}^l\}$在 A 的子集A_1、A_2、…、A_r 上都均勻收斂，試證：$\{f_n\}$在 $A_1\cup A_2\cup\cdots\cup A_r$ 上均勻收斂。

5. 試證定理4。

6. 試證定理5。

7. 試證定理6。

8. 試證定理7。

9. 函數 $f_n:\boldsymbol{R}\to\boldsymbol{R}$ 定義如下：若 $x=q/p$，$q\in\boldsymbol{Z}$，$p\in\boldsymbol{N}$而且$(p,q)=1$，則$f_n(x)=p+1/n$；若 x 是無理數，則$f_n(x)=1/n$。試證：函數列$\{f_n\}$在 $\boldsymbol{R}$ 上均勻收斂，但函數列$\{(f_n)^2\}$在每個區間上都沒有均勻收斂。

10. 試舉例說明：在定理8中，刪去「K 爲緊緻集」或「f 爲連續函數」的假設，都可能使定理的結論不成立。

11. 試舉例說明：在定理9中，函數的定義域若改爲開區間，則定理的結論可能不成立。

12. 試證定理11。

13. 試舉出一個逐點收斂的函數列，使定理12的極限式仍成立。

14. 試舉出一個逐點收斂的函數列，使定理12的極限式不成立。

15.試證：對每個 $x\in\boldsymbol{R}$，恆有 $\overline{\lim}_{n\to\infty}\sqrt{n}\cos nx=+\infty$。

16.設 $f_n(x)=\sin nx$，$x\in[0,2\pi]$，$n\in\boldsymbol{N}$。試證：函數列 $\{f_n\}$ 沒有任何子函數列能在 $[0,2\pi]$ 上逐點收斂。這例子說明了一點：定義域是緊緻集的連續函數所成的均勻有界函數列不一定有逐點收斂的子函數列。

17.設 $f_n(x)=x^2/[x^2+(1-nx)^2]$，$x\in[0,1]$，$n\in\boldsymbol{N}$。試證：函數列 $\{f_n\}$ 在 $[0,1]$ 上逐點收斂，但它的任何子函數列在 $[0,1]$ 上都沒有均勻收斂。因為此函數列在 $[0,1]$ 上均勻有界，所以，這例子指出：在函數列的均勻收斂理論中，沒有 Bolzano－Weierstrass 定理。

18.試舉出一個函數列 $\{f_n:\boldsymbol{R}\to\boldsymbol{R}\}$，使得每個 f_n 在每個點都不連續，但 $\{f_n\}$ 在 $\boldsymbol{R}$ 上均勻收斂於一連續函數。

19.若函數列 $\{f_n:A\to\boldsymbol{R}^l\}$ 在 A 上均勻收斂於函數 $f:A\to\boldsymbol{R}^l$，而且每個 f_n 都在 A 上連續，試證：對於 A 中每個收斂點列 $\{x_n\}$，設 $\lim_{n\to\infty}x_n=a\in A$，恆有 $\lim_{n\to\infty}f_n(x_n)=f(a)$。

20.對於任意二有界函數 $f,g:A\to\boldsymbol{R}^l$，恆有

(1) $\|f\|_\infty\geqslant 0$；而且 $\|f\|_\infty=0$ 的充要條件是 $f=0$。

(2) $\|\alpha f\|_\infty=|\alpha|\,\|f\|_\infty$，其中 $\alpha\in\boldsymbol{R}$。

(3) $\|f+g\|_\infty\leqslant\|f\|_\infty+\|g\|_\infty$。

3－3 函數的極限

在本節裏，我們要討論的主題是函數的極限，討論的函數仍是多變數向量值函數。

甲、函數極限的意義與性質

【定義1】設 $f: A \to \boldsymbol{R}^l$ 爲一函數，$A \subset \boldsymbol{R}^k$，$c \in A^d$，而 $b \in \boldsymbol{R}^l$。若對於 b 的每個鄰域 V，都可找到 c 的一個鄰域 U 使得：當 $x \in U \cap A$ 且 $x \neq c$ 時，恆有 $f(x) \in V$，則我們稱：**當 x 在 A 中趨近 c 時，函數 f 的極限爲 b**，或直接稱：函數 f 在點 c 的極限爲 b，以

$$\lim_{\substack{x \to c \\ x \in A}} f(x) = b$$

表之。沒有混淆時，可將 $x \in A$ 略去而寫成 $\lim_{x \to c} f(x) = b$。

當我們使用「f 在點 c 的極限爲 b」這樣的詞句時，當然需要有下面定理 1 所說的唯一性才算是正確合理。

【定理1】(極限的唯一性)

若 $f: A \to \boldsymbol{R}^l$ 爲一函數，$A \subset \boldsymbol{R}^k$，則 f 在 A^d 中的每個點最多只有一個極限。

證：與單變數實數值函數的情形證法相似，留爲習題。‖

定義 1 採用鄰域來定義極限概念，這與微積分課程中的 $\varepsilon - \delta$ 方法是等價的，我們寫成一個定理。

【定理2】(函數極限的另一種定義)

若 $f: A \to \boldsymbol{R}^l$ 爲一函數，$A \subset \boldsymbol{R}^k$，$c \in A^d$，則函數 f 在點 c 的極限爲 b 的充要條件是：對於每個正數 ε，都可找到一個正數 δ 使得：當 $x \in A$ 且 $0 < \| x - c \| < \delta$ 時，$\| f(x) - b \| < \varepsilon$ 恆成立。

證：必要性：設 f 在 c 的極限爲 b。對每個正數 ε，開球 $B_\varepsilon(b)$ 都是 b 的一個鄰域，依定義 1，必可找到 c 的一個鄰域 U 使得：當 $x \in U \cap A$ 且 $x \neq c$ 時，恆有 $f(x) \in B_\varepsilon(b)$。因爲 U 是 c 的鄰域，所以，可找到一個正數 δ 使得 $B_\delta(c) \subset U$。於是，當 $x \in A$ 且 $0 < \| x - c \| < \delta$ 時，可得 $x \in B_\delta(c) \cap A \subset U \cap A$ 且 $x \neq c$，依前述結果，可知 $f(x) \in B_\varepsilon(b)$ 或 $\| f(x) - b \| < \varepsilon$。

充分性：設定理的條件成立。設 V 是 b 的一個鄰域，依鄰域的定義，必可找到一個正數 ε 使得 $B_\varepsilon(b)\subset V$。依假設，對於正數 ε，必可找到一個正數 δ 使得：當 $x\in A$ 且 $0<\|x-c\|<\delta$ 時，恆有 $\|f(x)-b\|<\varepsilon$。因爲 $B_\delta(c)$ 是 c 的一個鄰域，所以，前面的敘述可改成：當 $x\in B_\delta(c)\cap A$ 且 $x\neq c$ 時，恆有 $f(x)\in B_\varepsilon(b)\subset V$。依定義 1，函數 f 在點 c 的極限爲 b。‖

根據定理 2 的敘述方法，此處所給的函數極限概念，在 $k=l=1$ 的情形中，已經包含了微積分中的單側極限與雙側極限，這怎麼說呢？若 $A\subset\boldsymbol{R}$ 包含一個形如 $(a,c)\cup(c,b)$ 的子集，則只要選定的正數 δ 滿足 $\delta\leqslant c-a$ 且 $\delta\leqslant b-c$，此時「$x\in A$ 且 $0<|x-c|<\delta$」就可直接寫成「$0<|x-c|<\delta$」，而定義 1 所給的極限就是微積分中的雙側極限。若 $A\subset\boldsymbol{R}$ 是形如 (a,c) 的子集，則只要選定的正數 δ 滿足 $\delta\leqslant c-a$，此時「$x\in A$ 且 $0<|x-c|<\delta$」就可直接寫成「$c-\delta<x<c$」，而定義 1 所給的極限概念就是微積分中的左極限。同理，當 A 是形如 (c,b) 的子集時，定義 1 所給的極限概念就是微積分中的右極限。

函數的極限概念可以利用點列的極限概念來描述，且看下述定理。

【定理3】（函數極限與點列極限）

若 $f:A\to\boldsymbol{R}^l$ 爲一函數，$A\subset\boldsymbol{R}^k$，$c\in A^d$，則函數 f 在點 c 的極限爲 b 的充要條件是：對於集合 $A-\{c\}$ 中收斂於 c 的每個點列 $\{x_n\}$，點列 $\{f(x_n)\}$ 恆收斂於 b。

證：必要性：設 f 在 c 的極限爲 b，而 $\{x_n\}$ 是 $A-\{c\}$ 中的一點列且 $\lim_{n\to\infty}x_n=c$。設 ε 爲任意正數，因爲 $\lim_{x\to c}f(x)=b$，所以，依定理 2，可找到一個正數 δ 使得：當 $x\in A$ 且 $0<\|x-c\|<\delta$ 時，恆有 $\|f(x)-b\|<\varepsilon$。因爲 $\lim_{n\to\infty}x_n=c$，所以，對於正數 δ，可找到一個 $n_0\in\boldsymbol{N}$ 使得：當 $n\geqslant n_0$ 時，恆有 $\|x_n-c\|<\delta$。因爲每個 x_n 都不

是c，所以，當 $n\geqslant n_0$時，可得 $x_n\in A$ 且$0<\|x_n-c\|<\delta$。再依前述結果，可得$\|f(x_n)-b\|<\varepsilon$。由此可知點列$\{f(x_n)\}$收斂於 b。

充分性：若 b 不是f 在c 的極限，則必可找到一個正數 ε 使得：不論 δ 是任何正數，都可找到一個 $x\in A$ 使得 $0<\|x-c\|<\delta$ 而 $\|f(x)-b\|\geqslant\varepsilon$。於是，對每個 $n\in \boldsymbol{N}$，選取一個 $x_n\in A$ 使得$0<\|x_n-c\|<1/n$ 而 $\|f(x_n)-b\|\geqslant\varepsilon$，則$\{x_n\}$是 $A-\{c\}$中收斂於 c 的一個點列，但點列$\{f(x_n)\}$卻沒有收斂於 b。‖

定理 3 用來判定極限不存在頗爲方便。

【例1】試證函數 $\sin(1/x)$在點 0 的極限不存在。

證：對任意 $b\in \boldsymbol{R}$，選取一個 $x_0\in \boldsymbol{R}$ 使得 $\sin(1/x_0)\neq b$。對每個 $n\in \boldsymbol{N}$，令 $x_n=x_0/(2n\pi x_0+1)$。顯然地，$\{x_n\}$是 $\boldsymbol{R}-\{0\}$中的一數列，且 $\lim_{n\to\infty}x_n=0$。但對每個 $n\in \boldsymbol{N}$，$\sin(1/x_n)=\sin(1/x_0)\neq b$，於是，數列$\{\sin(1/x_n)\}$沒有收斂於 b。依定理 3，b 不是函數 $\sin(1/x)$在點 0 的極限。‖

函數的極限概念當然也可與各種運算結合，我們寫成兩個定理。

【定理4】（函數極限與各種運算）

設 $f,g:A\to \boldsymbol{R}^l$ 爲二函數，$h:A\to \boldsymbol{R}$ 爲一函數，$A\subset \boldsymbol{R}^k$，$c\in A^d$。若 $\lim_{x\to c}f(x)=a$，$\lim_{x\to c}g(x)=b$，$\lim_{x\to c}h(x)=\alpha$，則

(1) 函數$x\mapsto\|f(x)\|$在點 c 的極限爲$\|a\|$，即：

$$\lim_{x\to c}\|f(x)\|=\|a\|。$$

(2) 函數 $f+g$ 在點c 的極限爲$a+b$，即：

$$\lim_{x\to c}(f(x)+g(x))=a+b。$$

(3) 函數 $f-g$ 在點c 的極限爲$a-b$，即：

$$\lim_{x\to c}(f(x)-g(x))=a-b。$$

(4) 函數$\langle f,g\rangle$在點 c 的極限爲$\langle a,b\rangle$，即：

$$\lim_{x\to c}\langle f(x),g(x)\rangle=\langle a,b\rangle。$$

(5) 函數 hf 在點c 的極限爲αa，即：

$$\lim_{x\to c} h(x)f(x)=\alpha a。$$

(6) 當 $\alpha\neq 0$ 時，函數$(1/h)f$ 在點c 的極限爲$\alpha^{-1}a$，即：

$$\lim_{x\to c}(1/h(x))f(x)=\alpha^{-1}a。$$

證：此定理的證明與實變數實數值函數的情形相似，所需的不等式參看§3－1定理4。‖

【定理5】(函數極限與合成函數之一)

設 $f: A\to B$ 與 $g: B\to \boldsymbol{R}^m$ 爲二函數，$A\subset \boldsymbol{R}^k$，$B\subset \boldsymbol{R}^l$，$c\in A^d$。若 $\lim_{x\to c} f(x)=b$，$b\in B\cap B^d$ 且 $\lim_{y\to b} g(y)=g(b)$，則

$$\lim_{x\to c}(g\circ f)(x)=g(b)。$$

證：設 W 是$g(b)$的一個鄰域，因爲 $\lim_{y\to b} g(y)=g(b)$，所以，必可找到 b 的一個鄰域 V 使得：當 $y\in V\cap B-\{b\}$時，恆有$g(y)\in W$。因爲 $\lim_{x\to c} f(x)=b$ 而 V 是b 的一個鄰域，所以，必可找到 c 的一個鄰域U 使得：當 $x\in U\cap A-\{c\}$時，恆有$f(x)\in V$。

對於 $U\cap A-\{c\}$中每個點 x，若$f(x)=b$，則可得$g(f(x))=g(b)\in W$。若$f(x)\neq b$，則$f(x)\in V\cap B-\{b\}$，依前段的結果，知$g(f(x))\in W$。換言之，當 $x\in U\cap A-\{c\}$ 時，恆有$g(f(x))\in W$。因此，合成函數 $g\circ f$ 在點c 的極限爲$g(b)$。‖

【定理6】(函數極限與合成函數之二)

設 $f: A\to B$ 與 $g: B\to \boldsymbol{R}^m$ 爲二函數，$A\subset \boldsymbol{R}^k$，$B\subset \boldsymbol{R}^l$，$c\in A^d$。若 $\lim_{x\to c} f(x)=b$，$b\in B^d$，$\lim_{y\to b} g(y)=a$，而且點 c 有一個鄰域U_0滿足：對每個 $x\in U_0\cap A-\{c\}$，恆有$f(x)\neq b$，則

$$\lim_{x\to c}(g\circ f)(x)=a。$$

證：設 W 是a 的一個鄰域，因爲 $\lim_{y\to b} g(y)=a$，所以，可找到 b 的一個鄰域V 使得 $V\cap B-\{b\}$中每個 y 都滿足$g(y)\in W$。因爲 V 是b 的一個鄰域而且$\lim_{x\to c} f(x)=b$，所以，可找到 c 的一個鄰域U 使得$U\cap A-\{c\}$中每個 x 都滿足$f(x)\in V$。因爲 U 與U_0都是 c 的鄰域，所以，$U\cap U_0$也是 c 的鄰域。依 U_0的性質，$(U\cap U_0)\cap A-$

$\{c\}$中每個 x 都滿足$f(x)\in V\cap B-\{b\}$，更進一步得$g(f(x))\in W$。因此，$\lim_{x\to c} g(f(x))=a$。‖

【例2】設$h(x,y)=(\sin(x^2+y^2))/(x^2+y^2)$，$(x,y)\in \boldsymbol{R}^2-\{(0,0)\}$，試求 h 在原點(0,0)的極限。

解：定義 f：$\boldsymbol{R}^2-\{(0,0)\}\to\boldsymbol{R}-\{0\}$與 g：$\boldsymbol{R}-\{0\}\to\boldsymbol{R}$ 如下：

$$f(x,y)=x^2+y^2,\quad g(t)=(\sin t)/t\text{。}$$

顯然地，$h=g\circ f$。因爲

$$\lim_{(x,y)\to(0,0)} f(x,y)=\lim_{(x,y)\to(0,0)}(x^2+y^2)=0\text{，}$$

$$\lim_{t\to 0} g(t)=\lim_{t\to 0}(\sin t)/t=1\text{，}$$

而且函數 f 的值都不爲 0，所以，依定理 6，可得

$$\lim_{(x,y)\to(0,0)} h(x,y)=\lim_{(x,y)\to(0,0)}(\sin(x^2+y^2))/(x^2+y^2)$$
$$=1\text{。}\|$$

【例3】試證$\lim_{(x,y)\to(0,0)}(xy)/(x^2+y^2)$不存在。

證：設$g(x,y)=(xy)/(x^2+y^2)$，$(x,y)\in\boldsymbol{R}^2-\{(0,0)\}$。定義 f_1,f_2：$\boldsymbol{R}-\{0\}\to\boldsymbol{R}^2-\{(0,0)\}$如下：

$$f_1(t)=(t,t)\text{，}f_2(t)=(t,-t)\text{。}$$

顯然地，$\lim_{t\to 0} f_1(t)=(0,0)$，$\lim_{t\to 0} f_2(t)=(0,0)$。若函數 g 在原點(0,0)的極限存在，設極限值爲 α，則因爲 f_1與 f_2的函數值都不等於(0,0)，所以，依定理 6，可得

$$\lim_{t\to 0}(g\circ f_1)(t)=\lim_{t\to 0}(g\circ f_2)(t)=\alpha\text{，}$$

但這是不可能的，因爲

$$\lim_{t\to 0}(g\circ f_1)(t)=\lim_{t\to 0} t^2/(2t^2)=1/2\text{，}$$

$$\lim_{t\to 0}(g\circ f_2)(t)=\lim_{t\to 0}(-t^2)/(2t^2)=-1/2\text{。}\|$$

與點列的情形相似地（§3－1定理 5），向量值函數的極限問題也可以化簡成它的所有「坐標函數」的極限問題。

【定理7】（以實數值函數的極限表示向量值函數的極限）

設 $f: A \to \boldsymbol{R}^l$ 為一函數，$A \subset \boldsymbol{R}^k$，$c \in A^d$。若對每個 $x \in A$，$f(x)$表示成$f(x)=(f_1(x), f_2(x), \cdots, f_l(x))$，其中 $f_1, f_2, \cdots, f_l$：$A \to \boldsymbol{R}$ 都是實數值函數，則函數 f 在點c 的極限為$b=(b_1, b_2, \cdots, b_l)$ 的充要條件是：對每個 $i=1,2,\cdots,l$，函數 f_i 在點c 的極限為b_i。

證：必要性：設 $\lim_{x\to c} f(x)=b$。對任意正數 ε，因為 f 在點c 的極限為b，所以，可找到一正數 δ 使得：當 $x \in A$ 且$0<\| x-c \|<\delta$ 時，$\| f(x)-b \|<\varepsilon$ 恆成立。於是，對每個 $i=1,2,\cdots,l$，當 $x \in A$ 且$0<\| x-c \|<\delta$ 時，恆有

$$|f_i(x)-b_i| \leqslant \| f(x)-b \| < \varepsilon \text{。}$$

由此可知：函數 f_i 在點c 的極限為b_i。

充分性：設函數 f_i 在點c 的極限為b_i，$i=1,2,\cdots,l$。設 ε 為任意正數。對每個 $i=1,2,\cdots,l$，因為 $\lim_{x\to c} f_i(x)=b_i$，所以，可找到一正數 δ_i 使得：當 $x \in A$ 且$0<\| x-c \|<\delta_i$ 時，$|f_i(x)-b_i|<\varepsilon/l$ 恆成立。令 $\delta=\min\{\delta_1, \delta_2, \cdots, \delta_l\}$，則當 $x \in A$ 且$0<\| x-c \|<\delta$ 時，因為對每個 $i=1,2,\cdots,l$，恆有$0<\| x-c \|<\delta_i$，所以，得

$$\begin{aligned}\| f(x)-b \| &\leqslant |f_1(x)-b_1|+|f_2(x)-b_2|+\cdots+|f_l(x)-b_l| \\ &< l(\varepsilon/l)=\varepsilon \text{。}\end{aligned}$$

由此可知：函數 f 在點c 的極限為b。‖

乙、上極限與下極限

由定理 7 可看出：在向量值函數的極限探討中，實數值函數的極限仍是其中最基本且重要的部分。對於實數值函數，我們可仿照實數數列定義上極限與下極限的概念。

【定義2】設 $f: A \to \boldsymbol{R}$ 為一有界函數，$A \subset \boldsymbol{R}^k$，$c \in A^d$。

(1) 對每個正數 r，令

$$M(r)=\sup\{f(x) \mid x \in A, 0<\| x-c \|<r\}，$$

則集合$\{M(r)|r>0\}$有下界，其最大下界稱為函數 f 在點 c 的**上極限**（upper limit 或 limit superior），表示如下：

$$\overline{\lim_{x\to c}} f(x)=\inf\{M(r)|r>0\}。$$

(2) 對每個正數 r，令

$$m(r)=\inf\{f(x)|x\in A, 0<\|x-c\|<r\}，$$

則集合$\{m(r)|r>0\}$有上界，其最小上界稱為函數 f 在點 c 的**下極限**（lower limit 或 limit inferior），表示如下：

$$\underline{\lim_{x\to c}} f(x)=\sup\{m(r)|r>0\}。$$

關於上面的定義，我們給出兩點說明，第一：因為 f 是有界函數，所以，對每個正數 r，$M(r)$與 $m(r)$都是實數。更進一步地，$\overline{\lim}_{x\to c} f(x)$與 $\underline{\lim}_{x\to c} f(x)$也都是實數。第二：定義 2 所定義的上、下極限也可針對其他函數來定義，只要函數 f 在點 c 的某個去心鄰域 $U-\{c\}$與定義域 A 的交集$U\cap A-\{c\}$上有界即可。此時，必有一正數 δ 滿足$B_\delta(c)\subset U$，我們只需對$(0,\delta)$中每個正數 r 定義$M(r)$與 $m(r)$即可。第三，在可能發生混淆時，$\overline{\lim}_{x\to c} f(x)$ 應寫成 $\overline{\lim}_{x\to c, x\in A} f(x)$，下極限亦同。

【例4】試求$\overline{\lim}_{x\to 0} \cos(1/x)$與$\underline{\lim}_{x\to 0} \cos(1/x)$。

解：對每個正數 r，都可找到一個 $n\in \boldsymbol{N}$ 使得 $n>1/(\pi r)$。於是，$1/2n\pi$與$1/(2n-1)\pi$兩數都屬於$(-r,r)-\{0\}$。換言之，不論 r 為任何正數，集合$\{\cos(1/x)|0<|x|<r\}$都包含 1 與 -1，由此可知 $M(r)=1$ 且 $m(r)=-1$。於是，$\underline{\lim}_{x\to 0}\cos(1/x)=-1$，$\overline{\lim}_{x\to 0}\cos(1/x)=1$。‖

【定理8】（上極限的等價表示法）

設 $f:A\to \boldsymbol{R}$ 為一個有界函數，$A\subset \boldsymbol{R}^k$，$c\in A^d$，而 $b\in \boldsymbol{R}$，則 $\overline{\lim}_{x\to c} f(x)=b$ 的充要條件是：對每個正數 ε，必可找到點 c 的一個鄰域 U 使得：每個$x\in U\cap A-\{c\}$都滿足 $f(x)<b+\varepsilon$；而且集合$A-\{c\}$中有一點列$\{x_n\}$收斂於 c 且每個$n\in \boldsymbol{N}$都滿足 $f(x_n)>b-\varepsilon$。

證：必要性：設 $\overline{\lim}_{x\to c} f(x)=b$。設 ε 爲任意正數，因爲 b 是所有 $M(r)$的最大下界，所以，必有一個 $r>0$ 使得$M(r)<b+\varepsilon$。令 $U=B_r(c)$，則 U 是c 的一個鄰域且每個$x\in U\cap A-\{c\}$都滿足$f(x)\leqslant M(r)<b+\varepsilon$。另一方面，因爲每個正數 s 都滿足$M(s)\geqslant b>b-\varepsilon$，所以，對每個 $n\in \boldsymbol{N}$，可找到一個 $x_n\in B_{1/n}(c)\cap A-\{c\}$使得 $f(x_n)>b-\varepsilon$。點列$\{x_n\}$顯然在$A-\{c\}$中且由 $\|x_n-c\|<1/n$ 可知 $\{x_n\}$收斂於 c。

充分性：設定理的假設條件成立。對每個正數 ε，可找到 c 的一個鄰域 U 使得：每個 $x\in U\cap A-\{c\}$都滿足$f(x)<b+\varepsilon$；而且$A-\{c\}$有一個點列$\{x_n\}$收斂於 c 且每個 $n\in \boldsymbol{N}$ 都滿足 $f(x_n)>b-\varepsilon$。對每個正數 r，因爲 $\lim_{n\to\infty} x_n=c$，所以，必有一個 $n\in \boldsymbol{N}$ 滿足 $0<\|x_n-c\|<r$。於是，可得$M(r)\geqslant f(x_n)>b-\varepsilon$。於是，$\overline{\lim}_{x\to c} f(x)\geqslant b-\varepsilon$。另一方面，選取一個 $\delta>0$使得$B_\delta(c)\subset U$，則每個 $x\in B_\delta(c)\cap A-\{c\}$都滿足$f(x)<b+\varepsilon$。於是，得$M(\delta)\leqslant b+\varepsilon$，更進一步得$\overline{\lim}_{x\to c} f(x)\leqslant M(\delta)\leqslant b+\varepsilon$。綜合上述結果，可知：$|b-\overline{\lim}_{x\to c} f(x)|\leqslant\varepsilon$ 對每個正數ε 都成立，故 $\overline{\lim}_{x\to c} f(x)=b$。‖

【定理9】（下極限的等價表示法）

設 $f:A\to\boldsymbol{R}$ 爲一個有界函數，$A\subset\boldsymbol{R}^k$，$c\in A^d$，而 $b\in\boldsymbol{R}$，則 $\underline{\lim}_{x\to c} f(x)=b$ 的充要條件是：對每個正數 ε，必可找到點 c 的一個鄰域 U 使得：每個 $x\in U\cap A-\{c\}$都滿足$f(x)>b-\varepsilon$；而且集合$A-\{c\}$中有一點列$\{x_n\}$收斂於 c 且每個$n\in \boldsymbol{N}$ 都滿足$f(x_n)<b+\varepsilon$。

證：留爲習題。‖

函數的上、下極限也是判定極限之存在性的一種工具，且看下述定理。

【定理10】（上、下極限與極限）

若 $f:A\to\boldsymbol{R}$ 爲一有界函數，$A\subset\boldsymbol{R}^k$，$c\in A^d$，則函數 f 在點c 有極限的充要條件是f 在點c 的上極限與下極限相等。當上述條件滿

足時，則有

$$\lim_{x\to c} f(x)=\overline{\lim_{x\to c}} f(x)=\underline{\lim_{x\to c}} f(x)。$$

證：留爲習題，參看§3－1定理18的證明。‖

下面是有關函數的上極限與下極限的一些基本性質，它們與§3－1定理19－24相似，我們將證明留爲習題。

【定理11】（上、下極限的大小關係）

若 $f: A\to \boldsymbol{R}$ 爲一有界函數，$A\subset \boldsymbol{R}^k$，$c\in A^d$，則

$$\underline{\lim_{x\to c}} f(x)\leqslant \overline{\lim_{x\to c}} f(x)。$$

【定理12】（上、下極限與係數積）

設：$A\to \boldsymbol{R}$ 爲一有界函數，$A\subset \boldsymbol{R}^k$，$c\in A^d$ 而 $\alpha\in \boldsymbol{R}$。

(1) 若 $\alpha\geqslant 0$，則

$$\underline{\lim_{x\to c}} \alpha f(x)=\alpha\cdot \underline{\lim_{x\to c}} f(x)，\overline{\lim_{x\to c}} \alpha f(x)=\alpha\cdot \overline{\lim_{x\to c}} f(x)。$$

(2) 若 $\alpha<0$，則

$$\underline{\lim_{x\to c}} \alpha f(x)=\alpha\cdot \overline{\lim_{x\to c}} f(x)，\overline{\lim_{x\to c}} \alpha f(x)=\alpha\cdot \underline{\lim_{x\to c}} f(x)。$$

【定理13】（上、下極限與倒數）

設 $f: A\to \boldsymbol{R}$ 爲一有界函數，$A\subset \boldsymbol{R}^k$，$c\in A^d$。若每個$f(x)$都是正數且 $\underline{\lim}_{x\to c} f(x)>0$，則

$$\underline{\lim_{x\to c}} (f(x))^{-1}=(\overline{\lim_{x\to c}} f(x))^{-1}，$$

$$\overline{\lim_{x\to c}} (f(x))^{-1}=(\underline{\lim_{x\to c}} f(x))^{-1}。$$

【定理14】（兩函數的上、下極限）

設 $f,g: A\to \boldsymbol{R}$ 爲二有界函數，$A\subset \boldsymbol{R}^k$，$c\in A^d$。若可找到正數 δ 使得：當 $x\in B_\delta(c)\cap A-\{c\}$時，恆有$f(x)\leqslant g(x)$，則

$$\underline{\lim_{x\to c}} f(x)\leqslant \underline{\lim_{x\to c}} g(x)，\overline{\lim_{x\to c}} f(x)\leqslant \overline{\lim_{x\to c}} g(x)。$$

【定理15】（上、下極限與加法）

若 $f,g: A\to \boldsymbol{R}$ 爲二有界函數，$A\subset \boldsymbol{R}^k$，$c\in A^d$，則

$$\underline{\lim}_{x\to c} f(x)+\underline{\lim}_{x\to c} g(x)\leqslant \underline{\lim}_{x\to c}(f(x)+g(x))\leqslant \overline{\lim}_{x\to c} f(x)+\underline{\lim}_{x\to c} g(x)$$
$$\leqslant \overline{\lim}_{x\to c}(f(x)+g(x))\leqslant \overline{\lim}_{x\to c} f(x)+\overline{\lim}_{x\to c} g(x)。$$

特例：若極限 $\lim_{x\to c} f(x)$存在，則

$$\underline{\lim}_{x\to c}(f(x)+g(x))=\lim_{x\to c} f(x)+\underline{\lim}_{x\to c} g(x)，$$
$$\overline{\lim}_{x\to c}(f(x)+g(x))=\lim_{x\to c} f(x)+\overline{\lim}_{x\to c} g(x)。$$

【定理16】（上、下極限與乘法）

設 $f,g：A\to \boldsymbol{R}$ 爲二有界函數，$A\subset \boldsymbol{R}^k$，$c\in A^d$。若每個$f(x)$與每個$g(x)$都是非負實數，則

$$(\underline{\lim}_{x\to c} f(x))(\underline{\lim}_{x\to c} g(x))\leqslant \underline{\lim}_{x\to c}(f(x)g(x))\leqslant (\overline{\lim}_{x\to c} f(x))(\underline{\lim}_{x\to c} g(x))$$
$$\leqslant \overline{\lim}_{x\to c}(f(x)g(x))\leqslant (\overline{\lim}_{x\to c} f(x))(\overline{\lim}_{x\to c} g(x))。$$

特例：若極限 $\lim_{x\to c} f(x)$存在，則

$$\underline{\lim}_{x\to c}(f(x)g(x))=(\lim_{x\to c} f(x))(\underline{\lim}_{x\to c} g(x))，$$
$$\overline{\lim}_{x\to c}(f(x)g(x))=(\lim_{x\to c} f(x))(\overline{\lim}_{x\to c} g(x))。$$

當一函數 $f：A\to \boldsymbol{R}$ 在A 的聚集點c 附近不是有界函數時，我們也可將 $\overline{\lim}_{x\to c} f(x)$與 $\underline{\lim}_{x\to c} f(x)$的概念定義如下：

【定義3】設 $f：A\to \boldsymbol{R}$ 爲一函數，$A\subset \boldsymbol{R}^k$，$c\in A^d$。

(1) 若 f 在點c 的每個去心鄰域都沒有上界、也沒有下界，則定義

$$\overline{\lim}_{x\to c} f(x)=+\infty，\underline{\lim}_{x\to c} f(x)=-\infty。$$

(2) 若 f 在點c 的每個去心鄰域都沒有上界，但在某個去心鄰域中有下界，則定義

$$\overline{\lim}_{x\to c} f(x)=+\infty，$$
$$\underline{\lim}_{x\to c} f(x)=\sup\{m(r)\mid r>0, m(r)\in \boldsymbol{R}\}。$$

(3) 若 f 在點c 的某個去心鄰域中有上界，但在每個去心鄰域都沒有下界，則定義

$$\overline{\lim}_{x\to c} f(x)=\inf\{M(r)\mid r>0, M(r)\in \boldsymbol{R}\}，$$

$\underline{\lim}_{x\to c} f(x) = -\infty$。

【例5】設$f(x)=1/x$ ，$x\in \boldsymbol{R}-\{0\}$，則

$$\overline{\lim_{x\to 0}}\, f(x)=+\infty，\underline{\lim}_{x\to 0}\, f(x)=-\infty。\|$$

【例6】設$f(x)=1/x^2$，$x\in \boldsymbol{R}-\{0\}$，則 $\overline{\lim}_{x\to 0} f(x)=+\infty$。另一方面，對每個 $r>0$，$m(r)=1/r^2$ ，所以，可得$\underline{\lim}_{x\to 0} f(x)=\sup m(r)=+\infty$。‖

練習題 3－3

1.試求下列各函數 f 在點c 的極限或證明極限不存在：

(1) $f(x,y)=(4x^2-y^2)/(2x-y), c=(1,2)$。

(2) $f(x,y)=5/(3x^2+2y^2)$，$c=(0,0)$。

(3) $f(x,y)=(x^2+y^4)/(x^2+y^2)$，$c=(0,0)$。

(4) $f(x,y)=x\sin(1/(x^2+y^2))$，$c=(0,0)$。

(5) $f(x,y)=(x^2y^2)/(x^2y^2+(x-y)^2)$，$c=(0,0)$。

(6) $f(x,y)=(xy^3)/(x^4+y^2)$，$c=(0,0)$。

(7) $f(x,y)=x\sin(1/y)$，$c=(0,0)$。

(8) $f(x,y)=(x+y)\sin(1/x)\sin(1/y)$，$c=(0,0)$。

2.設 $f:(a,b)\to \boldsymbol{R}$ 爲一函數，$c\in(a,b)$。若$\lim_{h\to 0} f(c+h)=f(c)$，試證：$\lim_{h\to 0}|f(c+h)-f(c-h)|=0$。並舉例說明其逆不成立。

3.試證定理1。

4.設 $f:A\to \boldsymbol{R}$ 爲一個函數，其中 $A\subset \boldsymbol{R}^2$，$(a,b)\in A^d$。若

(1) $\lim_{(x,y)\to(a,b)} f(x,y)=l$，

(2) 對於 b 附近的每個y，$\lim_{x\to a} f(x,y)$存在，

(3) 對於 a 附近的每個x，$\lim_{y\to b} f(x,y)$存在，

試證：$\lim_{x\to a}(\lim_{y\to b} f(x,y))=\lim_{y\to b}(\lim_{x\to a} f(x,y))=l$。

5. 試就下列二變數函數 f 在點 $(0,0)$ 討論 $\lim_{x\to 0}(\lim_{y\to 0} f(x,y))$ 與 $\lim_{y\to 0}(\lim_{x\to 0} f(x,y))$：

(1) $f(x,y)=(x^2-y^2)/(x^2+y^2)$。

(2) $f(x,y)=(x^2y^2)/(x^2y^2+(x-y)^2)$。

(3) $f(x,y)=x\sin(1/y)$。

(4) $f(x,y)=(x+y)\sin(1/x)\sin(1/y)$。

(5) $f(x,y)=\sin(xy)/x$ 。

(6) $f(x,y)=(\sin x-\sin y)/(\tan x-\tan y)$。

6. 試證定理9。

7. 設函數 f：$\boldsymbol{R}\to\boldsymbol{R}$ 定義如下：若 $x\in\boldsymbol{Q}$，則 $f(x)=1$；若 $x\in\boldsymbol{R}-\boldsymbol{Q}$，則 $f(x)=0$。試對每個 $c\in\boldsymbol{R}$ 求 $\overline{\lim}_{x\to c} f(x)$、$\underline{\lim}_{x\to c} f(x)$、$\lim_{x\to c+} f(x)$ 與 $\lim_{x\to c-} f(x)$。

8. 設函數 f：$\boldsymbol{R}\to\boldsymbol{R}$ 定義如下：若 $x=q/p$，$q\in\boldsymbol{Z}$，$p\in\boldsymbol{N}$，$(p,q)=1$，則 $f(x)=1/p$；若 $x\in\boldsymbol{R}-\boldsymbol{Q}$，則 $f(x)=0$。試對每個 $c\in\boldsymbol{R}$ 求 $\overline{\lim}_{x\to c} f(x)$ 與 $\underline{\lim}_{x\to c} f(x)$。

9. 試證定理10。

10. 若 f,g：$A\to\boldsymbol{R}$ 爲二有界函數，$A\subset\boldsymbol{R}^k$，$c\in A^d$，試證：

(1) $\overline{\lim}_{x\to c}(f\vee g)(x)=(\overline{\lim}_{x\to c} f(x))\vee(\overline{\lim}_{x\to c} g(x))$。

(2) $\underline{\lim}_{x\to c}(f\vee g)(x)\geqslant(\underline{\lim}_{x\to c} f(x))\vee(\underline{\lim}_{x\to c} g(x))$，並舉例說明等號可能不成立。

(3) $\overline{\lim}_{x\to c}(f\wedge g)(x)\leqslant(\overline{\lim}_{x\to c} f(x))\wedge(\overline{\lim}_{x\to c} g(x))$，並舉例說明等號可能不成立。

(4) $\underline{\lim}_{x\to c}(f\wedge g)(x)=(\underline{\lim}_{x\to c} f(x))\wedge(\underline{\lim}_{x\to c} g(x))$。

11. 若 f：$A\to\boldsymbol{R}$ 爲一有界函數，$A\subset\boldsymbol{R}^k$，$c\in A^d$，g：$V\to\boldsymbol{R}$ 爲一遞增的連續函數，其中，$V\subset\boldsymbol{R}$ 爲一開區間且 $\overline{f(A)}\subset V$，試證：

(1) $\overline{\lim}_{x\to c}(g\circ f)(x)=g(\overline{\lim}_{x\to c} f(x))$。

(2) $\lim_{x\to c}(g\circ f)(x)=g(\lim_{x\to c}f(x))$。

3－4 連續函數

在本節裏，我們討論多變數向量值函數在各點的連續性以及實數值函數在各點的半連續性。

甲、連續函數的意義

在微積分課程裏介紹函數 f 在點 c 的連續性時，強調的重點在於「當 x 很接近 c 時，$f(x)$是否會很接近$f(c)$？」這種直觀的意義在多變數向量值函數中仍然是正確的，且看下述定義。

【定義1】設 $f: A\to \boldsymbol{R}^l$ 爲一函數，$A\subset\boldsymbol{R}^k$，$c\in A$。若對於$f(c)$的每個鄰域 V，都可找到 c 的一個鄰域 U 使得：當 $x\in U\cap A$ 時，恆有$f(x)\in V$，亦即：$f(U\cap A)\subset V$，則稱函數 f 在點 c **連續**（continuous at c）。

與極限概念相似地，連續性也可以利用 $\varepsilon-\delta$ 方法來描述。

【定理1】（連續性的另一種定義）

若 $f: A\to\boldsymbol{R}^l$ 爲一函數，$A\subset\boldsymbol{R}^k$，$c\in A$，則 f 在點 c 連續的充要條件是：對於每個正數 ε，都可找到一個正數 δ 使得：當 $x\in A$ 且 $\|x-c\|<\delta$ 時，$\|f(x)-f(c)\|<\varepsilon$ 恆成立。

證：與§3－3定理2證法類似。‖

定理1與§3－3定理2中的條件有些不同之處，那就是：後者要求「當 $x\in A$ 且 $0<\|x-c\|<\delta$ 時，$\|f(x)-b\|<\varepsilon$ 恆成立」，其中的差異是「後者有>0而前者沒有」。這表示在後者中不要求 $\|f(c)-b\|<\varepsilon$，也因此點 c 可以不屬於定義域A。但爲了確定有滿足「$x\in A$ 且$0<\|x-c\|<\delta$」的點 x 存在，所以點 c 必須

是A的聚集點。至於前者，因爲有$\| f(x)-f(c) \| < \varepsilon$的要求，就已表示$c$必須屬於$A$。既然$c \in A$，就已表示滿足「$x \in A$且$\| x-c \| < \delta$」的點至少有$c$，所以，在連續性的定義中不必要求$c$是$A$的聚集點。屬於$A$而又不是$A$的聚集點，那就是$A$的孤立點。

關於前段的說明，下面的定理可以做更清楚的總結。

【定理2】（以函數極限描述連續性）

設$f: A \to \boldsymbol{R}^l$爲一函數，$A \subset \boldsymbol{R}^k$，$c \in A$。

(1) 若c是A的孤立點，則f在點c必連續。

(2) 若c是A的聚集點，則f在點c連續的充要條件是：函數f在點c的極限是$f(c)$，亦即：$\lim_{x \to c} f(x) = f(c)$。

證：(1) 若c是A的孤立點，則c有一個鄰域U滿足$U \cap A = \{c\}$。對每個正數ε，選取一個正數δ使得$B_\delta(c) \subset U$。於是，當$x \in A$且$\| x-c \| < \delta$時，依U的性質，可得$x=c$，由此知$\| f(x)-f(c) \| = 0 < \varepsilon$。因此，$f$在點$c$連續。

(2) 必要性：設f在點c連續。對每個正數ε，依定理1，可找到一正數δ使得：當$x \in A$且$\| x-c \| < \delta$時，$\| f(x)-f(c) \| < \varepsilon$恆成立。於是，當$x \in A$且$0 < \| x-c \| < \delta$時，$\| f(x)-f(c) \| < \varepsilon$也成立。依§3-3定理2，可知$f$在點$c$的極限爲$f(c)$。

充分性：設f在點c的極限爲$f(c)$。對每個正數ε，依§3-3定理2，必可找到一個正數δ使得：當$x \in A$且$0 < \| x-c \| < \delta$時，$\| f(x)-f(c) \| < \varepsilon$恆成立。另一方面，當$\| x-c \| = 0$時，$\| f(x)-f(c) \| = 0 < \varepsilon$也成立。於是，綜合兩種情形，即得：當$x \in A$且$\| x-c \| < \delta$時，$\| f(x)-f(c) \| < \varepsilon$恆成立。依定理1，$f$在點$c$連續。‖

依§3-3定理3，我們也可以利用點列的極限來描述連續性。

【定理3】（以點列極限描述連續性）

若$A \to \boldsymbol{R}^l$爲一函數，$A \subset \boldsymbol{R}^k$，$c \in A$，則$f$在點$c$連續的充要條

件是：對於集合 A 中收斂於 c 的每個點列 $\{x_n\}$，點列 $\{f(x_n)\}$ 恆收斂於 $f(c)$。

證：必要性：與§3－3定理3的必要性證法類似。

充分性：依定理2與§3－3定理3的充分性即得。（請注意：孤立點與聚集點應分別考慮。）‖

定理3用來判定不連續頗爲方便。

【系理4】（不連續的一個充要條件）

函數 $f: A \to \boldsymbol{R}^l$ 在點 $a \in A$ 不連續的充要條件是：在 A 中可找到一個收斂於 a 的點列 $\{x_n\}$，其函數值所成的點列 $\{f(x_n)\}$ 沒有收斂於 $f(a)$。

【例1】設函數 $f: \boldsymbol{R} \to \boldsymbol{R}$ 定義如下：

$$f(x)=\begin{cases} 1/p, & \text{若 } x=q/p,\ q\in \boldsymbol{Z},\ p\in \boldsymbol{N},\ (p,q)=1; \\ 0, & \text{若 } x \text{ 是無理數。} \end{cases}$$

試證：f 在每個無理點都連續，而在每個有理點都不連續。

證：若 c 是有理數，則 $f(c)\neq 0$。因爲無理數集 $\boldsymbol{R}-\boldsymbol{Q}$ 在 $\boldsymbol{R}$ 中稠密，所以，依§3－1定理14(2)，可找到一個由無理數所成的數列 $\{x_n\}$ 使得 $\lim_{n\to\infty} x_n = c$。因爲數列 $\{f(x_n)\}$ 的每一項都是0而 $f(c)\neq 0$，所以，數列 $\{f(x_n)\}$ 沒有收斂於 $f(c)$。依系理4，f 在點 c 不連續。

設 c 爲無理數。對任意正數 ε，選取一個 $n\in \boldsymbol{N}$ 使得 $1/n<\varepsilon$。因爲集合 $S=\{q/p \mid q\in \boldsymbol{Z}, p\in \boldsymbol{N}, 1\leqslant p\leqslant n\}$ 是一個閉集（爲什麼？）而且 c 不屬於集合 S，所以，可找到一個正數 δ 使得：每個 $r\in S$ 都滿足 $|r-c|\geqslant\delta$。於是，當 $x\in \boldsymbol{R}$ 且 $|x-c|<\delta$ 時，若 x 是無理數，則 $f(x)=f(c)=0$；若 x 是有理數，$x=q/p$，$q\in \boldsymbol{Z}$，$p\in \boldsymbol{N}$，$(p,q)=1$，則 $p>n$，$|f(x)-f(c)|=1/p<1/n<\varepsilon$。由此可知：函數 f 在點 c 連續。‖

【定理5】（連續函數與各種運算）

設 $f,g: A\to \boldsymbol{R}^l$ 爲二函數，$h: A\to \boldsymbol{R}$ 爲一函數，$A\subset \boldsymbol{R}^k$，$c\in$

A。若 f,g 與 h 都在點 c 連續，則函數 $x \mapsto \| f(x) \|$、$f+g$、$f-g$、$\langle f,g \rangle$與 hf 都在點 c 連續；又：當 $h(c) \neq 0$時，$(1/h)f$ 也在點 c 連續。另一方面，若 $l=1$，即 f 與 g 為實數值函數，則函數 $f \vee g$、$f \wedge g$也都在點 c 連續。

證：依定理 2 及 § 3－3 定理 4 即得前六個函數的連續性。另一方面，由 $f \vee g = (f+g+|f-g|)/2$ 與 $f \wedge g = (f+g-|f-g|)/2$立即可知 $f \vee g$ 與 $f \wedge g$ 在 c 連續。‖

【定理6】（連續函數與合成）

設 $f: A \to B$ 與 $g: B \to C$ 為二函數，$A \subset \boldsymbol{R}^k$，$B \subset \boldsymbol{R}^l$，$C \subset \boldsymbol{R}^m$，$c \in A$。若函數 f 在點 c 連續且函數 g 在點 $f(c)$連續，則合成函數 $g \circ f$ 在點 c 連續。

證：若 W 是$(g \circ f)(c)$的一個鄰域，則因為函數 g 在點 $f(c)$連續而 $(g \circ f)(c) = g(f(c))$，所以，可找到點$f(c)$的一個鄰域 V 使得 $g(V \cap B) \subset W$。因為 V 是 $f(c)$的一個鄰域而 f 在點 c 連續，所以，可找到 c 的一個鄰域 U 使得 $f(U \cap A) \subset V$。於是，得

$$(g \circ f)(U \cap A) = g(f(U \cap A)) \subset g(V \cap B) \subset W \text{ 。}$$

由此可知：合成函數 $g \circ f$ 在點 c 連續。‖

【定理7】（以坐標函數的連續性表示向量值函數的連續性）

設 $f: A \to \boldsymbol{R}^l$ 為一函數，$A \subset \boldsymbol{R}^k$，$c \in A$。若對每個 $x \in A$，恆有$f(x) = (f_1(x), f_2(x), \cdots, f_l(x))$，其中 $f_1, f_2, \cdots, f_l: A \to \boldsymbol{R}$ 都是實數值函數，則函數 f 在點 c 連續的充要條件是：對每個 $i=1,2,\cdots,l$，函數 f_i 在點 c 連續。

證：由定理 2 及 § 3－3 定理 7 即得。‖

乙、連續函數舉例

在微積分課程裏，已經介紹過許多單變數實數值的連續函數，像單變數多項函數、有理函數、指數函數、對數函數、三角函數、反三

角函數、雙曲函數以及由這些函數經過定理 5、定理 6 中的各種運算所得的更多連續函數。下面我們所舉的例子以多變數函數爲主，先寫一個定義。

【定義2】若函數 f：$A \to \boldsymbol{R}^l$ 在其定義域 A 中每個點都連續，則稱函數 f：$A \to \boldsymbol{R}^l$ 在 A 上**連續**（continuous on A）或稱 f 是 A 上的**連續函數**（continuous function on A）。

【例2】對每個 $i=1,2,\cdots,k$，令 p_i：$\boldsymbol{R}^k \to \boldsymbol{R}$ 定義如下：若 $x=(x_1,x_2,\cdots,x_k)$，則 $p_i(x)=x_i$。函數 p_i 稱爲 $\boldsymbol{R}^k$ 空間上的第 i 個**坐標函數**（coordinate function）或第 i 個**射影**（projection）。對任意 $x,y \in \boldsymbol{R}^k$，顯然有

$$|p_i(x)-p_i(y)|=|x_i-y_i| \leqslant \| x-y \| 。$$

由此不等式可證得 p_i 是 $\boldsymbol{R}^k$ 上的連續函數。

將前段結果反覆運用定理 5，即可得知形如

$$p(x)=\sum a_{n_1 n_2 \cdots n_k} x_1^{n_1} x_2^{n_2} \cdots x_k^{n_k}$$

的函數都在 $\boldsymbol{R}^k$ 上連續。‖

【定理8】（多項函數與有理函數）

(1) k 變數的多項函數是 $\boldsymbol{R}^k$ 上的連續函數。

(2) k 變數的有理函數是其定義域上的連續函數。

例如：依定理8(1)，二變數多項函數 $(x,y) \mapsto xy$ 與 $(x,y) \mapsto x^2+y^2$ 在 $\boldsymbol{R}^2$ 上都連續。進一步地，依定理 8(2)，二變數有理函數 $(x,y) \mapsto (xy)/(x^2+y^2)$ 在 $\boldsymbol{R}^2-\{(0,0)\}$ 上連續。

【系理9】（線性函數）

若 $[\alpha_{ij}]_{l \times k}$ 爲一個 $l \times k$ 階實數元矩陣，對每個 $i=1,2,\cdots,l$，令 $f_i(x)=\alpha_{i1}x_1+\alpha_{i2}x_2+\cdots+\alpha_{ik}x_k$，$x=(x_1,x_2,\cdots,x_k) \in \boldsymbol{R}^k$，定義函數 f：$\boldsymbol{R}^k \to \boldsymbol{R}^l$ 如下：

$$f(x)=(f_1(x),f_2(x),\cdots,f_l(x)),$$

則函數 f 是 $\boldsymbol{R}^k$ 上的一個連續函數。

證：依定理 7 及定理 8(1)即得。‖

【定義3】系理 9 中所定義的函數 f：$\boldsymbol{R}^k \to \boldsymbol{R}^l$ 具有下述性質：對於所有 $x, y \in \boldsymbol{R}^k$ 及所有 $\alpha, \beta \in \boldsymbol{R}$，$f(\alpha x + \beta y) = \alpha f(x) + \beta f(y)$ 恆成立，具備此性質的函數稱爲由 $\boldsymbol{R}^k$ 至 $\boldsymbol{R}^l$ 的**線性函數**（linear function）。反之，由 $\boldsymbol{R}^k$ 至 $\boldsymbol{R}^l$ 的每個線性函數都是系理 9 所定義的形式（參看練習題 5）。

在其他書籍中，線性函數也稱爲**線性變換**（linear transformation）、或稱爲**線性映射**（linear mapping）、或稱爲**線性算子**（linear operator）。

【定義4】若 f：$\boldsymbol{R}^k \to \boldsymbol{R}^l$ 爲一線性函數，$b \in \boldsymbol{R}^l$，則函數 $x \mapsto f(x) + b$ 稱爲由 $\boldsymbol{R}^k$ 至 $\boldsymbol{R}^l$ 的一個**仿射函數**（affine function）。

【系理10】（仿射函數）

由 $\boldsymbol{R}^k$ 至 $\boldsymbol{R}^l$ 的仿射函數都是 $\boldsymbol{R}^k$ 上的連續函數。

有了定理 8 所提的連續函數，配合本小節前段所提的單變數實數值函數，再運用定理 5、6 與 7，就可以得出許多多變數向量值的連續函數。

【例3】(1) $(x, y) \mapsto \sin(xy)$ 是連續函數，因爲它是二變數函數 $(x, y) \mapsto xy$ 與單變數函數 $z \mapsto \sin z$ 的合成函數。

(2) $(x, y, z) \mapsto e^{x+y} \cos(x^2 + y^2)$ 是連續函數，因爲它是函數 $(x, y, z) \mapsto e^{x+y}$ 與函數 $(x, y, z) \mapsto \cos(x^2 + y^2)$ 的乘積，而前一函數是 $(x, y, z) \mapsto x + y$ 與函數 $t \mapsto e^t$ 的合成，後一函數是 $(x, y, z) \mapsto x^2 + y^2$ 與 $t \mapsto \cos t$ 的合成。‖

有些函數在某些點的連續性並不能直接引用定理 5、6 或 7，而需要做類似求極限值的討論。

【例4】設函數 f：$\boldsymbol{R}^2 \to \boldsymbol{R}$ 定義如下：若 $(x, y) \neq (0,0)$，則 $f(x, y)$

$=(x^2y)/(x^2+y^2)$；而$f(0,0)=0$。試證函數 f 是$\boldsymbol{R}^2$上的連續函數。

證：在異於原點(0,0)的任意點(a,b)附近，因爲函數 f 是有理函數而其分母在點(a,b)的值不爲 0，所以，依定理 8(2)及定理 5，函數 f 在點(a,b)連續。

其次，若$(x,y)\neq(0,0)$，則$|xy|/(x^2+y^2)\leqslant 1/2$。於是，可得

$$|f(x,y)|\leqslant|x/2|\leqslant\sqrt{x^2+y^2}/2\text{ 。}$$

此不等式指出函數 f 在點(0,0)的極限爲 0，而$f(0,0)=0$，因此，函數 f 在點(0,0)連續。‖

下面我們舉出一個與上述各例子的形態迥然不同的例子。對 $\boldsymbol{R}^k$ 中任意子集A，$\boldsymbol{R}^k$ 中任意點x 與A 的距離$d(x,A)$定義爲：$d(x,A)=\inf\{\|x-a\|\mid a\in A\}$。將子集 A 固定，則函數 $x\mapsto d(x,A)$構成 $\boldsymbol{R}^k$ 上的一個實數值函數。

【定理11】（點與集合的距離）

若 $A\subset\boldsymbol{R}^k$，則函數 $x\mapsto d(x,A)$是由 $\boldsymbol{R}^k$ 至 $\boldsymbol{R}$ 的一個連續函數。

證：設 $x,y\in\boldsymbol{R}^k$，則對每個 $a\in A$，可得$d(x,A)\leqslant\|x-a\|\leqslant\|x-y\|+\|y-a\|$。於是，$d(x,A)-\|x-y\|$是集合$\{\|y-a\|\mid a\in A\}$的一個下界，進一步得

$$d(x,A)-\|x-y\|\leqslant d(y,A)\text{，}$$

$$d(x,A)-d(y,A)\leqslant\|x-y\|\text{。}$$

同理，得$d(y,A)-d(x,A)\leqslant\|x-y\|$。換言之，對任意 $x,y\in\boldsymbol{R}^k$，恆有

$$|d(x,A)-d(y,A)|\leqslant\|x-y\|\text{ 。}$$

根據此不等式，很易證得函數 $x\mapsto d(x,A)$在 $\boldsymbol{R}^k$ 上連續。‖

由於函數 $x\mapsto d(x,A)$在集合 $\overline{A}$ 上各點的值都等於 0 而在 $\overline{A}$ 外的各點的值都不等於 0，將此類函數做適當的組合可證明兩個重要定理（參看練習題 8 與 9 ）。

丙、單調函數

單調函數的概念在微積分課程中已介紹過，此處我們所要討論的題材是單調函數的連續性問題。

【定理12】（遞增函數的左、右極限）

若函數 $f:[a,b]\to\boldsymbol{R}$ 是一個遞增函數，則

⑴ 對每個內點 $c\in(a,b)$，f 在點 c 的左、右極限都存在，而且

$$\lim_{x\to c-}f(x)\leqslant f(c)\leqslant\lim_{x\to c+}f(x)。$$

⑵ f 在左端點 a 的右極限存在、在右端點 b 的左極限存在，而且

$$f(a)\leqslant\lim_{x\to a+}f(x)，\lim_{x\to b-}f(x)\leqslant f(b)。$$

證：對每個 $c\in[a,b)$，令集合 $S=\{f(x)\mid c<x\leqslant b\}$。因為 f 是遞增函數，所以，$f(c)$是集合 S 的一個下界。根據實數系的完備性，令 $\alpha=\inf S$，我們要證明 $\alpha=\lim_{x\to c+}f(x)$，則$f(c)\leqslant\lim_{x\to c+}f(x)$。

對每個正數 ε，依最大下界的定義，可找到 $x_0\in(c,b]$使得 $f(x_0)<\alpha+\varepsilon$。令 $\delta=x_0-c$，則 $\delta>0$，而且當 $c<x<c+\delta$ 時，恆有

$$\alpha\leqslant f(x)\leqslant f(c+\delta)=f(x_0)<\alpha+\varepsilon，$$

$$|f(x)-\alpha|<\varepsilon。$$

由此可知：$\lim_{x\to c+}f(x)=\alpha$。

同理可證：對每個 $c\in(a,b]$，可得 $\lim_{x\to c-}f(x)$存在，而且 $\lim_{x\to c-}f(x)\leqslant f(c)$。事實上，

$$\lim_{x\to c-}f(x)=\sup\{f(x)\mid a\leqslant x<c\}。\ \|$$

$\lim_{x\to c+}f(x)$通常也簡記為 $f(c+)$，$\lim_{x\to c-}f(x)$通常也簡記為$f(c-)$。

定理12中的結果，很容易就推廣成遞減函數的類似性質。

【定理13】（遞減函數的左、右極限）

若函數 $f:[a,b]\to \boldsymbol{R}$ 是一個遞減函數，則

(1) 對每個內點 $c\in(a,b)$，f 在點 c 的左、右極限都存在，而且

$$\lim_{x\to c-}f(x)\geqslant f(c)\geqslant \lim_{x\to c+}f(x)。$$

(2) f 在左端點 a 的右極限存在、在右端點 b 的左極限存在，而且

$$f(a)\geqslant \lim_{x\to a+}f(x)，\lim_{x\to b-}f(x)\geqslant f(b)。$$

【系理14】(單調函數的連續性)

若函數 $f:[a,b]\to \boldsymbol{R}$ 是一個單調函數，而 $c\in(a,b)$，則 f 在點 c 連續的充要條件是 $\lim\limits_{x\to c+}f(x)=\lim\limits_{x\to c-}f(x)$，亦即：$\lim\limits_{x\to c}f(x)$ 存在。

證：依定理 2(2)、定理12、定理13及左、右極限的意義即得。‖

【定理15】(單調函數的不連續點)

若 $f:A\to \boldsymbol{R}$ 爲一單調函數，其中 $A\subset \boldsymbol{R}$ 爲一區間，則 f 至多只有可數個不連續點。

證：令 $S=\{c\in \boldsymbol{R}\mid c$ 是 A 的內點而 f 在點 c 不連續$\}$，並假設 f 是遞增函數。

設 $c\in S$，依系理14，$\lim_{x\to c-}f(x)<\lim_{x\to c+}f(x)$。任選一有理數 $r(c)$ 使得 $\lim_{x\to c-}f(x)<r(c)<\lim_{x\to c+}f(x)$。對任意 $c,d\in S$，若 $c<d$，則 $\lim_{x\to c+}f(x)\leqslant f((c+d)/2)\leqslant \lim_{x\to d-}f(x)$，由此可得 $r(c)<r(d)$。於是，函數 $c\mapsto r(c)$ 是由 S 映至 $\boldsymbol{Q}$ 的一個一對一函數。因爲 $\boldsymbol{Q}$ 是可數集，所以，S 是可數集。‖

下面的例子可以與定理15相互呼應。

【例5】若 S 是 $\boldsymbol{R}$ 中任意可數子集，則必有一個遞增函數 $f:\boldsymbol{R}\to \boldsymbol{R}$ 使得：f 在 S 中每個點都不連續而在 S 外每個點都連續。

證：將 S 的元素排成一個各項彼此不同的數列 $S=\{x_n\mid n\in \boldsymbol{N}\}$，另取一個由正數所成的數列 $\{\alpha_n\}$ 使得無窮級數 $\sum_{n=1}^{\infty}\alpha_n$ 收斂。定義函數 $f:\boldsymbol{R}\to \boldsymbol{R}$ 如下：

$$f(x)=\sum_{x_n<x}\alpha_n，\ (x\in\boldsymbol{R})。$$

在上式中，若 S 中無任何元素小於 x，則 $f(x)$ 定義爲 0。

顯然地，f 是一個遞增函數。

設 $c\in\boldsymbol{R}$，我們將討論 f 在點 c 的左右極限。對每個正數 ε，因爲級數 $\sum_{n=1}^{\infty}\alpha_n$ 收斂，所以，可找到一個 $n_0\in\boldsymbol{N}$ 使得 $\sum_{n>n_0}\alpha_n<\varepsilon$。其次，可找到一個正數 δ 使得 $x_1,x_2,\cdots,x_{n_0}$ 都不屬於 $(c-\delta,c+\delta)-\{c\}$。於是，對每個 $x\in(c-\delta,c)$ 可得

$$0\leqslant f(c)-f(x)=\sum_{x\leqslant x_n<c}\alpha_n\leqslant\sum_{n>n_0}\alpha_n<\varepsilon。$$

因此，$\lim_{x\to c-}f(x)=f(c)$。更進一步地，若 $c\notin S$，則對每個 $x\in(c,c+\delta)$，可得

$$0\leqslant f(x)-f(c)=\sum_{c\leqslant x_n<x}\alpha_n\leqslant\sum_{n>n_0}\alpha_n<\varepsilon。$$

因此，$\lim_{x\to c+}f(x)=f(c)$。若 $c\in S$，設 $c=x_m$，則對每個 $x\in(c,c+\delta)$，可得

$$0\leqslant f(x)-f(c)-\alpha_m=\sum_{c<x_n<x}\alpha_n\leqslant\sum_{n>n_0}\alpha_n<\varepsilon。$$

因此，$\lim_{x\to x_m+}f(x)=f(x_m)+\alpha_m$。

由此可知：f 在 S 外每個點都連續，而對 S 中的點 x_m，f 在點 x_m 左連續、但沒有右連續、而且 $\lim_{x\to x_m+}f(x)-\lim_{x\to x_m-}f(x)=\alpha_m$。‖

請注意：例 5 中的子集 S 可以是 $\boldsymbol{R}$ 中的稠密集，像 $\boldsymbol{Q}$，此時，例 5 中所定義的函數 f 是嚴格遞增函數。

丁、上、下半連續性

對實數值函數 $f:A\to\boldsymbol{R}$ 而言，定理1中的 $\|f(x)-f(c)\|<\varepsilon$ 可改寫成 $|f(x)-f(c)|<\varepsilon$，此不等式可改成「$f(x)<f(c)+\varepsilon$ 且 $f(x)>f(c)-\varepsilon$」，我們就兩種狀況分別定義新的概念。

【定義5】設 $f:A\to\boldsymbol{R}$ 爲一函數，$A\subset\boldsymbol{R}^k$，$c\in A$。

(1) 若對每個正數 ε，都可找到點 c 的一個鄰域 U 使得：當 $x\in$

$U\cap A$ 時，恆有$f(x)<f(c)+\varepsilon$，則稱函數 f 在點c **上半連續**（upper semicontinuous at c）。

⑵ 若對每個正數 ε，都可找到點 c 的一個鄰域U 使得：當 $x\in U\cap A$ 時，恆有$f(x)>f(c)-\varepsilon$，則稱函數 f 在點c **下半連續**（lower semicontinuous at c）。

仿照定義 2，可以定義**上半連續函數**（upper semicontinuous function）與**下半連續函數**（lower semicontinuous function）。

上、下半連續性與連續性的關係就如同上、下極限與極限的關係（參看§3－3 定理10）。

【定理16】（上、下半連續與連續）

若 $f: A\to \boldsymbol{R}$ 爲一函數，$A\subset \boldsymbol{R}^k$，$c\in A$，則函數 f 在點c 連續的充要條件是f 在點c 既是上半連續、又是下半連續。

證：由定義即得。‖

【例6】在例 1 中所定義的函數 f 是一個上半連續函數。函數 f 的定義如下：

$$f(x)=\begin{cases} 1/p, & \text{若 } x=q/p，q\in \boldsymbol{Z}，p\in \boldsymbol{N}，(p,q)=1； \\ 0, & \text{若 } x \text{ 是無理數。} \end{cases}$$

證：若 $c\in \boldsymbol{R}$ 是無理數，則依例 1，f 在點c 連續，自然也在點 c 上半連續。

設 $c\in \boldsymbol{Q}$，$c=m/n$，$m\in \boldsymbol{Z}$，$n\in \boldsymbol{N}$，$(m,n)=1$，則$f(c)=1/n$。設 ε 爲任意正數，因爲分母小於 n 的所有有理數構成$\boldsymbol{R}$ 中的一個閉集，所以，可找到一個正數 δ 使得$(c-\delta,c+\delta)$中不含分母小於 n 的有理數。於是，當 $x\in \boldsymbol{R}$ 且$|x-c|<\delta$ 時，若 x 是無理數，則 $f(x)=0<f(c)+\varepsilon$；若 x 是有理數，$x=q/p$，$q\in \boldsymbol{Z}$，$p\in \boldsymbol{N}$，$(p,q)=1$，則 $p\geqslant n$。於是，得$f(x)=1/p\leqslant 1/n<f(c)+\varepsilon$。因此，$f$ 在點c 上半連續。‖

在例 6 證明的後半段中，點 c 的鄰域$(c-\delta,c+\delta)$中每個點 x 都

滿足 $f(x)\leqslant f(c)$，這表示點 c 是函數 f 的一個**相對極大點**（relative maximum point），這種點與上半連續性有關（參看練習題13）。

【定理17】（上半連續與下半連續的關係）

若函數 $f: A\to \boldsymbol{R}$ 在點 $c\in A$ 上半連續，則 $-f$ 在點 c 下半連續。反之亦然。

證：由不等式 $f(x)<f(c)+\varepsilon$ 可得不等式 $(-f)(x)>(-f)(c)-\varepsilon$，證明甚易。‖

因爲有定理17的結果，所以，對上半連續性所得的每個性質，都很容易引出下半連續性的對應性質。

【定理18】（半連續性的充要條件）

設 $f: A\to \boldsymbol{R}$ 爲一函數，$A\subset \boldsymbol{R}^k$，$c\in A\cap A^d$。

(1) f 在點 c 上半連續的充要條件是 $\overline{\lim}_{x\to c} f(x)\leqslant f(c)$。

(2) f 在點 c 下半連續的充要條件是 $\underline{\lim}_{x\to c} f(x)\geqslant f(c)$。

證：我們只證明(1)。

必要性：設 f 在點 c 上半連續。設 ε 爲任意正數，依定義，可找到 c 的一個鄰域 U 使得：當 $x\in U\cap A$ 時，恆有 $f(x)<f(c)+\varepsilon$。任選一個正數 r 使得 $B_r(c)\subset U$，則當 $x\in A$ 且 $0<\| x-c\| <r$ 時，恆有 $f(x)<f(c)+\varepsilon$。由此得

$$\sup\{f(x)\mid x\in A, 0<\| x-c\| <r\}\leqslant f(c)+\varepsilon。$$

更進一步得 $\overline{\lim}_{x\to c} f(x)\leqslant f(c)+\varepsilon$。因爲此不等式對每個正數 ε 都成立，所以，得 $\overline{\lim}_{x\to c} f(x)\leqslant f(c)$。

充分性：設 $\overline{\lim}_{x\to c} f(x)\leqslant f(c)$。對每個正數 ε，依§3-3定理8，可找到 c 的一個鄰域 U，使得每個 $y\in U\cap A-\{c\}$ 都滿足 $f(y)<\overline{\lim}_{x\to c} f(x)+\varepsilon$。因爲 $\overline{\lim}_{x\to c} f(x)\leqslant f(c)$，所以，每個 $y\in U\cap A$ 都滿足 $f(y)<f(c)+\varepsilon$。於是，f 在點 c 上半連續。‖

【定理19】（半連續性與係數積）

(1) 若函數 $f: A\to \boldsymbol{R}$ 在點 $c\in A$ 上半連續而 $\alpha>0$，則函數 αf 也

在點 c 上半連續。

(2) 若函數 $f: A \to \boldsymbol{R}$ 在點 $c \in A$ 下半連續而 $\alpha > 0$，則函數 αf 也在點 c 下半連續。

證：當 $c \in A^d$ 時，依定理18及§3－3定理12即得。‖

【定理20】（半連續性與加法）

(1) 若函數 $f, g: A \to \boldsymbol{R}$ 都在點 $c \in A$ 上半連續，則函數 $f+g$ 也在點 c 上半連續。

(2) 若函數 $f, g: A \to \boldsymbol{R}$ 都在點 $c \in A$ 下半連續，則函數 $f+g$ 也在點 c 下半連續。

證：當 $c \in A^d$ 時，依定理18及§3－3定理15即得。‖

【定理21】（半連續性與乘法）

(1) 若非負函數 $f, g: A \to [0, +\infty)$ 都在點 $c \in A$ 上半連續，則函數 fg 也在點 c 上半連續。

(2) 若非負函數 $f, g: A \to [0, +\infty)$ 都在點 $c \in A$ 下半連續，則函數 fg 也在點 c 下半連續。

證：當 $c \in A^d$ 時，依定理18及§3－3定理16即得。‖

【定理22】（半連續性與求極大、極小運算之一）

(1) 若函數 $f, g: A \to \boldsymbol{R}$ 都在點 $c \in A$ 上半連續，則函數 $f \vee g$ 也在點 c 上半連續。

(2) 若函數 $f, g: A \to \boldsymbol{R}$ 都在點 $c \in A$ 下半連續，則函數 $f \wedge g$ 也在點 c 下半連續。

證：我們只證明(1)。

設 ε 為任意正數，因為函數 f 在點 c 上半連續，所以，可找到 c 的一個鄰域 U，使得每個 $x \in U \cap A$ 都滿足 $f(x) < f(c) + \varepsilon$。同理，因為函數 g 在點 c 上半連續，所以，可找到 c 的一個鄰域 V，使得每個 $x \in V \cap A$ 都滿足 $g(x) < g(c) + \varepsilon$。因為 $f(c) \leqslant (f \vee g)(c)$，$g(c) \leqslant (f \vee g)(c)$，所以，對每個 $x \in U \cap V \cap A$，恆有 $f(x)$

$<(f\vee g)(c)+\varepsilon$及$g(x)<(f\vee g)(c)+\varepsilon$。於是，對每個 $x\in U\cap V\cap A$，可得$(f\vee g)(x)<(f\vee g)(c)+\varepsilon$。由此可知：$f\vee g$ 在點c 上半連續。‖

【定理23】(半連續性與求極大、極小運算之二)

(1) 若函數族$\{f_\alpha: A\to \mathbf{R} \mid \alpha\in I\}$中每個 f_α 都在點$c\in A$ 上半連續，且對每個 $x\in A$，集合$\{f_\alpha(x)\mid \alpha\in I\}$有下界，則函數 $\inf_{\alpha\in I} f_\alpha$ 也在點c 上半連續，其中

$$(\inf_{\alpha\in I} f_\alpha)(x)=\inf\{f_\alpha(x)\mid \alpha\in I\},\ x\in A。$$

(2)若函數族$\{f_\alpha: A\to \mathbf{R} \mid \alpha\in I\}$中每個 f_α 都在點$c\in A$ 下半連續，且對每個 $x\in A$，集合$\{f_\alpha(x)\mid \alpha\in I\}$有上界，則函數 $\sup_{\alpha\in I} f_\alpha$ 也在點c 下半連續，其中

$$(\sup_{\alpha\in I} f_\alpha)(x)=\sup\{f_\alpha(x)\mid \alpha\in I\},\ x\in A。$$

證：我們只證明(1)。

設 ε 爲任意正數，依函數 $\inf_{\alpha\in I} f_\alpha$ 的定義，必有一個 $\beta\in I$ 使得 $f_\beta(c)<(\inf_{\alpha\in I} f_\alpha)(c)+\varepsilon/2$。因爲函數 f_β 在點c 上半連續，所以，可找到 c 的一個鄰域 U，使得每個 $x\in U\cap A$ 都滿足$f_\beta(x)<f_\beta(c)+\varepsilon/2$。於是，對每個 $x\in U\cap A$，可得

$$(\inf_{\alpha\in I} f_\alpha)(x)\leqslant f_\beta(x)<f_\beta(c)+\varepsilon/2<(\inf_{\alpha\in I} f_\alpha)(c)+\varepsilon\ 。$$

由此可知：函數 $\inf_{\alpha\in I} f_\alpha$ 在點c 上半連續。‖

練習題 3－4

1.試討論下列各函數在其定義域中各點的連續性：

(1) 對每個 $x\in[0,1]$，若 $x\in \mathbf{Q}$，則$f(x)=x$；若 $x\notin \mathbf{Q}$，則 $f(x)=0$。

(2) 對每個 $x\in[0,1]$，若 $x\in \mathbf{Q}$，則$f(x)=x$；若 $x\notin \mathbf{Q}$，則 $f(x)=1-x$。

(3) 對每個 $x\in \boldsymbol{R}$，$f(x)=\lim_{n\to\infty}\cos^{2n}(\pi x)$。

(4) 對每個 $x\in \boldsymbol{R}$，$f(x)=\lim_{n\to\infty}(2/\pi)\tan^{-1}(nx)$。

(5) 對每個 $(x,y)\in \boldsymbol{R}^2$，若 $x\in \boldsymbol{Q}$ 且 $y\in \boldsymbol{Q}$，則 $f(x,y)=x^2+y^2$；否則，$f(x,y)=0$。

(6) 對每個 $(x,y)\in \boldsymbol{R}^2$，若 $xy=0$，則 $f(x,y)=0$；若 $xy\neq 0$，則 $f(x,y)=1$。

(7) 對每個 $(x,y)\in \boldsymbol{R}^2$，若 $y\neq 0$，則 $f(x,y)=x/y$；若 $y=0$，則 $f(x,y)=0$。

(8) 對每個 $(x,y)\in \boldsymbol{R}^2$，若 $(x,y)\neq(0,0)$，則 $f(x,y)=(xy^2)/(x^2+y^4)$；而 $f(0,0)=0$。

2. 試作二函數 $f,g:\boldsymbol{R}\to\boldsymbol{R}$，使得 f 與 g 在 $\boldsymbol{R}$ 中每個點都不連續，但 $f+g$、fg、$f\circ g$ 與 $g\circ f$ 都在 $\boldsymbol{R}$ 上連續。

3. 若函數 $f:A\to\boldsymbol{R}^l$ 在點 $c=(c_1,c_2,\cdots,c_k)\in A$ 連續，令 $A_1=\{x_1\in\boldsymbol{R}\mid(x_1,c_2,\cdots,c_k)\in A\}$，而函數 $g:A_1\to\boldsymbol{R}$ 定義爲 $g(x_1)=f(x_1,c_2,\cdots,c_k)$，$x_1\in A_1$，試證函數 g 在點 c_1 連續。這個性質通常如此敘述：若一個函數對 k 個自變數連續，則它對其中每個自變數都連續。

4. 舉例說明第3題之敘述的逆敘述不成立。

5. 若 $f:\boldsymbol{R}^k\to\boldsymbol{R}^l$ 爲一線性函數，則必可找到一個 $l\times k$ 階實數元矩陣 $[\alpha_{ij}]$ 使得：對每個 $x=(x_1,x_2,\cdots,x_k)\in\boldsymbol{R}^k$，恆有

$$f(x)=\left(\sum_{j=1}^{k}\alpha_{1j}x_j,\sum_{j=1}^{k}\alpha_{2j}x_j,\cdots,\sum_{j=1}^{k}\alpha_{lj}x_j\right)。$$

6. 設函數 $f:\boldsymbol{R}\to\boldsymbol{R}$ 滿足下述條件：對任意 $x,y\in\boldsymbol{R}$，恆有 $f(x+y)=f(x)+f(y)$，試證：

(1) 對每個 $r\in\boldsymbol{Q}$，恆有 $f(r)=r\cdot f(1)$。

(2) 若 f 在 $\boldsymbol{R}$ 中某個點連續，則 f 在 $\boldsymbol{R}$ 上連續。

(3) 若 f 在點 0 的某個鄰域中有界，則 f 在 $\boldsymbol{R}$ 上連續。

(4) 若 f 是單調函數，則 f 在 $\boldsymbol{R}$ 上連續。

(5)若 f 在 $\boldsymbol{R}$ 上連續，則對每個 $x\in\boldsymbol{R}$，恆有 $f(x)=x\cdot f(1)$。

7. 設函數 f：$\boldsymbol{R}\to\boldsymbol{R}$ 滿足下述條件：對任意 $x,y\in\boldsymbol{R}$，恆有 $f(x+y)=f(x)f(y)$；又設 f 的值不是恆爲0。試證：

(1) $f(0)=1$，而且對每個 $x\in\boldsymbol{R}$，恆有 $f(x)>0$。

(2) 對每個 $r\in\boldsymbol{Q}$，恆有 $f(r)=(f(1))^r$。

(3) 若 f 在 $\boldsymbol{R}$ 中某個點連續，則 f 在 $\boldsymbol{R}$ 上連續。

(4) 若 f 在 $\boldsymbol{R}$ 上連續，則對每個 $x\in\boldsymbol{R}$，恆有 $f(x)=(f(1))^x$。

8. 若 A 與 B 是 $\boldsymbol{R}^k$ 中兩個不相交的閉集，試證：必可找到一個連續函數 f：$\boldsymbol{R}^k\to[0,1]$ 使得：每個 $a\in A$ 都滿足 $f(a)=0$ 而每個 $b\in B$ 都滿足 $f(b)=1$。

（提示：利用函數 $x\mapsto d(x,A)$ 與 $x\mapsto d(x,B)$ 作適當的組合。）

9. 若 A 與 B 是 $\boldsymbol{R}^k$ 中兩個不相交的閉集，試證：可找到 $\boldsymbol{R}^k$ 中的兩個開集 U 與 V，使得 $A\subset U$、$B\subset V$ 且 $U\cap V=\phi$。

（提示：利用第8題與§3－5系理2。）

10. 設 f：$(a,b)\to\boldsymbol{R}$ 爲一函數。若對於每個 $x\in(a,b)$，都可找到一個 $r_x>0$ 使得 f 在 $(x-r_x,x+r_x)$ 上遞增，則 f 在 (a,b) 上遞增。試證之。

11. 若 f：$[a,b]\to\boldsymbol{R}$ 爲一遞增函數，則對於 (a,b) 中任意有限多個點：$a<x_1<x_2<\cdots<x_n<b$，恆有

$$\sum_{i=1}^{n}(f(x_i+)-f(x_i-))\leqslant f(b-)-f(a+)。$$

12. 利用第11題的結果證明遞增函數至多只有可數個不連續點。

13. 設 f：$A\to\boldsymbol{R}$ 爲一函數，$c\in A$。若 c 是 f 的一個相對極大點，亦即：可找到 c 的一個鄰域 U 使得：每個 $x\in U\cap A$ 都滿足 $f(x)\leqslant f(c)$，則 f 在點 c 上半連續。

14. 討論第1題的各函數在其定義域中各點的半連續性。

15. 若 $f:[a,b]\to\boldsymbol{R}$ 為一遞增函數，試證：對每個 $c\in(a,b)$，恆有 $\overline{\lim_{x\to c}} f(x)=\lim_{x\to c+} f(x)$，$\underline{\lim_{x\to c}} f(x)=\lim_{x\to c-} f(x)$。

16. 若 $f:[a,b]\to\boldsymbol{R}$ 在 $[a,b]$ 上連續，定義函數 $g:[a,b]\to\boldsymbol{R}$ 如下：對每個 $a<x\leqslant b$，$g(x)=\sup\{f(y)\mid a\leqslant y\leqslant x\}$；而 $g(a)=f(a)$。試證：g 在 $[a,b]$ 上連續。

17. 設 $f:A\to\boldsymbol{R}$ 為一有界函數。對每個 $B\subset A$，令

$$\Omega_f(B)=\sup\{f(x)-f(y)\mid x,y\in B\},$$

則 $\Omega_f(B)$ 稱為函數 f 在子集 B 上的**振動**（oscillation）。若 $c\in A$，則 f 在點 c 的振動定義為

$$\omega_f(c)=\lim_{r\to 0+}\Omega_f(B_r(c)\cap A)。$$

試證：極限 $\omega_f(c)$ 恆存在，而且函數 f 在點 c 連續的充要條件是 $\omega_f(c)=0$。

18. 試求本節例 1 中的函數在每個有理點的振動。

19. 試求第1(8)題中的函數在點 $(0,0)$ 的振動。

20. 若 $f:[a,b]\to\boldsymbol{R}$ 為遞增函數，試證：對每個 $c\in(a,b)$，恆有 $\omega_f(c)=\lim_{x\to c+}f(x)-\lim_{x\to c-}f(x)$。

21. 若 $f:A\to\boldsymbol{R}$ 為一有界函數，則對每個 $x\in A$，恆有

$$\begin{aligned}\omega_f(x)=&\inf_{r>0}(\sup\{f(y)\mid y\in A\cap B_r(x)\})\\&-\sup_{r>0}(\inf\{f(y)\mid y\in A\cap B_r(x)\})。\end{aligned}$$

3－5 連續函數的全域性質

當一個函數在其定義域上各點都連續時，它會具有許多良好的性質，這類性質都是就整個定義域來討論，所以稱它們為**全域性質**（global property）。

甲、連續性的等價敘述

函數在一集合上的連續性，有許多等價的描述方式。

【定理1】（以開集描述連續性之一）

若 $f: A \to \boldsymbol{R}^l$ 爲一函數，$A \subset \boldsymbol{R}^k$，則 f 在 A 上連續的充要條件是：對於 $\boldsymbol{R}^l$ 中每個開集 V，都可在 $\boldsymbol{R}^k$ 中找到一個開集 U，使得 $f^{-1}(V) = U \cap A$。

證：必要性：設函數 f 在集合 A 上連續而 V 是 $\boldsymbol{R}^l$ 中一開集。對每個 $x \in f^{-1}(V)$，因爲 V 是 $f(x)$ 的一個鄰域而 f 在點 x 連續，所以，x 有一個開鄰域 U_x 滿足 $f(U_x \cap A) \subset V$，或 $U_x \cap A \subset f^{-1}(V)$。令

$$U = \bigcup \{U_x \mid x \in f^{-1}(V)\},$$

則 U 是 $\boldsymbol{R}^k$ 的開集，而因爲 $U \cap A = \bigcup \{U_x \cap A \mid x \in f^{-1}(V)\}$，所以，得 $U \cap A = f^{-1}(V)$。

充分性：設定理的條件成立，又設 c 是 A 中任一點。對每個正數 ε，因爲 $B_\varepsilon(f(c))$ 是 $\boldsymbol{R}^l$ 中一開集，所以，依假設，可在 $\boldsymbol{R}^k$ 中找到一開集 U 使得 $U \cap A = f^{-1}(B_\varepsilon(f(c)))$。因爲 $f(c) \in B_\varepsilon(f(c))$，所以，$c \in f^{-1}(B_\varepsilon(f(c))) \subset U$，$U$ 是 c 的一個開鄰域。於是，可找到一個正數 δ 使得 $B_\delta(c) \subset U$。當 $x \in A$ 且 $\|x - c\| < \delta$ 時，可得

$$x \in B_\delta(c) \cap A \subset U \cap A = f^{-1}(B_\varepsilon(f(c))),$$

進一步得 $f(x) \in B_\varepsilon(f(c))$，$\|f(x) - f(c)\| < \varepsilon$。依§3－4定理1，函數 f 在點 c 連續。‖

在定理 1 中，若函數的定義域是整個 $\boldsymbol{R}^k$ 空間，則充要條件可略爲簡化。

【系理2】（以開集描述連續性之二）

若 $f: \boldsymbol{R}^k \to \boldsymbol{R}^l$ 爲一函數，則 f 在 $\boldsymbol{R}^k$ 上連續的充要條件是：對於 $\boldsymbol{R}^l$ 中每個開集 V，$f^{-1}(V)$ 都是 $\boldsymbol{R}^k$ 中的開集。

證：由定理 1 即得。‖

【系理3】（以內部描述連續性）

若 f：$\boldsymbol{R}^k \to \boldsymbol{R}^l$ 爲一函數，則 f 在 $\boldsymbol{R}^k$ 上連續的充要條件是：對於 $\boldsymbol{R}^l$ 中每個子集 B，恆有 $f^{-1}(B^0) \subset (f^{-1}(B))^0$ 。

證：留爲習題。‖

能夠以開集來描述的概念，大都可以利用閉集來描述。

【定理4】（以閉集描述連續性之一）

若 f：$A \to \boldsymbol{R}^l$ 爲一函數，$A \subset \boldsymbol{R}^k$，則 f 在 A 上連續的充要條件是：對於 $\boldsymbol{R}^l$ 中每個閉集 G，都可在 $\boldsymbol{R}^k$ 中找到一個閉集 F，使得 $f^{-1}(G) = F \cap A$。

證：必要性：設 f 在 A 上連續而 G 是 $\boldsymbol{R}^l$ 中一閉集。令 $V = \boldsymbol{R}^l - G$，則 V 是 $\boldsymbol{R}^l$ 中的開集。依定理 1，可在 $\boldsymbol{R}^k$ 中找到一個開集 U，使得 $f^{-1}(V) = U \cap A$。因爲 $G = \boldsymbol{R}^l - V$，所以，得

$$f^{-1}(G) = f^{-1}(\boldsymbol{R}^l - V) = A - f^{-1}(V) = A - U \cap A$$
$$= (\boldsymbol{R}^k - U) \cap A \text{ 。}$$

令 $F = \boldsymbol{R}^k - U$，則 F 是 $\boldsymbol{R}^k$ 的閉集而且 $f^{-1}(G) = F \cap A$。

充分性：設定理的條件成立，又設 V 是 $\boldsymbol{R}^l$ 中一開集。因爲 $\boldsymbol{R}^l - V$ 是 $\boldsymbol{R}^l$ 中的閉集，所以，依假設，可在 $\boldsymbol{R}^k$ 中找到一閉集 F 使得 $f^{-1}(\boldsymbol{R}^l - V) = F \cap A$。於是，得

$$f^{-1}(V) = A - f^{-1}(\boldsymbol{R}^l - V) = A - F \cap A$$
$$= (\boldsymbol{R}^k - F) \cap A \text{ 。}$$

令 $U = \boldsymbol{R}^k - F$，則 U 是 $\boldsymbol{R}^k$ 的開集而且 $f^{-1}(V) = U \cap A$。依定理1，可知函數 f 在 A 上連續。‖

仿系理 2，又可得下述等價敘述。

【系理5】（以閉集描述連續性之二）

若 f：$\boldsymbol{R}^k \to \boldsymbol{R}^l$ 爲一函數，則 f 在 $\boldsymbol{R}^k$ 上連續的充要條件是：對於 $\boldsymbol{R}^l$ 中每個閉集 G，$f^{-1}(G)$ 都是 $\boldsymbol{R}^k$ 中的閉集。

證：由定理 4 即得。‖

【系理6】（以閉包描述連續性之一）

若 $f：\boldsymbol{R}^k \to \boldsymbol{R}^l$ 爲一函數，則 f 在 $\boldsymbol{R}^k$ 上連續的充要條件是：對於 $\boldsymbol{R}^l$ 中每個子集 B，恆有 $\overline{f^{-1}(B)} \subset f^{-1}(\overline{B})$。

證：留爲習題。‖

【系理7】（以閉包描述連續性之二）

若 $f：\boldsymbol{R}^k \to \boldsymbol{R}^l$ 爲一函數，則 f 在 $\boldsymbol{R}^k$ 上連續的充要條件是：對於 $\boldsymbol{R}^k$ 中每個子集 A，恆有 $f(\overline{A}) \subset \overline{f(A)}$。

證：留爲習題。‖

除了前述各等價敘述之外，利用導集與邊界也可以描述連續性的等價條件，我們不再一一列出。

乙、連續性與連通性

在§2－5介紹連通性時，曾提到連通性概念與連續函數的中間值定理有關，下面就討論這個問題。

【定理8】（連續函數保持連通性）

若 $f：A \to \boldsymbol{R}^l$ 爲 A 上的連續函數，$B \subset A \subset \boldsymbol{R}^k$，而 B 是 $\boldsymbol{R}^k$ 中的連通集，則 $f(B)$ 是 $\boldsymbol{R}^l$ 中的連通集。

證：設 V_1 與 V_2 是 $\boldsymbol{R}^l$ 中的開集，且 $f(B) \subset V_1 \cup V_2$、$f(B) \cap V_1 \cap V_2 = \phi$。因爲 f 在 A 上連續，所以，依定理1，可在 $\boldsymbol{R}^k$ 中找到二開集 U_1 與 U_2，使得 $f^{-1}(V_1) = U_1 \cap A$、$f^{-1}(V_2) = U_2 \cap A$。因爲 $f(B) \subset V_1 \cup V_2$、$f(B) \cap V_1 \cap V_2 = \phi$，所以，可得 $B \subset f^{-1}(V_1) \cup f^{-1}(V_2)$、$B \cap f^{-1}(V_1) \cap f^{-1}(V_2) = \phi$。再由 $B \subset A$ 進一步得 $B \subset U_1 \cup U_2$、$B \cap U_1 \cap U_2 = \phi$。因爲 B 是連通集，所以，$B \cap U_1 = \phi$ 或 $B \cap U_2 = \phi$。若 $B \cap U_1 = \phi$，則 $B \cap f^{-1}(V_1) = B \cap U_1 \cap A = \phi$。再由此得 $f(B) \cap V_1 = \phi$。同理，若 $B \cap U_2 = \phi$，則 $f(B) \cap V_2 = \phi$。因此，$\boldsymbol{R}^l$ 中找不到兩開集 V_1 與 V_2 能滿足 $f(B) \cap V_1 \neq \phi$、$f(B) \cap V_2 \neq \phi$、$f(B) \subset V_1 \cup V_2$ 及 $f(B) \cap V_1 \cap V_2 = \phi$。依定義，可知 $f(B)$ 是

連通集。‖

【系理9】（中間値定理）

若 $f: A \to \boldsymbol{R}$ 爲 A 上的實數值連續函數，$B \subset A \subset \boldsymbol{R}^k$，而 B 是 $\boldsymbol{R}^k$ 中的連通集，則對於滿足 $\inf f(B) < r < \sup f(B)$ 的每個實數 r，B 中必有一個點 c 滿足 $f(c) = r$。

證：依定理 8，$f(B)$ 是實數線 $\boldsymbol{R}$ 中的連通集。若 $f(B)$ 不是只含一點，則依§2－5 定理 5，$f(B)$ 爲一區間。由此可知：不論 $\inf f(B)$ 爲 $-\infty$ 或爲一實數、也不論 $\sup f(B)$ 爲 $+\infty$ 或爲一實數，都可得 $(\inf f(B), \sup f(B)) \subset f(B)$。於是，對於滿足 $\inf f(B) < r < \sup f(B)$ 的每個實數 r，恆有 $r \in f(B)$，亦即：B 中有一點 c 滿足 $f(c) = r$。‖

因爲連續函數在連通集上的映像必也是連通集，而連續函數又很容易舉例，所以，定理 8 可用以得出 $\boldsymbol{R}^k$ 空間中的許多連通集。我們舉例如下，這些例子都代表許多連通集。

【例1】若 $A \subset \boldsymbol{R}$ 爲一區間而 $f: A \to \boldsymbol{R}$ 爲一連續函數，則其圖形 $\{(x, f(x)) \mid x \in A\}$ 是 $\boldsymbol{R}^2$ 中的一個連通集，因爲它是連續函數 $x \mapsto (x, f(x))$ 在連通集 A 上的映像。‖

【例2】若 $f_1, f_2, \cdots, f_k: [a, b] \to \boldsymbol{R}$ 都是連續函數，則集合 $\{(f_1(x), f_2(x), \cdots, f_k(x)) \in \boldsymbol{R}^k \mid x \in [a, b]\}$ 是 $\boldsymbol{R}^k$ 中的一個連通集，因爲它是連續函數 $f: x \mapsto (f_1(x), f_2(x), \cdots, f_k(x))$ 在閉區間 $[a, b]$ 上的映像。例如：圓 $\{(a \cos t, a \sin t) \mid t \in [0, 2\pi]\}$ 與橢圓 $\{(a \cos t, b \sin t) \mid t \in [0, 2\pi]\}$ 都是連通集。‖

丙、連續性與緊緻性

在§2－4 介紹緊緻性時，曾提到緊緻性概念與連續函數是否爲有界函數的問題有關，下面就討論這個問題。

【定理10】（連續函數保持緊緻性）

若 $f: A \to \boldsymbol{R}^l$ 為 A 上的連續函數，$K \subset A \subset \boldsymbol{R}^k$，而 K 是 $\boldsymbol{R}^k$ 中的緊緻集，則 $f(K)$ 是 $\boldsymbol{R}^l$ 中的緊緻集。

證：設 $\{V_\alpha \mid \alpha \in I\}$ 是集合 $f(K)$ 的開覆蓋。對每個 $\alpha \in I$，因為 V_α 是 $\boldsymbol{R}^l$ 的開集而函數 f 在 A 上連續，所以，依定理 1，可在 $\boldsymbol{R}^k$ 中找到一開集 U_α 使得 $f^{-1}(V_\alpha) = U_\alpha \cap A$。因為 $f(K) \subset \bigcup_{\alpha \in I} V_\alpha$，所以，可得

$$K \subset f^{-1}(\bigcup_{\alpha \in I} V_\alpha) = \bigcup_{\alpha \in I} f^{-1}(V_\alpha) \subset \bigcup_{\alpha \in I} U_\alpha \text{ 。}$$

由此可知：$\{U_\alpha \mid \alpha \in I\}$ 是 K 的一個開覆蓋。因為 K 是緊緻集，所以，必可找到 $\alpha_1, \alpha_2, \cdots, \alpha_n \in I$，使得 $K \subset \bigcup_{i=1}^n U_{\alpha_i}$。因為 $K \subset A$ 也成立，所以，可得 $K \subset \bigcup_{i=1}^n f^{-1}(V_{\alpha_i})$。於是，得

$$f(K) \subset \bigcup_{i=1}^n f(f^{-1}(V_{\alpha_i})) \subset \bigcup_{i=1}^n V_{\alpha_i} \text{ 。}$$

由此可知：$\{V_{\alpha_1}, V_{\alpha_2}, \cdots, V_{\alpha_n}\}$ 是開覆蓋 $\{V_\alpha \mid \alpha \in I\}$ 在 $f(K)$ 上的一個有限子覆蓋。既然 $f(K)$ 的每個開覆蓋都有有限的子覆蓋，可知 $f(K)$ 是緊緻集。‖

【系理11】（最大、最小值定理之一）

若 $f: A \to \boldsymbol{R}$ 為 A 上的實數值連續函數，$K \subset A \subset \boldsymbol{R}^k$，而 K 是 $\boldsymbol{R}^k$ 中的緊緻集，則可以找到 $a, b \in K$，使得

$$f(a) = \sup f(K) \text{，} f(b) = \inf f(K) \text{ 。}$$

換言之，$f(a)$ 與 $f(b)$ 分別是函數 f 在 K 上的最大值與最小值。

證：依定理10，$f(K)$ 是 $\boldsymbol{R}$ 中的一個緊緻集，依§2－4練習題5，可知 $\sup f(K)$ 與 $\inf f(K)$ 都屬於 $f(K)$。換言之，K 中有兩個點 a 與 b 滿足 $f(a) = \sup f(K)$ 而 $f(b) = \inf f(K)$。‖

【系理12】（最大、最小值定理之二）

若 $f: A \to \boldsymbol{R}^l$ 為 A 上的連續函數，$K \subset A \subset \boldsymbol{R}^k$，而 K 是 $\boldsymbol{R}^k$ 中的緊緻集，則可以找到 $a, b \in K$，使得

$$\| f(a) \| = \sup\{ \| f(x) \| \mid x \in K\} \text{，}$$
$$\| f(b) \| = \inf\{ \| f(x) \| \mid x \in K\} \text{ 。}$$

證：因爲 f 是 A 上的連續函數，所以，依§3－4定理 5，函數 $x \mapsto \| f(x) \|$ 是 A 上的實數值連續函數。於是，依系理11可得定理的結論。‖

將系理12的結果應用到線性函數，可得出下面兩個重要結果。

【定理13】（線性函數的範數）

若 $f: \boldsymbol{R}^k \to \boldsymbol{R}^l$ 爲一線性函數，則必可找到一非負實數 α，使得：對每個 $x \in \boldsymbol{R}^k$，恆有 $\| f(x) \| \leqslant \alpha \| x \|$。更進一步地，對任意 $u, v \in \boldsymbol{R}^k$，恆有 $\| f(u) - f(v) \| \leqslant \alpha \| u - v \|$。

證：在 $\boldsymbol{R}^k$ 中，以 0 爲球心、1 爲半徑的 k 維球面 $S_1(0)$ 是一個有界閉集（參看§2－3練習題 2）。依 Heine－Borel 定理，$S_1(0)$ 是一個緊緻集。因爲線性函數 f 是連續函數，所以，依系理12，$S_1(0)$ 中有一點 a 滿足 $\| f(a) \| = \sup\{ \| f(x) \| \mid x \in S_1(0) \}$。令 α 表示大於或等於 $\| f(a) \|$ 的任意實數，則對每個 $x \in S_1(0)$，恆有 $\| f(x) \| \leqslant \| f(a) \| \leqslant \alpha$。

其次，若 $x \in \boldsymbol{R}^k$ 且 $x \neq 0$，則 $x / \| x \| \in S_1(0)$，$\| f(x / \| x \|) \| \leqslant \alpha$。因爲 f 是線性函數，所以，$f(x / \| x \|) = f(x) / \| x \|$。更進一步得

$$\| f(x) \| = \| x \| \cdot \| f(x / \| x \|) \| \leqslant \alpha \| x \|。$$

另一方面，因爲 f 是線性函數，所以，$f(0) = 0$。於是，$\| f(0) \| = \alpha \| 0 \|$。因此，$\| f(x) \| \leqslant \alpha \| x \|$ 對 $\boldsymbol{R}^k$ 中每個點 x 都成立。

更進一步地，若 $u, v \in \boldsymbol{R}^k$，則因爲 f 是線性函數，所以，得 $f(u - v) = f(u) - f(v)$。於是，依前段結果，可得

$$\| f(u) - f(v) \| = \| f(u - v) \| \leqslant \alpha \| u - v \|。 \|$$

【定義1】若 $f: \boldsymbol{R}^k \to \boldsymbol{R}^l$ 爲一線性函數，則滿足定理13中不等式的非負實數 α 所成的集合必有下界，其最大下界稱爲線性函數 f 的**範數**（norm），以 $\| f \|$ 表之，亦即：

$$\| f \| = \inf \{ \alpha \in \boldsymbol{R} \mid 每個\ x \in \boldsymbol{R}^k\ 都滿足\ \| f(x) \| \leqslant \alpha \| x \| \}。$$

【定理14】（一對一線性函數）

若 f：$\boldsymbol{R}^k \to \boldsymbol{R}^l$ 爲一線性函數，則 f 爲一對一函數的充要條件是：可找到一正數 β 使得：對每個 $x \in \boldsymbol{R}^k$，恆有

$$\| f(x) \| \geqslant \beta \| x \|。$$

證：充分性：設有一正數 β 使得每個 $x \in \boldsymbol{R}^k$ 都滿足 $\| f(x) \| \geqslant \beta \| x \|$。若 $u, v \in \boldsymbol{R}^k$ 且 $f(u) = f(v)$，則因爲 f 是線性函數，所以，得

$$0 = \| f(u) - f(v) \| = \| f(u - v) \| \geqslant \beta \| u - v \|。$$

因爲 $\beta > 0$，故得 $u = v$。因此，f 是一對一函數。

必要性：設 f 是一對一函數。因爲 f 是連續函數而$S_1(0)$是緊緻集，所以，依系理12，$S_1(0)$中有一點 b 滿足

$$\| f(b) \| = \inf\{ \| f(x) \| \mid x \in S_1(0) \}。$$

因爲 $b \neq 0$而 f 是一對一函數，所以，$f(b) \neq 0$，$\| f(b) \| > 0$。令 $\beta = \| f(b) \|$，則 $\beta > 0$而且每個 $x \in S_1(0)$都滿足 $\| f(x) \| \geqslant \beta$。其次，若 $x \in \boldsymbol{R}^k$ 且$x \neq 0$，則 $\| f(x / \| x \|) \| \geqslant \beta$。仿定理13的證明，可知 $\| f(x) \| \geqslant \beta \| x \|$。另一方面，$0 \in \boldsymbol{R}^k$ 顯然也滿足此不等式。‖

下面的定理談到反函數的連續性問題，這是定理10的最重要應用之一。

【定理15】（緊緻性與反函數的連續性）

若 $K \subset \boldsymbol{R}^k$ 爲一緊緻集，而且 f：$K \to H$ 是一對一、映成的連續函數，$H \subset \boldsymbol{R}^l$，則反函數 f^{-1}：$H \to K$ 是H 上的連續函數。

證：設 G 是 $\boldsymbol{R}^k$ 中的任意閉集，依§2－4 練習題 1，$G \cap K$ 是 $\boldsymbol{R}^k$ 中的緊緻集。因爲 f 在K 上連續，所以，依定理10，$f(G \cap K)$是 $\boldsymbol{R}^l$ 的緊緻集，於是，依§2－4 定理 4，$f(G \cap K)$是 $\boldsymbol{R}^l$ 中的閉集。另一方面，因爲$(f^{-1})^{-1}(G) = f(G \cap K) \cap H$，所以，依定理 4，可知 f^{-1}是 H 上的連續函數。‖

當一函數的定義域不是緊緻集時，由一對一、映成及連續就不一定能保證其反函數也連續了，且看下例。

【例3】設 $f:[0,2\pi]\to S_1(0)\subset \boldsymbol{R}^2$定義如下：

$$f(t)=(\cos t,\sin t)，t\in[0,2\pi)。$$

顯然地，f 是一對一、映成的連續函數。但其反函數 f^{-1}在點$(1,0)$卻不連續，爲什麼呢？對每個 $n\in \boldsymbol{N}$，令 $p_n=f(2\pi-\pi/n)$，則 p_n 至點$(1,0)$的距離爲 $\|p_n-f(0)\|=2\sin(\pi/(2n))$。於是，$S_1(0)$中的點列$\{p_n\}$收斂於點$(1,0)$，但因$f^{-1}(p_n)=2\pi-\pi/n$，所以，數列$\{f^{-1}(p_n)\}$的極限是$2\pi$，而$f^{-1}(1,0)=0\neq 2\pi$。‖

丁、實變數實數值連續函數

前面所得的結果應用在實變數實數值函數時，可得出更簡潔的叙述。

【定理16】(區間的連續映像)

(1) 定義域是 $\boldsymbol{R}$ 中一區間的實數值連續函數，其值域也是一區間。

(2) 定義域是 $\boldsymbol{R}$ 中一有限閉區間的實數值連續函數，其值域也是一有限閉區間。

證：(1) 由§2－5定理4、5及本節定理8即得。

(2) 由§2－4定理3、4及本節定理10、本定理的(1)即得。‖

除了是定理16(2)所特指的有限閉區間之外，其他形式的區間對任意連續函數的映像可能是什麼形式的區間呢？對較特殊的連續函數(像單調函數、多項函數等)，其映像又如何呢？這些問題留給讀者自行探討(參看練習題18至22)。

【定理17】(一對一與嚴格單調)

若 $f:A\to \boldsymbol{R}$ 爲一連續函數，其中 $A\subset \boldsymbol{R}$ 爲一區間，則 f 爲一對一函數的充要條件是：f 爲嚴格單調函數。

證：充分性：嚴格單調函數自然是一對一函數。（不必假設它是連續函數。）

必要性：假設 f 不是嚴格單調函數，則必可找到 $a, b \in A$，使得 $a < b$ 而 f 在 $[a, b]$ 上不是嚴格單調函數。設 $f(a) < f(b)$，因爲 f 在 $[a, b]$ 上不是嚴格單調函數，所以，必可找到 $c, d \in [a, b]$ 滿足 $c < d$ 而 $f(c) \geqslant f(d)$。

若 $f(c) = f(d)$，則因爲 $c \neq d$，所以，f 不是一對一函數。

若 $f(c) > f(d)$ 而且 $f(c) > f(a)$，任選一實數 r 使得 $f(c) > r > \max\{f(a), f(d)\}$，則依連續函數的中間值定理，必可找到一個 $x \in (a, c)$ 及一個 $y \in (c, d)$ 使得 $f(x) = r = f(y)$。於是，f 不是一對一函數。

若 $f(c) > f(d)$ 而 $f(c) \leqslant f(a)$，則 $f(d) < f(c) \leqslant f(a) < f(b)$。任選一實數 s 使得 $f(d) < s < \min\{f(c), f(b)\}$，依連續函數的中間值定理，必可找到一個 $u \in (c, d)$ 及一個 $v \in (d, b)$ 使得 $f(u) = s = f(v)$。於是，f 不是一對一函數。‖

【定理18】（嚴格單調連續函數的反函數）

若 $f: A \to B$ 是一個嚴格遞增（減）的連續函數，其中 $A \subset \boldsymbol{R}$ 爲一區間而 $B = f(A)$，則 $f^{-1}: B \to A$ 也是嚴格遞增（減）的連續函數。

證：若 $f: A \to B$ 爲嚴格遞增的映成函數，則 f 爲一對一且映成的函數。因此，反函數 $f^{-1}: B \to A$ 存在。設 $u, v \in B$ 且 $u > v$，令 $x = f^{-1}(u)$，$y = f^{-1}(v)$。因爲 f 是嚴格遞增函數，所以，$x \leqslant y$ 不能成立（否則，由 $x \leqslant y$ 可得 $u = f(x) \leqslant f(y) = v$）。於是，$x > y$。由此可知，反函數 f^{-1} 是嚴格遞增函數。

設 $b \in B$ 而且 b 不是區間 B 的右端點，令 $a = f^{-1}(b)$，因爲 f^{-1} 是嚴格遞增函數，所以，a 不是 A 的右端點。依假設，函數 f 在區間 $[a, +\infty) \cap A$ 上連續，我們要由此證明函數 f^{-1} 在點 b 右連續。設 ε 爲任意正數，因爲 a 不是 $[a, +\infty) \cap A$ 的右端點，所以，可找

到一個 $c\in A$ 使得 $a<c<a+\varepsilon$。因爲 f 在 $[a,c]$ 上連續且嚴格遞增，所以，依定理16(2)，可得 $f([a,c])=[f(a),f(c)]=[b,f(c)]$ 且 $b<f(c)$。任選一個正數 δ 使得 $[b,b+\delta)\subset[b,f(c)]$，則對每個 $y\in[b,b+\delta)$，恆有 $f^{-1}(y)\in[a,c]\subset[a,a+\varepsilon)$，更進一步可得 $|f^{-1}(y)-f^{-1}(b)|<\varepsilon$。由此可知：函數 f^{-1} 在點 b 右連續。同理，若 $b\in B$ 且 b 不是 B 的左端點，則函數 f^{-1} 在點 b 左連續。因此，函數 $f^{-1}:B\to A$ 在 B 上連續。‖

【系理19】（區間與反函數的連續性）

若 $f:A\to B$ 爲一對一、映成的連續函數，且 A 與 B 都是 $\boldsymbol{R}$ 中的區間，則反函數 $f^{-1}:B\to A$ 是 B 上的連續函數。

證：由定理17與18即得。‖

將系理19與定理15、例 3 比較，可以看出實變數實數值函數的一些不同之處。

戊、上、下半連續函數

當一函數 $f:A\to\boldsymbol{R}$ 在 A 上每個點都上半連續時，我們稱 f 爲 A 上的**上半連續函數**（upper semicontinuous function）或稱 f 在 A 上**上半連續**（upper semicontinuous on A）；同法可定義下半連續函數。半連續函數也有其全域性質，下面我們只介紹上半連續函數的性質，下半連續函數的相對性質留給讀者自行討論，不外乎「$<\alpha$」改成「$>\alpha$」，「$\geqslant\alpha$」改成「$\leqslant\alpha$」，「上界」改成「下界」，「最大值」改成「最小值」等。

【定理20】（以開集描述上半連續性之一）

若 $A\to\boldsymbol{R}$ 爲一函數，$A\subset\boldsymbol{R}^k$，則 f 在 A 上上半連續的充要條件是：對每個實數 α，都可在 $\boldsymbol{R}^k$ 中找到一個開集 U 使得

$$\{x\in A\mid f(x)<\alpha\}=U\cap A\ 。$$

證：與定理 1 的證法類似，留爲習題。‖

【系理21】（以開集描述上半連續性之二）

若 $f: \boldsymbol{R}^k \to \boldsymbol{R}$ 爲一函數，則 f 在 $\boldsymbol{R}^k$ 上上半連續的充要條件是：對每個實數 α，$\{x \in \boldsymbol{R}^k \mid f(x) < \alpha\}$ 都是 $\boldsymbol{R}^k$ 中的開集。

證：由定理20即得。‖

【定理22】（以閉集描述上半連續性之一）

若 $f: A \to \boldsymbol{R}$ 爲一函數，$A \subset \boldsymbol{R}^k$，則 f 在 A 上上半連續的充要條件是：對每個實數 α，都可在 $\boldsymbol{R}^k$ 中找到一個閉集 F 使得

$$\{x \in A \mid f(x) \geqslant a\} = F \cap A \text{ 。}$$

證：與定理 4 的證法類似，留爲習題。‖

【系理23】（以閉集描述上半連續性之二）

若 $f: \boldsymbol{R}^k \to \boldsymbol{R}$ 爲一函數，則 f 在 $\boldsymbol{R}^k$ 上上半連續的充要條件是：對每個實數 α，$\{x \in \boldsymbol{R}^k \mid f(x) \geqslant \alpha\}$ 都是 $\boldsymbol{R}^k$ 中的閉集。

證：由定理22即得。‖

【例4】對每個 $A \subset \boldsymbol{R}^k$，函數 $\chi_A: \boldsymbol{R}^k \to \boldsymbol{R}$ 定義如下：若 $x \in A$，則 $\chi_A(x) = 1$；若 $x \in \boldsymbol{R}^k - A$，則 $\chi_A(x) = 0$。此函數 χ_A 稱爲集合 A 上的**特徵函數**（characteristic function）。對每個實數 α，當 α 分別屬於 $(-\infty, 0]$、$(0, 1]$ 或 $(1, +\infty)$ 時，可得 $\{x \in \boldsymbol{R}^k \mid \chi_A(x) \geqslant \alpha\}$ 等於 $\boldsymbol{R}^k$、A 或 ϕ。因此，依系理23可知：特徵函數 χ_A 在 $\boldsymbol{R}^k$ 上上半連續的充要條件是：A 爲 $\boldsymbol{R}^k$ 中的閉集。‖

觀察上面的例 4，就可發現上（下）半連續函數沒有中間值定理，或者說，半連續函數不能保持連通性，因爲一個上半連續函數可能只具有 0 與 1 兩個函數值。至於緊緻性，我們說明如下。

【定理24】（上半連續函數的最大值）

若 $f: A \to \boldsymbol{R}$ 爲 A 上的上半連續函數，$K \subset A \subset \boldsymbol{R}^k$，而 K 爲 $\boldsymbol{R}^k$ 中的緊緻集，則集合 $f(K)$ 有上界，而且 K 中有一點 a 滿足 $f(a) = \sup f(K)$，亦即：$f(a)$ 是函數 f 在集合 K 上的最大值。

證：對每個 $n\in \boldsymbol{N}$，因爲 f 在 A 上上半連續，所以，依定理22，可在 $\boldsymbol{R}^k$ 中找到一閉集 F_n 使得 $\{x\in A\mid f(x)\geqslant n\}=F_n\cap A$。因爲 $K\subset A$，所以，可進一步得 $\{x\in K\mid f(x)\geqslant n\}=F_n\cap K$。因爲 K 是緊緻集，所以，每個 $F_n\cap K$ 也都是緊緻集、自然也都是閉集。顯然地，$\{F_n\cap K\}$ 是一個遞減序列而且 $\bigcap_{n=1}^{\infty}(F_n\cap K)=\phi$。於是，依§2－4系理 8 的 Cantor 交集定理，可知必有一個 $n\in \boldsymbol{N}$ 滿足 $F_n\cap K=\phi$，或是說，$\{x\in K\mid f(x)\geqslant n\}=\phi$。因此，$K$ 中每個 x 都滿足 $f(x)<n$，$f(K)$ 有上界。

設 $\alpha=\sup f(K)$。對每個 $n\in \boldsymbol{N}$，仿上述方法，可在 $\boldsymbol{R}^k$ 中找到一閉集 G_n 使得 $\{x\in A\mid f(x)\geqslant\alpha-1/n\}=G_n\cap A$。因爲 $K\subset A$，所以，$\{x\in K\mid f(x)\geqslant\alpha-1/n\}=G_n\cap K$。因爲 $\alpha=\sup f(K)$，所以，對每個 $n\in \boldsymbol{N}$，恆有 $\{x\in K\mid f(x)\geqslant\alpha-1/n\}\neq\phi$，或 $G_n\cap K\neq\phi$。因爲 $\{G_n\cap K\}$ 是一個遞減的緊緻集序列，所以，依 Cantor 交集定理，$\bigcap_{n=1}^{\infty}(G_n\cap K)\neq\phi$。設 $a\in\bigcap_{n=1}^{\infty}(G_n\cap K)$，則對每個 $n\in \boldsymbol{N}$，恆有 $f(a)\geqslant\alpha-1/n$。於是，得 $f(a)\geqslant\alpha$，$f(a)=\alpha$。‖

對於上半連續函數而言，它在緊緻集的映像不一定有下界，同時也不一定有最小值。且看下面兩例。

【例5】函數 $f:[0,1]\to\boldsymbol{R}$ 定義如下：

$$f(x)=\begin{cases}-n, & \text{若 } 1/(n+1)<x<1/n,\ n\in\boldsymbol{N};\\ 0, & \text{若 } x=1/n,\ n\in\boldsymbol{N},\text{ 或 } x=0。\end{cases}$$

我們留給讀者自己證明 f 在 $[0,1]$ 上上半連續，但 $f([0,1])$ 沒有下界。‖

【例6】函數 $f:[0,1]\to\boldsymbol{R}$ 定義如下：$f(0)=1$；若 $x\in(0,1]$，則 $f(x)=x$。我們留給讀者自己證明 f 在 $[0,1]$ 上上半連續，$f([0,1])$ 有下界、但 f 沒有最小值。‖

練習題 3－5

1. 試證系理3。
2. 試證系理6。
3. 試證系理7。
4. 函數 f：$\boldsymbol{R}^k \to \boldsymbol{R}^l$ 在 $\boldsymbol{R}^k$ 上連續的充要條件是：對於 $\boldsymbol{R}^k$ 中每個子集 A，恆有 $f(A^d) \subset \overline{f(A)}$。試證之。
5. 函數 f：$\boldsymbol{R}^k \to \boldsymbol{R}^l$ 在 $\boldsymbol{R}^k$ 上連續的充要條件是：對於 $\boldsymbol{R}^l$ 中每個子集 B，恆有 $(f^{-1}(B))^b \subset f^{-1}(B^b)$。試證之。
6. 若 f, g：$A \to \boldsymbol{R}^l$ 為二連續函數，$A \subset \boldsymbol{R}^k$，而且 f 與 g 在某個滿足 $A \subset \overline{B}$ 的子集 $B \subset A$ 上相等，則 $f = g$。試證之。
7. 若函數 f：$[a, b] \to \boldsymbol{R}$ 為連續函數，而且對任意 $x, y \in [a, b]$，恆有 $f((x+y)/2) = (f(x) + f(y))/2$，試證：對每個 $x \in [a, b]$，恆有 $f(x) = \alpha x + \beta$，其中，
   $\alpha = (f(b) - f(a))/(b-a)$，$\beta = (bf(a) - af(b))/(b-a)$。
   （提示：使用第6題。）
8. 試證：第7題的結果對 $\boldsymbol{R}$ 上的連續函數 f：$\boldsymbol{R} \to \boldsymbol{R}$ 也成立。
9. 試證：若函數 f：$\boldsymbol{R} \to \boldsymbol{R}$ 具有下述性質：對任意 $x, y \in \boldsymbol{R}$，恆有 $|f(x) - f(y)| = |x - y|$，則 $f(x) = \alpha x + \beta$，其中，α 與 β 為常數。
   （提示：利用第8題。）
10. 若 U 是 $\boldsymbol{R}^k$ 中的開集，則函數 f：$U \to \boldsymbol{R}^l$ 在 U 上連續的充要條件是：對於 $\boldsymbol{R}^l$ 中每個開集 V，$f^{-1}(V)$ 都是 $\boldsymbol{R}^k$ 中的開集。
11. 若 F 是 $\boldsymbol{R}^k$ 中的閉集，則函數 f：$F \to \boldsymbol{R}^l$ 在 F 上連續的充要條件是：對於 $\boldsymbol{R}^l$ 中每個閉集 G，$f^{-1}(G)$ 都是 $\boldsymbol{R}^k$ 中的閉集。
12. 若 $A \subset \boldsymbol{R}^k$，則 A 是不連通集的充要條件是：有一個連續函數 f：$A \to \boldsymbol{R}$ 存在，使得 $f(A) = \{0, 1\}$。

13.若 $f:[0,2\pi]\to\boldsymbol{R}^l$ 爲一連續函數，且$f(0)=f(2\pi)$，則必可找到一個 $c\in[0;\pi]$使得$f(c)=f(c+\pi)$。

（提示：考慮 $g(x)=f(x)-f(x+\pi)$，$x\in[0,\pi]$。）

14.若 $f:[a,b]\to\boldsymbol{R}$ 爲一連續函數，而且 x_1與 x_2是 f 的兩個相異相對極大點，試證：f 有一個相對極小點介於 x_1與 x_2之間。

15.若 $f,g:[a,b]\to\boldsymbol{R}$ 都是$[a,b]$上的連續函數，而且 $f([a,b])\subset g([a,b])$，試證：$[a,b]$上必有一個點 c 滿足 $f(c)=g(c)$。

16.若 $f:[a,b]\to\boldsymbol{R}$ 爲一連續函數，而且 f 在(a,b)中沒有相對極大點、也沒有相對極小點，試證：f 是單調函數。

17.設 $f:[a,b]\to\boldsymbol{R}$ 爲一函數。若對每個 $y\in\boldsymbol{R}$，$f^{-1}(y)$都是 ϕ 或恰含兩個點，則 f 必不是連續函數。試證之。

18.舉例說明有限開區間(a,b)經連續函數的映像可以是任何形式的區間，包括有限與無限。

19.舉例說明無限閉區間$[a,+\infty)$經連續函數的映像可以是任何形式的區間，包括有限與無限。

20.試證：無限閉區間$[a,+\infty)$對嚴格遞增連續函數的映像只能是形如$[c,d)$或$[c,+\infty)$的區間。

21.試證：閉區間對多項函數的映像必是閉區間。

22.舉例說明有限開區間(a,b)經多項函數的映像可以是任何形式的有限區間。

23.試證定理20。

24.試證定理22。

25.試完成例5的證明。

26.試完成例6的證明。

27.若 $f:A\to B$ 爲一上半連續函數，$A\subset\boldsymbol{R}^k$，$B\subset\boldsymbol{R}$，$g:B\to\boldsymbol{R}$ 爲一遞增的上半連續函數，則 $g\circ f$ 爲上半連續函數。

28.若 f：$\boldsymbol{R}^k \to \boldsymbol{R}$ 爲一上半連續函數，試證：對每個子集 $A \subset \boldsymbol{R}^k$，恆有 $\inf f(\overline{A}) = \inf f(A)$。

29.設 f：$A \to \boldsymbol{R}$ 爲一有界函數，而 $\overline{A} = \boldsymbol{R}$。對每個 $x \in \boldsymbol{R}^k$，令

$$g(x) = \inf_{r>0} (\sup\{f(y) \mid y \in B_r(x) \cap A\})。$$

試證：

(1) 函數 g 是 $\boldsymbol{R}^k$ 上的上半連續函數，而且 $g|_A \geqslant f$。

(2) 若函數 h：$\boldsymbol{R}^k \to \boldsymbol{R}$ 在 $\boldsymbol{R}^k$ 上上半連續，且 $h|_A \geqslant f$，則 $h \geqslant g$。

(3) 若 f 在 A 上上半連續，則 $g|_A = f$。

30.若 f：$A \to \boldsymbol{R}$ 爲一有界函數，$A \subset \boldsymbol{R}^k$，則函數 $x \mapsto \omega_f(x)$ 在 A 上上半連續。試證之。

31.下面是有關線性函數之範數的一些基本性質：若 f, g：$\boldsymbol{R}^k \to \boldsymbol{R}^l$ 與 h：$\boldsymbol{R}^l \to \boldsymbol{R}^m$ 都是線性函數，$\alpha \in \boldsymbol{R}$，則

(1) $\|f\| = \sup\{\|f(x)\| \mid x \in \boldsymbol{R}^k, \|x\| = 1\}$
$= \sup\{\|f(x)\| \mid x \in \boldsymbol{R}^k, \|x\| \leqslant 1\}$。

(2) 對每個 $x \in \boldsymbol{R}^k$，恆有 $\|f(x)\| \leqslant \|f\| \|x\|$。

(3) $\|f\| \geqslant 0$，而且 $\|f\| = 0$ 的充要條件是 $f = 0$。

(4) $\|\alpha f\| = |\alpha| \|f\|$。

(5) $\|f + g\| \leqslant \|f\| + \|g\|$。

(6) $\|h \circ f\| \leqslant \|h\| \|f\|$。

3－6 均匀連續函數

在本節裏，我們要討論均匀連續性的概念，並證明一個固定點定理及一個逼近定理。

甲、均匀連續函數的意義

在§3－2中，我們討論過函數列的均匀收斂概念。所謂函數列

$\{f_n: A \to \boldsymbol{R}^l\}$在 A 上均勻收斂於函數$f: A \to \boldsymbol{R}^l$，乃是表示：對每個正數 ε，都可找到一個 $n_0 \in \boldsymbol{N}$ 使得：當 $n \in \boldsymbol{N}$ 且 $n \geqslant n_0$時，$\| f_n(x) - f(x) \| < \varepsilon$對每個$x \in A$ 都成立。此處所強調的是：為了使$\| f_n(x) - f(x) \| < \varepsilon$ 成立，我們可以找到一個對 A 中每個點x都合用的正整數n_0。將這個觀念應用到函數概念時，可以引進均勻連續的概念。

【定義1】設 $f: A \to \boldsymbol{R}^l$ 為一函數，$B \subset A \subset \boldsymbol{R}^k$。若對於每個正數 ε，都可找到一個正數 δ，使得：當 $x, y \in B$ 且 $\| x - y \| < \delta$ 時，恆有$\| f(x) - f(y) \| < \varepsilon$，則稱函數 f 在子集B 上**均勻連續**（uniformly continuous）。

將定義 1 與§3－4 定理 1 比較，就可發現在定義中所強調的是：為了使$\| f(x) - f(y) \| < \varepsilon$ 成立，我們要求 y 與x 接近到δ 之內，而此處所選擇的正數 δ 對子集B 中每個點x 都適用，這就是均勻連續性的特色。顯然地，若函數 $f: A \to \boldsymbol{R}^l$ 在其定義域A 上均勻連續，則f 在A 上每個點都連續，或者說，f 在A 上連續。但其逆不成立，且看下例。

【例1】函數$f(x) = x^2$ 在實數集 $\boldsymbol{R}$ 上連續、但在 $\boldsymbol{R}$ 上卻沒有均勻連續，為什麼呢？以 $\varepsilon = 1$為例，不論 δ 是任何正數，令 $x = 1/\delta$ 而$y = 1/\delta + \delta/2$，則$|x - y| < \delta$，但$|f(x) - f(y)| = 1 + \delta^2/4 > 1$。換言之，就 $\varepsilon = 1$而言，我們找不到一個正數 δ 能使滿足$|x - y| < \delta$ 的x與y 都滿足$|f(x) - f(y)| < \varepsilon$。因此，函數$f(x) = x^2$ 在 $\boldsymbol{R}$ 上沒有均勻連續。‖

要判定一個函數沒有均勻連續，我們可以仿照§3－2 定理 1 寫出一個充要條件。

【定理1】（沒有均勻連續的充要條件）

若 $A \to \boldsymbol{R}^l$ 為一函數，$A \subset \boldsymbol{R}^k$，則 f 在A 上沒有均勻連續的充要條件是：可在 A 中找到兩個點列$\{x_n\}$與$\{y_n\}$，使得：數列$\{\| x_n - y_n \|\}$

收斂於 0 、但數列$\{\|f(x_n)-f(y_n)\|\}$卻沒有收斂於 0 。

證：留爲習題。‖

【例2】設$f(x)=\tan x$，$x\in(-\pi/2,\pi/2)$。對每個 $n\in\mathbf{N}$，令 $x_n=\tan^{-1}n$，$y_n=\tan^{-1}(n+1)$，則$|x_n-y_n|=\tan^{-1}(1/(1+n+n^2))$。因此，$\lim_{n\to\infty}|x_n-y_n|=0$。另一方面，對每個 $n\in\mathbf{N}$，$f(x_n)=n$，$f(y_n)=n+1$，所以，數列$\{|f(x_n)-f(y_n)|\}$沒有收斂於 0 。依定理 1 ，函數$f(x)=\tan x$ 在$(-\pi/2,\pi/2)$上沒有均勻連續。‖

乙、均勻連續函數的基本性質

【定理2】(有界集合上的均勻連續函數)

若 $A\subset\boldsymbol{R}^k$ 是一有界集合而函數 $f: A\to\boldsymbol{R}^l$ 在集合 A 上均勻連續，則 f 是 A 上的有界函數。

證：留爲習題。‖

【例3】函數$f(x)=1/(1-x^2)$在有界集合$(-1,1)$上連續，但它不是有界函數，所以，依定理 2 ，$f(x)=1/(1-x^2)$在$(-1,1)$上沒有均勻連續。‖

【定理3】(凸集合上的均勻連續函數)

若 $A\subset\boldsymbol{R}^k$ 爲一凸集合而函數 $f: A\to\boldsymbol{R}^l$ 在集合 A 上均勻連續，則必可找到二正數 α 與 β 使得：$\|f(x)\|\leqslant\alpha\|x\|+\beta$ 對每個 $x\in A$ 都成立。因此，對每個正數 r，函數 $x\mapsto\|f(x)\|/\|x\|$ 在集合 $(\boldsymbol{R}^k-B_r(0))\cap A$ 上都有界。

證：因爲 f 在 A 上均勻連續，所以，對於正數1，必可找到一正數 δ 使得：當 $x,y\in A$ 且 $\|x-y\|<\delta$ 時，恆有 $\|f(x)-f(y)\|<1$。接著，在集合 A 上選一定點 a。對於 A 中每個點 x，因爲 A 是凸集合，所以，線段 $\overline{ax}$ 包含於 A；其次，選取一個正整數 $n\in\mathbf{N}$ 使得 $n-1\leqslant\|x-a\|/\delta<n$，然後，在線段 $\overline{ax}$ 上選定 $a=x_0$、x_1、x_2、

$\cdots$、$x_n=x$，使得 $\| x_1-x_0 \| = \| x_2-x_1 \| = \cdots = \| x_n-x_{n-1} \| = \| x-a \| /n<\delta$，則可得

$$\begin{aligned}\| f(x) \| &\leqslant \| f(a) \| + \| f(x)-f(a) \| \\ &\leqslant \| f(a) \| + \textstyle\sum_{i=1}^{n} \| f(x_i)-f(x_{i-1}) \| \\ &< \| f(a) \| + n \\ &\leqslant \| f(a) \| +1+ \| x-a \| /\delta \\ &\leqslant \| x \| /\delta + \| f(a) \| +1+ \| a \| /\delta \text{。}\end{aligned}$$

令 $\alpha=1/\delta$、$\beta= \| f(a) \| +1+ \| a \| /\delta$ 即合所求。‖

在定理 3 中，若 $k=l=1$，則 A 為一區間。於是，所謂 f 滿足 $|f(x)|\leqslant\alpha|x|+\beta$，乃是表示函數 f 的圖形落在下列四條射線所圍的區域之內：

$$y=\alpha x+\beta\ (x\geqslant 0)\text{，}y=-\alpha x-\beta\ (x\geqslant 0)\text{，}$$
$$y=-\alpha x+\beta\ (x\leqslant 0)\text{，}y=\alpha x-\beta\ (x\leqslant 0)\text{。}$$

【例4】函數$f(x)=1/x$ 在$(0,+\infty)$上連續，但它在$(0,+\infty)$上沒有均勻連續，因為沒有任何正數 α 與β 能使每個$x\in(0,+\infty)$都滿足 $0<1/x<\alpha x+\beta$。事實上，不論 α 與β 是任何正數，當 x 滿足 $0<x\leqslant(-\beta+\sqrt{\beta^2+4\alpha})/2\alpha$ 時，可得$1/x\geqslant\alpha x+\beta$。‖

【例5】若 $\alpha>1$，則函數$f(x)=x^{\alpha}$ 在$(0,+\infty)$上沒有均勻連續。因為 $\lim_{x\to+\infty}(f(x)/x)=+\infty$，所以，對每個正數 r，函數 $x\mapsto|f(x)/x|$ 在$(r,+\infty)$上不是有界函數。依定理 3，f 在$(0,+\infty)$上沒有均勻連續。‖

【定理4】(均勻連續與 Cauchy 點列)

若函數 $f:A\to\boldsymbol{R}^l$ 在A 上均勻連續，$A\subset\boldsymbol{R}^k$，則對於 A 中的每個 Cauchy 點列$\{x_n\}$，點列$\{f(x_n)\}$都是 $\boldsymbol{R}^l$ 中的 Cauchy 點列。

證：設 ε 為任意正數，因為 f 在A 上均勻連續，所以，可找到一正數 δ 使得：當 $x,y\in A$ 且 $\| x-y \| <\delta$ 時，恆有 $\| f(x)-f(y) \| <\varepsilon$。其次，因為$\{x_n\}$是 A 中的一個 Cauchy 點列，所以，對於正數

δ，可找到一個 $n_0 \in \boldsymbol{N}$ 使得：當 $m, n \geqslant n_0$時，恆有 $\| x_m - x_n \| < \delta$。於是，當 $m, n \geqslant n_0$時，可得 $x_m, x_n \in A$ 且 $\| x_m - x_n \| < \delta$，進一步得 $\| f(x_m) - f(x_n) \| < \varepsilon$。由此可知：$\{f(x_n)\}$是一個 Cauchy 點列。‖

【例6】函數$f(x) = e^{1/x}$在$(0, +\infty)$上沒有均匀連續，因為$\{1/n\}$是$(0, +\infty)$中的 Cauchy 數列，但$\{f(1/n)\}$卻不是 Cauchy 數列，因為$f(1/n) = e^n$。‖

【定理5】（均匀連續函數的連續延拓）

若函數 $f : A \to \boldsymbol{R}^l$ 在集合 A 上均匀連續，則在 $\overline{A}$ 上恰有一個均匀連續的函數 $g : \overline{A} \to \boldsymbol{R}^l$ 滿足 $g|_A = f$，亦即：對每個 $x \in A$，恆有 $g(x) = f(x)$。

證：唯一性：設函數 $g_1, g_2 : \overline{A} \to \boldsymbol{R}^l$ 都在 $\overline{A}$ 上均匀連續而且 $g_1|_A = f$、$g_2|_A = f$，我們要證明 $g_1 = g_2$。設 $x \in \overline{A}$，依§3－1定理14(2)，A 中有一點列$\{x_n\}$收斂於 x。因為函數 g_1與 g_2都在點 x 連續，所以，依§3－4 定理 3 ，可知 $\lim_{n\to\infty} g_1(x_n) = g_1(x)$且 $\lim_{n\to\infty} g_2(x_n) = g_2(x)$。因為每個 x_n 都屬於A 而$g_1|_A = g_2|_A$，所以，對每個 $n \in \boldsymbol{N}$，恆有 $g_1(x_n) = g_2(x_n)$。於是，$g_1(x) = g_2(x)$。

存在性：函數 $g : \overline{A} \to \boldsymbol{R}^l$ 定義如下：設 $x \in \overline{A}$，在集合 A 中選取一個點列$\{x_n\}$使得 $\lim_{n\to\infty} x_n = x$。因為$\{x_n\}$是 A 中的Cauchy 點列而 f 在A 上均匀連續，所以，依定理 4 ，$\{f(x_n)\}$是 $\boldsymbol{R}^l$ 中的一個Cauchy點列。依§3－1定理 6 ，點列$\{f(x_n)\}$收斂於 $\boldsymbol{R}^l$ 中某一點 y，我們定義$g(x) = y$。由於點 y 是經由點列$\{x_n\}$才求得，為了確定函數 g 已經**定義完善**（well－defined），我們必須證明點 y 不受點列$\{x_n\}$改變的影響，亦即：若$\{x'_n\}$是 A 中收斂於x 的另一點列，則仍可得 $\lim_{n\to\infty} f(x'_n) = y$。為什麼呢？因為點列$\{x_n\}$與$\{x'_n\}$都收斂於 x，所以，依§3－1練習題 7 ，點列$\{x_1, x'_1, x_2, x'_2, \cdots, x_n, x'_n, \cdots\}$也收斂於 x。依定理4，點列$\{f(x_1), f(x'_1), f(x_2), f(x'_2), \cdots, f(x_n), f(x'_n),$

$\cdots\}$在 $\boldsymbol{R}^l$ 中收斂，於是，它的兩個子點列$\{f(x_n)\}$與$\{f(x_n')\}$的極限相同。

其次，若 $x\in A$，則點列$\{x, x, \cdots, x, \cdots\}$就是在 A 中收斂於 x 的點列之一，依函數 g 的定義，$g(x)$就是點列$\{f(x), f(x), \cdots, f(x), \cdots\}$的極限，亦即：$g(x)=f(x)$。由此可知：$g|_A=f$。

最後，我們證明函數 g 在 $\overline{A}$ 上均勻連續。設 ε 爲任意正數，因爲函數 f 在 A 上均勻連續，所以，對於正數 $\varepsilon/3$，必可找到一個正數 δ 使得：當 $x, y\in A$ 且 $\|x-y\|<3\delta$ 時，恆有 $\|f(x)-f(y)\|<\varepsilon/3$。設 $u, v\in\overline{A}$ 且 $\|u-v\|<\delta$，我們將證明 $\|g(u)-g(v)\|<\varepsilon$。在 A 中選取二點列$\{x_n\}$與$\{y_n\}$使得 $\lim_{n\to\infty}x_n=u$ 且 $\lim_{n\to\infty}y_n=v$，則可得 $g(u)=\lim_{n\to\infty}f(x_n)$且 $g(v)=\lim_{n\to\infty}f(y_n)$。任選一個 $n\in\boldsymbol{N}$，使得：$\|u-x_n\|<\delta$、$\|v-y_n\|<\delta$、$|g(u)-f(x_n)\|<\varepsilon/3$且 $\|g(v)-f(y_n)\|<\varepsilon/3$。因爲

$$\|x_n-y_n\|\leqslant\|x_n-u\|+\|u-v\|+\|v-y_n\|<3\delta,$$

所以，可知 $\|f(x_n)-f(y_n)\|<\varepsilon/3$。進一步可得

$$\begin{aligned}&\|g(u)-g(v)\|\\ \leqslant&\|g(u)-f(x_n)\|+\|f(x_n)-f(y_n)\|+\|f(y_n)-g(v)\|\\ <&\varepsilon\text{。}\end{aligned}$$

由此可知：函數 g 在 $\overline{A}$ 上均勻連續。‖

在定理 5 中，因爲函數 $g:\overline{A}\to\boldsymbol{R}^l$ 的定義域包含函數 $f:A\to\boldsymbol{R}^l$ 的定義域 A 而且 $g|_A=f$，所以，我們稱 g 是 f 在 $\overline{A}$ 上的一個**延拓**（extension），f 則稱爲 g 在 A 上的**限制**（restriction）。

【例7】函數 $f(x)=\sin(1/x)$在$(0,+\infty)$上沒有均勻連續。因爲 f 在$(0,+\infty)$的閉包$[0,+\infty)$上的任何延拓都不可能在點 0 連續。‖

均勻連續性與加、減、乘等運算也有關聯，我們寫成三個定理。

【定理6】（均勻連續性與加、減法）

若函數 $f:A\to\boldsymbol{R}^l$ 與 $g:A\to\boldsymbol{R}^l$ 都在 A 上均勻連續，$A\subset\boldsymbol{R}^k$，

則函數 $f+g$ 與 $f-g$ 在 A 上也都均勻連續。

證：甚易，留爲習題。‖

上述定理的加、減改爲乘時，在一般情形下是不成立的，且看下例。

【例8】設 $f(x)=x$ 而 $g(x)=\sin x$，$x\in \boldsymbol{R}$。我們留給讀者自行證明：f 與 g 都在 $\boldsymbol{R}$ 上均勻連續，但 fg 在 $\boldsymbol{R}$ 上卻沒有均勻連續。‖

【定理7】（均勻連續性與內積）

若函數 $f: A\to \boldsymbol{R}^l$ 與 $g: A\to \boldsymbol{R}^l$ 都在 A 上均勻連續，$A\subset \boldsymbol{R}^k$ 而且 f 與 g 在 A 上都是有界函數，則函數 $\langle f,g\rangle$ 在 A 上均勻連續。

證：甚易，留爲習題。‖

【定理8】（均勻連續性與係數積）

若函數 $f: A\to \boldsymbol{R}^l$ 與 $h: A\to \boldsymbol{R}$ 都在 A 上均勻連續，$A\subset \boldsymbol{R}^k$，而且 f 與 h 在 A 上都是有界函數，則函數 hf 在 A 上均勻連續。

證：留爲習題。‖

【定理9】（均勻連續性與合成函數）

若函數 $f: A\to B$ 在 A 上均勻連續而函數 $g: B\to \boldsymbol{R}^m$ 在 B 上均勻連續，$A\subset \boldsymbol{R}^k$，$B\subset \boldsymbol{R}^l$，則函數 $g\circ f$ 在 A 上均勻連續。

證：留爲習題。‖

丙、判定均勻連續的一些定理

要判定一函數在某一集合上是否均勻連續，並沒有一貫性的簡便判定法。下面所提供的六個定理，都分別只適用於個別的情形。

【定理10】（均勻連續性與緊緻性）

若 $f: A\to \boldsymbol{R}^l$ 爲一連續函數，$K\subset A\subset \boldsymbol{R}^k$，而 K 是 $\boldsymbol{R}^k$ 中的緊緻集，則 f 在 K 上均勻連續。

證：設 ε 爲任意正數。對每個 $x\in K$，因爲函數 f 在點 x 連續，所

以，可找到一正數$\delta(x)$使得：當 $y\in A$ 且 $\| y-x \| < \delta(x)$時，恆有 $\| f(y)-f(x) \| < \varepsilon/2$。對每個 $x\in K$，作開球$B_{\delta(x)/2}(x)$，則開集族$\{B_{\delta(x)/2}(x) \mid x\in K\}$構成緊緻集 K 的一個開覆蓋。依緊緻集的意義，必可找到 $x_1, x_2, \cdots, x_n \in K$ 使得$K\subset \bigcup_{i=1}^{n} B_{\delta(x_i)/2}(x_i)$。令 $\delta = \min\{\delta(x_1)/2, \delta(x_2)/2, \cdots, \delta(x_n)/2\}$，我們將證明：當 $y, z\in K$ 且 $\| y-z \| < \delta$ 時，$\| f(y)-f(z) \| < \varepsilon$ 恆成立。

設 $y, z\in K$ 且 $\| y-z \| < \delta$。因爲 $y\in K$，所以，必有一個 $i = 1, 2, \cdots, n$ 使得$y\in B_{\delta(x_i)/2}(x_i)$，或$\| y-x_i \| < \delta(x_i)/2$。於是，得

$$\| z-x_i \| \leqslant \| z-y \| + \| y-x_i \| < \delta + \delta(x_i)/2 \leqslant \delta(x_i)。$$

依$\delta(x_i)$的意義，可得

$$\| f(y)-f(x_i) \| < \varepsilon/2 \text{，} \| f(z)-f(x_i) \| < \varepsilon/2 。$$

因此，可得

$$\| f(y)-f(z) \| \leqslant \| f(y)-f(x_i) \| + \| f(x_i)-f(z) \| < \varepsilon/2 + \varepsilon/2 = \varepsilon 。$$

由此可知：函數 f 在K 上均勻連續。‖

前面的定理10提供了許多均勻連續的例子。例如：在前面例 1 至例 8 中所舉的函數，在其定義域上都是連續函數但卻都不是均勻連續。若將集合限制到緊緻子集，則各函數在其定義域的每個緊緻子集上都均勻連續。

下面我們考慮一些定義域不是緊緻集的情形。

【定理11】（在無窮遠處有極限的連續函數）

若 f：$\boldsymbol{R}^k \to \boldsymbol{R}^l$ 爲一連續函數而 $\lim_{\| x \| \to +\infty} f(x)$存在，則函數 f 在 $\boldsymbol{R}^k$ 上均勻連續。

證：請注意：所謂 $\lim_{\| x \| \to +\infty} f(x) = a \in \boldsymbol{R}^l$，乃是指：對每個正數 ε，都可找到一個 $M>0$ 使得：當 $x\in \boldsymbol{R}^k$ 且 $\| x \| \geqslant M$ 時，恆有 $\| f(x)-a \| < \varepsilon$。

設 ε 爲任意正數，因爲 $\lim_{\| x \| \to +\infty} f(x)$存在，設其值爲 a，所以，對於正數 $\varepsilon/3$，必可找到一正數 r 使得：當 $\| x \| \geqslant r$ 時，恆有

$\| f(x)-a \| < \varepsilon/3$。其次，因爲$\overline{B}_r(0)$是一緊緻集而 f：$\boldsymbol{R}^k \to \boldsymbol{R}^l$ 是連續函數，所以，依定理10，f 在$\overline{B}_r(0)$上均勻連續。於是，對於正數 $\varepsilon/3$，必可找到一正數 δ 使得：當 $x, y \in \overline{B}_r(0)$且 $\| x-y \| < \delta$ 時，恆有 $\| f(x)-f(y) \| < \varepsilon/3$。

當 $x, y \in \boldsymbol{R}^k$ 且 $\| x-y \| < \delta$ 時，對於 x 與 y，我們分成三種情形。其一：若 $x, y \in \overline{B}_r(0)$，則依前段的末尾，可知

$$\| f(x)-f(y) \| < \varepsilon/3 < \varepsilon \text{ 。}$$

其二：若 $x, y \in \boldsymbol{R}^k - B_r(0)$，即 $\| x \| \geqslant r$ 且 $\| y \| \geqslant r$，則依前段的前面部分，可知

$$\| f(x)-f(y) \| \leqslant \| f(x)-a \| + \| a-f(y) \| < \varepsilon/3+\varepsilon/3 < \varepsilon \text{ 。}$$

其三：若 $x \in \overline{B}_r(0)$而 $y \in \boldsymbol{R}^k - \overline{B}_r(0)$，即 $\| x \| \leqslant r$ 而 $\| y \| > r$，則在線段 $\overline{xy}$上恰有一點 z 滿足 $\| z \| = r$。於是，$x, z \in \overline{B}_r(0)$而 $y, z \in \boldsymbol{R}^k - B_r(0)$。依前段的結果，可得

$$\begin{aligned} & \| f(x)-f(y) \| \\ \leqslant & \| f(x)-f(z) \| + \| f(z)-a \| + \| a-f(y) \| \\ < & \varepsilon/3+\varepsilon/3+\varepsilon/3=\varepsilon \text{ 。} \end{aligned}$$

由此可知：函數 f 在$\boldsymbol{R}^k$ 上均勻連續。‖

定理11中的函數若爲實變數，即 $k=1$，我們還可以將條件略爲放寬些，且看下述定理。

【定理12】（在正、負無限大都有極限的連續函數）

若 f：$\boldsymbol{R} \to \boldsymbol{R}^l$ 爲一連續函數而 $\lim_{x \to +\infty} f(x)$與 $\lim_{x \to -\infty} f(x)$都存在，則函數 f 在$\boldsymbol{R}$ 上均勻連續。

證：與定理11證法類似，留爲習題。‖

【系理13】（單調有界的連續函數）

若 f：$\boldsymbol{R} \to \boldsymbol{R}$ 爲一單調、有界的連續函數，則函數 f 在$\boldsymbol{R}$ 上均勻連續。

證：由定理12即得，留爲習題。‖

定理12與13中的函數定義域若改爲開區間(a,b)，定理的結論仍然成立（參看練習題16）。

【定理14】（具週期性的連續函數）

若函數 $f:\boldsymbol{R}\to\boldsymbol{R}^l$ 爲一週期函數，而且在 $\boldsymbol{R}$ 上連續，則 f 在 $\boldsymbol{R}$ 上均勻連續。

證：留爲習題。請注意：所謂 $f:\boldsymbol{R}\to\boldsymbol{R}^l$ 是**週期函數**（periodic function），乃是指：可找到一正數 p，使得每個 $x\in\boldsymbol{R}$ 都滿足$f(x+p)=f(x)$。‖

下面要介紹另一種均勻連續函數，讓我們先引進一個定義。

【定義2】設 $f:A\to\boldsymbol{R}^l$ 爲一函數，$A\subset\boldsymbol{R}^k$。若可找到兩正數 M 與α 使得：對任意 $x,y\in A$，恆有$\|f(x)-f(y)\|\leqslant M\|x-y\|^{\alpha}$，則稱函數 f 在集合A 上滿足α **階 Lipschitz 條件**（Lipschitz condition of order α）。

【例9】依§3－5定理13，每個線性函數 $f:\boldsymbol{R}^k\to\boldsymbol{R}^l$ 都在$\boldsymbol{R}^k$ 上滿足1階 Lipschitz 條件。‖

【定理15】（滿足 Lipschitz 條件就均勻連續）

若函數 $f:A\to\boldsymbol{R}^l$ 在A 上滿足α 階 Lipschitz 條件，且 $\alpha>0$，$A\subset\boldsymbol{R}^k$，則 f 在A 上均勻連續。

證：設 ε 爲任意正數。因爲 f 在A 上滿足α 階 Lipschitz 條件，所以，可找到一正數M 使得：對任意 $x,y\in A$，恆有$\|f(x)-f(y)\|\leqslant M\|x-y\|^{\alpha}$。令$\delta=(\varepsilon/M)^{1/\alpha}$，則當 $x,y\in A$ 且$\|x-y\|<\delta$ 時，恆有$\|f(x)-f(y)\|<\varepsilon$。因此，$f$ 在A 上均勻連續。‖

函數是否滿足 Lipschitz 條件的問題，可根據該函數的全微分來討論，參看§4－3系理5。

丁、固定點定理

在談到滿足 Lipschitz 條件的函數時，我們順便談談與它有關聯的一個**固定點定理**（fixed point theorem）。

【定義3】設 $f: A \to A$ 為一函數，$A \subset \boldsymbol{R}^k$。若 $a \in A$ 滿足 $f(a) = a$，則稱點 a 是函數 f 的一個**固定點**（fixed point）。

一個函數 $f: A \to A$ 是否有固定點，不僅與函數的性質有關，還與定義域 A 的性質有關。例如：當 $A = \boldsymbol{R}$ 時，函數 $f(x) = x + 1$（$x \in \boldsymbol{R}$）沒有任何固定點。但對於 $\boldsymbol{R}$ 中的有限閉區間，情形就不相同了，且看下述定理。

【定理16】（一維的 Brouwer 固定點定理）

對於任意實數 a 與 b，由 $[a, b]$ 映至 $[a, b]$ 的每個連續函數都至少有一個固定點。

證：設 $f: [a, b] \to [a, b]$ 為一連續函數。定義一函數 $g: [a, b] \to \boldsymbol{R}$ 如下：對每個 $x \in [a, b]$，令

$$g(x) = f(x) - x \text{。}$$

若 $g(a) = 0$ 或 $g(b) = 0$，則前者表示 a 是 f 的一個固定點、後者表示 b 是 f 的一個固定點。若 $g(a) \neq 0$ 且 $g(b) \neq 0$，則表示 $f(a) \in (a, b]$ 且 $f(b) \in [a, b)$，由此得 $g(a) > 0$ 且 $g(b) < 0$。因為 f 是 $[a, b]$ 上的連續函數，所以，g 也是 $[a, b]$ 上的連續函數。因為 $g(a) > 0 > g(b)$，所以，依連續函數的中間值定理（§3－5系理9），必有一個 $c \in (a, b)$ 滿足 $g(c) = 0$，或是 $f(c) = c$。因此，c 是函數 f 的一個固定點。‖

前面的定理16稱為一維的 Brouwer 固定點定理，這是因為 Luitzen E. J. Brouwer（1881～1966，荷蘭人）在 1910 年證明了有關閉球 $\overline{B}_1(0)$ 上的一個固定點定理，而定理16中的 $[a, b]$ 若選為 $[-1, 1]$，則它就是一維空間的 $\overline{B}_1(0)$。在數學的各分支中，函數的固定點是證明有關**存在性問題**（existence problem）的一個強而有力的工具，Brouwer 固定點定理自然也非常重要。可惜的是：儘管數學家們不斷地嘗試用更簡單的方法來證明這個重要定理，但是，不論那一種

證明方法，都需要其他的預備知識，所以，在本書中，我們無法給出證明，只將定理敘述於下。

【定理17】（Brouwer 固定點定理）

在 $\boldsymbol{R}^k$ 中，由閉球 $\overline{B}_1(0)$ 映至 $\overline{B}_1(0)$ 的每個連續函數都至少有一個固定點。

下面我們討論另一個固定點定理，這個定理在一般的**完備賦距空間**（complete metric space）中也成立，稱爲 Banach 固定點定理，以紀念大數學家 Stephen Banach（1892～1945，波蘭人）。

【定義4】設 $f:A\to B$ 爲一函數，$A\subset\boldsymbol{R}^k$，$B\subset\boldsymbol{R}^l$。若有一個比 1 小的正數 α 存在，使得：對任意 $x,y\in A$，恆有

$$\| f(x)-f(y)\| \leqslant \alpha \| x-y\| ,$$

則稱 f 是（以 α 爲一常數的）一個**縮距函數**（contraction）。

【定理18】（Banach 固定點定理）

若 $A\subset\boldsymbol{R}^k$ 是 $\boldsymbol{R}^k$ 中的閉集而 f：$A\to A$ 爲一縮距函數，則 f 在 A 中恰有一個固定點。

證：依假設，可找到一個正數 α，$0<\alpha<1$，使得：對任意 $x,y\in A$，恆有 $\| f(x)-f(y)\| \leqslant\alpha\| x-y\|$。

唯一性：若 $u,v\in A$ 都是函數 f 的固定點，則得

$$\| u-v\| = \| f(u)-f(v)\| \leqslant\alpha\| u-v\| 。$$

因爲 $0<\alpha<1$，所以，由 $(1-\alpha)\| u-v\| \leqslant 0$ 可得 $\| u-v\| =0$，$u=v$。由此可知：函數 f 至多只有一個固定點。

存在性：任選一個 $x_1\in A$，令 $x_2=f(x_1)$；更進一步地，對每個 $n\in\boldsymbol{N}$，令 $x_{n+1}=f(x_n)$。於是，我們得出 A 中的一個點列 $\{x_n\}$，而且依數學歸納法可證明：對每個 $n\in\boldsymbol{N}$，恆有 $\| x_{n+1}-x_n\| \leqslant\alpha^{n-1}\| x_2-x_1\|$。進一步地，對任意 $m,n\in\boldsymbol{N}$，$m>n$，可得

$$\begin{aligned}&\| x_m-x_n\| \\ \leqslant\ &\| x_m-x_{m-1}\| + \| x_{m-1}-x_{m-2}\| +\cdots+ \| x_{n+1}-x_n\|\end{aligned}$$

$$\leqslant (\alpha^{m-2}+\alpha^{m-3}+\cdots+\alpha^{n-1})\,\|x_2-x_1\|$$
$$\leqslant (\alpha^{n-1}/(1-\alpha))\,\|x_2-x_1\|。$$

因爲$0<\alpha<1$，所以，$\lim_{n\to\infty}(\alpha^{n-1}/(1-\alpha))=0$。由此可知：$\{x_n\}$是一個 Cauchy 點列。依 $\boldsymbol{R}^k$ 空間的完備性（§3－1定理 6），$\{x_n\}$必收斂於 $\boldsymbol{R}^k$ 中一點u。因爲每個 x_n 都屬於A 而A 是$\boldsymbol{R}^k$ 中的閉集，所以，依§3－1定理14⑶，$u\in A$。另一方面，因爲 f 是A 上的縮距函數，所以，依定理15，f 在A 上均勻連續，也因此在 A 上連續。於是，由 $\lim_{n\to\infty}x_n=u$ 可得 $\lim_{n\to\infty}f(x_n)=f(u)$或 $\lim_{n\to\infty}x_{n+1}=f(u)$。由此可知：$f(u)=u$，$u$ 是f 的一個固定點。∥

上述定理18的證明是一種建設性的證明，在證明中，不僅指出如何「逐次地逼近」固定點 u，更指出第 n 次逼近x_n 與固定點的一個誤差估計，我們寫成一個系理。

【系理19】（固定點的逐次逼近與誤差估計）

若 A 是$\boldsymbol{R}^k$ 中的閉集而函數f：$A\to A$ 是以α 爲一常數的一個縮距函數，則對每個 $x_1\in A$，點列

$$x_1,x_2=f(x_1),x_3=f(x_2)=f^2(x_1),\cdots,x_{n+1}=f^n(x_1),\cdots$$

必收斂於 f 的固定點u，而且對每個 $n\in\boldsymbol{N}$，恆有

$$\|u-x_n\|\leqslant\frac{\alpha^{n-1}}{1-\alpha}\|x_2-x_1\|。$$

證：由定理18的證明即得。∥

下面我們舉一例子說明 Banach 固定點的一個簡單應用。

【例10】若函數 f：$[a,b]\to\boldsymbol{R}$ 具有下述三性質：

⑴ $f(a)<0<f(b)$；

⑵ f 在$[a,b]$上連續；

⑶ f 在(a,b)上可微分，而且有二正數 α 與β，$\alpha<\beta$，使得：對每個 $x\in(a,b)$，恆有 $0<\alpha\leqslant f'(x)\leqslant\beta$；

在$[a,b]$上任選一點 x_1，對每個 $n\in\boldsymbol{N}$，令 $x_{n+1}=x_n-$

$f(x_n)/\beta$，則數列$\{x_n\}$必收斂且其極限 x_0滿足$f(x_0)=0$。

證：對每個 $x\in[a,b]$，令$g(x)=x-f(x)/\beta$。依假設，函數 g 在$[a,b]$上連續且在(a,b)上可微分。對每個$x\in(a,b)$，因爲$f'(x)\leqslant\beta$，所以，$g'(x)=1-f'(x)/\beta\geqslant 0$。由此可知：函數 g 是$[a,b]$上的遞增函數。因爲$f(a)<0<f(b)$，所以，$g(a)=a-f(a)/\beta>a$，$g(b)=b-f(b)/\beta<b$。於是，可知$g([a,b])\in[a,b]$，亦即：我們可將 g 視爲由$[a,b]$映至$[a,b]$的函數。

對任意 $x,y\in[a,b]$，依 Lagrange 均值定理，必可找到一個 $z\in(a,b)$使得$g(x)-g(y)=g'(z)(x-y)$。因爲$0\leqslant g'(z)\leqslant 1-\alpha/\beta$，所以，得

$$|g(x)-g(y)|\leqslant(1-\alpha/\beta)|x-y|。$$

因爲$0<1-\alpha/\beta<1$，所以，g 是閉集$[a,b]$上的一個縮矩函數，依系理19，對每個 $x_1\in[a,b]$，數列$\{x_1,x_2=g(x_1),\cdots,x_{n+1}=g^n(x_1),\cdots\}$收斂到函數 g 的固定點 x_0。對每個 $n\in\mathbf{N}$，$x_{n+1}=g^n(x_1)=g(g^{n-1}(x_1))=g(x_n)=x_n-f(x_n)/\beta$；而由$g(x_0)=x_0$可知$f(x_0)=0$。‖

例10中以函數$x-f(x)/\beta$的値來逐次逼近$f(x)=0$的根，傳統的 Newton 法則是以函數$x-f(x)/f'(x)$的値來逐次逼近$f(x)=0$的根。一般來說，在例10的逼近方法中，數列$\{x_n\}$收斂較慢，但在 Newton 法中，爲了保證$\{x_n\}$收斂，卻對 x_1的選擇有較多的限制。我們以$f(x)=x^2-2$爲例加以比較：因爲$f'(x)=2x$，所以，在$[1,2]$上可得$2\leqslant f'(x)\leqslant 4$。令 $x_1=y_1=2$，$x_{n+1}=x_n-f(x_n)/4$，$y_{n+1}=y_n-f(y_n)/f'(y_n)$，則得

$x_1=2$，	$y_1=2$，
$x_2=3/2=1.5$，	$y_2=3/2=1.5$，
$x_3=23/16=1.4375$，	$y_3=17/12=1.416666\cdots$，
$x_4=1455/1024=1.420898\cdots$，	$y_4=577/408=1.414215\cdots$。
……	……

戊、連續函數的一些逼近定理

在最後一小節裏，我們要利用均勻收斂與均勻連續的概念討論連續函數的**逼近問題**（approximation problems）。在許多應用中，我們常以性質較易掌握的函數來「逼近」連續函數。此處所稱的「逼近」，其意義如下。

設 $f:A\to\boldsymbol{R}^l$ 爲一函數，$A\subset\boldsymbol{R}^k$，ε 爲任意正數。若有一個函數 $g:A\to\boldsymbol{R}^l$ 滿足下述條件：對每個 $x\in A$，恆有 $\|g(x)-f(x)\|\leqslant\varepsilon$；即：$\|g-f\|_\infty\leqslant\varepsilon$，則稱函數 g 在 A 上**均勻地逼近** f 至 ε 之內（g approximates f uniformly on A within ε）。

設 $f:A\to\boldsymbol{R}^l$ 爲一函數，$A\subset\boldsymbol{R}^k$，而 Λ 是由 A 映至 $\boldsymbol{R}^l$ 的某些函數所成的集合。若對每個正數 ε，都可找到 Λ 中的一個函數 g_ε，使得 $\|g_\varepsilon-f\|_\infty<\varepsilon$，則稱函數 f 在 A 上**可用 Λ 中的函數均勻地逼近**（f can be uniformly approximated on A by functions in Λ）。顯然地，函數 f 在 A 上可用 Λ 中的函數來均勻地逼近的充要條件是：集合 Λ 中有一個函數列 $\{g_n\}$ 在 A 上均勻收斂於函數 f。

爲簡單起見，下面我們所要討論的逼近定理，都只考慮單變數實數值的情形。

我們所要討論的第一個定理，是以階梯函數爲逼近的函數。

【定義5】若函數 $f:[a,b]\to\boldsymbol{R}$ 具有下述性質：$[a,b]$ 上有一個分割 $P=\{a=x_0<x_1<\cdots<x_n=b\}$ 使得：對每個 $i=1,2,\cdots,n$，f 在開區間 (x_{i-1},x_i) 上都是常數函數，則 f 稱爲是一個**階梯函數**（step function）。顯然地，若一個階梯函數是連續函數，則它是一個常數函數。

【定理20】（以階梯函數逼近連續函數）

若函數 $f:[a,b]\to\boldsymbol{R}$ 是緊緻區間 $[a,b]$ 上的連續函數，則 f 在 $[a,b]$ 上可用階梯函數均勻地逼近。

證：設 ε 爲任意正數。因爲 f 在緊緻集 $[a,b]$ 上連續，所以，依定理10，f 在 $[a,b]$ 上均勻連續。於是，可找到一個正數 δ，使得：當 $x,y\in[a,b]$ 且 $|x-y|<\delta$ 時，恆有 $|f(x)-f(y)|<\varepsilon$。在 $[a,b]$ 上任選 $a=x_0<x_1<\cdots<x_n=b$，使得：對每個 $i=1,2,\cdots,n$，恆有 $0<x_i-x_{i-1}<\delta$。定義一個函數 $g:[a,b]\to\boldsymbol{R}$ 如下：對每個 $x\in(x_{i-1},x_i]$，$i=1,2,\cdots,n$，令 $g(x)=f(x_i)$；$g(a)=f(x_1)$。顯然地，g 是一個階梯函數。對每個 $x\in(a,b]$，必有一個 $i=1,2,\cdots,n$，使得 $x\in(x_{i-1},x_i]$。因爲 $|x_i-x|\leqslant x_i-x_{i-1}<\delta$，所以，可得

$$|g(x)-f(x)|=|f(x_i)-f(x)|<\varepsilon \text{ 。}$$

同理可得 $|g(a)-f(a)|<\varepsilon$。於是，函數 g 在 $[a,b]$ 上均勻地逼近 f 至 ε 之內。由此可知：函數 f 在 $[a,b]$ 上可用階梯函數均勻地逼近。‖

定義 5 中的單變數實數值階梯函數可以推廣成多變數向量值階梯函數，參看§5－1練習題 8。定理20也可以推廣到定義域爲緊緻區間（定義參看§2－3 定義 2）的多變數向量值連續函數。

以性質較易掌握的函數來「逼近」連續函數時，要求逼近函數也是連續函數，應該是自然且合理的。下面先討論分段線性函數。

【定義6】若函數 $f:[a,b]\to\boldsymbol{R}$ 具有下述性質：$[a,b]$ 上有一個分割 $P=\{a=x_0<x_1<\cdots<x_n=b\}$ 使得：對每個 $i=1,2,\cdots,n$，f 在開區間 (x_{i-1},x_i) 上都是線性函數，則 f 稱爲是一個**分段線性函數**（piecewise linear function）。顯然地，若一個分段線性函數是連續函數，則對每個 $i=1,2,\cdots,n$ 及每個 $x\in[x_{i-1},x_i]$，恆有

$$f(x)=\frac{x_i-x}{x_i-x_{i-1}}\cdot f(x_{i-1})+\frac{x-x_{i-1}}{x_i-x_{i-1}}\cdot f(x_i)\text{ 。}$$

【定理21】（以分段線性函數逼近連續函數）

若函數 $f:[a,b]\to\boldsymbol{R}$ 是緊緻區間 $[a,b]$ 上的連續函數，則 f 在 $[a,b]$ 上可用連續的分段線性函數均勻地逼近。

證：設 ε 爲任意正數。因爲 f 在緊緻集$[a,b]$上連續，所以，依定理10，f 在$[a,b]$上均勻連續。於是，可找到一個正數 δ，使得：當 $x,y\in[a,b]$且$|x-y|<\delta$時，恆有$|f(x)-f(y)|<\varepsilon$。在$[a,b]$上任選 $a=x_0<x_1<\cdots<x_n=b$，使得：對每個 $i=1,2,\cdots,n$，恆有 $0<x_i-x_{i-1}<\delta$。定義函數 $g:[a,b]\to\boldsymbol{R}$ 如下：設$x\in[x_{i-1},x_i]$，$i=1,2,\cdots,n$，令

$$g(x)=\frac{x_i-x}{x_i-x_{i-1}}\cdot f(x_{i-1})+\frac{x-x_{i-1}}{x_i-x_{i-1}}\cdot f(x_i)。$$

顯然地，g 是一個連續的分段線性函數。對每個 $x\in[a,b]$，必有一個 $i=1,2,\cdots,n$，使得 $x\in[x_{i-1},x_i]$。因爲$|x_i-x|\leqslant x_i-x_{i-1}<\delta$，$|x-x_{i-1}|\leqslant x_i-x_{i-1}<\delta$，所以，可得

$$\begin{aligned}|g(x)-f(x)|&\leqslant\frac{x_i-x}{x_i-x_{i-1}}\cdot|f(x_{i-1})-f(x)|+\frac{x-x_{i-1}}{x_i-x_{i-1}}\cdot|f(x_i)-f(x)|\\&<\frac{x_i-x}{x_i-x_{i-1}}\cdot\varepsilon+\frac{x-x_{i-1}}{x_i-x_{i-1}}\cdot\varepsilon=\varepsilon。\end{aligned}$$

於是，函數 g 在$[a,b]$上均勻地逼近 f 至 ε 之內。由此可知：函數 f 在$[a,b]$上可用連續的分段線性函數均勻地逼近。‖

下面我們要討論一個比較有用也比較有趣的逼近定理，它用多項函數做爲逼近函數，而定義這種逼近函數的方法比起定理20與定理21要來得深奧些。

【定義7】若函數 $f:[0,1]\to\boldsymbol{R}$ 是$[0,1]$上的任意函數，則函數 f 的第 n 個 Bernstein 多項式定義爲

$$B_n(x;f)=\sum_{k=0}^{n}f(k/n)\binom{n}{k}x^k(1-x)^{n-k}。$$

根據二項式定理，可知：對任意實數 x 及任意正整數 n，恆有

$$\sum_{k=0}^{n}\binom{n}{k}x^k(1-x)^{n-k}=(x+(1-x))^n=1。\qquad(*)$$

$(*)$式表示：常數函數 $f_0(x)=1$的第 n 個 Bernstein 多項式就是 $f_0(x)$本身。其次，因爲對每個正整數 $n\geqslant2$及每個正整數 $k\leqslant n$，恆

有

$$\binom{n-1}{k-1}=\frac{k}{n}\binom{n}{k},$$

所以，對任意實數 x 及任意正整數 $n\geqslant 2$，恆有

$$\begin{aligned}
x &= x\cdot 1 = x\cdot\sum_{j=0}^{n-1}\binom{n-1}{j}x^j(1-x)^{n-1-j}\\
&=\sum_{j=0}^{n-1}\frac{j+1}{n}\binom{n}{j+1}x^{j+1}(1-x)^{n-(j+1)}\\
&=\sum_{k=1}^{n}\frac{k}{n}\binom{n}{k}x^k(1-x)^{n-k}\\
&=\sum_{k=0}^{n}\frac{k}{n}\binom{n}{k}x^k(1-x)^{n-k}。\qquad (**)
\end{aligned}$$

(**)式表示：函數 $f_1(x)=x$ 的第 n 個 Bernstein 多項式就是 $f_1(x)$ 本身。（請注意：$n=1$ 時也成立。）再其次，對每個正整數 $n\geqslant 3$ 及每個正整數 $k\leqslant n$，恆有

$$\binom{n-2}{k-2}=\frac{k(k-1)}{n(n-1)}\binom{n}{k},$$

所以，對任意實數 x 及任意正整數 $n\geqslant 3$，恆有

$$\begin{aligned}
x^2 &= x^2\cdot 1 = x^2\cdot\sum_{j=0}^{n-2}\binom{n-2}{j}x^j(1-x)^{n-2-j}\\
&=\sum_{j=0}^{n-2}\frac{(j+2)(j+1)}{n(n-1)}\binom{n}{j+2}x^{j+2}(1-x)^{n-(j+2)}\\
&=\sum_{k=2}^{n}\frac{k(k-1)}{n(n-1)}\binom{n}{k}x^k(1-x)^{n-k}\\
&=\sum_{k=0}^{n}\frac{k(k-1)}{n(n-1)}\binom{n}{k}x^k(1-x)^{n-k},
\end{aligned}$$

$$\begin{aligned}
\left(1-\frac{1}{n}\right)x^2 &= \sum_{k=0}^{n}\left(\frac{k^2}{n^2}-\frac{k}{n^2}\right)\binom{n}{k}x^k(1-x)^{n-k},\\
&=\sum_{k=0}^{n}\left(\frac{k}{n}\right)^2\binom{n}{k}x^k(1-x)^{n-k}-\frac{1}{n}\sum_{k=0}^{n}\frac{k}{n}\binom{n}{k}x^k(1-x)^{n-k}
\end{aligned}$$

$$\left(1-\frac{1}{n}\right)x^2+\frac{1}{n}x=\sum_{k=0}^{n}\left(\frac{k}{n}\right)^2\binom{n}{k}x^k(1-x)^{n-k}。\qquad (***)$$

(***)式表示：函數 $f_2(x)=x^2$的第 n 個 Bernstein 式多項式爲

$$B_n(x;f_2)=\left(1-\frac{1}{n}\right)x^2+\frac{1}{n}x \text{ 。}$$

（請注意：$n=1$或 2 時也成立。）對任意實數 x 及任意正整數n，將(＊)式乘以 x^2、(＊＊)式乘以 $-2x$ 後與(＊＊＊)式相加，即得

$$\frac{1}{n}x(1-x)=\sum_{k=0}^{n}\left(x-\frac{k}{n}\right)^2\binom{n}{k}x^k(1-x)^{n-k} \text{ 。} \qquad (****)$$

下述定理22的證明中將會引用(＊＊＊＊)式。

【定理22】（Bernstein 逼近定理）

若函數 $f:[0,1]\to \boldsymbol{R}$ 是$[0,1]$上的連續函數，則 f 在$[0,1]$上可用其 Bernstein 多項式所成的函數列均勻地逼近。亦即：f 的 Bernstein 多項式所成的函數列在$[0,1]$上均勻收斂於 f。

證：因爲 f 在緊緻集$[0,1]$上連續，所以，依§3－5 定理11，f 是有界函數。令$M=\sup\{|f(x)|\,|\,x\in[0,1]\}$。

設 ε 爲任意正數。因爲 f 在緊緻集$[0,1]$上連續，所以，依定理10，f 在$[0,1]$上均勻連續。於是，可找到一個正數 δ 使得：當 $x,y\in[0,1]$且$|x-y|<\delta$ 時，恆有$|f(x)-f(y)|<\varepsilon/2$。選取一個正整數 n_0使得 $n_0>\max\{\delta^{-4},M^2/\varepsilon^2\}$，則對每個正整數 $n\geqslant n_0$及每個 $x\in[0,1]$，恆有

$$\begin{aligned}
&|f(x)-B_n(x;f)|\\
&=\left|f(x)\cdot\sum_{k=0}^{n}\binom{n}{k}x^k(1-x)^{n-k}-\sum_{k=0}^{n}f(k/n)\binom{n}{k}x^k(1-x)^{n-k}\right|\\
&\leqslant\sum_{k=0}^{n}|f(x)-f(k/n)|\binom{n}{k}x^k(1-x)^{n-k}\\
&=\sum\nolimits_1|f(x)-f(k/n)|\binom{n}{k}x^k(1-x)^{n-k}\\
&\qquad+\sum\nolimits_2|f(x)-f(k/n)|\binom{n}{k}x^k(1-x)^{n-k},
\end{aligned}$$

上式右端的前一面$\sum_1$只對滿足$|x-k/n|<n^{-1/4}<\delta$ 的k 求和。於是，可得

$$\sum\nolimits_1|f(x)-f(k/n)|\binom{n}{k}x^k(1-x)^{n-k}$$

$$\leqslant \Sigma_1 \frac{\varepsilon}{2}\binom{n}{k} x^k(1-x)^{n-k} \leqslant \frac{\varepsilon}{2}\cdot\sum_{k=0}^{n}\binom{n}{k} x^k(1-x)^{n-k}=\frac{\varepsilon}{2};$$

後一個Σ_2只對滿足$|x-k/n|\geqslant n^{-1/4}$的 k 求和。因爲$|x-k/n|\geqslant n^{-1/4}$，所以，$(x-k/n)^{-2}\leqslant n^{1/2}$。於是，可得

$$\Sigma_2 |f(x)-f(k/n)|\binom{n}{k} x^k(1-x)^{n-k}$$

$$\leqslant \Sigma_2\ 2M\binom{n}{k} x^k(1-x)^{n-k}=2M\ \Sigma_2 \frac{(x-k/n)^2}{(x-k/n)^2}\binom{n}{k} x^k(1-x)^{n-k}$$

$$\leqslant 2M\sqrt{n}\sum_{k=0}^{n}(x-k/n)^2\binom{n}{k} x^k(1-x)^{n-k}$$

$$=2M\sqrt{n}\cdot\frac{1}{n}x(1-x)$$

$$\leqslant \frac{M}{2\sqrt{n}}<\frac{\varepsilon}{2}。$$

於是，當 $n\geqslant n_0$時，對每個 $x\in[0,1]$，恆有

$$|f(x)-B_n(x;f)|<\varepsilon 。$$

由此可知：函數列$\{B_n(x;f)\}$在$[0,1]$上均勻收斂於函數 f。‖

有了 Bernstein 逼近定理，我們立即可得下面的重要結果。

【系理23】(Weierstrass 逼近定理)

若函數 $f:[a,b]\to \boldsymbol{R}$ 是$[a,b]$上的連續函數，則 f 在$[a,b]$上可用多項函數均勻地逼近。

證：定義一個函數 $g:[0,1]\to \boldsymbol{R}$ 如下：

$$g(t)=f((b-a)t+a)，t\in[0,1]。$$

顯然地，g 是$[0,1]$上的連續函數。於是，依定理22，可找到一個多項函數列$\{q_n\}$，使得$\{q_n\}$在$[0,1]$上均勻收斂於函數 g。對每個 $n\in \boldsymbol{N}$，定義函數 $p_n:[a,b]\to \boldsymbol{R}$ 如下：

$$p_n(x)=q_n((x-a)/(b-a))，x\in[a,b]。$$

函數 p_n 是多項函數，而且多項函數列$\{p_n\}$在$[a,b]$上均勻收斂於函數 f。‖

練習題　3－6

1. 試證定理 1。
2. 試證定理 2。
3. 試判定下列各函數 f 在所給集合 A 上是否均勻連續：

　(1) $f(x)=e^x\sin x$，$A=\boldsymbol{R}$。

　(2) $f(x)=1/x^2$，$A=(0,+\infty)$。

　(3) $f(x)=1/(1+x^2)$，$A=\boldsymbol{R}$。

　(4) $f(x)=\tan^{-1}x$，$A=\boldsymbol{R}$。

4. 試證定理6。
5. 試證定理7。
6. 試證定理8。
7. 試證定理9。
8. 若 $f,g:A\to\boldsymbol{R}^l$ 都在 A 上均勻連續，而 $A\subset\boldsymbol{R}^k$ 爲一有界集合，則函數 $\langle f,g\rangle$ 在 A 上均勻連續。試證之。
9. 試證函數 $f(x)=x\sin x$ 在 $\boldsymbol{R}$ 上沒有均勻連續。
10. 設 $A\subset\boldsymbol{R}^k$，若定義於 A 上的每個連續函數都在 A 上均勻連續，則 A 是一緊緻集。試證之。
11. 設 $f:A\to\boldsymbol{R}^l$ 爲一函數，$A\subset\boldsymbol{R}^k$。若 f 在子集 $B\subset A$ 與子集 $C\subset A$ 上都均勻連續，而且 $d(B,C)=\inf\{\|x-y\| \mid x\in B, y\in C\}>0$，則 f 在 $B\cup C$ 上均勻連續。試證之。
12. 舉例說明：若第11題中的 $d(B,C)>0$ 不成立，則結論可能不成立。
13. 試證定理12。
14. 試證定理13。
15. 試證定理14。
16. 若 $f:(a,b)\to\boldsymbol{R}$ 爲一連續函數，試證：f 在 (a,b) 上均勻連

續的充要條件是 $\lim_{x\to a+} f(x)$ 與 $\lim_{x\to b-} f(x)$ 都存在。

17.若函數 $f:(a,b)\to\boldsymbol{R}^l$ 在 (a,b) 上滿足 α 階 Lipschitz 條件而 $\alpha>1$，則 f 是一個常數函數。試證之。

（提示：f 的每個坐標函數在每個點的導數都等於0。）

18.設 $A\subset\boldsymbol{R}^k$ 爲一閉集而 $f:A\to A$ 爲一函數。若有一個收斂於0的實數數列 $\{\alpha_n\}$ 存在，使得：對每個 $n\in\mathbf{N}$ 及任意 $x,y\in A$，恆有 $\|f^n(x)-f^n(y)\|\leqslant\alpha_n\|x-y\|$，則 f 在 A 中恰有一個固定點。

19.設函數 $f:A\to A$ 具有下述性質：對於 A 中任意二相異點 x 與 y，恆有 $\|f(x)-f(y)\|<\|x-y\|$。

(1) 試證：f 在 A 中至多只有一個固定點。並舉例說明 f 可能沒有固定點。

(2) 試證：若 A 是緊緻集，則 f 在 A 中恰有一個固定點。

(3) 舉例說明：即使 A 是緊緻集，具有此性質的函數也可能不是縮距函數。

20.設函數 f 具有第19題所提的性質。任選 $x_1\in A$，對每個 $n\in\mathbf{N}$，令 $x_{n+1}=f^n(x_1)$，$d_n=\|x_n-x_{n+1}\|$。

(1) 試證：$\{d_n\}$ 是一遞減數列。並設 $d=\lim_{n\to\infty}d_n$。

(2) 若 $\{x_n\}$ 有一個子點列 $\{x_{n_r}\}$ 收斂於一點 u，試證：$d=\|u-f(u)\|=\|f(u)-f^2(u)\|$。由此再證明 u 是 f 的固定點而且 $\{x_n\}$ 收斂於 u。

第4章 $\boldsymbol{R}^k$ 上的微分

在本章裏，我們要討論多變數向量值函數的微分理論。這類函數的微分理論，在觀念的引進與性質的推衍上，可說與單變數實數值函數的微分理論頗爲相似，但其內容則要繁複得多。造成這種繁複現象的最重要因素，乃是由於在 $k>1$ 時，動點有太多的方向可以接近某定點 c，而不像實數線上接近一定點的方向只有左側與右側而已。

造成繁複現象的一個次要因素，是因爲符號比較複雜。例如：對一個 k 變數 l 維向量值函數而言，在一個點的偏導數（如果都存在）就有 kl 個，爲了表示這些值，我們就得引用矩陣的記號。若與單變數實數值函數在每個點只有一個導數相比，前者就顯然複雜得多了。爲了要減少複雜符號的困擾，我們將使用向量、矩陣等線性代數中的術語與符號。例如：$\boldsymbol{R}^k$ 本身是一個向量空間，我們以 $\{e_1, e_2, \cdots, e_k\}$ 表示它的標準基底，亦即：對每個 $i=1,2,\cdots,k$，$e_i \in \boldsymbol{R}^k$ 的第 i 個坐標爲1，而其餘 $k-1$ 個坐標都是0。對每個 $u=(u_1, u_2, \cdots, u_k) \in \boldsymbol{R}^k$，可得 $u=u_1e_1+u_2e_2+\cdots+u_k e_k$。

除了線性代數的一些術語與符號之外，本章中還會使用線性代數中的一些定理，這些定理在文中會特別指出來，但不可能都給以證明，讀者可參看有關線性代數的書籍以獲得所要的資料。

4－1 偏導數與方向導數

要將單變數函數的導數概念推廣到多變數函數，最簡便的方法自然是將它化爲單變數來處理，這種想法可以引出偏導數與方向導數的概念，本節就討論這兩種概念。

甲、第一階偏導數

設 $f: A \to \boldsymbol{R}$ 爲一函數，$A \subset \boldsymbol{R}^k$，$c=(c_1, c_2, \cdots, c_k)$是集合 A 中任一點。令 $A_1=\{x_1 \in \boldsymbol{R} \mid (x_1, c_2, \cdots, c_k) \in A\}$，則在集合 A_1上可定義一個單變數函數$f(\cdot, c_2, c_3, \cdots, c_k): x_1 \mapsto f(x_1, c_2, \cdots, c_k)$，此函數稱爲函數 f 在點c 的第一個**偏函數**（partial function）。同理，可定義 f 在點c 的第二個、⋯、第 k 個偏函數。

若 c 是集合A 的一個內點，則可證知 c_1是集合 A_1的一個內點。於是，我們可以考慮上述偏函數在點 c_1的導數。同理，可以考慮第 i 個偏函數在點c_i 的導數，這就是偏導數的概念。

前面兩段的說明可以推廣到向量值函數，我們寫成一個定義如下。

【定義1】設 $f: A \to \boldsymbol{R}^l$ 爲一個函數，$A \subset \boldsymbol{R}^k$，$c \in A^0$。對任意 $j=1,2,\cdots,k$，若下式右端的極限存在，則其極限值稱爲函數 f 在點c 對第j 個變數x_j 的（第一階）**偏導數**（partial derivative with respect to x_j at c），以$D_j f(c)$等表之，即

$$D_j f(c)=f_{x_j}(c)=\frac{\partial f}{\partial x_j}(c)=\lim_{t \to 0} \frac{1}{t}(f(c+te_j)-f(c))。$$

請注意：在定義 1 中，$(1/t)(f(c+te_j)-f(c))$是一個 l 維向量。因此，當偏導數$D_j f(c)$存在時，它並不是一個實數，而是一個 l

維向量。事實上，一函數與它的坐標函數在同一點的偏導數有如下的關係。

【定理1】(函數與其坐標函數的偏導數)

設 $f: A \to \boldsymbol{R}^l$ 爲一函數，$A \subset \boldsymbol{R}^k$，$c \in A^0$。若對每個 $x \in A$，$f(x)$可表示成 $f(x) = (f_1(x), f_2(x), \cdots, f_l(x))$，其中的 $f_1, f_2, \cdots, f_l: A \to \boldsymbol{R}$ 都是實數值函數，則函數 f 在點c 對 x_j 的偏導數存在的充要條件是：對每個 $i = 1, 2, \cdots, l$，函數 f_i 在點c 對 x_j 的偏導數存在。更進一步地，當這些條件成立時，可得

$$D_j f(c) = (D_j f_1(c), D_j f_2(c), \cdots, D_j f_l(c))。$$

證：由§ 3－3 定理 7 即得。‖

在定理 1 中，k 變數實數值函數 f_i 在點 c 的偏導數 $D_j f_i(c)$，就是實變數實數值函數 $x_j \mapsto f_i(c_1, \cdots, c_{j-1}, x_j, c_{j+1}, \cdots, c_k)$在點 c_j 的導數，也就是實變數實數值函數 $t \mapsto f_i(c + te_j)$在點 0 的導數。因此，$D_j f_i(c)$之值的計算可以引用微積分課程中所學到的導數公式。再根據定理 1 的結果，我們就知道如何計算一般的偏導數了。

【例1】設函數 $f: \boldsymbol{R}^2 \to \boldsymbol{R}^2$定義爲$f(x, y) = (x^2 - y^2, 2xy)$，試求其偏導數$f_x(1,4)$與 $f_y(1,4)$。

解：要計算$f_x(1,4)$，我們要考慮偏函數$f(x, 4) = (x^2 - 16, 8x)$。它的第一個坐標函數 $x^2 - 16$的導函數是$2x$，第二個坐標函數$8x$ 的導函數爲 8 。因此，可得

$$f_x(1,4) = ((2x)|_{x=1}, (8)|_{x=1}) = (2,8)。$$

同理，要計算 $f_y(1,4)$，我們要考慮偏函數$f(1, y) = (1 - y^2, 2y)$。它的第一個坐標函數$1 - y^2$的導函數是$-2y$，第二個坐標函數$2y$ 的導函數爲 2 。因此，可得

$$f_y(1,4) = ((-2y)|_{y=4}, (2)|_{y=4}) = (-8,2)。 \|$$

在例 1 中，函數 f 的兩個坐標函數在每個點(x, y)的兩個偏導數都存在，所以，要計算坐標函數 $x^2 - y^2$在點(x, y)對變數 x 的偏導

數時，不妨直接將 y 視爲常數而寫成

$$\frac{\partial}{\partial x}(x^2-y^2)=2x-0=2x\text{ 。}$$

仿此，可得

$$\frac{\partial f}{\partial x}(x,y)=(\frac{\partial}{\partial x}(x^2-y^2),\ \frac{\partial}{\partial x}(2xy))=(2x,2y)\text{，}$$

$$\frac{\partial f}{\partial y}(x,y)=(\frac{\partial}{\partial y}(x^2-y^2),\ \frac{\partial}{\partial y}(2xy))=(-2y,2x)\text{。}$$

在上列二式中令 $x=1$、$y=4$，即得 $f_x(1,4)=(2,8)$，$f_y(1,4)=(-8,2)$。

【例2】設函數 f：$\boldsymbol{R}^2\to\boldsymbol{R}$ 定義如下：$f(0,0)=0$；而若 $(x,y)\neq(0,0)$，則 $f(x,y)=(xy)/(x^2+y^2)$。試求函數 f 在各點的偏導數。

解：當 $(x,y)\neq(0,0)$ 時，可得

$$f_x(x,y)=\frac{(x^2+y^2)\cdot y-xy\cdot 2x}{(x^2+y^2)^2}=\frac{y(-x^2+y^2)}{(x^2+y^2)^2}\text{，}$$

$$f_y(x,y)=\frac{(x^2+y^2)\cdot x-xy\cdot 2y}{(x^2+y^2)^2}=\frac{x(x^2-y^2)}{(x^2+y^2)^2}\text{。}$$

當 $(x,y)=(0,0)$ 時，因爲對每個 $t\neq 0$，恆有 $f(t,0)=f(0,t)=0$，所以，得

$$f_x(0,0)=\lim_{t\to 0}\frac{f(t,0)-f(0,0)}{t}=\lim_{t\to 0}\frac{0-0}{t}=0\text{ ，}$$

$$f_y(0,0)=\lim_{t\to 0}\frac{f(0,t)-f(0,0)}{t}=\lim_{t\to 0}\frac{0-0}{t}=0\text{ 。}\ \|$$

在上例中，對異於(0,0)的每個點，我們可以根據單變數函數的導數公式來計算偏導數，但在點(0,0)的偏導數卻必須直接根據定義來計算，這中間的差別讀者必須弄清楚。

另一方面，例 2 中的函數在點(0,0)不連續（參看§3－3例3），但在點(0,0)的偏導數卻都存在。由此可見：對多變數函數而言，偏導數存在並不能保證連續性。這個現象是單變數函數與多變數

函數間的一項重要差異。

單變數實數值函數的導數，就是函數圖形在所對應點的切線的斜率。二變數實數值函數的偏導數也有類似的幾何意義，我們說明如下。設 $f: A \to \boldsymbol{R}$ 是一個二變數實數值函數，(a,b)是 A 的一個內點。若將偏函數 $x \mapsto f(x,b)$在 xz 平面上的圖形沿向量$(0,b,0)$平移到平面 $y=b$ 上，則所得的圖形就是平面 $y=b$ 與曲面 $z=f(x,y)$的交集 C。若$(a+t,b) \in A$，則連接曲線 C 上兩個點$(a,b,f(a,b))$與$(a+t,b,f(a+t,b))$的割線的斜率爲$(f(a+t,b)-f(a,b))/t$ 。當 t 趨近 0 時，點$(a+t,b)$趨近點(a,b)，上述割線也跟著趨近切線。因此，偏導數$f_x(a,b)$就是曲線 C 以點$(a,b,f(a,b))$爲切點的切線的斜率，也就是說，三維向量$(1,0,f_x(a,b))$就是曲線 C 以點$(a,b, f(a,b))$爲切點的切線的一個方向向量。

同理，向量$(0,1,f_y(a,b))$就是曲面 $z=f(x,y)$與平面 $x=a$ 的交線以點$(a,b,f(a,b))$爲切點的切線的一個方向向量。

【例3】設函數 $f: \boldsymbol{R}^2 \to \boldsymbol{R}$ 定義爲$f(x,y)=16-x^2-y^2$，則$f_x(1,2)=-2$，$f_y(1,2)=-4$。於是，曲面 $z=16-x^2-y^2$與平面 $y=2$的交集以點$(1,2,11)$爲切點的切線方程式爲

$$\frac{x-1}{1}=\frac{z-11}{-2}, \quad y=2。$$

同理，曲面 $z=16-x^2-y^2$與平面 $x=1$的交集以點$(1,2,11)$爲切點的切線方程式爲

$$\frac{y-2}{1}=\frac{z-11}{-4}, \quad x=1。 \|$$

乙、方向導數

在前面定義 1 所討論的極限式中，不論 t 是任何不爲 0 的實數，$(c+te_j)-c$ 都是向量e_j 的實數倍，所以，當 t 趨近 0 時，點 $c+te_j$ 是沿著e_j 的方向趨近點c。對於 $\boldsymbol{R}^k$ 中任意向量u，因爲點 c 是集合A

的內點，所以，當 t 很小時，$c+tu$ 都屬於 A。例如：若 $B_r(c)\subset A$ 而 $u\neq 0$，則當 $|t|<r/\|u\|$ 時，$c+tu$ 都屬於 A。於是，我們可以考慮當動點 $c+tu$ 沿著向量 u 的方向趨近點 c 時，函數 f 對自變數的瞬時變率，這就引進方向導數的概念。

【定義2】設 $f: A\to \boldsymbol{R}^l$ 爲一函數，$A\subset \boldsymbol{R}^k$，$c\in A^0$，$u\in \boldsymbol{R}^k$。若下式右端的極限存在，則其極限值稱爲函數 f 在點 c 對 u 之方向的**方向導數**（directional derivative of f at c with respect to u），以 $D_u f(c)$ 表之，即

$$D_u f(c)=\lim_{t\to 0}\frac{1}{t}(f(c+tu)-f(c))。$$

當 $u=e_j$ 時，方向導數 $D_{e_j} f(c)$ 就是偏導數 $D_j f(c)$。反之，因爲每個向量 u 都可以表示成 $e_1, e_2, \cdots, e_k$ 的**線性組合**（linear combination），所以，當 f 在點 c 有較良好的性質時，方向導數 $D_u f(c)$ 也可表示成偏導數 $D_1 f(c), D_2 f(c), \cdots, D_k f(c)$ 的線性組合，參看§4－2定理 5。但對於一般的函數，偏導數的存在性、方向導數的存在性與函數的連續性之間，彼此都是獨立的，下面我們舉出一些例子。另外，當偏導函數具備適當性質時，仍可保證函數的連續性，參看練習題 10 及§4－2定理 7、系理 4。

【例4】（連續但沒有任何方向導數）

若函數 $f: \boldsymbol{R}^k\to \boldsymbol{R}$ 定義爲 $f(x)=\|x\|$，則 f 是 $\boldsymbol{R}^k$ 上的（均勻）連續函數。但是對每個不爲0的向量 $u\in \boldsymbol{R}^k$，方向導數 $D_u f(0)$ 都不存在，因爲

$$\lim_{t\to 0+}\frac{f(tu)-f(0)}{t}=\lim_{t\to 0+}\frac{t\|u\|}{t}=\|u\|，$$

$$\lim_{t\to 0-}\frac{f(tu)-f(0)}{t}=\lim_{t\to 0-}\frac{-t\|u\|}{t}=-\|u\|。\|$$

【例5】（不連續也沒有任何方向導數）

設函數 $f: \boldsymbol{R}^k\to \boldsymbol{R}$ 定義如下：若 $x\in \boldsymbol{Q}^k$，則 $f(x)=1$；若 $x\in$

$\boldsymbol{R}^k-\boldsymbol{Q}^k$，則$f(x)=0$。顯然地，此函數在 $\boldsymbol{R}^k$ 上每個點都不連續。另一方面，對每個不為0的向量 u，實變數實數值函數 $t\mapsto f(tu)$在點 0 不連續，所以，它在點 0 的導數不存在，亦即：方向導數$D_u f(0)$不存在。‖

【例6】（連續，有偏導數，但沒有其他方向導數）

設函數 f：$\boldsymbol{R}^2\to\boldsymbol{R}$ 定義如下：若 $xy=0$，則$f(x,y)=0$；若 $xy\neq 0$，則$f(x,y)=\sqrt{x^2+y^2}$。顯然地，此函數在點$(0,0)$連續，而且$f_x(0,0)=f_y(0,0)=0$。但是，與例 4 情形相同地，若 $uv\neq 0$，則函數 f 在點$(0,0)$對向量(u,v)之方向的方向導數$D_{(u,v)}f(0,0)$不存在。‖

【例7】（不連續，有偏導數，但沒有其他方向導數）

若函數 f：$\boldsymbol{R}^2\to\boldsymbol{R}$ 就是例 2 中所定義的函數，則 f 在點$(0,0)$不連續，而$f_x(0,0)=f_y(0,0)=0$。另一方面，若 $uv\neq 0$，則因為$\lim_{t\to 0}f(tu,tv)=(uv)/(u^2+v^2)\neq 0=f(0,0)$，所以，實變數實數值函數 $t\mapsto f(tu,tv)$在點 0 不連續。於是，方向導數$D_{(u,v)}f(0,0)$不存在。‖

【例8】（連續，沒有偏導數，但有其他方向導數）

設函數 f：$\boldsymbol{R}^2\to\boldsymbol{R}$ 定義如下：若 $xy\neq 0$，則$f(x,y)=0$；若 $xy=0$，則$f(x,y)=|x|+|y|$。顯然地，函數 f 在點$(0,0)$連續。若 $uv\neq 0$，則實變數實數值函數 $t\mapsto f(tu,tv)$是常數函數 0 。於是，方向導數$D_{(u,v)}f(0,0)=0$。另一方面，與例 4 情形相同地，偏導數$f_x(0,0)$與 $f_y(0,0)$都不存在。‖

【例9】（不連續，沒有偏導數，但有其他方向導數）

設函數 f：$\boldsymbol{R}^2\to\boldsymbol{R}$ 定義如下：若 $xy\neq 0$或 $x=y=0$，則$f(x,y)=0$；若 $xy=0$ 但$(x,y)\neq(0,0)$，則$f(x,y)=|x|+|y|+1$。因為$\lim_{x\to 0}f(x,0)=\lim_{y\to 0}f(0,y)\neq f(0,0)$，所以，函數 f 在點$(0,0)$不連續，而且$f_x(0,0)$與 $f_y(0,0)$都不存在。另一方面，仿例 8 ，可

知：若 $uv\neq 0$，則方向導數$D_{(u,v)}f(0,0)=0$。‖

【例10】（連續，所有方向導數都存在）

性質良好的多變數函數都具有這些現象，例如：多項函數。‖

【例11】（不連續，但所有方向導數都存在）

設函數 $f：\boldsymbol{R}^2\to\boldsymbol{R}$ 定義爲：$f(0,0)=0$；而若$(x,y)\neq(0,0)$，則$f(x,y)=(xy^2)/(x^2+y^4)$。因爲 $\lim_{t\to 0}f(t^2,t)=1/2\neq f(0,0)$，所以，$f$ 在點$(0,0)$不連續。設$(u,v)\in\boldsymbol{R}^2$爲一向量，若 $u=0$，則易得$D_{(u,v)}f(0,0)=0$。若 $u\neq 0$，則得

$$D_{(u,v)}f(0,0)=\lim_{t\to 0}\frac{t^3uv^2}{t(t^2u^2+t^4v^4)}=\frac{v^2}{u}。$$

因此，f 在點$(0,0)$的所有方向導數都存在。‖

前面所舉的例子，可以給我們很有用的提示：將一個多變數函數 f 以任何方式化爲單變數函數來討論導數概念時，所獲得的結果都不容易掌握函數 f 的性質。由於這個緣故，在§4－2中我們將就多變數函數本身來討論微分概念。

與偏導數的幾何意義類似地，對於二變數實數值函數 $f：A\to\boldsymbol{R}$ 而言，若 f 在 A 的內點(a,b)對非零向量(u,v)之方向的方向導數 $D_{(u,v)}f(a,b)$存在，則向量$(u,v,D_{(u,v)}f(a,b))\in\boldsymbol{R}^3$ 就是曲面 $z=f(x,y)$與平面 $v(x-a)-u(y-b)=0$ 的交線以點$(a,b,f(a,b))$爲切點的切線的一個方向向量。

丙、高階偏導數

在多變數向量值函數中，我們也可以仿照實變數實數值函數一樣地考慮高階偏導數。

設 $f：A\to\boldsymbol{R}^l$ 爲一函數，$A\subset\boldsymbol{R}^k$。對每個 $j=1,2,\cdots,k$，令

$$B_j=\{x\in A\mid D_jf(x)存在\}，$$

則將每個 $x\in B_j$ 對應於$D_jf(x)$的函數稱爲函數 f 對第j 個變數 x_j 的

第一階偏導函數（partial derivative with respect to x_j），記為

$$\frac{\partial f}{\partial x_j}: B_j \to \boldsymbol{R}^l\text{，或 } D_j f: B_j \to \boldsymbol{R}^l\text{，或 } f_{x_j}: B_j \to \boldsymbol{R}^l\text{。}$$

對於偏導函數 $D_j f$，我們可以再考慮它們的偏導函數，這就是函數 f 的**第二階偏導函數**（second－order partial derivatives）。它們的表示法如下：

$$D_{jj} f = f_{x_j x_j} = \frac{\partial^2 f}{\partial x_j^2} = \frac{\partial}{\partial x_j}\left(\frac{\partial f}{\partial x_j}\right),$$

$$D_{ij} f = f_{x_j x_i} = \frac{\partial^2 f}{\partial x_i \partial x_j} = \frac{\partial}{\partial x_i}\left(\frac{\partial f}{\partial x_j}\right),\ (i \neq j)\text{。}$$

在上述表示式中，當 $i \neq j$ 時，$D_{ij} f$ 通常稱為**混合式第二階偏導函數**（mixed second－order partial derivatives），在它們的表示記號中，應留意 x_i 與 x_j 的前後次序，尤其是在 $D_{ij} f$ 與 $f_{x_j x_i}$ 中的差異。

仿上述方法，可定義第三階偏導函數、第四階偏導函數、……，等等，它們的表示法也仿上述類推。一般而言，每個 k 變數的函數共有 k^n 種 n 階偏導函數，不過，在適當的條件下，其中有一部分是相同的，後面的定理 3 與定理 4 會討論這個問題。

【例12】設函數 $f: \boldsymbol{R}^2 \to \boldsymbol{R}$ 定義為：$f(0,0)=0$；而若 $(x,y) \neq (0,0)$，則 $f(x,y)=(xy^3)/(x^2+y^2)$。試求函數 f 的第一階及第二階偏導函數。

解：當 $(x,y) \neq (0,0)$ 時，可得

$$f_x(x,y) = \frac{(x^2+y^2)\cdot y^3 - xy^3\cdot 2x}{(x^2+y^2)^2} = \frac{y^3(-x^2+y^2)}{(x^2+y^2)^2},$$

$$f_y(x,y) = \frac{(x^2+y^2)\cdot 3xy^2 - xy^3\cdot 2y}{(x^2+y^2)^2} = \frac{xy^2(3x^2+y^2)}{(x^2+y^2)^2}\text{。}$$

當 $(x,y)=(0,0)$ 時，可得

$$f_x(0,0) = \lim_{t\to 0}\frac{f(t,0)-f(0,0)}{t} = \lim_{t\to 0}\frac{0-0}{t} = 0,$$

$$f_y(0,0)=\lim_{t\to 0}\frac{f(0,t)-f(0,0)}{t}=\lim_{t\to 0}\frac{0-0}{t}=0 \text{ 。}$$

另一方面，當$(x,y)\neq(0,0)$時，可得

$$\begin{aligned}
&f_{xx}(x,y)\\
&=\frac{(x^2+y^2)^2(-2xy^3)-(-x^2y^3+y^5)\cdot 2(x^2+y^2)\cdot 2x}{(x^2+y^2)^4}\\
&=\frac{2xy^3(x^2-3y^2)}{(x^2+y^2)^3}\text{ ，}\\
&f_{xy}(x,y)\\
&=\frac{(x^2+y^2)^2(-3x^2y^2+5y^4)-(-x^2y^3+y^5)\cdot 2(x^2+y^2)\cdot 2y}{(x^2+y^2)^4}\\
&=\frac{y^2(-3x^4+6x^2y^2+y^4)}{(x^2+y^2)^3}\text{ ，}\\
&f_{yx}(x,y)\\
&=\frac{(x^2+y^2)^2(9x^2y^2+y^4)-(3x^3y^2+xy^4)\cdot 2(x^2+y^2)\cdot 2x}{(x^2+y^2)^4}\\
&=\frac{y^2(-3x^4+6x^2y^2+y^4)}{(x^2+y^2)^3}\text{ ，}\\
&f_{yy}(x,y)\\
&=\frac{(x^2+y^2)^2(6x^3y+4xy^3)-(3x^3y^2+xy^4)\cdot 2(x^2+y^2)\cdot 2y}{(x^2+y^2)^4}\\
&=\frac{2x^3y(3x^2-y^2)}{(x^2+y^2)^3}\text{ 。}
\end{aligned}$$

當$(x,y)=(0,0)$時，可得

$$f_{xx}(0,0)=\lim_{t\to 0}\frac{f_x(t,0)-f_x(0,0)}{t}=\lim_{t\to 0}\frac{0-0}{t}=0 \text{ ，}$$

$$f_{xy}(0,0)=\lim_{t\to 0}\frac{f_x(0,t)-f_x(0,0)}{t}=\lim_{t\to 0}\frac{t-0}{t}=1 \text{ ，}$$

$$f_{yx}(0,0)=\lim_{t\to 0}\frac{f_y(t,0)-f_y(0,0)}{t}=\lim_{t\to 0}\frac{0-0}{t}=0 \text{ ，}$$

$$f_{yy}(0,0)=\lim_{t\to 0}\frac{f_y(0,t)-f_y(0,0)}{t}=\lim_{t\to 0}\frac{0-0}{t}=0 \text{ 。} \|$$

例12中的結果告訴我們很重要的一件事，那就是：計算混合式高階偏導數時，自變數的順序不同，所得的值也可能不同。更進一步地，自變數的順序不同時，還可能其中某些偏導數存在，而另一些卻不存在（參看練習題5）。下面我們來討論這類偏導數的存在與等值問題，首先說明混合式二階偏導數的一個極限表示法。

【定理2】（混合式二階偏導數的極限表示法）

設 $f:A\to\mathbf{R}^l$ 爲一函數，$A\subset\mathbf{R}^k$，$c\in A^0$，$1\leqslant i,j\leqslant k$。若 c 有一個開鄰域 U 存在使得：偏導函數 D_jf 與 $D_{ij}f$ 在 U 中各點都存在，而且 $D_{ij}f$ 在點 c 連續，則

$$D_{ij}f(c)=\lim_{(s,t)\to(0,0)}\frac{f(c+se_i+te_j)-f(c+se_i)-f(c+te_j)+f(c)}{st}\text{。}$$

證：此定理的內容只涉及 x_i 與 x_j 兩個自變數，其證明過程也與其他自變數無關，所以，在下面的證明中，我們設 $k=2$，並將點 c 寫成 (a,b)，變數 x_1與 x_2分別改寫成 x 與 y，又設 $j=1$，$i=2$。另一方面，依§3－3定理 7 、§3－4定理 7 與本節定理 1 ，我們可設 $l=1$，即：f 是實數值函數。

設 ε 爲任意正數，因爲 $D_{21}f$ 在點(a,b)連續，所以，可找到一個正數 η 使得：$B_\eta(a,b)\subset U$，而且當 $s^2+t^2<\eta^2$時，恆有

$$|D_{21}f(a+s,b+t)-D_{21}f(a,b)|<\varepsilon \text{ 。} \qquad (*)$$

令 $\delta=\eta/\sqrt{2}$，我們將證明：當 $0<|s|<\delta$ 且 $0<|t|<\delta$ 時，可得

$$\left|\frac{f(a+s,b+t)-f(a+s,b)-f(a,b+t)+f(a,b)}{st}-D_{21}f(a,b)\right|<\varepsilon\text{。}$$

這就完成本定理之極限式的證明。

對每個 $s\in(-\delta,\delta)$，$s\neq 0$，因爲第二階偏導函數 $D_{21}f$ 在 $B_\eta(a,b)$上每個點都存在，所以，定義域爲$(-\delta,\delta)$的函數

$$t\mapsto D_1f(a+s,b+t)$$

顯然在$(-\delta,\delta)$上可微分。依 Lagrange 均值定理，對每個$t\in(-\delta,\delta)$，$t\neq 0$，必可找到一個$\beta\in(0,1)$使得

$$D_1f(a+s,b+t)-D_1f(a+s,b)=t\cdot D_{21}f(a+s,b+\beta t)。$$

因爲$s^2+(\beta t)^2<s^2+t^2<\eta^2$，所以，上述結果表示：對任意$s,t\in(-\delta,\delta)$，$st\neq 0$，差商$(1/t)(D_1f(a+s,b+t)-D_1f(a+s,b))$可表示成函數$f$在$B_\eta(a,b)$中的某個點$(a+s,b+\beta t)$的第二階偏導數$D_{21}f(a+s,b+\beta t)$。於是，根據（*）式即得

$$\left|\frac{D_1f(a+s,b+t)-D_1f(a+s,b)}{t}-D_{21}f(a,b)\right|$$
$$=|D_{21}f(a+s,b+\beta t)-D_{21}f(a,b)|<\varepsilon 。\qquad (**)$$

另一方面，對每個$t\in(-\delta,\delta)$，$t\neq 0$，因爲第一階偏導函數D_1f在$B_\eta(a,b)$上每個點都存在，所以，定義域爲$(-\delta,\delta)$的函數

$$\psi：s\mapsto f(a+s,b+t)-f(a+s,b)$$

在$(-\delta,\delta)$上可微分。依 Lagrange 均值定理，對每個$s\in(-\delta,\delta)$，$s\neq 0$，必可找到一個$\alpha\in(0,1)$使得

$$\psi(s)-\psi(0)=s\,\psi'(\alpha s)。$$

因爲$\psi'(\alpha s)=D_1f(a+\alpha s,b+t)-D_1f(a+\alpha s,b)$而$(\alpha s)^2+t^2<s^2+t^2<\eta^2$，所以，上述結果表示：對任意$s,t\in(-\delta,\delta)$，$st\neq 0$，「差商」$(1/s)(\psi(s)-\psi(0))$可表示成偏導函數$D_1f$在$B_\eta(a,b)$中某兩個點$(a+\alpha s,b+t)$與$(a+\alpha s,b)$的值之差。於是，依(**)式即得

$$\left|\frac{f(a+s,b+t)-f(a+s,b)-f(a,b+t)+f(a,b)}{st}-D_{21}f(a,b)\right|$$
$$=\left|\frac{\psi(s)-\psi(0)}{st}-D_{21}f(a,b)\right|$$
$$=\left|\frac{D_1f(a+\alpha s,b+t)-D_1f(a+\alpha s,b)}{t}-D_{21}f(a,b)\right|$$
$$<\varepsilon。$$

這就是所欲證的結果。‖

【定理3】（混合式第二階偏導數相等的一個充分條件）

設 $f: A \to \boldsymbol{R}^l$ 爲一函數，$A \subset \boldsymbol{R}^k$，$1 \leqslant i, j \leqslant k$。若 c 有一個開鄰域 U 存在使得：偏導函數 $D_i f$、$D_j f$ 與 $D_{ij} f$ 在 U 中各點都存在而且 $D_{ij} f$ 在點 c 連續，則 $D_{ji} f(c)$ 也存在而且 $D_{ji} f(c) = D_{ij} f(c)$。

證：仿定理 2，我們仍設 $k=2$、$l=1$，而點 c 表示成 (a, b)、自變數 x_1 與 x_2 分別改寫成 x 與 y。又設 $j=1$、$i=2$。

因爲定理 2 的假設條件都成立，所以，依定理 2，可得

$$\lim_{(s,t)\to(0,0)} \frac{f(a+s, b+t) - f(a+s, b) - f(a, b+t) + f(a, b)}{st}$$
$$= D_{21} f(a, b)。$$

另一方面，因爲 $D_2 f$ 在點 (a, b) 的開鄰域 U 中每個點都存在，所以，當 $s \neq 0$ 且點 $(a+s, b) \in U$ 時，可得

$$\lim_{t\to 0} \frac{f(a+s, b+t) - f(a+s, b) - f(a, b+t) + f(a, b)}{st}$$
$$= \frac{D_2 f(a+s, b) - D_2 f(a, b)}{s}。$$

我們將由此證明定理的結果。

設 ε 爲任意正數，根據前面第一個極限式，可找到一個正數 δ 使得：當 $0 < |s| < \delta$ 且 $0 < |t| < \delta$ 時，恆有

$$\left| \frac{f(a+s, b+t) - f(a+s, b) - f(a, b+t) + f(a, b)}{st} - D_{21} f(a, b) \right|$$
$$< \frac{\varepsilon}{2}。 \qquad (*)$$

對每個 $s \in (-\delta, \delta)$，$s \neq 0$，因爲 $(*)$ 式對 $(-\delta, 0) \cup (0, \delta)$ 上每個 t 都成立，所以，將 $(*)$ 式兩端取 t 趨近 0 時的極限，根據前面第二個極限式，即得

$$\left| \frac{D_2 f(a+s, b) - D_2 f(a, b)}{s} - D_{21} f(a, b) \right| \leqslant \frac{\varepsilon}{2} < \varepsilon。$$

因爲上式對滿足 $0 < |s| < \delta$ 的每個 s 都成立，所以，得

$$\lim_{s\to 0} \frac{D_2 f(a+s, b) - D_2 f(a, b)}{s} = D_{21} f(a, b)。$$

亦即：$D_{12}f(a,b)=D_{21}f(a,b)$。‖

將定理 3 推廣到更高階的偏導函數，可得下面的一般性定理。

【定理4】（混合式高階偏導數相等的一個充分條件）

設 $f: A \to \boldsymbol{R}^l$ 爲一函數，$A \subset \boldsymbol{R}^k$，$U \subset A$ 是 $\boldsymbol{R}^k$ 中的開集，$n \in \boldsymbol{N}$，$n \geqslant 2$。若

⑴在 U 中每個點，函數 f 的第一階、第二階、⋯、第 n 階偏導數全都存在；

⑵⑴中所提的所有混合式偏導函數都在 U 上連續；

則在 U 中，函數 f 的第二階至第 n 階的混合式偏導函數都與所微分的自變數的順序無關，而只與所微分的自變數的次數有關。

證：根據定理 3 及數學歸納法即可得。‖

當定理 4 的結論成立時，混合式偏導函數的表示記號可略爲簡化。例如：$\dfrac{\partial^3 f}{\partial x \partial y \partial x}$可寫成$\dfrac{\partial^3 f}{\partial y \partial x^2}$。

練習題　4－1

1.試求下列各函數的第一階導函數：

⑴$f(x,y)=(\sqrt{x^2+y},xy)$。

⑵$f(x,y)=(x^y,2^x y^2)$。

⑶$f(x,y)=(x\cos y,x\sin y)$。

⑷$f(x,y)=(\tan^{-1}(y/x),\ln(xy^2-x+y))$。

⑸$f(x,y)=x\cos y+y\sin x$。

⑹$f(x,y)=(x^3e^x\ln y,x^2\cos y)$。

⑺$f(x)=\|x\|^3x$，$x\in\boldsymbol{R}^k$。

⑻$f(x)=e_k+(x-e_k)/\|x-e_k\|^2,x\in\boldsymbol{R}^k$。

2.試求下列各方向導數$D_u f(c)$：

(1) $f(x,y)=(xy^2+x^2,2xy)$，$c=(1,-2)$，$u=(3,4)$。

(2) $f(x,y)=(\tan^{-1}(y/x),\ln\sqrt{x^2+y^2})$，$c=(3,4)$，$u\in\boldsymbol{R}^2$。

(3) $f(x,y,z)=ze^{xy}$，$c=(1,0,1)$，$u=(0,1/\sqrt{5},2/\sqrt{5})$。

3. 設函數 f：$\boldsymbol{R}^2\to\boldsymbol{R}$ 定義如下：若$(x,y)\neq(0,0)$，則$f(x,y)=x^3/(x^2+y^2)$；而$f(0,0)=0$。試證：

(1)偏導函數 D_1f 與D_2f 都是$\boldsymbol{R}^2$上的有界函數。

(2)對每個 $u\in\boldsymbol{R}^2$，方向導數$D_uf(0,0)$都存在，而且

$$|D_uf(0,0)|\leqslant\|u\|。$$

4. 若函數 f：$\boldsymbol{R}^k\to\boldsymbol{R}$ 具有下述性質：對每個 $\alpha\in\boldsymbol{R}$ 及每個$x\in\boldsymbol{R}^k$，恆有$f(\alpha x)=\alpha f(x)$，則 f 在原點 0 對每個向量 u 之方向的方向導數$D_uf(0)$都存在。試證之。

5. 對本節例12中的函數 f，討論它在點（0,0）的第三階偏導數$f_{xxy}(0,0)$、$f_{xyx}(0,0)$、$f_{yxx}(0,0)$、$f_{xyy}(0,0)$、$f_{yxy}(0,0)$、$f_{yyx}(0,0)$的值。

6. 設函數 f：$\boldsymbol{R}^2\to\boldsymbol{R}$ 定義如下：若$(x,y)\neq(0,0)$，則$f(x,y)=xy(x^2-y^2)/(x^2+y^2)$；而$f(0,0)=0$。試證下列各性質：

(1) f、D_1f 與D_2f 都是$\boldsymbol{R}^2$上的連續函數。

(2) $D_{12}f$ 與$D_{21}f$ 在$\boldsymbol{R}^2$上每個點都存在，而且只在點$(0,0)$不連續。

(3) $D_{12}f(0,0)=1$，$D_{21}f(0,0)=-1$。

7. 設 f：$U\to\boldsymbol{R}$ 爲一函數，$U\subset\boldsymbol{R}^k$ 爲一開集。若對每個 $x\in U$，恆有 $D_{11}f(x)+D_{22}f(x)+\cdots+D_{kk}f(x)=0$，則稱 f 是 U 上的一個**調和函數**（harmonic function）。試證下列函數是調和函數：

(1) $f(x,y)=e^{ax}\cos ay$。　　(2) $f(x,y)=e^{ax}\sin ay$。

(3) $f(x,y)=\tan^{-1}(y/x)$。　　(4) $f(x,y)=\ln\sqrt{x^2+y^2}$。

8. 若函數 f,g：$A\to\boldsymbol{R}^l$ 與h：$A\to\boldsymbol{R}$ 在點$c\in A^0$的所有第一階偏

導數都存在，$\alpha,\beta\in\boldsymbol{R}$，$A\subset\boldsymbol{R}^k$，試證：對每個 $j=1,2,\cdots,k$，恆有

⑴$D_j(\alpha f+\beta g)(c)=\alpha D_j f(c)+\beta D_j g(c)$。

⑵$D_j\langle f,g\rangle(c)=\sum_{i=1}^{l} f_i(c)D_j g_i(c)+\sum_{i=1}^{l} g_i(c)D_j f_i(c)$，其中 $f=(f_1,f_2,\cdots,f_l)$，$g=(g_1,g_2,\cdots,g_l)$。

⑶$D_j(hf)(c)=h(c)D_j f(c)+D_j h(c)f(c)$。

⑷若 $h(c)\neq 0$，則 $D_j(1/h)(c)=-(1/h(c))^2 D_j h(c)$。

9.試證：若函數 f：$A\to\boldsymbol{R}^l$ 在點 $c\in A^0$ 的偏導數 $D_jf(c)$存在，則可找到二正數 δ 與 α 使得：當 $|t|<\delta$ 時，恆有

$$\| f(c+te_j)-f(c)\|\leqslant\alpha|t|。$$

10.設 f：$A\to\boldsymbol{R}^l$ 爲一函數，$A\subset\boldsymbol{R}^k$，$c\in A^0$。若 c 有一個開鄰域 U 存在使得：偏導函數 $D_1 f$、$D_2 f$、…、$D_k f$ 在 U 中存在而且有界，則函數 f 在點 c 連續。試證之。

（提示：利用單變數函數的 Lagrange 均值定理，參看§4－2定理7的證明。）

11.設 f：$A\to\boldsymbol{R}$ 爲一函數，$A\subset\boldsymbol{R}^k$，$c\in A^0$。若 c 是函數 f 的一個相對極大（小）點，且 f 在點 c 的全體第一階偏導數都存在，則 $D_1f(c)=D_2f(c)=\cdots=D_k f(c)=0$ 。試證之。

4－2 可微分性與全微分

前一節的討論中，我們發現將多變數函數化爲單變數函數來討論導數概念時，結果並不理想。在本節裏，我們就多變數函數本身來討論微分概念。

甲、可微分性的意義

在微積分課程中，對於單變數實數值函數 f：$(a,b)\to\boldsymbol{R}$ 在點 c

的導數，我們使用下面的定義：

$$f'(c)=\lim_{x\to c}\frac{f(x)-f(c)}{x-c}\text{。}$$

當我們想將此定義直接推廣到多變數向量值函數時，立即遭遇到兩項困難。其一：若 f 是多變數向量值函數，則上式右端的差商的分子與分母都是向量，那麼，它們的商是什麼意義呢？其二：單變數實數值函數的導數$f'(c)$是一個實數，但當 f 是一個k 變數l 維向量值函數時，若將$f'(c)$定義爲實數，則在許多討論中就會發現不協調的現象。例如：當 $k\neq l$ 時，$f(x)-f(c)-f'(c)(x-c)$就沒有意義，因爲$f(x)-f(c)$是 l 維向量而$f'(c)(x-c)$是 k 維向量。由此可知：要推廣前面的導數概念，必須要弄清楚$f'(c)$要以什麼觀念來取代。

爲了克服這些困難，讓我們換個角度來觀察。對於單變數實數值函數 $f:(a,b)\to\boldsymbol{R}$，上面的導數定義可改寫成

$$\lim_{x\to c}\frac{|f(x)-f(c)-f'(c)(x-c)|}{|x-c|}=0\text{。}$$

在此極限式中，我們將分子與分母都寫成絕對值，這表示在向量的情形中可用範數來取代，分母的$|x-c|$表示自變量的距離，分子的$|f(x)-f(c)-f'(c)(x-c)|$表示函數 $y=f(x)$與它在點 c 附近的**一次近似**(linear approximation)$y=f(c)+f'(c)(x-c)$的距離。這項觀察使微分觀念可以從單變數實數值函數推廣到多變數向量值函數。唯一需要瞭解的是：對於 k 變數函數而言，一次近似的意義是什麼？在 $f:(a,b)\to\boldsymbol{R}$ 的情形中，$y=f(c)+f'(c)(x-c)$是一個單變數的仿射函數（參看§3－4定義 4 ），其圖形通過點$(c,f(c))$。對於 k 變數l 維向量值函數而言，我們也可以定義由 $\boldsymbol{R}^k$ 至$\boldsymbol{R}^l$ 的仿射函數，它需要借助於一個由 $\boldsymbol{R}^k$ 至 $\boldsymbol{R}^l$ 的線性函數，其圖形也需通過點$(c,f(c))$。所以，此函數是$x\mapsto f(c)+T(x-c)$的形式，其中的 T 是由$\boldsymbol{R}^k$ 至$\boldsymbol{R}^l$ 的線性函數。下面就是多變數函數的微分定義。

【定義1】設 $f:A\to\boldsymbol{R}^l$ 爲一函數，$A\subset\boldsymbol{R}^k$，$c\in A^0$。若有一個線性

函數 $T: \boldsymbol{R}^k \to \boldsymbol{R}^l$ 使得

$$\lim_{x\to c} \frac{\| f(x) - f(c) - T(x-c) \|}{\| x-c \|} = 0 \text{ ,}$$

則稱函數 f 在點 c **可微分**（differentiable at c），而線性函數 $T: \boldsymbol{R}^k \to \boldsymbol{R}^l$ 稱爲函數 f 在點 c 的**全微分**（total differential）或簡稱爲**微分**（differential），以 $df(c)$ 表之。

對於定義 1，讓我們做一些補充說明：

(1)定義 1 中所使用的 $T(x-c)$，乃是指線性函數 $T: \boldsymbol{R}^k \to \boldsymbol{R}^l$ 在點 $x-c \in \boldsymbol{R}^k$ 的函數值，並不像單變數實數值函數中的 $f'(c)(x-c)$ 係指兩數的乘積。

(2)當 $k = l = 1$ 時，線性函數 $T: \boldsymbol{R} \to \boldsymbol{R}$ 乃是 $T(y) = \alpha y$ 的形式，其中的 α 是一實數，此時定義 1 中的極限可改寫成

$$\lim_{x\to c}\left(\frac{f(x) - f(c)}{x-c} - \alpha \right) = 0 \text{ ,}$$

這就表示 $f'(c) = \alpha$。由此可知：當 $k = l = 1$ 時，定義1與微積分課程中單變數實數值函數的導數定義相合。

(3)假設定義 1 中的 $f(x) - f(c) - T(x-c)$ 記爲 $R(x-c)$，函數 f 在點 c 的可微分性可改寫如下：若 $A \subset \boldsymbol{R}^k$ 而 $B_r(c) \subset A$，則函數 $f: A \to \boldsymbol{R}^l$ 在點 c 可微分的充要條件是：可找到一個線性函數 $T: \boldsymbol{R}^k \to \boldsymbol{R}^l$ 及一個函數 $R: B_r(0) \to \boldsymbol{R}^l$，使得：每個 $x \in B_r(c)$ 都滿足 $f(x) = f(c) + T(x-c) + R(x-c)$，而且

$$\lim_{x\to c} \frac{\| R(x-c) \|}{\| x-c \|} = 0 \text{ 。}$$

(4)定義 1 中的極限式也可寫成

$$\lim_{u\to 0} \frac{\| f(c+u) - f(c) - T(u) \|}{\| u \|} = 0 \text{ 。}$$

【例1】設函數 $f: \boldsymbol{R}^2 \to \boldsymbol{R}$ 定義如下：$f(0,0) = 0$；而若 $(x,y) \neq (0,0)$，則 $f(x,y) = (x^2+y^2)\sin(1/(x^2+y^2))$。試討論 f 在點 $(0,0)$

的可微分性。

解：因爲正弦函數是有界函數而 $\lim_{(x,y)\to(0,0)}\sqrt{x^2+y^2}=0$，所以，可得

$$\lim_{(x,y)\to(0,0)}\sqrt{x^2+y^2}\sin\frac{1}{x^2+y^2}=0。$$

若令 $T:\boldsymbol{R}^2\to\boldsymbol{R}$ 爲 $0:\boldsymbol{R}^2\to\boldsymbol{R}$ 而 $R:\boldsymbol{R}^2\to\boldsymbol{R}$ 爲 f，則可得

$$f(x,y)=f(0,0)+T(x,y)+R(x,y),\qquad (x,y)\in\boldsymbol{R}^2；$$

$$\lim_{(x,y)\to(0,0)}\frac{R(x,y)}{\sqrt{x^2+y^2}}=0。$$

由此可知：函數 f 在點 $(0,0)$ 可微分，而且 $df(0,0)=0$。‖

【例2】設函數 $f:\boldsymbol{R}^k\to\boldsymbol{R}$ 定義爲 $f(x)=\|x\|^2$，$x\in\boldsymbol{R}^k$，試求 f 在任意點 c 的全微分。

解：對每個 $u\in\boldsymbol{R}^k$，可得

$$\begin{aligned}f(c+u)-f(c)&=\langle c+u,c+u\rangle-\langle c,c\rangle\\&=\langle u,c\rangle+\langle c,u\rangle+\langle u,u\rangle\\&=2\langle u,c\rangle+\|u\|^2。\end{aligned}$$

因爲 $u\mapsto 2\langle u,c\rangle$ 是一個線性函數，而且

$$\lim_{u\to 0}\frac{|f(c+u)-f(c)-2\langle u,c\rangle|}{\|u\|}=\lim_{u\to 0}\|u\|=0,$$

所以，函數 $f(x)=\|x\|^2$ 在點 c 可微分，而且其全微分爲

$$df(c):u\mapsto 2\langle u,c\rangle。‖$$

【例3】設函數 $f:\boldsymbol{R}^2\to\boldsymbol{R}$ 定義爲 $f(x,y)=16-x^2-y^2$，試求全微分 $df(1,2)$。

解：對每個 $(u,v)\in\boldsymbol{R}^2$，可得

$$\begin{aligned}f(1+u,2+v)-f(1,2)&=16-(1+u)^2-(2+v)^2-16+1^2+2^2\\&=-2u-4v-(u^2+v^2)。\end{aligned}$$

因爲 $(u,v)\mapsto -2u-4v$ 是一個線性函數，而且

$$\lim_{(u,v)\to(0,0)} \frac{|f(1+u,2+v)-f(1,2)+2u+4v|}{\|(u,v)\|}$$
$$=\lim_{(u,v)\to(0,0)} \sqrt{u^2+v^2}=0，$$

所以，函數 f 在點(1,2)可微分，而且其全微分爲

$$df(1,2)：(u,v)\mapsto -2u-4v。\ \|$$

根據定義 1 前面的說明及例 3 的結果，可知：函數 $f(x,y)=16-x^2-y^2$ 在點(1,2)附近的一次近似爲 $z=11-2(x-1)-4(y-2)$，此一次近似乃是曲面 $z=16-x^2-y^2$ 以點(1,2,11)爲切點的切平面方程式，§4－1例 3 中所提的兩條切線都落在此切平面上。

下面的例子較具一般性，我們寫成定理。

【定理1】（仿射函數與線性函數的全微分）

(1)若 $T：\boldsymbol{R}^k\to\boldsymbol{R}^l$ 是一個線性函數，$b\in\boldsymbol{R}^l$，則仿射函數 $f(x)=T(x)+b$ 在每個點的全微分都是線性函數 T。

(2)線性函數在每個點的全微分都是該線性函數本身。

(3)常數函數在每個點的全微分都等於函數 0 。

證：(1)設 $c\in\boldsymbol{R}^k$，則對每個 $u\in\boldsymbol{R}^k$，可得

$$f(c+u)-f(c)=T(c+u)-T(c)=T(u)。$$

因爲 $T：\boldsymbol{R}^k\to\boldsymbol{R}^l$ 是線性函數，而且

$$\lim_{u\to 0} \frac{\|f(c+u)-f(c)-T(u)\|}{\|u\|}=\lim_{u\to 0} 0=0，$$

所以，函數 f 在點 c 可微分，而且 $df(c)=T$。

(2)此即(1)中 $b=0$ 的情形。

(3)此即(1)中 $T=0$ 的情形。 ‖

與偏導數的情形類似地，函數的全微分也可以利用它的坐標函數的全微分來表示，我們寫成下述定理。

【定理2】（函數與其坐標函數的全微分）

設 $f：A\to\boldsymbol{R}^l$ 爲一函數，$A\subset\boldsymbol{R}^k$，$c\in A^0$。若對每個 $x\in A$，

$f(x)$可表示成 $f(x)=(f_1(x),f_2(x),\cdots,f_l(x))$，其中 $f_1,f_2,\cdots,f_l$ ：$A\to\boldsymbol{R}$ 都是實數值函數，則函數 f 在點c 可微分的充要條件是：對每個 $i=1,2,\cdots,l$，函數 f_i 在點c 可微分。更進一步地，當這些條件成立時，可得：對每個 $u\in\boldsymbol{R}^k$，恆有

$$df(c)(u)=(df_1(c)(u),df_2(c)(u),\cdots,df_l(c)(u))。$$

證：對每個 $i=1,2,\cdots,l$，令 p_i：$\boldsymbol{R}^l\to\boldsymbol{R}$ 表示 $\boldsymbol{R}^l$ 空間上的第 i 個射影，則可得 $f_i=p_i\circ f$。

必要性：設函數 f 在點c 可微分，則可得

$$\lim_{x\to c}\frac{\| f(x)-f(c)-df(c)(x-c)\|}{\| x-c\|}=0 。$$

對每個 $i=1,2,\cdots,l$，因爲$f_i(x)-f_i(c)-(p_i\circ df(c))(x-c)$是 $f(x)-f(c)-df(c)(x-c)$的第 i 個坐標，所以，可得

$$\frac{|f_i(x)-f_i(c)-(p_i\circ df(c))(x-c)|}{\| x-c\|}$$

$$\leqslant\frac{\| f(x)-f(c)-df(c)(x-c)\|}{\| x-c\|} 。$$

根據上面的極限式以及夾擠原理，可得

$$\lim_{x\to c}\frac{|f_i(x)-f_i(c)-(p_i\circ df(c))(x-c)|}{\| x-c\|}=0 。$$

由此可知：函數 f_i 在點c 可微分，而且$df_i(c)=p_i\circ df(c)$。

充分性：設函數 $f_1,f_2,\cdots,f_l$ 都在點 c 可微分，則對每個 $i=1,2,\cdots,l$，可得

$$\lim_{x\to c}\frac{|f_i(x)-f_i(c)-df_i(c)(x-c)|}{\| x-c\|}=0 。$$

令線性函數 T：$\boldsymbol{R}^k\to\boldsymbol{R}^l$ 定義爲

$$T(u)=(df_1(c)(u),df_2(c)(u),\cdots,df_l(c)(u)),$$

則因爲

$$\frac{\| f(x)-f(c)-T(x-c)\|}{\| x-c\|}$$

$$\leqslant \sum_{i=1}^{l} \frac{|f_i(x)-f_i(c)-df_i(c)(x-c)|}{\| x-c \|},$$

所以，依上述 l 個極限式及夾擠原理，可得

$$\lim_{x\to c} \frac{\| f(x)-f(c)-T(x-c) \|}{\| x-c \|}=0 \text{ 。}$$

於是，函數 f 在點 c 可微分，而且對每個 $u\in \boldsymbol{R}^k$，恆有

$$df(c)(u)=(df_1(c)(u), df_2(c)(u), \cdots, df_l(c)(u)) \text{ 。} \|$$

乙、可微分性與其他性質的關係

當一函數在某個點可微分時，它在該點就具有一些較良好的性質，下面就討論這個問題。

【定理3】（可微分就滿足 Lipschitz 條件）

若函數 $f: A\to \boldsymbol{R}^l$ 在點 c 可微分，其中 $A\subset \boldsymbol{R}^k$，$c\in A^0$，則 f 在點 c 滿足 Lipschitz 條件，亦即：可找到兩個正數 δ 與 α 使得：當 $x\in A$ 且 $\| x-c \| < \delta$ 時，恆有 $\| f(x)-f(c) \| \leqslant \alpha \| x-c \|$ 。

證：因爲 f 在點 c 可微分，所以，可得

$$\lim_{x\to c} \frac{\| f(x)-f(c)-df(c)(x-c) \|}{\| x-c \|}=0 \text{ 。}$$

於是，必可找到一個正數 δ 使得：當 $x\in A$ 且 $0 < \| x-c \| < \delta$ 時，恆有

$$\frac{\| f(x)-f(c)-df(c)(x-c) \|}{\| x-c \|} < 1 \text{ 。}$$

於是，當 $x\in A$ 且 $\| x-c \| < \delta$ 時，可得

$$\begin{aligned}\| f(x)-f(c) \| &\leqslant \| f(x)-f(c)-df(c)(x-c) \| + \| df(c)(x-c) \| \\ &\leqslant \| x-c \| + \| df(c)(x-c) \| \\ &\leqslant \| x-c \| + \| df(c) \| \, \| x-c \| \text{ 。}\end{aligned}$$

於是，若令 $\alpha=1+\| df(c) \|$，則可得定理的結果。有關線性函數 $df(c)$ 的範數 $\| df(c) \|$ 的意義，可參看§3－5 定義 1 及練習題31。‖

【系理4】（可微分必連續）

若函數 $f：A \to \boldsymbol{R}^l$ 在點 c 可微分，$A \subset \boldsymbol{R}^k$，則 f 在點 c 連續。

證：由形如 $\| f(x)-f(c) \| \leqslant \alpha \| x-c \|$ 的不等式立即可得。‖

下面的定理談到可微分性與方向導數、偏導數的關係。

【定理5】（全微分與方向導數、偏導數的關係）

設 $f：A \to \boldsymbol{R}^l$ 為一函數，$A \subset \boldsymbol{R}^k$，$c \in A^0$。若函數 f 在點 c 可微分，則對每個 $u \in \boldsymbol{R}^k$，方向導數 $D_u f(c)$ 必存在（偏導數 $D_1 f(c)$、$D_2 f(c)$、…、$D_k f(c)$ 自然也存在），而且設 $u=(u_1, u_2, \cdots, u_k)$，

$$D_u f(c) = df(c)(u) = u_1 D_1 f(c) + u_2 D_2 f(c) + \cdots + u_k D_k f(c)。$$

證：若 $u=0$，則易證 $D_u f(c)=0$。所以，定理的結論成立。

設 $u \neq 0$。設 ε 為任意正數，因為函數 f 在點 c 可微分，所以，對於正數 $\varepsilon / \| u \|$，必可找到一個正數 δ 使得：$B_\delta(c) \subset A$ 而且當 $x \in B_\delta(c)$ 且 $x \neq c$ 時，恆有

$$\frac{\| f(x)-f(c)-df(c)(x-c) \|}{\| x-c \|} < \frac{\varepsilon}{\| u \|}。$$

當 $|t| < \delta / \| u \|$ 且 $t \neq 0$ 時，因為 $c+tu \in B_\delta(c)$ 且 $c+tu \neq c$，所以，得

$$\left\| \frac{f(c+tu)-f(c)}{t} - df(c)(u) \right\|$$
$$= \frac{\| f(c+tu)-f(c)-df(c)(tu) \|}{\| tu \|} \cdot \| u \| < \varepsilon。$$

由此可知：$D_u f(c)$ 存在且 $D_u f(c) = df(c)(u)$。

更進一步地，若 $u=(u_1, u_2, \cdots, u_k)$，則因為 $df(c)$ 是線性函數而且 $u = u_1 e_1 + u_2 e_2 + \cdots + u_k e_k$，所以，得

$$df(c)(u) = \sum_{j=1}^{k} u_j \, df(c)(e_j) = \sum_{j=1}^{k} u_j D_{e_j} f(c)$$
$$= \sum_{j=1}^{k} u_j D_j f(c)。$$

這就是所欲證的結果。‖

定理5指出：當一函數 f 在點 c 可微分時，其全微分 $df(c)$ 的表示法是一定的，這當然已附帶證明了全微分的唯一性，亦即下述定理。

【系理6】（全微分的唯一性）

對每個函數 $f: A \to \boldsymbol{R}^l$ 及其定義域 $A \subset \boldsymbol{R}^k$ 的每個內點 c 而言，至多只有一個線性函數 $T: \boldsymbol{R}^k \to \boldsymbol{R}^l$ 能滿足

$$\lim_{x \to c} \| f(x) - f(c) - T(x-c) \| / \| x - c \| = 0 \text{。}$$

瞭解可微分性的一些良好性質之後，讓我們給出保證可微分性的一個充分條件。

【定理7】（判定可微分性的一個充分條件）

設 $f: A \to \boldsymbol{R}$ 為一函數，$A \subset \boldsymbol{R}^k$，$c \in A^0$。若

(1) $D_1 f(c)$ 存在，

(2) 點 c 有一個開鄰域 U 存在，使得：對 U 中每個點 x，偏導數 $D_2 f(x)$、$D_3 f(x)$、⋯、$D_k f(x)$ 都存在，而且偏導函數 $D_2 f$、$D_3 f$、⋯、$D_k f$ 都在點 c 連續，

則 f 在點 c 可微分。

證：設 ε 為任意正數，因為 $D_1 f(c)$ 存在，而 $D_2 f$、$D_3 f$、⋯、$D_k f$ 都在點 c 連續，所以，可找到一個正數 δ 使得：$B_\delta(c) \subset U$ 而且下述二性質成立：

(1) 當 $0 < |t| < \delta$ 時，恆有

$$|(f(c+te_1) - f(c))/t - D_1 f(c)| < \varepsilon/\sqrt{k} \text{。}$$

(2) 當 $x \in B_\delta(c)$ 時，對每個 $j = 2, 3, \cdots, k$，恆有

$$|D_j f(x) - D_j f(c)| < \varepsilon/\sqrt{k} \text{。}$$

對每個 $u = (u_1, u_2, \cdots, u_k) \in B_\delta(0)$，$u \neq 0$，令

$$x_0 = (c_1, c_2, \cdots, c_k) = c,$$

$$x_1 = (c_1 + u_1, c_2, \cdots, c_k),$$

$$x_2 = (c_1 + u_1, c_2 + u_2, c_3, \cdots, c_k),$$

$$\vdots$$

$$x_k = (c_1 + u_1, c_2 + u_2, \cdots, c_k + u_k) = c + u \text{。}$$

因爲$0 \leqslant |u_1| < \delta$，所以，依(1)可得

$$|f(x_1) - f(x_0) - u_1 D_1 f(c)| \leqslant (\varepsilon/\sqrt{k})|u_1| \text{。}$$

另一方面，對每個 $j = 2, 3, \cdots, k$，因爲 $D_j f$ 在$B_\delta(c)$中每個點都存在，所以，單變數實數值函數

$$t \mapsto f(c_1 + u_1, c_2 + u_2, \cdots, c_{j-1} + u_{j-1}, t, c_{j+1}, \cdots, c_k)$$

在$[c_j - |u_j|, c_j + |u_j|]$上連續且在$(c_j - |u_j|, c_j + |u_j|)$上可微分。依 Lagrange 均值定理，必可找到一個 $\theta_j \in (0,1)$，使得

$$f(x_j) - f(x_{j-1})$$

$$= u_j D_j f(c_1 + u_1, \cdots, c_{j-1} + u_{j-1}, c_j + \theta_j u_j, c_{j+1}, \cdots, c_k) \text{。}$$

令$\overline{x_j} = (c_1 + u_1, \cdots, c_{j-1} + u_{j-1}, c_j + \theta_j u_j, c_{j+1}, \cdots, c_k)$。因爲$c + u \in B_\delta(c)$而$\theta_j \in (0,1)$，所以，可得$\overline{x_j} \in B_\delta(c)$。根據前面的(2)，可知$|D_j f(\overline{x_j}) - D_j f(c)| < \varepsilon/\sqrt{k}$。於是，可得

$$|f(c+u) - f(c) - \sum_{j=1}^{k} u_j D_j f(c)|$$

$$= |(f(x_1) - f(x_0) - u_1 D_1 f(c)) + \sum_{j=2}^{k} (f(x_j) - f(x_{j-1}) - u_j D_j f(c))|$$

$$= |(f(x_1) - f(x_0) - u_1 D_1 f(c)) + \sum_{j=2}^{k} (u_j D_j f(\overline{x_j}) - u_j D_j f(c))|$$

$$\leqslant |(f(x_1) - f(x_0) - u_1 D_1 f(c)| + \sum_{j=2}^{k} |u_j| |D_j f(\overline{x_j}) - D_j f(c)|$$

$$< (\varepsilon/\sqrt{k}) \sum_{j=1}^{k} |u_j|$$

$$\leqslant \varepsilon \| u \| \text{。}$$

由此可得

$$\lim_{u \to 0} \frac{1}{\| u \|} \| f(c+u) - f(c) - \sum_{j=1}^{k} u_j D_j f(c) \| = 0 \text{。}$$

因爲$(u_1, u_2, \cdots, u_k) \mapsto u_1 D_1 f(c) + u_2 D_2 f(c) + \cdots + u_k D_k f(c)$是 $\boldsymbol{R}^k$ 上的線性函數，所以，f 在點c 可微分。‖

請注意：依定理7，當 $k = 1$時，由 $D_1 f(c)$(即 $f'(c)$)存在即可

知 f 在點 c 可微分。

至此，我們已經討論過許多與多變數向量值函數有關的微分性質，這些性質可以整理成下面的關係表：

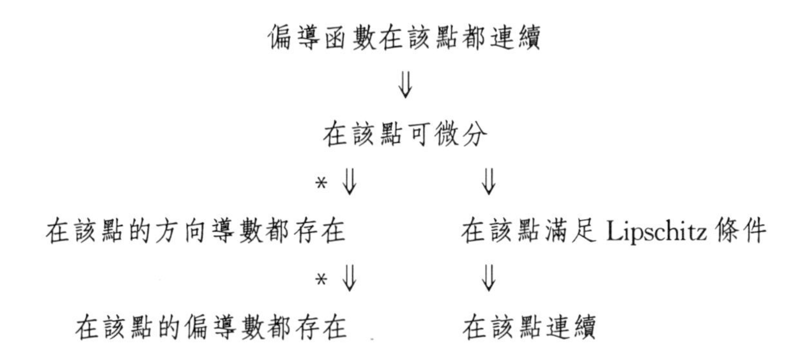

在上表中，註有 * 號的兩個「⇒」在單變數函數中可改為「⇔」，但在多變數函數中，其逆方向不成立。至於其他未註明 * 號的三個「⇒」，在任何情形中，其逆方向都不成立。下面我們就各個「⇒」舉一個例子，其中有偏導數而無其他方向導數的例子可參看 §4－1例 6 與例 7 。

【例4】（有方向導數，但不能微分）

設函數 f：$\boldsymbol{R}^2 \to \boldsymbol{R}$ 定義如下：$f(0,0)=0$；而若 $(x,y) \neq (0,0)$，則 $f(x,y)=(xy^2)/(x^2+y^4)$。依 §4－1例11，函數 f 在點 $(0,0)$ 的每個方向導數都存在，但 f 在點 $(0,0)$ 不連續，依系理 4，函數 f 的點 $(0,0)$ 不可微分。在此例中，函數 f 的方向導數與偏導數也不滿足定理 5 中的等式。事實上，當 $uv \neq 0$ 時，$D_{(u,v)}f(0,0) \neq u\,D_1 f(0,0) + v\,D_2 f(0,0)$。‖

【例5】（連續，但不滿足 Lipschitz 條件）

設函數 f：$\boldsymbol{R}^k \to \boldsymbol{R}$ 定義如下：$f(0)=0$；而若 $x \neq 0$，則 $f(x)=\sqrt{\|x\|}\cos(1/\|x\|)$。因為 $|f(x)| \leqslant \sqrt{\|x\|}$ 恆成立，所以，f 在

點 0 連續。另一方面，不論 δ 與 α 是任何正數，都可找到一個 $n\in\boldsymbol{N}$ 使得 $1/n\pi<\delta$ 且 $1/n\pi<1/\alpha^2$。令 $x=(1/n\pi,0,\cdots,0)\in\boldsymbol{R}^k$，則可得 $\|x-0\|<\delta$，但 $|f(x)-f(0)|=\sqrt{\|x\|}>\alpha\|x-0\|$。由此可知：函數 f 在點 0 不滿足 Lipschitz 條件。‖

【例6】（滿足 Lipschitz 條件，但不可微分）

設函數 $f:\boldsymbol{R}^k\to\boldsymbol{R}$ 定義如下：$f(0)=0$；而若 $x\neq0$，則 $f(x)=\|x\|\cos(1/\|x\|)$。因爲 $|f(x)|\leqslant\|x\|$ 恆成立，所以，f 在點 0 滿足 Lipschitz 條件。另一方面，對每個 $j=1,2,\cdots,k$，因爲

$$\frac{f(te_j)-f(0)}{t}=\frac{|t|}{t}\cos\frac{1}{|t|},$$

所以，函數 f 在點 0 的偏導數 $D_jf(0)$ 不存在。依定理 5，函數 f 在點 0 不可微分。‖

【例7】（可微分，但偏導函數不連續）

設函數 $f:\boldsymbol{R}^k\to\boldsymbol{R}$ 定義如下：$f(0)=0$；而若 $x\neq0$時，則 $f(x)=\|x\|^2\sin(1/\|x\|^2)$。仿例 1 的證法，可知 f 在點 0 可微分而且 $df(0)=0$。另一方面，對每個 $j=1,2,\cdots,k$，$D_jf(0)=0$，而當 $x\neq0$時，得

$$D_jf(x)=2x_j\sin(1/\|x\|^2)-(2x_j/\|x\|^2)\cos(1/\|x\|^2)。$$

顯然地，因爲 $D_jf(-e_j/\sqrt{2n\pi})=2\sqrt{2n\pi}$ 對每個 $n\in\boldsymbol{N}$ 都成立，所以，D_jf 在點 0 的每個鄰域中都不是有界函數。於是，D_jf 在點 0 不連續。‖

下面是保證混合式第二階偏導數相等的另一種條件。

【定理8】（混合式第二階偏導數相等的另一個充分條件）

設 $f:A\to\boldsymbol{R}^l$ 爲一函數，$A\subset\boldsymbol{R}^k$，$c\in A^0$，$1\leqslant i,j\leqslant k$。若 c 有一個開鄰域 U 使得：偏導數 D_if 與 D_jf 在 U 中每個點都存在而且 D_if 與 D_jf 都在點 c 可微分，則 $D_{ji}f(c)=D_{ij}f(c)$。

證：留為習題。提示：利用「$D_j f$ 在 U 中存在且 $D_j f$ 在點 c 可微分」就可證明一個與§4－1定理2類似的極限式（參看§4－4定理1）。‖

丙、可微分性與各種運算——連鎖規則

在本小節中，我們討論可微分函數經各種運算後的性質。

【定理9】（可微分性與實係數線性組合）

若函數 $f,g: A\to \boldsymbol{R}^l$ 都在點 $c\in A^0$ 可微分，$A\subset \boldsymbol{R}^k$，則對任意實數 α 與 β，函數 $\alpha f+\beta g$ 在點 c 也可微分，而且

$$d(\alpha f+\beta g)(c)=\alpha\cdot df(c)+\beta\cdot dg(c)。$$

證：對滿足 $c+u\in A$ 的每個 $u\in \boldsymbol{R}^k$，令

$$R_f(u)=f(c+u)-f(c)-df(c)(u),$$

$$R_g(u)=g(c+u)-g(c)-dg(c)(u)。$$

於是，對每個此種 u，可得

$$(\alpha f+\beta g)(c+u)-(\alpha f+\beta g)(c)$$
$$=(\alpha\cdot df(c)(u)+\beta\cdot dg(c)(u))+(\alpha\cdot R_f(u)+\beta\cdot R_g(u))。$$

因為 $u\mapsto \alpha\cdot df(c)(u)+\beta\cdot dg(c)(u)$ 是 $\boldsymbol{R}^k$ 至 $\boldsymbol{R}^l$ 的一個線性函數，所以，我們只需證明 $\lim_{u\to 0}\|\alpha\cdot R_f(u)+\beta\cdot R_g(u)\|/\|u\|=0$ 即可。因為 f 與 g 都在點 c 可微分，所以，可得

$$\lim_{u\to 0}\frac{\|R_f(u)\|}{\|u\|}=\lim_{u\to 0}\frac{\|R_g(u)\|}{\|u\|}=0。$$

於是，由不等式

$$\|\alpha\cdot R_f(u)+\beta\cdot R_g(u)\|\leqslant|\alpha|\,\|R_f(u)\|+|\beta|\,\|R_g(u)\|$$

及夾擠原理立即可得所欲證的極限式。由此可知：函數 $\alpha f+\beta g$ 在點 c 可微分，而且

$$d(\alpha f+\beta g)(c)=\alpha\cdot df(c)+\beta\cdot dg(c)。\ \|$$

【定理10】（可微分性與內積）

若函數 $f,g: A\to \boldsymbol{R}^l$ 都在點 $c\in A^0$ 可微分，$A\subset \boldsymbol{R}^k$，則函數

$\langle f,g\rangle$在點 c 也可微分，其全微分$d\langle f,g\rangle(c)$定義如下：對每個 $u\in\boldsymbol{R}^k$，恆有

$$d\langle f,g\rangle(c)(u)=\langle df(c)(u),g(c)\rangle+\langle f(c),dg(c)(u)\rangle。$$

證：對滿足 $c+u\in A$ 的每個$u\in\boldsymbol{R}^k$，令

$$R_f(u)=f(c+u)-f(c)-df(c)(u)，$$

$$R_g(u)=g(c+u)-g(c)-dg(c)(u)。$$

於是，對每個此種 u，可得

$$\begin{aligned}&\langle f(c+u),g(c+u)\rangle-\langle f(c),g(c)\rangle\\&=\langle f(c+u)-f(c),g(c)\rangle+\langle f(c),g(c+u)-g(c)\rangle\\&\quad+\langle f(c+u)-f(c),g(c+u)-g(c)\rangle\\&=\langle df(c)(u),g(c)\rangle+\langle f(c),dg(c)(u)\rangle\\&\quad+\langle R_f(u),g(c)\rangle+\langle f(c),R_g(u)\rangle\\&\quad+\langle f(c+u)-f(c),g(c+u)-g(c)\rangle。\end{aligned}$$

因為 $u\mapsto\langle df(c)(u),g(c)\rangle+\langle f(c),dg(c)(u)\rangle$是 $\boldsymbol{R}^k$ 至 $\boldsymbol{R}^l$ 的一個線性函數，所以，我們只需證明

$$\begin{aligned}&\lim_{u\to 0}\frac{|\langle R_f(u),g(c)\rangle|}{\|u\|}=\lim_{u\to 0}\frac{|\langle f(c),R_g(u)\rangle|}{\|u\|}\\&=\lim_{u\to 0}\frac{|\langle f(c+u)-f(c),g(c+u)-g(c)\rangle|}{\|u\|}=0\ 。\end{aligned}$$

因為 f 與 g 都在點 c 可微分，所以，可得$\lim_{u\to 0}\|R_f(u)\|/\|u\|=\lim_{u\to 0}\|R_g(u)\|/\|u\|=0$。於是，由不等式

$$|\langle R_f(u),g(c)\rangle|\leqslant\|g(c)\|\ \|R_f(u)\|，$$

$$|\langle f(c),R_g(u)\rangle|\leqslant\|f(c)\|\ \|R_g(u)\|，$$

及夾擠原理立即可得所欲證的前兩個極限式。另一方面，因為 f 與 g 都在點 c 可微分，所以，依定理3，f 與 g 都在點 c 滿足 Lipschitz 條件。於是，可找到三個正數 δ、α 與 β 使得：$B_\delta(c)\subset A$ 而且當 $x\in B_\delta(c)$時，恆有

$$\| f(x)-f(c) \| \leqslant \alpha \| x-c \| ,$$
$$\| g(x)-g(c) \| \leqslant \beta \| x-c \| 。$$

於是，當$u\in B_\delta(0)$時，可得

$$|\langle f(c+u)-f(c), g(c+u)-g(c)\rangle|$$
$$\leqslant \| f(c+u)-f(c) \| \| g(c+u)-g(c) \| \leqslant \alpha\beta \| u \|^2 。$$

因此，依夾擠原理，可得所欲證的第三個極限式。由此可知：函數$\langle f,g\rangle$在點 c 可微分，而且對每個 $u\in \boldsymbol{R}^k$，恆有

$$d\langle f,g\rangle(c)(u)=\langle df(c)(u), g(c)\rangle+\langle f(c), dg(c)(u)\rangle 。\|$$

【定理11】(可微分性與係數積)

若函數 $f: A\to\boldsymbol{R}^l$ 與函數$h: A\to\boldsymbol{R}$ 都在點$c\in A^0$可微分，$A\subset \boldsymbol{R}^k$，則函數 hf 在點c 也可微分，其全微分$d(hf)(c)$定義如下：對每個 $u\in\boldsymbol{R}^k$，恆有

$$d(hf)(c)(u)=dh(c)(u)\cdot f(c)+h(c)\cdot df(c)(u) 。$$

證：與定理10的證法類似，留爲習題。‖

【定理12】(可微分性與除法)

若函數 $f: A\to\boldsymbol{R}^l$ 與函數$h: A\to\boldsymbol{R}$ 都在點$c\in A^0$可微分，$A\subset \boldsymbol{R}^k$，而且$h(c)\neq 0$，則函數$(1/h)f$ 在點c 也可微分，而其全微分$d(1/h)f(c)$定義如下：

$$d(\frac{1}{h}f)(c)(u)=-\frac{dh(c)(u)}{(h(c))^2}\cdot f(c)+\frac{1}{h(c)}\cdot df(c)(u) 。$$

證：依定理11，我們只需證明函數$1/h$ 在點c 可微分，而且

$$d(\frac{1}{h})(c)(u)=-\frac{dh(c)(u)}{(h(c))^2} \qquad (u\in\boldsymbol{R}^k)$$

即可。首先注意到：因爲 c 是A 的內點、$h(c)\neq 0$而且 h 在點c 連續，所以，可找到一個正數 δ 使得：$B_\delta(c)\subset A$ 而且每個$x\in B_\delta(c)$都滿足 $h(x)\neq 0$ 。由此可知：c 是函數$1/h$ 的定義域的內點。

對每個 $u\in B_\delta(0)$，令

$$R_h(u)=h(c+u)-h(c)-dh(c)(u),$$

則可得

$$\frac{1}{h(c+u)}-\frac{1}{h(c)}=\frac{-(h(c+u)-h(c))}{h(c+u)h(c)}$$

$$=\frac{-(h(c+u)-h(c))}{(h(c))^2}+\frac{(h(c+u)-h(c))^2}{h(c+u)(h(c))^2}$$

$$=\frac{-dh(c)(u)}{(h(c))^2}-\frac{R_h(u)}{(h(c))^2}+\frac{(h(c+u)-h(c))^2}{h(c+u)(h(c))^2}\text{。}$$

因爲 $u\mapsto(-1/(h(c))^2)dh(c)(u)$是 $\boldsymbol{R}^k$ 至 $\boldsymbol{R}$ 的一個線性函數，所以，只需證明

$$\lim_{u\to 0}\frac{|R_h(u)|}{(h(c))^2\|u\|}=\lim_{u\to 0}\frac{(h(c+u)-h(c))^2}{|h(c+u)|(h(c))^2\|u\|}=0\text{ 。}$$

因爲 h 在點c 可微分，所以，可得 $\lim_{u\to 0}|R_h(u)|/\|u\|=0$，由此立即得出欲證的第一個極限式。另一方面，因爲函數 $h：A\to\boldsymbol{R}$ 在點 c 可微分，所以，仿照定理10中證明第三個極限式的方法可得 $\lim_{u\to 0}(h(c+u)-h(c))^2/\|u\|=0$ 。因爲 $\lim_{u\to 0}|h(c+u)|=|h(u)|$，所以，可知欲證的第二個極限式也成立。由此可知：函數$1/h$ 在點c 可微分，而且對每個 $u\in\boldsymbol{R}^k$，恆有

$$d(1/h)(c)(u)=(-dh(c)(u))/(h(c))^2\text{ 。}\|$$

下面是多變數函數微分理論中的連鎖規則。

【定理13】(可微分性與合成函數——連鎖規則)

若 c 是$A\subset\boldsymbol{R}^k$ 的內點而函數$f：A\to B$ 在點c 可微分，點$f(c)$是$B\subset\boldsymbol{R}^l$ 的內點而函數$g：B\to\boldsymbol{R}^m$ 在點 $f(c)$可微分，則合成函數 $g\circ f$ 在點c 可微分，而且

$$d(g\circ f)(c)=dg(f(c))\circ df(c)\text{，}$$

亦即：合成函數 $g\circ f$ 在點c 的全微分等於兩個全微分$df(c)：\boldsymbol{R}^k\to\boldsymbol{R}^l$ 與 $dg(f(c))：\boldsymbol{R}^l\to\boldsymbol{R}^m$ 的合成函數。

證：對滿足 $c+u\in A$ 的每個$u\in\boldsymbol{R}^k$ 及滿足 $f(c)+v\in B$ 的每個$v\in\boldsymbol{R}^l$，令

$$R_f(u)=f(c+u)-f(c)-df(c)(u),$$
$$R_g(v)=g(f(c)+v)-g(f(c))-dg(f(c))(v),$$

則對每個此種 u，可得

$$\begin{aligned}&(g\circ f)(c+u)-(g\circ f)(c)\\&=dg(f(c))(f(c+u)-f(c))+R_g(f(c+u)-f(c))\\&=dg(f(c))(df(c)(u))+dg(f(c))(R_f(u))\\&\quad+R_g(f(c+u)-f(c))。\end{aligned}$$

因為 $u\mapsto dg(f(c))(df(c)(u))$是 $\boldsymbol{R}^k$ 至 $\boldsymbol{R}^m$ 的一個線性函數，所以，我們只需證明

$$\lim_{u\to 0}\frac{\|dg(f(c))(R_f(u))\|}{\|u\|}=\lim_{u\to 0}\frac{\|R_g(f(c+u)-f(c))\|}{\|u\|}=0。$$

因為 f 在點 c 可微分，所以，可得 $\lim_{u\to 0}\|R_f(u)\|/\|u\|=0$。於是，由不等式

$$\|dg(f(c))(R_f(u))\|\leqslant\|dg(f(c))\|\ \|R_f(u)\|$$

及夾擠原理立即可得所欲證的第一個極限式。另一方面，設 ε 為任意正數，因為 f 在點 c 可微分，所以，依定理 3，可找到兩正數 ρ 與 α 使得：當 $\|x-c\|<\rho$ 時，恆有 $\|f(x)-f(c)\|\leqslant\alpha\|x-c\|$。其次，因為 g 在點 $f(c)$可微分，所以，對於正數 ε/α，可找到一正數 η 使得：當 $v\in B_\eta(0)$且 $v\neq 0$時，恆有 $\|R_g(v)\|/\|v\|<\varepsilon/\alpha$。於是，當 $v\in B_\eta(0)$時，可得 $\|R_g(v)\|\leqslant(\varepsilon/\alpha)\|v\|$。令 $\delta=\min\{\rho,\alpha^{-1}\eta\}$，則當 $\|u\|<\delta$ 時，$\|u\|<\rho$ 且 $\|u\|<\alpha^{-1}\eta$。因此，可得 $\|f(c+u)-f(c)\|\leqslant\alpha\|u\|<\eta$。更進一步地，可得

$$\begin{aligned}\frac{1}{\|u\|}\|R_g(f(c+u)-f(c))\|&\leqslant\frac{1}{\|u\|}\cdot\frac{\varepsilon}{\alpha}\cdot\|f(c+u)-f(c)\|\\&\leqslant\frac{1}{\|u\|}\cdot\frac{\varepsilon}{\alpha}\cdot\alpha\|u\|=\varepsilon。\end{aligned}$$

由此可知：上述所欲證的第二個極限式成立。因此，函數 $g\circ f$ 在點 c 可微分，而且

$$d(g\circ f)(c)=dg(f(c))\circ df(c)。\|$$

定理 9 至定理13中所得的結果，都可以用來計算有關函數的偏導數，但若只爲了保證偏導數存在與計算偏導數，則各定理中的假設條件都可以減弱些：關於定理 9 至定理12中的函數可參看§4－1練習題 8；關於定理13中的合成函數，且看下述定理。

【定理14】（偏導數與合成函數——連鎖規則之二）

若點 c 是 $A\subset \boldsymbol{R}^k$ 的內點而函數 $f：A\to B$ 在點 c 的第 j 個偏導數 $D_j f(c)$ 存在，點 $f(c)$ 是 $B\subset \boldsymbol{R}^l$ 的內點而函數 $g：B\to \boldsymbol{R}^m$ 在點 $f(c)$ 可微分，則合成函數 $g\circ f$ 在點 c 的第 j 個偏導數 $D_j(g\circ f)(c)$ 存在，而且當函數 f 表示成 $f(x)=(f_1(x),f_2(x),\cdots,f_l(x))$ 時，可得

$$D_j(g\circ f)(c)$$

$$=D_j f_1(c)D_1 g(f(c))+D_j f_2(c)D_2 g(f(c))+\cdots+D_j f_l(c)D_l g(f(c))。$$

上式可寫成下面的型式以便於記憶（c 與 $f(c)$ 都略去）：

$$\frac{\partial(g\circ f)}{\partial x_j}=\frac{\partial g}{\partial y_1}\cdot\frac{\partial f_1}{\partial x_j}+\frac{\partial g}{\partial y_2}\cdot\frac{\partial f_2}{\partial x_j}+\cdots+\frac{\partial g}{\partial y_l}\cdot\frac{\partial f_l}{\partial x_j}。$$

證：仿照定理13的證明中所使用的記號 $R_g(v)$，即可得

$$\frac{1}{t}[(g\circ f)(c+te_j)-(g\circ f)(c)]$$

$$=\frac{1}{t}dg(f(c))(f(c+te_j)-f(c))+\frac{1}{t}R_g(f(c+te_j)-f(c))。$$

因爲 f 在點 c 的第 j 個偏導數 $D_j f(c)$ 存在，而全微分 $dg(f(c))$ 是一個連續函數，所以，可得

$$\lim_{t\to 0}\frac{dg(f(c))(f(c+te_j)-f(c))}{t}$$

$$=dg(f(c))(D_j f(c))=\sum_{i=1}^{l}D_j f_i(c)D_i g(f(c))。$$

由此可知：只要證明 $\lim_{t\to 0}R_g(f(c+te_j)-f(c))/t=0$，定理的證明就已完成。因爲 $D_j f(c)$ 存在，所以，依§4－1練習題 9，可找到二正數 ρ 與 α 使得：當 $|t|<\rho$ 時，$\|f(c+te_j)-f(c)\|\leqslant\alpha|t|$ 恆成

立。於是，仿照定理13證明的最後一段，即可得所欲證的極限式。‖

與定理13比較，我們發現定理14的假設條件中對函數 f 的性質要求由「可微分」減弱成「偏導數存在」，這就已足夠保證合成函數的偏導數存在。但對於函數 g，「可微分」的假設卻是不可少的，且看下面兩例。

【例8】設函數 g：$\boldsymbol{R}^2 \to \boldsymbol{R}$ 定義如下：$g(0,0)=0$；而若 $(x,y) \neq (0,0)$，則 $g(x,y)=(xy)/(x^2+y^2)$。依§4－1例 7，函數 g 在點 $(0,0)$ 不連續；依系理 4，函數 g 在點 $(0,0)$ 不可微分，但 $g_x(0,0)=g_y(0,0)=0$。其次，函數 f：$\boldsymbol{R} \to \boldsymbol{R}^2$ 定義如下：若 $t \in \boldsymbol{R}$，則 $f(t)=(t,t^2)$。顯然地，對每個 $t \in \boldsymbol{R}$，恆有 $(g \circ f)(t)=t/(1+t^2)$。於是，$(g \circ f)'(0)=1$，此值卻與 $g_x(0,0) \cdot (t)'|_{t=0}+g_y(0,0) \cdot (t^2)'|_{t=0}$ 不相等。‖

【例9】設函數 g：$\boldsymbol{R}^2 \to \boldsymbol{R}$ 定義如下：$g(0,0)=0$；而若 $(x,y) \neq (0,0)$，則 $g(x,y)=(xy^2)/(x^2+y^4)$。依§4－1例11，函數 g 在點 $(0,0)$ 不連續；依系理4，函數 g 在點 $(0,0)$ 不可微分，但 $g_x(0,0)=g_y(0,0)=0$。其次，函數 f：$\boldsymbol{R} \to \boldsymbol{R}^2$ 定義如下：若 $t \in \boldsymbol{R}$，則 $f(t)=(t^2,t)$。顯然地，函數 f 在點 0 可微分。另一方面，對每個 $t \neq 0$，恆有 $(g \circ f)(t)=1/2$，而 $(g \circ f)(0)=0$。於是，函數 $g \circ f$：$\boldsymbol{R} \to \boldsymbol{R}$ 在點 0 不連續，因此，$g \circ f$ 在點 0 的導數不存在。‖

定理14中所得的偏導數關係式，我們可就一些特殊情形做進一步的說明。

【例10】⑴若 $k=l=m=1$，則所得關係式是下述形式：

$$\frac{d(g \circ f)}{dx}=\frac{dg}{dy} \cdot \frac{df}{dx}。$$

⑵若 $k>1$，$l=m=1$，則所得關係式是下述形式：

$$\frac{\partial(g \circ f)}{\partial x_j}=\frac{dg}{dy} \cdot \frac{\partial f}{\partial x_j}。$$

(3)若 $l>1$，$k=m=1$，則所得關係式是下述形式：

$$\frac{d(g\circ f)}{dx}=\frac{\partial g}{\partial y_1}\cdot\frac{df_1}{dx}+\frac{\partial g}{\partial y_2}\cdot\frac{df_2}{dx}+\cdots+\frac{\partial g}{\partial y_l}\cdot\frac{df_l}{dx}\text{。}$$

(4)若 $k,l>1$，$m=1$，則所得關係式是下述形式：

$$\frac{\partial(g\circ f)}{\partial x_j}=\frac{\partial g}{\partial y_1}\cdot\frac{\partial f_1}{\partial x_j}+\frac{\partial g}{\partial y_2}\cdot\frac{\partial f_2}{\partial x_j}+\cdots+\frac{\partial g}{\partial y_l}\cdot\frac{\partial f_l}{\partial x_j}\text{。}\|$$

【例11】設 $z=x^2+2y^2$，$x=s^2+2st$，$y=2st+t^2$，試求 z 對 s 與 t 的偏導函數。

解1：直接代入，得

$$\begin{aligned}z&=x^2+2y^2\\&=(s^2+2st)^2+2(2st+t^2)^2\\&=s^4+4s^3t+12s^2t^2+8st^3+2t^4\text{。}\end{aligned}$$

依偏導數的定義，得

$$\frac{\partial z}{\partial s}=4s^3+12s^2t+24st^2+8t^3\text{，}$$

$$\frac{\partial z}{\partial t}=4s^3+24s^2t+24st^2+8t^3\text{。}$$

解2：根據定理14，可得

$$\begin{aligned}\frac{\partial z}{\partial s}&=\frac{\partial z}{\partial x}\cdot\frac{\partial x}{\partial s}+\frac{\partial z}{\partial y}\cdot\frac{\partial y}{\partial s}\\&=2x(2s+2t)+4y(2t)\\&=(2s^2+4st)(2s+2t)+(8st+4t^2)(2t)\\&=4s^3+12s^2t+24st^2+8t^3\text{，}\end{aligned}$$

$$\begin{aligned}\frac{\partial z}{\partial t}&=\frac{\partial z}{\partial x}\cdot\frac{\partial x}{\partial t}+\frac{\partial z}{\partial y}\cdot\frac{\partial y}{\partial t}\\&=2x(2s)+4y(2s+2t)\\&=(2s^2+4st)(2s)+(8st+4t^2)(2s+2t)\\&=4s^3+24s^2t+24st^2+8t^3\text{。}\|\end{aligned}$$

【例12】設 $\alpha\in\boldsymbol{R}$ 且 $\alpha\neq0$，函數 f：$\boldsymbol{R}^k-\{0\}\to\boldsymbol{R}^k-\{0\}$定義如下：若 $x\in\boldsymbol{R}^k-\{0\}$，則$f(x)=\|x\|^\alpha x$ 。試求$df(x)$。

解1：函數 f 等於實數值函數ψ：$x\mapsto\|x\|^\alpha$ 與恆等函數i：$x\mapsto x$ 的係數積，而實數值函數 ψ：$x\mapsto\|x\|^\alpha$ 則等於函數g：$x\mapsto\|x\|^2$與h：$t\mapsto t^{\alpha/2}$的合成函數。對每個 $c\in\boldsymbol{R}^k-\{0\}$及 $u\in\boldsymbol{R}^k$ ，根據例2，$dg(c)(u)=2\langle u,c\rangle$。對每個 $t\in\boldsymbol{R}-\{0\}$，$dh(t)(s)=(\alpha/2)st^{\alpha/2-1}$。於是，依連鎖規則，可得

$$
\begin{aligned}
d\psi(c)(u)&=dh(g(c))(dg(c)(u))\\
&=dh(\|c\|^2)(2\langle u,c\rangle)\\
&=\alpha\|c\|^{\alpha-2}\cdot\langle u,c\rangle。
\end{aligned}
$$

另一方面，因爲 i 是線性函數，所以，依定理1(2)，$di(c)=i$。於是，依定理11，可得

$$
\begin{aligned}
df(c)(u)&=d\psi(c)(u)\cdot i(c)+\psi(c)\cdot di(c)(u)\\
&=\alpha\|c\|^{\alpha-2}\cdot\langle u,c\rangle c+\|c\|^\alpha u。
\end{aligned}
$$

解2：因爲對每個 $i=1,2,\cdots,k$，函數 f 的第i 個坐標函數爲$f_i(x)=\|x\|^\alpha x_i$ ，所以，對任意 $i,j=1,2,\cdots,k$ 及每個$c\in\boldsymbol{R}^k-\{0\}$ ，可得

$$D_j f_i(c)=\delta_{ij}\|c\|^\alpha+\alpha\|c\|^{\alpha-2}c_i c_j。$$

於是，對每個$u=(u_1,u_2,\cdots,u_k)\in\boldsymbol{R}^k$ ，可得

$$
\begin{aligned}
df(c)(u)&=\sum_{i=1}^{k}(\sum_{j=1}^{k}\delta_{ij}\|c\|^\alpha u_j+\alpha\sum_{j=1}^{k}\|c\|^{\alpha-2}c_i c_j u_j)e_i\\
&=\sum_{i=1}^{k}(\|c\|^\alpha u_i+\alpha\|c\|^{\alpha-2}\langle u,c\rangle c_i)e_i\\
&=\|c\|^\alpha u+\alpha\|c\|^{\alpha-2}\langle u,c\rangle c。\|
\end{aligned}
$$

丁、全微分的表示式

在 k 變數的實數值函數中，坐標函數 p_i：$\boldsymbol{R}^k\to\boldsymbol{R}$（$i=1,2,\cdots,k$)自然是其中最基本的 k 個。對每個$x=(x_1,x_2,\cdots,x_k)\in\boldsymbol{R}^k$ ，恆有$p_i(x)=x_i$ 。於是，坐標函數 p_i 的所有偏導函數都是常數函數：

$D_j p_i(x)=\delta_{ij}$。事實上，若 $i\neq j$，則 $D_j p_i=0$；若 $i=j$，則$D_i p_i=1$。因爲常數函數都是連續函數，所以，依定理7，函數 p_i 在$\boldsymbol{R}^k$ 上每個點都可微分（參看定理1(2)），而且對每個 $x\in \boldsymbol{R}^k$ 及$u=(u_1,u_2,\cdots,u_k)\in \boldsymbol{R}^k$，恆有 $dp_i(x)(u)=u_i$。因爲$p_i(x)=x_i$，所以，我們將$dp_i(x)$改寫成 dx_i。如此，即得$dx_i(u)=u_i$，$u=(u_1,u_2,\cdots,u_k)\in \boldsymbol{R}^k$。

若函數 f：$A\to \boldsymbol{R}$ 在點$c\in A^0$可微分，則 f 在點c 的全微分$df(c)$可表出如下：對每個$u=(u_1,u_2,\cdots,u_k)\in \boldsymbol{R}^k$，可得

$$df(c)(u)=\sum_{j=1}^{k} D_j f(c)\cdot u_j=\sum_{j=1}^{k} D_j f(c)\cdot dx_j(u)$$
$$=(\sum_{j=1}^{k} D_j f(c)dx_j)(u)。$$

上述結果可寫成一個定理。

【定理15】（實數值函數的全微分的表示式）

若 f：$A\to \boldsymbol{R}$ 在點$c\in A^0$可微分，$A\subset \boldsymbol{R}^k$，則

$$df(c)=\frac{\partial f}{\partial x_1}(c)dx_1+\frac{\partial f}{\partial x_2}(c)dx_2+\cdots+\frac{\partial f}{\partial x_k}(c)dx_k\ 。$$

若 f 在其定義域A 上每個點都可微分，則上式可簡寫成

$$df=\frac{\partial f}{\partial x_1}dx_1+\frac{\partial f}{\partial x_2}dx_2+\cdots+\frac{\partial f}{\partial x_k}dx_k\ 。$$

【例13】若$f(x,y,z)=2x^2y+4yz^2-3xyz$，則

$df(x,y,z)$

$=(4xy-3yz)dx+(2x^2+4z^2-3xz)dy+(8yz-3xy)dz$。‖

將定理15的結果應用到多變數向量值函數時，我們可得出下述結果：設 f：$A\to \boldsymbol{R}^l$ 爲一函數，$A\subset \boldsymbol{R}^k$，$c\in A^0$，而且對每個 $x\in A$，$f(x)$可表示成 $f(x)=(f_1(x),f_2(x),\cdots,f_l(x))$。若 f 在點c 可微分，則實數值函數 $f_1,f_2,\cdots,f_l$：$A\to \boldsymbol{R}$ 都在點c 可微分。於是，依定理15，可得

$$df_1(c)=\frac{\partial f_1}{\partial x_1}(c)dx_1+\frac{\partial f_1}{\partial x_2}(c)dx_2+\cdots+\frac{\partial f_1}{\partial x_k}(c)dx_k\ ,$$

$$df_2(c)=\frac{\partial f_2}{\partial x_1}(c)dx_1+\frac{\partial f_2}{\partial x_2}(c)dx_2+\cdots+\frac{\partial f_2}{\partial x_k}(c)dx_k\ ,$$

$$\vdots$$

$$df_l(c)=\frac{\partial f_l}{\partial x_1}(c)dx_1+\frac{\partial f_l}{\partial x_2}(c)dx_2+\cdots+\frac{\partial f_l}{\partial x_k}(c)dx_k\ 。$$

上列關係式可以引用矩陣記號而表成下述形式：

$$\begin{bmatrix} df_1(c) \\ df_2(c) \\ \vdots \\ df_l(c) \end{bmatrix}=\begin{bmatrix} \frac{\partial f_1}{\partial x_1}(c) & \frac{\partial f_1}{\partial x_2}(c) & \cdots\cdots & \frac{\partial f_1}{\partial x_k}(c) \\ \frac{\partial f_2}{\partial x_1}(c) & \frac{\partial f_2}{\partial x_2}(c) & \cdots\cdots & \frac{\partial f_2}{\partial x_k}(c) \\ \vdots & \vdots & \vdots & \\ \frac{\partial f_l}{\partial x_1}(c) & \frac{\partial f_l}{\partial x_2}(c) & \cdots\cdots & \frac{\partial f_l}{\partial x_k}(c) \end{bmatrix}\begin{bmatrix} dx_1 \\ dx_2 \\ \vdots \\ dx_k \end{bmatrix} \qquad (*)$$

從上述表示式中不難看出：上式右端的矩陣在微分理論中具有特別的意義，我們寫成一個定義如下。

【定義2】設 $f: A\to \boldsymbol{R}^l$ 爲一函數，$A\subset \boldsymbol{R}^k$，$c\in A^0$，而對每個 $x\in A$，$f(x)$表示成 $f(x)=(f_1(x),f_2(x),\cdots,f_l(x))$。若 f 在點c 的所有偏導數都存在，則上述$(*)$式右端的 $l\times k$ 階矩陣稱爲函數 f 在點 c 的 Jacobi **矩陣**（Jacobian of f at c），以$J_f(c)$表之。若 $k=l$，則 Jacobi 知陣$J_f(c)$是一個 k 階方陣，它的行列式 $\det(J_f(c))$稱爲函數 f 在點c 的 Jacobi **行列式**（Jacobian determinant of f at c），記爲

$$\frac{\partial(f_1,f_2,\cdots,f_k)}{\partial(x_1,x_2,\cdots,x_k)}(c)\ 。$$

【例14】對每個 $i=1,2,3$，令$f_i(x)=x_i/(1+x_1+x_2+x_3)$，其中 $x=(x_1,x_2,x_3)\in \boldsymbol{R}^3$且$1+x_1+x_2+x_3\neq 0$，則對每個此種點 x 及任意 $i,j=1,2,3$，可得

$$D_j f_i(x)=\frac{1}{1+x_1+x_2+x_3}(\delta_{ij}-f_i(x))。$$

因此，對應的 Jacobi 行列式爲

$$\frac{\partial(f_1,f_2,f_3)}{\partial(x_1,x_2,x_3)}(x)$$

$$=\frac{1}{(1+x_1+x_2+x_3)^3}\cdot\begin{vmatrix}1-f_1(x) & -f_1(x) & -f_1(x)\\ -f_2(x) & 1-f_2(x) & -f_2(x)\\ -f_3(x) & -f_3(x) & 1-f_3(x)\end{vmatrix}$$

$$=\frac{1}{(1+x_1+x_2+x_3)^4}\cdot\begin{vmatrix}1 & 1 & 1\\ -f_2(x) & 1-f_2(x) & -f_2(x)\\ -f_3(x) & -f_3(x) & 1-f_3(x)\end{vmatrix}$$

$$=\frac{1}{(1+x_1+x_2+x_3)^4}。\ \|$$

函數的各種運算與 Jacobi 矩陣自然也有所關聯，我們寫成兩個定理。

【定理16】（Jacobi 矩陣與各種運算）

若函數 $f,g：A\to\boldsymbol{R}^l$ 與 $h：A\to\boldsymbol{R}$ 在點 $c\in A^0$ 的所有第一階偏導數都存在，$\alpha,\beta\in\boldsymbol{R}$，$A\subset\boldsymbol{R}^k$，則

(1) $J_{\alpha f+\beta g}(c)=\alpha J_f(c)+\beta J_g(c)$。

(2) $J_{\langle f,q\rangle}(c)=f(c)J_g(c)+g(c)J_f(c)$，其中的 $f(c)$ 與 $g(c)$ 都視爲 $1\times l$ 階矩陣。

(3) $J_{hf}(c)=h(c)J_f(c)+(f(c))^t J_h(c)$，其中的 $f(c)$ 是 $1\times l$ 階矩陣而 $(f(c))^t$ 是其轉置矩陣。

證：由§4－1練習題 8 即得。‖

【定理17】（Jacobi 矩陣與合成函數）

若點 c 是 $A\subset\boldsymbol{R}^k$ 的內點而函數 $f：A\to B$ 在點 c 的所有偏導數都存在，點 $f(c)$ 是 $B\subset\boldsymbol{R}^l$ 的內點而函數 $g：B\to\boldsymbol{R}^m$ 在點 $f(c)$ 可微分，則

$$J_{g\circ f}(c)=J_g(f(c))J_f(c)，$$

亦即：$m\times k$ 階矩陣 $J_{g\circ f}(c)$ 等於 $m\times l$ 階矩陣 $J_g(f(c))$ 與 $l\times k$ 階矩陣 $J_f(c)$ 的乘積。

證：由定理14即得。‖

對於實數值函數而言，Jacobi 矩陣可視爲一個列向量，它具有特殊的意義，我們寫成一個定義。

【定義3】設 $f: A\to \boldsymbol{R}$ 爲一函數，$A\subset \boldsymbol{R}^k$，$c\in A^0$。若 f 在點 c 的所有偏導數都存在，則 k 維向量 $(D_1f(c),D_2f(c),\cdots,D_kf(c))$ 稱爲函數 f 在點 c 的**梯度**（gradient），以 $\nabla f(c)$ 或 $\mathrm{grad}f(c)$ 表之。

定義 3 中的 ∇ 唸成 del，它是將希臘字母 Δ 倒立而成。以這個記號表示梯度，乃是 Sir William Rowan Hamilton（1805～1865，愛爾蘭人）最先引用，他將它唸成 nable，因爲它的外形很像古希伯來人一種名叫 nable 的樂器。

【定理18】（梯度與各種運算）

若函數 $f,g: A\to \boldsymbol{R}$ 在點 $c\in A^0$ 的所有第一階偏導數都存在，$\alpha,\beta\in \boldsymbol{R}$，$A\subset \boldsymbol{R}^k$，則

(1) $\nabla(\alpha f+\beta g)(c)=\alpha\nabla f(c)+\beta\nabla g(c)$。

(2) $\nabla(fg)(c)=f(c)\nabla g(c)+g(c)\nabla f(c)$。

(3) 當 $g(c)\neq 0$ 時，

$$\nabla(f/g)(c)=(1/g(c))^2(g(c)\nabla f(c)-f(c)\nabla g(c))。$$

證：由定理16即得。‖

【定理19】（梯度與方向導數）

設函數 $f: A\to \boldsymbol{R}$ 在點 $c\in A^0$ 可微分。

(1) 對每個 $u\in \boldsymbol{R}^k$，方向導數 $D_uf(c)$ 等於梯度 $\nabla f(c)$ 與 u 的內積，亦即：$D_uf(c)=\langle\nabla f(c),u\rangle$。

(2) 若 $\nabla f(c)=0$，則函數 f 在點 c 的每個方向導數都等於 0。

(3) 若 $\nabla f(c)\neq 0$，則當 $u=\nabla f(c)/\|\nabla f(c)\|$ 時，

$D_u f(c) = \sup\{D_v f(c) \mid v \in \boldsymbol{R}^k, \|v\| = 1\} = \|\nabla f(c)\|$。

(4)若$\nabla f(c) \neq 0$，則當 $u = -\nabla f(c)/\|\nabla f(c)\|$時，

$D_u f(c) = \inf\{D_v f(c) \mid v \in \boldsymbol{R}^k, \|v\| = 1\} = -\|\nabla f(c)\|$。

證：留爲習題。‖

練習題　4－2

1. 若函數 $f_1, f_2, \cdots, f_k: (a,b) \to \boldsymbol{R}$ 在一維開區間(a,b)上每個點的導數都存在，令 $U = (a,b) \times (a,b) \times \cdots \times (a,b) \subset \boldsymbol{R}^k$，而且對每個 $x = (x_1, x_2, \cdots, x_k) \in U$，$f(x) = f_1(x_1) + f_2(x_2) + \cdots + f_k(x_k)$，試證：函數 f 在U上每個點都可微分，而且 $df(c)(u) = f'_1(c_1)u_1 + f'_2(c_2)u_2 + \cdots + f'_k(c_k)u_k$，其中 $c = (c_1, c_2, \cdots, c_k) \in U$ 而 $u = (u_1, u_2, \cdots, u_k) \in \boldsymbol{R}^k$。

2. 若函數 $f: A \to \boldsymbol{R}^l$ 在點 $c \in A^0$可微分，$A \subset \boldsymbol{R}^k$，又 $v \in \boldsymbol{R}^l$ 且函數$g: A \to \boldsymbol{R}$ 定義爲：對每個 $x \in A$，$g(x) = \langle f(x), v \rangle$，試證：$g$ 在點 c 可微分且$dg(c)(u) = \langle df(c)(u), v \rangle$，$u \in \boldsymbol{R}^k$。

3. 若函數 $f: A \to \boldsymbol{R}$ 在點$c \in A^0$可微分且$f(c) = 0$，而函數 $g: A \to \boldsymbol{R}$ 在點c 連續，$A \subset \boldsymbol{R}^k$，則積函數 $fg: A \to \boldsymbol{R}$ 在點c 可微分，而且$d(fg)(c)(u) = g(c)df(c)(u)$，其中 $u \in \boldsymbol{R}^k$。試證之。

4. 若 $f: (a,b) \to \boldsymbol{R}^l$ 爲一單變數向量值函數，$c \in (a,b)$。試證：f 在點 c 可微分的充要條件是下式右端的極限存在，亦即：f 的每個坐標函數在點c 的導數都存在。此時，

$$df(c)(1) = f'(c) = \lim_{t \to 0}(f(c+t) - f(c))/t。$$

5. 若單變數向量值函數 $f: (a,b) \to \boldsymbol{R}^l$ 在(a,b)上可微分，而且對每個 $x \in (a,b)$，恆有 $\|f(x)\| = 1$，試證：對每個 $c \in (a,b)$，恆有$\langle f(c), f'(c) \rangle = 0$，亦即：$f(c)$與 $f'(c)$兩向量

垂直。

6.若函數 $f：\boldsymbol{R}^k \to \boldsymbol{R}^l$ 具有下述性質：對每個 $\alpha \in \boldsymbol{R}$ 及每個 $x \in \boldsymbol{R}^k$，恆有 $f(\alpha x)=\alpha f(x)$，則 f 在點0可微分的充要條件是：f 爲一個線性函數。試證之。

7.試證定理 8.

8.試證定理 11.

9.設 $f：A \to \boldsymbol{R}^l$ 與 $g：A \to \boldsymbol{R}^m$ 爲二函數，$A \subset \boldsymbol{R}^k$，$c \in A^0$。對每個 $x \in A$，令 $h(x)=(f(x), g(x))$。試證：h 在點 c 可微分的充要條件是 f 與 g 都在點 c 可微分。更進一步地，當此條件成立時，對每個 $u \in \boldsymbol{R}^k$，恆有

$$dh(c)(u)=(df(c)(u), dg(c)(u))。$$

10.設 $A \subset \boldsymbol{R}^k$、$B \subset \boldsymbol{R}^l$ 而 $f：A \times B \to \boldsymbol{R}^m$ 爲一函數，點 (a, b) 是 $A \times B$ 的一內點，定義函數 $g：A \to \boldsymbol{R}^m$ 及 $h：B \to \boldsymbol{R}^m$ 如下：對每個 $x \in A$ 及每個 $y \in B$，令 $g(x)=f(x, b)$ 及 $h(y)=f(a, y)$。試證：若函數 f 在點 (a, b) 可微分，則函數 g 在點 a 可微分且函數 h 在點 b 可微分。更進一步地，當此條件成立時，對每個 $u \in \boldsymbol{R}^k$ 及每個 $v \in \boldsymbol{R}^l$，恆有

$$df(a, b)(u, v)=dg(a)(u)+dh(b)(v)，$$
$$dg(a)(u)=df(a, b)(u, 0)，$$
$$dh(b)(v)=df(a, b)(0, v)。$$

11.若 $f：\boldsymbol{R}^2 \to \boldsymbol{R}$ 爲可微分函數，θ 爲給定角，定義函數 $F：\boldsymbol{R}^2 \to \boldsymbol{R}$ 如下：對每個 $(u, v) \in \boldsymbol{R}^2$，令

$$F(u, v)=f(u\cos\theta - v\sin\theta, u\sin\theta + v\cos\theta)，$$

試證：對每個 $(u, v) \in \boldsymbol{R}^2$，恆有

$$(D_1F(u, v))^2+(D_2F(u, v))^2$$
$$=(D_1f(x, y))^2+(D_2f(x, y))^2,$$

其中，$x=u\cos\theta - v\sin\theta$，$y=u\sin\theta + v\cos\theta$。

12.若 $f：\boldsymbol{R}^2 \to \boldsymbol{R}$ 爲可微分函數，對每個 $(r, \theta) \in (0, +\infty) \times \boldsymbol{R}$，

令$F(r,\theta)=f(r\cos\theta, r\sin\theta)$，試證：對每個$(r,\theta)\in(0,+\infty)\times\boldsymbol{R}$，恆有

$$(D_1F(r,\theta))^2+\frac{1}{r^2}(D_2F(r,\theta))^2$$
$$=(D_1f(r\cos\theta, r\sin\theta))^2+(D_2f(r\cos\theta, r\sin\theta))^2 \text{。}$$

13.續第12題的記號，若D_1f與D_2f也都在$\boldsymbol{R}^2$上可微分，試以f的第二階偏導數表示F的第二階偏導數，並證明：

(1)對每個$(r,\theta)\in(0,+\infty)\times\boldsymbol{R}$，恆有

$$D_{11}F(r,\theta)+\frac{1}{r^2}D_{22}F(r,\theta)+\frac{1}{r}D_1F(r,\theta)$$
$$=D_{11}f(r\cos\theta, r\sin\theta)+D_{22}f(r\cos\theta, r\sin\theta)\text{。}$$

(2)對每個$(r,\theta)\in(0,+\infty)\times\boldsymbol{R}$，$D_{12}F(r,\theta)=D_{21}F(r,\theta)$的充要條件是$D_{12}f(r\cos\theta, r\sin\theta)=D_{21}f(r\cos\theta, r\sin\theta)$。

14.設$A\subset\boldsymbol{R}^k$、$B\subset\boldsymbol{R}^k$而$f:A\to B$與$g:B\to A$互爲反函數。若f在點$c\in A^0$可微分且g在點$f(c)\in B^0$可微分，試證：$df(c):\boldsymbol{R}^k\to\boldsymbol{R}^k$是可逆的線性函數，而且

$$(df(c))^{-1}=dg(f(c))\text{。}$$

15.若函數$f:A\to\boldsymbol{R}$及集合$A\subset\boldsymbol{R}^k$具有下述性質：(1)對每個$x\in A$，$x\neq 0$，及每個正數α，恆有$\alpha x\in A$；(2)有一個$n\in\boldsymbol{R}$存在，使得：對每個$\alpha>0$及每個$x\in A$，$x\neq 0$，恆有$f(\alpha x)=\alpha^n f(x)$；則函數$f$稱爲$A$上的一個$n$ **次齊次函數**（homogeneous function of degree n）。

(1)若$f:A\to\boldsymbol{R}$是A上的一個可微分n次齊次函數，試證：對每個$x=(x_1,x_2,\cdots,x_k)\in A$，$x\neq 0$，下述 Euler 關係式恆成立：

$$x_1D_1f(x)+x_2D_2f(x)+\cdots+x_kD_kf(x)=nf(x)\text{。}$$

(2)若$f:A\to\boldsymbol{R}$在A上可微分，而且上述 Euler 關係式成立，試證f是一個n次齊次函數。

（提示：對每個 $x\in A$，$x\neq 0$，考慮函數 $\psi: t\mapsto f(tx)$。）

16.設 $f: \boldsymbol{R}^k\times\boldsymbol{R}^l\to\boldsymbol{R}^m$ 爲一函數，若對於任意 $\alpha_1,\alpha_2\in\boldsymbol{R}$、$x_1,x_2,x\in\boldsymbol{R}^k$，$y_1,y_2,y\in\boldsymbol{R}^l$，恆有

$$f(\alpha_1x_1+\alpha_2x_2,y)=\alpha_1f(x_1,y)+\alpha_2f(x_2,y),$$

$$f(x,\alpha_1y_1+\alpha_2y_2)=\alpha_1f(x,y_1)+\alpha_2f(x,y_2),$$

則 f 稱爲一個**雙線性函數**（bilinear function）。

(1)若 $f: \boldsymbol{R}^k\times\boldsymbol{R}^l\to\boldsymbol{R}^m$ 爲一個雙線性函數，則必可找到一個 $M>0$ 使得：對每個 $x\in\boldsymbol{R}^k$ 及每個 $y\in\boldsymbol{R}^l$，恆有

$$\|f(x,y)\|\leqslant M\|x\|\|y\|。$$

(2)若 $f: \boldsymbol{R}^k\times\boldsymbol{R}^l\to\boldsymbol{R}^m$ 爲一個雙線性函數，則 f 在 $\boldsymbol{R}^k\times\boldsymbol{R}^l$ 中每個點 (c,d) 都可微分，而且對每個 $u\in\boldsymbol{R}^k$ 及 $v\in\boldsymbol{R}^l$，恆有

$$df(c,d)(u,v)=f(c,v)+f(u,d)。$$

17.若 $f: \boldsymbol{R}^k\times\boldsymbol{R}^k\to\boldsymbol{R}^l$ 爲一個雙線性函數，定義函數 $g: \boldsymbol{R}^k\to\boldsymbol{R}^l$ 如下：對每個 $x\in\boldsymbol{R}^k$，令 $g(x)=f(x,x)$。試證：g 在 $\boldsymbol{R}^k$ 中每個點 c 都可微分，而且對每個 $u\in\boldsymbol{R}^k$，恆有

$$dg(c)(u)=f(c,u)+f(u,c)。$$

18.若函數 $f: \boldsymbol{R}^k\to\boldsymbol{R}$ 的每個第一階偏導函數都在 $\boldsymbol{R}^k$ 上連續，試證：必可找到 k 個連續函數 $g_1,g_2,\cdots,g_k: \boldsymbol{R}^k\to\boldsymbol{R}$ 使得：對每個 $x=(x_1,x_2,\cdots,x_k)\in\boldsymbol{R}^k$，恆有

$$f(x)=f(0)+x_1g_1(x)+x_2g_2(x)+\cdots+x_kg_k(x)。$$

19.若函數 $f: A\to\boldsymbol{R}^l$ 在點 $c\in A^0$ 可微分，$A\subset\boldsymbol{R}^k$，試證：

$$\|df(c)\|=\overline{\lim_{x\to c}}\frac{\|f(x)-f(c)\|}{\|x-c\|}。$$

20.若函數 $f: A\to\boldsymbol{R}$ 及集合 A 具有下述性質：$A\subset\boldsymbol{R}^k$ 是凸集合而且對任意 $x,y\in A$ 及每個 $t\in[0,1]$，恆有

$$f((1-t)x+ty)\leqslant(1-t)f(x)+tf(y),$$

則稱 f 是一個**凸函數**（convex function）。試證：若 $f: A\to\boldsymbol{R}$

爲一凸函數而且 f 在點 $c\in A^0$ 的所有第一階偏導數都存在，則 f 在點 c 可微分。

4－3 均值定理

在微積分課程及本書前面的討論中，讀者不難發現：在單變數實數值函數的微分理論中，均值定理是一個應用很廣的定理。在多變數向量值函數中，我們也可以討論類似的結果。

甲、均值定理的各種形式

在單變數實數值函數的情形中，均值定理是下面的形式。

【定理1】（Lagrange 均值定理）

設 $f:[a,b]\to \boldsymbol{R}$ 爲一函數。若 f 在 $[a,b]$ 上連續而且在 (a,b) 上可微分，則必可找到一個 $c\in(a,b)$ 使得

$$f(b)-f(a)=f'(c)(b-a)。$$

在實際應用時，我們經常遇到的狀況是：若函數 f 在包含 $[a,b]$ 的某個開區間 (α,β) 上可微分，則定理 1 的結論也成立。這是因爲在 $[a,b]\subset(\alpha,\beta)$ 的假設下，自然得 f 在 $[a,b]$ 上連續且 f 在 (a,b) 上可微分的緣故。

要證明定理 1 時，通常都定義另一函數 $g:[a,b]\to \boldsymbol{R}$ 如下：

$$g(x)=(b-a)(f(x)-f(a))-(f(b)-f(a))(x-a)，x\in[a,b]。$$

因爲 $g(a)=g(b)=0$ 而且 g 在 $[a,b]$ 上連續，所以，必可找到一個 $c\in(a,b)$ 使得 c 是 g 的一個相對極大點或相對極小點。因爲 g 在點 c 可微分，所以，依§4－1 練習題11，$g'(c)=0$，亦即：

$$f(b)-f(a)=f'(c)(b-a)。$$

前段所給的證明，必須仰賴實數系的次序關係來保證函數 g 在

(a,b)上有極大值或極小值，這項次序關係是實數系以外的 $\boldsymbol{R}^k$ 空間所沒有的，因此，我們不能將前段證明推廣成實變數向量值函數的均值定理。事實上，對於向量值函數，我們沒有與定理 1 相同形式的均值定理，且看下例。

【例1】設函數 $f:\boldsymbol{R}\to\boldsymbol{R}^2$定義如下：$f(t)=(\cos t,\sin t)$，$t\in\boldsymbol{R}$。顯然地，$f(2\pi)-f(0)=(0,0)$。但對每個 $c\in(0,2\pi)$，因爲$f'(c)=(-\sin c,\cos c)$而$(-\sin c)^2+(\cos c)^2=1$，所以，$f(2\pi)-f(0)=(2\pi-0)(-\sin c,\cos c)$恆不成立。‖

下面我們就內積形式、實數值與向量值函數三種情況來介紹均值定理。

【定理2】（均值定理的內積形式）

設 $f:A\to\boldsymbol{R}^l$ 爲一函數，其中 $A\subset\boldsymbol{R}^k$，$a,b\in A$。若連接 a 與 b 的線段 $\overline{ab}$包含於A、f 在點a 與b 連續且f 在 $\overline{ab}$上除a 與b 外的每個點都可微分，則對每個 $v\in\boldsymbol{R}^l$，必可在 $\overline{ab}$上找到一個異於a 與b 的點c 使得

$$\langle f(b)-f(a),v\rangle=\langle df(c)(b-a),v\rangle。$$

證：因爲 $\overline{ab}\subset A$，所以，我們可定義一函數 $g:[0,1]\to\boldsymbol{R}$ 如下：

$$g(t)=\langle f((1-t)a+tb),v\rangle，t\in[0,1]。$$

因爲 f 在 $\overline{ab}$上除a 與b 外的每個點都可微分，所以，依§ 4－2系理 4 及定理的假設，f 在 $\overline{ab}$上每個點都連續。依§ 3－4定理5與定理6，函數 g 在$[0,1]$上每個點都連續。另一方面，因爲函數 f 在 $\overline{ab}$上除a 與b 外的每個點都可微分而函數$t\mapsto(1-t)a+tb$ 在$(0,1)$上每個點也都可微分，所以，依§ 4－2定理13及練習題2，可知函數 g 在$(0,1)$上每個點都可微分，而且對每個 $t\in(0,1)$，恆有

$$g'(t)=\langle df((1-t)a+tb)(b-a),v\rangle。$$

根據本節定理1，必可找到一個 $\theta\in(0,1)$使得 $g(1)-g(0)=g'(\theta)(1-0)$。令 $c=(1-\theta)a+\theta b$ ，則 $c\in\overline{ab}$、$c\neq a$、$c\neq b$ 而且

$$\langle f(b)-f(a), v\rangle=\langle df(c)(b-a), v\rangle 。 \|$$

上述結果在實數值函數的情形中可以表現得簡潔些。

【定理3】（實數值函數的均值定理）

設 $f: A \to \boldsymbol{R}$ 為一函數，其中 $A \subset \boldsymbol{R}^k$，$a, b \in A$。若連接 a 與 b 的線段 $\overline{ab}$ 包含於 A、f 在點 a 與 b 連續且 f 在 $\overline{ab}$ 上除 a 與 b 外的每個點都可微分，則必可在 $\overline{ab}$ 上找到一個異於 a 與 b 的點 c 使得

$$f(b)-f(a)=df(c)(b-a) 。$$

證：將定理 2 中的 v 令為實數 1 即得。‖

對於一般的向量值函數，我們無法寫出像定理 3 的均值定理，但可以得出一個估計函數值誤差的不等式。

【定理4】（向量值函數的均值定理）

設 $f: A \to \boldsymbol{R}^l$ 為一函數，其中 $A \subset \boldsymbol{R}^k$，$a, b \in A$。若連接 a 與 b 的線段 $\overline{ab}$ 包含於 A、f 在點 a 與 b 連續且 f 在 $\overline{ab}$ 上除 a 與 b 外的每個點都可微分，則必可在 $\overline{ab}$ 上找到一個異於 a 與 b 的點 c 使得

$$\| f(b)-f(a) \| \leqslant \| df(c)(b-a) \| 。$$

證：若 $f(b)-f(a)=0$，則不等式對 $\overline{ab}$ 上異於 a 與 b 的每個點 c 都成立。若 $f(b)-f(a) \neq 0$，則將定理 2 中的 v 令為 $f(b)-f(a)$ 再使用 Cauchy－Schwarz 不等式即得。‖

【系理5】（均值定理的 Lipschitz 條件形式）

設 $f: A \to \boldsymbol{R}^l$ 為一函數，其中 $A \subset \boldsymbol{R}^k$ 而 S 是 A^0 的一個凸子集。若 f 在 S 上每個點都可微分，而且 $M=\sup\{\| df(x) \| \mid x \in S\} \in \boldsymbol{R}$，則對於 S 中任意二點 x 與 y，恆有

$$\| f(x)-f(y) \| \leqslant M \| x-y \| 。$$

證：對任意 $x, y \in S$，可得 $\overline{xy} \subset S \subset A^0$，而且 f 在 $\overline{xy}$ 上每個點都可微分。根據定理4，必可在 $\overline{xy}$ 上找到一個 z 使得 $\| f(x)-f(y) \| \leqslant \| df(z)(x-y) \|$。因為 $z \in \overline{xy} \subset S$，所以，$\| df(z) \| \leqslant M$。於是，得

$$\|f(x)-f(y)\|\leqslant\|df(z)(x-y)\|\leqslant\|df(z)\|\ \|x-y\|\leqslant M\|x-y\|。\|$$

乙、均值定理的應用

均值定理是一個用途很廣的定理。例如：§4－1定理3與§4－2定理7都是多變數函數微分理論中的重要定理，它們的證明都使用了單變數函數微分理論中的均值定理。在§4－5中，我們將再利用它來證明多變數函數微分理論中的最重要定理之二——反函數定理與隱函數定理。另外，單變數函數微分理論中的均值定理，也是證明不等式的重要工具。例如；因為對每個 $x\in\boldsymbol{R}$，$x\neq 0$，都可找到介於 0 與 x 之間的某個 y 使得 $e^x-1=xe^y$，所以，不論 x 為正或負，都可得 $e^x-1>x$ 或 $e^x>1+x$。同理，可證得：若 $x>-1$ 且 $x\neq 0$，則

$$x/(1+x)<\ln(1+x)<x\ 。$$

下面我們舉出多變數函數中均值定理的一些簡單應用。

【定理6】(偏導數恆為 0 的函數)

設 f：$U\to\boldsymbol{R}^l$ 為一函數。若 $U\subset\boldsymbol{R}^k$ 是一個連通開集，而且對每個 $x\in U$ 及每個 $j=1,2,\cdots,k$，恆有 $D_j f(x)=0$，則 f 是一個常數函數。

證：因為對每個 $j=1,2,\cdots,k$，依假設，偏導函數 $D_j f$ 在開集 U 上連續，所以，依§4－2定理7及定理5，f 在 U 上每個點都可微分，而且對每個 $x\in U$，恆有 $df(x)=0$。

在 U 中任選一定點 a。因為 $U\subset\boldsymbol{R}^k$ 是一連通開集，所以，依§2－5定理 9，U 中每對點都可以用包含於 U 的多邊形曲線將它們連接。設 x 是 U 中任一點，則可找到 $x^0,x^1,x^2,\cdots,x^n\in U$，使得 $x^0=a$、$x^n=x$ 而且多邊形曲線 $\overline{x^0x^1}\cup\overline{x^1x^2}\cup\cdots\cup\overline{x^{n-1}x^n}$ 包含於 U。對每個 $i=1,2,\cdots,n$，因為 f 在凸子集 $\overline{x^{i-1}x^i}$ 上每個點都可微分，而且 $\sup\{\|df(x)\|\mid x\in\overline{x^{i-1}x^i}\}=0$，所以，依系理 5，$f(x^{i-1})=f(x^i)$。由此可知：對每個 $x\in U$，恆有 $f(x)=f(a)$。於是，f 是一個常數函數。‖

定理 6 的結果可以換成另一個角度來說明：所謂函數 $f：U\to\boldsymbol{R}^l$ 是一個常數函數，我們通常說「$f(x_1,x_2,\cdots,x_k)$的值與 x_1、x_2、$\cdots$、x_k 等 k 個變數都無關」。所謂「函數值與某自變數無關」，我們可以給出一個正式定義如下：設 $f：A\to\boldsymbol{R}^l$ 為一函數，$A\subset\boldsymbol{R}^k$，令 $A_k=\{(x_1,\cdots,x_{k-1})\in\boldsymbol{R}^{k-1}|$存在一個 $x_k\in\boldsymbol{R}$ 使得$(x_1,\cdots,x_{k-1},x_k)\in A\}$。若存在一個函數 $g：A_k\to\boldsymbol{R}^l$ 使得：對每個$(x_1,x_2,\cdots,x_{k-1},x_k)\in A$ ，恆有

$$f(x_1,x_2,\cdots,x_{k-1},x_k)=g(x_1,x_2,\cdots,x_{k-1})，$$

則稱**函數 f 與自變數 x_k 無關**（independent of x_k）。顯然地，當函數 $f：A\to\boldsymbol{R}^l$ 與自變數 x_k 無關時，若$(x_1,x_2,\cdots,x_{k-1},x_k)\in A$ 且 $(x_1,x_2,\cdots,x_{k-1},x'_k)\in A$，則可得

$$f(x_1,x_2,\cdots,x_{k-1},x_k)=f(x_1,x_2,\cdots,x_{k-1},x'_k)。$$

由此可知：若函數 $f：A\to\boldsymbol{R}^l$ 與自變數 x_k 無關，則對於 A 的每個內點 x，恆有 $D_kf(x)=0$。不過，此性質的逆敘述卻不成立，且看下例。

【例2】設 $U=\{(x_1,x_2)\in\boldsymbol{R}^2|x_1>0$ 或 $x_2\neq0\}$，則 U 是 $\boldsymbol{R}^2$ 中的一個連通開集。設函數 $f：U\to\boldsymbol{R}$ 定義如下：若 $x_1>0$ 或 $x_2>0$，則 $f(x_1,x_2)=x_1^2$；若 $x_1\leqslant0$ 且 $x_2<0$，則 $f(x_1,x_2)=-x_1^2$。根據 f 的定義，很容易證得：對於 U 中每個點(x_1,x_2)，恆有 $D_2f(x_1,x_2)=0$。但是，依定義，顯然可知 $f(-1,1)=(-1)^2=1$ 而 $f(-1,-1)=-(-1)^2=-1$，可見函數 f 並不是與自變數 x_2 無關的函數。‖

下面的應用可指出函數之全微分的一項特性。

【定理7】（全微分的極限必是全微分）

設 $f：A\to\boldsymbol{R}^l$ 為一函數，$A\subset\boldsymbol{R}^k$，$c\in A^0$。若 f 在點 c 連續，而且點 c 有一個開鄰域 U 使得：對每個 $x\in U$，$x\neq c$，f 在點 x 可微分，且 $\lim_{x\to c}df(x)$ 存在，則 f 在點 c 也可微分，而且

$$df(c)=\lim_{x\to c}df(x)。$$

證：設 $T:\boldsymbol{R}^k\to\boldsymbol{R}^l$ 爲一線性函數且 $\lim_{x\to c}df(x)=T$。我們將證明 $df(c)=T$。另一方面，依§4－2定理2，我們可假設 $l=1$。

設 ε 爲任意正數，因爲 $\lim_{x\to c}df(x)=T$，所以，可找到一正數 δ 使得 $B_\delta(c)\subset U$ 而且當 $0<\|x-c\|<\delta$ 時，恆有 $\|df(x)-T\|<\varepsilon$。設 $x\in B_\delta(c)$ 且 $x\neq c$，因爲函數 f 在線段 $\overline{cx}$ 上異於點 c 的每個點都可微分且 $l=1$，所以，依本節定理 3，必可在 $\overline{cx}$ 上找到一個異於 c 與 x 的點 y 使得 $f(x)-f(c)=df(y)(x-c)$。因爲 $0<\|y-c\|<\|x-c\|<\delta$，所以，$\|df(y)-T\|<\varepsilon$。於是，可得

$$\begin{aligned}&\frac{|f(x)-f(c)-T(x-c)|}{\|x-c\|}\\&=\frac{|df(y)(x-c)-T(x-c)|}{\|x-c\|}\\&\leqslant\frac{\|df(y)-T\|\ \|x-c\|}{\|x-c\|}\\&<\varepsilon。\end{aligned}$$

由此可知：函數 f 在點 c 可微分而且 $df(c)=T$。‖

下面的定理是§3－2定理13推廣到多變數向量値函數的情形，其內容比§3－2定理13更具一般性。

【定理8】（均勻收斂與全微分）

設 $\{f_n:U\to\boldsymbol{R}^l\}$ 爲一函數列，$U\subset\boldsymbol{R}^k$ 爲連通開集。若

(1)存在一個 $x_0\in U$ 使得點列 $\{f_n(x_0)\}$ 收斂；

(2)每個 f_n 都在 U 上每個點可微分；

(3)全微分函數列 $\{df_n\}$ 在 U 的每個緊緻子集上都均勻收斂於某函數 ψ；

則函數列 $\{f_n\}$ 在 U 的每個緊緻子集上都均勻收斂於某可微分函數 $f:U\to\boldsymbol{R}^l$，而且對每個 $x\in U$，恆有 $df(x)=\psi(x)$。亦即：$\{df_n\}$ 在 U 的每個緊緻子集上都均勻收斂於 df。

證：請注意：所謂$\{df_n\}$在 K 上均勻收斂於函數ψ，乃是表示：對每個 $x\in K$，$\psi(x)$是由 $\boldsymbol{R}^k$ 至$\boldsymbol{R}^l$ 的一個線性函數，而且：對每個正數 ε，都可找到一個 $n_0\in\boldsymbol{N}$ 使得：當 $n\geqslant n_0$時，$\|df_n(x)-\psi(x)\|<\varepsilon$ 對每個$x\in K$ 都成立。

首先證明：若 x 是U 中任意一點而且點列$\{f_n(x)\}$收斂，則對每個滿足 $x\in K\subset U$ 的緊緻凸子集K，函數列$\{f_n\}$都在 K 上均勻收斂。令 $d=\sup\{\|y-z\|\mid y,z\in K\}$。設 ε 爲任意正數，因爲$\{f_n(x)\}$收斂而且$\{df_n\}$在K 上均勻收斂，所以，依 Cauchy 條件，必可找到一個 $n_0\in\boldsymbol{N}$ 使得：當 $m,n\geqslant n_0$時，恆有$\|f_m(x)-f_n(x)\|<\varepsilon/2$ 且$\|df_m(z)-df_n(z)\|<\varepsilon/(2d)$對每個 $z\in K$ 都成立。於是，當 $m,n\geqslant n_0$時，因爲函數 f_m-f_n 在K 上每個點都可微分，而且 K 是凸集合，所以，對每個 $y\in K$，依均值定理（定理 5），恆可得$\|f_m(y)-f_n(y)-f_m(x)+f_n(x)\|\leqslant(\varepsilon/(2d))\|y-x\|$。於是，

$$
\begin{aligned}
&\|f_m(y)-f_n(y)\|\\
&\leqslant\|f_m(y)-f_n(y)-f_m(x)+f_n(x)\|+\|f_m(x)-f_n(x)\|\\
&\leqslant(\varepsilon/(2d))\cdot\|y-x\|+\|f_m(x)-f_n(x)\|\\
&<(\varepsilon/(2d))\cdot d+\varepsilon/2\\
&=\varepsilon\text{。}
\end{aligned}
$$

依§3－2定理2（均勻收斂的 Cauchy 條件），可知函數列$\{f_n\}$在 K 上均勻收斂。

對每個 $x\in U$，因爲 $x_0\in U$ 而U 是連通開集，所以，依§2－5定理9，必可找到$x^0=x_0,x^1,x^2,\cdots,x^{r-1},x^r=x\in U$，使得多邊形曲線$\overline{x^0x^1}\cup\overline{x^1x^2}\cup\cdots\cup\overline{x^{r-1}x^r}$包含於$U$。因爲對每個 $i=1,2,\cdots,r$，$\overline{x^{i-1}x^i}$是U 中包含x^{i-1}的一個緊緻凸子集，所以，依數學歸納法，可由點列$\{f_n(x_0)\}$收斂證得點列$\{f_n(x)\}$收斂。由此可知函數列$\{f_n\}$在 U 上逐點收斂，設其極限函數爲 $f:U\to\boldsymbol{R}^l$。更進一步地，依前段的結果，可知函數列$\{f_n\}$在 U 的每個緊緻凸子集上均勻收斂

於函數 f。

其次，設 K 是 U 中一緊緻集。對每個 $y\in U$，選取一個正數 δ_y 使得 $\overline{B}_{\delta_y}(y)\subset U$。因爲集合族 $\{B_{\delta_y}(y)\mid y\in K\}$ 是緊緻集 K 的一個開覆蓋，所以，可以找到 $y_1,y_2,\cdots,y_s\in K$ 使得 $K\subset\bigcup_{i=1}^{s}B_{\delta_{y_i}}(y_i)$。依前段的結果，可知函數列 $\{f_n\}$ 在每個緊緻凸子集 $\overline{B}_{\delta_{y_i}}(y_i)$ 上均勻收斂於函數 f。依 § 3－2練習題 4，可知 $\{f_n\}$ 在緊緻集 K 上均勻收斂於 f。

最後證明：對每個 $x\in U$，函數 f 在點 x 可微分，而且 $df(x)=\psi(x)$。設 ε 爲任意正數，任選一正數 δ_1，使得 $\overline{B}_{\delta_1}(x)\subset U$。因爲全微分函數列 $\{df_n\}$ 在緊緻集 $\overline{B}_{\delta_1}(x)$ 上均勻收斂於 ψ，所以，對於正數 $\varepsilon/4$，必可找到一個 $n_0\in\mathbf{N}$ 使得：當 $n\geqslant n_0$ 時，$\|df_n(z)-\psi(z)\|<\varepsilon/4$ 對每個 $z\in B_{\delta_1}(x)$ 都成立。於是，當 $m,n\geqslant n_0$ 時，對每個 $y\in B_{\delta_1}(x)$，因爲 f_m-f_n 在 $B_{\delta_1}(x)$ 上可微分，所以，依均值定理（定理 5），可得 $\|f_m(y)-f_n(y)-f_m(x)+f_n(x)\|\leqslant(\varepsilon/2)\|y-x\|$。因爲此不等式對每個 $y\in B_{\delta_1}(x)$ 及每對 $m,n\geqslant n_0$ 都成立，所以，令 m 趨向無限大，即可得：對每個 $y\in B_{\delta_1}(x)$ 及每個 $n\geqslant n_0$，恆有

$$\|f(y)-f_n(y)-f(x)+f_n(x)\|\leqslant(\varepsilon/2)\|y-x\|。$$

任選某個固定的 $n\geqslant n_0$，因爲函數 f_n 在點 x 可微分，所以，對於正數 $\varepsilon/4$，必可找到一正數 δ_2 使得：當 $0<\|y-x\|<\delta_2$ 時，恆有

$$\frac{\|f_n(y)-f_n(x)-df_n(x)(y-x)\|}{\|y-x\|}<\frac{\varepsilon}{4}。$$

令 $\delta=\min\{\delta_1,\delta_2\}$，則當 $0<\|y-x\|<\delta$ 時，可得 $0<\|y-x\|<\delta_1$ 且 $0<\|y-x\|<\delta_2$。於是，得

$$\begin{aligned}
&\|f(y)-f(x)-\psi(x)(y-x)\|\\
&\leqslant\|f(y)-f(x)-f_n(y)+f_n(x)\|+\|f_n(y)-f_n(x)-df_n(x)(y-x)\|\\
&+\|df_n(x)(y-x)-\psi(x)(y-x)\|\\
&<(\varepsilon/2)\|y-x\|+(\varepsilon/4)\|y-x\|+\|df_n(x)-\psi(x)\|\,\|y-x\|
\end{aligned}$$

$\leqslant \varepsilon \| y-x \|$。

由此可知：函數 f 在點 x 可微分，而且 $df(x)=\psi(x)$。‖

定理 8 的結果也可以表示成無窮級數的形式，參看 § 9－1 定理 9。

練習題 4－3

1. 設 $f: A \to \boldsymbol{R}$ 爲實數值函數，$A \subset \boldsymbol{R}^2$，$x=(x_1, x_2) \in A^0$。若 $B_r(x) \subset A$ 而且 f 在開球 $B_r(x)$ 上可微分，試證：對每個點 $y=(y_1, y_2) \in B_r(x)$，必可找到一個 $z_1 \in [x_1 \wedge y_1, x_1 \vee y_1]$ 及一個 $z_2 \in [x_2 \wedge y_2, x_2 \vee y_2]$，使得
   $f(y)-f(x)=(y_1-x_1) D_1 f(z_1, y_2)+(y_2-x_2) D_2 f(x_1, z_2)$。
   （提示：考慮另一個實數值函數 $g(t)=f((1-t)x_1+ty_1, y_2)+f(x_1,(1-t)x_2+ty_2)$。）
2. 將第1題的結果推廣到 k 個變數的情形。
3. 設 $f: A \to \boldsymbol{R}^l$ 爲一函數，$A \subset \boldsymbol{R}^k$，$a, b \in A$。若線段 $\overline{ab}$ 包含於 A、f 在點 a 與 b 連續且 f 在 $\overline{ab}$ 上異於 a 與 b 的每個點都可微分，試證：可找到一個線性函數 $T: \boldsymbol{R}^k \to \boldsymbol{R}^l$ 使得
   $$f(b)-f(a)=T(b-a)。$$
4. 設 $I \subset \boldsymbol{R}^k$ 爲一個 k 維開區間而函數 $f: I \to \boldsymbol{R}$ 在 I 上可微分。若對每個 $x \in I$，恆有 $D_k f(x)=0$，試證：函數 f 與自變數 x_k 無關。
5. 設 $U \subset \boldsymbol{R}^k$ 爲一個凸開集而函數 $f: U \to \boldsymbol{R}^k$ 在 U 上可微分。若對每個 $x \in U$，全微分 $df(x)$ 是一個**正定線性函數**（positive definite linear function），亦即：對每個 $u \in \boldsymbol{R}^k$，$u \neq 0$，恆有 $\langle df(x)(u), u \rangle > 0$，試證：$f$ 是 U 上的一對一函數。
   （提示：對任意 $x, y \in U$，考慮 $\langle f(x)-f(y), x-y \rangle$ 而引用定理 2。）

4－4 高階全微分與 Taylor 多項式

在單變數函數的微分理論中，函數在某個點附近的 Taylor 展開式是探討此函數之性質的重要工具之一。在多變數函數的討論中，Taylor 展開式仍然是很重要的主題。但在討論多變數函數的 Taylor 展開式之前，我們需要先討論**高階全微分**（higher－order total differential）的概念。

甲、二階全微分

利用函數的第一階偏導函數及可微分性，我們可以進一步定義函數的可二次微分性如下。

【定義1】設 $f: A \to \boldsymbol{R}^l$ 爲一函數，$A \subset \boldsymbol{R}^k$，$c \in A^0$，若點 c 有一個開鄰域 U 使得：函數 f 在 U 上可微分，而且偏導函數 $D_1 f$、$D_2 f$、…、$D_k f$ 都在點 c 可微分，則稱函數 f 在點 c **可二次微分**（second differentiable）。

當第一階偏導函數在點 c 都可微分時，根據§4－2定理5，函數在點 c 的第二階偏導數都存在。由此更進一步得到下述定理。

【定理1】（可二次微分保證混合式第二階偏導數相等）

若函數 $f: A \to \boldsymbol{R}^l$ 在點 $c \in A^0$ 可二次微分，$A \subset \boldsymbol{R}^k$，則 f 在點 c 的所有第二階偏導數都存在，而且對任意 $1 \leqslant i, j \leqslant k$，恆有

$$D_{ij} f(c) = D_{ji} f(c)。$$

證：因爲函數 f 在點 c 可二次微分，所以，依定義，偏導函數 $D_1 f$、$D_2 f$、…、$D_k f$ 都在點 c 可微分。於是，依§4－2定理5，可知 $D_1 f$、$D_2 f$、…、$D_k f$ 在點 c 的所有偏導數都存在，亦即：函數 f 在點 c 的所有第二階偏導數都存在。

設$1 \leqslant i, j \leqslant k$，我們欲證$D_{ij}f(c)$與$D_{ji}f(c)$都等於下述極限：

$$\lim_{t\to 0}\frac{1}{t^2}(f(c+te_i+te_j)-f(c+te_i)-f(c+te_j)+f(c))。$$

因爲上述極限式中的函數對 i 與 j 對稱，所以，我們只需證明此極限值爲$D_{ij}f(c)$即可。仿§ 4－1定理 2 的證明，設 $k=2$且 $l=1$，令 $j=1$而 $i=2$，點 c 的坐標設爲(a,b)。

設 ε 爲任意正數，因爲函數 D_1f 在點(a,b)可微分，所以，對於正數 $\varepsilon/3$，必可找到一正數 η 使得：當$0<s^2+t^2<\eta^2$時，恆有

$$|D_1f(a+s,b+t)-D_1f(a,b)-s\,D_{11}f(a,b)-t\,D_{21}f(a,b)|$$

$$<(\varepsilon/3)\sqrt{s^2+t^2}。$$

另一方面，令 $\delta=\eta/\sqrt{2}$。對每個 $t\in(-\delta,\delta)$，$t\neq 0$，定義一函數 $\psi:[-|t|,|t|]\to \boldsymbol{R}$ 如下：

$$\psi(s)=f(a+s,b+t)-f(a+s,b)。$$

因爲 D_1f 在$B_\eta(a,b)$上每個點都存在，所以，ψ 在$[-|t|,|t|]$上連續而且在$(-|t|,|t|)$上可微分。於是，依 Lagrange 均值定理，必可找到一個 $\theta\in(0,1)$使得 $\psi(t)-\psi(0)=t\psi'(\theta t)$。因爲 $\psi'(\theta t)=D_1f(a+\theta t,b+t)-D_1f(a+\theta t,b)$而$(\theta t)^2+t^2<2t^2<\eta^2$，所以，可得

$$\left|\frac{f(a+t,b+t)-f(a+t,b)-f(a,b+t)+f(a,b)}{t^2}-D_{21}f(a,b)\right|$$

$$=\left|\frac{\psi(t)-\psi(0)}{t^2}-D_{21}f(a,b)\right|$$

$$=\left|\frac{D_1f(a+\theta t,b+t)-D_1f(a+\theta t,b)}{t}-D_{21}f(a,b)\right|$$

$$\leqslant\left|\frac{D_1f(a+\theta t,b+t)-D_1f(a,b)-\theta\,tD_{11}f(a,b)-tD_{21}f(a,b)}{t}\right|$$

$$+\left|\frac{D_1f(a+\theta t,b)-D_1f(a,b)-\theta\,t\,D_{11}f(a,b)-0\cdot D_{21}f(a,b)}{t}\right|$$

$$<\frac{(\varepsilon/3)\sqrt{\theta^2t^2+t^2}}{|t|}+\frac{(\varepsilon/3)\sqrt{\theta^2t^2}}{|t|}$$

$< \dfrac{(\sqrt{2}+1)\varepsilon}{3}$

$< \varepsilon$ 。

由此可知上述極限值等於$D_{21}f(a,b)$，這就是所欲證的結果。‖

根據定義1及§4－2定理 5 ，可知：若函數 f 在點c 可二次微分，則對每個 $j=1,2,\cdots,k$，恆有

$$\lim_{u\to 0}\frac{1}{\|u\|}\left\| D_j f(c+u)-D_j f(c)-\sum_{i=1}^{k} u_i D_{ij} f(c)\right\| =0 \text{ 。}$$

再根據全微分$df(c)$與偏導數 $D_j f(c)$的關係，我們可進一步得出下面的結果。

【定理2】(可二次微分也就是全微分函數可微分)

若 $f: A\to \boldsymbol{R}^l$ 爲一函數，$A\subset \boldsymbol{R}^k$，$c\in A^0$，則 f 在點c 可二次微分的充要條件是：f 在點c 的某個開鄰域上可微分而且下述極限對自變量 v 在$\overline{B}_1(0)$上**均勻地**(uniformly)成立：

$$\lim_{u\to 0}\frac{1}{\|u\|}\left\| df(c+u)(v)-df(c)(v)-\sum_{i=1}^{k}\sum_{j=1}^{k} u_i v_j D_{ij} f(c)\right\| =0 \text{ 。}$$

亦即：對每個正數 ε，都可找到一正數 δ 使得：當$0<\|u\|<\delta$ 時，

$\left\| df(c+u)(v)-df(c)(v)-\sum_{i=1}^{k}\sum_{j=1}^{k} u_i v_j D_{ij} f(c)\right\| / \|u\| <\varepsilon$ 對每個$v\in\overline{B}_1(0)$都成立。

證：必要性：只需根據下述不等式即可得證：若 $v\in\overline{B}_1(0)$，則

$$\left\| df(c+u)(v)-df(c)(v)-\sum_{i=1}^{k}\sum_{j=1}^{k} u_i v_j D_{ij} f(c)\right\|$$

$$\leqslant \sum_{j=1}^{k}\left\| D_j f(c+u)-D_j f(c)-\sum_{i=1}^{k} u_i D_{ij} f(c)\right\| \text{ 。}$$

充分性：只需根據下述等式即可得證：若 $j=1,2,\cdots,k$，則

$$\left\| D_j f(c+u)-D_j f(c)-\sum_{i=1}^{k} u_i D_{ij} f(c)\right\|$$

$$=\left\| df(c+u)(e_j)-df(c)(e_j)-\sum_{i=1}^{k}\sum_{p=1}^{k} u_i \delta_{pj} D_{ip} f(c)\right\| \text{ 。} \|$$

比較定理 2 中的極限式與全微分的定義，我們可以定義二階全微分的概念如下。

【定義2】若函數 $f：A \to \boldsymbol{R}^l$ 在點 $c \in A^0$ 可二次微分，$A \subset \boldsymbol{R}^k$，則 f 在點 c 的**二階全微分**（second order total differential）定義成下述雙線性函數 $d^2f(c)：\boldsymbol{R}^k \times \boldsymbol{R}^k \to \boldsymbol{R}^l$：設 $u=(u_1,u_2,\cdots,u_k)$ 與 $v=(v_1,v_2,\cdots,v_k)$ 屬於 $\boldsymbol{R}^k$，則

$$d^2f(c)(u,v)=\sum_{i=1}^{k}\sum_{j=1}^{k} u_i v_j D_{ij}f(c)。$$

根據定理 1，我們知道：若 f 在點 c 可二次微分，則其二階全微分 $d^2f(c)$ 是對稱的雙線性函數，亦即：對任意 $u,v \in \boldsymbol{R}^k$，恆有

$$d^2f(c)(u,v)=d^2f(c)(v,u)。$$

做為一個雙線性函數而言，當 $l=1$ 時，$d^2f(c)$ 對於 $\boldsymbol{R}^k$ 的標準基底 $\{e_1,e_2,\cdots,e_k\}$ 所構成的矩陣我們給一個特殊名稱。

【定義3】若函數 $f：A \to \boldsymbol{R}$ 在點 c 可二次微分，$A \subset \boldsymbol{R}^k$，則 k 階方陣 $[D_{ij}f(c)]$ 稱爲函數 f 在點 c 的 Hesse **方陣**（Hessian matrix），以 $H_f(c)$ 表之。

【定理3】（二階全微分的連鎖規則）

若函數 $f：A \to B$ 在點 $c \in A^0$ 可二次微分，函數 $g：B \to \boldsymbol{R}^m$ 在點 $f(c) \in B^0$ 可二次微分，$A \subset \boldsymbol{R}^k$，$B \subset \boldsymbol{R}^l$，則合成函數 $g \circ f$ 在點 c 可二次微分，而且對任意 $u,v \in \boldsymbol{R}^k$，恆有

$$\begin{aligned} &d^2(g\circ f)(c)(u,v) \\ &=dg(f(c))(d^2f(c)(u,v))+d^2g(f(c))(df(c)(u),df(c)(v))。\end{aligned}$$

證：選取二開集 $U \subset A$ 與 $V \subset B$，使得：$c \in U$ 且 f 在 U 上可微分、$f(c) \in V$ 且 g 在 V 上可微分、而且 $f(U) \subset V$。對每個 $x \in U$，因爲 f 在點 x 可微分且 g 在點 $f(x)$ 可微分，所以，依連鎖規則（§4－2 定理13），可知合成函數 $g \circ f$ 在點 x 可微分。於是，$g \circ f$ 在 U 上可微分。對每個 $x \in A$，設 $f(x)=(f_1(x),f_2(x),\cdots,f_l(x))$。

對每個 $j=1,2,\cdots,k$ 及每個 $x \in U$，依連鎖規則，可得

$$D_j(g\circ f)(x)=\sum_{p=1}^{l} D_jf_p(x)D_pg(f(x))。$$

亦即：在 U 上，恆有

$$D_j(g\circ f)=\sum_{p=1}^{l}(D_j f_p)((D_p g)\circ f)。$$

因爲函數 $D_j f_p$ 與 f 在點 c 可微分，而且 $D_p g$ 在點 $f(c)$ 可微分，所以，依§4－2定理11與定理13，可知函數 $D_j(g\circ f)$ 在點 c 可微分。由此可知：合成函數 $g\circ f$ 在點 c 可二次微分。

對任意 $i,j=1,2,\cdots,k$，由 $D_j(g\circ f)=\sum_{p=1}^{l}(D_j f_p)((D_p g)\circ f)$ 可得

$$\begin{aligned}&D_{ij}(g\circ f)\\&=\sum_{p=1}^{l}(D_{ij} f_p)((D_p g)\circ f)+\sum_{p=1}^{l}(D_j f_p)(\sum_{q=1}^{l}(D_i f_q)((D_{qp} g)\circ f)\\&=\sum_{p=1}^{l}(D_{ij} f_p)((D_p g)\circ f)+\sum_{p=1}^{l}\sum_{q=1}^{l}(D_j f_p)(D_i f_q)((D_{qp} g)\circ f)。\end{aligned}$$

於是，函數 $g\circ f$ 在點 c 的二階全微分 $d^2(g\circ f)(c)$ 可表示如下：對於 $\boldsymbol{R}^k$ 中任意點 $u=(u_1,u_2,\cdots,u_k)$ 與 $v=(v_1,v_2,\cdots,v_k)$，恆有

$$\begin{aligned}&d^2(g\circ f)(c)(u,v)=\sum_{i=1}^{k}\sum_{j=1}^{k}u_i v_j D_{ij}(g\circ f)(c)\\&=\sum_{p=1}^{l}(\sum_{i=1}^{k}\sum_{j=1}^{k}u_i v_j D_{ij} f_p(c))(D_p g(f(c)))\\&\quad+\sum_{p=1}^{l}\sum_{q=1}^{l}(\sum_{j=1}^{k}v_j D_j f_p(c))(\sum_{i=1}^{k}u_i D_i f_q(c))(D_{qp} g(f(c)))\\&=dg(f(c))(d^2 f(c)(u,v))\\&\quad+d^2 g(f(c))(df(c)(u),df(c)(v))。\ \|\end{aligned}$$

乙、高階全微分

仿照可二次微分與二階全微分的概念，我們可以定義可 n 次微分與 n 階全微分的概念。

【定義4】設 $f：A\to\boldsymbol{R}^l$ 爲一函數，$A\subset\boldsymbol{R}^k$，$c\in A^0$，$n\in\mathbf{N}$，$n>2$。若點 c 有一個開鄰域 U 使得：函數 f 及其第一階、第二階、⋯、第 $n-2$ 階偏導函數都在 U 上每個點可微分，而且 f 的第 $n-1$ 階偏導函數都在點 c 可微分，則稱函數 f 在點 c **可 n 次微分**（nth differentiable），而 f 在點 c 的 n **階全微分**（nth order total differential）定

義成下述n次**多線性函數**（multilinear function）$d^nf(c)$：$\boldsymbol{R}^k\times\boldsymbol{R}^k\times\cdots\times\boldsymbol{R}^k\to\boldsymbol{R}^l$：設$u^r=(u_1^r,u_2^r,\cdots,u_k^r)\in\boldsymbol{R}^k$，$r=1,2,\cdots,n$，則

$$d^nf(c)(u^1,u^2,\cdots,u^n)=\sum_{i_1=1}^{k}\sum_{i_2=1}^{k}\cdots\sum_{i_n=1}^{k}u_{i_1}^1u_{i_2}^2\cdots u_{i_n}^n D_{i_1i_2\cdots i_n}f(c)。$$

【定理4】（可n次微分保證混合式第n階偏導數相等）

若函數$f:A\to\boldsymbol{R}^l$在點$c\in A^0$可n次微分，$A\subset\boldsymbol{R}^k$，$n\geqslant 2$，則f在點c的第n階偏導數都與所微分的自變數的順序無關。亦即：若$i_1,i_2,\cdots,i_n$是集合$\{1,2,\cdots,k\}$中任意n個元素而σ：$\{1,2,\cdots,n\}\to\{1,2,\cdots,n\}$是一個一對一且映成的函數，則

$$D_{i_{\sigma(1)}i_{\sigma(2)}\cdots i_{\sigma(n)}}f(c)=D_{i_1i_2\cdots i_n}f(c)。$$

證：根據定理1及數學歸納法即得。請注意：若f在點c可n次微分且$n\geqslant 3$，則f在點c的某個開鄰域上每個點都可$n-1$次微分。另一方面，若f在點c可n次微分且$n>m\geqslant 1$，則f的每一個第m階偏導函數都在點c可$n-m$次微分。‖

上面的定理可用來說明n階全微分的對稱性，我們寫成一個系理。

【系理5】（n階全微分是對稱函數）

若函數$f:A\to\boldsymbol{R}^l$在點$c\in A^0$可n次微分，$A\subset\boldsymbol{R}^k$，$n\geqslant 2$，則f在點c的n階全微分$d^nf(c)$是一個對稱的n次多線性函數，亦即：若σ：$\{1,2,\cdots,n\}\to\{1,2,\cdots,n\}$是一個一對一且映成的函數，則對任意$u^1,u^2,\cdots,u^n\in\boldsymbol{R}^k$，恆有

$$d^nf(c)(u^{\sigma(1)},u^{\sigma(2)},\cdots,u^{\sigma(n)})=d^nf(c)(u^1,u^2,\cdots,u^n)。$$

證：令$\tau=\sigma^{-1}$，亦即：τ是σ的反函數。令

$$S=\{(i_1,i_2,\cdots,i_n)\mid 1\leqslant i_1,i_2,\cdots,i_n\leqslant k\},$$

則對每個$(i_1,i_2,\cdots,i_n)\in S$，依定理4，可知$D_{i_{\tau(1)}i_{\tau(2)}\cdots i_{\tau(n)}}f(c)=D_{i_1i_2\cdots i_n}f(c)$。更進一步地，

$$\{(i_{\tau(1)},i_{\tau(2)},\cdots,i_{\tau(n)})\mid(i_1,i_2,\cdots,i_n)\in S\}=S。$$

另一方面，對每個 $r=1,2,\cdots,n$，令 $u^r=(u_1^r,u_2^r,\cdots,u_k^r)$，則對每個 $(i_1,i_2,\cdots,i_n)\in S$，將乘積中各因式更換順序，可得 $u_{i_1}^{\sigma(1)}u_{i_2}^{\sigma(2)}\cdots u_{i_n}^{\sigma(n)}=u_{i_{\tau(1)}}^1u_{i_{\tau(2)}}^2\cdots u_{i_{\tau(n)}}^n$。於是，得

$$\begin{aligned}&d^nf(c)(u^{\sigma(1)},u^{\sigma(2)},\cdots,u^{\sigma(n)})\\&=\sum_{(i_1,i_2,\cdots,i_n)\in S}u_{i_1}^{\sigma(1)}u_{i_2}^{\sigma(2)}\cdots u_{i_n}^{\sigma(n)}D_{i_1i_2\cdots i_n}f(c)\\&=\sum_{(i_1,i_2,\cdots,i_n)\in S}u_{i_{\tau(1)}}^1u_{i_{\tau(2)}}^2\cdots u_{i_{\tau(n)}}^nD_{i_{\tau(1)}i_{\tau(2)}\cdots i_{\tau(n)}}f(c)\\&=\sum_{(i_1,i_2,\cdots,i_n)\in S}u_{i_1}^1u_{i_2}^2\cdots u_{i_n}^nD_{i_1i_2\cdots i_n}f(c)\\&=d^nf(c)(u^1,u^2,\cdots,u^n)。\|\end{aligned}$$

仿定理 2，我們也有下述定理。

【定理6】（可 n 次微分就是其 $n-1$ 階全微分函數可微分）

若 $f:A\to\boldsymbol{R}^l$ 爲一函數，$A\subset\boldsymbol{R}^k$，$c\in A^0$，$n\in\boldsymbol{N}$ 且 $n>2$，則 f 在點 c 可 n 次微分的充要條件是：f 在點 c 的某個開鄰域上每個點都可 $n-1$ 次微分，而且下述極限對自變量 $u^2,u^3,\cdots,u^n$ 在 $\overline{B}_1(0)$ 上**均勻地**（uniformly）成立；

$$\lim_{u^1\to0}\frac{1}{\|u^1\|}\|d^{n-1}f(c+u^1)(v)-d^{n-1}f(c)(v)-d^nf(c)(u^1,v)\|=0,$$

其中，$v=(u^2,u^3,\cdots,u^n)$。

證：仿定理 2 的證明即可得。‖

下面是 n 次可微分性與各種運算的關係。

【定理7】（n 次可微分性與各種運算）

設 $f,g:A\to\boldsymbol{R}^l$ 與 $h:A\to\boldsymbol{R}$ 爲三函數，$A\subset\boldsymbol{R}^k$，$c\in A^0$，$n\in\boldsymbol{N}$。若函數 f、g 與 h 都在點 c 可 n 次微分，則函數 $f+g$、$\langle f,g\rangle$ 與 hf 都在點 c 可 n 次微分。若 $h(c)\neq0$，則函數 $1/h$ 也在點 c 可 n 次微分。

證：根據 § 4－2 定理 9、10、11 與 12 而利用數學歸納法立即可得。請注意：對每個 $m\in\boldsymbol{N}$，函數 $f+g$、$\langle f,g\rangle$、hf 與 $1/h$ 的每個第 m 階

偏導數都可以表示成f、g與h及其第一階至第m階偏導函數之值的和、差、積或商。‖

【定理8】（n次可微分性與合成函數）

設f：$A \to B$與g：$B \to \boldsymbol{R}^m$爲二函數，$A \subset \boldsymbol{R}^k$，$B \subset \boldsymbol{R}^l$，$c \in A^0$，$n \in \boldsymbol{N}$。若$f$在點$c$可$n$次微分，$g$在點$f(c)$可$n$次微分，則合成函數$g \circ f$在點$c$可$n$次微分。

證：根據§4－2 定理13與14而利用數學歸納法立即可得。請注意：對每個$m \in \boldsymbol{N}$，合成函數$g \circ f$的每個第m階偏導數都可以表示成f與g及其第一階至第m階偏導函數之值的和、積與合成。‖

當$n > 2$時，合成函數$g \circ f$的n階全微分如何以函數f與g的各階全微分來表示呢？這個表示式不容易寫出來，事實上，即使是單變數函數都不容易。

判定函數的可n次微分性，我們可借助於偏導函數的連續性。

【定理9】（n次連續可微分的函數必可n次微分）

設f：$U \to \boldsymbol{R}^l$爲一函數，U是$\boldsymbol{R}^k$中的開集。對每個$n \in \boldsymbol{N}$，若f的每個第n階偏導函數在U上每個點都存在且都連續，則f在U上每個點都可n次微分。（所謂可一次微分，就是指§4－2定義1所定義的可微分）。

證：若f的每個第一階偏導函數在U上都存在且都連續，則依§4－2定理7，f在U上每個點都可（一次）微分。

假設定理中的性質對正整數$n-1$成立。若f的每個第n階偏導函數在U上每個點都存在且都連續，則根據前段的結果，可知f的每個第$n-1$階偏導函數在U上每個點都可微分。依§4－2系理4，可知f的每個第$n-1$階偏導函數在U上每個點都連續。依歸納假設，f在U上每個點都可$n-1$次微分。於是，f的第一階、第二階、…、第$n-2$階偏導函數都在U上每個點可微分。依定義3，f在U上每個點都可n次微分。‖

利用定理 9 所提到的性質，我們定義另一個概念如下。

【定義5】設 $f: A \to \boldsymbol{R}^l$ 爲一函數，$A \subset \boldsymbol{R}^k$，$c \in A^0$。若 f 在點 c 的某個開鄰域上可 n 次微分，而且 f 的每個第 n 階偏導函數都在點 c 連續，則稱 f 在點 c 爲 n **次連續可微分**（nth continuously differentiable）。

若函數 $f: A \to \boldsymbol{R}^l$ 在某個開集 $U \subset A$ 上每個點都 n 次連續可微分，則稱 f 在 U 上 n 次連續可微分。依定理 9 可知：函數 $f: A \to \boldsymbol{R}^l$ 在開集 $U \subset A$ 上 n 次連續可微分的充要條件是：f 的每個第 n 階偏導函數在 U 上每個點都存在且都連續。

另一方面，可微分性與連續可微分性有下述關係。

【定理10】（可微分性與連續可微分性）

設 $f: A \to \boldsymbol{R}^l$ 爲一函數，$A \subset \boldsymbol{R}^k$，$c \in A^0$，$n \in \boldsymbol{N}$。

(1)若 f 在點 c 可 $n+1$ 次微分，則 f 在點 c 爲 n 次連續可微分。

(2)若 f 在點 c 爲 n 次連續可微分，則 f 在點 c 可 n 次微分。

證：留爲習題。‖

【定義6】若 $U \subset \boldsymbol{R}^k$ 爲一開集，則由 U 映至 $\boldsymbol{R}$ 且在 U 上 n 次連續可微分的所有函數所成的集合以 $C^n(U)$ 表之，亦即：

$$C^n(U) = \{ f: U \to \boldsymbol{R} \mid f \text{ 在 } U \text{ 上 } n \text{ 次連續可微分} \}。$$

若對於每個 $n \in \boldsymbol{N}$，函數 $f: U \to \boldsymbol{R}$ 都屬於 $C^n(U)$，則 f 的所有偏導函數都在 U 上存在且連續，此種 f 稱爲在 U 上**可無限次微分**（infinitely differentiable）。由 U 映至 $\boldsymbol{R}$ 且在 U 上可無限次微分的所有函數所成的集合以 $C^\infty(U)$ 表之，亦即：

$$C^\infty(U) = \{ f: U \to \boldsymbol{R} \mid f \text{ 的所有偏導函數都在 } U \text{ 上連續} \}。$$

【定理11】（$C^n(U)$ 與 $C^\infty(U)$ 的基本性質）

設 $U \subset \boldsymbol{R}^k$ 爲一開集。

(1) $C^1(U) \supset C^2(U) \supset \cdots \supset C^n(U) \supset \cdots \supset C^\infty(U)$，而且

$$C^\infty(U) = \bigcap_{n=1}^{\infty} C^n(U)。$$

⑵若 $f,g\in C^n(U)$，$\alpha\in\boldsymbol{R}$，則 $f+g$、αf、fg 與 f/g（設 $0\notin g(U)$）都屬於 $C^n(U)$。

⑶若 $f:U\to V$ 在 U 上 n 次連續可微分，$V\subset\boldsymbol{R}^l$ 爲開集，$g\in C^n(V)$，則 $g\circ f\in C^n(U)$。

⑷若 $f,g\in C^\infty(U)$，$\alpha\in\boldsymbol{R}$，則 $f+g$、αf、fg 與 f/g（設 $0\notin g(U)$）都屬於 $C^\infty(U)$。

⑸若 $f:U\to V$ 在 U 上可無限次微分，$V\subset\boldsymbol{R}^l$ 爲開集，$g\in C^\infty(V)$，則 $g\circ f\in C^\infty(U)$。

證：仿定理 7 及定理 8 的證明即得。‖

下面我們舉出 $C^\infty(\boldsymbol{R}^k)$ 中的一個有趣例子。

【例1】試證：$C^\infty(\boldsymbol{R}^k)$ 中有一函數 f 滿足下述條件：若 $\|x\|\leqslant 1$，則 $f(x)=1$；若 $1<\|x\|<2$，則 $0<f(x)<1$；若 $\|x\|\geqslant 2$，則 $f(x)=0$。

解：定義 $h:\boldsymbol{R}\to\boldsymbol{R}$ 如下：

$$h(t)=\begin{cases} e^{-1/t}, & \text{若 } t>0; \\ 0, & \text{若 } t\leqslant 0; \end{cases}$$

則 h 在 $\boldsymbol{R}$ 上每個點都可無限次微分，亦即：$h\in C^\infty(\boldsymbol{R})$。讀者可自行證明：對每個 $n\in\boldsymbol{N}$，都可找到一個多項式 $p_n(x)$ 使得

$$h^{(n)}(t)=\begin{cases} p_n(1/t)e^{-1/t}, & \text{若 } t>0; \\ 0, & \text{若 } t\leqslant 0。\end{cases}$$

其次，定義函數 $g:\boldsymbol{R}\to\boldsymbol{R}$ 如下：對每個 $t\in\boldsymbol{R}$，令

$$g(t)=\frac{h(4+t)h(4-t)}{h(4+t)h(4-t)+h(-1+t)+h(-1-t)}。$$

顯然地，$g\in C^\infty(\boldsymbol{R})$，而且：若 $|t|\leqslant 1$，則 $g(t)=1$；若 $1<|t|<4$，則 $0<g(t)<1$；若 $|t|\geqslant 4$，則 $g(t)=0$。

最後，定義函數 $f:\boldsymbol{R}^k\to\boldsymbol{R}$ 如下：對每個 $x\in\boldsymbol{R}^k$，令

$$f(x)=g(\|x\|^2),$$

則因爲函數 $x\mapsto\|x\|^2$ 可無限次微分，所以，$f\in C^\infty(\boldsymbol{R}^k)$。另一方

面，若 $\|x\| \leqslant 1$，則 $f(x)=1$；若 $1<\|x\|<2$，則 $0<f(x)<1$；若 $\|x\| \geqslant 2$，則 $f(x)=0$。‖

丙、Taylor 多項式

有了高階可微分性的概念之後，我們可介紹 Taylor 多項式了。

【定理12】（帶餘項的 Taylor 公式）

設 $f: A \to \boldsymbol{R}$ 爲一函數，$A \subset \boldsymbol{R}^k$，$c \in A^0$。若函數 f 在點 c 的開鄰域 U 中可 n 次微分，則對於 U 中滿足 $\overline{cx} \subset U$ 的每個點 x，都可在 $\overline{cx}$ 上找到一個 y 使得

$$f(x)=f(c)+\sum_{r=1}^{n-1} \frac{1}{r!} d^r f(c)(x-c, x-c, \cdots, x-c)$$
$$+\frac{1}{n!} d^n f(y)(x-c, x-c, \cdots, x-c)。$$

證：因爲 $\overline{cx} \subset U$ 而 U 是一個開集，所以，必可找到一個 $\delta>0$，使得 $\{(1-t)c+tx \mid t \in(-\delta, 1+\delta)\} \subset U$。令 $g:(-\delta, 1+\delta) \to \boldsymbol{R}$ 爲

$$g(t)=f((1-t)c+tx), t \in(-\delta, 1+\delta)。$$

因爲函數 $t \mapsto (1-t)c+tx$ 在 $(-\delta, 1+\delta)$ 上可無限次微分而函數 f 在 U 上可 n 次微分，所以，依定理8，函數 g 在 $(-\delta, 1+\delta)$ 上可 n 次微分，亦即：導函數 g'、g''、…、$g^{(n)}$ 在 $(-\delta, 1+\delta)$ 上每個點都存在。依連鎖規則，可得

$$\begin{aligned}
g'(t) &= \sum_{j=1}^{k}(x_j-c_j) D_j f((1-t)c+tx) \\
&= df((1-t)c+tx)(x-c), \\
g''(t) &= \sum_{i=1}^{k} \sum_{j=1}^{k}(x_i-c_i)(x_j-c_j) D_{ij} f((1-t)c+tx) \\
&= d^2 f((1-t)c+tx)(x-c, x-c), \\
&\vdots \\
g^{(n)}(t) &= d^n f((1-t)c+tx)(x-c, x-c, \cdots, x-c)。
\end{aligned}$$

依單變數函數中的 Taylor 公式，可找到一個 $\theta \in (0,1)$ 使得

$$g(1)=g(0)+\sum_{r=1}^{n-1}\frac{g^{(r)}(0)}{r!}(1-0)^r+\frac{g^{(n)}(\theta)}{n!}(1-0)^n \text{ 。}$$

令$y=(1-\theta)c+\theta x$ ，上式可改寫成

$$f(x)=f(c)+\sum_{r=1}^{n-1}\frac{1}{r!}d^rf(c)(x-c,x-c,\cdots,x-c)$$
$$+\frac{1}{n!}d^nf(y)(x-c,x-c,\cdots,x-c)\text{。}$$

這就是所欲證的結果。‖

【定義7】設 $f:A\to \boldsymbol{R}$ 爲一函數，$c\in A^0$。若函數 f 在點c 的一個開鄰域中可 n 次微分，則多項式

$$p_n(x)=f(c)+\sum_{r=1}^{n}\frac{1}{r!}d^rf(c)(x-c,x-c,\cdots,x-c)$$

稱爲函數 f 在點c 附近的n **次** Taylor **多項式**（ nth Taylor's polynomial for f about point c ）。

任意函數在某個點附近的 Taylor 多項式可做爲該函數的近似值，我們寫成下述定理。

【定理13】（函數及其 Taylor 多項式的逼近狀況）

設 $f:A\to \boldsymbol{R}$ 爲一函數，$A\subset \boldsymbol{R}^k$，$c\in A^0$。若函數 f 在點c 爲n 次連續可微分，則 f 在點c 附近的n 次 Taylor 多項式$p_n(x)$滿足下述極限式：

$$\lim_{x\to c}\frac{f(x)-p_n(x)}{\|x-c\|^n}=0 \text{ 。}$$

證：設 ε 爲任意正數，因爲 f 在點c 爲n 次連續可微分，所以，必可找到一正數 δ 使得：f 在$B_\delta(c)$上可 n 次微分，而且對任意$i_1,i_2,\cdots,i_n\in\{1,2,\cdots,k\}$及每個 $x\in B_\delta(c)$，恆有

$$|D_{i_1i_2\cdots i_n}f(x)-D_{i_1i_2\cdots i_n}f(c)|<(n!\varepsilon)/k^n \text{ 。}$$

當 $x\in B_\delta(c)$且 $x\neq c$ 時，因爲 f 在 $B_\delta(c)$上可 n 次微分，所以，依定理12，可找到一個 $y\in \overline{cx}\subset B_\delta(c)$使得

$$f(x)-p_{n-1}(x)=\frac{1}{n!}d^nf(y)(x-c,x-c,\cdots,x-c),$$

其中，$p_{n-1}(x)$是函數 f 在點c 附近的$(n-1)$次 Taylor 多項式。於是，

$$\frac{|f(x)-p_n(x)|}{\|x-c\|^n}$$

$$=\frac{1}{n!}\cdot\frac{|d^nf(y)(x-c,\cdots,x-c)-d^nf(c)(x-c,\cdots,x-c)|}{\|x-c\|^n}$$

$$\leqslant\frac{1}{n!}\sum_{i_1=1}^{k}\sum_{i_2=1}^{k}\cdots\sum_{i_n=1}^{k}|D_{i_1i_2\cdots i_n}f(y)-D_{i_1i_2\cdots i_n}f(c)|\cdot\frac{\prod_{j=1}^{n}|x_{i_j}-c_{i_j}|}{\|x-c\|^n}$$

$$<\frac{1}{n!}\sum_{i_1=1}^{k}\sum_{i_2=1}^{k}\cdots\sum_{i_n=1}^{k}\frac{n!\varepsilon}{k^n}\cdot 1=\varepsilon\text{ 。}$$

由此可知定理中的極限式成立。‖

定理13中的差$f(x)-p_{n-1}(x)$通常稱爲 n 次**餘項**（remainder），記爲$R_n(x,c)$。餘項的表示方法有許多種，定理12中的表示法稱爲 Lagrange **型餘項**（Lagrange's form of the remainder）。下面我們再介紹一些表示法，但都以單變數的型態來說明。

【定理14】（Taylor 公式的 Blumenthal 型餘項）

設 $f:(c-r,c+r)\to\boldsymbol{R}$ 爲一函數。若 f 在$(c-r,c+r)$上可 n 次微分，則對於任意二可微分函數 $\varphi,\psi:(c-r,c+r)\to\boldsymbol{R}$ 以及$(c-r,c+r)$上任意點 x，必可找到一個$y\in(c\wedge x,c\vee x)$，使得餘項 $R_n(x,c)$滿足下式：

$$(\varphi(x)\psi'(y)-\varphi'(y)\psi(x))R_n(x,c)$$

$$=(\varphi(c)\psi(x)-\varphi(x)\psi(c))\cdot\frac{f^{(n)}(y)}{(n-1)!}(x-y)^{n-1}\text{ 。}$$

證：定義函數 $g:(c-r,c+r)\to\boldsymbol{R}$ 如下：

$$g(t)=f(x)-f(t)-\sum_{i=1}^{n-1}\frac{f^{(i)}(t)}{i!}(x-t)^i\text{，}t\in(c-r,c+r)\text{。}$$

顯然地，$g(x)=0$而$g(c)=R_n(x,c)$。因爲函數 f 在$(c-r,c+r)$上可 n 次微分，所以，函數 g 在$(c-r,c+r)$上可微分，而且

$$g'(t)=-\frac{f^{(n)}(t)}{(n-1)!}(x-t)^{n-1}。$$

另一方面，利用行列式定義函數 $h:(c-r,c+r)\to \boldsymbol{R}$ 如下：

$$h(t)=\begin{vmatrix} g(t) & \varphi(t) & \psi(t) \\ g(c) & \varphi(c) & \psi(c) \\ g(x) & \varphi(x) & \psi(x) \end{vmatrix}。$$

因爲函數 g、φ 與 ψ 都在$(c-r,c+r)$上可微分，所以，函數 h 也在$(c-r,c+r)$上可微分。因爲$h(c)=h(x)=0$，所以，依 Lagrange 均值定理，必可找到一個$y\in(c\wedge x,c\vee x)$使得 $h'(y)=0$，亦即：

$$\begin{vmatrix} g'(y) & \varphi'(y) & \psi'(y) \\ g(c) & \varphi(c) & \psi(c) \\ g(x) & \varphi(x) & \psi(x) \end{vmatrix}=0。$$

因爲$g(x)=0$ 而 $g(c)=R_n(x,c)$，所以，由上式可得

$(\varphi(x)\psi'(y)-\varphi'(y)\psi(x))R_n(x,c)+(\varphi(c)\psi(x)-\varphi(x)\psi(c))g'(y)=0$。

將$g'(y)$的表示式代入，即得所欲證的等式。‖

在定理14中，若可微分函數 $\varphi,\psi:(c-r,c+r)\to \boldsymbol{R}$ 具有下述性質：對每個$x\in(c-r,c+r)$及每個 $y\in(c\wedge x,c\vee x)$，恆有$\varphi(x)\psi'(y)-\varphi'(y)\psi(x)\neq 0$，則餘項可表成

$$R_n(x,c)=\frac{\varphi(c)\psi(x)-\varphi(x)\psi(c)}{\varphi(x)\psi'(y)-\varphi'(y)\psi(x)}\cdot\frac{f^{(n)}(y)}{(n-1)!}(x-y)^{n-1}。$$

【系理15】（餘項 $R_n(x,c)$的各種型式）

若函數 $f:(c-r,c+r)\to \boldsymbol{R}$ 在$(c-r,c+r)$上可 n 次微分，則對每個$x\in(c-r,c+r)$，餘項 $R_n(x,c)$可表示成下列各種型式：

⑴若 $\varphi:(c-r,c+r)\to \boldsymbol{R}$ 在$(c-r,c+r)$上可微分，且對每個$z\in(c-r,c+r)$，恆有$\varphi'(z)\neq 0$，則可找到一個$y\in(c\wedge x,c\vee x)$使得

$$R_n(x,c)=\frac{\varphi(x)-\varphi(c)}{\varphi'(y)}\cdot\frac{f^{(n)}(y)}{(n-1)!}\cdot(x-y)^{n-1}。\quad\text{(Schlomilch 型)}$$

(2)可找到一個$y\in(c\wedge x,c\vee x)$使得

$$R_n(x,c)=\frac{f^{(n)}(y)}{p(n-1)!}(x-c)^p(x-y)^{n-p}。\quad\text{(Roche 型)}$$

(3)可找到一個$y\in(c\wedge x,c\vee x)$使得

$$R_n(x,c)=\frac{f^{(n)}(y)}{n!}(x-c)^n。\quad\text{(Lagrange 型)}$$

(4)可找到一個$y\in(c\wedge x,c\vee x)$使得

$$R_n(x,c)=\frac{f^{(n)}(y)}{(n-1)!}(x-c)(x-y)^{n-1}。\quad\text{(Cauchy 型)}$$

證：要證明(1)，只需將定理14中的函數 ψ 選爲任意非零常數函數。

要證明(2)，只需將(1)中的函數 φ 選爲 $\varphi(t)=(x-t)^p$，其中$1\leqslant p\leqslant n$。

要證明(3)，只需將(2)中的 p 選爲 n。

要證明(4)，只需將(2)中的 p 選爲 1 。‖

餘項也可以表示成積分的型式。

【定理16】(餘項$R_n(x,c)$的積分型)

若函數 $f:(c-r,c+r)\to\boldsymbol{R}$ 在$(c-r,c+r)$上可 n 次微分，而且 n 階導函數在$(c-r,c+r)$的閉子區間上都可積分，則對每個$x\in(c-r,c+r)$，恆有

$$R_n(x,c)=\frac{1}{(n-1)!}\int_c^x(x-t)^{n-1}f^{(n)}(t)dt。$$

證：仿定理14的證明，定義函數 $g:(c-r,c+r)\to\boldsymbol{R}$ 如下：

$$g(t)=f(x)-f(t)-\sum_{i=1}^{n-1}\frac{f^{(i)}(t)}{i!}(x-t)^i，t\in(c-r,c+r)，$$

則函數 g 在$(c-r,c+r)$上可微分，而且對每個$t\in(c-r,c+r)$，恆有

$$g'(t)=-\frac{f^{(n)}(t)}{(n-1)!}(x-t)^{n-1}。$$

因爲函數$f^{(n)}$在$[c\wedge x,c\vee x]$上可積分，而函數 $t\mapsto(x-t)^{n-1}$在$[c\wedge x,c\vee x]$也可積分，所以，函數 g'在$[c\wedge x,c\vee x]$上可積分。依微積分基本定理，可得

$$\int_c^x g'(t)dt=g(x)-g(c)。$$

因爲$g(x)=0$ 而$g(c)=R_n(x,c)$，所以，上式可寫成

$$\frac{1}{(n-1)!}\int_c^x (x-t)^{n-1}f^{(n)}(t)dt=R_n(x,c)。\ \|$$

練習題 4－4

1. 若 $f=(f_1,f_2,\cdots,f_l)$：$A\to\boldsymbol{R}^l$ 爲一函數，$A\subset\boldsymbol{R}^k$，$c\in A^0$，試證 f 在點c 可n 次微分的充要條件是：$f_1,f_2,\cdots,f_l$ 都在點c 可 n 次微分。當此性質成立時，對任意 $u^1,u^2,\cdots,u^n\in\boldsymbol{R}^k$，恆有
   $d^nf(c)(u^1,u^2,\cdots,u^n)$
   $=(d^nf_1(c)(u^1,u^2,\cdots,u^n),\cdots,d^nf_l(c)(u^1,u^2,\cdots,u^n))$。
2. 若 $f=(f_1,f_2,\cdots,f_l)$：$A\to\boldsymbol{R}^l$ 爲一函數，$A\subset\boldsymbol{R}^k$，$c\in A^0$，試證 f 在點c 爲n 次連續可微分的充要條件是：$f_1,f_2,\cdots,f_l$ 都在點c 爲n 次連續可微分。
3. 試證：對每個 $n\in\boldsymbol{N}$，都可找到一函數 f：$\boldsymbol{R}^2\to\boldsymbol{R}$，使得 f 在 $\boldsymbol{R}^2$上可 n 次微分，但不是 n 次連續可微分。另一方面，也可找到一個函數 g：$\boldsymbol{R}^2\to\boldsymbol{R}$，使得 g 在 $\boldsymbol{R}^2$上爲 n 次連續可微分，但不可 $n+1$次微分。
4. 設 f：$U\to\boldsymbol{R}^k$ 爲一函數，U 是 $\boldsymbol{R}^k$ 中的連通開集。若 f 在U 上可二次微分，而且對每個 $x\in U$，$df(x)$：$\boldsymbol{R}^k\to\boldsymbol{R}^k$ 都是正

交（orthogonal）線性函數，則必有一個正交線性函數 T：$\boldsymbol{R}^k \to \boldsymbol{R}^k$ 及一定點 $b \in \boldsymbol{R}^k$ 使得：對每個 $x \in U$，恆有 $f(x) = T(x)+b$。試證之。（請注意：所謂 T：$\boldsymbol{R}^k \to \boldsymbol{R}^k$ 是正交線性函數，乃是指 T 具有下述性質：對任意 $u, v \in \boldsymbol{R}^k$，恆有 $\langle T(u), T(v) \rangle = \langle u, v \rangle$。）

5. 設 f：$U \to \boldsymbol{R}^k$ 爲一函數，U 是 $\boldsymbol{R}^k$ 中的連通開集。若 f 在 U 上可二次微分，而且對每個 $x \in U$，Jacobi 矩陣 $J_f(x)$ 都是**斜對稱方陣**（skew－symmetric matrix），試證：必有一個線性函數 T：$\boldsymbol{R}^k \to \boldsymbol{R}^k$ 及一定點 $b \in \boldsymbol{R}^k$，使得：對每個 $x \in U$，恆有 $f(x) = T(x)+b$。（請注意：所謂 k 階方陣 $[a_{ij}]$ 是斜對稱方陣，乃是指：對任意 $i, j = 1, 2, \cdots, k$，恆有 $a_{ij} = -a_{ji}$。）

6. 若 f：$\boldsymbol{R}^k \to \boldsymbol{R}^l$ 是一仿射函數而 g：$U \to \boldsymbol{R}^m$ 在開集 $U \subset \boldsymbol{R}^l$ 上可 n 次微分，試證：對每個 $x \in f^{-1}(U)$ 及任意 $u^1, u^2, \cdots, u^n \in \boldsymbol{R}^k$，恆有

$$d^n(g \circ f)(x)(u^1, u^2, \cdots, u^n)$$
$$= d^n g(f(x))(df(x)(u^1), df(x)(u^2), \cdots, df(x)(u^n))。$$

7. (1) 設 $p(x)$ 與 $q(x)$ 是兩個 k 變數多項式。若 $p(x)$ 與 $q(x)$ 的次數小於 n 而 $\lim_{x \to 0}(p(x) - q(x))/\|x\|^{n-1} = 0$，則 $p = q$。試證之。

 (2) 若函數 f：$A \to \boldsymbol{R}$ 在點 $c \in A^0$ 爲 n 次連續可微分，$A \subset \boldsymbol{R}^k$，而有一次數至多爲 $n-1$ 次的 k 變數多項式 $p(x)$ 滿足 $\lim_{x \to c}(f(x) - p(x))/\|x - c\|^{n-1} = 0$，試證：$p(x)$ 是 f 在點 c 附近的 $n-1$ 次 Taylor 多項式。

8. 試寫出下列二函數在點 $(0,0)$ 附近的五次 Taylor 多項式：

 (1) $f(x, y) = \tan^{-1}(x/(y^2+1))$。

 (2) $f(x, y) = \ln(1-x)\ln(1-y)$。

9. 試證定理10。

4－5 幾個重要定理

本節所要討論的內容，乃是微分概念的一些應用。此處所討論的應用著重在「全微分所具備的性質，能否（局部地）轉移到函數本身」。例如：在適當的連續性條件之下，若全微分$df(c)$是可逆函數，則函數 f 在點c 的附近也是局部地可逆。

甲、反函數定理

要討論全微分的性質轉移給函數的問題，我們需要下述有用的引理。

【引理1】（逼近引理）

設 $f: A\to \boldsymbol{R}^l$ 爲一函數，$A\subset \boldsymbol{R}^k$，$c\subset A^0$。若 f 在點c 爲（一次）連續可微分，則對每個正數 ε，都可找到一正數 δ，使得：$B_\delta(c)\subset A$而且對任意$x, y\in B_\delta(c)$，恆有

$$\| f(x)-f(y)-df(c)(x-y)\| \leqslant \varepsilon \| x-y\| 。$$

證：設 ε 爲任意正數。因爲 f 在點c 連續可微分，所以，f 在點c 的某個開鄰域 $U\subset A$ 上可微分，而且偏導函數 $D_1 f$、$D_2 f$、…、$D_k f$ 都在點c 連續。於是，對於正數 $\varepsilon/\sqrt{k}$，必可找到一正數 δ，使得：$B_\delta(c)\subset U$而且對每個$j=1,2,\cdots,k$ 及每個 $x\in B_\delta(c)$，恆有

$$\| D_j f(x)-D_j f(c)\| <\varepsilon/\sqrt{k} 。$$

其次，因爲函數 f 在 $B_\delta(c)\subset U$ 上可微分而$df(c)$是一個線性函數，所以，函數$g=f-df(c)$在 $B_\delta(c)$上可微分而且對每個 $z\in B_\delta(c)$，恆有$dg(z)=df(z)-df(c)$。於是，對於任意$x, y\in B_\delta(c)$，因爲$\overline{xy}\subset B_\delta(c)$，所以，依均值定理，必可找到一個 $z\in \overline{xy}\subset B_\delta(c)$使得

$$\| g(x)-g(y)\| \leqslant \| dg(z)(x-y)\| 。$$

由此可得

$$
\begin{aligned}
&\| f(x)-f(y)-df(c)(x-y) \| \\
&= \| g(x)-g(y) \| \\
&\leqslant \| dg(z)(x-y) \| \\
&\leqslant \sum_{j=1}^{k} |x_j-y_j| \, \| D_j f(z)-D_j f(c) \| \\
&\leqslant \| x-y \| \cdot \Big[\sum_{j=1}^{k} \| D_j f(z)-D_j f(c) \|^2\Big]^{1/2} \\
&\leqslant \varepsilon \| x-y \| 。
\end{aligned}
$$

這就是所欲證的結果。‖

【定理2】（一對一函數定理）

設 $f: A \to \boldsymbol{R}^l$ 爲一函數，$A \subset \boldsymbol{R}^k$，$c \in A^0$。若 f 在點 c 連續可微分而且 $df(c): \boldsymbol{R}^k \to \boldsymbol{R}^l$ 是一對一函數，則必可找到點 c 是一個鄰域 U 使得：$f|_U: U \to \boldsymbol{R}^l$ 是一對一函數而且 $(f|_U)^{-1}: f(U) \to U$ 是連續函數。

證：因爲 $df(c): \boldsymbol{R}^k \to \boldsymbol{R}^l$ 是一對一線性函數，所以，依§3－5定理14，必可找到一正數 α 使得：對每個 $x \in \boldsymbol{R}^k$，恆有 $\| df(c)(x) \| \geqslant \alpha \| x \|$。因爲 f 在點 c 連續可微分，所以，依引理1，對於正數 $\alpha/2$，必可找到一正數 δ 使得：$B_\delta(c) \subset A$ 而且對任意 $x, y \in B_\delta(c)$，恆有 $\| f(x)-f(y)-df(c)(x-y) \| \leqslant (\alpha/2) \| x-y \|$。於是，對任意 $x, y \in B_\delta(c)$，可得

$$
\| f(x)-f(y) \| \geqslant (\alpha/2) \| x-y \| 。 \qquad (*)
$$

由此可知 f 在 $B_\delta(c)$ 上爲一對一。亦即：令 $U = B_\delta(c)$，則 $f|_U: U \to \boldsymbol{R}^l$ 是一對一函數。令 $g: f(U) \to U$ 表示 $f|_U: U \to f(U)$ 的反函數，則對任意 $z, w \in f(U)$，由(＊)式可得

$$
\| g(z)-g(w) \| \leqslant (2/\alpha) \| z-w \| 。
$$

由此式可知函數 $g=(f|_U)^{-1}$ 在 $f(U)$ 上均勻連續。‖

請注意：在定理 2 中，集合 $f(U)$ 不一定是點 $f(c)$ 的鄰域，或是說，點 $f(c)$ 不一定是集合 $f(U)$ 的內點。由於這個緣故，我們在定理

2 中沒有討論函數$(f|_U)^{-1}$的可微分性問題。

【定理3】（映成函數定理）

設 $f: A \to \boldsymbol{R}^l$ 爲一函數，$A \subset \boldsymbol{R}^k$，$c \in A^0$。若 f 在點 c 連續可微分而且 $df(c): \boldsymbol{R}^k \to \boldsymbol{R}^l$ 是映成函數，則必可找到二正數 δ 與 m 使得：對每個 $\alpha \in (0, \delta)$，閉球$\{y \in \boldsymbol{R}^l \mid \| y - f(c) \| \leqslant \alpha/(2m)\}$中的每個點都是閉球$\{x \in \boldsymbol{R}^k \mid \| x - c \| \leqslant \alpha\}$中某個點對 f 的映像。

證：因爲$df(c): \boldsymbol{R}^k \to \boldsymbol{R}^l$ 是映成函數，所以，對每個 $i = 1, 2, \cdots, l$，必有一個 $u_i \in \boldsymbol{R}^k$ 滿足 $df(c)(u_i) = e_i$，此處的$\{e_1, e_2, \cdots, e_l\}$是 $\boldsymbol{R}^l$ 的標準基底。定義一線性函數 $T: \boldsymbol{R}^l \to \boldsymbol{R}^k$ 如下：對每個 $y = (y_1, y_2, \cdots, y_l) \in \boldsymbol{R}^l$，令

$$T(y) = \sum_{i=1}^{l} y_i u_i \text{ 。}$$

由此可得：對每個 $y \in \boldsymbol{R}^l$，恆有$(df(c) \circ T)(y) = y$，而且

$$\| T(y) \| \leqslant \sum_{i=1}^{l} |y_i| \, \| u_i \| \leqslant \| y \| \cdot [\sum_{i=1}^{l} \| u_i \|^2]^{1/2} \text{ 。}$$

令 $m = [\sum_{i=1}^{l} \| u_i \|^2]^{1/2}$，則每個 $y \in \boldsymbol{R}^l$ 都滿足

$$\| T(y) \| \leqslant m \| y \| \text{ 。}$$

其次，因爲 f 在點 c 連續可微分，所以，對於正數$1/(2m)$，依引理 1，必可找到一正數 δ 使得：對任意$u, v \in B_\delta(c)$，恆有

$$\| f(u) - f(v) - df(c)(u - v) \| \leqslant \frac{1}{2m} \| u - v \| \text{ 。}$$

設$\alpha \in (0, \delta)$而 $y \in \boldsymbol{R}^l$ 滿足 $\| y - f(c) \| \leqslant \alpha/(2m)$，我們將證明：可找到一個 $x \in \boldsymbol{R}^k$ 滿足 $\| x - c \| \leqslant \alpha$ 及 $y = f(x)$。首先以遞迴方法定義點列$\{x_n\}_{n=0}^{\infty}$如下：$x_0 = c$ 而 $x_1 = x_0 + T(y - f(c))$，則得

$$\| x_1 - x_0 \| = \| T(y - f(c)) \| \leqslant m \| y - f(c) \| \leqslant \frac{\alpha}{2} \text{，}$$

$$\| x_1 - c \| = \| x_1 - x_0 \| \leqslant \frac{\alpha}{2} = (1 - \frac{1}{2})\alpha \text{ 。}$$

設我們已定出 $x_0, x_1, \cdots, x_n \in \boldsymbol{R}^k$ 使得：對每個 $i = 1, 2, \cdots, n$，恆有

$$\| x_i - x_{i-1} \| \leqslant \frac{\alpha}{2^i}，\| x_i - c \| \leqslant (1-\frac{1}{2^i})\alpha 。\qquad (*)$$

我們進一步地定義 x_{n+1}如下：

$$x_{n+1} = x_n - T(f(x_n) - f(x_{n-1}) - df(c)(x_n - x_{n-1}))，$$

則得

$$\| x_{n+1} - x_n \| \leqslant m \| f(x_n) - f(x_{n-1}) - df(c)(x_n - x_{n-1}) \|$$
$$\leqslant \frac{1}{2} \| x_n - x_{n-1} \| \leqslant \frac{\alpha}{2^{n+1}}，$$
$$\| x_{n+1} - c \| \leqslant \| x_{n+1} - x_n \| + \| x_n - c \| \leqslant \frac{\alpha}{2^{n+1}} + (1-\frac{1}{2^n})\alpha$$
$$= (1 - \frac{1}{2^{n+1}})\alpha 。$$

由此可知(*)式對 $i = n+1$也成立。根據數學歸納法，我們可以在 $B_\alpha(c)$中得出一個點列$\{x_n\}_{n=0}^{\infty}$使得每一項 x_i 都滿足(*)式。若 $m \geqslant n$，則

$$\| x_n - x_m \| \leqslant \| x_n - x_{n+1} \| + \| x_{n+1} - x_{n+2} \| + \cdots + \| x_{m-1} - x_m \|$$
$$\leqslant \frac{\alpha}{2^{n+1}} + \frac{\alpha}{2^{n+2}} + \cdots + \frac{\alpha}{2^m} \leqslant \frac{\alpha}{2^n} 。$$

由此可知：$\{x_n\}$是一個 Cauchy 點列。依§3－1定理6，$\{x_n\}$收斂於某個 $x \in \boldsymbol{R}^k$。因爲每個 $n \in \boldsymbol{N}$ 都滿足 $\| x_n - c \| \leqslant (1-1/2^n)\alpha$，所以，可得 $\| x - c \| \leqslant \alpha$。我們只需再證明 $y = f(x)$即可。

因爲 $x_1 - x_0 = T(y - f(c))$，所以，可得

$$df(c)(x_1 - x_0) = (df(c) \circ T)(y - f(c)) = y - f(c) 。$$

因爲$x_{n+1} - x_n = -T(f(x_n) - f(x_{n-1}) - df(c)(x_n - x_{n-1}))$，所以，若$df(c)(x_n - x_{n-1}) = y - f(x_{n-1})$，則得

$$df(c)(x_{n+1} - x_n) = -(f(x_n) - f(x_{n-1}) - df(c)(x_n - x_{n-1}))$$
$$= y - f(x_n) 。$$

依數學歸納法，可知每個 $n \in \boldsymbol{N}$ 都滿足$df(c)(x_{n+1} - x_n) = y - f(x_n)$。因爲 $\lim_{n\to\infty}(x_{n+1} - x_n) = 0$ 而 $df(c)$是連續函數，所以，得

$$\lim_{n\to\infty}(y - f(x_n)) = \lim_{n\to\infty} df(c)(x_{n+1} - x_n) = 0 。$$

由此可得$y=\lim_{n\to\infty}f(x_n)=f(x)$。這就完成本定理的證明。‖

【系理4】(開映射定理)

若函數 $f:U\to\boldsymbol{R}^l$ 在開集 $U\subset\boldsymbol{R}^k$ 上連續可微分，而且對每個 $x\in U$，$df(x):\boldsymbol{R}^k\to\boldsymbol{R}^l$ 都是映成函數，則對於 U 的每個開子集 V，$f(V)$都是 $\boldsymbol{R}^l$ 中的開集。

證：設$d\in f(V)$，則必有一個 $c\in V$ 滿足 $f(c)=d$。因爲 f 在點c 連續可微分而且$df(c)$是一個映成函數，所以，依定理 3，可找到二正數 δ 與 m 使得：對每個$\alpha\in(0,\delta)$，閉球$\overline{B}_{\alpha/2m}(d)$中每個點都是閉球 $\overline{B}_\alpha(c)$中某個點對 f 的映像。選取一個$\alpha\in(0,\delta)$使得 $\overline{B}_\alpha(c)\subset V$，則可得$B_{\alpha/2m}(d)\subset f(V)$。由此可知$f(V)$是 $\boldsymbol{R}^l$ 中的開集。‖

將定理 2 及系理 4 適當地結合，我們可得出本節的第一個重要定理——**反函數定理**(inverse function theorem)。

【定理5】(反函數定理)

設 $f:A\to\boldsymbol{R}^k$ 爲一函數，$A\subset\boldsymbol{R}^k$，$c\in A^0$。若 f 在點c 的一個開鄰域 U 上連續可微分，而且$df(c):\boldsymbol{R}^k\to\boldsymbol{R}^k$ 是一個可逆函數(即一對一且映成)，則必可找到點 c 的一個開鄰域V，使得下述五性質成立：

⑴$\boldsymbol{W}=f(V)$是點 $f(c)$的一個開鄰域。

⑵函數 $f|_V:V\to\boldsymbol{W}$ 是可逆函數。

⑶令 $g=(f|_V)^{-1}$，則 g 在 $\boldsymbol{W}$ 上連續可微分，而且對每個 $y\in\boldsymbol{W}$，恆有$dg(y)=[df(g(y))]^{-1}$。

⑷若 f 在U 上爲n 次連續可微分，則 g 在$\boldsymbol{W}$ 上也爲n 次連續可微分。

⑸若 f 在U 上可無限次微分，則 g 在$\boldsymbol{W}$ 上也可無限次微分。

證：因爲函數 f 在點c 連續可微分而且 $df(c):\boldsymbol{R}^k\to\boldsymbol{R}^k$ 是一對一函數，所以，依定理 2，必可找到正數 δ_1使得：函數 f 在 $B_{\delta_1}(c)$上爲一對一而且函數$(f|_{B_{\delta_1}(c)})^{-1}$在 $f(B_{\delta_1}(c))$上連續。

其次，因爲線性函數$df(c)$：$\boldsymbol{R}^k \to \boldsymbol{R}^k$ 是一個可逆函數，所以，f 在點 c 的 Jacobi 行列式 $\det(J_f(c))$不等於0。因爲 f 的第一階偏導函數都在點c 連續而函數$x \mapsto \det(J_f(x))$可由這些偏導函數經加、減及乘等三種運算而得，所以 $x \mapsto \det(J_f(x))$在點 c 連續。於是，必可找到一正數 δ_2使得：$B_{\delta_2}(c) \subset U$ 而且對每個 $x \in B_{\delta_2}(c)$，恆有 $\det(J_f(x)) \neq 0$ 。由此可知：對每個$x \in B_{\delta_2}(c)$，$df(x)$：$\boldsymbol{R}^k \to \boldsymbol{R}^k$ 都是可逆函數。

令$V = B_{\delta_1}(c) \cap B_{\delta_2}(c)$，則 V 是點c 的一個開鄰域，而且 $f|_V$：$V \to f(V)$是一對一函數。另一方面，因爲 $f|_V$ 在V 上連續可微分而且對每個$x \in V$，$df(x)$：$\boldsymbol{R}^k \to \boldsymbol{R}^k$ 都是映成函數，所以，依系理4，映像$f(V)$是 $\boldsymbol{R}^k$ 中的開集。令 $W = f(V)$，則 W 是點 $f(c)$的一個開鄰域，而且函數 $f|_V$：$V \to W$ 顯然是可逆函數。設$g = (f|_V)^{-1}$，則 g 在W 上連續。至此，我們完成定理中的(1)與(2)。

設 $y_0 \in W$ 而 $x_0 = g(y_0)$。因爲$df(x_0)$：$\boldsymbol{R}^k \to \boldsymbol{R}^k$ 是一對一函數，所以，依§3－5定理14，必有一正數 α 使得：對每個 $u \in \boldsymbol{R}^k$，恆有$\| df(x_0)(u) \| \geqslant \alpha \| u \|$ 。因爲函數 f 在點x_0可微分，所以，對於正數 $\alpha/2$，必可找到一正數 η_1，使得：當 $x \in B_{\eta_1}(x_0)$時，恆有$\| f(x) - f(x_0) - df(x_0)(x - x_0) \| \leqslant (\alpha/2) \| x - x_0 \|$ 。綜合上面兩式，可知：對每個$x \in B_{\eta_1}(x_0)$，恆有

$$\| f(x) - f(x_0) \| \geqslant (\alpha/2) \| x - x_0 \| \text{。} \qquad (*)$$

另一方面，若令$T = (df(x_0))^{-1}$，則對每個 $v \in \boldsymbol{R}^k$，恆有

$$\| T(v) \| \leqslant (1/\alpha) \| v \| \text{。} \qquad (**)$$

設 ε 爲任意正數，因爲 f 在點x_0可微分，所以，對於正數$(\alpha^2\varepsilon)/2$，必可找到一正數 η_2，使得：當 $0 < \| x - x_0 \| < \eta_2$時，恆有

$$\frac{\| f(x) - f(x_0) - df(x_0)(x - x_0) \|}{\| x - x_0 \|} < \frac{\alpha^2\varepsilon}{2} \text{。} \qquad (***)$$

因爲函數$g = (f|_V)^{-1}$在點 y_0連續，所以，可找到一正數 δ 使得：當$\| y - y_0 \| < \delta$ 時，恆有

$$\| g(y)-g(y_0) \| < \min\{\eta_1, \eta_2\}。$$

於是，當$y \in B_\delta(y_0)$且 $y \neq y_0$時，可得

$$\frac{\| g(y)-g(y_0)-T(y-y_0) \|}{\| y-y_0 \|}$$

$$= \frac{\| -T(f(g(y))-f(g(y_0))-df(x_0)(g(y)-g(y_0))) \|}{\| y-y_0 \|}$$

$$\leqslant \frac{1}{\alpha} \cdot \frac{\| f(g(y))-f(g(y_0))-df(x_0)(g(y)-g(y_0)) \|}{\| y-y_0 \|} \quad (由(**)式)$$

$$< \frac{1}{\alpha} \cdot \frac{\alpha^2 \varepsilon}{2} \cdot \frac{\| g(y)-g(y_0) \|}{\| y-y_0 \|} \quad (由(***)式)$$

$$\leqslant \frac{1}{\alpha} \cdot \frac{\alpha^2 \varepsilon}{2} \cdot \frac{2}{\alpha} \quad (由(*)式)$$

$$= \varepsilon 。$$

由此可知：函數 g 在點y_0可微分且$dg(y_0) = T = [df(g(y_0))]^{-1}$。因為點 y_0是 W 上任意點，所以，可知函數 g 在W 上可微分。

因為$df(g(y)) \circ dg(y) = 1$ 對每個 $y \in W$ 都成立，所以，以矩陣表示時，可得$J_g(y) = [J_f(g(y))]^{-1}$對每個 $y \in W$ 都成立。若 f 的坐標函數是 $f_1, f_2, \cdots, f_k$，則可知函數 g 的每個坐標函數的每個第一階偏導函數都可由$D_j f_i \circ g$（$i, j = 1, 2, \cdots, k$）經加、減、乘與除等運算而得。因為函數 g 與偏導函數$D_j f_i$（$i, j = 1, 2, \cdots, k$）都連續，而且作除法運算時的分母 $\det(J_f(g(y)))$恆不為 0 ，所以，函數 g 的每個坐標函數的每個第一階偏導函數都在 W 上連續。由此可知：函數 g 在W 上連續可微分。這就是定理中的(3)。

至於(4)，我們使用數學歸納法來證明。由(3)知 $n=1$ 時成立。假設 $n=1$、$n=2$、…、$n=p-1$時此性質成立，並設 f 在U 上p 次連續可微分（$p \geqslant 1$）。依連續可微分性的定義，可知每個 $D_j f_i$（$i, j = 1, 2, \cdots, k$）都在 U 上$p-1$次連續可微分。因為 f 在U 上也是$p-1$次連續可微分，所以，依歸納假設，可知 g 在W 上也是$p-1$次連續可微分。依§ 4－4定理11(3)，每個 $D_j f_i \circ g$（$i, j = 1, 2, \cdots, k$）都在 W 上$p-1$次連續可微分。依前段的證明及§ 4－4定理11(2)，可知函

數 g 的每個第一階偏導函數都在 W 上 $p-1$ 次連續可微分，這就表示函數 g 在 W 上 p 次連續可微分。由此可知當 $n=p$ 時，(4)的性質成立。

最後，由(4)及§4－4定理11(1)即得(5)。‖

在反函數定理中，我們所作的兩個假設「$df(c)$可逆」與「偏導函數在點 c 連續」都是不可缺少的，且看下面兩個例子。

【例1】設函數 f：$\boldsymbol{R}^2 \to \boldsymbol{R}^2$定義爲$f(x,y)=(x^2-y^2,2xy)$，則得

$$\det(J_f(x,y))=\begin{vmatrix} 2x & -2y \\ 2y & 2x \end{vmatrix}=4(x^2+y^2)。$$

於是，$\det(J_f(0,0))=0$，亦即：$df(0,0)$：$\boldsymbol{R}^2 \to \boldsymbol{R}^2$不是可逆函數。另一方面，對每個$(x,y)\in \boldsymbol{R}^2$，恆有$f(-x,-y)=f(x,y)$。由此可知：在原點(0,0)的每個鄰域中，函數 f 都不是一對一。‖

【例2】設函數 f：$\boldsymbol{R} \to \boldsymbol{R}$ 定義爲：$f(0)=0$；而若 $x\neq 0$，則$f(x)=x+2x^2\sin(1/x)$。顯然地，可得

$$f'(x)=1+4x\sin(1/x)-2\cos(1/x), x\neq 0;$$

$$f'(0)=1 。$$

因爲 $\lim_{x\to 0}2\cos(1/x)$不存在，所以，導函數 f'在點 0 不連續，亦即：函數 f 在點 0 可微分，但不是連續可微分。另一方面，對每個正數 δ，選取一個 $n\in \mathbf{N}$ 使得$1/n<\delta$。令$\alpha_n=1/(2n\pi+\pi/2)$，$\alpha_{n+1}=1/(2n\pi+5\pi/2)$，$\beta_n=1/(2n\pi+3\pi/2)$，則 $\alpha_{n+1}<\beta_n<\alpha_n$。於是，得

$$\begin{aligned} f(\alpha_n)-f(\beta_n)&=(\alpha_n-\beta_n)+2(\alpha_n^2+\beta_n^2)>0 ; \\ f(\alpha_{n+1})-f(\beta_n)&=2(\alpha_{n+1}^2+\beta_n^2)-(\beta_n-\alpha_{n+1}) \\ &>4\alpha_{n+1}\beta_n-(\beta_n-\alpha_{n+1}) \\ &=4\alpha_{n+1}\beta_n-\pi\alpha_{n+1}\beta_n \\ &>0 。\end{aligned}$$

由此可知$f(\alpha_n)>f(\beta_n)$且 $f(\alpha_{n+1})>f(\beta_n)$。因爲 f 是連續函數，所

以，依中間值定理，可知 f 在開區間(α_{n+1},β_n)及(β_n,α_n)的映像有相同的元素。於是，f 在區間(α_{n+1},α_n)上不是一對一函數。因爲(α_{n+1},α_n)是$(-\delta,\delta)$的子集，所以，可知 f 在點 0 的每個鄰域中都不是一對一函數。‖

反函數定理中所提的反函數，可以用一個函數列來逼近，我們寫成一個定理如下。

【系理6】（反函數的逼近方法）

設 $f:A\to\boldsymbol{R}^k$ 爲一函數，$A\subset\boldsymbol{R}^k$，$c\in A^0$。若 f 在點 c 的一個開鄰域 U 上連續可微分，而且 $df(c):\boldsymbol{R}^k\to\boldsymbol{R}^k$ 是一個可逆函數，則可找到點 c 的一個開鄰域 V 使得：$f|_V:V\to f(V)$是一個可逆函數，其反函數$(f|_V)^{-1}$是下述函數列$\{g_n:f(V)\to\boldsymbol{R}^k\}_{n=0}^{\infty}$的極限函數：對每個$y\in f(V)$及每個 $n\in\boldsymbol{N}\cup\{0\}$，

$$g_0(y)=c\text{；}$$

$$g_{n+1}(y)=g_n(y)+(df(c))^{-1}(y-f(g_n(y)))\text{。}$$

證：依反函數定理，我們可以找到點 c 的一個開鄰域 V_0，使得：$f(V_0)$是點 $f(c)$的一個開鄰域，而且 $f|_{V_0}$：$V_0\to f(V_0)$是可逆函數，其反函數$(f|_{V_0})^{-1}$在 $f(V_0)$上連續可微分。令 $T=(df(c))^{-1}$，依引理1，必可找到一正數 δ，使得：$B_\delta(c)\subset V_0$，而且對任意$u,v\in B_\delta(c)$，恆有

$$\|f(u)-f(v)-df(c)(u-v)\|\leq\frac{1}{2\|T\|}\|u-v\|\text{。}$$

令$V=B_\delta(c)$，則對每個$y\in f(V)$，仿照定理的敘述定義點列$\{g_n(y)\}_{n=0}^{\infty}$。根據數學歸納法，可證得：對每個$y\in f(V)$及每個 $n\in\boldsymbol{N}$，恆有$g_{n+1}(y)=g_n(y)-T(f(g_n(y))-f(g_{n-1}(y))-df(c)(g_n(y)-g_{n-1}(y)))$。仿定理3的證法，即可得 $\lim_{n\to\infty}g_n(y)=(f|_V)^{-1}(y)$。‖

前面的系理 6 ，只是在理論上指出反函數可以逐次逼近而已，眞

要用來求得$(f|_V)^{-1}$時，往往會引出繁複的計算。

乙、隱函數定理

利用前面的反函數定理，可以證明本節的第二個重要定理——**隱函數定理**（implicit function theorem）。微積分課程中所介紹的**隱微分法**（implicit differentiation）必須仰賴這個定理做爲它的理論根據。

在平面上，曲線的方程式可能是函數的形式，像 $y=x^2$；也可能不是函數的形式，像 $x^2+y^2=1$。討論曲線的性質時，一個很自然的問題是：在什麼情況下，方程式$F(x,y)=0$ 所定義的曲線是一函數圖形？或者說，在什麼情況下，我們可以由$F(x,y)=0$ 中將 y 解出來表示成x 的函數？隱函數定理將對這個問題提出「局部的」答案。

由方程式中解出變數，當然不必限定爲一個變數或一個方程式。設有由 $k+l$ 個變數所成的l 個方程式，我們要知道的是：在什麼情況下，我們可以由這 l 個方程式將$k+l$ 個變數中的l 個解出來而表示成另外k 個變數的函數。若這 l 個方程式都是下述形式的一次方程式：

$$a_{11}x_1+a_{12}x_2+\cdots+a_{1k}x_k+b_{11}y_1+b_{12}y_2+\cdots b_{1l}y_l=c_1,$$
$$a_{21}x_1+a_{22}x_2+\cdots+a_{2k}x_k+b_{21}y_1+b_{22}y_2+\cdots b_{2l}y_l=c_2,$$
$$\vdots$$
$$\vdots$$
$$a_{l1}x_1+a_{l2}x_2+\cdots+a_{lk}x_k+b_{l1}y_1+b_{l2}y_2+\cdots b_{ll}y_l=c_l,$$

則只要 y_1、y_2、…、y_l 的係數所成的矩陣$[b_{ij}]$是可逆矩陣，我們就可以由這些方程式解出 y_1、y_2、…、y_l 而將它們表示成x_1、x_2、…、x_k 的函數。

在一般情形中，我們先給定 l 個方程式如下：

$$F_1(x_1,x_2,\cdots,x_k,y_1,y_2,\cdots,y_l)=0,$$
$$F_2(x_1,x_2,\cdots,x_k,y_1,y_2,\cdots,y_l)=0,$$
$$\vdots$$

$$\vdots$$

$$F_l\,(\,x_1,x_2,\cdots,x_k,y_1,y_2,\cdots,y_l\,)=0。$$

隱函數定理將說明：在適當的連續可微分性以及將上述 $\det\,[\,b_{ij}\,]\neq 0$ 的條件適當推廣後，可以保證由上述方程組解出 y_1、y_2、⋯、y_l 是可能的。

爲了讓定理的敘述更爲簡潔，我們將使用的記號作下面的約定。在定理 7 與 8 中，集合 $\boldsymbol{R}^k\times\boldsymbol{R}^l$ 與 $\boldsymbol{R}^{k+l}$ 視爲相同，$\boldsymbol{R}^k\times\boldsymbol{R}^l$ 中的點記爲(x,y)，其中 $x=(x_1,x_2,\cdots,x_k)\in\boldsymbol{R}^k$ 且 $y=(y_1,y_2,\cdots,y_l)\in\boldsymbol{R}^l$ 。

【定理7】（隱函數定理）

設 F：$A\rightarrow\boldsymbol{R}^l$ 爲一函數，$A\subset\boldsymbol{R}^k\times\boldsymbol{R}^l$，$(a,b)\in A^0$ 而且 $F(a,b)=0$。若 F 在點(a,b)的一個開鄰域 U 上連續可微分，而且線性函數

$$d_2F(a,b):v\mapsto dF(a,b)(0,v)，v\in\boldsymbol{R}^l，$$

是由 $\boldsymbol{R}^l$ 映成 $\boldsymbol{R}^l$ 的一個可逆函數，則下述五性質成立：

⑴可找到點 a 在 $\boldsymbol{R}^k$ 中的一個開鄰域 V 及在 V 上連續可微分的一個函數 φ：$V\rightarrow\boldsymbol{R}^l$ 使得：$\varphi(a)=b$ 而且每個 $x\in V$ 都滿足

$$F(x,\varphi(x))=0\ 。$$

⑵可找到點(a,b)在 $\boldsymbol{R}^k\times\boldsymbol{R}^l$ 中的一個開鄰域 W 使得

$$\{(x,y)\in W\,|\,F(x,y)=0\}=\{(x,\varphi(x))\,|\,x\in V\}。$$

⑶對每個 $x\in V$，若$d_2F(x,\varphi(x)):v\mapsto dF(x,\varphi(x))(0,v)$爲可逆函數，則

$$d\varphi(x)=-(d_2F(x,\varphi(x)))^{-1}\circ(d_1F(x,\varphi(x)))，$$

其中，$d_1F(x,\varphi(x)):u\mapsto dF(x,\varphi(x))(u,0)$是由 $\boldsymbol{R}^k$ 映至 $\boldsymbol{R}^l$ 的線性函數。

⑷若函數 F 在 U 上爲 n 次連續可微分，則函數 φ 在 V 上也爲 n 次連續可微分。

(5)若函數 F 在 U 上可無限次微分，則函數 φ 在 V 上也可無限次微分。

證：定義一函數 $H: A \to \boldsymbol{R}^k \times \boldsymbol{R}^l$ 如下：對每個 $(x, y) \in A$，令

$$H(x, y) = (x, F(x, y))。$$

顯然地，$H(a, b) = (a, 0)$。依§4－2習題9，可知 H 在 U 上連續可微分，而且對每個 $(x, y) \in U$ 及每個 $(u, v) \in \boldsymbol{R}^k \times \boldsymbol{R}^l$，恆有

$$dH(x, y)(u, v) = (u, dF(x, y)(u, v))。$$

定義一線性函數 $d_1F(a, b): \boldsymbol{R}^k \to \boldsymbol{R}^l$ 如下：對每個 $u \in \boldsymbol{R}^k$，令

$$d_1F(a, b)(u) = dF(a, b)(u, 0)。$$

顯然地，對每個 $(u, v) \in \boldsymbol{R}^k \times \boldsymbol{R}^l$，可得

$$dF(a, b)(u, v) = d_1F(a, b)(u) + d_2F(a, b)(v)。$$

依定理的假設，可知 $d_2F(a, b): \boldsymbol{R}^l \to \boldsymbol{R}^l$ 是可逆函數。由此可以證得 $dH(a, b): \boldsymbol{R}^k \times \boldsymbol{R}^l \to \boldsymbol{R}^k \times \boldsymbol{R}^l$ 也是可逆函數。事實上，對每個 $(u, v) \in \boldsymbol{R}^k \times \boldsymbol{R}^l$，恆有

$$(dH(a, b))^{-1}(u, v) = (u, (d_2F(a, b))^{-1}(v - d_1F(a, b)(u)))。$$

依反函數定理，必可找到點 (a, b) 的一個開鄰域 W 使得：$H(W)$ 是點 $(a, 0)$ 的一個開鄰域、$H|_W: W \to H(W)$ 是可逆函數、而且反函數 $\Phi = (H|_W)^{-1}$ 在 $H(W)$ 上連續可微分。顯然地，$\Phi(a, 0) = (a, b)$。對每個 $(x, z) \in H(W)$，令

$$\Phi(x, z) = (\alpha(x, z), \beta(x, z)),$$

其中，$\alpha: H(W) \to \boldsymbol{R}^k$ 與 $\beta: H(W) \to \boldsymbol{R}^l$ 爲二函數。

對每個 $(x, z) \in H(W)$，因爲

$$(x, z) = H \circ \Phi(x, z) = (\alpha(x, z), F(\alpha(x, z), \beta(x, z))),$$

所以，可知：對每個 $(x, z) \in H(W)$，恆有

$$\begin{aligned} \alpha(x, z) &= x, \\ F(x, \beta(x, z)) &= z。 \end{aligned} \qquad (*)$$

令 $V = \{x \in \boldsymbol{R}^k \mid (x, 0) \in H(W)\}$，則因爲 $(a, 0) \in H(W)$，所以，a

$\in V$。因爲$H(W)$是 $\boldsymbol{R}^k \times \boldsymbol{R}^l$ 中的開集，所以，易證得 V 是$\boldsymbol{R}^k$ 中的開集。於是，V 是點a 的一個開鄰域。定義函數 φ：$V \to \boldsymbol{R}^l$ 如下：對每個 $x \in V$，令

$$\varphi(x) = \beta(x,0)。$$

因爲$\Phi(a,0) = (a,b)$，所以，可知$\varphi(a) = b$ 。又依(*)式可知：對每個 $x \in V$，恆有

$$F(x, \varphi(x)) = F(x, \beta(x,0)) = 0 。$$

更進一步地，對每個 $x \in V$ 及每個$u \in \boldsymbol{R}^k$，恆有

$$d\varphi(x)(u) = d\beta(x,0)(u,0)。$$

由此可知：函數 φ 在V 上連續可微分。至此，我們完成⑴的證明。

其次，對每個 $x \in V$，因爲$F(x, \varphi(x)) = 0$且$(x, \varphi(x)) \in W$，所以，⑵中右端的集合是左端的集合的子集。另一方面，設$(x, y) \in W$ 且$F(x, y) = 0$。因爲$H(x, y) = (x,0) \in H(W)$，所以，$x \in V$ 而且

$$(x, y) = \Phi \circ H(x, y) = \Phi(x,0) = (x, \beta(x,0)) = (x, \varphi(x))。$$

由此可知$y = \varphi(x)$。這表示⑵中左端的集合是右端的集合的子集，於是，⑵中的等式成立。

要證明⑶時，我們定義函數 G：$V \to \boldsymbol{R}^k \times \boldsymbol{R}^l$ 如下：對每個 $x \in V$，令

$$G(x) = (x, \varphi(x))。$$

依§4－2習題9，函數 G 在V 上連續可微分，而且對每個 $x \in V$ 及每個$u \in \boldsymbol{R}^k$，恆有

$$dG(x)(u) = (u, d\varphi(x)(u))。$$

另一方面，因爲每個 $x \in V$ 都滿足 $F(x, \varphi(x)) = 0$ ，所以，$F \circ G$ 是常數函數 0 。依連鎖規則可知：對每個 $x \in V$ 及每個$u \in \boldsymbol{R}^k$，恆有

$$\begin{aligned} 0 &= (dF(G(x)) \circ dG(x))(u) \\ &= dF(x, \varphi(x))(u, d\varphi(x)(u)) \\ &= d_1F(x, \varphi(x))(u) + d_2F(x, \varphi(x))(d\varphi(x)(u)) \end{aligned}$$

$$=(d_1F(x,\varphi(x))+[d_2F(x,\varphi(x))\circ d\varphi(x)])(u)。$$

於是，對每個 $x\in V$，恆有

$$d_1F(x,\varphi(x))+d_2F(x,\varphi(x))\circ d\varphi(x)=0 。$$

若$d_2F(x,\varphi(x))$為可逆函數，則得

$$d\varphi(x)=-(d_2F(x,\varphi(x)))^{-1}\circ(d_1F(x,\varphi(x)))。$$

這就是(3)。

若函數 F 在 U 上為 n 次連續可微分，則函數 H 在 U 上也為 n 次連續可微分。依反函數定理的(4)，可知函數 Φ、α 與 β 都在 $H(W)$ 上為 n 次連續可微分。於是，函數 φ 在 V 上為 n 次連續可微分。這就是(4)。

仿前段的說明，可知：若函數 F 在 U 上可無限次微分，則函數 φ 在 V 上也可無限次微分，這就是(5)。

至此，我們完成隱函數定理的證明。‖

定理 7 中的函數 $\varphi: V\to \boldsymbol{R}^l$，通常稱為方程組 $F(x,y)=0$ 在點 (a,b) 附近所定義的**隱函數**（implicit function），它就是前面所提將變數 y_1、y_2、⋯、y_l 解出來而以變數 x_1、x_2、⋯、x_k 表示時所需的函數。隱函數定理告訴我們：當 $F(a,b)=0$ 時，只要 F 在點 (a,b) 的附近連續可微分且 $v\mapsto dF(a,b)(0,v)$ 是可逆函數，這就保證在點 (a,b) 附近的隱函數存在而且它們也是連續可微分。

若 F 的坐標表示法是 $F=(F_1,F_2,\cdots,F_l)$，則所謂 $d_2F(a,b)$ 是可逆函數，乃是指方陣 $[D_{k+i}F_j(a,b)]_{i,j=1}^{l}$ 是可逆方陣。這個方陣乃是 Jacobi 矩陣 $J_F(a,b)$ 的最後 l 行所成的 l 階方陣。

當 $k=l=1$ 時，定理7(3)中的等式就是

$$\varphi'(x)=-\frac{D_1F(x,\varphi(x))}{D_2F(x,\varphi(x))}。$$

這個等式可以將方程式 $F(x,y)=0$ 對 x 微分而得，亦即：兩邊對 x 微分，即得 $D_1F(x,y)+D_2F(x,y)y'=0$，當 $D_2F(x,y)\neq 0$ 時，可改寫成 $y'=-D_1F(x,y)/D_2F(x,y)$。此種微分方法就是微積分課程

中所介紹的隱微分法。由此可見：爲使隱微分法正確有效，需要假設函數 F 連續可微分而且 $D_2F(x,y)\neq 0$ 。

隱函數定理中的隱函數，也可以用一個函數列來逼近，我們寫成一個定理如下。

【定理8】（隱函數的逼近方法）

設 $F: A\to \boldsymbol{R}^l$ 爲一函數，$A\subset \boldsymbol{R}^k\times \boldsymbol{R}^l$，$(a,b)\in A^0$ 且 $F(a,b)=0$。若函數 F 在點 (a,b) 的一個開鄰域 U 上連續可微分，而且 $d_2F(a,b): \boldsymbol{R}^l\to \boldsymbol{R}^l$ 是可逆函數，則可找到點 a 在 $\boldsymbol{R}^k$ 中的一個開鄰域 V 及一個連續可微分的函數 $\varphi: V\to \boldsymbol{R}^l$，使得 $\varphi(a)=b$ 、每個 $x\in V$ 都滿足 $F(x,\varphi(x))=0$、而且 φ 是下述函數列 $\{\varphi_n: V\to \boldsymbol{R}^l\}_{n=1}^{\infty}$ 的極限函數：對每個 $x\in V$ 及每個 $n\in \boldsymbol{N}$，恆有

$$\varphi_1(x) \quad = b-(d_2F(a,b))^{-1}(d_1F(a,b)(x-a)),$$

$$\varphi_{n+1}(x)=\varphi_n(x)-(d_2F(a,b))^{-1}(F(x,\varphi_n(x)))。$$

證：函數 $H: A\to \boldsymbol{R}^k\times \boldsymbol{R}^l$ 定義如下：若 $(x,y)\in A$，則 $H(x,y)=(x,F(x,y))$。仿定理 7 的證明，可知 H 在 U 上連續可微分，而且 $dH(a,b): \boldsymbol{R}^k\times \boldsymbol{R}^l\to \boldsymbol{R}^k\times \boldsymbol{R}^l$ 爲可逆函數。對每個 $(u,v)\in \boldsymbol{R}^k\times \boldsymbol{R}^l$，恆有

$$(dH(a,b))^{-1}(u,v)=(u,(d_2F(a,b))^{-1}(v-d_1F(a,b)(u)))。$$

依系理6，可找到點 (a,b) 的一個開鄰域 W 使得 $H|_W: W\to H(W)$ 爲可逆函數，而且其反函數 $\Phi=(H|_W)^{-1}: H(W)\to W$ 是下述函數列 $\{G_n: H(W)\to \boldsymbol{R}^k\times \boldsymbol{R}^l\}_{n=0}^{\infty}$ 的極限函數：對每個 $(x,z)\in H(W)$ 及每個 $n\in \boldsymbol{N}\cup\{0\}$，

$$G_0(x,z)=(a,b);$$

$$G_{n+1}(x,z)=G_n(x,z)+(dH(a,b))^{-1}((x,z)-H(G_n(x,z)))。$$

下面我們要證明：對每個 $n\in \boldsymbol{N}$，必有一個函數 $g_n: H(W)\to \boldsymbol{R}^l$ 使得：對每個 $(x,z)\in H(W)$，恆有 $G_n(x,z)=(x,g_n(x,z))$。當 $n=1$ 時，得

$$G_1(x,z)=(a,b)+(dH(a,b))^{-1}((x,z)-H(a,b))$$
$$=(a,b)+(dH(a,b))^{-1}(x-a,z)$$
$$=(x,b+(d_2F(a,b))^{-1}(z-d_1F(a,b)(x-a)))。$$

由此可知$g_1(x,z)=b+(d_2F(a,b))^{-1}(z-d_1F(a,b)(x-a))$。其次，設$G_n(x,z)=(x,g_n(x,z))$，其中 g_n：$H(W)\to\boldsymbol{R}^l$ 爲一函數，則得

$$G_{n+1}(x,z)$$
$$=(x,g_n(x,z))+(dH(a,b))^{-1}((x,z)-H(x,g_n(x,z)))$$
$$=(x,g_n(x,z))+(dH(a,b))^{-1}(0,z-F(x,g_n(x,z)))$$
$$=(x,g_n(x,z)+(d_2F(a,b))^{-1}(z-F(x,g_n(x,z))))。$$

由此可知：

$$g_{n+1}(x,z)=g_n(x,z)+(d_2F(a,b))^{-1}(z-F(x,g_n(x,z)))。$$

另一方面，根據定理 7 的證明，我們知道：對每個$(x,z)\in H(W)$，恆有$\Phi(x,z)=(x,\beta(x,z))$。因爲函數 Φ 是函數列$\{G_n\}_{n=0}^{\infty}$的極限函數，所以，對每個$(x,0)\in H(W)$，可得$\lim_{n\to\infty} g_n(x,0)=\beta(x,0)$。

令 $V=\{x\in\boldsymbol{R}^k \mid (x,0)\in H(W)\}$，定義函數 φ：$V\to\boldsymbol{R}^l$ 及φ_n：$V\to\boldsymbol{R}^l$ $(n\in\mathbf{N})$如下：對每個$x\in V$，$\varphi(x)=\beta(x,0)$，$\varphi_n(x)=g_n(x,0)$。依定理 7 的證明，可知 φ 在開集 V 上連續可微分、$\varphi(a)=b$ 且每個$x\in V$ 都滿足 $F(x,\varphi(x))=0$。依前段的結果，可知隱函數 φ 是函數列$\{\varphi_n\}_{n=1}^{\infty}$的極限函數，更由函數列$\{g_n\}$的遞迴關係式可得

$$\varphi_1(x)=b-(d_2F(a,b))^{-1}(d_1F(a,b)(x-a))，x\in V；$$
$$\varphi_{n+1}(x)=\varphi_n(x)-(d_2F(a,b))^{-1}(F(x,\varphi_n(x)))，x\in V。\|$$

在隱函數定理中，我們所作的兩個假設「$d_2F(a,b)$可逆」與「偏導函數的點 c 連續」都是不可缺少的，且看下面三個例子。

【例3】設函數 F：$\boldsymbol{R}^2\to\boldsymbol{R}$ 定義如下：對每個$(x,y)\in\boldsymbol{R}^2$，恆有

$F(x,y)=x^2-y^2$。顯然地，$F(0,0)=0$。因爲$D_1F(0,0)=D_2F(0,0)=0$，所以，隱函數定理中的假設「$d_2F(0,0)$可逆」沒有滿足。另一方面，對每個$x\in \boldsymbol{R}$，$F(x,x)=F(x,-x)=0$；對每個$y\in \boldsymbol{R}$，$F(y,y)=F(-y,y)=0$。這個現象表示：在點$(0,0)$的每個鄰域中，方程式$F(x,y)=0$的圖形都不是任何函數的圖形。除了點$(0,0)$之外的任意點(a,b)，若$F(a,b)=0$，則適當選取點(a,b)的一個開鄰域，都可使方程式$F(x,y)=0$在該鄰域內的圖形是函數圖形。事實上，開鄰域可選爲包含點(a,b)的象限。根據$a=b$或$a=-b$，隱函數定義爲$\varphi(x)=x$或$\varphi(x)=-x$。依據$a>0$或$a<0$，隱函數φ的定義域可分別選爲$(0,+\infty)$或$(-\infty,0)$。‖

【例4】設函數$F:\boldsymbol{R}^2\to\boldsymbol{R}$定義如下：對每個$(x,y)\in\boldsymbol{R}^2$，恆有$F(x,y)=x^2-y^3$。顯然地，$F(0,0)=0$。因爲$D_1F(0,0)=D_2F(0,0)=0$，所以，隱函數定理中的假設「$d_2F(0,0)$可逆」沒有滿足。另一方面，方程式$F(x,y)=0$的圖形其實就是函數$\varphi(x)=x^{2/3}$的圖形，但函數$\varphi$在$x=0$處卻不能微分。‖

【例5】設函數$F:\boldsymbol{R}^2\to\boldsymbol{R}$定義如下：對每個$(x,y)\in\boldsymbol{R}^2$，若$y\neq 0$，則$F(x,y)=x-(y+2y^2\sin(1/y))$；若$y=0$，則$F(x,y)=x$。點$(0,0)$顯然滿足$F(0,0)=0$。更進一步地，可得

$$D_2F(x,y)=-1-4y\sin(1/y)+2\cos(1/y),\ y\neq 0\ ;$$

$$D_2F(0,0)=-1\ 。$$

由此可知函數F在點$(0,0)$並不是連續可微分。另一方面，根據例2所證得的結果，我們知道：不論δ是任何正數，都可找到兩個不相等的$y_1,y_2\in(-\delta,\delta)$以及$x\in(-\delta,\delta)$，使得$F(x,y_1)=F(x,y_2)=0$。這個現象表示：在點$(0,0)$的每個開鄰域中，方程式$F(x,y)=0$的圖形都不是形如$y=\varphi(x)$的函數圖形。‖

例5中的函數F與例2中的函數f有如下關係：對每個$(x,y)\in\boldsymbol{R}^2$，恆有$F(x,y)=x-f(y)$。所以，由方程式$F(x,y)=0$解出

y，就相當於求 f 的反函數。利用這樣的關係，我們可以利用隱函數定理來證明反函數定理，證明過程比定理 5 及定理 7 都要簡短得多，我們留爲習題。由於在定理 7 中我們利用反函數定理證明隱函數定理，可見此二定理在邏輯上等價。

丙、秩的定理

本節的最後一段，我們要利用隱函數定理證明一個更深入的定理，稱爲**秩的定理**（rank theorem）。它將使得反函數定理成爲它的特殊情形，參看練習題9。

這裏所謂的**秩**（rank），就是線性代數中對線性函數所定義的秩。我們把這個概念及它的有關性質略作復習，以備下文之用。若 $T:\boldsymbol{R}^k\to\boldsymbol{R}^l$ 爲一線性函數，則映像 $T(\boldsymbol{R}^k)$ 是 $\boldsymbol{R}^l$ 的一個**向量子空間**（vector subspace），它的**維數**（dimension）$\dim T(\boldsymbol{R}^k)$ 稱爲線性函數 $T:\boldsymbol{R}^k\to\boldsymbol{R}^l$ 的秩。關於線性函數的秩，下面幾個性質頗爲重要：

⑴若 $T:\boldsymbol{R}^k\to\boldsymbol{R}^l$ 爲一線性函數，則 T 的秩爲 r 的充要條件是：在 T 對 $\boldsymbol{R}^k$ 與 $\boldsymbol{R}^l$ 的任何**基底**（basis）的矩陣中，有 r 個**行向量**（column vector）爲**線性獨立**（linearly independent），而任意 $r+1$個行向量都是**線性相依**（linearly dependent）。

⑵若 $T:\boldsymbol{R}^k\to\boldsymbol{R}^l$ 爲一線性函數，則 T 的秩爲 r 的充要條件是：在 T 對 $\boldsymbol{R}^k$ 與 $\boldsymbol{R}^l$ 的任何基底的矩陣中，有 r 個**列向量**（row vector）爲線性獨立，而任意 $r+1$個列向量都線性相依。

⑶若 $T:\boldsymbol{R}^k\to\boldsymbol{R}^l$ 爲一線性函數，則 T 的秩爲 r 的充要條件是：在 T 對 $\boldsymbol{R}^k$ 與 $\boldsymbol{R}^l$ 的任何基底的矩陣中，有一個 r 階子方陣是可逆方陣（亦即：行列式不等於 0），而階數大於 r 的每個子方陣都不是可逆方陣。

⑷若線性函數 $T:\boldsymbol{R}^k\to\boldsymbol{R}^l$ 的秩爲 r，則 $r\leqslant k$ 且 $r\leqslant l$。當 $r=k$ 時，T 是一對一函數。當 $r=l$ 時，T 是映成函數。

⑸若線性函數：$T:\boldsymbol{R}^k\to\boldsymbol{R}^l$ 的秩是 r，則 $\boldsymbol{R}^k$ 中有一個基底 $\{u^1,$

$u^2,\cdots,u^k\}$具有下述性質：$\{T(u^1),T(u^2),\cdots,T(u^r)\}$爲線性獨立而 $T(u^{r+1})=T(u^{r+2})=\cdots=T(u^k)=0$ 。

⑹若線性函數 $T:\boldsymbol{R}^k\to\boldsymbol{R}^l$ 的秩爲 r，則對任意二可逆線性函數 $S_1:\boldsymbol{R}^k\to\boldsymbol{R}^k$ 與 $S_2:\boldsymbol{R}^l\to\boldsymbol{R}^l$，$S_2\circ T\circ S_1$的秩也等於 r。

【定理9】（秩的定理）

設 $f:A\to\boldsymbol{R}^l$ 爲一函數，$A\subset\boldsymbol{R}^k$，$c\in A^0$。若 f 在點 c 的一個開鄰域 U 上連續可微分，而且對每個 $x\in U$，$df(x)$的秩都等於 r，則必可找到點 c 的一個開鄰域 V、點 $f(c)$的一個開鄰域 W、以及兩個連續可微分的可逆函數 $g:V\to I$ 與 $h:W\to J$，使得

⑴$I\subset\boldsymbol{R}^k$ 與$J\subset\boldsymbol{R}^l$ 都是開區間，而且 $g^{-1}:I\to V$ 與$h^{-1}:J\to W$ 都是連續可微分的函數。

⑵對每個$x=(x_1,x_2,\cdots,x_k)\in I$ ，恆有

$$(h\circ f\circ g^{-1})(x_1,x_2,\cdots,x_k)=(x_1,x_2,\cdots,x_r,0,\cdots,0)。$$

⑶若函數 f 在U 上爲n 次連續可微分，則函數 g 與h 分別在V 與W 上n 次連續可微分。

⑷若函數 f 在U 上可無限次微分，則函數 g 與h 分別在V 與W 上可無限次微分。

證：因爲$df(c):\boldsymbol{R}^k\to\boldsymbol{R}^l$ 的秩爲 r，所以，$\boldsymbol{R}^k$ 中有一個基底$\{u^1,u^2,\cdots,u^k\}$具有下述性質：$df(c)(c^{r+1})=df(c)(u^{r+2})=\cdots=df(c)(u^k)=0$ ，而$\{v^1=df(c)(u^1),v^2=df(c)(u^2),\cdots,v^r=df(c)(u^r)\}$爲線性獨立。定義兩個可逆的線性函數 $S:\boldsymbol{R}^k\to\boldsymbol{R}^k$ 與$T:\boldsymbol{R}^l\to\boldsymbol{R}^l$ 使得：對每個$(\alpha_1,\alpha_2,\cdots,\alpha_k)\in\boldsymbol{R}^k$ 與$(\beta_1,\beta_2,\cdots,\beta_r)\in\boldsymbol{R}^r$，恆有

$$S(\alpha_1u^1+\alpha_2u^2+\cdots+\alpha_ku^k)=(\alpha_1,\alpha_2,\cdots,\alpha_k)；$$

$$T(\beta_1v^1+\beta_2v^2+\cdots+\beta_rv^r)=(\beta_1,\beta_2,\cdots,\beta_r,0,0,\cdots,0)。$$

（請注意：當 $r<l$ 時，線性函數 T 並非唯一。）於是，$T\circ f\circ S^{-1}$在開集$S(U)$上連續可微分，而且對每個 $x\in U$，$T\circ f\circ S^{-1}$在點$S(x)$的全微分 $T\circ df(x)\circ S^{-1}$的秩都等於 r。更進一步地，對每個點

$(\alpha_1,\alpha_2,\cdots,\alpha_k)\in\boldsymbol{R}^k$，恆有

$$(T\circ df(c)\circ S^{-1})(\alpha_1,\alpha_2,\cdots,\alpha_k)=(\alpha_1,\alpha_2,\cdots,\alpha_r,0,0,\cdots,0)。$$

爲了符號簡便起見，我們將 $T\circ f\circ S^{-1}$記爲 $\bar{f}=(\bar{f}_1,\bar{f}_2,\cdots,\bar{f}_l)$，則可得$d\bar{f}(S(c))=T\circ df(c)\circ S^{-1}$。定義函數 φ：$S(U)\to\boldsymbol{R}^k$ 如下：對每個 $x=(x_1,x_2,\cdots,x_k)\in S(U)$，令

$$\varphi(x)=(\bar{f}_1(x),\bar{f}_2(x),\cdots,\bar{f}_r(x),x_{r+1},x_{r+2},\cdots,x_k)。$$

函數 φ 顯然在開集 $S(U)$上連續可微分，而且$d\varphi(S(c))$：$\boldsymbol{R}^k\to\boldsymbol{R}^k$ 是恆等函數。（爲什麼？）因此，$d\varphi(S(c))$是可逆函數。依反函數定理，必可找到 c 的一個開鄰域 $V\subset U$ 使得 $\varphi(S(V))$是點 $\varphi(S(c))$ 的一個開鄰域，而且$\varphi|_{S(V)}$是可逆函數、其反函數$\psi=(\varphi|_{S(V)})^{-1}$：$\varphi(S(V))\to S(V)$也是連續可微分。進一步地，我們可設$\varphi(S(V))$是一個開區間。（必要時，將開集 V 換成較小的開集。）

對每個$y=(y_1,y_2,\cdots,y_k)\in\varphi(S(V))$，設$\psi(y)=x$，則可得

$$y=\varphi(x)=(\bar{f}_1(x),\bar{f}_2(x),\cdots,\bar{f}_r(x),x_{r+1},x_{r+2},\cdots,x_k),$$

$$\bar{f}(x)=(\bar{f}_1(x),\bar{f}_2(x),\cdots,\bar{f}_r(x),\bar{f}_{r+1}(x),\cdots,\bar{f}_l(x))。$$

由此可得$y_1=\bar{f}_1(x)$，$y_2=\bar{f}_2(x)$，…，$y_r=\bar{f}_r(x)$。於是，對每個$y=(y_1,y_2,\cdots,y_k)\in\varphi(S(V))$，恆有

$$(\bar{f}\circ\psi)(y)=(y_1,y_2,\cdots,y_r,\bar{f}_{r+1}(\psi(y)),\cdots,\bar{f}_l(\psi(y)))。$$

對每個 $y\in\varphi(S(V))$，因爲 $d\psi(y)$：$\boldsymbol{R}^k\to\boldsymbol{R}^k$ 是一個可逆函數而 $d\bar{f}(\psi(y))$：$\boldsymbol{R}^k\to\boldsymbol{R}^l$ 的秩都是 r，所以，$d(\bar{f}\circ\psi)(y)$的秩也都是 r。另一方面，因爲對每個$y\in\varphi(S(V))$，Jacobi 矩陣$J_{\bar{f}\circ\psi}(y)$的前 r 個列向量構成 $\boldsymbol{R}^k$ 空間的標準基底的前 r 個向量，所以，$\bar{f}\circ\psi$ 的後 $l-r$ 個坐標函數 $\bar{f}_{r+1}\circ\psi$、…、$\bar{f}_l\circ\psi$ 對後 $k-r$ 個自變數在點 y 的偏導數都必須等於 0，否則，$J_{\bar{f}\circ\psi}(y)$就會有一個 $r+1$ 階子方陣爲可逆方陣，此與$d(\bar{f}\circ\psi)(y)$的秩爲 r 不合。換言之，對每個 $y\in\varphi(S(V))$ 及每個$j=r+1,r+2,\cdots,k$，恆有

$$D_j(\bar{f}_{r+1}\circ\psi)(y)=D_j(\bar{f}_{r+2}\circ\psi)(y)=\cdots=D_j(\bar{f}_l\circ\psi)(y)=0。$$

因爲$\varphi(S(V))$是一個開區間，所以，依§4－3 練習題 4，函數$\bar{f}_{r+1}\circ\psi$、$\bar{f}_{r+2}\circ\psi\cdots$、$\bar{f}_l\circ\psi$都與自變數$y_{r+1}$、…、$y_k$無關。換言之，令

$B=\{(y_1,\cdots,y_r)\in \boldsymbol{R}^r \mid$ 存在 $y_{r+1},\cdots,y_k\in\boldsymbol{R}$ 使得 $(y_1,\cdots,y_k)\in\varphi(S(V))\}$，則 B 是 $\boldsymbol{R}^r$ 中的開區間，而且我們可找到 $l-r$ 個連續可微分的函數$\psi_{r+1},\psi_{r+2},\cdots,\psi_l$：$B\to\boldsymbol{R}$ 使得：對每個$i=r+1,r+2,\cdots,l$ 及每個$y=(y_1,y_2,\cdots,y_k)\in\varphi(S(V))$，恆有

$$(\bar{f}_i\circ\psi)(y_1,y_2,\cdots,y_k)=\psi_i(y_1,y_2,\cdots,y_r)。$$

由此可知：對每個$y=(y_1,y_2,\cdots,y_k)\in\varphi(S(V))$，恆有

$$(\bar{f}\circ\psi)(y)=(y_1,y_2,\cdots,y_r,\psi_{r+1}(y_1,\cdots,y_r),\cdots,\psi_l(y_1,\cdots,y_r))。$$

請注意：上式右端各值都與$y_{r+1},y_{r+2},\cdots,y_k$無關。

最後，再定義一個函數 ρ：$B\times\boldsymbol{R}^{l-r}\to B\times\boldsymbol{R}^{l-r}$如下：對每個$z=(z_1,z_2,\cdots,z_l)\in B\times\boldsymbol{R}^{l-r}$，令

$$\begin{aligned}&\rho(z_1,z_2,\cdots,z_r,\cdots,z_l)\\&=(z_1,z_2,\cdots,z_r,z_{r+1}-\psi_{r+1}(z_1,\cdots,z_r),\cdots,z_l-\psi_l(z_1,\cdots,z_r))。\end{aligned}$$

因爲函數$\psi_{r+1},\cdots,\psi_l$ 都在B 上連續可微分，所以，函數 ρ 在$B\times\boldsymbol{R}^{l-r}$上也是連續可微分。另一方面，$\rho$ 是可逆函數，其反函數爲

$$\begin{aligned}&\rho^{-1}(z_1,z_2,\cdots,z_r,\cdots,z_l)\\&=(z_1,z_2,\cdots,z_r,z_{r+1}+\psi_{r+1}(z_1,\cdots,z_r),\cdots,z_l+\psi_l(z_1,\cdots,z_r))。\end{aligned}$$

因此，ρ^{-1}在 $B\times\boldsymbol{R}^{l-r}$上也是連續可微分。

對每個 $y=(y_1,y_2,\cdots,y_r,\cdots,y_k)\in\varphi(S(V))$，恆有

$$\begin{aligned}&(\rho\circ\bar{f}\circ\psi)(y)\\&=\rho(y_1,y_2,\cdots,y_r,\psi_{r+1}(y_1,y_2,\cdots,y_r),\cdots,\psi_l(y_1,y_2,\cdots,y_r))\\&=(y_1,y_2,\cdots,y_r,0,\cdots,0)。\end{aligned}$$

令$I=\varphi(S(V))$、$W=T^{-1}(B\times\boldsymbol{R}^{l-r})$及 $J=B\times\boldsymbol{R}^{l-r}$，則 I、W 與 J 都是開集，其中的 I 與J 是開區間。定義函數 g：$V\to I$ 及h：$W\to J$ 如下：對每個 $x\in V$ 及$y\in W$，令

$$g(x)=\varphi(S(x)),$$
$$h(y)=\rho(T(y)),$$

則 g 與 h 都是可逆函數，而且 g、h、g^{-1}與 h^{-1}都是連續可微分。對每個$x=(x_1,x_2,\cdots,x_r,\cdots,x_k)\in I$，恆有

$$(h\circ f\circ g^{-1})(x_1,x_2,\cdots,x_r,\cdots,x_k)$$
$$=(\rho\circ\overline{f}\circ\psi)(x_1,x_2,\cdots,x_r,\cdots,x_k)=(x_1,x_2,\cdots,x_r,0,\cdots,0)。$$

這就是定理中的(1)與(2)。

若 f 在 U 上爲 n 次連續可微分，則因爲線性函數都是可無限次微分，所以，$\overline{f}_1,\overline{f}_2,\cdots,\overline{f}_l$ 都在 $S(U)$上爲 n 次連續可微分。於是，φ 在 $S(U)$上爲 n 次連續可微分。依反函數定理的(4)，可知 ψ 在 I 上爲 n 次連續可微分。更進一步地，函數$\psi_{r+1},\cdots,\psi_l$ 在 B 上爲 n 次連續可微分，函數 ρ 在$B\times\boldsymbol{R}^{l-r}$上爲 n 次連續可微分。由此可知：函數 g 與 h 都是 n 次連續可微分。這就是(3)。

仿前段的說明，可知：若函數 f 在 U 上可無限次微分，則函數 g 與 h 分別在 V 與 W 上可無限次微分。

至此，我們完成秩的定理的證明。‖

下面我們舉一個例子來解說秩的定理的內函，首先以線性函數來觀察。

在由 $\boldsymbol{R}^k$ 映至 $\boldsymbol{R}^l$ 的線性函數中，秩爲 r 的函數可以舉

$$L(x_1,x_2,\cdots,x_k)=(x_1,x_2,\cdots,x_r,0,\cdots,0)$$

做爲最簡單的例子。在這個函數中，對每個$(\alpha_1,\alpha_2,\cdots,\alpha_r)\in\boldsymbol{R}^r$，子集$\{(\alpha_1,\alpha_2,\cdots,\alpha_r)\}\times\boldsymbol{R}^{k-r}\subset\boldsymbol{R}^k$ 中每個點都被 T 映至一點$(\alpha_1,\alpha_2,\cdots,\alpha_r,0,\cdots,0)\in\boldsymbol{R}^l$，這個現象可以看成爲「$L$ 將一個$k-r$ 維空間壓成一點」，而整個空間 $\boldsymbol{R}^k$ 則被L 壓平成一個r 維空間。在秩的定理中，我們發現：當連續可微分的函數 f 在點c 的一個開鄰域中每個點的全微分的秩都是r 時，透過適當的可逆函數 g 與h 的調整，函數 $h\circ f\circ g^{-1}$就局部地變成上述線性函數 L 的形式，亦即：對每個$(\alpha_1,$

$\alpha_2,\cdots,\alpha_r)\in B$，函數 $h\circ f\circ g^{-1}$將一個 $k-r$ 維的區間$(\{(\alpha_1,\alpha_2,\cdots,\alpha_r)\}\times \boldsymbol{R}^{k-r})\cap I$ 壓成一點$(\alpha_1,\alpha_2,\cdots,\alpha_r,0,\cdots,0)$，整個 k 維區間I則被$h\circ f\circ g^{-1}$壓成一個 r 維區間$B\times\{(0,0,\cdots,0)\}$。函數 f 將$k-r$維的「曲面」$g^{-1}((\{(\alpha_1,\alpha_2,\cdots,\alpha_r)\}\times \boldsymbol{R}^{k-r})\cap I)$壓成一點$h^{-1}(\alpha_1,\alpha_2,\cdots,\alpha_r,0,\cdots,0)$，整個 k 維開集 V 則被f 壓成一個r 維的「曲面」$h^{-1}(B\times\{(0,0,\cdots,0)\})$。關於此種現象，我們舉一例如下。

【例6】設函數 $f:\boldsymbol{R}^2\to\boldsymbol{R}^2$定義如下：對每個$(x,y)\in\boldsymbol{R}^2$，$f(x,y)=(\cos(xy),\sin(xy))$。顯然地，$f$ 的映像 $f(\boldsymbol{R}^2)$只是坐標平面上的單位圓，它是一維的曲線，也就是說，函數 f 將二維的平面 $\boldsymbol{R}^2$壓成一維的曲線，而對每個常數 c，雙曲線（或二相交直線）$xy=c$ 被壓成一點（$\cos c,\sin c$）。另一方面，對每個$(x,y)\in\boldsymbol{R}^2$，恆有

$$J_f(x,y)=\begin{bmatrix}-y\sin(xy) & -x\sin(xy)\\ y\cos(xy) & x\cos(xy)\end{bmatrix}。$$

顯然地，除了點(0,0)之外，函數 f 在其他各點的秩都是 1。根據定理 9，在異於(0,0)的每個點附近，我們都可找到兩個可逆函數 g 與 h，使得 $h\circ f\circ g^{-1}$是$(x,y)\mapsto(x,0)$的形式。以點(0,1)爲例：令

$$V=\{(x,y)\in\boldsymbol{R}^2\mid y>0,-\pi/(2y)<x<\pi/(2y)\},$$

$$W=(0,+\infty)\times(-\infty,+\infty),$$

定義二函數如下：

$$g(x,y)=(xy,y),(x,y)\in V;$$

$$h(x,y)=(\tan^{-1}(y/x),\sqrt{x^2+y^2}-1),(x,y)\in W;$$

則 g 與h 都是可逆函數，而且

$$g^{-1}(x,y)=(x/y,y),(x,y)\in(-\pi/2,\pi/2)\times(0,+\infty);$$

$$h^{-1}(x,y)=((y+1)\cos x,(y+1)\sin x),$$

$$(x,y)\in(-\pi/2,\pi/2)\times(-1,+\infty)。$$

函數 g、h、g^{-1}與 h^{-1}在各自的定義域上可無限次微分，而且對每個$(x,y)\in(-\pi/2,\pi/2)\times(0,+\infty)$，恆有

$$(h\circ f\circ g^{-1})(x,y)=(h\circ f)(x/y,y)=h(\cos\ x,\sin\ x)=(x,0)\text{。}\|$$

秩的定理可以提供我們將「曲面」$f(V)$加以參數化的方法，且看下面的**參數化定理**（parametrization theorem）。

【系理10】（參數化定理）

設 $f: A\to \boldsymbol{R}^l$ 爲一函數，$A\subset \boldsymbol{R}^k$，$c\in A^0$。若 f 在點 c 的一個開鄰域 U 上連續可微分，而且對每個 $x\in U$，$df(x)$的秩都等於 r，則必可找到點 c 的一個開鄰域 V、空間 $\boldsymbol{R}^r$ 中的一個開區間 B、以及三個連續可微分的函數 $\alpha: V\to B$、$\beta: B\to V$ 與 $\varphi: B\to \boldsymbol{R}^l$，使得：對每個 $x\in V$ 及每個 $t\in B$，恆有

$$f(x)=(\varphi\circ\alpha)(x),\varphi(t)=(f\circ\beta)(t)\text{。}$$

更進一步地，若 f 在 U 上爲 n 次連續可微分（或可無限次微分），則 α、β 與 φ 也爲 n 次連續可微分（或可無限次微分）。

證：因爲函數 f 滿足秩的定理中所有假設，所以，依定理 9，必可找到點 c 的一個開鄰域 V、點 $f(c)$的一個開鄰域 W、$\boldsymbol{R}^k$ 中的開區間 I、$\boldsymbol{R}^l$ 中的開區間 J、以及連續可微分的可逆函數 $g: V\to I$ 與 $h: W\to J$，使得 g^{-1}與 h^{-1}也都是連續可微分，而且對每個 $x\in I$，恆有

$$(h\circ f\circ g^{-1})(x_1,x_2,\cdots,x_k)=(x_1,x_2,\cdots,x_r,0,\cdots,0)\text{。}$$

設$(a_1,a_2,\cdots,a_k)$是 I 中一定點，令

$$B=\{(x_1,x_2,\cdots,x_r)\in \boldsymbol{R}^r\mid(x_1,x_2,\cdots,x_r,a_{r+1},\cdots,a_k)\in I\},$$

則 B 是 $\boldsymbol{R}^r$ 中的一個開區間。定義函數 $\alpha: V\to B$、$\beta: B\to V$ 與 $\varphi: B\to \boldsymbol{R}^l$ 如下：對每個 $x\in V$ 及每個 $t=(t_1,t_2,\cdots,t_r)\in B$，令

$$\alpha(x)=(g_1(x),g_2(x),\cdots,g_r(x)),$$

$$\beta(t_1,t_2,\cdots,t_r)=g^{-1}(t_1,t_2,\cdots,t_r,a_{r+1},\cdots,a_k),$$

$$\varphi(t_1,t_2,\cdots,t_r)=h^{-1}(t_1,t_2,\cdots,t_r,0,\cdots,0),$$

其中 $g=(g_1,g_2,\cdots,g_k)$是函數 g 的坐標表示法。

因爲 g、h、g^{-1}與 h^{-1}都是連續可微分，所以，函數 α、β 與 φ 也都是連續可微分。對每個 $x\in V$，因爲

$(h\circ f\circ g^{-1})(g_1(x),g_2(x),\cdots,g_k(x))=(g_1(x),g_2(x),\cdots,g_r(x),0,\cdots,0)$，
所以，可得

$$\begin{aligned}f(x)&=(f\circ g^{-1})(g_1(x),g_2(x),\cdots,g_k(x))\\&=h^{-1}(g_1(x),g_2(x),\cdots,g_r(x),0,\cdots,0)\\&=\varphi(g_1(x),g_2(x),\cdots,g_r(x))\\&=\varphi(\alpha(x))\text{。}\end{aligned}$$

另一方面，對每個 $t=(t_1,t_2,\cdots,t_r)\in B$ ，因爲

$(h\circ f\circ g^{-1})(t_1,t_2,\cdots,t_r,a_{r+1},\cdots,a_k)=(t_1,t_2,\cdots,t_r,0,\cdots,0)$，
所以，可得

$$\begin{aligned}\varphi(t)&=h^{-1}(t_1,t_2,\cdots,t_r,0,\cdots,0)\\&=(f\circ g^{-1})(t_1,t_2,\cdots,t_r,a_{r+1},\cdots,a_k)\\&=(f\circ\beta)(t_1,t_2,\cdots,t_r)\\&=(f\circ\beta)(t)\text{。}\end{aligned}$$

若 f 在 U 上爲 n 次連續可微分（或可無限次微分），則依定理9⑶、⑷與定理5⑷、⑸，函數 g、h、g^{-1}與 h^{-1}都是 n 次連續可微分（或可無限次微分）。因此，函數 α、β 與 φ 也是 n 次連續可微分（或可無限次微分。）‖

在系理10中，函數 $\varphi: B\to\boldsymbol{R}^l$ 是一對一函數而且 $\varphi(B)=f(V)$，因此，$x=\varphi(t)(t\in B)$就是「曲面」$f(V)$的一個參數表示式。以例6的函數$f(x,y)=(\cos(xy),\sin(xy))$爲例，$f(V)$就是單位圓的右半圓，而其參數表示式乃是$\varphi(t)=(\cos t,\sin t)$，$(t\in(-\pi/2,\pi/2))$。

練習題　4－5

1.設函數 $f:\boldsymbol{R}^2\to\boldsymbol{R}^2$定義爲：若$(x,y)\in\boldsymbol{R}^2$，則

$$f(x,y)=(e^x\cos y,e^x\sin y)\text{。}$$

試就 $\boldsymbol{R}^2$中每個點討論 f 的局部反函數。

2. 設函數 f：$\boldsymbol{R}^3 \to \boldsymbol{R}^3$ 定義爲：若 $(x,y,z) \in \boldsymbol{R}^3$，則

$$f(x,y,z)=(x,y^3,z^5)。$$

試證 f 是可逆函數但 $df(0,0,0)$：$\boldsymbol{R}^3 \to \boldsymbol{R}^3$ 不是可逆函數，並討論反函數 f^{-1} 在點 $(0,0,0)$ 的可微分性。

3. 設函數 f：$\boldsymbol{R} \to \boldsymbol{R}$ 在 $\boldsymbol{R}$ 上連續可微分而且 $\sup\{|f'(t)| \mid t \in \boldsymbol{R}\} < 1$，函數 g：$\boldsymbol{R}^2 \to \boldsymbol{R}^2$ 定義爲：若 $(x,y) \in \boldsymbol{R}^2$，則

$$g(x,y)=(x+f(y),y+f(x))。$$

試證 g 是可逆函數。

4. 設 f：$\boldsymbol{R} \to \boldsymbol{R}$ 在 $\boldsymbol{R}$ 上連續可微分，函數 g：$\boldsymbol{R}^2 \to \boldsymbol{R}^2$ 定義爲：若 $(x,y) \in \boldsymbol{R}^2$，則

$$g(x,y)=(f(x),y+x^2f(x))。$$

試證：若 $x_0 \in \boldsymbol{R}$ 且 $f'(x_0) \neq 0$，則對每個 $y \in \boldsymbol{R}$，函數 g 在點 (x_0,y) 都是局部可逆。並討論其局部反函數的表示法。

5. 設函數 F：$\boldsymbol{R}^3 \to \boldsymbol{R}^2$ 定義爲：若 $(x,y,z) \in \boldsymbol{R}^3$，則

$$F(x,y,z)=(x-y-2xz,x+y+z)。$$

(1)試證：在點 $(0,0,0)$ 附近，可由 $F(x,y,z)=(0,0)$ 解出 x 與 y。並寫出對應的隱函數以及它在點 0 的全微分。

(2)試證：在點 $(0,0,0)$ 附近，可由 $F(x,y,z)=(0,0)$ 解出 y 與 z。並寫出對應的隱函數以及它在點 0 的全微分。

6. 設函數 F：$\boldsymbol{R}^5 \to \boldsymbol{R}^2$ 定義爲：若 $(u,v,w,x,y) \in \boldsymbol{R}^5$，則

$$F(u,v,w,x,y)=(uy+vx+w+x^2,uvw+x+y+1)。$$

試證：在點 $(2,1,0,-1,0)$ 附近，可由 $F(u,v,w,x,y)=(0,0)$ 解出 x 與 y。並寫出對應的隱函數以及它在點 $(2,1,0)$ 的全微分。

7. 若函數 f：$A \to \boldsymbol{R}^l$ 在內點 $c \in A^0$ 的秩爲 r，而且 f 在點 c 連續可微分，則必可找到點 c 的一個開鄰域 U 使得：對每個 $x \in U$，$df(x)$ 的秩都大於或等於 r。

8. 設函數 f：$U \to \boldsymbol{R}^l$ 在開集 $U \subset \boldsymbol{R}^k$ 上連續可微分。試證：

(1)若 $k\leqslant l$，則集合$\{x\in U \mid df(x):\boldsymbol{R}^k\to\boldsymbol{R}^l$ 的秩為 $k\}$是一開集。

(2)若 $k\geqslant l$，則集合$\{x\in U \mid df(x):\boldsymbol{R}^k\to\boldsymbol{R}^l$ 的秩為 $l\}$是一開集。

9. 試證反函數定理是秩的定理的一種特殊情形。

10. 若 $k,l\in\boldsymbol{N}$ 且 $k>l$，則由 $\boldsymbol{R}^k$ 的開集 U 映至 $\boldsymbol{R}^l$ 的連續可微分函數都不是一對一函數。試證之。

11. 若 $k,l\in\boldsymbol{N}$ 且 $k<l$，則由 $\boldsymbol{R}^k$ 的開集 U 映至 $\boldsymbol{R}^l$ 的連續可微分函數都不可能將 $x\in U$ 的開鄰域映成 $f(x)$的鄰域。

12. 設 $T:\boldsymbol{R}^k\to\boldsymbol{R}^k$ 為一線性函數。若 T 的秩為 r 而且 T 對標準基底的矩陣是對稱方陣，則必可找到一個可逆的線性函數 $S=(S_1,S_2,\cdots,S_k):\boldsymbol{R}^k\to\boldsymbol{R}^k$ 使得：對每個 $x\in\boldsymbol{R}^k$，恆有

$$\langle T(x),x\rangle=\sum_{i=1}^{r}\lambda_i\,(S_i(x))^2\ ,$$

其中，$\lambda_1,\lambda_2,\cdots,\lambda_r$ 是 T 的非零固有值。

4－6 極值問題

微分理論的一項重要應用，乃是極大值與極小值的問題。在單變數函數的情形中，這項應用既簡單又方便，它可用來處理許多問題。在多變數函數的情形中，它仍然是很有用的工具，但在判定極值的方法上，就比單變數函數的情形複雜多了。

甲、極值的判定

【定義1】設 $f:A\to\boldsymbol{R}$ 為一函數，$A\subset\boldsymbol{R}^k$，$c\in A$。

(1)若存在有點 c 的一個鄰域 U，使得集合 $U\cap A$ 中每個點 x 都滿足 $f(x)\leqslant f(c)$，則稱函數 f 在點 c 有**相對極大值**或簡稱為**極大值**

(relative maximum)，點 c 稱爲函數 f 的一個**極大點** (point of relative maximum)。

(2)若存在有點 c 的一個鄰域 U，使得集合 $U\cap A$ 中每個點 x 都滿足 $f(x)\geqslant f(c)$，則稱函數 f 在點 c 有**相對極小值**或簡稱爲**極小值** (relative minimum)，點 c 稱爲函數 f 的一個**極小點** (point of relative minimum)。

相對極大值與相對極小值也分別稱爲**局部極大值** (local maximum) 與**局部極小值** (local minimum)。

在定義 1 的(1)中，若集合 $U\cap A$ 中異於點 c 的每個點 x 都滿足 $f(x)<f(c)$，則點 c 通常特稱爲函數 f 的**嚴格極大點** (point of relative strict maximum)。同理可定義**嚴格極小點** (point of relative strict minimum)。

下面的定理1，就像是單變數函數極值問題中的 Fermat 定理。

【定理1】(相對極大、小點的一個必要條件)

設 $f: A\to \boldsymbol{R}$ 爲一函數，$A\subset\boldsymbol{R}^k$。若內點 $c\in A^0$是函數 f 的一個極大點或極小點，則對每個 $u\in\boldsymbol{R}^k$，只要方向導數$D_u f(c)$存在，必有$D_u f(c)=0$。

證：因爲 $c\in A^0$，所以，可找到一個正數 r 使得$B_r(c)\subset A$ 。任選一正數 δ 使得$\delta\|u\|<r$，定義函數 $g:(-\delta,\delta)\to\boldsymbol{R}$ 如下：

$$g(t)=f(c+tu)，t\in(-\delta,\delta)。$$

因爲$D_u f(c)$存在，所以，$g'(0)$存在，而且$g'(0)=D_u f(c)$。另一方面，若點 c 是函數f 的極大點，則 0 是函數 g 的極大點。若點 c 是函數 f 的極小點，則 0 是函數 g 的極小點。換言之，點 0 是函數 g 的極大點或極小點，而且 $g'(0)$ 存在。於是，依 Fermat 定理，可知 $g'(0)=0$ 。由此得$D_u f(c)=0$。 ‖

【系理2】(相對極大、小點的一個必要條件)

設 $f: A\to \boldsymbol{R}$ 爲一函數，$A\subset\boldsymbol{R}^k$。若內點 $c\in A^0$是函數 f 的一個

極大點或極小點，而且 f 在點 c 可微分，則 $df(c)=0$。亦即：$df(c)$ 是由 $\boldsymbol{R}^k$ 映至 $\boldsymbol{R}$ 的零函數。

證：由定理 1 即得。‖

根據定理 1 與系理 2，我們知道：一個函數的極大點與極小點必是下列三種點之一：

(1)定義域的邊界點；

(2)定義域的內點而函數在該點不能微分；

(3)定義域的內點而函數在該點的全微分爲 0，此種點稱爲該函數的**臨界點**（critical point）。

不過，這三種點並不是一定爲極大點或極小點，我們舉三個例子於下。

【例1】二變數函數 $f(x,y)=\sqrt{1-x^2}\sqrt{1-y^2}$ 的定義域是 $[-1,1]\times[-1,1]$，它的邊界點就是滿足 $x^2=1$ 或 $y^2=1$ 的點。顯然地，每個邊界點都是函數 f 的極小點。

二變數函數 $g:\{(x,y)\in\boldsymbol{R}^2\mid xy\geqslant 0\}\to\boldsymbol{R}$ 定義如下：

$$g(x,y)=\begin{cases}(xy)\sin(1/\sqrt{xy}), & \text{若 } xy>0\text{；}\\ 0, & \text{若 } xy=0\text{。}\end{cases}$$

點 $(0,0)$ 是定義域的一個邊界點，但在它的每個鄰域中，函數 g 都在某些點的值爲正數而在另外某些點的值爲負數。換言之，點 $(0,0)$ 既不是函數 g 的極大點、也不是 g 的極小點。‖

【例2】二變數函數 $f(x,y)=|x|+|y|$ 在點 $(0,0)$ 的偏導數都不存在，而點 $(0,0)$ 是函數 f 的極小點。

二變數函數 $g(x,y)=|x|-|y|$ 在點 $(0,0)$ 的偏導數都不存在，而點 $(0,0)$ 既不是函數 g 的極大點、也不是 g 的極小點。‖

【例3】二變數函數 $f(x,y)=x^2+y^2$ 在點 $(0,0)$ 的全微分 $df(0,0)$ 爲 0，而點 $(0,0)$ 是函數 f 的極小點。

二變數函數 $g(x,y)=x^2-y^2$ 在點 $(0,0)$ 的全微分 $dg(0,0)$ 爲

0，而點(0,0)既不是函數 g 的極大點、也不是 g 的極小點。‖

下面的例子將指出一個有趣的現象。

【例4】設函數 $f: \boldsymbol{R}^2 \to \boldsymbol{R}$ 定義爲 $f(x,y)=(y-x^2)(y-2x^2)$。顯然地，$df(0,0)=0$。對每個正數 r，考慮點(0,0)的鄰域 $B_r(0,0)$。任選一正數 a 使得 $a \leqslant \min\{1, r/2\}$，則由

$$a^2+(3/2)^2a^4 \leqslant a^2+(9/4)a^2 < 4a^2 \leqslant r^2$$

可知 $(a,(3/2)a^2) \in B_r(0,0)$ 且 $(a,0) \in B_r(0,0)$。因爲 $f(0,0)=0$，$f(a,0)>0$，$f(a,(3/2)a^2)<0$，所以，點(0,0)不是函數 f 的極大點、也不是 f 的極小點。

另一方面，設 (u,v) 爲一非零向量，考慮函數

$$g(t)=f(tu,tv)=2u^4t^4-3u^2vt^3+v^2t^2, t \in \boldsymbol{R} 。$$

因爲 $g'(0)=0$ 而 $g''(0)=2v^2 \geqslant 0$，所以，當 $v \neq 0$ 時，點 0 是函數 g 的極小點。當 $v=0$ 時，函數 g 是下述形式：$g(t)=2u^4t^4$，$t \in \boldsymbol{R}$。點 0 顯然也是函數 g 的極小點。

前面的結果告訴我們：儘管在曲面 $z=(y-x^2)(y-2x^2)$ 與包含 z 軸的每個平面的截痕曲線上，點(0,0,0)都是截痕曲線的局部最低點，但就曲面 $z=(y-x^2)(y-2x^2)$ 整體而言，點(0,0,0)卻不是局部最低點。‖

在單變數函數中，極值的判定會牽扯到第二階導數。多變數函數的情形勢必也如此，所以，下面我們討論可二次微分的函數。

【定理3】（相對極大、小點的第二個必要條件）

設 $f: A \to \boldsymbol{R}$ 爲一函數，$A \subset \boldsymbol{R}^k$，$c \in A^0$。

(1)若點 c 是函數 f 的極小點，而且 f 在點 c 爲二次連續可微分，則對每個 $u \in \boldsymbol{R}^k$，恆有 $d^2f(c)(u,u) \geqslant 0$。

(2)若點 c 是函數 f 的極大點，而且 f 在點 c 爲二次連續可微分，則對每個 $u \in \boldsymbol{R}^k$，恆有 $d^2f(c)(u,u) \leqslant 0$。

證：因爲 f 在點 c 爲二次連續可微分，所以，依§4－4定義 4，必可

找到一正數 r 使得：$B_r(c) \subset A$ 而且 f 在 $B_r(c)$ 上可二次微分。任選一正數 δ 使得 $\delta \| u \| < r$，定義函數 $g:(-\delta,\delta) \to \boldsymbol{R}$ 如下：

$$g(t) = f(c+tu)，t \in (-\delta,\delta)。$$

因為函數 $t \mapsto c+tu$ 在 $(-\delta,\delta)$ 上可無限次微分而 f 在 $B_r(c)$ 上可二次微分，所以，依 § 4－4定理 8，函數 g 在 $(-\delta,\delta)$ 上可二次微分，而且對每個 $t \in (-\delta,\delta)$，恆有

$$g'(t) = df(c+tu)(u)，$$

$$g''(t) = d^2f(c+tu)(u,u)。$$

因為 f 的第二階偏導函數都在點 c 連續，所以，第二階導函數 g'' 在點 0 連續。於是，依 L'Hospital 法則，可得

$$\lim_{t \to 0} \frac{g(t) - g(0) - g'(0)t - (1/2)g''(0)t^2}{t^2} = 0 \text{ 。}$$

不論點 c 是 f 的極小點或極大點，依系理 1，都可得 $df(c) = 0$。於是，將上述極限式以函數 f 代入，即得

$$\lim_{t \to 0} \frac{f(c+tu) - f(c)}{t^2} = \frac{1}{2} d^2f(c)(u,u)。$$

若 $d^2f(c)(u,u) \neq 0$，則根據上述極限式可知：必有一正數 $\eta \leqslant \delta$ 使得：對每個 $t \in (-\eta,\eta)$，$t \neq 0$，恆有

$$\frac{f(c+tu) - f(c)}{t^2} \cdot d^2f(c)(u,u) > 0 \text{ 。}$$

若 c 是函數 f 的極小點，則由上式可知 $d^2f(c)(u,u) > 0$。若點 c 是函數 f 的極大點，則由上式可知 $d^2f(c)(u,u) < 0$。這就是所欲證的結果。‖

定理 3 所提供的必要條件並不是充分條件，且看下例。

【例5】設函數 $f: \boldsymbol{R}^2 \to \boldsymbol{R}$ 定義為 $f(x,y) = (y-x^2)(y-2x^2)$。在例 4 中，我們已說明點 $(0,0)$ 滿足 $df(0,0) = 0$ 但不是 f 的極大點、也不是 f 的極小點。另一方面，可得

$$D_1f(x,y)=8x^3-6xy\text{，}D_2f(x,y)=-3x^2+2y\text{，}$$
$$D_{11}f(x,y)=24x^2-6y\text{，}D_{22}f(x,y)=2\text{，}$$
$$D_{12}f(x,y)=D_{21}f(x,y)=-6x\text{。}$$

於是，$D_{11}f(0,0)=D_{12}f(0,0)=D_{21}f(0,0)=0$ 而 $D_{22}f(0,0)=2$。因此，對每個$u=(u_1,u_2)\in \boldsymbol{R}^2$，$d^2f(0,0)(u,u)=2u_2^2\geqslant 0$。‖

要做爲充分條件，我們需要將定理 3 的結論換成較強的性質。

【定理4】（相對極大、小點的一個充分條件）

設 $f: A\to \boldsymbol{R}$ 爲一函數，$A\subset \boldsymbol{R}^k$，$c\in A^0$。

(1)若 f 在點c 爲二次連續可微分，$df(c)=0$，而且對每個 $u\in \boldsymbol{R}^k$，$u\neq 0$，恆有$d^2f(c)(u,u)>0$，則點 c 是函數 f 的嚴格極小點。

(2)若 f 在點c 爲二次連續可微分，$df(c)=0$，而且對每個 $u\in \boldsymbol{R}^k$，$u\neq 0$，恆有$d^2f(c)(u,u)<0$，則點 c 是函數 f 的嚴格極大點。

(3)若 f 在點c 爲二次連續可微分，$df(c)=0$，而且有一個 $u\in \boldsymbol{R}^k$ 滿足 $d^2f(c)(u,u)<0$，則點 c 不是函數f 的極小點。

(4)若 f 在點c 爲二次連續可微分，$df(c)=0$，而且有一個 $u\in \boldsymbol{R}^k$ 滿足 $d^2f(c)(u,u)>0$，則點 c 不是函數f 的極大點。

證：因爲函數 f 在點c 爲二次連續可微分且 $df(c)=0$，所以，必可找到一正數 r，使得$B_r(c)\subset A$ 而且f 在$B_r(c)$上可二次微分。依§4－4定理12，對每個$x\in B_r(c)$，$x\neq c$，必可找到一個 $y\in \overline{cx}$使得

$$f(x)=f(c)+\frac{1}{2}d^2f(y)(x-c,x-c)\text{。}\qquad (*)$$

因爲函數 $u\mapsto d^2f(c)(u,u)$在 $\boldsymbol{R}^k$ 上連續而$\{u\in \boldsymbol{R}^k \mid \|u\|=1\}$是一個緊緻集，所以，必有一個 $u_0\in \boldsymbol{R}^k$，$\|u_0\|=1$，使得

$$d^2f(c)(u_0,u_0)=\inf\{d^2f(c)(u,u)\mid u\in \boldsymbol{R}^k,\|u\|=1\}\text{。}$$

令 $m=d^2f(c)(u_0,u_0)$。因爲$\|u_0\|=1$，所以，依(1)的假設，$m>$

0。

因爲 f 在點 c 爲二次連續可微分，所以，f 的所有第二階偏導函數都在點 c 連續。於是，對於正數 $m/(2k)$，必可找到一正數 $\delta\leqslant r$ 使得：當 $\| y-c \|<\delta$ 時，對任意 $i,j=1,2,\cdots,k$，恆有

$$|D_{ij}f(y)-D_{ij}f(c)|<m/(2k)。$$

對每個 $x\in B_\delta(c)$，$x\neq c$，選取一個 $y\in\overline{cx}\subset B_\delta(c)$ 使得 $(*)$ 式成立。於是，可得

$$\begin{aligned}
f(x)-f(c)&=\frac{1}{2}d^2f(y)(x-c,x-c)\\
&=\frac{1}{2}d^2f(c)(x-c,x-c)\\
&\quad+\frac{1}{2}d^2f(y)(x-c,x-c)-\frac{1}{2}d^2f(c)(x-c,x-c)\\
&=\frac{1}{2}d^2f(c)\Big(\frac{x-c}{\|x-c\|},\frac{x-c}{\|x-c\|}\Big)\|x-c\|^2\\
&\quad+\frac{1}{2}\sum_{i=1}^{k}\sum_{j=1}^{k}(D_{ij}f(y)-D_{ij}f(c))(x_i-c_i)(x_j-c_j)\\
&\geqslant\frac{m}{2}\|x-c\|^2-\frac{1}{2}\sum_{i=1}^{k}\sum_{j=1}^{k}\frac{m}{2k}|x_i-c_i||x_j-c_j|\\
&=\frac{m}{2}\|x-c\|^2-\frac{m}{4k}\Big(\sum_{i=1}^{k}|x_i-c_i|\Big)^2\\
&\geqslant\frac{m}{2}\|x-c\|^2-\frac{m}{4}\|x-c\|^2\\
&>0。
\end{aligned}$$

由此可知：$B_\delta(c)$ 中每個異於點 c 的點 x 都滿足 $f(x)>f(c)$，因此，點 c 是函數 f 的一個嚴格極小點。這就是定理的(1)。

其次，若(2)的假設成立，則將(1)中的結果應用到函數 $-f$，即可知點 c 是函數 $-f$ 的嚴格極小點，也就是函數 f 的嚴格極大點。這就是定理的(2)。

至於(3)，由定理3(1)立即可得，而(4)則由定理3(2)立即可得。‖

若函數 $f:A\to\boldsymbol{R}$ 在內點 $c\in A^0$ 滿足 $df(c)=0$，但點 c 既不是函數 f 的極大點、也不是函數 f 的極小點，則點 c 稱爲函數 f 的一個**鞍**

點（saddle point）。例如：點$(0,0)$是函數$f(x,y)=x^2-y^2$的一個鞍點。

定理4(1)、(2)所提供的充分條件，外型上雖然與單變數函數極值的判定條件很相像，但在使用時，要檢驗「對每個 $u\in\boldsymbol{R}^k$，$u\neq 0$，恆有$d^2f(c)(u,u)>0$」這樣的性質卻不簡單，這項檢驗工作與正定方陣的概念有關。

乙、正定方陣

【定義2】：設$[a_{ij}]$是一個實數元 k 階對稱方陣。

(1)若對每個 $x\in\boldsymbol{R}^k$，$x\neq 0$，恆有$\sum_{i=1}^{k}\sum_{j=1}^{k}a_{ij}x_i x_j>0$，則稱方陣$[a_{ij}]$是一個**正定方陣**（positive definite matrix），而對應的二次式$\sum_{i=1}^{k}\sum_{j=1}^{k}a_{ij}x_i x_j$稱爲**正定二次式**（positive definite quadratic form）。

(2)若對每個 $x\in\boldsymbol{R}^k$，$x\neq 0$，恆有$\sum_{i=1}^{k}\sum_{j=1}^{k}a_{ij}x_i x_j<0$，則稱方陣$[a_{ij}]$是一個**負定方陣**（negative definite matrix），而對應的二次式$\sum_{i=1}^{k}\sum_{j=1}^{k}a_{ij}x_i x_j$稱爲**負定二次式**（negative definite quadratic form）。

請注意：所謂$[a_{ij}]$是 k 階對稱方陣，乃是指：對任意$i,j=1,2,\cdots,k$，恆有 $a_{ij}=a_{ji}$。

利用定義 2 所介紹的概念，定理 4 的(1)與(2)可改寫如下：設 k 變數函數f：$A\to\boldsymbol{R}$ 在內點$c\in A^0$爲二次連續可微分，且$df(c)=0$。

(1)若 Hesse 方陣$[D_{ij}f(c)]$是正定方陣，則點 c 是函數 f 的嚴格極小點。

(2)若 Hesse 方陣$[D_{ij}f(c)]$是負定方陣，則點 c 是函數 f 的嚴格極大點。

下面我們討論正定方陣的充要條件。

【定理5】（正定方陣的充要條件之一）

實數元 k 階對稱方陣$[a_{ij}]$是正定方陣的充要條件是：可找到 k

個正數 $d_1,d_2,\cdots,d_k$ 及 $k(k-1)/2$ 個常數 c_{ij}，$1\leqslant i<j\leqslant k$，使得：對每個 $(x_1,x_2,\cdots,x_k)\in \boldsymbol{R}^k$，恆有

$$\sum_{i=1}^{k}\sum_{j=1}^{k} a_{ij}x_i x_j=\sum_{i=1}^{k} d_i(x_i+c_{i,i+1}x_{i+1}+\cdots+c_{ik}x_k)^2 \text{ 。}$$

證：對每個$(x_1,x_2,\cdots,x_k)\in \boldsymbol{R}^k$，令

$$Q(x_1,x_2,\cdots,x_k)=\sum_{i=1}^{k}\sum_{j=1}^{k} a_{ij}x_i x_j \text{。}$$

充分性：設二次式 $Q(x_1,x_2,\cdots,x_k)$可表示如下：

$$Q(x_1,x_2,\cdots,x_k)=\sum_{i=1}^{k}d_i(x_i+c_{i,i+1}x_{i+1}+\cdots+c_{ik}x_k)^2,$$

其中的 d_i 與c_{ij}都是常數，而且每個 d_i 都是正數。對每個 $u\in\boldsymbol{R}^k$，$u=(u_1,u_2,\cdots,u_k)\neq 0$，令 $r=\max\{j\in\boldsymbol{N}\mid 1\leqslant j\leqslant k, u_j\neq 0\}$，則可得 $u_r\neq 0$ 而且若 $r<k$，則 $u_{r+1}=\cdots=u_k=0$。於是，可得

$$\begin{aligned}Q(u_1,u_2,\cdots,u_k)&=\sum_{i=1}^{r-1} d_i(u_i+c_{i,i+1}u_{i+1}+\cdots+c_{ir}u_r)^2+d_r u_r^2\\&\geqslant d_r u_r^2>0\text{。}\end{aligned}$$

因此，矩陣$[a_{ij}]$是正定方陣。

必要性：我們就$[a_{ij}]$的階數 k 來使用數學歸納法。$k=1$時顯然成立。設定理中的必要條件對 $k-1$階正定方陣成立，而$A=[a_{ij}]$爲 k 階正定方陣。因爲$Q(1,0,\cdots,0)>0$，所以，可知 $a_{11}>0$。於是，將$Q(x_1,x_2,\cdots,x_k)$中含有 x_1的各項都配方，則得

$$\begin{aligned}&Q(x_1,x_2,\cdots,x_k)\\&=a_{11}(x_1+\frac{a_{12}}{a_{11}}x_2+\cdots+\frac{a_{1k}}{a_{11}}x_k)^2+\sum_{i=2}^{k}\sum_{j=2}^{k}(a_{ij}-\frac{a_{1i}a_{1j}}{a_{11}})x_i x_j\text{。}\end{aligned}$$

令 $Q_1(x_2,x_3,\cdots,x_k)=\sum_{i=2}^{k}\sum_{j=2}^{k}(a_{ij}-a_{1i}a_{1j}/a_{11})x_i x_j$，則可知 $Q_1(x_2,x_3,\cdots,x_k)$是一個 $k-1$元二次式。對每個$(u_2,u_3,\cdots,u_k)\in\boldsymbol{R}^{k-1}$，$(u_2,u_3,\cdots,u_k)\neq(0,0,\cdots,0)$，令 $u_1=-\sum_{j=2}^{k}(a_{1j}/a_{11})U_j$，則$(u_1,u_2,\cdots,u_k)$是 $\boldsymbol{R}^k$ 中異於$(0,0,\cdots,0)$的一個點。因爲$A=[a_{ij}]$是正定方陣，所以，得

$$Q_1(u_2,u_3,\cdots,u_k)=Q(u_1,u_2,\cdots,u_k)>0 \text{ 。}$$

由此可知：$k-1$階方陣$A_1=[a_{ij}-a_{1i}a_{1j}/a_{11}]$是正定方陣。依歸納假設，必可找到正數$d_2,d_3,\cdots,d_k$及常數$c_{ij}$，$2\leqslant i<j\leqslant k$，使得

$$Q_1(x_2,x_3,\cdots,x_k)=\sum_{i=2}^{k}d_i(x_i+c_{i,i+1}x_{i+1}+\cdots+c_{ik}x_k)^2\ 。$$

令$d_1=a_{11}$，$c_{1j}=a_{1j}/a_{11}$，$1<j\leqslant k$，則對每個$(x_1,x_2,\cdots,x_k)\in\boldsymbol{R}^k$，恆有

$$\begin{aligned}&Q(x_1,x_2,\cdots,x_k)\\&=a_{11}(x_1+\frac{a_{12}}{a_{11}}x_2+\cdots+\frac{a_{1k}}{a_{11}}x_k)^2+\sum_{i=2}^{k}d_i(x_i+c_{i,i+1}x_{i+1}+\cdots+c_{ik}x_k)^2\\&=\sum_{i=1}^{k}d_i(x_i+c_{i,i+1}x_{i+1}+\cdots+c_{ik}x_k)^2。\end{aligned}$$

這就是定理所述的形式。‖

【定理6】(正定方陣的充要條件之二)

實數元k階對稱方陣$[a_{ij}]$是正定方陣的充要條件是：對每個$r=1,2,\cdots,k$，由前r列與前r行所成的r階子方陣的行列式都是正數，亦即：

$$a_{11}>0,\begin{vmatrix}a_{11}&a_{12}\\a_{21}&a_{22}\end{vmatrix}>0,\begin{vmatrix}a_{11}&a_{12}&a_{13}\\a_{21}&a_{22}&a_{23}\\a_{31}&a_{32}&a_{33}\end{vmatrix}>0,\cdots,\begin{vmatrix}a_{11}&a_{12}&\cdots&a_{1k}\\a_{21}&a_{22}&\cdots&a_{2k}\\\vdots&\vdots&&\vdots\\a_{k1}&a_{k2}&\cdots&a_{kk}\end{vmatrix}>0。$$

證：對任意n階方陣M及每個$r=1,2,\cdots,k$，由M的前r列與前r行所成的r階子方陣的行列式記爲$\Delta_r(M)$。

設$A=[a_{ij}]$，若$a_{11}\neq0$，則令$A_1=[a_{ij}-a_{1i}a_{1j}/a_{11}]_{i,j=2}^{k}$。顯然地，$\Delta_1(A)=a_{11}$。對每個$r=2,3,\cdots,k$，可得

$$\Delta_r(A)=\begin{vmatrix}a_{11}&a_{12}&a_{13}&\cdots&a_{1r}\\a_{21}&a_{22}&a_{23}&\cdots&a_{2r}\\a_{31}&a_{32}&a_{33}&\cdots&a_{3r}\\\vdots&\vdots&\vdots&&\vdots\\a_{r1}&a_{r2}&a_{r3}&\cdots&a_{rr}\end{vmatrix}$$

$$
= \begin{vmatrix} a_{11} & a_{12} & a_{13} & \cdots & a_{1r} \\ 0 & a_{22}-a_{12}^2/a_{11} & a_{23}-a_{12}a_{13}/a_{11} & \cdots & a_{2r}-a_{12}a_{1r}/a_{11} \\ 0 & a_{32}-a_{13}a_{12}/a_{11} & a_{33}-a_{13}^2/a_{11} & \cdots & a_{3r}-a_{13}a_{1r}/a_{11} \\ \vdots & \vdots & \vdots & & \vdots \\ 0 & a_{r2}-a_{1r}a_{12}/a_{11} & a_{r3}-a_{1r}a_{13}/a_{11} & \cdots & a_{rr}-a_{1r}^2/a_{11} \end{vmatrix}
$$

$$
= a_{11} \cdot \begin{vmatrix} a_{22}-a_{12}^2/a_{11} & a_{23}-a_{12}a_{13}/a_{11} & \cdots & a_{2r}-a_{12}a_{1r}/a_{11} \\ a_{32}-a_{13}a_{12}/a_{11} & a_{33}-a_{13}^2/a_{11} & \cdots & a_{3r}-a_{13}a_{1r}/a_{11} \\ \vdots & \vdots & & \vdots \\ a_{r2}-a_{1r}a_{12}/a_{11} & a_{r3}-a_{1r}a_{13}/a_{11} & \cdots & a_{rr}-a_{1r}^2/a_{11} \end{vmatrix}
$$

$= a_{11} \cdot \Delta_{r-1}(A_1)$。

根據上述結果，我們可以利用數學歸納法來證明本定理中的充要條件。當 $k=1$時，這個充要條件顯然成立。

充分性：假設條件的充分性對實數元 $k-1$階對稱方陣成立。設 $A=[a_{ij}]$是一個實數元 k 階對稱方陣，而且$\Delta_1(A)>0$，$\Delta_2(A)>0$，…，$\Delta_k(A)>0$。因爲 $a_{11}=\Delta_1(A)>0$，所以，可定義一個實數元 $k-1$階對稱方陣A_1 爲 $A_1=[a_{ij}-a_{1i}a_{1j}/a_{11}]_{i,j=2}^{k}$。對每個 $r=1,2,\cdots,k-1$，可得$\Delta_r(A_1)=\Delta_{r+1}(A)/a_{11}>0$。依歸納假設，可知 $k-1$階對稱方陣 A_1是一個正定方陣。設$(x_1,x_2,\cdots,x_k)\in \boldsymbol{R}^k$，仿定理 5 的證明定義二次式$Q(x_1,x_2,\cdots,x_k)$及 $Q_1(x_2,x_3,\cdots,x_k)$，則可得

$$
Q(x_1,x_2,\cdots,x_k)=a_{11}(x_1+\frac{a_{12}}{a_{11}}x_2+\cdots+\frac{a_{1k}}{a_{11}}x_k)^2+Q_1(x_2,x_3,\cdots,x_k)。
$$

對 $\boldsymbol{R}^k$ 中異於$(0,0,\cdots,0)$的每個點$(x_1,x_2,\cdots,x_k)$，若$(x_2,x_3,\cdots,x_k)\neq(0,0,\cdots,0)\in \boldsymbol{R}^{k-1}$，則因爲 A_1是正定方陣，所以，可得 $Q_1(x_2,x_3,\cdots,x_k)>0$。於是，得$Q(x_1,x_2,\cdots,x_k)>0$。若$(x_2,x_3,\cdots,x_k)=(0,0,\cdots,0)\in \boldsymbol{R}^{k-1}$，則可知 $x_1\neq 0$。於是，$Q(x_1,x_2,\cdots,x_k)=a_{11}x_1^2>0$。綜合兩種情形，可知 k 階方陣A 是正定方陣。

必要性：假設條件的必要性對實數元 $k-1$階對稱方陣成立。設 $A=[a_{ij}]$是一個實數元 k 階正定方陣，仿前段的證明定義二次式 $Q(x_1,x_2,\cdots,x_k)$。因爲$Q(1,0,\cdots,0)=a_{11}$，所以，$a_{11}>0$，亦即：$\Delta_1(A)>0$。令 $A_1=[a_{ij}-a_{1i}a_{1j}/a_{11}]_{i,j=2}^{k}$表示一個 $k-1$階對陣方陣，因爲 A 是正定方陣，所以，依定理 5 的證明可知 A_1是一個 $k-1$階正定方陣。依歸納假設，可知$\Delta_1(A_1)>0$，$\Delta_2(A_1)>0$，…，$\Delta_{k-1}(A_1)>0$。於是，$\Delta_2(A)=a_{11}\cdot\Delta_1(A_1)>0$，$\Delta_3(A)=a_{11}\cdot\Delta_2(A_1)>0$，…，$\Delta_k(A)=a_{11}\cdot\Delta_{k-1}(A_1)>0$。這就是所欲證的結果。‖

前面兩個充要條件中都引用了一組正數來判定方陣的正定性，這兩組正數是有關係的：若令 $\Delta_0(A)=1$，則對每個$r=1,2,\cdots,k$，恆有$d_r=\Delta_r(A)/\Delta_{r-1}(A)$。我們留給讀者自行證明（參看練習題7）。

【系理7】（負定方陣的充要條件）

實數元 k 階對稱方陣$[a_{ij}]$是負定方陣的充要條件是：對每個$r=1,2,\cdots,k$，恆有$(-1)^r\Delta_r(A)>0$，亦即：

$$a_{11}<0,\quad \begin{vmatrix} a_{11} & a_{12} \\ a_{21} & a_{22} \end{vmatrix}>0,\quad \begin{vmatrix} a_{11} & a_{12} & a_{13} \\ a_{21} & a_{22} & a_{23} \\ a_{31} & a_{32} & a_{33} \end{vmatrix}<0,\ \cdots,$$

$$(-1)^k\begin{vmatrix} a_{11} & a_{12} & \cdots & a_{1k} \\ a_{21} & a_{22} & \cdots & a_{2k} \\ \vdots & \vdots & & \vdots \\ a_{k1} & a_{k2} & \cdots & a_{kk} \end{vmatrix}>0。$$

證：A 爲負定方陣的充要條件是 $-A$ 爲正定方陣，故由定理 6 立即可得。‖

【例6】試討論函數$f(x,y)=x^3-3xy-y^3$的極值。

解：首先求各偏導函數如下：

$$D_1f(x,y)=3x^2-3y\text{，}\qquad D_2f(x,y)=-3x-3y^2\text{，}$$

$$D_{11}f(x,y)=6x\text{，}D_{12}f(x,y)=-3\text{，}D_{22}f(x,y)=-6y\text{。}$$

由$D_1f(x,y)=0$ 與 $D_2f(x,y)=0$ 可解得

$$(x,y)=(0,0)\text{或}(x,y)=(-1,1)\text{。}$$

因爲 $D_{11}f(0,0)=D_{22}f(0,0)=0$ ，$D_{12}f(0,0)=D_{21}f(0,0)=-3$，所以，函數 f 在點$(0,0)$的 Hesse 方陣所對應的二次式爲$(x,y)\mapsto -6xy$。此二次式的值有正有負，依定理4的(3)與(4)，可知點$(0,0)$既不是 f 的極大點、也不是 f 的極小點。

因爲 $D_{11}f(-1,1)=-6$ ，$D_{12}f(-1,1)=D_{21}f(-1,1)=-3$ ，$D_{22}f(-1,1)=-6$ ，所以，函數 f 在點$(-1,1)$的 Hesse 方陣所對應的二次式爲$(x,\ y)\mapsto -6x^2-6xy-6y^2$，此二次式可改寫成 $-6(x+y/2)^2-(9/2)y^2$ ，它顯然是負定二次式。依定理 4 ，可知點$(-1,1)$是 f 的嚴格極大點，對應的極大值爲1。‖

【例7】試討論函數

$$f(x,y,z)=x^2+9y^2+3z^2-8yz+2xy-6x+2y-10z+21$$

的極值。

解：首先求第一階偏導函數如下：

$$D_1f(x,y,z)=2x+2y-6\text{，}$$

$$D_2f(x,y,z)=2x+18y-8z+2\text{，}$$

$$D_3f(x,y,z)=-8y+6z-10\text{。}$$

由此解得函數 f 僅有的臨界點爲$(2,1,3)$。其次，函數 f 在點$(2,1,3)$的 Hesse 方陣爲

$$H_f(2,1,3)=\begin{bmatrix} 2 & 2 & 0 \\ 2 & 18 & -8 \\ 0 & -8 & 6 \end{bmatrix}\text{。}$$

因爲 $\Delta_1=2>0$，$\Delta_2=32>0$，$\Delta_3=64>0$，所以，依定理6，Hesse 方陣 $H_f(2,1,3)$是正定方陣。依定理4(1)，點$(2,1,3)$是函數 f 的嚴格

極小點，對應的極小值爲 1 。‖

丙、有限制條件的極值

在本小節中，我們要討論另一種型式的極值問題，稱爲具有**限制條件的極值問題**（extremum problem with constraining conditions）。例如：設$f(x,y,z)$表示在空間中的點(x,y,z)處的溫度，而我們想知道在曲面$g(x,y,z)=0$上的溫度的最大值與最小值，這就是一個「在$g(x,y,z)=0$的限制條件下求函數 f 的極值」的問題。如果該曲面的方程式可以寫成$z=h(x,y)$，則此極值問題就成爲求二變數函數$f(x,y,h(x,y))$之極值的問題，如此，前面兩小節所介紹的方法可以派上用場。但若曲面的方程式不能寫成函數的型式，我們就得發展其他的方法。對於這個問題，Joseph-Louis Lagrange（1736～1813，法國人）提出一種方法，近代數學中稱之爲 Lagrange **乘數法**（method of Lagrange's multiplier），寫成一個定理如下。

【定理8】（Lagrange 乘數法）

設 $f,g_1,g_2,\cdots,g_r$ ：$A\to\boldsymbol{R}$ 都是實數值函數，$A\subset\boldsymbol{R}^k$，$c\in A^0$，$r<k$。令

$$S=\{x\in A\mid g_1(x)=0,g_2(x)=0,\cdots,g_r(x)=0\}。$$

若(1)函數$f,g_1,g_2,\cdots,g_r$ 都在點c 連續可微分，而且 $r\times k$ 階矩陣 $[D_j g_i(c)]$的秩爲 r；

(2)$c\in S$，而且點 c 有一個開鄰域U 使得：對每個 $x\in U\cap S$，恆有$f(x)\leqslant f(c)$；（或是：恆有$f(x)\geqslant f(c)$；）

則必可找到 r 個實數$\lambda_1,\lambda_2,\cdots,\lambda_r$ 使得

$$df(c)=\lambda_1 dg_1(c)+\lambda_2 dg_2(c)+\cdots+\lambda_r dg_r(c)。$$

證：定義一函數 H：$A\to\boldsymbol{R}^{r+1}$如下：對每個 $x\in A$，令

$$H(x)=(f(x),g_1(x),\cdots,g_r(x))。$$

依假設(1)可知函數 H 在點c 連續可微分，而且對每個 $u\in\boldsymbol{R}^k$，恆有

$$dH(c)(u)=(df(c)(u),dg_1(c)(u),\cdots,dg_r(c)(u))。$$

因爲每個 $x\in U\cap S$ 都滿足 $f(x)\leqslant f(c)$，所以，對 $(f(c),+\infty)$ 中每個 α，$U\cap S$ 中的每個點 x 都滿足 $f(x)\neq\alpha$。於是，對於 U 中每個點 x，不論 x 是否屬於 S，恆有 $H(x)\neq(\alpha,0,\cdots,0)\in\boldsymbol{R}^{r+1}$。因爲點 $H(c)=(f(c),0,\cdots,0)$ 的每個鄰域都含有形如 $(\alpha,0,\cdots,0)$ 的點而 U 是點 c 的一個開鄰域，所以，前述性質指出：函數 H 不能把點 c 的開鄰域 U 映成點 $H(c)$ 的一個鄰域。依§4－5定理3（映成函數定理），可知全微分 $dH(c)$：$\boldsymbol{R}^k\to\boldsymbol{R}^{r+1}$ 不是映成函數。換言之，映像 $dH(c)(\boldsymbol{R}^k)$ 的維數最多爲 r，或者說，H 在點 c 的 Jacobi 矩陣 $J_H(c)$ 的秩最多爲 r。因爲 $J_H(c)$ 的 $r\times k$ 階子矩陣 $[D_j g_i(c)]$ 的秩爲 r，所以，可知 Jacobi 矩陣 $J_H(c)$ 的秩爲 r，而且其第二個至第 $r+1$ 個等 r 個列向量 $\nabla g_1(c),\nabla g_2(c),\cdots,\nabla g_r(c)$ 爲線性獨立。由此可知：第一個列向量 $\nabla f(c)$ 可表示成這 r 個列向量的線性組合，亦即：可找到 r 個實數 $\lambda_1,\lambda_2,\cdots,\lambda_r$ 使得

$$\nabla f(c)=\lambda_1\nabla g_1(c)+\lambda_2\nabla g_2(c)+\cdots+\lambda_r\nabla g_r(c)，或是$$

$$df(c)=\lambda_1 d\,g_1(c)+\lambda_2 dg_2(c)+\cdots+\lambda_r dg_r(c)。\|$$

根據定理 8 的結果，我們發現：若 $u\in\boldsymbol{R}^k$ 滿足 $dg_1(c)(u)=dg_2(c)(u)=\cdots=dg_r(c)(u)=0$，則可得 $df(c)(u)=0$。在幾何學上，這個性質的意義如下：所謂 $dg_1(c)(u)=dg_2(c)(u)=\cdots=dg_r(c)(u)=0$，乃表示向量 u 是「曲面」$S=\{x\in A\mid g_1(x)=0,g_2(x)=0,\cdots,g_r(x)=0\}$ 在點 c 的一個切向量，而 $df(c)(u)=0$ 則表示向量 u 是「曲面」$T=\{x\in A\mid f(x)=f(c)\}$ 在點 c 的一個切向量，因此，上述性質表示：曲面 S 在點 c 的每個切向量也都是曲面 T 在點 c 的切向量，也可以說，曲面 S 與曲面 T 在點 c 相切。

【例8】試求函數 $f(x,y)=xy$ 在限制條件 $x^2+y^2=1$ 下的極值。

解：令 $g(x,y)=x^2+y^2-1$，則其 Jacobi 矩陣爲

$$J_g(x,y)=[2x\quad 2y]。$$

因為原點(0,0)不在方程式 $x^2+y^2-1=0$ 的圖形上，所以，對滿足 $x^2+y^2=1$的每個點(x,y)，$J_g(x,y)$的秩都是1。若此點是函數 f 在限制條件 $g(x,y)=0$ 下的極大點或極小點，則必有一個實數 λ 滿足 $\nabla f(x,y)=\lambda\nabla g(x,y)$，亦即：

$$\begin{cases} y=\lambda\cdot 2x \\ x=\lambda\cdot 2y \\ x^2+y^2=1。\end{cases}$$

解得$(x,y)=(1/\sqrt{2},1/\sqrt{2})$或$(-1/\sqrt{2},-1/\sqrt{2})$，此時的 λ 為1/2；或$(x,y)=(-1/\sqrt{2},1/\sqrt{2})$或$(1/\sqrt{2},-1/\sqrt{2})$，此時的 λ 為 $-1/2$。前兩點確是函數 f 在$x^2+y^2=1$下的極大點，後兩點則是極小點，極大值與極小值分別為1/2與 $-1/2$。另外，圓 $x^2+y^2=1$與等軸雙曲線 $xy=1/2$、$xy=-1/2$分別在極大點、極小點處相切，這就是本例前面那段說明所提的性質。‖

【例9】試求柱面 $x^2+y^2=4$ 與平面$6x+3y+2z=6$ 的截痕上與原點最近與最遠的點。

解：依題意，我們可定義三個函數如下：$f(x,y,z)=x^2+y^2+z^2$，$g_1(x,y,z)=x^2+y^2-4$，$g_2(x,y,z)=6x+3y+2z-6$，則本題就是要求函數 f 在限制條件$g_1(x,y,z)=0$與 $g_2(x,y,z)=0$ 下的極小點與極大點。函數(g_1,g_2)的 Jacobi 矩陣為

$$\begin{bmatrix} 2x & 2y & 0 \\ 6 & 3 & 2 \end{bmatrix}。$$

對於滿足$g_1(x,y,z)=0$ 與 $g_2(x,y,z)=0$ 的每個點(x,y,z)，因為 $x^2+y^2=4\neq 0$，即：x 與 y 至少有一不為0，所以，此 Jacobi 矩陣的秩都是2。若此點是函數 f 在限制條件 $g_1(x,y,z)=0$ 與 $g_2(x,y,z)=0$ 下的極大點或極小點，則必有兩實數 λ 與 ρ 滿足 $\nabla f(x,y,z)=\lambda\nabla g_1(x,y,z)+\rho\nabla g_2(x,y,z)$，亦即：

$$\begin{cases} 2x = \lambda \cdot 2x + \rho \cdot 6 \\ 2y = \lambda \cdot 2y + \rho \cdot 3 \\ 2z = \qquad\quad \rho \cdot 2 \\ x^2 + y^2 = 4 \\ 6x + 3y + 2z = 6 \end{cases}$$

由第三式得 $\rho = z$，將第一式乘以 y、第二式乘以 x 後兩式相減，即得$z(3x-6y)=0$。若 $z=0$，則由第四式與第五式解得$(x,y,z)=(0,2,0)$或$(8/5,-6/5,0)$。若$3x-6y=0$，則由兩式解得$(x,y,z)=(4/\sqrt{5},2/\sqrt{5},3-3\sqrt{5})$或$(-4/\sqrt{5},-2/\sqrt{5},3+3\sqrt{5})$。前面兩點$(0,2,0)$與$(8/5,-6/5,0)$都是函數 f 在限制條件中與原點距離最近的點，距離爲2。另一方面，利用圖形來協助，可以發現$(4/\sqrt{5},2/\sqrt{5},3-3\sqrt{5})$與$(-4/\sqrt{5},-2/\sqrt{5},3+3\sqrt{5})$都是函數 f 在限制條件$g_1(x,y,z)=0$與$g_2(x,y,z)=0$下的兩個極大點，其中的$(-4/\sqrt{5},-2/\sqrt{5},3+3\sqrt{5})$是截痕上的各點中與原點距離最遠的點，距離爲$\sqrt{58+18\sqrt{5}}$。至於$(4/\sqrt{5},2/\sqrt{5},3-3\sqrt{5})$，它只是一個相對極大點。‖

處理有限制條件的極值問題時，如果限制條件所定義的曲面 S 可以用參數方程式來表示，我們就可以使用甲小節所介紹的方法來討論極值。例如：在例 8 中，限制條件 $x^2+y^2=1$ 可以用參數方程式 $x=\cos t, y=\sin t$（$t\in \boldsymbol{R}$）來表示，所以，函數 f 在限制條件$x^2+y^2=1$下的極值可以直接就函數 $t\mapsto \cos t\ \sin t$ 來討論。例 9 中的極值也可以如此做，我們留爲習題，參看練習題12。

一件很重要的事情是：定理 8 的結果只是一個必要條件，它並不能用來判定極值是否存在，也就是說，我們固然可以由 $k+r$ 個方程式來求解點c 的 k 個坐標 $c_1,c_2,\cdots,c_k$ 以及 r 個**乘數**(multiplier)$\lambda_1,\lambda_2,\cdots,\lambda_r$ 的值，但所得的點 $c=(c_1,c_2,\cdots,c_k)$是否確爲函數 f 在限制條件$g_1(x)=g_2(x)=\cdots=g_r(x)=0$ 下的極大點或極小點，這是定理 8 所無法判定的，即使$f(c)$確是函數 f 在限制條件下的極值，定理 8 也不能告訴我們$f(c)$是極大值或極小值。這項判定工作有時可以藉圖形做幾何上的考慮來完成；或是將限制條件所定義的曲面 S 予以參數化，再根據本節的定理 4 來判定。當函數 f、g_1、…、g_r 等滿足較好的連續可微分性時，我們還可提出一個充分條件（定理 10），但我們需要先證明一個引理。

【引理9】（曲面與其切平面的逼近狀況）

設$g_1,g_2,\cdots,g_r$：$A\to\boldsymbol{R}$ 都是實數值函數，$A\subset\boldsymbol{R}^k$，$c\in A^0$，$r<k$。令

$$S=\{x\in A\mid g_1(x)=0,g_2(x)=0,\cdots,g_r(x)=0\}。$$

若函數$g_1,g_2,\cdots,g_r$ 都在點c 的一個開鄰域上連續可微分、而且矩陣$[D_j g_i(c)]$的秩為 r、同時 $c\in S$，則對每個正數 ε，都可找到點 c 的一個開鄰域 U，使得：對每個 $x\in U\cap S$，都可找到一個 $u\in\boldsymbol{R}^k$、$\|u\|=1$ 且$dg_1(c)(u)=dg_2(c)(u)=\cdots=dg_r(c)(u)=0$，使得

$$\left\|\frac{x-c}{\|x-c\|}-u\right\|<\varepsilon。$$

證：令 $l=k-r$ 且 $c=(c_1,c_2,\cdots,c_k)$。定義函數 G：$A\to\boldsymbol{R}^r$ 如下：

$$G(x)=(g_1(x),g_2(x),\cdots,g_r(x))，x\in A。$$

因為$G(c)=0$、G 在點c 的一個開鄰域上連續可微分、而且 $r\times k$ 階矩陣$[D_j g_i(c)]$的秩為 r，所以，依隱函數定理，若矩陣$[D_j g_i(c)]$的後 r 行構成r 階可逆方陣，則可找到點$a=(c_1,c_2,\cdots,c_l)$在 $\boldsymbol{R}^l$ 中的一個開鄰域V、點 c 在$\boldsymbol{R}^k$ 中的一個開鄰域W 以及一個連續可微分的函數φ：$V\to\boldsymbol{R}^r$ 使得：$\varphi(a)=(c_{l+1},c_{l+2},\cdots,c_k)$；而且對每個 $z\in V$，恆有$G(z,\varphi(z))=0$；同時

$$\{x\in W\mid G(x)=0\}=\{(z,\varphi(z))\in\boldsymbol{R}^k\mid z\in V\}。\qquad (*)$$

定義一函數 p：$V\to W$ 如下：對每個 $z\in V$，令$p(z)=(z,\varphi(z))$。顯然地，$p(a)=c$。因為函數 φ 在V 上連續可微分，所以，函數 p 也在V 上連續可微分，而且對每個 $z\in V$ 及每個$v\in\boldsymbol{R}^l$，恆有

$$dp(z)(v)=(v,d\varphi(z)(v))。$$

由此可知：$dp(a)$：$\boldsymbol{R}^l \to \boldsymbol{R}^k$ 是一對一函數。依§3－5 定理14，必可找到一正數 α 使得：對每個 $v\in \boldsymbol{R}^l$，恆有 $\| dp(a)(v)\| \geqslant \alpha \| v\|$。因爲函數 p 在點 a 可微分，所以，可找到一正數 δ_1 使得：$B_{\delta_1}(a)\subset V$ 而且對每個 $z\in B_{\delta_1}(a)$，恆有 $\| p(z)-p(a)-dp(a)(z-a)\| \leqslant (\alpha/2)\| z-a\|$。於是，對每個 $z\in B_{\delta_1}(a)$，可得 $\| p(z)-p(a)\| \geqslant (\alpha/2)\| z-a\|$。

設 ε 爲任意正數，因爲函數 p 在點 a 可微分，所以，可找到一正數 δ 使得：$\delta\leqslant\delta_1$、$B_\delta(c)\subset W$ 而且對任意 $z\in B_{\delta_1}(a)$，$z\neq a$，恆有

$$\| p(z)-p(a)-dp(a)(z-a)\| <\frac{\alpha^2\varepsilon}{4\| dp(a)\|}\| z-a\|。$$

設 $x\in B_\delta(c)\cap S$ 且 $x\neq c$，則依(＊)式，必有一個 $z\in V$ 使得 $x=p(z)$。顯然地，$0\leqslant\| z-a\| \leqslant \| x-c\| <\delta\leqslant\delta_1$。因爲 $z\neq a$ 而且 $dp(a)$ 是一對一函數，所以，$\| dp(a)(z-a)\| \neq 0$。令

$$u=\frac{dp(a)(z-a)}{\| dp(a)(z-a)\|},$$

則可得

$$\begin{aligned}
&\left\| \frac{x-c}{\| x-c\|}-u\right\| \\
&=\left\| \frac{p(z)-p(a)}{\| p(z)-p(a)\|}-\frac{dp(a)(z-a)}{\| dp(a)(z-a)\|}\right\| \\
&\leqslant\frac{2\| (\| dp(a)(z-a)\| (p(z)-p(a)-dp(a)(z-a)))\|}{\alpha^2\| z-a\|^2} \\
&+\frac{2\| (\| p(z)-p(a)\| -\| dp(a)(z-a)\|)(dp(a)(z-a))\|}{\alpha^2\| z-a\|^2} \\
&\leqslant\frac{4\| dp(a)\| \ \| z-a\| \ \| p(z)-p(a)-dp(a)(z-a)\|}{\alpha^2\| z-a\|^2} \\
&<\varepsilon。
\end{aligned}$$

另一方面，因爲對每個 $y\in V$，恆有$(G\circ p)(y)=0$，所以，對每個$i=1,2,\cdots,k$ 及每個$y\in V$，恆有$(g_i\circ p)(y)=0$。依連鎖規則，可得$d\,g_i(c)\circ dp(a)=0$ 。更進一步地，得$dg_i(c)(dp(a)(z-a))=0$ 。因爲$u=dp(a)(z-a)/\|dp(a)(z-a)\|$ ，所以，可得

$$dg_1(c)(u)=dg_2(c)(u)=\cdots=dg_r(c)(u)=0 \text{ 。} \|$$

【定理10】（有限制條件之極值問題的一個充分條件）

設$f,g_1,g_2,\cdots,g_r$：$A\to \boldsymbol{R}$ 都是函數，$A\subset \boldsymbol{R}^k$，$c\in A^0$，$r<k$，$g_1(c)=g_2(c)=\cdots=g_r(c)=0$ 。若$f,g_1,g_2,\cdots,g_r$ 都在點c 爲二次連續可微分，$r\times k$ 階矩陣$[D_j g_i(c)]$的秩爲 r，而且有 r 個常數$\lambda_1,\lambda_2,\cdots,\lambda_r$ 滿足$df(c)=\lambda_1 dg_1(c)+\lambda_2 dg_2(c)+\cdots+\lambda_r dg_r(c)$，令$h=f-\lambda_1 g_1-\lambda_2 g_2-\cdots-\lambda_r g_r$，則可得下面兩項結果：

⑴若對於滿足$dg_1(c)(u)=dg_2(c)(u)=\cdots=dg_r(c)(u)=0$ 的每個非零向量 $u\in \boldsymbol{R}^k$，恆有$d^2h(c)(u,u)>0$ ，則點c 是函數f 在限制條件$g_1(x)=g_2(x)=\cdots=g_r(x)=0$ 下的一個嚴格極小點。

⑵若對於滿足$dg_1(c)(u)=dg_2(c)(u)=\cdots=dg_r(c)(u)=0$ 的每個非零向量 $u\in \boldsymbol{R}^k$，恆有$d^2h(c)(u,u)<0$ ，則點c 是函數f 在限制條件$g_1(x)=g_2(x)=\cdots=g_r(x)=0$ 下的一個嚴格極大點。

證：我們只證明⑴。並令 $G=(g_1,g_2,\cdots,g_r)$。

根據假設及函數 h 的定義，我們知道 h 在點c 爲二次連續可微分，而且$dh(c)=0$ 。於是，依§4－4 定理13，可得

$$\lim_{x\to c}\left(\frac{h(x)-h(c)}{\|x-c\|^2}-\frac{1}{2}d^2h(c)\left(\frac{x-c}{\|x-c\|},\frac{x-c}{\|x-c\|}\right)\right)=0\text{。} \qquad (*)$$

因爲集合$\{u\in \boldsymbol{R}^k \mid \|u\|=1, dG(c)(u)=0\}$是一個緊緻集而函數 $u\mapsto d^2h(c)(u,u)$是 $\boldsymbol{R}^k$ 上的連續函數，所以，必有一個 $u_0\in \boldsymbol{R}^k$，$\|u_0\|=1$且$dG(c)(u_0)=0$ ，使得

$d^2h(c)(u_0,u_0)=\inf\{d^2h(c)(u,u)\mid u\in \boldsymbol{R}^k,\|u\|=1,dG(c)(u)=0\}$。

令 $m=d^2h(c)(u_0,u_0)$。因爲 $u_0\neq 0$，所以，依⑴的假設，$m>0$。

其次，因爲(*)式的極限成立，所以，對於正數 $m/8$，必可找到一正數 δ_1使得：當$0<\| x-c \|<\delta_1$時，恆有

$$\left| \frac{h(x)-h(c)}{\|x-c\|^2} - \frac{1}{2} d^2 h(c)\left(\frac{x-c}{\|x-c\|}, \frac{x-c}{\|x-c\|}\right) \right| < \frac{m}{8}。 \qquad (**)$$

因爲 $\boldsymbol{R}^k$ 上的單位球面$S_1(0)$是緊緻集而函數 $u \mapsto d^2h(c)(u,u)$ 在 $\boldsymbol{R}^k$ 上連續，所以，此函數在$S_1(0)$上均勻連續。於是，對於正數 $m/4$，必可找到一正數 η 使得：當 $v,w \in S_1(0)$且 $\| v-w \| < \eta$ 時，恆有

$$|d^2h(c)(v,v)-d^2h(c)(w,w)| < m/4。 \qquad (***)$$

另一方面，因爲函數$g_1, g_2, \cdots, g_r$ 滿足引理 9 的假設條件，所以，對於正數 η，必可找到一正數 δ_2，使得：當$0<\| x-c \|<\delta_2$且 $G(x)=0$ 時，都可找到一個 $u \in \boldsymbol{R}^k$，$\| u \| = 1$且$dG(c)(u)=0$，使得

$$\left\| \frac{x-c}{\| x-c \|} - u \right\| < \eta。$$

令 $\delta = \min\{\delta_1, \delta_2\}$，我們將證明：當$0<\| x-c \|<\delta$ 且$G(x)=0$時，恆有$f(x)>f(c)$。由此可知：點 c 是函數f 在限制條件 $g_1(x)=g_2(x)=\cdots=g_r(x)=0$ 下的一個嚴格極小點。

設$0<\| x-c \|<\delta$ 且$G(x)=0$，可得$h(x)=f(x)$且$h(c)=f(c)$。因爲$0<\| x-c \|<\delta_2$且 $G(x)=0$，所以，可找到一個 $u \in \boldsymbol{R}^k$，$\| u \| =1$且$dG(c)(u)=0$，使得$\| (x-c)/\| x-c \| - u \| < \eta$。於是，(***)式對單位向量$(x-c)/\| x-c \|$及 u 成立。另一方面，因爲 $u \in \boldsymbol{R}^k$，$\| u \| = 1$且 $dG(c)(u)=0$，所以，依 m 的定義，$d^2h(c)(u,u) \geqslant m$。由此可得

$$\begin{aligned}
\frac{f(x)-f(c)}{\| x-c \|^2} &= \frac{h(x)-h(c)}{\| x-c \|^2} \\
&= \left(\frac{h(x)-h(c)}{\| x-c \|^2} - \frac{1}{2} d^2h(c)\left(\frac{x-c}{\| x-c \|}, \frac{x-c}{\| x-c \|}\right) \right) \\
&\quad + \frac{1}{2}\left(d^2h(c)\left(\frac{x-c}{\| x-c \|}, \frac{x-c}{\| x-c \|}\right) - d^2h(c)(u,u) \right)
\end{aligned}$$

$$
\begin{aligned}
&+\frac{1}{2}d^2h(c)(u,u)\\
&\geqslant\frac{1}{2}d^2h(c)(u,u)\\
&-\frac{1}{2}\left|d^2h(c)\left(\frac{x-c}{\|x-c\|},\frac{x-c}{\|x-c\|}\right)-d^2h(c)(u,u)\right|\\
&-\left|\frac{h(x)-h(c)}{\|x-c\|^2}-\frac{1}{2}d^2h(c)\left(\frac{x-c}{\|x-c\|},\frac{x-c}{\|x-c\|}\right)\right|\\
&>\frac{m}{2}-\frac{m}{8}-\frac{m}{8}=\frac{m}{4}>0\text{ 。}
\end{aligned}
$$

由此可知：$f(x)>f(c)$。這就是所欲證的結果。‖

Lagrange 乘數法常可用來證明不等式，下面我們舉一個例子，讀者還可參看練習題。

【例10】試證：對任意正數$x_1,x_2,\cdots,x_n$ ，恆有

$$(x_1x_2\cdots x_n)^{1/n}\leqslant(x_1+x_2+\cdots+x_n)/n\text{ ，}$$

而且等號成立的充要條件是 $x_1=x_2=\cdots=x_n$。

證：我們先證明：若正數$x_1,x_2,\cdots,x_n$ 滿足$x_1+x_2+\cdots+x_n=1$，則$(x_1x_2\cdots x_n)^{1/n}\leqslant 1/n$ 而且只在$x_1=x_2\cdots=x_n$ 時等號才成立。

定義函數 f,g：$\{(x_1,x_2,\cdots,x_n)\in \boldsymbol{R}^n \mid x_1,x_2,\cdots,x_n$ 都大於 $0\}\to\boldsymbol{R}$ 如下：

$$
\begin{aligned}
&f(x_1,x_2,\cdots,x_n)=x_1x_2\cdots x_n,\\
&g(x_1,x_2,\cdots,x_n)=x_1+x_2+\cdots+x_n-1\text{ 。}
\end{aligned}
$$

我們要考慮函數 f 在限制條件 $g(x_1,x_2,\cdots,x_n)=0$ 下的極值。

函數 g 在每個點 x 的偏導數都不爲0，所以，矩陣$[D_j g(x)]$的秩恆爲1。考慮下述聯立方程式：

$$
\begin{cases}
x_2x_3\cdots x_n=\lambda\\
x_1x_3\cdots x_n=\lambda\\
\vdots\\
x_1x_2\cdots x_{n-1}=\lambda\\
x_1+x_2+\cdots+x_n=1
\end{cases}
$$

其解爲 $x_1=x_2=\cdots=x_n=1/n$ 而 $\lambda=1/n^{n-1}$。令

$$h(x_1,x_2,\cdots,x_n)=x_1x_2\cdots x_n-(1/n^{n-1})(x_1+x_2+\cdots+x_n-1)。$$

函數 h 在點 $c=(1/n,1/n,\cdots,1/n)$ 的第二階偏導數爲

$$D_{jj}h(c)=0,\qquad j=1,2,\cdots,n\ ;$$

$$D_{ij}h(c)=1/n^{n-2},\ \ i,j=1,2,\cdots,n,i\neq j\ 。$$

若非零向量 $u=(u_1,u_2,\cdots,u_n)$ 滿足 $dg(c)(u)=0$，亦即：$u_1+u_2+\cdots+u_n=0$，即得

$$\sum_{i=1}^{n}\sum_{j=1}^{n}D_{ij}h(c)u_iu_j=(1/n^{n-2})(u_1+u_2+\cdots+u_n)^2-\sum_{i=1}^{n}(1/n^{n-2})u_i^2$$

$$=-(1/n^{n-2})\sum_{i=1}^{n}u_i^2<0\ 。$$

依定理10，點 c 是函數 f 在限制條件 $g(x)=0$ 下的一個嚴格極大點。由於點 c 是滿足定理 8 的唯一一個點，可見點 c 是函數 f 在限制條件 $g(x)=0$ 下的最大點，亦即：每個滿足 $g(x)=0$ 的點 $x\neq c$ 都滿足 $f(x)<f(c)$。換言之，若 $x_1,x_2,\cdots,x_n$ 是不全相等且滿足 $x_1+x_2+\cdots+x_n=1$ 的正數，則 $x_1x_2\cdots x_n<1/n^n$ 或 $(x_1x_2\cdots x_n)^{1/n}<1/n$。這就是在 $x_1+x_2+\cdots+x_n=1$ 的情形中本例所欲證的結果。

對於一般情形，其證明如下：設 $x_1,x_2,\cdots,x_n$ 是任意正數，對每個 $i=1,2,\cdots,n$，令 $x_i'=x_i/(x_1+x_2+\cdots+x_n)$，則 $x_1',x_2',\cdots,x_n'$ 是正數而且 $x_1'+x_2'+\cdots+x_n'=1$。依前段結果，可知 $(x_1'x_2'\cdots x_n')^{1/n}\leqslant 1/n$ 而且只在 $x_1'=x_2'=\cdots=x_n'$ 時等號才成立。將 x_i' 以 $x_i/(x_1+x_2+\cdots+x_n)$ 代入，即得本例所欲證的結果。‖

練習題　4－6

1.試討論下列各函數的極值：

(1) $f(x,y)=4xy-x^4-y^4$。

(2) $f(x,y)=3x^2-2xy+y^2-8y$。

(3) $f(x,y)=x^2+y^2+2/(xy)$。

(4) $f(x,y)=x^2+4xy+2y^2-2y$。

(5) $f(x,y)=x^2+3y^4-4y^3-12y^2$。

(6) $f(x,y)=x^4+2y^4+32x-y+17$。

(7) $f(x,y)=x^2+y^2+z^2+yz+zx+xy+x+y+z$。

2.試討論函數 $f(x,y)=x^3-3xy^2$ 在原點附近的性質。此函數的圖形稱爲**猴鞍面**（monkey saddle）。

3.試證：內接於橢圓面 $x^2/a^2+y^2/b^2+z^2/c^2=1$ 的長方體的最大體積爲 $8abc/3\sqrt{3}$，其中 $a>0$，$b>0$，$c>0$。

4.試求曲面 $xy-z^2=1$ 上與原點距離最近的點。

5.設 $(x_1,y_1),(x_2,y_2),\cdots,(x_n,y_n)$ 是平面上 n 個相異點，試求二實數 a 與 b 使得 $\sum_{i=1}^{n}(ax_i+b-y_i)^2$ 的值爲最小。這就是**最小平方法**（least square method）的意義。

6.若函數 $f:\overline{B}_1(0)\to \boldsymbol{R}$ 在 k 維單位閉球 $\overline{B}_1(0)$ 上連續、f 在開球 $B_1(0)$ 上可微分，而且對於球面 $S_1(0)$ 上每個點 x，恆有 $f(x)=0$，試證：在開球 $B_1(0)$ 中必有一點 c 滿足 $df(c)=0$。這就是 Rolle 定理在多變數函數中的推廣。

7.在 $A=[a_{ij}]$ 爲一個 k 階正定方陣，則必可找到 $k(k-1)/2$ 個常數 c_{ij} 使得：對每個 $(x_1,x_2,\cdots,x_k)\in\boldsymbol{R}^k$，恆有

$$\sum_{i=1}^{k}\sum_{j=1}^{k}a_{ij}x_ix_j=\sum_{i=1}^{k}(\Delta_i(A)/\Delta_{i-1}(A))(x_i+c_{i,i+1}x_{i+1}+\cdots+c_ikx_k)^2,$$

其中，$\Delta_0(A)=1$ 而對每個 $i=1,2,\cdots,k$，$\Delta_i(A)$ 是由前 i 列與前 i 行所成的 i 階子方陣的行列式。試以數學歸納法證明之。

8.（Schur）若 $[a_{ij}]$ 與 $[b_{ij}]$ 是兩個 k 階正定方陣，試證 $[a_{ij}b_{ij}]$ 也是正定方陣。

9.若函數 $f:U\to\boldsymbol{R}$ 在開集 $U\subset\boldsymbol{R}^k$ 上爲二次連續可微分，$\overline{B}_r(c)\subset U$ 而且 $f(c)>\sup\{f(x)\mid \|x-c\|=r\}$，試證：在開球 $B_r(c)$ 中必有一點 a 滿足 $\sum_{j=1}^{k}D_{jj}f(a)<0$。

（提示：設 $m=\sup\{f(x)\mid \|x-c\|=r\}$，考慮函數

$$g(x)=f(x)+(f(c)-m)\|x-c\|^2/(2r^2)。)$$

10.(1)若 $f: U \to \boldsymbol{R}$ 是開集 $U \subset \boldsymbol{R}^k$ 上的二次連續可微分的調和函數，而且點 c 是 f 的極大點或極小點，則 f 在點 c 的所有第二階偏導數都等於0。試證之。

(2)若 $f: U \to \boldsymbol{R}$ 是連通開集 $U \subset \boldsymbol{R}^k$ 上的二次連續可微分的調和函數，而且 f 在 U 上有極大點或有極小點，試證 f 是常數函數。

(3)若 $f: U \to \boldsymbol{R}$ 是有界連通開集 $U \subset \boldsymbol{R}^k$ 上的二次連續可微分的調和函數，而且對每個 $x \in U^b$，$\lim_{y \to x} f(y)$ 恆存在，試證：對每個 $z \in U$，恆有

$$\inf\{\lim_{y \to x} f(y) \mid x \in U^b\} \leqslant f(z) \leqslant \sup\{\lim_{y \to x} f(y) \mid x \in U^b\}。$$

(4)若 $f, g: U \to \boldsymbol{R}$ 是有界連通開集 $U \subset \boldsymbol{R}^k$ 上的二次連續可微分的調和函數，而且對每個 $x \in U^b$，$\lim_{y \to x} f(y)$ 與 $\lim_{y \to x} g(y)$ 都存在且恆相等，試證：$f = g$。

11.試討論下列各函數在限制條件下的極值：

(1)$f(x,y)=4x^3+y^2$，$2x^2+y^2=1$。

(2)$f(x,y)=x-2y^2$，$x^2+y^2=1$。

(3)$f(x,y)=x^3+y^3+z^3$，$x^2+y^2+z^2=1$，$x+y+z=1$。

(4)$f(x,y,z,u)=x^2+y^2$，$x^2+z^2+u^2=4$，$y^2+2z^2+3u^2=9$。

12.試將平面$6x+3y+2z=6$在柱面 $x^2+y^2=4$上的截痕曲線以參數方程式表示，再由此直接求函數$f(x,y,z)=x^2+y^2+z^2$在限制條件 $x^2+y^2=4$與$6x+3y+2z=6$下的極值。

13.若 $A=[a_{ij}]$是一個實數元 k 階對稱方陣，試證：函數$f(x)=\sum_{i=1}^k \sum_{j=1}^k a_{ij} x_i x_j$ 在限制條件 $x_1^2+x_2^2+\cdots+x_k^2=1$下的極值都是方陣 A 的固有值。

14.設 $p>1$，$q>1$且$1/p+1/q=1$。

(1)試證：對任意正數 a 與 b，恆有 $ab \leqslant a^p/p + b^q/q$，並討論等號成立的充要條件。

（提示：先考慮 $ab=1$ 的情形。）

(2)若 $a_1, a_2, \cdots, a_n, b_1, b_2, \cdots, b_n$ 爲任意正數，試證 Hölder 不等式：

$$\sum_{i=1}^{n} a_i b_i \leqslant \left(\sum_{i=1}^{n} a_i^p \right)^{1/p} \left(\sum_{i=1}^{n} b_i^q \right)^{1/q}。$$

15.試以 Lagrange 乘數法證明 Hadamard 不等式：若 $A=[a_{ij}]$ 爲一個實數元 k 階方陣，則

$$(\det(A))^2 \leqslant \prod_{i=1}^{k} \left(\sum_{j=1}^{k} a_{ij}^2 \right)。$$

並討論等號成立的充要條件。

（提示：先考慮 $\sum_{j=1}^{k} a_{1j}^2 = \sum_{j=1}^{k} a_{2j}^2 = \cdots = \sum_{j=1}^{k} a_{k\,j}^2 = 1$ 的情形。）

第5章 R^k 上的 Riemann 積分

在本章裏，我們要討論 R^k 空間中的 Riemann 積分理論。這種積分理論乃是微積分課程所介紹的定積分理論的自然推廣，其一般性質與幾何意義都與單變數函數的定積分理論頗爲相似，只不過在高維度的空間中，符號比較複雜，而且我們需要引進容量（content）的概念來推廣一維空間中的長度（length）概念。

至於積分值的計算，多變數函數的情形則要比單變數函數的情形複雜得多，主要原因是由於多變數情形中的積分範圍千變萬化，不像單變數情形中的積分範圍通常都是有限區間。在積分值的計算方面，本章將提出兩個重要定理，一爲 Fubini 定理，一爲變數代換定理。前者說明如何將積分化爲一維的情形來計算，以便使用微積分基本定理。後者與單變數情形中的變數代換法意義相同，但其證明則繁複得多，使用時也比較麻煩。

5-1 緊緻區間上的 Riemann 積分

在 R^k 空間中討論 Riemann 積分，通常分成兩個階段來處理，前一階段先討論在 k 維緊緻區間上的 Riemann 積分。在做這一階段的討論前，我們需要將區間與**分割**（partition）的有關問題加以說明，才能使 Riemann 積分的討論較爲簡化。

甲、區間與分割

若 $I_1, I_2, \cdots, I_k$ 都是實數集 $\boldsymbol{R}$ 上的區間，則其積集

$$\begin{aligned} I &= I_1 \times I_2 \times \cdots \times I_k \\ &= \{(x_1, x_2, \cdots, x_k) \in \boldsymbol{R}^k \mid x_1 \in I_1, x_2 \in I_2, \cdots, x_k \in I_k\} \end{aligned}$$

稱爲 $\boldsymbol{R}^k$ 中的一個區間。若每個 I_j 都是開區間（或閉區間、或緊緻區間），則 I 也稱爲開區間（或閉區間、或緊緻區間）。若每個 I_j 都是有限區間，設其左、右端點分別爲 a_j、b_j，則所有 I_j 之長的乘積稱爲 k 維區間 I 的 **k 維體積**（k-dimensional volume），以 $v(I)$ 表之，亦即：

$$v(I) = \prod_{j=1}^{k} (I_j \text{ 的長}) = (b_1 - a_1)(b_2 - a_2) \cdots (b_k - a_k)。$$

當 $k=1$ 時，k 維體積就是長度；當 $k=2$ 時，k 維體積就是面積；當 $k=3$ 時，k 維體積就是習稱的體積。

討論 Riemann 積分時，我們需要使用區間的分割概念，寫成一定義如下。

【定義1】設 $I = [a_1, b_1] \times [a_2, b_2] \times \cdots \times [a_k, b_k]$ 爲一個 k 維緊緻區間。若對每個 $j = 1, 2, \cdots, k$，$[a_j, b_j]$ 分割成 n_j 個子區間的聯集：$[a_j, b_j] = [x_0^j, x_1^j] \cup [x_1^j, x_2^j] \cup \cdots \cup [x_{n_j-1}^j, x_{n_j}^j]$，則下述由 $n_1 n_2 \cdots n_k$ 個 k 維緊緻區間所成的集合

$$P = \{[x_{r_1-1}^1, x_{r_1}^1] \times \cdots \times [x_{r_k-1}^k, x_{r_k}^k] \mid 1 \leqslant r_j \leqslant n_j, 1 \leqslant j \leqslant k\}$$

稱爲區間 I 的一個**分割**（partition），其中的每個 k 維緊緻子區間 $[x_{r_1-1}^1, x_{r_1}^1] \times \cdots \times [x_{r_k-1}^k, x_{r_k}^k]$ 稱爲分割 P 的一個**分割區間**（partition interval），$\max\{ x_{r_j}^j - x_{r_j-1}^j \mid 1 \leqslant r_j \leqslant n_j, j = 1, 2, \cdots, k \}$ 稱爲分割 P 的**範數**（norm），以 $|P|$ 表之。

請注意：所謂 k 維區間 $I = [a_1, b_1] \times [a_2, b_2] \times \cdots \times [a_k, b_k]$ 的

分割，並不是將 I 任意分成若干個子區間的聯集。要作出 I 的一個分割，必須將 I 的每個組成區間$[a_j, b_j]$分割，所以，所得的分割區間必定非常整齊。下圖是 $k=2$ 與 $k=3$ 時的型態。此外，在任意分割的分割區間中，彼此並不一定兩兩不相交，因爲兩分割區間可能有相同的邊界點。不過，若 $P=\{I_1, I_2, \cdots, I_n\}$是 k 維緊緻區間 I 一個分割，則對任意 r 與 s，$1 \leqslant r < s \leqslant n$，恆有 $I_r \cap I_s^0 = I_r^0 \cap I_s = \phi$。任意兩個集合具有此種性質時，我們稱它們**不重疊**（nonoverlapping）。因此，分割中的每一對分割區間都不重疊。

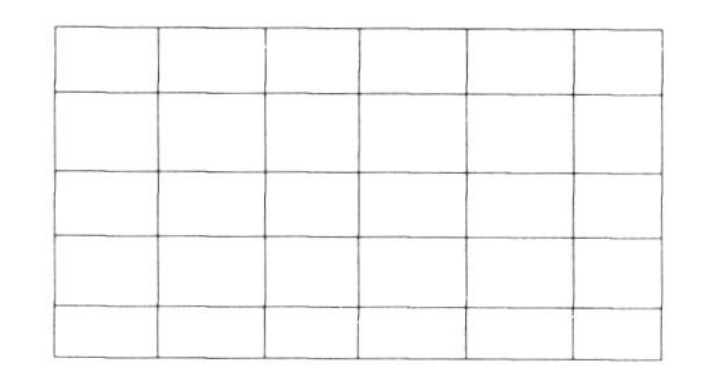
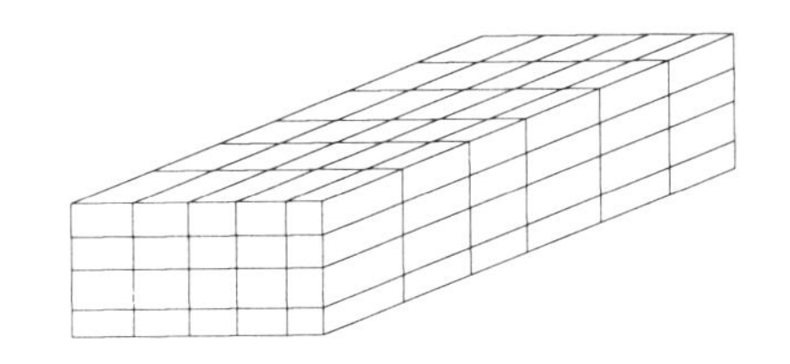

圖5－1

【引理1】（由子區間作成分割）

若 $I \subset \boldsymbol{R}^k$ 是一個 k 維緊緻區間，$I_1, I_2, \cdots, I_m$ 是 I 的有限多個閉子區間，則必可找到 I 的一個分割 P 使得每個 I_r 都可表示成 P 中某些分割區間的聯集。

證：設 $I=[a_1, b_1] \times [a_2, b_2] \times \cdots \times [a_k, b_k]$，對每個 $j=1, 2, \cdots, k$，考慮下述集合：

$$S_j=\{a_j, b_j\} \cup \{x_j \in \boldsymbol{R} \mid x_j \text{ 是某個 } I_r \text{ 的某個頂點的第 } j \text{ 個坐標}\}。$$

將此集合的元素由小而大依序排出，得 $a_j = x_0^j < x_1^j < \cdots < x_{n_j}^j = b_j$，則區間$[a_j, b_j]$被分割成 n_j 個子區間的聯集：$[a_j, b_j]=[x_0^j, x_1^j] \cup [x_1^j, x_2^j] \cup \cdots \cup [x_{n_j-1}^j, x_{n_j}^j]$。依定義 1 的方法定義 I 的分割 P，此分割 P 即合所求。因爲對每個 I_r，依 S_j 的定義，區間 I_r 可表成

$$I_r=[x_{\alpha_1}^1, x_{\beta_1}^1] \times [x_{\alpha_2}^2, x_{\beta_2}^2] \times \cdots \times [x_{\alpha_k}^k, x_{\beta_k}^k],$$

其中的 α_j 與 β_j 是整數而且 $0 \leqslant \alpha_j < \beta_j \leqslant n_j$，$j = 1,2,\cdots,k$。由此可得

$$I_r = \bigcup_{r_1=\alpha_1}^{\beta_1-1} \bigcup_{r_2=\alpha_2}^{\beta_2-1} \cdots \bigcup_{r_k=\alpha_k}^{\beta_k-1} [x_{r_1}^1, x_{r_1+1}^1] \times [x_{r_2}^2, x_{r_2+1}^2] \times \cdots \times [x_{r_k}^k, x_{r_k+1}^k] \text{。} \|$$

【定義2】設 P 與 Q 都是 k 維緊緻區間 I 的分割。若 P 的每個分割區間都可以表示成 Q 中某些分割區間的聯集，則稱分割 Q 是分割 P 的一個**細分**（refinement）。

若 $P = \{I_1, I_2, \cdots, I_m\}$ 與 $Q = \{J_1, J_2, \cdots, J_n\}$ 都是 k 維緊緻區間 I 的分割，則所謂 Q 是 P 的細分，乃是表示集合 $\{1,2,\cdots,n\}$ 可分成 m 個兩兩不相交的子集：$\{1,2,\cdots,n\} = X_1 \cup X_2 \cup \cdots \cup X_m$，使得對每個 $r = 1,2,\cdots,m$，恆有 $I_r = \bigcup\{J_s \mid s \in X_r\}$。對於細分，還有另一種說法，所謂 Q 是 P 的細分，乃是表示 P 的每個分割區間的每個頂點都是 Q 的某個分割區間的一個頂點。請注意：所謂區間 $[a_1, b_1] \times [a_2, b_2] \times \cdots \times [a_k, b_k]$ 的頂點，其坐標為 $(c_1, c_2, \cdots, c_k)$，其中對每個 $j = 1,2,\cdots,k$，恆有 $c_j = a_j$ 或 $c_j = b_j$。另一方面，若 Q 是 P 的細分，則得 $|Q| \leqslant |P|$。

【引理2】（兩個分割的共同細分）

若 $I \subset \boldsymbol{R}^k$ 是一個 k 維緊緻區間，而 P_1 與 P_2 都是 I 的分割，則必可找到 I 的一個分割 P 使得：P 是 P_1 的細分、P 也是 P_2 的細分。亦即：P 是 P_1 與 P_2 的一個**共同細分**（common refinement）。

證：設 $P_1 = \{I_1, I_2, \cdots, I_m\}$ 而 $P_2 = \{J_1, J_2, \cdots, J_n\}$，則 $I_1, I_2, \cdots, I_m, J_1, J_2, \cdots, J_n$ 是 I 的有限多個閉子區間。依引理1，可找到 I 的一個分割 P，使得每個 I_r 與每個 J_s 都可表示成 P 中某些分割區間的聯集。這就表示 P 是 P_1 的細分，也是 P_2 的細分。‖

事實上，兩分割 $P_1 = \{I_1, I_2, \cdots, I_m\}$ 與 $P_2 = \{J_1, J_2, \cdots, J_n\}$ 的一個共同細分可以表示為

$$\{I_r \cap J_s \mid r = 1,2,\cdots,m \text{，} s = 1,2,\cdots,n \text{，} I_r^0 \cap J_s^0 \neq \phi\} \text{。}$$

乙、Riemann 積分的定義

【定義3】設 $f: I \to \boldsymbol{R}$ 是定義於 k 維緊緻區間 I 的一個有界函數，而 $P=\{I_1, I_2, \cdots, I_n\}$ 是 I 的一個分割。

(1)對每個 $j=1,2,\cdots,n$，在分割區間 I_j 上任取一點 t_j，則形如 $\sum_{j=1}^{n} f(t_j)v(I_j)$ 的有限和稱爲函數 f 對分割 P 的一個 Riemann 和（Riemann sum），以 $R(f,P)$ 表之。亦即：

$$R(f,P)=\sum_{j=1}^{n} f(t_j)v(I_j)。$$

(2)對每個 $j=1,2,\cdots,n$，令 $M_j=\sup\{f(x) \mid x \in I_j\}$，則有限和 $\sum_{j=1}^{n} M_j v(I_j)$ 稱爲函數 f 對分割 P 的**上和**（upper sum），以 $U(f,P)$ 表之。亦即：

$$U(f,P)=\sum_{j=1}^{n} M_j v(I_j)。$$

(3)對每個 $j=1,2,\cdots,n$，令 $m_j=\inf\{f(x) \mid x \in I_j\}$，則有限和 $\sum_{j=1}^{n} m_j v(I_j)$ 稱爲函數 f 對分割 P 的**下和**（lower sum），以 $L(f,P)$ 表之。亦即：

$$L(f,P)=\sum_{j=1}^{n} m_j v(I_j)。$$

在定義3(1)中，Riemann 和 $\sum_{j=1}^{n} f(t_j)v(I_j)$ 表成 $R(f,P)$，此記號沒將點 $t_1, t_2, \cdots, t_n$ 表現在內，可說是一個不完整的記號。不過，在下文的討論中，我們通常都是使用「函數 f 對分割 P 的每個 Riemann 和 $R(f,P)$ 都具有某項性質」這樣的詞句，所以，讀者應隨時記得：$R(f,P)$ 是指 f 對 P 的任意 Riemann 和。

關於 Riemann 和、上和與下和，下面是一些簡單性質。

【引理3】（Riemann 和、上和與下和的簡單性質）

設 $f: I \to \boldsymbol{R}$ 爲一有界函數，$I \subset \boldsymbol{R}^k$ 爲緊緻區間。

(1)對於區間 I 每個分割 P 以及函數 f 對分割 P 的每個 Riemann 和 $R(f,P)$，恆有

$$L(f,P) \leqslant R(f,P) \leqslant U(f,P)。$$

⑵若分割 P_2是分割 P_1的細分，則

$$U(f,P_1) \geqslant U(f,P_2)，L(f,P_1) \leqslant L(f,P_2)。$$

⑶對於 I 的任意二分割P_1與 P_2，恆有

$$L(f,P_1) \leqslant U(f,P_2)。$$

證：甚易，留爲習題。‖

【定義4】設 $f: I \to \boldsymbol{R}$ 是k 維緊緻區間I 上的有界函數。若存在一實數 s 使得下述性質成立：對每個正數 ε，都可找到區間 I 的一個分割 P_0使得：對於 P_0的每個細分 P 以及函數f 對分割P 的每個 Riemann 和$R(f,P)$，恆有$|R(f,P)-s|<\varepsilon$，則稱函數 f 在I 上**可** Riemann **積分**（Riemann integrable），s 稱爲f 在I 上的 Riemann **積分**（Riemann integral）。f 在I 上的 Riemann 積分若存在則必唯一，我們通常表成

$$\int_I f(x)dx \text{ 或} \int_I f(x_1,x_2,\cdots,x_k)d(x_1,x_2,\cdots,x_k)。$$

要討論 f 在I 上的Riemann積分是否存在及唯一，可以引用上積分與下積分的概念。

【定義5】設 $f: I \to \boldsymbol{R}$ 是k 維緊緻區間I 上的有界函數。

⑴集合$\{U(f,P)\,|\,P$ 是區間I 的分割$\}$ 有下界（參看引理3⑶），其最大下界稱爲函數 f 在區間I 上的**上積分**（upper integral），表示如下：

$$\overline{\int_I} f(x)dx = \inf\{U(f,P)\,|\,P \text{ 是區間} I \text{ 的分割}\}。$$

⑵集合$\{L(f,P)\,|\,P$ 是區間I 的分割$\}$ 有上界（參看引理3⑶），其最小上界稱爲函數 f 在區間I 上的**下積分**（lower integral），表示如下：

$$\underline{\int_I} f(x)dx = \sup\{L(f,P)\,|\,P \text{ 是區間} I \text{ 的分割}\}。$$

下面是上積分與下積分的一些基本性質。

【定理4】（上積分與下積分的大小關係）

對定義於緊緻區間 $I\subset \boldsymbol{R}^k$ 的每個有界函數 $f: I\to \boldsymbol{R}$，恆有

$$\underline{\int}_I f(x)dx \leqslant \overline{\int}_I f(x)dx 。$$

證：由引理3⑶及§1－2定理3⑵即得。‖

【定理5】（上、下積分與係數積）

設 $f: I\to \boldsymbol{R}$ 是 k 維緊緻區間 I 上的有界函數，$c\in \boldsymbol{R}$。

⑴若 $c\geqslant 0$，則可得

$$\overline{\int}_I (cf)(x)dx = c\overline{\int}_I f(x)dx，\underline{\int}_I (cf)(x)dx = c\underline{\int}_I f(x)dx 。$$

⑵若 $c<0$，則可得

$$\overline{\int}_I (cf)(x)dx = c\underline{\int}_I f(x)dx，\underline{\int}_I (cf)(x)dx = c\overline{\int}_I f(x)dx 。$$

證：依上、下積分的定義及§1－2定理2即得。‖

【定理6】（上、下積分與加法）

若 $f,g: I\to \boldsymbol{R}$ 是 k 維緊緻區間 I 上的有界函數，則

$$\underline{\int}_I f(x)dx + \underline{\int}_I g(x)dx \leqslant \underline{\int}_I (f(x)+g(x))dx \leqslant$$

$$\overline{\int}_I (f(x)+g(x))dx \leqslant \overline{\int}_I f(x)dx + \overline{\int}_I g(x)dx 。$$

證：我們只證明上積分的部分。

依§1－2練習題12，在任何子集 $A\subset I$ 上，恆有

$\sup\{f(x)+g(x) \mid x\in A\} \leqslant \sup\{f(x) \mid x\in A\} + \sup\{g(x) \mid x\in A\}$。

由此可得：對於區間 I 的每個分割 P，恆有

$$U(f+g,P) \leqslant U(f,P)+U(g,P)。$$

設 P_1 與 P_2 是區開 I 的任意兩個分割，任選 P_1 與 P_2 的一個共同細分 P，可得

$$U(f,P_1)+U(g,P_2)\geqslant U(f,P)+U(g,P)\geqslant U(f+g,P)$$
$$\geqslant\overline{\int}_I(f(x)+g(x))dx\text{ 。}$$

由此可知：函數 $f+g$ 在區間 I 上的上積分是集合

$$\{U(f,P_1)+U(g,P_2)\mid P_1\text{與 }P_2\text{是區間 }I\text{ 的分割}\}$$

的一個下界，它不大於此集合的最大下界。依§1－2 定理4⑴，得

$$\overline{\int}_I(f(x)+g(x))dx\leqslant\overline{\int}_I f(x)dx+\overline{\int}_I g(x)dx\text{ 。}\|$$

【定理7】（上、下積分能保持次序）

設 f,g：$I\to\mathbf{R}$ 是 k 維緊緻區間 I 上的有界函數。若每個 $x\in I$ 都滿足 $f(x)\leqslant g(x)$，則

$$\overline{\int}_I f(x)dx\leqslant\overline{\int}_I g(x)dx\text{ ，}\underline{\int}_I f(x)dx\leqslant\underline{\int}_I g(x)dx\text{ 。}$$

特例：若 $m,M\in\mathbf{R}$ 且每個 $x\in I$ 都滿足 $m\leqslant f(x)\leqslant M$ ，則

$$m\cdot v(I)\leqslant\underline{\int}_I f(x)dx\leqslant\overline{\int}_I f(x)dx\leqslant M\cdot v(I)\text{。}$$

證：依上、下積分的定義及§1－2定理3⑶即得。‖

【定理8】（上、下積分可分區計算）

設 f：$I\to\mathbf{R}$ 是 k 維緊緻區間 I 上的有界函數。若 $I_1,I_2,\cdots,I_n$ 是 I 中兩兩不重疊的閉子區間而且 $I=I_1\cup I_2\cup\cdots\cup I_n$，則

$$\overline{\int}_I f(x)dx=\sum_{j=1}^n\overline{\int}_{I_j}f(x)dx\text{ ，}\underline{\int}_I f(x)dx=\sum_{j=1}^n\underline{\int}_{I_j}f(x)dx\text{ 。}$$

證：我們只證明上積分的部分。

設 P 是區間 I 的一個分割，依引理1，必可找到 I 的另一分割 Q 使得：Q 是 P 的一個細分而且每個 I_j 都可表示成 Q 中某些分割區間的聯集。對每個 $j=1,2,\cdots,n$，令

$$Q_j=\{J\mid J\text{ 是 }Q\text{ 的一個分割區間且 }J\subset I_j\}\text{ 。}$$

顯然地，Q_j 是緊緻區間 I_j 的一個分割。因為 $I_1,I_2,\cdots,I_n$ 兩兩不重疊而且 $I=I_1\cup I_2\cup\cdots\cup I_n$，所以，$Q_1,Q_2,\cdots,Q_n$ 兩兩不相交而且 Q

$=Q_1\cup Q_2\cup\cdots\cup Q_n$。於是，可得

$$\begin{aligned}U(f,P)&\geqslant U(f,Q)\\&=U(f|_{I_1},Q_1)+U(f|_{I_2},Q_2)+\cdots+U(f|_{I_n},Q_n)\\&\geqslant\overline{\int}_{I_1}f(x)dx+\overline{\int}_{I_2}f(x)dx+\cdots+\overline{\int}_{I_n}f(x)dx\text{。}\end{aligned}$$

因爲上述不等式對區間 I 的每個分割 P 都成立，所以，依上積分的定義，可得

$$\overline{\int}_I f(x)dx\geqslant\overline{\int}_{I_1}f(x)dx+\overline{\int}_{I_2}f(x)dx+\cdots\overline{\int}_{I_n}f(x)dx\text{ 。}$$

反之，對每個 $j=1,2,\cdots,n$，設 P_j 是子區間 I_j 的一個分割。依引理1，必可找到區間 I 的一個分割 Q，使得每個 P_j 的每個分割區間都可表示成 Q 中某些分割區間的聯集。對每個 $j=1,2,\cdots,n$，仿前段由 I 的分割 Q 定義 I_j 的分割 Q_j，則 Q_j 是分割 P_j 的一個細分。於是，可得

$$\begin{aligned}&U(f|_{I_1},P_1)+U(f|_{I_2},P_2)+\cdots+U(f|_{I_n},P_n)\\&\quad\geqslant U(f|_{I_1},Q_1)+U(f|_{I_2},Q_2)+\cdots+U(f|_{I_n},Q_n)\\&\quad=U(f,Q)\\&\quad\geqslant\overline{\int}_I f(x)dx\text{ 。}\end{aligned}$$

因爲上述不等式對子區間 $I_1,I_2,\cdots,I_n$ 的任意分割 $P_1,P_2,\cdots,P_n$ 都成立，所以，依上積分的定義及§1－2定理4(1)，得

$$\overline{\int}_{I_1}f(x)dx+\overline{\int}_{I_2}f(x)dx+\cdots+\overline{\int}_{I_n}f(x)dx\geqslant\overline{\int}_I f(x)dx\text{。}\|$$

丙、可 Riemann 積分的充要條件

我們先利用上積分與下積分的概念來敘述可 Riemann 積分的一個充要條件。

【定理9】（可積分性的充要條件之一 —— Darboux 條件）

若 $f:I\to\boldsymbol{R}$ 是 k 維緊緻區間 I 上的有界函數，則 f 在 I 上可

Riemann 積分的充要條件是 f 在 I 上的上積分與下積分相等。當這條件成立時，f 在 I 上的上、下積分的共同值就是 f 在 I 上的 Riemann 積分，亦即：

$$\int_I f(x)dx=\overline{\int}_I f(x)dx=\underline{\int}_I f(x)dx \text{ 。}$$

證：充分性：設 f 在 I 上的上、下積分相等，令 s 表示它們的共同值。設 ε 爲任意正數，因爲上積分 s 是所有上和的最大下界，所以，對於正數 ε，必可找到 I 的一個分割 P_1 使得 $U(f,P_1)<s+\varepsilon$ 。另一方面，因爲下積分 s 是所有下和的最小上界，所以，對於正數 ε，必可找到 I 的一個分割 P_2 使得 $L(f,P_2)>s-\varepsilon$。選取分割 P_1 與 P_2 的一個共同細分 P_0，則對於 P_0 的每個細分 P 及函數 f 對分割 P 的每個 Riemann 和 $R(f,P)$，因爲分割 P 也是分割 P_1 與 P_2 的共同細分，所以，依引理3，可得

$$R(f,P)\leqslant U(f,P)\leqslant U(f,P_1)<s+\varepsilon \text{ ，}$$
$$R(f,P)\geqslant L(f,P)\geqslant L(f,P_2)>s-\varepsilon \text{ 。}$$

由此可得 $|R(f,P)-s|<\varepsilon$。依定義4，可知函數 f 在區間 I 上可 Riemann 積分，而其 Riemann 積分值就是 s。

必要性：設函數 f 在區間 I 上可 Riemann 積分且其 Riemann 積分值爲 s，我們將證明 s 是函數 f 在區間 I 上的上積分及下積分。設 ε 爲任意正數，依定義4，對於正數 $\varepsilon/2$，必可找到區間 I 的一個分割 $P=\{I_1,I_2,\cdots,I_n\}$ 使得：函數 f 對分割 P 的每個 Riemann 和 $R(f,P)$ 都滿足 $|R(f,P)-s|<\varepsilon/2$。對每個 $j=1,2,\cdots,n$，令

$$M_j=\sup\{f(x)\mid x\in I_j\} \text{ ，}$$
$$m_j=\inf\{f(x)\mid x\in I_j\} \text{ ，}$$

則對於正數 $\varepsilon/(2\cdot v(I))$，必可找到兩點 $s_j,t_j\in I_j$ 使得

$$0\leqslant M_j-f(s_j)<\varepsilon/(2\cdot v(I)) \text{ ，}$$
$$0\leqslant f(t_j)-m_j<\varepsilon/(2\cdot v(I)) \text{ 。}$$

令 $R_1(f,P)=\sum_{j=1}^n f(s_j)v(I_j)$，$R_2(f,P)=\sum_{j=1}^n f(t_j)v(I_j)$，則

$R_1(f,P)$與$R_2(f,P)$都是函數 f 對分割P 的 Riemann 和。於是，得

$$\overline{\int}_I f(x)dx \leqslant U(f,P)=(U(f,P)-R_1(f,P))+R_1(f,P)$$
$$=\sum_{j=1}^{n}(M_j-f(s_j))v(I_j)+R_1(f,P)$$
$$<\frac{\varepsilon}{2v(I)}\sum_{j=1}^{n}v(I_j)+(s+\frac{\varepsilon}{2})$$
$$=s+\varepsilon,$$

$$\underline{\int}_I f(x)dx \geqslant L(f,P)=(L(f,P)-R_2(f,P))+R_2(f,P)$$
$$=\sum_{j=1}^{n}(m_j-f(t_j))v(I_j)+R_2(f,P)$$
$$>-\frac{\varepsilon}{2v(I)}\sum_{j=1}^{n}v(I_j)+(s-\frac{\varepsilon}{2})$$
$$=s-\varepsilon。$$

換言之，對每個正數 ε，恆有

$$s-\varepsilon<\underline{\int}_I f(x)dx\leqslant\overline{\int}_I f(x)dx<s+\varepsilon。$$

因此 f 在I 上的上積分與下積分都等於s。‖

其次，我們利用上和與下和來敘述可 Riemann 積分的另一個充要條件。

【定理10】(可積分性的充要條件之二 —— Riemann 條件)

若 $f:I\to\boldsymbol{R}$ 是 k 維緊緻區間 I 上的有界函數，則 f 在 I 上可 Riemann 積分的充要條件是：對每個正數 ε，都可找到區間 I 的一個分割P，使得 $0\leqslant U(f,P)-L(f,P)<\varepsilon$。

證：充分性：假設函數 f 在緊緻區間I 上不可 Riemann 積分，則依定理9，f 在I 上的上積分與下積分不相等，令 ε 表示上積分減去下積分所得的差，則 $\varepsilon>0$。對於區間 I 的每個分割P，恆有

$$U(f,P)-L(f,P)\geqslant\overline{\int}_I f(x)dx-\underline{\int}_I f(x)dx=\varepsilon。$$

由此可知定理中的條件是 Riemann 可積分性的一個充分條件。

必要性：設函數 f 在緊緻區間 I 上可 Riemann 積分，則依定理9，f 在 I 上的上積分與下積分相等，設其共同值爲 s。設 ε 爲任意正數，依上、下積分的定義，對於正數 $\varepsilon/2$，必可找到區間 I 的兩個分割 P_1 與 P_2 使得：$U(f,P_1)<s+\varepsilon/2$ 且 $L(f,P_2)>s-\varepsilon/2$。選取分割 P_1 與 P_2 的一個共同細分 P，則得

$$\begin{aligned} U(f,P)-L(f,P) &\leqslant U(f,P_1)-L(f,P_2) \\ &<(s+\varepsilon/2)-(s-\varepsilon/2) \\ &=\varepsilon \text{。} \end{aligned}$$

由此可知定理中的條件是 Riemann 可積分性的一個必要條件。‖

利用定理10，很容易確立連續函數的可積分性。

【定理11】（連續函數的可積分性）

若函數 $f: I \to \boldsymbol{R}$ 在 k 維緊緻區間 I 上連續，則 f 在 I 上可 Riemann 積分。

證：設 ε 爲任意正數，因爲 f 在緊緻集 I 上連續，所以，依§3－6定理10，f 在 I 上均勻連續。於是，對於正數 $\varepsilon/v(I)$，必可找到一正數 δ 使得：當 $x,y\in I$ 且 $\|x-y\|<\delta$ 時，恆有 $|f(x)-f(y)|<\varepsilon/v(I)$。選取區間 I 的一個分割 $P=\{I_1,I_2,\cdots,I_n\}$ 使得：對每個 $j=1,2,\cdots,n$，I_j 的每一邊的長都小於 $\delta/\sqrt{k}$。於是，對每個 $j=1,2,\cdots,n$ 及任意 $x,y\in I_j$，恆有 $\|x-y\|<\delta$，更進一步得 $|f(x)-f(y)|<\varepsilon/v(I)$。

對每個 $j=1,2,\cdots,n$，令 $M_j=\sup\{f(x)\mid x\in I_j\}$，$m_j=\inf\{f(x)\mid x\in I_j\}$。因爲 f 在 I_j 上連續而 I_j 爲緊緻集，所以，依§3－5定理11，必可找到 $x_j,y_j\in I_j$ 使得 $M_j=f(x_j)$ 而 $m_j=f(y_j)$。由此可知：對每個 $j=1,2,\cdots,n$，恆有 $M_j-m_j<\varepsilon/v(I)$。於是，可得

$$\begin{aligned} U(f,P)-L(f,P) &=\sum_{j=1}^{n}(M_j-m_j)v(I_j) \\ &<(\varepsilon/v(I))\sum_{j=1}^{n}v(I_j) \\ &=\varepsilon \text{。} \end{aligned}$$

依定理10，可知函數 f 在 I 上可 Riemann 積分。‖

在§5－3 中，我們將對定理11加上推廣（參看§5－3 定理3、4與5）。

利用定理10，我們可以證明 Riemann 可積分性的 Cauchy 條件。

【定理12】（可積分性的充要條件之三 —— Cauchy 條件）

若 $f: I \to \boldsymbol{R}$ 是 k 維緊緻區間 I 上的有界函數，則 f 在 I 上可 Riemann 積分的充要條件是：對每個正數 ε，都可找到區間 I 的一個分割 P_0 使得：對於 P_0 的每對細分 P 與 Q 以及函數 f 對它們的任意 Riemann 和 $R(f,P)$ 與 $R(f,Q)$，恆有

$$|R(f,P)-R(f,Q)|<\varepsilon。$$

證：留爲習題。‖

丁、Riemann 積分的逐次積分法

對於 k 維區間上的 Riemann 積分之計算，基本的做法就是化成一維區間上的定積分，這當然需要對 k 個變數分別進行一次，所以稱爲**逐次積分法**（iterated integration）。下面的定理就是討論這種方法。

【定理13】（逐次積分法之一）

設 I 是一個 k 維緊緻區間，J 是一個 l 維緊緻區間。若 $f: I \times J \to \boldsymbol{R}$ 是 $k+l$ 維緊緻區間 $I \times J$ 上的有界函數，則

(1) $$\underline{\int}_{I\times J} f(x,y)\,d(x,y) \leqslant \underline{\int}_{I}\left[\overline{\int}_{J} f(x,y)\,dy\right]dx$$
$$\leqslant \overline{\int}_{I}\left[\overline{\int}_{J} f(x,y)\,dy\right]dx \leqslant \overline{\int}_{I\times J} f(x,y)\,d(x,y)。$$

(2)將(1)中的兩個 $\overline{\int}_{J} f(x,y)\,dy$ 都改成 $\underline{\int}_{J} f(x,y)\,dy$，所得不等式仍成立。

(3) $$\underline{\int}_{I\times J} f(x,y)\,d(x,y) \leqslant \underline{\int}_{J}\left[\overline{\int}_{I} f(x,y)\,dx\right]dy$$

$$\leqslant \overline{\int}_J \left[\overline{\int}_I f(x,y)dx\right]dy \leqslant \overline{\int}_{I\times J} f(x,y)d(x,y)。$$

(4)將(3)中的兩個$\overline{\int}_I f(x,y)dx$ 都改成$\underline{\int}_I f(x,y)dx$，所得不等式仍成立。

請注意：我們將 $I\times J$ 中的點寫成(x,y)，其中 $x\in I$ 而 $y\in J$。

證：要證明(1)，我們只需證明：對於區間 $I\times J$ 的每個分割P，恆有

$$L(f,P) \leqslant \underline{\int}_I \left[\overline{\int}_J f(x,y)dy\right]dx$$

$$\leqslant \overline{\int}_I \left[\overline{\int}_J f(x,y)dy\right]dx \leqslant U(f,P)。$$

設 P 是區間$I\times J$ 的一個分割，依分割的定義，必可找到 k 維區間I 的一個分割 $P_I=\{I_1,I_2,\cdots,I_m\}$以及 l 維區間J 的一個分割 $P_J=\{J_1,J_2,\cdots,J_n\}$，使得 $P=\{I_r\times J_s \mid r=1,2,\cdots,m\ ,\ s=1,2,\cdots,n\}$。因爲$\{J_1,J_2,\cdots,J_n\}$是區間 J 的分割，所以，對每個 $x\in I$，依定理8，可得

$$\overline{\int}_J f(x,y)dy=\sum_{s=1}^{n}\overline{\int}_{J_s} f(x,y)dy 。$$

因爲上式左端的函數表示成右端的 n 個函數之和，所以，依定理6，可得

$$\overline{\int}_I \left[\overline{\int}_J f(x,y)dy\right]dx \leqslant \sum_{s=1}^{n}\overline{\int}_I \left[\overline{\int}_{J_s} f(x,y)dy\right]dx 。$$

因爲$\{I_1,I_2,\cdots,I_m\}$是區間 I 的分割，所以，依定理8，可將上式右端每個在 I 上的上積分表示成在$I_1,I_2,\cdots,I_m$ 上的上積分之和。由此得

$$\overline{\int}_I \left[\overline{\int}_J f(x,y)dy\right]dx \leqslant \sum_{r=1}^{m}\sum_{s=1}^{n}\overline{\int}_{I_r} \left[\overline{\int}_{J_s} f(x,y)dy\right]dx 。$$

同法可得

$$\underline{\int}_I \left[\overline{\int}_J f(x,y)dy\right] dx \geqslant \sum_{r=1}^{m}\sum_{s=1}^{n}\underline{\int}_{I_r} \left[\overline{\int}_{J_s} f(x,y)dy\right]dx 。$$

其次，對每個 $r=1,2,\cdots,m$ 及每個$s=1,2,\cdots,n$，令

$$M_{rs}=\sup\{f(x,y)\mid(x,y)\in I_r\times J_s\},$$
$$m_{rs}=\inf\{f(x,y)\mid(x,y)\in I_r\times J_s\}。$$

對每個$(x,y)\in I_r\times J_s$，因爲 $m_{rs}\leqslant f(x,y)\leqslant M_{rs}$，所以，對每個 $x\in I_r$，依定理7，可得

$$m_{rs}\,v(J_s)\leqslant\overline{\int}_{J_s}f(x,y)dy\leqslant M_{rs}\,v(J_s)。$$

再對上述不等式使用定理7，即得

$$\begin{aligned}m_{rs}\,v(I_r)\,v(J_s)&\leqslant\underline{\int}_{I_r}\left[\overline{\int}_{J_s}f(x,y)dy\right]dx\\&\leqslant\overline{\int}_{I_r}\left[\overline{\int}_{J_s}f(x,y)dy\right]dx\leqslant M_{rs}v(I_r)\,v(J_s)。\end{aligned}$$

因爲上述不等式對每個 $r=1,2,\cdots,m$ 及每個 $s=1,2,\cdots,n$ 都成立，所以，將此 mn 個不等式相加，即得

$$\begin{aligned}L(f,P)&\leqslant\sum_{r=1}^{m}\sum_{s=1}^{n}\underline{\int}_{I_r}\left[\overline{\int}_{J_s}f(x,y)dy\right]dx\\&\leqslant\sum_{r=1}^{m}\sum_{s=1}^{n}\overline{\int}_{I_r}\left[\overline{\int}_{J_s}f(x,y)dy\right]dx\leqslant U(f,P)。\end{aligned}$$

再與前面兩個不等式比較，即得

$$\begin{aligned}L(f,P)&\leqslant\underline{\int}_{I}\left[\overline{\int}_{J}f(x,y)dy\right]dx\\&\leqslant\overline{\int}_{I}\left[\overline{\int}_{J}f(x,y)dy\right]dx\leqslant U(f,P)。\end{aligned}$$

這就是定理中的(1)。

在前面的證明中，若將在 J 上的上積分改成在J 上的下積分，整個證明過程仍都正確，所以可得定理中的(2)。

另一方面，在前面的證明中，若將區間 I 與J 的角色對調，整個證明過程仍都正確，所以可得定理的(3)與(4)。 ‖

【定理14】(Fubini 定理 —— 逐次積分法之二)

設 I 是一個k 維緊緻區間，J 是一個 l 維緊緻區間。若有界函數

$f: I\times J\to \mathbf{R}$ 在 $k+l$ 維區間 $I\times J$ 上可 Riemann 積分，則

(1)函數 $x\mapsto \overline{\int}_J f(x,y)dy$ 與 $x\mapsto \underline{\int}_J f(x,y)dy$ 都在 I 上可 Riemann 積分。

(2)函數 $y\mapsto \overline{\int}_I f(x,y)dx$ 與 $y\mapsto \underline{\int}_I f(x,y)dx$ 都在 J 上可 Riemann 積分。

(3)$\int_{I\times J} f(x,y)d(x,y)$

$$= \int_I \left[\overline{\int}_J f(x,y)dy\right]dx = \int_I \left[\underline{\int}_J f(x,y)dy\right]dx$$

$$= \int_J \left[\overline{\int}_I f(x,y)dx\right]dy = \int_J \left[\underline{\int}_I f(x,y)dx\right]dy \text{ 。}$$

證：因為 f 在 $I\times J$ 上可 Riemann 積分，所以，依定理9，可知定理13(1)的不等式中最左與最右的兩數相等，於是，該不等式的中間兩數也跟著都等於最左與最右的兩數。再依定理9，可知函數

$$x\mapsto \overline{\int}_J f(x,y)dy$$

在 I 上可 Riemann 積分，而且

$$\int_{I\times J} f(x,y)d(x,y) = \int_I \left[\overline{\int}_J f(x,y)dy\right]dx \text{ 。}$$

同理，依定理13的(2),(3)與(4)分別可證得本定理的其他結果。‖

【系理15】(逐次積分法之三)

設 I 是一個 k 維緊緻區間，J 是一個 l 維緊緻區間。若有界函數 $f: I\times J\to \mathbf{R}$ 在 $k+l$ 維區間 $I\times J$ 上可 Riemann 積分，則

(1)當「對每個 $x\in I$，函數 $y\mapsto f(x,y)$ 都在 J 上可 Riemann 積分」時，可得

$$\int_{I\times J} f(x,y)d(x,y) = \int_I \left[\int_J f(x,y)dy\right]dx \text{ 。}$$

(2)當「對每個 $y\in J$，函數 $x\mapsto f(x,y)$ 都在 I 上可 Riemann 積

分」時，可得

$$\int_{I\times J} f(x,y)d(x,y)=\int_J\left[\int_I f(x,y)dx\right]dy \text{ 。}$$

證：由定理14及定理9即得。‖

【系理16】（逐次積分法之四）

設 I 是一個 k 維緊緻區間，J 是一個 l 維緊緻區間。若函數 $f: I\times J\to \boldsymbol{R}$ 在 $k+l$ 維區間 $I\times J$ 上連續，則

$$\int_{I\times J} f(x,y)d(x,y)=\int_I\left[\int_J f(x,y)dy\right]dx=\int_J\left[\int_I f(x,y)dx\right]dy \text{ 。}$$

證：由系理15及定理11即得。‖

【例1】試求 $\int_I (x+2y)^2 d(x,y)$，其中 $I=[0,2]\times[-1,2]$。

解：函數 $(x,y)\mapsto(x+2y)^2$ 在 I 上連續，依系理16，得

$$\begin{aligned}\int_I (x+2y)^2 d(x,y)&=\int_0^2\left[\int_{-1}^2 (x+2y)^2 dy\right]dx\\&=\int_0^2\left[\frac{1}{6}(x+2y)^3\Big|_{y=-1}^{y=2}\right]dx\\&=\int_0^2\left[\frac{1}{6}(x+4)^3-\frac{1}{6}(x-2)^3\right]dx\\&=\left[\frac{1}{24}(x+4)^4-\frac{1}{24}(x-2)^4\right]\Big|_{x=0}^{x=2}\\&=\frac{1}{24}(6^4-0-4^4+(-2)^4)\\&=44 \text{ 。}\end{aligned}$$

另一種方法為

$$\begin{aligned}\int_I (x+2y)^2 d(x,y)&=\int_{-1}^2\left[\int_0^2 (x+2y)^2 dx\right]dy\\&=\int_{-1}^2\left[\frac{1}{3}(x+2y)^3\Big|_{x=0}^{x=2}\right]dy\\&=\int_{-1}^2\left[\frac{1}{3}(2+2y)^3-\frac{1}{3}(2y)^3\right]dy\\&=\left[\frac{1}{24}(2+2y)^4-\frac{1}{24}(2y)^4\right]_{y=-1}^{y=2}\end{aligned}$$

$$=\frac{1}{24}(6^4-4^4-0+(-2)^4)$$
$$=44\text{ 。}\|$$

逐次積分法自然可以由兩次推廣成 k 次，且看下述定理。請注意：爲了避免太多的括號，我們將逐次積分寫成

$$\int_I\left[\int_J f(x,y)dy\right]dx=\int_I dx\int_J f(x,y)dy\text{ 。}$$

【定理17】（逐次積分法之五）

設 $I=[a_1,b_1]\times[a_2,b_2]\times\cdots\times[a_k,b_k]$爲一個 k 維緊緻區間，$f：I\to\boldsymbol{R}$ 爲一有界函數。若

(1)f 在 I 上可積分，

(2)對每個 $i=1,2,\cdots,k-1$，以及$[a_1,b_1]\times\cdots\times[a_i,b_i]$中的每個點$(x_1,x_2,\cdots,x_i)$，函數

$$x_{i+1}\mapsto\int_{a_{i+2}}^{b_{i+2}}dx_{i+2}\cdots\int_{a_k}^{b_k}f(x_1,x_2,\cdots,x_k)dx_k$$

都在$[a_{i+1},b_{i+1}]$上可 Riemann 積分，

則得

$$\int_I f(x)dx=\int_{a_1}^{b_1}dx_1\int_{a_2}^{b_2}dx_2\cdots\int_{a_k}^{b_k}f(x_1,x_2,\cdots,x_k)dx_k\text{ 。}$$

證：由系理15及數學歸納法即得。‖

請注意：定理17中的逐次積分，其順序可以任意排列（當然，假設條件(2)必須做適當的配合。）另一方面，定理17中的假設條件對連續函數都滿足，所以，當函數 $f：I\to\boldsymbol{R}$ 在 I 上連續時，定理17的結論成立。

【例2】試求$\int_I xy\,d(x,y,z)$，其中$I=[0,2]\times[-1,3]\times[0,4]$。

解：依定理17，可得

$$\int_I xy\,d(x,y,z)=\int_0^2 dx\int_{-1}^3 dy\int_0^4 xy\,dz$$

$$= \int_0^2 dx \int_{-1}^3 4xy\, dy$$
$$= \int_0^2 16x\, dx$$
$$= 32 \text{ 。} \|$$

戊、Riemann 積分的另一種定義

在定義 4 定義 Riemann 積分時，我們所使用的定義是：「對每個正數 ε，都可找到 I 的一個分割 P_0 使得：P_0 的每個細分 P……。」但在其他書籍中，Riemann 積分可能採用：「對每個正數 ε，都可找到一正數 δ 使得：每個滿足 $|P|<\delta$ 的分割 P……。」這兩種定義在使用時各有所長、也各有所短，關於這一點，我們不必贅述。對於積分理論的探討而言，很重要的是：「這兩種定義所指的 Riemann 積分是相同的嗎？」本節的最後一小節中，我們就來證實這個問題的肯定答案。

【定理18】（Riemann 積分的兩種定義等價）

設 $f: I \to \boldsymbol{R}$ 是 k 維緊緻區間 I 上的有界函數，則 f 在 I 上可 Riemann 積分且積分值爲 s 的充要條件是：對每個正數 ε，都可找到一正數 δ 使得：對於滿足 $|P|<\delta$ 的每個分割 P 以及函數 f 對分割 P 的每個 Riemann 和 $R(f,P)$，恆有 $|R(f,P)-s|<\varepsilon$。

證：充分性：設定理中的條件成立。設 ε 爲任意正數，依假設，必可找到一正數 δ 使得：對於滿足 $|P|<\delta$ 的每個分割 P 以及函數 f 對 P 的每個 Riemann 和 $R(f,P)$，恆有 $|R(f,P)-s|<\varepsilon$。任選區間 I 的一個分割 P_0 使得 $|P_0|<\delta$，則因爲 $|P_0|<\delta$，所以，P_0 的每個細分 P 也必滿足 $|P|<\delta$。於是，對 P_0 的每個細分 P 以及函數 f 對 P 的每個 Riemann 和 $R(f,P)$，恆有 $|R(f,P)-s|<\varepsilon$。由此可知：函數 f 在 I 上可 Riemann 積分且其積分值爲 s。

必要性：設函數 f 在 I 上可 Riemann 積分且其積分值爲 s。設 ε

爲任意正數，我們只需證明：可找到一正數 δ 使得：對於滿足 $|P|<\delta$ 的每個分割 P，恆有

$$s-\varepsilon<L(f,P)\leqslant U(f,P)<s+\varepsilon 。$$

因爲 s 是函數 f 在 I 上的上積分，也是 f 在 I 上的下積分，所以，對於正數 $\varepsilon/2$，必可找到區間 I 的一個分割 $P_0=\{I_1,I_2,\cdots,I_m\}$，使得 $s-\varepsilon/2<L(f,P_0)\leqslant U(f,P_0)<s+\varepsilon/2$。爲了方便，我們假設：在做成 I 的分割 P_0 時，區間 I 的每一邊所分割的一維分割區間都是 q 個（必要時，可將 P_0 改用它的一個細分代替），所以，$m=q^k$。設 $M=\sup\{|f(x)|\,|\,x\in I\}$ 而 $I=[a_1,b_1]\times[a_2,b_2]\times\cdots\times[a_k,b_k]$，令

$$\delta=\varepsilon/\left[4qM\cdot\sum_{i=1}^{k}\prod_{j\neq i}(b_j-a_j)\right]。$$

設 $P=\{J_1,J_2,\cdots,J_n\}$ 是 I 的一個分割且 $|P|<\delta$，令 Q 表示分割 P_0 與 P 的最小共同細分，亦即：$Q=\{I_r\cap J_s\,|\,1\leqslant r\leqslant m，1\leqslant s\leqslant n，I_r^0\cap J_s^0\neq\phi\}$。因爲

$$U(f,Q)\leqslant U(f,P_0)<s+\varepsilon/2，$$
$$L(f,Q)\geqslant L(f,P_0)>s-\varepsilon/2，$$

所以，我們只需證明 $U(f,P)-U(f,Q)<\varepsilon/2$ 與 $L(f,Q)-L(f,P)<\varepsilon/2$ 即可。

設 $Q=\{K_1,K_2,\cdots,K_p\}$，因爲分割 Q 是 P 的細分，所以，可找到 n 個兩兩不相交的子集 $X_1,X_2,\cdots,X_n$ 使得：$\{1,2,\cdots,p\}=X_1\cup X_2\cup\cdots\cup X_n$，而且對每個 $s=1,2,\cdots,n$，恆有 $J_s=\cup\{K_t\,|\,t\in X_s\}$。若某個 X_s 只含一個元素，則 J_s 也是分割 Q 的一個分割區間。於是，分割區間 J_s 在上和 $U(f,P)$ 及 $U(f,Q)$ 中所對應的項相等，因而在兩上和的差 $U(f,P)-U(f,Q)$ 中互相消去。令 $Y=\{s\in\mathbf{N}\,|\,1\leqslant s\leqslant n，X_s$ 至少含二元素$\}$，則

$$\begin{aligned}0\leqslant U(f,P)-U(f,Q)&=\sum_{s\in Y}\sum_{t\in X_s}\left(\sup_{x\in J_s}f(x)-\sup_{x\in K_t}f(x)\right)v(K_t)\\&\leqslant 2M\sum_{s\in Y}\sum_{t\in X_s}v(K_t)\\&=2M\sum_{s\in Y}v(J_s)。\end{aligned}$$

若 $s \in Y$ 且 $J_s = [\alpha_1, \beta_1] \times [\alpha_2, \beta_2] \times \cdots \times [\alpha_k, \beta_k]$，則因為 J_s 等於至少兩個 K_t 的聯集，所以，必有一個 $i = 1, 2, \cdots, k$ 使得 (α_i, β_i) 中至少含有分割 P_0 在第 i 邊 $[a_i, b_i]$ 上的一個分割點。因為 P_0 將邊 $[a_i, b_i]$ 分成 q 個子區間而每個分割點至多只能屬於一個 (α_i, β_i)，所以，分割 P 在第 i 邊 $[a_i, b_i]$ 上的分割區間中，至多只有 $q-1$ 個分割區間的內部能含有分割 P_0 在第 i 邊上的分割點（因為 a_i 與 b_i 不會屬於任何分割區間的內部）。另一方面，依分割的定義，分割 P 中第 i 邊是 $[\alpha_i, \beta_i]$ 的所有分割區間的體積之和等於 $(\beta_i - \alpha_i)\prod_{j \neq i}(b_j - a_j)$ 而 $\beta_i - \alpha_i \leqslant |P| < \delta$。因此，由前面的結果，可得

$$
\begin{aligned}
0 \leqslant U(f, P) - U(f, Q) &\leqslant 2M \sum_{s \in Y} v(J_s) \\
&< 2M \sum_{i=1}^{k} (q-1)\delta \prod_{j \neq i} (b_j - a_j) \\
&< 2Mq\delta \sum_{i=1}^{k} \prod_{j \neq i} (b_j - a_j) \\
&= \varepsilon/2,
\end{aligned}
$$

同法可證得 $L(f, Q) - L(f, P) < \varepsilon/2$。這就是所欲證的結果。‖

練習題 5-1

1. 試證引理3。
2. 若 $f: I \to \boldsymbol{R}$ 是 k 維緊緻區間 I 上的一個常數函數且其值為 c，試證：f 在 I 上可 Riemann 積分，且積分值為 $c \cdot v(I)$。
3. 設函數 $f: [0,1] \times [0,1] \to \boldsymbol{R}$ 定義如下：對 $[0,1] \times [0,1]$ 中每個點 (x, y)，若 x 與 y 都是有理數，則 $f(x, y) = 1$；若 x 與 y 中至少有一個是無理數，則 $f(x, y) = 0$。試求函數 f 在區間 $[0,1] \times [0,1]$ 上的上積分、下積分以及下列各值：

$$\overline{\int_0^1} dx \overline{\int_0^1} f(x, y)\, dy, \quad \underline{\int_0^1} dx \overline{\int_0^1} f(x, y)\, dy,$$

$$\overline{\int_0^1} dx \underline{\int_0^1} f(x, y)\, dy, \quad \underline{\int_0^1} dx \underline{\int_0^1} f(x, y)\, dy。$$

4.設函數 $f:[0,1]\times[0,1]\to\boldsymbol{R}$ 定義如下：對 $[0,1]\times[0,1]$ 中每個點 (x,y)，若可找到一個質數 p 及二非負整數 q 與 r，使得 $x=q/p$ 且 $y=r/p$，則 $f(x,y)=1$；否則，$f(x,y)=0$。試證：函數 f 在 $[0,1]\times[0,1]$ 上不可 Riemann 積分，但

$$\int_0^1 dx\int_0^1 f(x,y)dy=\int_0^1 dy\int_0^1 f(x,y)dx=0\text{。}$$

5.設函數 $f:[0,1]\times[0,1]\to\boldsymbol{R}$ 定義如下：對 $[0,1]\times[0,1]$ 中每個點 (x,y)，若 x 與 y 都是有理數且 $x=m/n$，其中 m 與 n 互質且 $n\in\mathbf{N}$，則 $f(x,y)=1/n$；若 x 與 y 中至少有一個是無理數，則 $f(x,y)=0$。試證：

(1)對每個 $y\in[0,1]$，恆有 $\int_0^1 f(x,y)dx=0$。

(2) $\int_0^1 dy\int_0^1 f(x,y)dx=\int_{[0,1]\times[0,1]} f(x,y)d(x,y)=0$。

再證：當 $x\in\boldsymbol{Q}$ 時，函數 $y\mapsto f(x,y)$ 在 $[0,1]$ 不可 Riemann 積分，並求其上積分與下積分。

6.設函數 $f:[0,1]\times[0,1]\to\boldsymbol{R}$ 定義如下：對 $[0,1]\times[0,1]$ 中每個點 (x,y)，若 x 是有理數，則 $f(x,y)=1$；若 x 是無理數，則 $f(x,y)=2y$。試證：

(1)對每個 $t\in[0,1]$，恆有

$$\overline{\int_0^1} dx\int_0^t f(x,y)dy=t\text{，}\underline{\int_0^1} dx\int_0^t f(x,y)dy=t^2\text{。}$$

(2) $\int_0^1 dx\int_0^1 f(x,y)dy=1$，$\int_0^1 dy\overline{\int_0^1} f(x,y)dx=\dfrac{5}{4}$，

$$\int_0^1 dy\underline{\int_0^1} f(x,y)dx=\frac{3}{4}\text{。}$$

(3) f 在 $[0,1]\times[0,1]$ 上不可 Riemann 積分。

7.試證定理12。

8.設 $I\subset\boldsymbol{R}^k$ 爲一緊緻區間，$I_1,I_2,\cdots,I_n$ 爲 I 中兩兩不重疊的閉子區間而且 $I=I_1\cup I_2\cup\cdots\cup I_n$。若有界函數 $f:I\to\boldsymbol{R}$ 在每個

I_j 的內部每個點的值都等於 c_j，而在各 I_j 的所有邊界點的值爲任意實數，則 f 稱爲**階梯函數**（step function）。試證：f 在 I 上可 Riemann 積分且積分值爲 $\sum_{j=1}^{n} c_j\, v(I_j)$。

9. 若 $f: I \to \boldsymbol{R}$ 是緊緻區間 I 上的有界函數，試證：f 在 I 上可 Riemann 積分的充要條件是：對每個正數 ε，都可找到一對階梯函數 $g, h: I \to \boldsymbol{R}$ 使得：$g \leqslant f \leqslant h$ 而且

$$0 < \int_I (h(x) - g(x))\, dx < \varepsilon \text{。}$$

10. 若對每個 $i = 1, 2, \cdots, k$，函數 $f_i: [a_i, b_i] \to \boldsymbol{R}$ 在 $[a_i, b_i]$ 上可 Riemann 積分，試證：函數

$$(x_1, x_2, \cdots, x_k) \mapsto f_1(x_1) f_2(x_2) \cdots f_k(x_k)$$

在 $I = [a_1, b_1] \times [a_2, b_2] \times \cdots \times [a_k, b_k]$ 上可 Riemann 積分，而且

$$\int_I f_1(x_1) f_2(x_2) \cdots f_k(x_k)\, d(x_1, x_2, \cdots, x_k) = \prod_{i=1}^{k} \left[\int_{a_i}^{b_i} f_i(x_i)\, dx_i \right] \text{。}$$

11. 若函數 $f: I \to \boldsymbol{R}$ 在緊緻區間 I 上可 Riemann 積分而 c 爲一常數，試證：函數 cf 在 I 上也可 Riemann 積分而且

$$\int_I cf(x)\, dx = c \int_I f(x)\, dx \text{。}$$

12. 若函數 $f, g: I \to \boldsymbol{R}$ 在緊緻區間 I 上可 Riemann 積分，試證：函數 $f + g$ 在 I 上也可 Riemann 積分，而且

$$\int_I (f(x) + g(x))\, dx = \int_I f(x)\, dx + \int_I g(x)\, dx \text{。}$$

13. 若單變數函數 $f: [a, b] \to \boldsymbol{R}$ 是單調函數，則 f 在 $[a, b]$ 上可 Riemann 積分。試證之。

5-2 Jordan 可測集與容量

多變數函數的 Riemann 積分理論若只限於以緊緻區間做為積分區域的函數，整個理論的適用範圍就未免太小了。因此，我們要考慮那些集合可以做爲 Riemann 積分的積分區域，這項考慮將引出 Jordan 可測集的概念。

甲、Jordan 容量的意義

在一般的有界集合上，Riemann 積分的定義如下，

【定義1】 設 $f: A \to \boldsymbol{R}$ 是有界集合 $A \subset \boldsymbol{R}^k$ 上的一個有界函數。任選一個緊緻區間 $I \subset \boldsymbol{R}^k$ 使得 $A \subset I$，定義一函數 $\bar{f}: I \to \boldsymbol{R}$ 如下：

$$\bar{f}(x) = \begin{cases} f(x)， & 若\ x \in A； \\ 0， & 若\ x \in I - A。\end{cases}$$

⑴函數 $\bar{f}$ 在區間 I 上的上積分稱爲函數 f 在 A 上的上積分，記爲

$$\overline{\int}_A f(x)dx = \overline{\int}_I \bar{f}(x)dx \ 。$$

⑵函數 $\bar{f}$ 在區間 I 上的下積分稱爲函數 f 在 A 上的下積分，記爲

$$\underline{\int}_A f(x)dx = \underline{\int}_I \bar{f}(x)dx \ 。$$

⑶若函數 $\bar{f}$ 在區間 I 上可 Riemann 積分，則稱函數 f 在 A 上**可 Riemann 積分**，而函數 $\bar{f}$ 在區間 I 上的 Riemann 積分稱爲函數 f 在 A 上的 **Riemann 積分**，記爲

$$\int_A f(x)dx = \int_I \bar{f}(x)dx \ 。$$

請注意：上述的定義 1 若要意義明確妥當，必須證明各有關積分值都不受區間 I 的影響，這個問題留爲習題，參看練習題 1 。

表面上看來，我們在每個有界集合 A 上都可以定義 Riemann 積分的概念，但在實用上，我們自然希望在集合 A 上確實有可 Riemann 積分的非零函數。換句話說，我們希望定義在 A 上的簡單且良好的函數在 A 上可 Riemann 積分，這類簡單且良好的函數中，我們就以在 A 上的值都等於 1 的函數爲例來討論，且看下述定義（參看§3－5例4）。

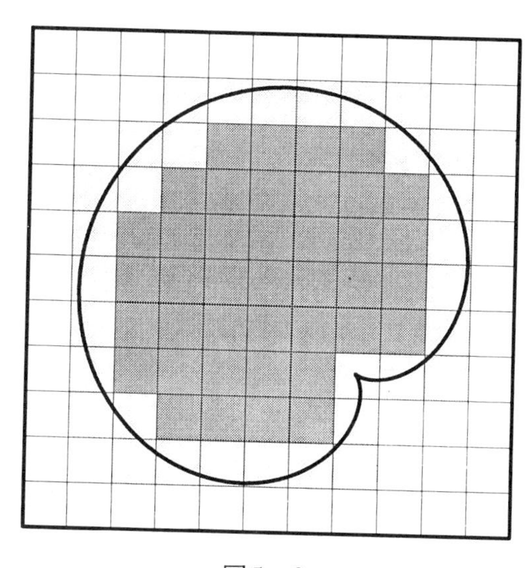

圖5－2

【定義2】對於 $\boldsymbol{R}^k$ 的任意子集 A，可定義一函數 χ_A：$\boldsymbol{R}^k \to \boldsymbol{R}$ 如下：

$$\chi_A(x)=\begin{cases}1，若\ x\in A；\\ 0，若\ x\notin A。\end{cases}$$

此函數稱爲集合 A 的**特徵函數**（characteristic function）。

設 $A\subset\boldsymbol{R}^k$ 爲一有界集合，$I\subset\boldsymbol{R}^k$ 爲一緊緻區間，$A\subset I$。對於 I 的任意分割 $P=\{I_1,I_2,\cdots,I_n\}$，可得

$$U(\chi_A,P)=\sum\{v(I_j)\mid 1\leqslant j\leqslant n\ ，I_j\cap A\neq\phi\}，$$

$$L(\chi_A,P)=\sum\{v(I_j)\mid 1\leqslant j\leqslant n\ ，I_j\subset A\}。$$

以圖5－2來觀察，彎曲的線條圍出了區域 A，$U(\chi_A,P)$等於所有畫陰影的矩形區域的面積之和，這些矩形區域的聯集包含集合 A；$L(\chi_A,P)$等於所有畫深色陰影的矩形區域的面積之和，這些矩形區域的聯集包含在集合 A 之內。這種包含關係顯示出：$U(\chi_A,P)$是由外來逼近集合 A 的面積，而$L(\chi_A,P)$是由內來逼近集合 A 的面積。將這現象推廣到 k 維空間，我們引進了容量的概念。

【定義3】設 $A\subset\boldsymbol{R}^k$ 爲一有界集合。

(1)函數 χ_A 在A 上的上積分稱爲集合A 的k 維 Jordan **外容量**（outer Jordan content），以$c^*(A)$表之，亦即：

$$c^*(A)=\overline{\int}_A \chi_A(x)dx \text{ 。}$$

(2)函數 χ_A 在A 上的下積分稱爲集合A 的k 維 Jordan **內容量**（inner Jordan content），以$c_*(A)$表之，亦即：

$$c_*(A)=\underline{\int}_A \chi_A(x)dx \text{ 。}$$

(3)若函數 χ_A 在A 上可 Riemann 積分，則稱集合 A 爲 Jordan **可測集**（Jordan measurable set）或稱 A **有容量**（A has content），而 χ_A 在A 上的 Riemann 積分稱爲集合 A 的k 維 Jordan **容量**（Jordan content），以$c(A)$表之，亦即：

$$c(A)=\int_A x_A(x)dx \text{ 。}$$

顯然地，對任意有界集合 A，恆有 $0\leqslant c_*(A)\leqslant c^*(A)$；而且 A 有容量的充要條件是$c^*(A)=c_*(A)$，此時，它們的共同值就是 A 的 Jordan 容量。

【例1】設 $A=\{(x_1,x_2,\cdots,x_k)\mid x_1,x_2,\cdots,x_k\in\boldsymbol{Q}\cap(0,1)\}$，則可得 $c^*(A)=1$ 而 $c_*(A)=0$。於是，A 不是 Jordan 可測集。爲什麼呢？令 $I=[0,1]\times[0,1]\times\cdots\times[0,1]\subset\boldsymbol{R}^k$，則對每個分割 P，P 的每個分割區間都包含A 的點，而每個分割區間都不能包含於 A。於

是，$U(\chi_A,P)=1$，$L(\chi_A,P)=0$。因爲此二等式對每個分割 P 都成立，所以，得$c^*(A)=1$，$c_*(A)=0$。‖

【例2】對每個 $j=1,2,\cdots,k$，設 I_j 表示區間(a_j,b_j)或$(a_j,b_j]$或$[a_j,b_j)$或$[a_j,b_j]$。令 $A=I_1\times I_2\times\cdots\times I_k$，則集合 A 有容量而且 $c(A)=(b_1-a_1)(b_2-a_2)\cdots(b_k-a_k)=v(A)$。我們證明如下：令 $I=\overline{A}$，則 I 是包含 A 的一個 k 維緊緻區間。對於 I 的每個分割 P，P 的每個分割區間都包含 A 的點，於是，$U(\chi_A,P)=v(A)$。因爲此式對每個分割 P 都成立，所以，得$c^*(A)=v(A)$。

另一方面，設 ε 爲任意正數，因爲 $\lim_{x\to 0}\prod_{j=1}^{k}(b_j-a_j-2x)=\prod_{j=1}^{k}(b_j-a_j)$，所以，必可找到一個正數 δ，使得$\prod_{j=1}^{k}(b_j-a_j-2\delta)>\prod_{j=1}^{k}(b_j-a_j)-\varepsilon$。令 $J=[a_1+\delta,b_1-\delta]\times[a_2+\delta,b_2-\delta]\times\cdots\times[a_k+\delta,b_k-\delta]$，則 $J\subset I^0$。依§5－1引理 1，可找到區間 I 的一個分割Q，使得 J 可表示成Q 中某些分割區間的聯集。由此可知：$c_*(A)\geqslant L(\chi_A,Q)\geqslant v(J)>v(A)-\varepsilon$。由此可得$c_*(A)=v(A)$。‖

乙、零容量集

討論容量的概念時，容量爲零的集合扮演很重要的角色，我們特地提出來討論。

【定理1】（容量爲 0 的充要條件之一）

若 $A\subset\boldsymbol{R}^k$ 爲一有界集合，則 A 的k 維 Jordan 容量等於 0 的充要條件是：對每個正數 ε，都可找到有限多個 k 維緊緻區間$I_1,I_2,\cdots,I_n$，使得 $A\subset\bigcup_{j=1}^{n}I_j$ 而$\sum_{j=1}^{n}v(I_j)<\varepsilon$。

證：必要性：設 A 的k 維 Jordan 容量等於 0，選取一個 k 維緊緻區間I 使得$A\subset I$。設 ε 爲任意正數，因爲特徵函數 χ_A 在I 上的上積分等於 0，所以，必可找到區間 I 的一個分割P，使得$U(\chi_A,P)<\varepsilon$。

在分割 P 的分割區間中，與集合 A 相交的分割區間設爲$I_1, I_2, \cdots, I_n$，則得 $A\subset\bigcup_{j=1}^n I_j$ 而且$U(\chi_A, P)=\sum_{j=1}^n v(I_j)$。於是，可得 $\sum_{j=1}^n v(I_j)<\varepsilon$。

充分性：設集合 A 具有定理所提的性質，我們將證明$c^*(A)=0$，如此，由$0\leqslant c_*(A)\leqslant c^*(A)=0$ 可得 $c_*(A)=0$，於是，可得 $c(A)=0$。設 ε 爲任意正數，依假設，可找到 k 維緊緻區間$I_1, I_2, \cdots, I_n$，使得 $A\subset\bigcup_{r=1}^n I_r$ 且 $\sum_{r=1}^n v(I_r)<\varepsilon/2$。對每個 $r=1,2,\cdots,n$，仿例 2 的方法，可找到一個 k 維緊緻區間J_r，使得$I_r\subset J_r^0$ 而且 $v(J_r)<v(I_r)+\varepsilon/(2n)$。於是，$A\subset\bigcup_{r=1}^n J_r^0$ 且 $\sum_{r=1}^n v(J_r)<\varepsilon$。選取一個 k 維緊緻區間 I 使得$\bigcup_{r=1}^n J_r\subset I$，則依§5－1引理 1，必可找到區間 I 的一個分割P，使得每個 J_r 都可表示成P 中某些分割區間的聯集。在分割 P 的分割區間中，因爲 $A\subset\bigcup_{r=1}^n J_r^0$，所以，與 A 相交的分割區間必包含於某個 J_r 之內。於是，$U(\chi_A, P)\leqslant\sum_{r=1}^n v(J_r)<\varepsilon$。由此可得$c^*(A)=0$。‖

在定理 1 的證明中，我們已經發現：定理 1 中所提的緊緻區間可改爲有限開區間，寫成一定理如下。

【定理2】（容量爲 0 的充要條件之二）

若 $A\subset\boldsymbol{R}^k$ 爲一有界集合，則 A 的k 維 Jordan 容量等於 0 的充要條件是：對每個正數 ε，都可找到有限多個 k 維緊緻區間$I_1, I_2, \cdots, I_n$，使得 $A\subset\bigcup_{j=1}^n I_j^0$ 而$\sum_{j=1}^n v(I_j)<\varepsilon$。

證：參看定理 1 的證明。‖

除了定理1、2的充要條件之外，我們也需要使用 k 維緊緻正方體（compact cube）來描述 k 維零容量集。若一個 k 維區間的所有邊的長度都相等，則我們稱它爲 **k 維正方體**（k dimensional cube）。顯然地，若一個 k 維正方體的每邊長都是a，則其 k 維體積（或容量）爲 a^k。

【定理3】（容量爲 0 的充要條件之三）

若 $A\subset\boldsymbol{R}^k$ 爲一有界集合，則 A 的 k 維 Jordan 容量等於 0 的充要條件是：對每個正數 ε，都可找到有限多個 k 維緊緻正方體 $I_1,I_2,\cdots,I_n$，使得 $A\subset\bigcup_{j=1}^{n}I_j$ 而 $\sum_{j=1}^{n}v(I_j)<\varepsilon$。

證：充分性：設 $c(A)=0$，選取一個 k 維緊緻正方體 I 使得 $A\subset I$，則可知特徵函數 χ_A 在區間 I 上的 Riemann 積分等於 0。設 ε 爲任意正數，依 § 5－1 定理18，必可找到一正數 δ，使得：對於區間 I 中滿足 $|P|<\delta$ 的每個分割 P 以及函數 χ_A 對分割 P 的每個 Riemann 和 $R(\chi_A,P)$，恆有 $|R(\chi_A,P)|<\varepsilon$。設正方體 I 的每邊長爲 a，選取一個正整數 m 使得 $a/m<\delta$，將正方體 I 的每一邊 m 等分而作成 I 的一個分割 Q，則分割 Q 的每個分割區間都是 k 維緊緻正方體而且 $|Q|<\delta$。在分割 Q 的分割區間中，與集合 A 相交的分割區間設爲 $I_1,I_2,\cdots,I_n$，則每個 I_j 都是 k 維緊緻正方體，而且 $\sum_{j=1}^{n}v(I_j)$ 是函數 χ_A 對分割 Q 的一個 Riemann 和。依前面所提的性質，可知 $A\subset\bigcup_{j=1}^{n}I_j$ 而且 $\sum_{j=1}^{n}v(I_j)<\varepsilon$。‖

利用定理 1 的充要條件，很容易得出下面的基本性質。

【定理4】（零容量集的基本性質）

(1) $\boldsymbol{R}^k$ 的每個有限子集都是 k 維零容量集。

(2) k 維零容量集的每個子集也都是 k 維零容量集。

(3) 有限多個 k 維零容量集的聯集也是 k 維零容量集。

證：留爲習題。‖

什麼樣的集合是零容量呢？下面的四個定理可以提供許許多多的例子。

【定理5】（連續函數的圖形是零容量集）

若 $f:A\to\boldsymbol{R}$ 是緊緻集 $A\subset\boldsymbol{R}^k$ 上的一個連續函數，則 f 的圖形 $\{(x,f(x))\in\boldsymbol{R}^{k+1}\mid x\in A\}$ 的 $(k+1)$ 維 Jordan 容量等於 0。

證：選取一個 k 維緊緻區間 I 使得 $A\subset I$。設 ε 爲任意正數，因爲函

數 f 在緊緻集 A 上連續，所以，f 在 A 上均匀連續。於是，對於正數 $\varepsilon/v(I)$，必可找到一正數 δ 使得：當 $x,y\in A$ 且 $\|x-y\|<\delta$ 時，恆有 $|f(x)-f(y)|<\varepsilon/v(I)$。任選區間 I 的一個分割 P，使得 P 中每個分割區間的每一邊長都小於 $\delta/\sqrt{k}$，則在分割 P 的每個分割區間中，任意兩點的距離都小於 δ。在分割 P 的分割區間中，與集合 A 相交的分割區間設爲 $J_1,J_2,\cdots,J_n$。對每個 $r=1,2,\cdots,n$，令

$$M_r=\sup\{f(x)\mid x\in J_r\cap A\},\quad m_r=\inf\{f(x)\mid x\in J_r\cap A\},$$

並令 $I_r=J_r\times[m_r,M_r]\subset\boldsymbol{R}^{k+1}$。因爲 f 在緊緻集 $J_r\cap A$ 上連續，所以，M_r 與 m_r 分別等於 $J_r\cap A$ 中某兩個點的函數值。因爲這兩點的距離小於 δ，所以，依前面的結果，$0\leqslant M_r-m_r<\varepsilon/v(I)$。由此可知：集合 $\{(x,f(x))\mid x\in A\}$ 包含於聯集 $\bigcup_{r=1}^{n}I_r$ 之中，而且

$$\sum_{r=1}^{n}v(I_r)=\sum_{r=1}^{n}v(J_r)\cdot(M_r-m_r)<(\varepsilon/v(I))\cdot\sum_{r=1}^{n}v(J_r)\leqslant\varepsilon\text{ 。}$$

依定理 1，可知集合 $\{(x,f(x))\in\boldsymbol{R}^{k+1}\mid x\in A\}$ 的 $(k+1)$ 維 Jordan 容量等於 0。‖

【定理6】（Lipschitz 條件與零容量集）

設 $U\subset\boldsymbol{R}^k$ 爲開集而 $\varphi: U\to\boldsymbol{R}^k$ 爲一函數。若函數 φ 在開集 U 上滿足一階 Lipschitz 條件，則對每個滿足 $\overline{A}\subset U$ 且 k 維容量爲 0 的有界子集 A，映像 $\varphi(A)$ 的 k 維容量恆爲 0。

證：選取一正數 M 使得：對任意 $x,y\in U$，恆有 $\|\varphi(x)-\varphi(y)\|\leqslant M\|x-y\|$。因爲 $\overline{A}$ 爲緊緻集而 $\boldsymbol{R}^k-U$ 是與 $\overline{A}$ 不相交的閉集，所以，依 §2－4定理10，可找到一個正數 δ 使得：對每個 $x\in\overline{A}$，恆有 $B_\delta(x)\subset U$。設 ε 爲任意正數，因爲 A 的 k 的容量爲 0，所以，對於正數 $\varepsilon/(M\sqrt{k})^k$，仿定理 3 的證明，可找到有限多個 k 維緊緻正方體 $I_1,I_2,\cdots,I_n$ 使得：$A\subset\bigcup_{r=1}^{n}I_r$、$\sum_{r=1}^{n}v(I_r)<\varepsilon/(M\sqrt{k})^k$ 而且每個 I_r 的每邊長都小於 $\delta/\sqrt{k}$。我們當然也可假設每個 I_r 都與 A 相交。對每個 $r=1,2,\cdots,n$，設 $x\in I_r\cap A$，因爲 I_r 的邊長小於

$\delta/\sqrt{k}$，所以，$I_r \subset B_\delta(x) \subset U$。更進一步地，設 I_r 的中心爲 x_r 而邊長爲 $2a_r$，則對於 I_r 中任意點 y，因爲 y 與 x_r 都屬於 U，所以，得

$$\|\varphi(y)-\varphi(x_r)\| \leqslant M\|y-x_r\| \leqslant Ma_r\sqrt{k}。$$

若以 J_r 表示邊長爲 $2Ma_r\sqrt{k}$ 而中心爲 $\varphi(x_r)$ 的 k 維緊緻正方體，則可得 $\varphi(I_r) \subset J_r$。於是，得 $\varphi(A) \subset \bigcup_{r=1}^n J_r$ 而且

$$\sum_{r=1}^n v(J_r) = \sum_{r=1}^n (M\sqrt{k})^k v(I_r) < \varepsilon。$$

依定理 3，可知 $\varphi(A)$ 的 k 維容量爲 0。‖

【系理7】(連續可微分性與零容量)

設 $U \subset \boldsymbol{R}^k$ 爲開集而 $\varphi: U \to \boldsymbol{R}^k$ 爲一函數。若函數 φ 在開集 U 上連續可微分，則對每個滿足 $\overline{A} \subset U$ 且 k 維容量爲 0 的有界集合 A，映像 $\varphi(A)$ 的 k 維容量恆爲 0。

證：因爲閉集 $\boldsymbol{R}^k - U$ 與緊緻集 $\overline{A}$ 不相交，所以，可找到一正數 δ 使得：對每個 $x \in \overline{A}$，恆有 $B_\delta(x) \subset U$。令 $V = \bigcup\{B_{\delta/2}(x) \mid x \in A\}$，則 V 爲一開集、$\overline{V}$ 是緊緻集而且 $\overline{A} \subset V \subset \overline{V} \subset U$。因爲 φ 在 U 上連續可微分，所以，函數 $x \mapsto \|d\varphi(x)\|$ 在 U 上連續。因爲 $\overline{V}$ 是 U 的緊緻子集，所以，$M = \sup\{\|d\varphi(x)\| \mid x \in \overline{V}\} < +\infty$。對於 V 中任意二點 x 與 y，若 $\overline{xy} \subset V$，則依均值定理（§4－3系理 5），可得

$$\|\varphi(x)-\varphi(y)\| \leq M\|x-y\|。$$

上式雖然不能說明 φ 在 V 上滿足 Lipschitz 條件，但已可仿照定理 6 的證明得知 $\varphi(A)$ 的 k 維容量爲 0。‖

【系理8】(低維度與零容量)

設 $U \subset \boldsymbol{R}^l$ 爲開集而 $\psi: U \to \boldsymbol{R}^k$ 爲一函數。若函數 ψ 在開集 U 上連續可微分而且 $l < k$，則對每個滿足 $\overline{A} \subset U$ 的有界子集 A，映像 $\psi(A)$ 的 k 維容量恆爲 0。

證：令 $U_0 = U \times \boldsymbol{R}^{k-l} \subset \boldsymbol{R}^k$，則 U_0 是開集。定義函數 $\varphi: U_0 \to \boldsymbol{R}^k$ 如下：對每個 $(x_1, x_2, \cdots, x_l, \cdots, x_k) \in U_0$，令

$$\varphi(x_1, x_2, \cdots, x_l, \cdots, x_k) = \psi(x_1, x_2, \cdots, x_l)。$$

因爲 ψ 在 U 上連續可微分，所以，φ 在 U_0上連續可微分。設有界集合 $A \subset \boldsymbol{R}^l$ 滿足 $\overline{A} \subset U$，令 $A_0 = A \times \{(0,0,\cdots,0)\} \subset \boldsymbol{R}^k$，則在 $\boldsymbol{R}^k$ 中，可得 $\overline{A_0} \subset U_0$而且 $\varphi(A_0) = \psi(A)$。只要我們證明 A_0的 k 維容量爲 0，則依系理 7，可知$\psi(A)$的 k 維容量爲 0。

因爲 $\overline{A} \subset \boldsymbol{R}^l$ 是緊緻集，所以，依定理 5，定義域爲 $\overline{A}$ 的零函數的圖形 $\overline{A} \times \{0\}$的$(l+1)$維容量爲 0。同理，因爲 $\overline{A} \times \{0\} \subset \boldsymbol{R}^{l+1}$是緊緻集，所以，依定理 5，$\overline{A} \times \{(0,0)\}$的$(l+2)$維容量爲 0。依數學歸納法，$\overline{A} \times \{(0,0,\cdots,0)\} \subset \boldsymbol{R}^k$ 的 k 維容量爲 0。於是，它的子集 A_0的 k 維容量爲 0。‖

丙、Jordan 可測集

下面的定理告訴我們：一個集合有 Jordan 容量的充要條件是它的邊界不能很「厚」。

【定理9】（Jordan 可測的充要條件）

設 $A \subset \boldsymbol{R}^k$ 爲一有界集合，A^b 是 A 的邊界。

(1) $c^*(A) - c_*(A) = c^*(A^b)$。

(2) A 有 k 維容量的充要條件是其邊界 A^b 的 k 維容量爲 0。

證：選取一個緊緻區間 $I \subset \boldsymbol{R}^k$ 使得 $\overline{A} \subset I^0$。

首先證明$c^*(A^b) \leqslant c^*(A) - c_*(A)$。設 ε 爲任意正數，依內、外容量的定義，可找到區間 I 的兩個分割P_1與 P_2，使得

$$U(\chi_A, P_1) < c^*(A) + \varepsilon/2, \quad L(\chi_A, P_2) > c_*(A) - \varepsilon/2。$$

任取分割 P_1與 P_2的一個共同細分 P，在分割 P 的分割區間中，與集合 A 相交的分割區間設爲 $I_1, I_2, \cdots, I_n$，其中的 $I_1, I_2, \cdots, I_m$ 包含於 A。因爲 A 包含於閉集$\bigcup_{j=1}^n I_j$，所以，可得 $A^b \subset \overline{A} \subset \bigcup_{j=1}^n I_j$。設 $x \in A^b$，因爲 $x \in \overline{A} \subset I^0$，所以，$x$ 是集合

$$B = \bigcup \{J \mid J \text{ 是} P \text{ 的分割區間且} x \in J\}$$

的內點，或是說，集合 B 是點x 的鄰域。因爲 x 是A 的邊界點，所

以，$B\cap(\boldsymbol{R}^k-A)\neq\phi$。因爲$\bigcup_{j=1}^m I_j\subset A$，所以，$B\not\subset\bigcup_{j=1}^m I_j$。由此可知：必有一個$j=m+1,m+2,\cdots,n$使得$x\in I_j$。於是，可得$A^b\subset\bigcup_{j=m+1}^n I_j$。依外容量的定義、§5－1定理6與定理7、以及本節的例2，可得

$$\begin{aligned}c^*(A^b)&\leqslant c^*(\textstyle\bigcup_{j=m+1}^n I_j)\leqslant\sum_{j=m+1}^n c^*(I_j)=\sum_{j=m+1}^n v(I_j)\\&=U(\chi_A,P)-L(\chi_A,P)\leqslant U(\chi_A,P_1)-L(\chi_A,P_2)\\&<c^*(A)-c_*(A)+\varepsilon\text{。}\end{aligned}$$

因爲$c^*(A^b)<c^*(A)-c_*(A)+\varepsilon$對每個正數$\varepsilon$都成立，所以，

$$c^*(A^b)\leqslant c^*(A)-c_*(A)\text{。}$$

其次證明$c^*(A^b)\geqslant c^*(A)-c^*(A)$。對於區間$I$的任何分割$Q$，若$Q$的分割區間$J$包含$A$的點、但$J$不包含於$A$，則$J\cap A\neq\phi$而且$J\cap(\boldsymbol{R}^k-A)\neq\phi$。因爲$J$是連通集，所以，依§2－5練習題7，可知$J\cap A^b\neq\phi$。考慮所有此種分割區間$J$的體積之和，即得

$$U(\chi_{A^b},Q)\geqslant U(\chi_A,Q)-L(\chi_A,Q)\geqslant c^*(A)-c_*(A)\text{。}$$

因爲上述不等式對區間I的每個分割Q都成立，所以，可得

$$c^*(A^b)\geqslant c^*(A)-c_*(A)\text{。}$$

綜合前面兩段的結果，即得(1)。至於(2)，則由(1)立即可得。‖

利用定理9的充要條件可證明下面的基本性質。

【定理10】（容量的基本性質）

(1)若集合$A,B\subset\boldsymbol{R}^k$都有$k$維容量，則其交集$A\cap B$與聯集$A\cup B$也都有$k$維容量，而且

$$c(A)+c(B)=c(A\cup B)+c(A\cap B)\text{。}$$

(2)若集合$A,B\subset\boldsymbol{R}^k$都有$k$維容量，則其差集$A-B$與$B-A$也都有$k$維容量，而且

$$c(A\cup B)=c(A-B)+c(B-A)+c(A\cap B)\text{。}$$

(3)若集合$A,B\subset\boldsymbol{R}^k$都有$k$維容量且$A\cap B=\phi$，則

$$c(A\cup B)=c(A)+c(B)\text{。}$$

⑷若集合 $A,B\subset\boldsymbol{R}^k$ 都有 k 容量且 $A\subset B$，則

$$c(B-A)=c(B)-c(A)，c(A)\leqslant c(B)。$$

⑸若集合 $A\subset\boldsymbol{R}^k$ 有 k 維容量，則對每個 $x\in\boldsymbol{R}^k$，集合 $x+A=\{x+a\mid a\in A\}$ 也有 k 維容量，而且 $c(x+A)=c(A)$。集合 $x+A$ 稱爲集合 A 的一個**平移**（translate）。

證：若集合 $A,B\subset\boldsymbol{R}^k$ 都有 k 維容量，則 $c(A^b)=c(B^b)=0$。於是，依定理4⑶，可得 $c(A^b\cup B^b)=0$。因爲 $A\cup B$、$A\cap B$、$A-B$ 與 $B-A$ 等四個集合的邊界都包含於 $A^b\cup B^b$（參看練習題15），所以，依定理4⑵，此四集合的邊界的 k 維容量都等於 0。依定理9⑵，四集合 $A\cup B$、$A\cap B$、$A-B$ 與 $B-A$ 都有 k 維容量。

其次，任選一個緊緻區間 I 使得 $A\cup B\subset I$。因爲特徵函數 χ_A、χ_B、$\chi_{A\cup B}$ 與 $\chi_{A\cap B}$ 都可 Riemann 積分，而且滿足 $\chi_A+\chi_B=\chi_{A\cup B}+\chi_{A\cap B}$，所以，依§5－1練習題12，得

$$\begin{aligned}c(A)+c(B)&=\int_I\chi_A(x)dx+\int_I\chi_B(x)dx\\&=\int_I(\chi_A(x)+\chi_B(x))dx\\&=\int_I(\chi_{A\cup B}(x)+\chi_{A\cap B}(x))dx\\&=\int_I\chi_{A\cup B}(x)dx+\int_I\chi_{A\cap B}(x)dx\\&=c(A\cup B)+c(A\cap B)。\end{aligned}$$

這就是⑴中的等式。同理可證明⑵中的等式。

⑶由⑴即得（請注意：$c(\phi)=0$。），⑷由⑵即得。

因爲區間 I 包含 A，所以，區間 $x+I$ 包含 $x+A$。對於區間 I 的每個分割 $P=\{I_1,I_2,\cdots,I_n\}$，令 $Q=\{x+I_1,x+I_2,\cdots,x+I_n\}$，則 Q 是區間 $x+I$ 的一個分割。顯然地，$(x+I_j)\cap(x+A)\neq\phi$ 的充要條件是 $I_j\cap A\neq\phi$；$x+I_j\subset x+A$ 的充要條件是 $I_j\subset A$。由此可得

$$U(\chi_A,P)=U(\chi_{x+A},Q)\geqslant c^*(x+A),$$

$$L(\chi_A,P)=L(\chi_{x+A},Q)\leqslant c_*(x+A)。$$

因為上述不等式對區間 I 的每個分割P 都成立，所以，得

$$c_*(A)\leqslant c_*(x+A)\leqslant c^*(x+A)\leqslant c^*(A)。$$

因為 A 有容量，所以，$c^*(A)=c_*(A)$。於是，可得$c^*(x+A)=c_*(x+A)$。由此可知：$x+A$ 有容量而且 $c(x+A)=c(A)$。‖

下面的例子說明：有界開集與緊緻集都可能沒有容量。

【例3】將$(0,1)\times(0,1)$內兩坐標都是有理數的點排成一個點列$\{(x_n,y_n)\}_{n=1}^{\infty}$。對每個 $n\in\boldsymbol{N}$，以(x_n,y_n)為中心作一個開區間 $I_n\subset(0,1)\times(0,1)$，令 $G=\bigcup_{n=1}^{\infty}I_n$，則 G 是$\boldsymbol{R}^2$中的一個開集，$[0,1]\times[0,1]-G$ 是$\boldsymbol{R}^2$中的一個緊緻集。試證：若$\sum_{n=1}^{\infty}v(I_n)<1$，則 G 與$[0,1]\times[0,1]-G$ 都沒有二維容量。

證：因為$[0,1]\times[0,1]$有二維容量，所以，只要證明 G 沒有二維容量，依定理10(2)，即可知$[0,1]\times[0,1]-G$ 也沒有二維容量。

因為$\{(x_n,y_n)\mid n\in\boldsymbol{N}\}\subset G\subset[0,1]\times[0,1]$，所以，依例 1 與例 2，可知$c^*(G)=1$。

設 P 是區間$[0,1]\times[0,1]$的任意分割，在分割 P 的分割區間中，設包含於 G 的分割區間為$J_1,J_2,\cdots,J_m$。因為$\bigcup_{s=1}^{m}J_s$ 是一個緊緻集而$\{I_n\mid n\in\boldsymbol{N}\}$是它的一個開覆蓋，所以，必可找到一個 $n\in\boldsymbol{N}$ 使得$\bigcup_{s=1}^{m}J_s\subset\bigcup_{r=1}^{n}I_r$。由此可得

$$L(\chi_G,P)=\sum_{s=1}^{m}v(J_s)=c(\bigcup_{s=1}^{m}J_s)\leqslant c(\bigcup_{r=1}^{n}I_r)\leqslant\sum_{r=1}^{n}v(I_r)\leqslant\sum_{r=1}^{\infty}v(I_r)。$$

因為此結果對區間$[0,1]\times[0,1]$的每個分割都成立，所以，可知$c_*(G)\leqslant\sum_{n=1}^{\infty}v(I_n)<1$，於是，$c^*(G)\neq c_*(G)$，$G$ 沒有容量。‖

儘管有像例 3 中所舉的沒有容量的集合存在，但是，有容量的集合是很多的，下面的定理告訴我們尋找有容量集合的一種方法。

【定理11】(能保持 Jordan 可測性的函數)

設 $U\subset R^k$ 為開集而 φ：$U\to\boldsymbol{R}^k$ 為一函數。若函數 φ 在開集 U 上連續可微分，則對每個滿足 $\overline{A}\subset U$ 且有 k 維容量的有界集合 A，

只要對每個 $x\in A^0$，全微分 $d\varphi(x)$：$\boldsymbol{R}^k\to\boldsymbol{R}^k$ 都是可逆函數，映像 $\varphi(A)$都有 k 維容量。

證：因爲 $\overline{A}$ 是緊緻集，$\overline{A}\subset U$，而 φ 在 U 上連續，所以，$\varphi(\overline{A})$是緊緻集。於是，$\varphi(A)$是有界集合。因爲 A 有 k 集容量，所以，依定理9(2)，邊界 A^b 的 k 維容量爲 0 。因爲函數 φ 在開集 U 上連續可微分，而且 $\overline{A^b}=A^b\subset\overline{A}\subset U$，所以，依系理 7 ，$\varphi(A^b)$的 k 維容量爲 0 。只要能證明$(\varphi(A))^b\subset\varphi(A^b)$，則知$(\varphi(A))^b$ 的 k 維容量爲 0 。再依定理9(2)，即知$\varphi(A)$有 k 維容量。

因爲$\varphi(\overline{A})$是緊緻集，所以，$(\varphi(A))^b\subset\overline{\varphi(A)}\subset\varphi(\overline{A})=\varphi(A^0\cup A^b)$。若$y\in(\varphi(A))^b$ ，則必有一個 $x\in A^0\cup A^b$ 滿足 $y=\varphi(x)$。設 $x\in A^0$，因爲 φ 在點x 的開鄰域A^0上連續可微分，而且$d\varphi(x)$：$\boldsymbol{R}^k\to\boldsymbol{R}^k$ 是可逆函數，所以，依反函數定理，必可找到點 x 的一個開鄰域$V\subset A^0$，使得$\varphi(V)$是點 $\varphi(x)$的開鄰域而且 $\varphi|_V$：$V\to\varphi(V)$是可逆函數。由此可知點 $y=\varphi(x)$是集合 $\varphi(A)$的內點，此與$y\in(\varphi(A))^b$的假設矛盾。因此，$x\in A^b$。於是，$(\varphi(A))^b\subset\varphi(A^b)$。‖

前述定理中的$(\varphi(A))^b\subset\varphi(A^b)$通常不能改成相等。例如：設 φ：$\boldsymbol{R}-\{0\}\to\boldsymbol{R}$ 爲 $\varphi(x)=x^2$，而 $A=[-2,-1]\cup[1,3]$，則$\varphi(A^b)=\{1,4,9\}$而$(\varphi(A))^b=\{1,9\}$。不過，若 φ 又是一對一函數，則兩者就會相等，寫成一個定理如下。

【系理12】（能保持邊界的一種函數）

若函數 φ：$U\to\boldsymbol{R}^k$ 是開集 $U\subset\boldsymbol{R}^k$ 上的一個連續可微分的一對一函數，而且對每個 $x\in U$，全微分 $d\varphi(x)$：$\boldsymbol{R}^k\to\boldsymbol{R}^k$ 都是可逆函數，則對滿足 $\overline{A}\subset U$ 的有界集合 A，恆有$\varphi(A^b)=(\varphi(A))^b$ 。

證：留爲習題。‖

丁、容量函數的特性

定理10談到容量的一些基本性質，下面的定理指出：這些性質爲容量函數所獨有。

【定理13】（如何刻劃容量函數）

設 μ：$\{A\subset \boldsymbol{R}^k \mid A$ 有 k 維容量$\}\to \boldsymbol{R}$ 爲一函數。若 μ 具有下述性質：

(1)對每個有容量的集合 $A\subset \boldsymbol{R}^k$，恆有$\mu(A)\geqslant 0$；

(2)對有容量的任意集合 $A,B\subset \boldsymbol{R}^k$，當 $A\cap B=\phi$ 時，恆有

$$\mu(A\cup B)=\mu(A)+\mu(B)；$$

(3)對每個有容量的集合 $A\subset \boldsymbol{R}^k$ 及每個點 $x\in \boldsymbol{R}^k$，恆有

$$\mu(x+A)=\mu(A)；$$

(4)令 $I_1=[0,1)\times[0,1)\times\cdots\times[0,1)$，則$\mu(I_1)=1$；

則對每個有容量的集合 $A\subset \boldsymbol{R}^k$，恆有$\mu(A)=c(A)$。

證：首先證明 μ 可以保持次序：設 $A,B\subset \boldsymbol{R}^k$ 有容量而且$A\subset B$，則 $B=A\cup(B-A)$且 $A\cap(B-A)=\phi$ 。依(1)與(2)可得

$$\mu(B)=\mu(A)+\mu(B-A)\geqslant\mu(A)。$$

其次，設 $A,B\subset \boldsymbol{R}^k$ 有容量，則 $A\cup B=A\cup(B-A)$而 $A\cap(B-A)=\phi$。依(1)與(2)可得

$$\mu(A\cup B)=\mu(A)+\mu(B-A)\leqslant\mu(A)+\mu(B)。$$

對每個 $n\in \boldsymbol{N}$，令 $I_n=[0,1/n)\times[0,1/n)\times\cdots\times[0,1/n)$。顯然地，我們可將區間 I_1表示成下述聯集：

$$I_1=\bigcup_{\alpha_1=0}^{n-1}\bigcup_{\alpha_2=0}^{n-1}\cdots\bigcup_{\alpha_k=0}^{n-1}((\frac{\alpha_1}{n},\frac{\alpha_2}{n},\cdots,\frac{\alpha_k}{n})+I_n)$$

由於區間 I_n 是「左閉右開」，所以，上述聯集中的 n^k 個子區間兩兩不相交。於是，依(2)與(3)，可得$1=\mu(I_1)=n^k\mu(I_n)$，或

$$\mu(I_n)=1/n^k=c(I_n)。$$

同理，對任意 $m_1,m_2,\cdots,m_k\in \boldsymbol{N}$，仿上法可將區間$[0,m_1/n)\times[0,m_2/n)\times\cdots\times[0,m_k/n)$表示成 I_n 的$m_1m_2\cdots m_k$ 個兩兩不相交的平移的聯集。由此可得：對任意正有理數 $r_1,r_2,\cdots,r_k\in \boldsymbol{Q}$，恆有

$$\mu([0,r_1)\times[0,r_2)\times\cdots\times[0,r_k))=r_1r_2\cdots r_k$$
$$=c([0,r_1)\times[0,r_2)\times\cdots\times[0,r_k))。$$

再其次，對任意正有理數 $r_1,r_2,\cdots,r_k$，因爲區間$[0,r_1]\times[0,r_2]\times\cdots\times[0,r_k]$包含區間$[0,r_1)\times[0,r_2)\times\cdots\times[0,r_k)$，所以，可得 $\mu([0,r_1]\times[0,r_2]\times\cdots\times[0,r_k])\geqslant r_1\,r_2\cdots r_k$。另一方面，若 $s_1,s_2,\cdots,s_k\in\boldsymbol{Q}$ 且 $s_1>r_1,s_2>r_2,\cdots,s_k>r_k$，則

$$[0,r_1]\times[0,r_2]\times\cdots\times[0,r_k]\subset[0,s_1)\times[0,s_2)\times\cdots\times[0,s_k),$$
$$\mu([0,r_1]\times[0,r_2]\times\cdots\times[0,r_k])\leqslant s_1s_2\cdots s_k \text{。} \qquad (*)$$

因爲不等式$(*)$對滿足 $s_1>r_1,s_2>r_2,\cdots,s_k>r_k$ 的有理數$s_1,s_2,\cdots,s_k$ 都成立，所以，$\mu([0,r_1]\times[0,r_2]\times\cdots\times[0,r_k])\leqslant r_1r_2\cdots r_k$。於是，得

$$\mu([0,r_1]\times[0,r_2]\times\cdots\times[0,r_k])=r_1r_2\cdots r_k$$
$$=c([0,r_1]\times[0,r_2]\times\cdots\times[0,r_k])。$$

最後證明對每個有容量的集合 A，恆有$\mu(A)=c(A)$。選取一個 k 維緊緻正方體I 使得：$A\subset I$ 而且 I 的邊長是整數。設 ε 爲任意正數，因爲 A 有k 維容量，所以，函數 χ_A 在I 上可 Riemann 積分。依§ 5－1定理18，可找到一個 $\delta>0$，使得：對於區間 I 中滿足$|P|<\delta$ 的每個分割P 以及函數 χ_A 對分割P 的每個 Riemann 和$R(\chi_A,P)$，恆有$|R(\chi_A,P)-c(A)|<\varepsilon$。選取一個 $n\in\boldsymbol{N}$ 使得$1/n<\delta$，因爲正方體 I 的邊長是整數，所以，我們可以將 I 的每個邊等分成長度爲 $1/n$ 的子區間作成正方體I 的一個分割Q。於是，Q 的每個分割區間都是前述區間 $\overline{I_n}$的一個平移而且$|Q|<\delta$。在 Q 的分割區間中，與 A 相交的分割區間設爲$J_1,J_2,\cdots,J_N$，其中的 $J_1,J_2,\cdots,J_M$ 包含於$A(M\leqslant N)$。因爲$\sum_{r=1}^{M}c(J_r)$與$\sum_{r=1}^{N}c(J_r)$都是函數 χ_A 對分割Q 的 Riemann 和，所以，可得

$$c(A)-\varepsilon<\sum_{r=1}^{M}c(J_r)\leqslant c(A)\leqslant\sum_{r=1}^{N}c(J_r)<c(A)+\varepsilon \text{。}$$

另一方面，由$\bigcup_{r=1}^{M}J_r\subset A\subset\bigcup_{r=1}^{N}J_r$ 可得

$$\mu(\bigcup_{r=1}^{M} J_r) \leqslant \mu(A) \leqslant \mu(\bigcup_{r=1}^{N} J_r) 。$$

對每個 $r=1,2,\cdots,M$，設 $J_r=[a_1^r,b_1^r]\times[a_2^r,b_2^r]\times\cdots\times[a_k^r,b_k^r]$，令 $J_r'=[a_1^r,b_1^r)\times[a_1^r,b_2^r)\times\cdots\times[a_k^r,b_k^r)$，則 J_r'是 I_n 的一個平移而且 $\mu(J_r')=c(J_r')$。由此可得

$$\mu(\bigcup_{r=1}^{M} J_r) \geqslant \mu(\bigcup_{r=1}^{M} J_r') = \sum_{r=1}^{M} \mu(J_r')$$

$$= \sum_{r=1}^{M} c(J_r') = \sum_{r=1}^{M} c(J_r) > c(A) - \varepsilon 。$$

對每個 $r=1,2,\cdots,N$，J_r 是 $\bar{I}_n$ 的一個平移而且$\mu(J_r)=c(J_r)$。於是，得

$$\mu(\bigcup_{r=1}^{N} J_r) \leqslant \sum_{r=1}^{N} \mu(J_r) = \sum_{r=1}^{N} c(J_r) < c(A) + \varepsilon 。$$

綜合上述後三個不等式，即得$c(A)-\varepsilon<\mu(A)<c(A)+\varepsilon$。因爲此不等式對每個正數 ε 都成立，所以，得$\mu(A)=c(A)$。這就是所欲證的結果。‖

【系理14】(如何刻劃容量函數之二)

設 $\mu:\{A\subset \boldsymbol{R}^k \mid A$ 有 k 維容量$\}\to \boldsymbol{R}$ 爲一函數。若 μ 具有下述性質：

(1)對每個有容量的集合 $A\subset \boldsymbol{R}^k$，恆有$\mu(A)\geqslant 0$；

(2)對有容量的任意集合 $A,B\subset \boldsymbol{R}^k$，當 $A\cap B=\phi$ 時，恆有

$$\mu(A\cup B)=\mu(A)+\mu(B)；$$

(3)對每個有容量的集合 $A\subset \boldsymbol{R}^k$ 及每個點$x\in \boldsymbol{R}^k$，恆有

$$\mu(x+A)=\mu(A)；$$

則必可找到一個常數 $m\geqslant 0$，使得：對每個有容量的集合 $A\subset \boldsymbol{R}^k$，恆有$\mu(A)=m\cdot c(A)$。

證：由(1)與(2)可證得：若 $A,B\subset \boldsymbol{R}^k$ 有容量且$A\subset B$，則

$$\mu(A)\leqslant \mu(B)。$$

若$\mu(I_1)=0$，其中$I_1=[0,1)\times[0,1)\times\cdots\times[0,1)$是 k 維區間，則由(2)與(3)可證得：若 $a_1<b_1, a_2<b_2,\cdots,a_k<b_k$ 等都是整數，則

$\mu([a_1,b_1)\times[a_2,b_2)\times\cdots\times[a_k,b_k))=0$。因為每個有界集合都包含於某個此種形式的區間中，所以，依前面所提的「μ 可保持次序」可知：對每個有容量的集合 $A\subset\boldsymbol{R}^k$，恆有$\mu(A)=0$。這表示定理中所指的常數 m 等於 0。

若$\mu(I_1)\neq 0$，則函數$(1/\mu(I_1))\mu:\{A\subset\boldsymbol{R}^k \mid A$ 有 k 維容量$\}\rightarrow\boldsymbol{R}$ 就具有定理13所提的四個性質。於是，依定理13，對每個有 k 維容量的集合A，$(1/\mu(I_1))\mu(A)=c(A)$或 $\mu(A)=\mu(I_1)\cdot c(A)$。這表示定理中所指的常數 m 等於 $\mu(I_1)$。 ‖

利用系理14，我們可以討論下述重要問題：一有界集合經一線性函數做過變換之後，其映像的容量與集合本身的容量兩者有何關係？設 $T:\boldsymbol{R}^k\rightarrow\boldsymbol{R}^k$ 為一線性函數，我們利用線性函數 T 定義一個函數 $\mu:\{A\subset\boldsymbol{R}^k \mid A$ 有 k 維容量$\}\rightarrow\boldsymbol{R}$ 如下：設 $A\subset\boldsymbol{R}^k$ 有 k 維容量，令 $\mu(A)=c(T(A))$。請注意：因為 T 是線性函數，所以，當 A 是有界集合時，$T(A)$必是有界集合。我們來檢查系理14中的三個性質：

(1)對每個有 k 維容量的集合A，恆有$\mu(A)=c(T(A))\geqslant 0$。

(2)設 $A,B\subset\boldsymbol{R}^k$ 有 k 維容量且$A\cap B=\phi$。若 $T:\boldsymbol{R}^k\rightarrow\boldsymbol{R}^k$ 是一對一函數，則$T(A)\cap T(B)=T(A\cap B)=\phi$。於是，得

$$\begin{aligned}\mu(A\cup B)&=c(T(A\cup B))=c(T(A)\cup T(B))\\&=c(T(A))+c(T(B))=\mu(A)+\mu(B)。\end{aligned}$$

(3)設 $A\subset\boldsymbol{R}^k$ 有 k 維容量而 $x\in\boldsymbol{R}^k$。因為 $T:\boldsymbol{R}^k\rightarrow\boldsymbol{R}^k$ 是線性函數，所以，得$T(x+A)=T(x)+T(A)$。於是，得

$$\begin{aligned}\mu(x+A)&=c(T(x+A))=c(T(x)+T(A))\\&=c(T(A))=\mu(A)。\end{aligned}$$

由此知：若 $T:\boldsymbol{R}^k\rightarrow\boldsymbol{R}^k$ 是一對一函數，則函數 $A\mapsto c(T(A))$滿足系理14的三個條件。因此，必可找到一個常數$m(T)$使得：對每個有容量的集合 $A\subset\boldsymbol{R}^k$，恆有$c(T(A))=m(T)\cdot c(A)$。

前段最後所提的性質對於非一對一的線性函數也成立，原因如下：若線性函數 $T:\boldsymbol{R}^k\rightarrow\boldsymbol{R}^k$ 不是一對一函數，則 T 就不是映成函

數。於是，$\boldsymbol{R}^k$ 中有一個（$k-1$）維子空間 X 滿足$T(\boldsymbol{R}^k)\subset X$。依系理 8（參看練習題 4），可知子空間 X 中的每個有界子集的 k 維容量都等於 0。因此，對每個有容量的集合 $A\subset\boldsymbol{R}^k$，恆有$c(T(A))=0$，這表示我們可令$m(T)=0$ 使得 $c(T(A))=m(T)\cdot c(A)$仍然成立。

對於一對一的線性函數 $T:\boldsymbol{R}^k\to\boldsymbol{R}^k$，常數$m(T)$能不能更清楚地表示呢？根據系理14的證明，若 $I_1=[0,1)\times[0,1)\times\cdots\times[0,1)$，則$m(T)=c(T(I_1))$。但 $T(I_1)$是什麼樣的集合呢？它的容量 $c(T(I_1))$等於多少呢？設線性函數 $T:\boldsymbol{R}^k\to\boldsymbol{R}^k$ 定義如下；對每個$(x_1,x_2,\cdots,x_k)\in\boldsymbol{R}^k$，恆有

$$T(x_1,x_2,\cdots,x_k)=(\sum_{j=1}^{k}a_{1j}x_j,\sum_{j=1}^{k}a_{2j}x_j,\cdots,\sum_{j=1}^{k}a_{kj}x_j),$$

其中的矩陣$[a_{ij}]$稱爲 T 對標準基底$\{e_1,e_2,\cdots,e_k\}$的矩陣，顯然地，$T(I_1)=\{x_1T(e_1)+x_2T(e_2)+\cdots+x_kT(e_k)\mid 0\leqslant x_1,x_2,\cdots,x_k<1\}$，而對每個 $j=1,2,\cdots,k$，恆有$T(e_j)=(a_{1j},a_{2j},\cdots,a_{kj})$。由此可知：若 $k=2$，則$\overline{T(I_1)}$就是以兩向量(a_{11},a_{21})及(a_{12},a_{22})爲兩邊所圍的平行四邊形區域。若 $k=3$，則$\overline{T(I_1)}$就是由三向量(a_{11},a_{21},a_{31})、(a_{12},a_{22},a_{32})及(a_{13},a_{23},a_{33})所張成的平行六面體。在 $\boldsymbol{R}^2$及 $\boldsymbol{R}^3$中分別計算此平行四邊形的面積及此平行六面體的體積，可知常數$m(T)$等於$|\det[a_{ij}]|$，或寫成$m(T)=|\det(T)|$。但對一般的 k 值，$m(T)=|\det(T)|$的證明比較困難，我們需要借助於三種比較特殊的線性函數。這三類特殊的線性函數是仿照矩陣的**基本列運算**（elementary row operations）來定義的，我們分別說明如下：

對每個 $i=1,2,\cdots,k$ 及每個不爲 0 的實數 α，定義一個線性函數 $S_i(\alpha):\boldsymbol{R}^k\to\boldsymbol{R}^k$ 如下；對每個 $x=(x_1,x_2,\cdots,x_k)\in\boldsymbol{R}^k$，令$S_i(\alpha)(x)=x+(\alpha-1)x_ie_i$。顯然地，$\det(S_i(\alpha))=\alpha$。另一方面，若 $\alpha>0$，則$S_i(\alpha)(I_1)=[0,1)\times\cdots\times[0,\alpha)\times\cdots\times[0,1)$，其中的第 i 個區間是$[0,\alpha)$，其餘的各區間仍爲$[0,1)$。若 $\alpha<0$，則$S_i(\alpha)(I_1)$的第

i 個區間爲$(\alpha,0]$，其餘的各區間仍爲$[0,1)$。不論那一種情形，都可得$c(S_i(\alpha)(I_1))=|\alpha|$。因此，$m(S_i(\alpha))=|\det(S_i(\alpha))|$。

對任意 $i,j=1,2,\cdots,k$，$i<j$，線性函數 S_{ij}：$\boldsymbol{R}^k\to\boldsymbol{R}^k$ 定義如下：對每個 $x=(x_1,x_2,\cdots,x_k)\in\boldsymbol{R}^k$ ，令

$$S_{ij}(x)=x+(x_j-x_i)e_i+(x_i-x_j)e_j \text{ 。}$$

顯然地，$\det(S_{ij})=-1$，而 $S_{ij}(I_1)=I_1$ ，$c(S_{ij}(I_1))=1$ 。因此，$m(S_{ij})=|\det(S_{ij})|$。

對任意 $i,j=1,2,\cdots,k$，$i\neq j$，線性函數 T_{ij}：$\boldsymbol{R}^k\to\boldsymbol{R}^k$ 定義如下：對每個 $x=(x_1,x_2,\cdots,x_k)\in\boldsymbol{R}^k$ ，令

$$T_{ij}(x)=x+x_j e_i \text{ 。}$$

因爲線性函數 T_{ij}對標準基底的矩陣是k 階單位方陣加上第i 列第j 行的一個 1 所組成，所以，$\det(T_{ij})=1$。至於映像 $T_{ij}(I_1)$，我們描述如下：設

$$A_1=\{(x_1,x_2,\cdots,x_k)\in I_1\,|\,x_i\geqslant x_j\}\text{，}$$

$$A_2=\{(x_1,x_2,\cdots,x_k)\in I_1\,|\,x_i<x_j\}\text{。}$$

顯然地，$A_1\cap A_2=\phi$，$I_1=A_1\cup A_2$。更進一步地，$T_{ij}(I_1)=A_1\cup(e_i+A_2)$，$A_1\cap(e_i+A_2)=\phi$ 。於是，

$$c(T_{ij}(I_1))=c(A_1)+c(e_i+A_2)=c(A_1)+c(A_2)=c(I_1)=1 \text{ 。}$$

因此，$m(T_{ij})=|\det(T_{ij})|$。

前三段的結果告訴我們：對於$S_i(\alpha)$、S_{ij}與 T_{ij}等三種特殊線性函數而言，$m(T)=|\det(T)|$都成立。要利用這項結果證明每個可逆線性函數也具有同樣性質，我們需要下述定理。

【引理15】（將可逆線性函數分解）

每個可逆線性函數 T：$\boldsymbol{R}^k\to\boldsymbol{R}^k$ 都可表示成某些$S_i(a)$、S_{ij}與 T_{ij}的合成函數。

證：留爲習題，參看線性代數有關矩陣之基本列運算的部分。‖

【定理16】（線性函數對容量的漲縮倍數）

若 $T: \boldsymbol{R}^k \to \boldsymbol{R}^k$ 是線性函數，則對每個有 k 維容量的集合 $A \subset \boldsymbol{R}^k$，恆有 $c(T(A)) = |\det(T)| \cdot c(A)$。

證：若 $T: \boldsymbol{R}^k \to \boldsymbol{R}^k$ 不是可逆函數，則 $\det(T) = 0$。另一方面，在前面的說明中，我們也指出：若線性函數 T 不是可逆函數，則對每個有 k 維容量的集合 $A \subset \boldsymbol{R}^k$，恆有 $c(T(A)) = 0$。於是，對每個有 k 維容量的集合 $A \subset \boldsymbol{R}^k$，恆有 $c(T(A)) = |\det(T)| \cdot c(A)$。

若 $T: \boldsymbol{R}^k \to \boldsymbol{R}^k$ 是可逆函數，則 T 當然連續可微分而且其 Jacobi 行列式不爲0，所以，依定理11，對每個有 k 維容量的集合 $A \subset \boldsymbol{R}^k$，映像 $T(A)$ 必有 k 維容量。考慮函數 $A \mapsto c(T(A))$，在前面的說明中，我們已發現：必可找到一個常數 $m(T)$ 使得：對每個有 k 維容量的集合 $A \subset \boldsymbol{R}^k$，恆有 $c(T(A)) = m(T) \cdot c(A)$。此外，前面的說明也指出：$m(S_i(\alpha)) = |\det(S_i(\alpha))|$、$m(S_{ij}) = |\det(S_{ij})|$ 及 $m(T_{ij}) = |\det(T_{ij})|$。因爲 $T: \boldsymbol{R}^k \to \boldsymbol{R}^k$ 是可逆的線性函數，所以，依引理15，必可找到形如 $S_i(\alpha)$、S_{ij} 或 T_{ij} 的有限多個線性函數 $T_1, T_2, \cdots, T_n: \boldsymbol{R}^k \to \boldsymbol{R}^k$，使得 $T = T_1 T_2 \cdots T_n$。於是，對每個有 k 維容量的集合 $A \subset \boldsymbol{R}^k$，恆有

$$
\begin{aligned}
c(T(A)) &= c(T_1(T_2 \cdots T_n(A))) \\
&= |\det(T_1)| \cdot c(T_2 \cdots T_n(A)) \\
&\cdots\cdots \\
&= |\det(T_1)||\det(T_2)| \cdots |\det(T_n)| \cdot c(A) \\
&= |\det(T_1)\det(T_2) \cdots \det(T_n)| \cdot c(A) \\
&= |\det(T_1 T_2 \cdots T_n)| \cdot c(A) \\
&= |\det(T)| \cdot c(A)。
\end{aligned}
$$

請注意：此處我們引用了線性代數的一個重要定理：有限多個線性函數的合成函數的行列式，等於其中各個線性函數的行列式的乘積。‖

練習題　5－2

1. 設 $f: I \to \boldsymbol{R}$ 與 $g: J \to \boldsymbol{R}$ 爲二有界函數，其中，I 與 J 爲 k 維

緊緻區間。若有一子集 $A\subset I\cap J$ 使得：對每個 $x\in A$，恆有 $f(x)=g(x)$；對每個 $x\in I-A$，恆有 $f(x)=0$；對每個 $x\in J-A$，恆有 $g(x)=0$；試證：

$$\overline{\int}_I f(x)dx=\overline{\int}_J g(x)dx\ ,\ \underline{\int}_I f(x)dx=\underline{\int}_J g(x)dx\ 。$$

2.試證定理 4。

3.若 $A\subset \boldsymbol{R}^k$ 爲一有界集合而且其導集 A^d 是有限集，則 A 的 k 維容量爲 0。試證之。

4.若 $X\subset \boldsymbol{R}^k$ 是 $\boldsymbol{R}^k$ 的一個 $k-1$ 維向量子空間，則對每個 $x\in \boldsymbol{R}^k$，集合 $x+X$ 的每個有界子集的 k 維容量都等於 0。

5.若函數 $f=(f_1,f_2,\cdots,f_k)$：$[a,b]\rightarrow \boldsymbol{R}^k$ 在 $[a,b]$ 上連續，而且其中有一個坐標函數 f_i 在 $[a,b]$ 上連續可微分，則集合 $\{f(x)\in \boldsymbol{R}^k \mid x\in[a,b]\}$ 的 k 維容量爲 0。試證之。

6.若函數 $f=(f_1,f_2,\cdots,f_k)$：$[a,b]\rightarrow \boldsymbol{R}^k$ 在 $[a,b]$ 上連續，而且其中有一個坐標函數 f_i 在 $[a,b]$ 上爲**有界變差**（bounded variation），亦即：集合

$$\{\sum_{j=1}^{n}|f_i(x_j)-f_i(x_{j-1})| \mid a=x_0<x_1<\cdots<x_n=b\}$$

有上界，則集合 $\{f(x)\in \boldsymbol{R}^k \mid x\in[a,b]\}$ 的 k 維容量爲 0。試證之。

7.試證：§1－3所介紹的 Cantor 集的一維容量爲 0。

8.若 $A\subset \boldsymbol{R}^k$ 爲一有界集合，試證：

(1) $c^*(A)=\inf\{\sum_{j=1}^{n}v(I_j) \mid I_1,I_2,\cdots,I_n$ 爲 $\boldsymbol{R}^k$ 中的緊緻區間且 $A\subset\bigcup_{j=1}^{n}I_j\}$

$=\inf\{\sum_{j=1}^{n}v(I_j) \mid I_1,I_2,\cdots,I_n$ 爲 $\boldsymbol{R}^k$ 中的緊緻區間且 $A\subset\bigcup_{j=1}^{n}I_j^0\}$。

(2) $c_*(A)=\sup\{\sum_{j=1}^{n}v(I_j) \mid I_1,I_2,\cdots,I_n$ 爲 $\boldsymbol{R}^k$ 中的緊緻區間且 $\bigcup_{j=1}^{n}I_j\subset A\}$。

9. 若 $A,B\subset \boldsymbol{R}^k$ 爲有界集合，則 $c^*(A\cup B)\leqslant c^*(A)+c^*(B)$。更進一步地，若 A 與 B 的距離 $\inf\{\|a-b\| \mid a\in A, b\in B\}$ 爲正數，則 $c^*(A\cup B)=c^*(A)+c^*(B)$。試證之。

10. 試證：若 $A\subset \boldsymbol{R}^k$ 爲一有界集合且 $c_*(A)>0$，則必有一個 k 維緊緻區間 $I\subset \boldsymbol{R}^k$ 存在，使得：$I\subset A$ 且 $v(I)>0$。

11. 試舉出兩個不相交的有界集合 $A,B\subset \boldsymbol{R}^k$，使得

$$c^*(A\cup B)=c^*(A)=c^*(B)\neq 0\text{。}$$

12. 若函數 $f: I\to \boldsymbol{R}$ 在緊緻區間 $I\subset \boldsymbol{R}^k$ 上可 Riemann 積分，則函數 f 的圖形 $\{(x,f(x))\in \boldsymbol{R}^{k+1} \mid x\in I\}$ 的 $k+1$ 維容量爲 0。試證之。（與定理 5 比較）。

13. 若 $f: I\to[0,+\infty)$ 是緊緻區間 $I\subset \boldsymbol{R}^k$ 上的有界非負函數，則 f 在 I 上可 Riemann 積分的充要條件是：f 的**縱標集**（ordinate set）$S_f=\{(x,t)\in \boldsymbol{R}^{k+1} \mid x\in I, 0\leqslant t\leqslant f(x)\}$ 是 $k+1$ 維 Jordan 可測集。當這些條件成立時，可得

$$c(S_f)=\int_I f(x)dx\text{。}$$

14. 若 $f: I\to \boldsymbol{R}$ 是緊緻區間 $I\subset \boldsymbol{R}^k$ 上的有界函數，試仿照第13題的方法以縱標集來描述 f 可 Riemann 積分的充要條件，並給以證明。

15. 設 $A,B\subset \boldsymbol{R}^k$ 爲任意子集，試證：子集 $A\cup B$、$A\cap B$、$A-B$ 與 $B-A$ 的邊界都包含於 $A^b\cup B^b$。

16. 試證：若 $A\subset \boldsymbol{R}^k$ 爲 Jordan 可測集，則 $\overline{A}$ 與 A^0 都是 Jordan 可測集，而且 $c(\overline{A})=c(A^0)=c(A)$。

17. 試證系理12。

18. 設 $A\subset \boldsymbol{R}^k$（請注意，$A$ 不必是有界集合），令

$\mu^*(A)=\inf\{\Sigma_{I\in\Lambda}v(I) \mid \Lambda$ 是可數個 k 維緊緻區間所成之族，且 $A\subset\cup_{I\in\Lambda}I\}$，

則 $\mu^*(A)$ 稱為集合 A 的 k 維 Lebesgue **外測度**（outer measure）。

試證：

(1)$\mu^*(A)=\inf\{\Sigma_{I\in\Lambda}v(I)\,|\,\Lambda$是可數個$k$維緊緻區間所成之族，且$A\subset\cup_{I\in\Lambda}I^0\}$。

(2)$\mu^*(A)=0$的充要條件是：對每個正數ε，都可找到可數個緊緻區間所成之族Λ使得：$A\subset\cup_{I\in\Lambda}I$且$\Sigma_{I\in\Lambda}v(I)<\varepsilon$。

(3)$\mu^*(A)=0$的充要條件是：對每個正數ε，都可找到可數個有界開區間所成之族Λ使得：$A\subset\cup_{I\in\Lambda}I$且$\Sigma_{I\in\Lambda}v(I)<\varepsilon$。

(4)$\mu^*(\boldsymbol{Q}^k)=0$。

(5)若$A\subset\boldsymbol{R}^k$為有界集合，則

$$c_*(A)\le\mu^*(A)\le c^*(A)。$$

特例：若A為有界集且$c^*(A)=0$，則$\mu^*(A)=0$。但其逆不成立。

(6)若$A\subset\boldsymbol{R}^k$為聚緻集，則$\mu^*(A)=c^*(A)$。

19.若$A\subset\boldsymbol{R}^k$滿足$\mu(A)=0$，則稱A是一**零測度集**（a set of measure zero）。試證：

(1)$\boldsymbol{R}^k$的每個可數子集都是k維零測度集。

(2)k維零測度集的每個子集都是k維零測度集。

(3)可數個k維零測度集的聯集也是k維零測度集。

(4)零容量集必是零測度集，但其逆不成立。

(5)緊緻的零測度集必是零容量集。

(6)Cantor 集是零測度集。

§5-3 Jordan 可測集上的 Riemann 積分

討論過容量的概念及有關的性質之後，我們就可以深入地討論有容量的集合（亦即：Jordan 可測集）上的 Riemann 積分了。在本節

裏，我們將討論的範圍限定在「有容量的集合上的有界函數」的 Riemann 積分，它的定義就是§5－2的定義 1，我們再敘述於下。

【定義1】設集合 $A\subset \boldsymbol{R}^k$ 有 k 維容量而函數 $f: A\to \boldsymbol{R}$ 是有界函數。任選一個緊緻區間 $I\subset \boldsymbol{R}^k$ 使得 $A\subset I$，定義一函數 $\bar{f}: I\to \boldsymbol{R}$ 如下：

$$\bar{f}(x)=\begin{cases} f(x), & \text{若 } x\in A; \\ 0, & \text{若 } x\in I-A。\end{cases}$$

(1)函數 $\bar{f}$ 在 I 上的上積分稱爲函數 f 在 A 上的上積分，記爲

$$\overline{\int}_A f(x)dx=\overline{\int}_I \bar{f}(x)dx\ 。$$

(2)函數 $\bar{f}$ 在 I 上的下積分稱爲函數 f 在 A 上的下積分，記爲

$$\underline{\int}_A f(x)dx=\underline{\int}_I \bar{f}(x)dx\ 。$$

(3)若函數 $\bar{f}$ 在 I 上可 Riemann 積分，則稱函數 f 在 A 上可 Riemann 積分，而函數 $\bar{f}$ 在 I 上的 Riemann 積分稱爲函數 f 在 A 上的 Riemann 積分，記爲

$$\int_A f(x)dx=\int_I \bar{f}(x)dx\ 。$$

要定義函數 $f: A\to \boldsymbol{R}$ 在 Jordan 可測集 A 上的 Riemann 積分，我們得借助於函數 $\bar{f}: I\to \boldsymbol{R}$。因爲包含 A 的緊緻區間 I 有無限多，所以，函數 $\bar{f}$ 也有無限多種選擇。不過，任意兩個選擇所得的結果都相同。

根據定義 1 及§5－1定理 9，可知：函數 f 在 Jordan 可測集 A 上可 Riemann 積分的充要條件是 f 在 A 上的上積分與下積分相等。也就是說，Darboux 條件對一般 Jordan 可測集上的 Riemann 積分仍成立。

甲、Riemann 可積分性

【引理1】（零容量與 Riemann 積分）

若集合 $A\subset\boldsymbol{R}^k$ 的 k 維容量爲 0，則定義在 A 上的每個有界函數 $f: A\to\boldsymbol{R}$ 都在 A 上可 Riemann 積分，而且 Riemann 積分值恆爲 0。

證：選取一個緊緻區間 $I\subset\boldsymbol{R}^k$ 使得 $A\subset I$，仿定義 1 在區間 I 上定義函數 $\bar{f}: I\to\boldsymbol{R}$。令 $M=\sup\{|f(x)|\,|\,x\in A\}=\sup\{|\bar{f}(x)|\,|\,x\in I\}$。我們假設 $M>0$。

設 ε 爲任意正數，因爲 $c(A)=0$，所以，對於正數 ε/M，必可找到 I 的一個分割 P_0 使得 $0<U(\chi_A,P_0)<\varepsilon/M$。對於分割 P_0 的每個細分 P 以及函數 $\bar{f}$ 對分割 P 的每個 Riemann 和 $R(\bar{f},P)$，可得

$$|R(\bar{f},P)|\leqslant M\cdot U(\chi_A,P)\leqslant M\cdot U(\chi_A,P_0)<\varepsilon\ 。$$

依 § 5－1 定義 4，函數 $\bar{f}$ 在區間 I 上可 Riemann 積分，且 Riemann 積分值爲 0。‖

【定理2】（只在零容量集上不相等的兩函數）

設 $f,g: A\to\boldsymbol{R}$ 是 Jordan 可測集 $A\subset\boldsymbol{R}^k$ 上的有界函數。若函數 f 在 A 上可 Riemann 積分，而且集合 $\{x\in A\,|\,f(x)\neq g(x)\}$ 的 k 維容量爲 0，則函數 g 在 A 上也可 Riemann 積分，而且

$$\int_A f(x)dx=\int_A g(x)dx\ 。$$

證：選取一個緊緻區間 $I\subset\boldsymbol{R}^k$ 使得 $A\subset I$，仿定義 1 在區間 I 上定義函數 $\bar{f},\bar{g}: I\to\boldsymbol{R}$。令 $\bar{h}=\bar{f}-\bar{g}$ 及 $B=\{x\in I\,|\,\bar{h}(x)\neq 0\}$，則可得 $B=\{x\in A\,|\,f(x)\neq g(x)\}$。依假設，集合 B 的 k 維容量爲 0 而 $\bar{h}|_B: B\to\boldsymbol{R}$ 是 B 上的有界函數，依引理 1，可知 $\bar{h}|_B$ 在 B 上可 Riemann 積分且其 Riemann 積分值爲 0。因爲 $\bar{h}$ 在 $I-B$ 上每個點的值都是 0，所以，函數 $\bar{h}$ 在區間 I 上可 Riemann 積分且其 Riemann 積分值爲 0。另一方面，因爲 f 在 A 上可 Riemann 積分，所以，$\bar{f}$ 在 I 上可

Riemann 積分。依§5－1練習題11與12，可知 $\bar{g}=\bar{f}-\bar{h}$ 在I上可 Riemann 積分，而且

$$\int_A g(x)dx=\int_I \bar{g}(x)dx=\int_I \bar{f}(x)dx-\int_I \bar{h}(x)dx$$
$$=\int_I \bar{f}(x)dx=\int_A f(x)dx \text{ 。} \|$$

前面兩個定理的結果使我們發現：在討論 Riemann 積分的某些性質時，零容量集上所出現的不良現象（像定理 2 中的 $f\neq g$）通常可以不予理會而不影響所欲證的性質。下面的定理再提出另一項佐證。

【定理3】（不連續點構成零容量集的函數）

設 $f: A\to \boldsymbol{R}$ 是 Jordan 可測集 $A\subset \boldsymbol{R}^k$ 上的有界函數。若函數 f 的不連續點所成的集合的k 維容量為 0 ，則 f 在A 上可 Riemann 積分。

證：選取一個緊緻區間 $I\subset \boldsymbol{R}^k$ 使得$\bar{A}\subset I^0$，仿定義 1 在區間 I 上定義函數$\bar{f}: I\to \boldsymbol{R}$，我們只需證明函數$\bar{f}$在區間$I$ 上滿足§5－1定理10的 Riemann 條件即可。首先注意到函數 $\bar{f}$ 的不連續點只有兩種：它們是函數 f 的不連續點與集合A 的邊界點，令 B 表示函數$\bar{f}$ 的不連續點所成的集合。因為 A 有容量，所以，$c(A^b)=0$。於是，依假設，可知$c(B)=0$。令 $M=\sup\{|\bar{f}(x)|\mid x\in I\}=\sup\{|f(x)|\mid x\in A\}$，我們可假設 $M>0$。

設 ε 為任意正數，因為集合 B 的k 維容量為 0 ，所以，集合 $\bar{B}$ 的k 維容量為 0 。於是，依§5－2定理 2 ，對於正數 $\varepsilon/(4M)$，可找到有限多個 k 維緊緻區間$J_1,J_2,\cdots,J_l$，使得 $\bar{B}\subset\bigcup_{s=1}^{l}J_s^0\subset I^0$而且$\sum_{s=1}^{l}v(J_s)<\varepsilon/(4M)$。令 $C=I-\bigcup_{s=1}^{l}J_s^0$，則 C 是一個緊緻集，而且因為 $\bar{B}\subset\bigcup_{s=1}^{l}J_s^0$，所以，函數$\bar{f}$在$C$ 上連續。依§3－6定理10，函數$\bar{f}$在C 上均勻連續。於是，對於正數 $\varepsilon/(2v(I))$，必可找到一個正數 δ 使得：當 $x,y\in C$ 且 $\|x-y\|<\delta$ 時，恆有$|\bar{f}(x)-\bar{f}(y)|<$

$\varepsilon/(2v(I))$。依§5－1引理1，可找到區間 I 的一個分割 P，使得：$|P|<\delta/\sqrt{k}$ 而且每個 $J_s(s=1,2,\cdots,l)$ 都可表示成 P 中某些分割區間的聯集。設 $P=\{I_1,I_2,\cdots,I_m,\cdots,I_n\}$，而且 $\bigcup_{r=1}^{m}I_r\subset C$、$\bigcup_{r=m+1}^{n}I_r\subset\bigcup_{s=1}^{l}J_s$。對每個 $r=1,2,\cdots,n$，令 $M_r(\bar{f})$ 與 $m_r(\bar{f})$ 分別表示函數 $\bar{f}$ 在分割區間 I_r 上的最小上界與最大下界。對每個 $r=1,2,\cdots,m$，因爲 $|P|<\delta/\sqrt{k}$，所以，分割區間 I_r 中的任意兩個點 x 與 y 都滿足 $\|x-y\|<\delta$，也由此得 $|\bar{f}(x)-\bar{f}(y)|<\varepsilon/(2v(I))$。於是，對每個 $r=1,2,\cdots,m$，恆有 $M_r(\bar{f})-m_r(\bar{f})<\varepsilon/(2v(I))$。（爲什麼不必寫成 $\leqslant$？）由此可知：

$$\begin{aligned}
0&\leqslant U(\bar{f},P)-L(\bar{f},P)\\
&=\sum_{r=1}^{m}(M_r(\bar{f})-m_r(\bar{f}))v(I_r)+\sum_{r=m+1}^{n}(M_r(\bar{f})-m_r(\bar{f}))v(I_r)\\
&<\frac{\varepsilon}{2v(I)}\cdot\sum_{r=1}^{m}v(I_r)+2M\cdot\sum_{r=m+1}^{n}v(I_r)\\
&\leqslant\frac{\varepsilon}{2v(I)}\cdot v(I)+2M\cdot\sum_{s=1}^{l}v(J_s)\\
&<\varepsilon\text{。}
\end{aligned}$$

依§5－1 定理10的 Riemann 條件，函數 $\bar{f}$ 在區間 I 上可 Riemann 積分，也因此函數 f 在 Jordan 可測集 A 上可 Riemann 積分。‖

【系理4】（Jordan 可測集上的有界連續函數）

若 $A\subset\boldsymbol{R}^k$ 是 Jordan 可測集，則定義於 A 上的有界連續函數都在 A 上可 Riemann 積分。

定理 3 的逆敘述成立嗎？也就是說，當函數 $f：A\to\boldsymbol{R}$ 在 Jordan 可測集 $A\subset\boldsymbol{R}^k$ 上可 Riemann 積分時，f 的不連續點所成的集合必是 k 維零容量集嗎？下面的例子給出一個否定的答案。

【例1】根據§3－4例 5，我們可定義一個遞增函數 $f：\boldsymbol{R}\to\boldsymbol{R}$，使得 f 在每個有理點都不連續，而在每個無理點都連續。對每個有限閉區間 $[a,b]\subset\boldsymbol{R}$，因爲 f 在 $[a,b]$ 上遞增，所以，依§5－1練習題

13，f 在 $[a,b]$ 上可 Riemann 積分；但 f 在 $[a,b]$ 上的不連續點所成的集合卻不是零容量，因爲 $[a,b]\cap \boldsymbol{Q}$ 的外容量爲 $b-a$、內容量爲 0。‖

可積分函數的不連續點所成集應該有什麼特性呢？§5－1定理10的 Riemann 條件可提供一個探討的方向：在此條件中，當函數 f 在區間 I 上可 Riemann 積分時，I 的分割 $P=\{I_1,I_2,\cdots\cdots,I_n\}$ 所對應的 $\sum_{j=1}^{n}(M_j(f)-m_j(f))v(I_j)$ 可以隨心所欲地控制其大小，這表示在分割很密時，大多數的 $M_j(f)-m_j(f)$ 都應該很接近 0。但若 I_j 的內部有一個不連續點 c，則恆有 $M_j(f)-m_j(f)\geqslant \omega_f(c)>0$，因此，$M_j(f)-m_j(f)$ 無法藉縮小 I_j 而使它任意減小。由此可知：要探討可積分函數的不連續點所成集合的特性，振動 $\omega_f(x)$ 的概念是一個可用的工具。

【定義2】設 $f:A\to\boldsymbol{R}$ 爲一有界函數，$A\subset\boldsymbol{R}^k$。對每個 $B\subset A$，令

$$\Omega_f(B)=\sup\{f(x)-f(y)\mid x,y\in B\},$$

則 $\Omega_f(B)$ 稱爲函數 f 在子集 B 上的**振動**（oscillation）。若 $c\in A$，則 f 在點 c 的振動定義爲

$$\omega_f(c)=\lim_{r\to 0+}\Omega_f(B_r(c)\cap A)。$$

根據定義 2 前面一段所作的說明，我們引出了下面的充要條件。

【定理5】（可積分性的充要條件之四 —— Lebesgue 條件）

若 $f:I\to\boldsymbol{R}$ 是 k 維緊緻區間 I 上的有界函數，則 f 在 I 上可 Riemann 積分的充要條件是：對每個正數 α，集合 $\{x\in I\mid \omega_f(x)\geqslant\alpha\}$ 的 k 維容量恆爲 0。

證：必要性：設 ε 爲任意正數，因爲 f 在 I 上可 Riemann 積分，所以，對於正數 $(\alpha\varepsilon)/2$，依 Riemann 條件，必可找到區間 I 的一個分割 P 使得 $0\leqslant U(f,P)-L(f,P)<(\alpha\varepsilon)/2$。在 P 的分割區間中，其內部與集合 $\{x\in I\mid\omega_f(x)\geqslant\alpha\}$ 相交的分割區間設爲 $I_1,I_2,\cdots,I_m$。對每個 $j=1,2,\cdots,m$，因爲 I_j^0 中含有一個 x 滿足 $\omega_f(x)\geqslant\alpha$，所以，

若 $M_j(f)$與 $m_j(f)$分別表示 f 在I_j 上的最小上界與最大下界，則 $M_j(f)-m_j(f)\geqslant\omega_f(x)\geqslant\alpha$ 或$\alpha^{-1}(M_j(f)-m_j(f))\geqslant 1$ 。由此可得

$$\sum_{j=1}^{m} v(I_j)\leqslant\alpha^{-1}\sum_{j=1}^{m}(M_j(f)-m_j(f))v(I_j)$$
$$\leqslant\alpha^{-1}(U(f,P)-L(f,P))<\varepsilon/2 \text{ 。}$$

另一方面，子集$D=\{x\in I\mid\omega_f(x)\geqslant\alpha\}-\bigcup_{j=1}^{m}I_j^0$ 中所含的點都是分割P 中某些分割區間的邊界點，因爲所有分割區間的所有邊界點所成集合的 k 維容量爲 0 ，所以，子集 $D\subset\boldsymbol{R}^k$ 的k 維容量也等於 0 。於是，對於正數 $\varepsilon/2$，依§5－2定理 1 ，可找到有限多個 k 維緊緻區間$I_{m+1},I_{m+2},\cdots,I_n$ 使得：$D\subset\bigcup_{j=m+1}^{n}I_j$ 且$\sum_{j=m+1}^{n}v(I_j)<\varepsilon/2$ 。於是，$\{x\in I\mid\omega_f(x)\geqslant\alpha\}\subset\bigcup_{j=1}^{n}I_j$ 而且$\sum_{j=1}^{n}v(I_j)<\varepsilon$ 。依§5－2定理 1 ，集合$\{x\in I\mid\omega_f(x)\geqslant\alpha\}$的 k 維容量爲 0 。

充分性：假設對每個正數 α，集合$\{x\in I\mid\omega_f(x)\geqslant\alpha\}$的 k 維容量都等於 0 ，我們將由此證明函數 f 在區間I 上滿足§5－1定理10的 Riemann 條件。令 $M=\sup\{|f(x)|\mid x\in I\}$。設 ε 爲任意正數，令 $\alpha=\varepsilon/(2M+v(I))$。依假設，集合$\{x\in I\mid\omega_f(x)\geqslant\alpha\}$的 k 維容量爲 0 ，所以，依§5－2定理 2 ，可找到有限多個 k 維緊緻區間$J_1,J_2,\cdots,J_p$，使得$\sum_{s=1}^{p}v(J_s)<\alpha$ 且$\{x\in I\mid\omega_f(x)\geqslant\alpha\}\subset\sum_{s=1}^{p}J_s^0$ 。令 $A=I-\sum_{s=1}^{p}J_s^0$，則 A 是一個緊緻集。對每個 $x\in A$，因爲 $x\notin\sum_{s=1}^{p}J_s^0$，所以，$\omega_f(x)<\alpha$。依振動的定義，必可找到一個以 x 爲中心的緊緻區間$K_x\subset\boldsymbol{R}^k$ 使得 $\Omega_f(K_x\cap I)<\alpha$。因爲$\{K_x^0\mid x\in A\}$構成緊緻集 A 的一個開覆蓋，所以，必可找到有限多個 $x_1,x_2,\cdots,x_q\in A$，使得 $A\subset\bigcup_{r=1}^{q}K_{x_r}$。因爲 $J_1\cap I,J_2\cap I,\cdots,J_p\cap I,K_{x_1}\cap I,K_{x_2}\cap I,\cdots,K_{x_q}\cap I$ 是I 的有限多個閉子區間，所以，依§5－1引理 1 ，必可找到區間I 的一個分割P，使得這些閉子區間都可表示成 P 中某些分割區間的聯集。設 $P=\{I_1,I_2,\cdots,I_m,\cdots,I_n\}$ ，其中，$\bigcup_{j=1}^{m}I_j=(\bigcup_{s=1}^{p}J_s)\cap I$ 而每個I_j $(j=m+1,m+2,\cdots,n)$都包含於某個 $K_{x_r}\cap I$。對每個 $j=1,2,\cdots,n$，令 $M_j(f)$與 $m_j(f)$分別表示 f 在I_j 上的最小上界與最大

下界，則可得

$$
\begin{aligned}
0 &\leqslant U(f,P)-L(f,P)\\
&=\sum_{j=1}^{m}(M_j(f)-m_j(f))v(I_j)+\sum_{j=m+1}^{n}(M_j(f)-m_j(f))v(I_j)\\
&\leqslant 2M\sum_{j=1}^{m}v(I_j)+\sum_{j=m+1}^{n}\Omega_f(I_j)v(I_j)\\
&<2M\sum_{s=1}^{p}v(J_s)+\alpha\sum_{j=m+1}^{n}v(I_j)\\
&<2M\alpha+\alpha\cdot v(I)\\
&=\varepsilon\ \text{。}
\end{aligned}
$$

由此可知：函數 f 在區間 I 上滿足§ 5－1定理10的 Riemann 條件，因此，f 在 I 上可 Riemann 積分。‖

定理 5 中所提的充要條件也可將積分範圍由緊緻區間換成一般的 Jordan 可測集，我們寫成下述定理，讀者自行根據定理 5 給以證明。

【系理6】（Jordan 可測集上的 Lebesgue 條件）

若 $f: A\to \boldsymbol{R}$ 爲 Jordan 可測集 $A\subset \boldsymbol{R}^k$ 上的有界函數，則函數 f 在集合 A 上可 Riemann 積分的充要條件是：對每個正數 α，集合 $\{x\in A\mid \omega_f(x)\geqslant\alpha\}$的 k 維容量恆爲 0 。

證：留爲習題。‖

乙、Riemann 積分與各種運算

【定理7】（Riemann 積分與係數積）

若函數 $f: A\to \boldsymbol{R}$ 在 Jordan 可測集 $A\subset \boldsymbol{R}^k$ 上可 Riemann 積分而 c 爲一常數，則函數 cf 在 A 上也可 Riemann 積分，而且

$$\int_A cf(x)dx=c\int_A f(x)dx\ \text{。}$$

證：選取一個緊緻區間 $I\subset \boldsymbol{R}^k$ 使得 $A\subset I$，仿定義 1 在區間 I 上定義函數 $\bar{f}: I\to \boldsymbol{R}$。將函數 $\bar{f}$ 在區間 I 上引用§ 5－1練習題11的結果即得。‖

【定理8】(Riemann 積分與加法)

若函數 $f,g: A\to\boldsymbol{R}$ 在 Jordan 可測集 $A\subset\boldsymbol{R}^k$ 上可 Riemann 積分，則函數 $f+g$ 在 A 上也可 Riemann 積分，而且

$$\int_A (f(x)+g(x))dx=\int_A f(x)dx+\int_A g(x)dx \text{ 。}$$

證：選取一個緊緻區間 $I\subset\boldsymbol{R}^k$ 使得 $A\subset I$，仿定義 1 在區間 I 上定義函數 $\overline{f},\overline{g}: I\to\boldsymbol{R}$。將函數 $\overline{f}$ 與 $\overline{g}$ 在區間 I 上引用 § 5－1練習題12的結果即得。‖

【系理9】(Riemann 積分與線性組合)

若函數 $f_1,f_2,\cdots,f_n: A\to\boldsymbol{R}$ 都在 Jordan 可測集 $A\subset\boldsymbol{R}^k$ 上可 Riemann 積分，而 $c_1,c_2,\cdots,c_n$ 都是常數，則函數 $\sum_{i=1}^n c_i f_i$ 在 A 上也可 Riemann 積分，而且

$$\int_A (\sum_{i=1}^n c_i f_i(x))dx=\sum_{i=1}^n c_i\int_A f_i(x)dx \text{ 。}$$

證：由定理 7、8 及數學歸納法即得。‖

【定理10】(Riemann 積分與絕對值)

若函數 $f: A\to\boldsymbol{R}$ 在 Jordan 可測集 $A\subset\boldsymbol{R}^k$ 上可 Riemann 積分，則函數 $|f|$ 在 A 上也可 Riemann 積分。

證：選取一個緊緻區間 $I\subset\boldsymbol{R}^k$ 使得 $A\subset I$，仿定義 1 在區間 I 上定義函數 $\overline{f}: I\to\boldsymbol{R}$。因爲函數 f 在 A 上可 Riemann 積分，所以，函數 $\overline{f}$ 在 I 上可 Riemann 積分。只要我們證明函數 $|\overline{f}|$ 在 I 上可 Riemann 積分，這就表示函數 $|f|$ 在 A 上可 Riemann 積分。

設 ε 爲任意正數，因爲函數 $\overline{f}$ 在區間 I 上可 Riemann 積分，所以，依 § 5－1定理10的 Riemann 條件，必可找到區間 I 的一個分割 $P=\{I_1,I_2,\cdots,I_n\}$，使得 $0\leqslant U(\overline{f},P)-L(\overline{f},P)<\varepsilon$。對每個 $j=1,2,\cdots,n$，令 $M_j(\overline{f})$ 與 $M_j(|\overline{f}|)$ 分別表示 $\overline{f}$ 與 $|\overline{f}|$ 在 I_j 上的最小上界，$m_j(\overline{f})$ 與 $m_j(|\overline{f}|)$ 分別表示 $\overline{f}$ 與 $|\overline{f}|$ 在 I_j 上的最大下界，則依 § 1－2

定理2(2)與定理4(1)，得

$$M_j(\bar{f})-m_j(\bar{f})=\sup\{\bar{f}(y)-\bar{f}(z)\mid y,z\in I_j\}$$
$$=\sup\{|\bar{f}(y)-\bar{f}(z)|\mid y,z\in I_j\}，$$
$$M_j(|\bar{f}|)-m_j(|\bar{f}|)=\sup\{|\bar{f}(y)|-|\bar{f}(z)|\mid y,z\in I_j\}。$$

因爲對任意 $y,z\in I_j$，恆有 $|\bar{f}(y)|-|\bar{f}(z)|\leqslant|\bar{f}(y)-\bar{f}(z)|$，所以，依§1－2定理3(3)，可得 $M_j(|\bar{f}|)-m_j(|\bar{f}|)\leqslant M_j(\bar{f})-m_j(\bar{f})$。於是，可得

$$\begin{aligned}0&\leqslant U(|\bar{f}|,P)-L(|\bar{f}|,P)\\&=\sum_{j=1}^{n}(M_j(|\bar{f}|)-m_j(|\bar{f}|))\cdot v(I_j)\\&\leqslant\sum_{j=1}^{n}(M_j(\bar{f})-m_j(\bar{f}))\cdot v(I_j)\\&=U(\bar{f},P)-L(\bar{f},P)<\varepsilon\ 。\end{aligned}$$

依§5－1定理10的 Riemann 條件，可知函數 $|\bar{f}|$ 在 I 上可 Riemann 積分。‖

定理10的逆叙述不成立，留給讀者自行舉例，參看練習題 1 。

【定理11】（Riemann 積分與乘法）

若函數 f,g：$A\to\boldsymbol{R}$ 在 Jordan 可測集 $A\subset\boldsymbol{R}^k$ 上可 Riemann 積分，則函數 fg 在 A 上可 Riemann 積分。

證：因爲 $fg=(1/4)((f+g)^2-(f-g)^2)$，所以，依系理 9 ，我們只需證明：「若函數 f：$A\to\boldsymbol{R}$ 在 A 上可 Riemann 積分，則函數 f^2：$A\to\boldsymbol{R}$ 在 A 上也可 Riemann 積分」。

選取一個緊緻區間 $I\subset\boldsymbol{R}^k$ 使得 $A\subset I$，仿定義 1 在區間 I 上定義函數 $\bar{f}$：$I\to\boldsymbol{R}$。因爲函數 f 在 A 上可 Riemann 積分，所以，函數 $\bar{f}$ 在 I 上可 Riemann 積分。只要我們能證明函數 $\bar{f}^2$ 在 I 上可 Riemann 積分，這就表示函數 f^2 在 A 上可 Riemann 積分。令 $M=\sup\{|f(x)|\mid x\in A\}=\sup\{|\bar{f}(x)|\mid x\in I\}$，我們假設 $M>0$。

設 ε 爲任意正數，因爲函數 $\bar{f}$ 在區間 I 上可 Riemann 積分，所

以，依§ 5－1定理10的 Riemann 條件，必可找到區間 I 的一個分割 $P=\{I_1,I_2,\cdots,I_n\}$，使得 $0\leqslant U(\overline{f},P)-L(\overline{f},P)<\varepsilon/(2M)$。對每個 $j=1,2,\cdots,n$，令 $M_j(\overline{f})$ 與 $M_j(\overline{f}^2)$ 分別表示函數 $\overline{f}$ 與 $\overline{f}^2$ 在 I_j 上的最小上界，$m_j(\overline{f})$ 與 $m_j(\overline{f}^2)$ 分別表示函數 $\overline{f}$ 與 $\overline{f}^2$ 在 I_j 上的最大下界，則依§ 1－2定理2(2)與定理4(1)，可得

$$\begin{aligned}M_j(\overline{f})-m_j(\overline{f})&=\sup\{\overline{f}(y)-\overline{f}(z)\mid y,z\in I_j\}\\&=\sup\{|\overline{f}(y)-\overline{f}(z)|\mid y,z\in I_j\},\end{aligned}$$

$$\begin{aligned}M_j(\overline{f}^2)-m_j(\overline{f}^2)&=\sup\{(\overline{f}(y))^2-(\overline{f}(z))^2\mid y,z\in I_j\}\\&=\sup\{|(\overline{f}(y))^2-(\overline{f}(z))^2|\mid y,z\in I_j\}。\end{aligned}$$

因爲對任意 $y,z\in I_j$，恆有

$$\begin{aligned}|(\overline{f}(y))^2-(\overline{f}(z))^2|&=|\overline{f}(y)+\overline{f}(z)||\overline{f}(y)-\overline{f}(z)|\\&\leqslant 2M|\overline{f}(y)-\overline{f}(z)|,\end{aligned}$$

所以，依§ 1－2定理2(1)與定理3(3)，可得 $M_j(\overline{f}^2)-m_j(\overline{f}^2)\leqslant 2M\cdot(M_j(\overline{f})-m_j(\overline{f}))$。於是，可得

$$\begin{aligned}0&\leqslant U(\overline{f}^2,P)-L(\overline{f}^2,P)\\&=\sum_{j=1}^{n}(M_j(\overline{f}^2)-m_j(\overline{f}^2))\cdot v(I_j)\\&\leqslant 2M\sum_{j=1}^{n}(M_j(\overline{f})-m_j(\overline{f}))\cdot v(I_j)\\&=2M(U(\overline{f},P)-L(\overline{f},P))\\&<\varepsilon\ 。\end{aligned}$$

依§ 5－1定理10的 Riemann 條件，可知函數 $\overline{f}^2$ 在 I 上可 Riemann 積分。‖

定理11的逆叙述不成立，留給讀者自行舉例，參看練習題1。

丙、Riemann 積分的分區運算

【定理12】(積分範圍可以縮小)

若函數 $f: A \to \boldsymbol{R}$ 在 Jordan 可測集 $A \subset \boldsymbol{R}^k$ 上可 Riemann 積分，而 $B \subset A$ 是一個 Jordan 可測子集，則 f 在 B 上也可 Riemann 積分。

證：選取一個緊緻區間 $I \subset \boldsymbol{R}^k$ 使得 $A \subset I$，仿定義 1 在區間 I 上定義函數 $\overline{f}: I \to \boldsymbol{R}$。因爲 f 在 A 上可 Riemann 積分，所以，$\overline{f}$ 在 I 上可 Riemann 積分。另一方面，因爲集合 B 有 k 維容量，所以，特徵函數 χ_B 在 I 上可 Riemann 積分。依定理11，函數 $\overline{f}\chi_B$ 在 I 上可 Riemann 積分。因爲函數 $\overline{f}\chi_B$ 在 B 中每個點 x 的值都等於 $f(x)$ 而在 $I-B$ 中每個點的值都等於 0，所以，依定義1，可知 f 在 B 上可 Riemann 積分。‖

【定理13】(Riemann 積分對積分區域的可加性)

設 $f: A_1 \cup A_2 \to \boldsymbol{R}$ 爲一函數，$A_1, A_2 \subset \boldsymbol{R}^k$ 都是 Jordan 可測集。若 f 在 A_1 上與 A_2 上都可 Riemann 積分，而且 $c(A_1 \cap A_2)=0$，則 f 在 $A_1 \cup A_2$ 上可 Riemann 積分，而且

$$\int_{A_1 \cup A_2} f(x)\,dx = \int_{A_1} f(x)\,dx + \int_{A_2} f(x)\,dx 。$$

證：選取一個緊緻區間 $I \subset \boldsymbol{R}^k$ 使得 $A_1 \cup A_2 \subset I$，定義三函數 $\overline{f}, f_1, f_2: I \to \boldsymbol{R}$ 如下：

$$\overline{f}(x)=\begin{cases} f(x), & 若\ x \in A_1 \cup A_2; \\ 0, & 若\ x \in I-(A_1 \cup A_2); \end{cases}$$

而 $f_1=\overline{f}\chi_{A_1}$、$f_2=\overline{f}\chi_{A_2}$。顯然地，對每個 $x \in I-(A_1 \cap A_2)$，恆有 $\overline{f}(x)=f_1(x)+f_2(x)$。因爲 f 在 A_1 上與 A_2 上都可 Riemann 積分，所以，函數 f_1 與 f_2 都在 I 上可 Riemann 積分。依定理8，函數 f_1+f_2 在 I 上可 Riemann 積分。因爲 $c(A_1 \cap A_2)=0$，所以，集合 $\{x \in I \mid \overline{f}(x) \neq f_1(x)+f_2(x)\}$ 的 k 維容量爲 0。依定理 2，函數 $\overline{f}$ 在 I 上

可 Riemann 積分，而且

$$\int_I \bar{f}(x)dx = \int_I (f_1(x)+f_2(x))dx$$

$$= \int_I f_1(x)dx + \int_I f_2(x)dx \text{ 。}$$

由此可知：函數 f 在 $A_1 \cup A_2$ 上可 Riemann 積分，而且

$$\int_{A_1 \cup A_2} f(x)dx = \int_{A_1} f(x)dx + \int_{A_2} f(x)dx \text{ 。} \|$$

丁、一些不等關係與均值定理

【定理14】（Riemann 積分可保持次序）

若函數 f, g：$A \to \boldsymbol{R}$ 都在 Jordan 可測集 $A \subset \boldsymbol{R}^k$ 上可 Riemann 積分，而且每個 $x \in A$ 都滿足 $f(x) \leqslant g(x)$，則

$$\int_A f(x)dx \leqslant \int_A g(x)dx \text{ 。}$$

證：選取一個緊緻區間 $I \subset \boldsymbol{R}^k$ 使得 $A \subset I$，仿定義 1 在區間 I 上定義函數 $\bar{f}, \bar{g}$：$I \to \boldsymbol{R}$。顯然地，每個 $x \in I$ 都滿足 $\bar{f}(x) \leqslant \bar{g}(x)$。設 $P = \{I_1, I_2, \cdots, I_n\}$ 是區間 I 的一個分割，對每個 $j = 1, 2, \cdots, n$，依 § 1－2定理3(3)，可得

$$\sup\{\bar{f}(x) \mid x \in I_j\} \leqslant \sup\{\bar{g}(x) \mid x \in I_j\} \text{ 。}$$

由此可得 $U(\bar{f}, P) \leqslant U(\bar{g}, P)$。因爲此不等式對於區間 I 的每個分割 P 都成立，所以，再依 § 1－2定理3(3)，可得

$$\int_I \bar{f}(x)dx \leqslant \int_I \bar{g}(x)dx \text{ 。} \|$$

【系理15】（函數與其絕對值的 Riemann 積分）

若函數 f：$A \to \boldsymbol{R}$ 在 Jordan 可測集 $A \subset \boldsymbol{R}^k$ 上可 Riemann 積分，則

$$\left| \int_A f(x)dx \right| \leqslant \int_A |f(x)| dx \text{ 。}$$

證：因爲每個 $x\in A$ 都滿足 $-|f(x)|\leqslant f(x)\leqslant |f(x)|$，所以，由定理 7 、定理10與定理14立即可得。‖

【系理16】（Riemann 積分的上、下界）

若函數 $f: A\to\boldsymbol{R}$ 在 Jordan 可測集 $A\subset\boldsymbol{R}^k$ 上可 Riemann 積分，而且每個 $x\in A$ 都滿足 $m\leqslant f(x)\leqslant M$ ，其中 m 與 M 爲常數，則

$$m\cdot c(A)\leqslant \int_A f(x)dx\leqslant M\cdot c(A)。$$

證：選取一個緊緻區間 $I\subset\boldsymbol{R}^k$ 使得 $A\subset I$，仿定義 1 在區間 I 上定義函數 $\bar{f}: I\to\boldsymbol{R}$。依假設，可知 $m\chi_A\leqslant \bar{f}\leqslant M\chi_A$。於是，依定理 7 、定理14及容量的定義即得。‖

【系理17】（非負函數的 Riemann 積分對積分區域保持次序）

若非負函數 $f: A\to[0,+\infty)$在 Jordan 可測集 $A\subset\boldsymbol{R}^k$ 上可 Riemann 積分，則對於 A 的每個 Jordan 可測子集 $B\subset A$，恆有

$$\int_A f(x)dx\geqslant\int_B f(x)dx 。$$

證：依定理12，函數 f 在 B 上及 $A-B$ 上都可 Riemann 積分。因爲每個 $x\in A-B$ 都滿足 $f(x)\geqslant 0$，所以，依定理14，f 在 $A-B$ 上的 Riemann 積分也必大於或等於 0 。再依定理13，即得

$$\int_A f(x)dx=\int_B f(x)dx+\int_{A-B} f(x)dx\geqslant\int_B f(x)dx 。‖$$

【定理18】（非負連續函數的 Riemann 積分）

若非負函數 $f: A\to[0,+\infty)$在 Jordan 可測集 $A\subset\boldsymbol{R}^k$ 上可 Riemann 積分，而且有一個內點 $c\in A^0$滿足$f(c)>0$且 f 在點c 連續，則

$$\int_A f(x)dx>0 。$$

證：留爲習題。‖

【定理19】（積分的均值定理）

若 $A\subset\boldsymbol{R}^k$ 是一個有容量的連通集，而 $f: A\to\boldsymbol{R}$ 是A 上的一個

有界連續函數，則必可找到一個點 $x_0 \in A$ 使得

$$\int_A f(x)dx = f(x_0)c(A) 。$$

證：若$c(A)=0$，則依引理 1 ，選取 A 中任意點做爲 x_0都可使定理的等式成立。

設$c(A)\neq 0$，令 M 與 m 分別表示函數 f 在 A 上的最小上界與最大下界，則依系理16，可得

$$m \leqslant \frac{1}{c(A)}\int_A f(x)dx \leqslant M 。$$

若上述不等式的兩個$\leqslant$都是$<$，則依§3－5系理9（中間値定理），必可找到一個 $x_0 \in A$ 使得定理的等式成立。

其次，設上述不等式的右邊等號成立，亦即：f 在 A 上的 Riemann 積分等於 $M \cdot c(A)$，則 A 中必有一個點x_0滿足$f(x_0)=M$（於是，定理的等式成立。）爲什麼呢？設 A 中每個點x 都滿足 $f(x)<M$。因爲$c(A)>0$，所以，依§5－2練習題10，必可找到一個緊緻區間 $I \subset \boldsymbol{R}^k$ 使得$I \subset A$ 且 $c(I)>0$。因爲 I 是緊緻集而 f 在I 上連續，所以，I 中必有一個點x_1滿足$f(x_1)=\sup\{f(x) \mid x \in I\}$，依假設，$f(x_1)<M$。於是，依定理13與定理16，可得

$$\begin{aligned}\int_A f(x)dx &= \int_I f(x)dx + \int_{A-I} f(x)dx \\ &\leqslant f(x_1)c(I) + M \cdot c(A-I) \\ &< M \cdot c(I) + M \cdot c(A-I) \\ &= M \cdot c(A) 。\end{aligned}$$

這與假設不合。因此，必有一個 $x_0 \in A$ 滿足 $f(x_0)=M$。

若 f 在A 上的 Riemann 積分爲 $m \cdot c(A)$，可用類似方法證明有一個 $x_0 \in A$ 滿足 $f(x_0)=m$。‖

戊、逐次積分法

要討論一般 Jordan 可測集上的逐次積分，我們先討論可使用逐

次積分的 Jordan 可測集。

【引理20】若 $A\subset \boldsymbol{R}^k$ 是一個緊緻的 Jordan 可測集，α,β：$A\to\boldsymbol{R}$ 爲二連續函數而且每個 $x\in A$ 都滿足 $\alpha(x)\leqslant\beta(x)$，則集合

$$C=\{(x,x_{k+1})\in \boldsymbol{R}^{k+1}\mid x\in A,\alpha(x)\leqslant x_{k+1}\leqslant\beta(x)\}$$

是 $\boldsymbol{R}^{k+1}$ 中的一個緊緻 Jordan 可測集。

證：因爲函數 α 與 β 在緊緻集 A 上連續，所以，α 在 A 上有最小值 m、β 在 A 上有最大值 M。於是，$C\subset A\times[m,M]$。由此知集合 C 是有界集合。

若 $(x^{(0)},x_{k+1}^{(0)})\in\overline{C}$，則 C 中有一點列 $\{(x^{(n)},x_{k+1}^{(n)})\}_{n=1}^{\infty}$ 滿足 $\lim_{n\to\infty}(x^{(n)},x_{k+1}^{(n)})=(x^{(0)},x_{k+1}^{(0)})$。於是，$\lim_{n\to\infty}x^{(n)}=x^{(0)}$ 且 $\lim_{n\to\infty}x_{k+1}^{(n)}=x_{k+1}^{(0)}$。因爲每個 $x^{(n)}$ 都屬於 A 而 A 是閉集，所以，$x^{(0)}\in A$。其次，因爲每個 $n\in\boldsymbol{N}$ 都滿足 $\alpha(x^{(n)})\leqslant x_{k+1}^{(n)}\leqslant\beta(x^{(n)})$ 而 α 與 β 都是連續函數，所以，可得 $\alpha(x^{(0)})\leqslant x_{k+1}^{(0)}\leqslant\beta(x^{(0)})$。於是，得 $(x^{(0)},x_{k+1}^{(0)})\in C$。由此可知 C 是閉集。

根據前兩段的結果，可知 C 是一緊緻集。

設 $x\in A^0$ 且 $\alpha(x)<x_{k+1}<\beta(x)$。因爲函數 α,β：$A\to\boldsymbol{R}$ 都在點 x 連續，所以，可找到一正數 δ 使得：$B_\delta(x)\subset A$ 而且對每個 $y\in B_\delta(x)$，恆有

$$|\alpha(y)-\alpha(x)|<(1/2)(x_{k+1}-\alpha(x)),$$
$$|\beta(y)-\beta(x)|<(1/2)(\beta(x)-x_{k+1})。$$

令 $r=\min\{\delta,(1/2)(x_{k+1}-\alpha(x)),(1/2)(\beta(x)-x_{k+1})\}$，則可得 $B_r(x,x_{k+1})\subset C$，由此可知：$(x,x_{k+1})\in C^0$。因此集合 C 的邊界 C^b 包含於下述三集合的聯集：

$$\{(x,x_{k+1})\in\boldsymbol{R}^{k+1}\mid x\in A^b,\alpha(x)\leqslant x_{k+1}\leqslant\beta(x)\},$$
$$\{(x,\alpha(x))\in\boldsymbol{R}^{k+1}\mid x\in A\},$$
$$\{(x,\beta(x))\in\boldsymbol{R}^{k+1}\mid x\in A\}。$$

因爲 α,β：$A\to\boldsymbol{R}$ 都是連續函數而 A 是緊緻集，所以，依§5－2定

理 5，上述的後兩個集合都是$(k+1)$維容量爲 0。另一方面，因爲 A^b 的k 維容量爲 0，所以，上述第一個集合的$(k+1)$維容量也爲 0，其證明如下：設 ε 爲任意正數，因爲 A^b 的k 維容量爲 0，所以，對於正數$\varepsilon/(M-m)$，依§5－2定理 1，必可找到有限多個 k 維緊緻區間 $I_1, I_2, \cdots, I_n$ 使得 $A^b \subset \bigcup_{j=1}^n I_j$ 且 $\sum_{j=1}^n v(I_j) < \varepsilon/(M-m)$。於是，$(k+1)$維緊緻區間$I_1 \times [m, M], I_2 \times [m, M], \cdots, I_n \times [m, M]$具有下述性質：$\sum_{j=1}^n v(I_j \times [m, M]) < \varepsilon$ 而且

$$\{(x, x_{k+1}) \in \boldsymbol{R}^{k+1} \mid x \in A^b, \alpha(x) \leqslant x_{k+1} \leqslant \beta(x)\} \subset \bigcup_{j=1}^n (I_j \times [m, M])。$$

依§5－2定理1，上述第一個集合的$(k+1)$維容量爲 0。因爲集合 C 的邊界 C^b 包含於三個零容量集的聯集之中，所以，C^b 是一個零容量集。於是，依§5－2定理9(2)，集合 C 是 Jordan 可測集。‖

【定理21】(逐次積分法)

若函數 $f: A \to \boldsymbol{R}$ 在 Jordan 可測集 $A \subset \boldsymbol{R}^k$ 上連續，而集合 A 可描述如下：令 A_1表緊緻區間$[a_1, b_1]$；又 $\alpha_1, \beta_1: A_1 \to \boldsymbol{R}$ 爲二連續函數，而且每個 $x \in A_1$都滿足 $\alpha_1(x) \leqslant \beta_1(x)$，令

$$A_2 = \{(x_1, x_2) \in \boldsymbol{R}^2 \mid x_1 \in A_1, \alpha_1(x_1) \leqslant x_2 \leqslant \beta_1(x_1)\}；$$

又 $\alpha_2, \beta_2: A_2 \to \boldsymbol{R}$ 爲二連續函數，而且每個$(x_1, x_2) \in A_2$都滿足 $\alpha_2(x_1, x_2) \leqslant \beta_2(x_1, x_2)$，令

$$A_3 = \{(x_1, x_2, x_3) \mid (x_1, x_2) \in A_2, \alpha_2(x_1, x_2) \leqslant x_3 \leqslant \beta_2(x_1, x_2)\}；$$

依此類推，得 $A = A_k$，則

$$\int_A f(x)dx$$

$$= \int_{a_1}^{b_1} dx_1 \int_{\alpha_1(x_1)}^{\beta_1(x_1)} dx_2 \int_{\alpha_2(x_1, x_2)}^{\beta_2(x_1, x_2)} dx_3 \cdots \int_{\alpha_{k-1}(x_1, x_2, \cdots, x_{k-1})}^{\beta_{k-1}(x_1, x_2, \cdots, x_{k-1})} f(x_1, x_2, \cdots, x_k) dx_k。$$

證：依引理20及數學歸納法可知：對每個$i = 1, 2, \cdots, k$，集合 A_i 都是有i 維容量的緊緻集。因爲 $A = A_k$ 有容量而 f 在緊緻集 A 上連續，所以，依系理 4，f 在A 上可 Riemann 積分。因爲$A_1, A_2, \cdots,$

A_k 都是有界集合，所以，可選取 $\boldsymbol{R}$ 中的 $k-1$ 個緊緻區間 $[a_2,b_2]$, $[a_3,b_3],\cdots,[a_k,b_k]$ 使得：對每個 $i=1,2,\cdots,k$，恆有

$$A_i\subset[a_1,b_1]\times[a_2,b_2]\times\cdots\times[a_i,b_i]=J_i\ 。$$

仿定義 1 在區間 $J_k\supset A$ 上定義函數 $\bar{f}$，只要我們能證明§ 5－1定理17的假設(2)成立，則可得

$$\int_A f(x)dx=\int_{J_k}\bar{f}(x)dx$$

$$=\int_{a_1}^{b_1}dx_1\int_{a_2}^{b_2}dx_2\int_{a_3}^{b_3}dx_3\cdots\int_{a_k}^{b_k}\bar{f}(x_1,x_2,\cdots,x_k)dx_k$$

$$=\int_{a_1}^{b_1}dx_1\int_{\alpha_1(x_1)}^{\beta_1(x_1)}dx_2\int_{\alpha_2(x_1,x_2)}^{\beta_2(x_1,x_2)}dx_3\cdots\int_{\alpha_{k-1}(x_1,x_2,\cdots,x_{k-1})}^{\beta_{k-1}(x_1,x_2,\cdots,x_{k-1})}f(x_1,x_2,\cdots,x_k)dx_k\ 。$$

我們先證明函數

$$F_{k-1}:(x_1,x_2,\cdots,x_{k-1})\mapsto\int_{\alpha_{k-1}(x_1,x_2,\cdots,x_{k-1})}^{\beta_{k-1}(x_1,x_2,\cdots,x_{k-1})}f(x_1,x_2,\cdots,x_k)dx_k$$

是 A_{k-1} 上的連續函數。首先注意到：對每個 $(x_1,x_2,\cdots,x_{k-1})\in A_{k-1}$，因爲函數 $x_k\mapsto\bar{f}(x_1,x_2,\cdots,x_{k-1},x_k)$ 在 $[a_k,b_k]$ 上至多只有兩個點不連續，這兩個點是 $\alpha_{k-1}(x_1,x_2,\cdots,x_{k-1})$ 與 $\beta_{k-1}(x_1,x_2,\cdots,x_{k-1})$，所以，此函數在 $[a_k,b_k]$ 上可 Riemann 積分，其 Riemann 積分值就是 $F_{k-1}(x_1,x_2,\cdots,x_{k-1})$。令 $M=\sup\{|f(x)|\mid x\in A\}$，我們可假設 $M>0$。設 ε 爲任意正數，因爲函數 f 在緊緻集 A_k 上均勻連續而且函數 α_{k-1} 與 β_{k-1} 在緊緻集 A_{k-1} 上均勻連續，所以，必可找到一正數 δ 使得：對 A_k 中滿足 $\|x-y\|<\delta$ 的任意點 x 與 y，恆有 $|f(x)-f(y)|<\varepsilon/(3b_k-3a_k)$，而且對 A_{k-1} 中滿足 $\|u-v\|<\delta$ 的任意點 u 與 v，恆有 $|\alpha_{k-1}(u)-\alpha_{k-1}(v)|<\varepsilon/(3M)$、$|\beta_{k-1}(u)-\beta_{k-1}(v)|<\varepsilon/(3M)$。今設有 $u,v\in A_{k-1}$ 且 $\|u-v\|<\delta$，令 $p=\alpha_{k-1}(u)\wedge\alpha_{k-1}(v)$、$q=\alpha_{k-1}(u)\vee\alpha_{k-1}(v)$、$r=\beta_{k-1}(u)\wedge\beta_{k-1}(v)$ 及 $s=\beta_{k-1}(u)\vee\beta_{k-1}(v)$，則得

$$
\begin{aligned}
&|F_{k-1}(u)-F_{k-1}(v)| \\
&=\left|\int_{\alpha_{k-1}(u)}^{\beta_{k-1}(u)} f(u,t)\,dt-\int_{\alpha_{k-1}(v)}^{\beta_{k-1}(v)} f(v,t)\,dt\right| \\
&\leqslant \int_p^q M\,dt+\left|\int_q^r |f(u,t)-f(v,t)|\,dt\right|+\int_r^s M\,dt \\
&\leqslant M|\alpha_{k-1}(u)-\alpha_{k-1}(v)|+(\varepsilon/(3b_k-3a_k))|r-q| \\
&+M|\beta_{k-1}(u)-\beta_{k-1}(v)| \\
&<\varepsilon/3+\varepsilon/3+\varepsilon/3=\varepsilon\ 。
\end{aligned}
$$

由此可知：函數 F_{k-1}在集合 A_{k-1}上均勻連續。

依前段結果及數學歸納法，可知：對每個 $i=1,2,\cdots,k-1$，函數

$$
F_i:(x_1,\cdots,x_i)\mapsto\int_{\alpha_i(x_1,\cdots,x_i)}^{\beta_i(x_1,\cdots,x_i)} dx_{i+1}\cdots\int_{\alpha_{k-1}(x_1,\cdots,x_{k-1})}^{\beta_{k-1}(x_1,\cdots,x_{k-1})} f(x_1,\cdots,x_k)\,dx_k
$$

在集合 A_i 上均勻連續。因爲函數 $\bar{f}$ 在 $A_k=A$ 上與函數 f 相同，而在 J_k-A 上則等於 0 ，所以，對每個 $i=1,2,\cdots,k-1$，函數 F_i 也可表示成：設 $(x_1,x_2,\cdots,x_i)\in A_i$，則

$$
F_i(x_1,x_2,\cdots,x_i)=\int_{a_{i+1}}^{b_{i+1}} dx_{i+1}\cdots\int_{a_k}^{b_k}\bar{f}(x_1,x_2,\cdots,x_k)\,dx_k\ ,
$$

而此式也指出：當 $(x_1,x_2,\cdots,x_i)\in A_i$ 時，函數

$$
x_{i+1}\mapsto\int_{a_{i+2}}^{b_{i+2}} dx_{i+2}\cdots\int_{a_k}^{b_k}\bar{f}(x_1,x_2,\cdots,x_k)\,dx_k \qquad (*)
$$

在區間 $[a_{i+1},b_{i+1}]$ 上可 Riemann 積分。若 $(x_1,x_2,\cdots,x_i)\in J_i-A_i$，則不論 $(x_{i+1},\cdots,x_k)$ 爲 $[a_{i+1},b_{i+1}]\times\cdots\times[a_k,b_k]$ 中任何點，恆有 $\bar{f}(x_1,x_2,\cdots,x_k)=0$，因此，函數（ * ）是零函數，它在區間 $[a_{i+1},b_{i+1}]$ 上自然可 Riemann 積分。至此可知：§ 5－1定理17的假設成立。‖

【例2】設 $a>0$，$b>0$，$c>0$，試求橢球體

$$
A=\{(x,y,z)\in\boldsymbol{R}^3\,|\,x^2/a^2+y^2/b^2+z^2/c^2\leqslant 1\}
$$

的體積。

解：引用定理21的記號，令 $A_1=[-a,a]$，

$$A_2=\{(x,y)\in \boldsymbol{R}^2 \mid x\in A_1, -b\sqrt{1-x^2/a^2}\leqslant y\leqslant b\sqrt{1-x^2/a^2}\},$$

則橢球體 A 爲

$$A=\{(x,y,z)\in \boldsymbol{R}^3 \mid (x,y)\in A_2, \alpha_2(x,y)\leqslant z\leqslant \beta_2(x,y)\},$$

其中的兩函數爲：$\alpha_2(x,y)=-c\sqrt{1-x^2/a^2-y^2/b^2}$ 而 $\beta_2(x,y)=c\sqrt{1-x^2/a^2-y^2/b^2}$。依定理21，可得

$$\begin{aligned}
c(A) &= \int_A 1d(x,y,z) \\
&= \int_{-a}^{a} dx \int_{-b\sqrt{1-x^2/a^2}}^{b\sqrt{1-x^2/a^2}} dy \int_{-c\sqrt{1-x^2/a^2-y^2/b^2}}^{c\sqrt{1-x^2/a^2-y^2/b^2}} 1dz \\
&= \int_{-a}^{a} dx \int_{-b\sqrt{1-x^2/a^2}}^{b\sqrt{1-x^2/a^2}} 2c\sqrt{1-x^2/a^2-y^2/b^2}\,dy \\
&= \int_{-a}^{a} dx \int_{-\pi/2}^{\pi/2} 2bc(1-x^2/a^2)\cos^2\theta\, d\theta \\
&= \int_{-a}^{a} \pi bc(1-x^2/a^2)dx \\
&= \frac{4}{3}\pi abc
\end{aligned}$$

。‖

己、變數代換法

逐次積分法的精義，在於將多變數函數的 Riemann 積分化成單變數函數的 Riemann 積分來計算，這樣一來，微積分課程中所介紹的各種積分技巧都可能派上用場。不過，多變數函數的 Riemann 積分理論當然不是單變數函數的定積分理論的附屬品，它自有它的獨特與重要之處。事實上，單變數函數的積分理論中還有些問題得靠多變數函數的 Riemann 積分理論來幫忙呢！本小節所討論的**變數代換法**（change of variables），就可以指出多變數函數 Riemann 積分理論的一些應用。所謂變數代換，在單變數函數的定積分理論中是這樣的一

個定理：若 $f:[c,d]\to\boldsymbol{R}$ 是$[c,d]$上的連續函數，而 $\varphi:[a,b]\to[c,d]$在$[a,b]$上連續可微分，則得

$$\int_{\varphi(a)}^{\varphi(b)} f(y)dy=\int_a^b f(\varphi(x))\varphi'(x)dx \text{ 。}$$

在上述等式中，我們作了 $y=\varphi(x)$的變數代換，而在被積分函數中就多出了 $\varphi'(x)$，這與 $\varphi(x_1)-\varphi(x_2)$等於某個 $z\in[x_1,x_2]$所對應的 $\varphi'(z)(x_1-x_2)$有關。那麼，在多變數函數的情形中，作了變數代換$(y_1,y_2,\cdots,y_k)=\varphi(x_1,x_2,\cdots,x_k)$之後，被積分函數會多出什麼呢？這就要談到變換 φ 對容量的漲縮狀況了，我們先觀察一個引理。

【引理22】（非線性函數對容量的局部漲縮倍數）

設 $U\subset\boldsymbol{R}^k$ 爲開集而 $\varphi:U\to\boldsymbol{R}^k$ 爲一函數。若函數 φ 在 U 上爲一對一且爲連續可微分，而且對每個 $x\in U$，全微分$d\varphi(x):\boldsymbol{R}^k\to\boldsymbol{R}^k$ 都是可逆函數，又設 $A\subset\boldsymbol{R}^k$ 爲 Jordan 可測集而且 $\bar{A}\subset U$，則對每個正數 ε，$0<\varepsilon<1$，都可找到一正數 r 使得：對於以 A 中任意點 x 爲中心而每邊長小於 $2r$ 的緊緻正方體 I，恆有

$$|\det J_\varphi(x)|\cdot(1-\varepsilon)^k\leqslant\frac{c(\varphi(I))}{c(I)}\leqslant|\det J_\varphi(x)|\cdot(1+\varepsilon)^k \text{ 。}$$

證：因爲閉集 $\boldsymbol{R}^k-U$ 與緊緻集$\bar{A}$ 不相交，所以，可找到一正數 δ 使得：對每個 $x\in\bar{A}$，恆有$B_\delta(x)\subset U$ 。令$V=\bigcup\{B_{\delta/2}(x)\mid x\in A\}$，則 V 爲一開集、$\overline{V}$ 爲緊緻集而且$\bar{A}\subset V\subset\overline{V}\subset U$。因爲 φ 在U 上連續可微分而且對每個$x\in U$，$d\varphi(x):\boldsymbol{R}^k\to\boldsymbol{R}^k$ 都是可逆函數，所以，函數 $x\mapsto\|(d\varphi(x))^{-1}\|$ 在 U 上連續。因爲 $\overline{V}$ 是U 的緊緻子集，所以，$M=\sup\{\|(d\varphi(x))^{-1}\|\mid x\in\overline{V}\}<+\infty$。

設 ε 爲任意正數，$0<\varepsilon<1$，因爲 φ 在U 上連續可微分，所以，對每個 $j=1,2,\cdots,k$，偏導函數 $D_j\varphi$ 在U 上連續，因而在緊緻集 $\overline{V}$ 上均勻連續。於是，對於正數$\varepsilon/(Mk)$，必可找到一正數 $\eta<\delta/2$ 使得：當 $x,y\in\overline{V}$ 且 $\|x-y\|<\eta$ 時，對每個 $j=1,2,\cdots,k$，恆有

$\| D_j\varphi(x)-D_j\varphi(y)\| < \varepsilon/(Mk)$。對每個固定的 $x\in A\subset\overline{V}$ 以及任意 $z\in\overline{B_\eta(0)}$，就函數 $\varphi-d\varphi(x)$ 在點 $x+z$ 與 x 運用均值定理，必可找到一個 $t\in(0,1)$，使得

$\| \varphi(x+z)-\varphi(x)-d\varphi(x)(z)\| \leqslant \| d\varphi(x+tz)(z)-d\varphi(x)(z)\|$。

因爲 $x+tz\in B_\eta(x)\subset B_{\delta/2}(x)\subset V$，所以，可得

$$\begin{aligned}\| \varphi(x+z)-\varphi(x)-d\varphi(x)(z)\| &\leqslant \sum_{j=1}^{k}|z_j|\,\| D_j\,\varphi(x+tz)-D_j\,\varphi(x)\| \\ &\leqslant(\varepsilon/(Mk))\sum_{j=1}^{k}|z_j| \\ &\leqslant(\varepsilon/(M\sqrt{k}))\,\| z\| \text{。}\end{aligned}$$

更進一步地，得

$$\begin{aligned}&\| (d\varphi(x))^{-1}(\varphi(x+z)-\varphi(x))-z\| \\ &\leqslant \| (d\varphi(x))^{-1}\|\ \| \varphi(x+z)-\varphi(x)-d\varphi(x)(z)\| \\ &\leqslant(\varepsilon/\sqrt{k})\,\| z\| \text{。} \qquad (*)\end{aligned}$$

令 $r=\eta/\sqrt{k}$，設 I 是以 $x\in A$ 爲中心且每邊長小於 $2r$ 的一個緊緻正方體，我們可利用上述不等式來觀察 $\varphi(I)$。爲了符號簡便起見，對每個 $z\in B_\eta(0)$，令

$$\psi(z)=(d\varphi(x))^{-1}(\varphi(x+z)-\varphi(x))\text{。}$$

因爲 φ 在 U 上爲一對一且連續可微分，而且對每個 $y\in U$，$d\varphi(y)$ 爲可逆函數，所以，ψ 在 $B_\eta(0)$ 上爲一對一且連續可微分，而且對每個 $z\in B_\eta(0)$，$d\psi(z)=(d\varphi(x))^{-1}\circ d\varphi(x+z)$ 也是可逆函數。於是，依§ 5－2定理11與系理12，$\varphi(I)$ 與 $\psi(-x+I)$ 都有容量，而且 $(\psi(-x+I))^b=\psi((-x+I)^b)$。另一方面，根據 ψ 的定義，可知 $\psi(-x+I)=(d\varphi(x))^{-1}(\varphi(I)-\varphi(x))$，所以，依§ 5－2定理16，得

$$\begin{aligned}c(\psi(-x+I))&=|\det(d\varphi(x))^{-1}|\cdot c(\varphi(I)-\varphi(x)) \\ &=|\det J_\varphi(x)|^{-1}\cdot c(\varphi(I))\text{。} \qquad (**)\end{aligned}$$

於是，我們可以先觀察 $\psi(-x+I)$。請注意：$\psi(0)=0$。

設 I 及 $-x+I$ 的每邊長爲 $2a$，則對每個 $z\in(-x+I)^b$，可得

$a \leqslant \| z \| \leqslant a\sqrt{k}$。設 $z=(z_1, z_2, \cdots, z_k)$且 $\psi(z)=(w_1, w_2, \cdots, w_k)$，則對每個 $j=1,2,\cdots,k$，恆有$|z_j| \leqslant a$ 而且其中至少有一個 i 滿足$|z_i|=a$。於是，依(*)式可得

$|w_i| \geqslant |z_i| - |w_i - z_i| \geqslant a - \|\psi(z)-z\| \geqslant a-(\varepsilon/\sqrt{k})\|z\| \geqslant a(1-\varepsilon)$，

而且對每個 $j=1,2,\cdots,k$，也由(*)式可得（請注意：下式對 $-x+I$ 中的每個 z 都成立）

$|w_j| \leqslant |z_j| + |w_j - z_j| \leqslant a + \|\psi(z)-z\| \leqslant a+(\varepsilon/\sqrt{k})\|z\| \leqslant a(1+\varepsilon)$。

於是，若令 J_1表示以原點爲中心且每邊長爲$2a(1-\varepsilon)$的緊緻正方體，而 J_2表示以原點爲中心且每邊長爲$2a(1+\varepsilon)$的緊緻正方體，則由上述前一不等式可知$J_1^0 \cap \psi((-x+I)^b)=\phi$，而由後一不等式可知 $\psi(-x+I) \subset J_2$。因爲$\psi((-x+I)^b)=(\psi(-x+I))^b$ 而J_1^0是連通集，所以，得 $J_1^0 \subset (\psi(-x+I))^0$ 或 $J_1^0 \subset (\psi(-x+I))^e$。但因爲 $0 \in J_1^0 \cap (\psi(-x+I))^0$，所以，可得 $J_1^0 \subset (\psi(-x+I))^0$。由此可知

$$(1-\varepsilon)^k c(I) = c(J_1^0) \leqslant c(\psi(-x+I)) \leqslant c(J_2) = (1+\varepsilon)^k c(I)。$$

再與(**)式比較，即得

$$|\det J_\varphi(x)| \cdot (1-\varepsilon)^k \leqslant \frac{c(\varphi(I))}{c(I)} \leqslant |\det J_\varphi(x)| \cdot (1+\varepsilon)^k 。$$

這就是所欲證的結果。‖

我們還需要另一個引理。

【引理23】（可 Riemann 積分的積函數的一個性質）

若函數 $f: I \to \mathbf{R}$ 在緊緻區間$I \subset \mathbf{R}^k$ 上可 Riemann 積分，而函數 $g: I \to \mathbf{R}$ 在I 上連續，則對每個正數 ε，必可找到一正數 δ 使得：對 I 中每個滿足$|P|<\delta$ 的分割$P=\{I_1, I_2, \cdots, I_n\}$、以及每個 I_j 中的任意點x_j 與滿足 $\inf\{f(x) \mid x \in I_j\} \leqslant s_j \leqslant \sup\{f(x) \mid x \in I_j\}$的任意實數 s_j，恆有

$$\left| \sum_{j=1}^{n} s_j g(x_j) v(I_j) - \int_I f(x) g(x) dx \right| < \varepsilon 。$$

證：設 ε 爲任意正數，因爲 fg 在 I 上可 Riemann 積分，所以，對於正數 $\varepsilon/2$，依§ 5－1定理18的證明，必可找到一正數 δ_1 使得：當區間 I 的分割 P 滿足 $|P|<\delta_1$ 時，恆有

$$\int_I f(x)g(x)dx-\frac{\varepsilon}{2}<L(fg,P)\leqslant U(fg,P)<\int_I f(x)g(x)dx+\frac{\varepsilon}{2}。$$

其次，令 $M=\sup\{|f(x)|\,|\,x\in I\}$，我們可假設 $M>0$。因爲函數 g 在緊緻集 I 上均勻連續，所以，可找到一正數 δ_2，使得：當 $x,y\in I$ 且 $\|x-y\|<\delta_2\sqrt{k}$ 時，恆有 $|g(x)-g(y)|<\varepsilon/(2M\ v(I))$。令 $\delta=\min\{\delta_1,\delta_2\}$，設分割 $P=\{I_1,I_2,\cdots,I_n\}$ 滿足 $|P|<\delta$，而對每個 $j=1,2,\cdots,n$，設 $x_j\in I_j$ 而 $\inf\{f(x)\,|\,x\in I_j\}\leqslant s_j\leqslant\sup\{f(x)\,|\,x\in I_j\}$。只要我們能證明：對每個 $j=1,2,\cdots,n$，必可在 I_j 中找到一個點 y_j，使得

$$\inf\{f(x)g(x)\,|\,x\in I_j\}\leqslant s_j\,g(y_j)\leqslant\sup\{f(x)g(x)\,|\,x\in I_j\}，$$

則可得 $L(fg,P)\leqslant\sum_{j=1}^{n}s_j\,g(y_j)v(I_j)\leqslant U(fg,P)$。於是，得

$$\left|\sum_{j=1}^{n}s_j\,g(x_j)v(I_j)-\int_I f(x)g(x)dx\right|$$

$$\leqslant\left|\sum_{j=1}^{n}s_j(g(x_j)-g(y_j))v(I_j)\right|+\left|\sum_{j=1}^{n}s_j\,g(y_j)v(I_j)-\int_I f(x)g(x)dx\right|$$

$$<\sum_{j=1}^{n}M\cdot\frac{\varepsilon}{2M\ v(I)}v(I_j)+\frac{\varepsilon}{2}=\varepsilon。$$

至於點 y_j 的存在性，留給讀者自行證明。‖

【定理24】(變數代換定理之一)

若 $U\subset\boldsymbol{R}^k$ 爲一開集而函數 $\varphi: U\to\boldsymbol{R}^k$ 在 U 上爲一對一且連續可微分，而且對每個 $x\in U$，全微分 $d\varphi(x): \boldsymbol{R}^k\to\boldsymbol{R}^k$ 爲可逆函數，則對每個滿足 $\overline{A}\subset U$ 的 Jordan 可測集 $A\subset\boldsymbol{R}^k$ 以及每個在 $\varphi(A)$ 上可 Riemann 積分的函數 $f: \varphi(A)\to\boldsymbol{R}$，函數 $(f\circ\varphi)|\det J_\varphi|$ 在 A 上可 Riemann 積分而且

$$\int_{\varphi(A)}f(y)dy=\int_A(f\circ\varphi)(x)|\det J_\varphi(x)|\,dx\ 。$$

證：因爲 $\varphi: U\to \boldsymbol{R}^k$ 在開集 U 上連續可微分，而且對每個 $x\in U$，$d\varphi(x): \boldsymbol{R}^k\to\boldsymbol{R}^k$ 是可逆函數，所以，當 Jordan 可測集 A 滿足 $\overline{A}\subset U$ 時，依§5－2定理11，$\varphi(A)$ 也是 Jordan 可測集。更進一步地，因爲 φ 爲一對一函數，所以，依§5－2系理12，可得 $\varphi(A^b)=(\varphi(A))^b$，$\varphi(A^0)=(\varphi(A))^0$。

其次，因爲 φ 在 U 上連續可微分，而且對每個 $x\in U$，$d\varphi(x)$ 都是映成函數，所以，依§4－5系理4（開映射定理），可知 $\varphi: U\to\boldsymbol{R}^k$ 是一個**開映射**（open mapping），亦即：對 $\boldsymbol{R}^k$ 中包含於 U 的每個開集 V，$\varphi(V)$ 都是開集。利用此性質可證得：對每個 $x\in A^0$，$\omega_{f\circ\varphi}(x)\geqslant\omega_f(\varphi(x))$（參看練習題5）。其次，因爲 $\varphi: U\to\boldsymbol{R}^k$ 是連續函數，所以，對每個 $x\in A^0$，$\omega_{f\circ\varphi}(x)\leqslant\omega_f(\varphi(x))$。由此可得：對每個 $\alpha>0$，恆有

$$\{x\in A^0\mid\omega_{f\circ\varphi}(x)\geqslant\alpha\}=\varphi^{-1}(\{y\in(\varphi(A))^0\mid\omega_f(y)\geqslant\alpha\})。$$

因爲 f 在 $\varphi(A)$ 上可 Riemann 積分，所以，依系理6，對每個 $\alpha>0$，集合 $\{y\in(\varphi(A))^0\mid\omega_f(y)\geqslant\alpha\}$ 的 k 維容量爲0。因爲 $\varphi: U\to\varphi(U)$ 是一個一對一且連續可微分的開映射，而且對每個 $x\in U$，恆有 $\det J_\varphi(x)\neq 0$，所以，$\varphi^{-1}: \varphi(U)\to U$ 在開集 $\varphi(U)$ 上也爲連續可微分。因爲 $\overline{\varphi(A)}=\varphi(\overline{A})\subset\varphi(U)$，所以，依§5－2系理7，可知：對每個 $\alpha>0$，集合 $\{x\in A^0\mid\omega_{f\circ\varphi}(x)\geqslant\alpha\}$ 的 k 維容量爲0。更進一步地，因爲 $c(A^b)=0$，所以，集合 $\{x\in A\mid\omega_{f\circ\varphi}(x)\geqslant\alpha\}$ 的 k 維容量爲0。依系理6，函數 $f\circ\varphi$ 在 A 上可 Riemann 積分。

再其次，我們要證明定理中的等式成立，但這是一段冗長的證明，我們分成下面三個步驟（但以第一步驟爲主體）：

(1)當 A 是一緊緻正方體 I 時等式成立。

(2)當 A 是有限多個緊緻正方體的聯集 B 時等式成立。

(3)當 A 是一般 Jordan 可測集時等式成立。

(1)設 $I\subset\boldsymbol{R}^k$ 是緊緻正方體而且 $I\subset U$，$f: \varphi(I)\to\boldsymbol{R}$ 在 $\varphi(I)$ 上

可 Riemann 積分，依前面證明的第二段，$f\circ\varphi$ 在 I 上可 Riemann 積分。因爲 $|\det J_\varphi|$ 在 I 上連續，所以，依定理11，函數 $(f\circ\varphi)|\det J_\varphi|$ 在 I 上可 Riemann 積分。令

$$M=\sup\{|f(y)|\,|\,y\in\varphi(I)\},$$
$$N=\sup\{|\det J_\varphi(x)|\,|\,x\in I\},$$

我們可假設 $M>0$ 且 $N>0$。

設 ε 爲任意正數，選取 $\eta<\min\{1,\varepsilon/(2^{k+1}MN\,c(I))\}$。因爲函數 φ：$U\to\boldsymbol{R}^k$ 滿足引理22的所有假設條件而且 $I\subset U$，所以，對於正數 η，可找到一正數 r 使得：對於以 I 中任意點 x 爲中心且每邊長小於 $2r$ 的緊緻正方體 J，恆有

$$|\det J_\varphi(x)|(1-\eta)^k\leqslant\frac{c(\varphi(J))}{c(J)}\leqslant|\det J_\varphi(x)|(1+\eta)^k\text{。}\quad(*)$$

因爲函數 $(f\circ\varphi)|\det J_\varphi|$ 在 I 上可 Riemann 積分，所以，依引理23，我們可選取區間 I 的一個分割 $P=\{I_1,I_2,\cdots,I_n\}$，使得：$|P|<2r$ 而且每個 I_j 都是緊緻正方體，同時，對於 I_j 中任意點 x_j 以及滿足 $\inf\{(f\circ\varphi)(x)\,|\,x\in I_j\}\leqslant s_j\leqslant\sup\{(f\circ\varphi)(x)\,|\,x\in I_j\}$ 的任意實數 s_j，恆有

$$\left|\sum_{j=1}^{n}s_j|\det J_\varphi(x_j)|\,c(I_j)-\int_I(f\circ\varphi)(x)|\det J_\varphi(x)|\,dx\right|<\varepsilon/2\text{。}\quad(**)$$

設分割區間 I_j 的中心爲 y_j，$j=1,2,\cdots,n$。因爲 $0<\eta<1$，所以，可得 $(1+\eta)^k\leqslant1+2^k\eta$，$(1-\eta)^k\geqslant1-2^k\eta$。於是，依 $(*)$ 式可得

$$|c(\varphi(I_j))-|\det J_\varphi(y_j)|c(I_j)|\leqslant|\det J_\varphi(y_j)|2^kc(I_j)\eta\leqslant2^kN\,c(I_j)\eta\text{。}$$

令 $M_j=\sup\{(f\circ\varphi)(x)\,|\,x\in I_j\}$，$m_j=\inf\{(f\circ\varphi)(x)\,|\,x\in I_j\}$，則因爲每個 $y\in\varphi(I_j)$ 都滿足 $m_j\leqslant f(y)\leqslant M_j$，所以，依系理16，必有一個 s_j 滿足 $m_j\leqslant s_j\leqslant M_j$ 使得

$$\int_{\varphi(I_j)}f(y)dy=s_j\cdot c(\varphi(I_j))\text{。}$$

由此可得

$$\left|\sum_{j=1}^{n}\int_{\varphi(I_j)} f(y)dy - \sum_{j=1}^{n} s_j|\det J_\varphi(y_j)|c(I_j)\right|$$

$$\leqslant \sum_{j=1}^{n}|s_j|\,|c(\varphi(I_j)) - |\det J_\varphi(y_j)|c(I_j)|$$

$$\leqslant \sum_{j=1}^{n} M\cdot 2^k N\, c(I_j)\eta$$

$$= 2^k MN\, c(I)\eta$$

$$< \varepsilon/2 \text{ 。}$$

將上述不等式與（**）式結合，即得

$$\left|\sum_{j=1}^{n}\int_{\varphi(I_j)} f(y)dy - \int_I (f\circ\varphi)(x)|\det J_\varphi(x)|dx\right| < \varepsilon \text{ 。}$$

因爲上式對所有正數 ε 都成立，所以，得

$$\int_I (f\circ\varphi)(x)|\det J_\varphi(x)|dx = \sum_{j=1}^{n}\int_{\varphi(I_j)} f(y)dy = \int_{\varphi(I)} f(y)dy \text{ 。}$$

上式第二個等號成立的理由如下：對任意 $j,l=1,2,\cdots,n$，$j\neq l$，因爲 φ 爲連續可微分而 $I_j\cap I_l$ 的容量爲 0，所以，$\varphi(I_j\cap I_l)$的容量爲 0。又因爲 φ 是一對一函數，所以，$\varphi(I_j)\cap\varphi(I_l)=\varphi(I_j\cap I_l)$。於是，對任意 $j,l=1,2,\cdots,n$，$j\neq l$，恆有$c(\varphi(I_j)\cap\varphi(I_l))=0$。依定理13即得上述第二個等式。

至此，我們完成(1)的證明。

(2)設集合 $B=J_1\cup J_2\cup\cdots\cup J_m$，其中 $J_1,J_2,\cdots,J_m$ 是兩兩不重疊的緊緻正方體。對任意 $r,s=1,2,\cdots,m$，$r\neq s$，因爲 J_r 與J_s 不重疊，所以，$c(J_r\cap J_s)=0$。仿前面證明的最後一段，可得$c(\varphi(J_r)\cap\varphi(J_s))=0$。於是，依定理13及前面(1)的結果，可得

$$\begin{aligned}\int_{\varphi(B)} f(y)dy &= \sum_{i=1}^{m}\int_{\varphi(J_i)} f(y)dy\\ &= \sum_{i=1}^{m}\int_{J_i}(f\circ\varphi)(x)|\det J_\varphi(x)|dx\\ &= \int_B (f\circ\varphi)(x)|\det J_\varphi(x)|dx \text{ 。}\end{aligned}$$

這就是(2)。

(3)設 $A\subset\boldsymbol{R}^k$ 是 Jordan 可測集且 $\overline{A}\subset U$。因爲緊緻集 $\overline{A}$ 與閉集 $\boldsymbol{R}^k-U$ 不相交，所以，可找到一正數 δ 使得：對每個 $x\in\overline{A}$，恆有 $B_\delta(x)\subset U$。任選一個緊緻正方體 I 使得$A\subset I$，選取 I 的一個分割P 使得：$|P|<\delta/\sqrt{k}$而且P 的每個分割區間都是緊緻正方體。若 J 是P 的一個分割區間且 $J\cap A\neq\phi$，設 $x\in J\cap A$，則因爲$|P|<\delta/\sqrt{k}$，所以，$J\subset B_\delta(x)\subset U$。在分割 P 的分割區間中，與 A 相交的分割區間設爲$J_1,J_2,\cdots,J_m$，令 $B=\sum_{i=1}^m J_i$，則 $A\subset B\subset U$。定義函數 $\overline{f}$：$\varphi(B)\to\boldsymbol{R}$ 如下：若 $y\in\varphi(A)$，則$\overline{f}(y)=f(y)$；若 $y\in\varphi(B)-\varphi(A)$，則$\overline{f}(y)=0$。在集合 $\varphi(A)$上，因爲 $\overline{f}=f$，所以，$\overline{f}$ 在 $\varphi(A)$上可 Riemann 積分。在集合$\varphi(B)-\varphi(A)$上，$\overline{f}=0$，所以，$\overline{f}$ 在$\varphi(B)-\varphi(A)$上也可 Riemann 積分。於是，依定理13及前面(2)的結果，可得

$$\begin{aligned}\int_{\varphi(A)}f(y)dy&=\int_{\varphi(B)}\overline{f}(y)dy-\int_{\varphi(B)-\varphi(A)}\overline{f}(y)dy\\&=\int_{\varphi(B)}\overline{f}(y)dy\\&=\int_B(\overline{f}\circ\varphi)(x)\,|\det J_\varphi(x)|\,dx\\&=\int_A(\overline{f}\circ\varphi)(x)\,|\det J_\varphi(x)|\,dx+\int_{B-A}(\overline{f}\circ\varphi)(x)\,|\det J_\varphi(x)|\,dx\\&=\int_A(f\circ\varphi)(x)\,|\det J_\varphi(x)|\,dx\text{。}\end{aligned}$$

這就是(3)。

至此，我們完成定理24的證明。‖

【例3】試求四曲線 $xy=1$、$xy=8$、$y=x^2$與 $y=8x^2$所圍區域的面積。

解1：使用定理21的逐次積分法。設函數 α,β：$[\,1/2,2\,]\to\boldsymbol{R}$ 定義如下：

$$\alpha(x)=\begin{cases}1/x， & 若\ x\in[1/2,1]；\\ x^2， & 若\ x\in[1,2]；\end{cases}$$

$$\beta(x)=\begin{cases}8x^2， & 若\ x\in[1/2,1]；\\ 8/x， & 若\ x\in[1,2]；\end{cases}$$

則此四曲線所圍的區域 R 可表成

$$R=\{(x,y)\in \boldsymbol{R}^2 \mid 1/2\leqslant x\leqslant 2, \alpha(x)\leqslant y\leqslant \beta(x)\}。$$

依定理21，可得

$$\begin{aligned}c(R) &= \int_R 1d(x,y) = \int_{1/2}^2 dx\int_{\alpha(x)}^{\beta(x)} 1dy\\ &= \int_{1/2}^2 (\beta(x)-\alpha(x))dx\\ &= \int_{1/2}^1 (8x^2-1/x)dx+\int_1^2 (8/x-x^2)dx\\ &= (\frac{8}{3}x^3-\ln x)\Big|_{1/2}^1+(8\ln x-\frac{1}{3}x^3)\Big|_1^2\\ &= 7\ln 2。\end{aligned}$$

解2：使用定理24的變數代換法。若令 $u=xy$、$v=y/x^2$，則得 $x=\sqrt[3]{u/v}$、$y=\sqrt[3]{u^2v}$。定義函數 $\varphi:(0,+\infty)\times(0,+\infty)\to(0,+\infty)\times(0,+\infty)$如下：$\varphi(u,v)=(\sqrt[3]{u/v},\sqrt[3]{u^2v})$，則 φ 是一對一、映成且連續可微分的函數，而且

$$\det J_\varphi(u,v)=\begin{vmatrix}(1/3)\sqrt[3]{1/u^2v} & -(1/3)\sqrt[3]{u/v^4}\\ (2/3)\sqrt[3]{v/u} & (1/3)\sqrt[3]{u^2/v^2}\end{vmatrix}=\frac{1}{3v}\neq 0。$$

令 $I=[1,8]\times[1,8]$，則$\varphi(I)=R$。於是，依定理24，可得

$$\begin{aligned}c(R) &= \int_{\varphi(I)} 1d(x,y) = \int_I \frac{1}{3v}d(u,v)\\ &= \int_1^8 du\int_1^8 \frac{1}{3v}dv = 7\ln 2。\ \|\end{aligned}$$

定理24所給的變數代換法，由於對函數 $\varphi: U\to \boldsymbol{R}^k$ 的限制太嚴，使得它可應用的範圍大爲減小，甚至連 $\boldsymbol{R}^2$上很重要的極坐標變

換$(\boldsymbol{r},\boldsymbol{\theta})\mapsto(r\cos\theta, r\sin\theta)$都無法合乎它的要求。因此，我們將變換$\varphi: U\to \boldsymbol{R}^k$的限制稍微放寬，但對被積分函數$f$略加限制，而得出下面更一般化的變數代換定理。

【定理25】（更一般化的變數代換定理）

設$U\subset\boldsymbol{R}^k$爲開集而函數$\varphi: U\to\boldsymbol{R}^k$在$U$上連續可微分。若

(1)存在一個有容量的開集V使得：$\overline{V}\subset U$且φ在V上一對一；

(2)存在一個容量爲0的緊緻集$E\subset U$使得：對每個$x\in V-E$，全微分$d\varphi(x): \boldsymbol{R}^k\to\boldsymbol{R}^k$都是可逆函數；

則對每個滿足$\overline{A}\subset\overline{V}$的Jordan可測集$A\subset\boldsymbol{R}^k$以及每個在$\varphi(A-E)$上連續的有界函數$f: \varphi(A)\to\boldsymbol{R}$，函數$f$在$\varphi(A)$上可Riemann積分，函數$(f\circ\varphi)|\det J_\varphi|$在$A$上可Riemann積分，而且

$$\int_{\varphi(A)} f(y)dy=\int_A(f\circ\varphi)(x)\left|\det J_\varphi(x)\right|dx \text{ 。}$$

證：因爲V與A都有容量，所以，V^b與A^b都是容量爲0的緊緻集。令$E_1=E\cup V^b\cup A^b$，則E_1是U的緊緻子集、$c(E_1)=0$而且對每個$x\in V-E_1$，全微分$d\varphi(x): \boldsymbol{R}^k\to\boldsymbol{R}^k$是可逆函數。因爲$A^b\subset E_1$而$E_1$是閉集，所以，$\overline{A}-E_1=A-E_1=A^0-E_1$而且此集合是開集。同理可知：$\overline{V}-E_1=V-E_1$而且此集合是開集。進一步地，由$\overline{A}\subset\overline{V}$可得$A-E_1\subset V-E_1$。因爲$\overline{A-E_1}\subset U$、$\varphi: U\to\boldsymbol{R}^k$在$U$上連續可微分，而且對每個$x\in(A-E_1)^0$，$d\varphi(x): \boldsymbol{R}^k\to\boldsymbol{R}^k$是可逆函數，所以，依§5－2定理11，可知$\varphi(A-E_1)$有容量。另一方面，因爲$\varphi: U\to\boldsymbol{R}^k$在$U$上連續可微分、$\overline{E}_1\subset U$且$E_1$的容量爲0，所以，依§5－2系理7，可知$\varphi(E_1)$的容量爲0。於是，$\varphi(A\cap E_1)$的容量爲0。由此可知：集合$\varphi(A)=\varphi(A-E_1)\cup\varphi(A\cap E_1)$有容量。

因爲函數f的不連續點所成集合是零容量集$\varphi(E_1)$的子集，而且f是有界函數，所以，依定理3，f在$\varphi(A)$上可Riemann積分。

因爲 φ 是連續函數而且 f 在 $\varphi(A-E_1)$ 上連續，所以，若函數 $f\circ\varphi$ 在點 $x\in A$ 不連續，則 f 在點 $\varphi(x)$ 不連續，於是，得 $x\notin A-E_1$，亦即：$x\in E_1$。換言之，函數 $f\circ\varphi$ 的不連續點所成集合是零容量集 E_1 的子集。因爲 $f\circ\varphi$ 是有界函數，所以，依定理 3，函數 $f\circ\varphi$ 在 A 上可 Riemann 積分。更進一步地，因爲函數 $|\det J_{\varphi}|$ 在緊緻集 $\overline{A}$ 上連續，所以，依系理 4，$|\det J_{\varphi}|$ 在 A 上可 Riemann 積分。再依定理 11，函數 $(f\circ\varphi)|\det J_{\varphi}|$ 在 A 上可 Riemann 積分。

仿§5-2系理 7 的證明，選一正數 δ 使得：$\bigcup\{B_{\delta}(x)\mid x\in E_1\}\subset U$。令 $W=\bigcup\{B_{\delta/2}(x)\mid x\in E_1\}$，則 W 爲 $\boldsymbol{R}^k$ 中的開集、$\overline{W}$ 爲緊緻集而且 $E_1\subset W\subset\overline{W}\subset U$。令

$$M_1=\sup\{\|d\varphi(x)\|\mid x\in\overline{W}\}。$$

依均值定理，若 $x,y\in W$，$\overline{xy}\subset W$，則 $\|\varphi(x)-\varphi(y)\|\leqslant M_1\|x-y\|$。於是，若一緊緻正方體 J 與 E_1 相交而其邊長 a 小於 $\delta/(2\sqrt{k})$，則 $J\subset W$，而且依§5-2定理 6 的證明，其映像 $\varphi(J)$ 必包含於一個邊長爲 $aM_1\sqrt{k}$ 的緊緻正方體。於是，$c(\varphi(J))\leqslant(M_1\sqrt{k})^k c(J)$。另一方面，令

$$M_2=\sup\{|f(y)|\mid y\in\varphi(A)\},$$

$$M_3=\sup\{|\det J_{\varphi}(x)|\mid x\in A\}。$$

我們假設 M_1,M_2 與 M_3 都是正數。

設 ε 爲任意正數，令 $\eta=\varepsilon/((M_1\sqrt{k})^k M_2+M_2M_3)$。因爲 $c(E_1)=0$，所以，仿§5-2定理 1 與定理 3 的證明，對於正數 η，必可找到有限多個緊緻正方體 $I_1,I_2,\cdots,I_n\subset\boldsymbol{R}^k$ 使得：$E_1\subset\bigcup_{j=1}^n I_j^0$、$\sum_{j=1}^n v(I_j)<\eta$ 而且每個 I_j 的邊長都小於 $\delta/(2\sqrt{k})$。令 $B=A-\bigcup_{j=1}^n I_j^0$，則因爲 $\bigcup_{j=1}^n I_j^0$ 是開集且包含 E_1，所以，可得 $\overline{B}\subset\overline{A}-E_1\subset\overline{V}-E_1=V-E_1$。因爲函數 φ 在開集 $V-E_1$ 上爲一對一且連續可微分，而且對每個 $x\in V-E_1$，$d\varphi(x)$：$\boldsymbol{R}^k\to\boldsymbol{R}^k$ 是可逆函數；同時，

$\overline{B}\subset V-E_1$且 B 有 k 維容量，又函數 f 在集合$\varphi(B)$上有界且連續（因此可 Riemann 積分），所以，依定理24，函數$(f\circ\varphi)|\det J_\varphi|$在 B 上可 Riemann 積分，而且

$$\int_{\varphi(B)} f(y)dy=\int_B (f\circ\varphi)(x)|\det J_\varphi(x)|dx \text{ 。}$$

依系理 6，可得

$$\begin{aligned}
&\left|\int_{\varphi(A)} f(y)dy-\int_A (f\circ\varphi)(x)|\det J_\varphi(x)|dx\right| \\
&\quad\leqslant\left|\int_{\varphi(A)} f(y)dy-\int_{\varphi(B)} f(y)dy\right| \\
&\quad\quad+\left|\int_B (f\circ\varphi)(x)|\det J_\varphi(x)|dx-\int_A (f\circ\varphi)(x)|\det J_\varphi(x)|dx\right| \\
&\quad\leqslant\left|\int_{\varphi(A)-\varphi(B)} f(y)dy\right|+\left|\int_{A-B} (f\circ\varphi)(x)|\det J_\varphi(x)|dx\right| \\
&\quad\leqslant M_2\cdot c(\varphi(A)-\varphi(B))+M_2M_3\cdot c(A-B) \\
&\quad\leqslant M_2\cdot\sum_{j=1}^{n} c(\varphi(I_j))+M_2M_3\sum_{j=1}^{n} v(I_j) \\
&\quad\leqslant((M_1\sqrt{k})^kM_2+M_2M_3)\sum_{j=1}^{n} v(I_j) \\
&\quad\leqslant((M_1\sqrt{k})^kM_2+M_2M_3)\eta=\varepsilon \text{ 。}
\end{aligned}$$

因爲上述不等式對每個正數 ε 都成立，所以，可知定理中的等式成立。‖

【系理26】（極坐標代換）

若 $A\subset\boldsymbol{R}^2$是一個 Jordan 可測集且 $\overline{A}\subset[0,a]\times[b,b+2\pi]$，$f$：$B=\{(r\cos\theta,r\sin\theta)\in\boldsymbol{R}^2|(r,\theta)\in A\}\to\boldsymbol{R}$ 爲連續函數，則

$$\int_B f(x,y)d(x,y)=\int_A r\cdot f(r\cos\theta,r\sin\theta)d(r,\theta) \text{ 。}$$

證：函數 φ：$\boldsymbol{R}^2\to\boldsymbol{R}^2$定義如下：對每個$(r,\theta)\in\boldsymbol{R}^2$，令

$$\varphi(r,\theta)=(r\cos\theta,r\sin\theta) \text{。}$$

函數 φ 在$\boldsymbol{R}^2$上顯然連續可微分，而且

$$\det J_\varphi(r,\theta)=\begin{vmatrix}\cos\theta & -r\sin\theta\\ \sin\theta & r\cos\theta\end{vmatrix}=r \text{ 。}$$

令 $V=(0,a)\times(b,b+2\pi)$，則 $V\subset\boldsymbol{R}^2$為一開集，φ 在 V 上一對一，而且 $\overline{A}\subset\overline{V}$。令 $E=\{(0,\theta)\mid\theta\in[b,b+2\pi]\}$，則 E 是容量為 0 的緊緻集，對每個$(r,\theta)\in V-E$，恆有 $\det J_{\varphi}(r,\theta)\neq 0$。於是，此處所定義的函數 φ 與 f、集合 V、E 與 A 都合乎定理25的假設，依定理25即得本定理的等式。‖

【系理27】（球面坐標代換）

若 $A\subset\boldsymbol{R}^3$有容量而且 $\overline{A}\subset[0,a]\times[b,b+2\pi]\times[c,c+\pi]$，$f$：$B=\{(\rho\sin\varphi\cos\theta,\rho\sin\varphi\sin\theta,\rho\cos\varphi)\mid(\rho,\theta,\varphi)\in A\}\to\boldsymbol{R}$ 為一連續函數，則

$$\int_B f(x,y,z)\,d(x,y,z)$$
$$=\int_A \rho^2\sin\varphi\cdot f(\rho\sin\varphi\cos\theta,\rho\sin\varphi\sin\theta,\rho\cos\varphi)\,d(\rho,\theta,\varphi)。$$

證：仿系理26的證明即得。‖

【例4】設 $B=\{(x,y)\in\boldsymbol{R}^2\mid 4x^2+9y^2\leqslant 4\}$，試求

$$\int_B e^{-(4x^2+9y^2)}\,d(x,y)。$$

證：令 φ：$\boldsymbol{R}^2\to\boldsymbol{R}^2$定義為：若$(r,\theta)\in\boldsymbol{R}^2$，則

$$\varphi(r,\theta)=(r\cos\theta,(2/3)r\sin\theta)。$$

顯然地，φ 在$\boldsymbol{R}^2$上連續可微分，而且

$$\det J_{\varphi}(r,\theta)=\begin{vmatrix}\cos\theta & -r\sin\theta\\ (2/3)\sin\theta & (2/3)r\cos\theta\end{vmatrix}=\frac{2}{3}r\ 。$$

令 $A=[0,1]\times[0,2\pi]$，則$\varphi(A)=B$。令 $V=(0,1)\times(0,2\pi)$，則 φ 在V 上一對一且$\overline{A}\subset\overline{V}$。令 $E=\{0\}\times[0,2\pi]$，則 E 是容量為 0 的緊緻集。對每個$(r,\theta)\in V-E$ ，恆有 $\det J_{\varphi}(r,\theta)\neq 0$。於是，依定理25，得

$$\int_B e^{-(4x^2+9y^2)}\,d(x,y)=\int_A (2/3)re^{-4r^2}\,d(r,\theta)$$
$$=\int_0^{2\pi}d\theta\int_0^1(2/3)re^{-4r^2}\,dr$$

$$=\frac{\pi}{6}(1-e^{-4})。\|$$

下面舉一個 k 維空間的例子。

【例5】試求 k 維球體 $\overline{B}_r^k(a)=\{x\in\boldsymbol{R}^k \mid \|x-a\|\leqslant r\}$ 的 k 維容量。

解：依引理20及數學歸納法，易知 k 維球體 $\overline{B}_r^k(a)$ 是 Jordan 可測集。定義函數 φ：$\boldsymbol{R}^k\to\boldsymbol{R}^k$ 如下：對每個 $x\in\boldsymbol{R}^k$，令 $\varphi(x)=a+rx$。顯然地，函數 φ 滿足定理24的所有假設條件，而且對每個 $x\in\boldsymbol{R}^k$，恆有 $\det J_\varphi(x)=r^k$。因爲$\varphi(\overline{B}_1^k(0))=\overline{B}_r^k(a)$，所以，得

$$c(\overline{B}_r^k(a))=\int_{\overline{B}_r^k(a)}1dx=\int_{\overline{B}_1^k(0)}r^kdx=r^k\cdot c(\overline{B}_1^k(0))。$$

其次，令 $J=[-1,1]\times[-1,1]\times\cdots\times[-1,1]\subset\boldsymbol{R}^{k-1}$，$I=[-1,1]\times J$。令 χ：$\boldsymbol{R}^k\to\boldsymbol{R}$ 表示球體 $\overline{B}_1^k(0)$的特徵函數，則對每個 $x_1\in[-1,1]$，函數$(x_2,x_3,\cdots,x_k)\mapsto\chi(x_1,x_2,\cdots,x_k)$是 $k-1$維球體 $\overline{B}^{k-1}_{(1-x_1^2)^{1/2}}(0)$的特徵函數。於是，依§5－1系理15，可得

$$\begin{aligned}c(\overline{B}_1^k(0))&=\int_I\chi(x)dx=\int_{-1}^1dx_1\int_J\chi(x_1,x_2,\cdots,x_k)d(x_2,\cdots,x_k)\\&=\int_{-1}^1c(\overline{B}^{k-1}_{(1-x_1^2)^{1/2}}(0))dx_1\\&=\int_{-1}^1c(\overline{B}_1^{k-1}(0))(1-x_1^2)^{(k-1)/2}dx_1\\&=c(\overline{B}_1^{k-1}(0))\int_{-\pi/2}^{\pi/2}\cos^k\theta\ d\theta\\&=2c(\overline{B}_1^{k-1}(0))\int_0^{\pi/2}\cos^k\theta\ d\theta\ 。\end{aligned}$$

因此，若 $k>2$，則得

$$\begin{aligned}\frac{c(\overline{B}_1^k(0))}{c(\overline{B}^{k-2}(0))}&=4\left(\int_0^{\pi/2}\cos^k\theta\ d\theta\right)\left(\int_0^{\pi/2}\cos^{k-1}\theta\ d\theta\right)\\&=\frac{2\pi}{k}。（爲什麼？）\end{aligned}$$

於是，依數學歸納法原理，可得

$$c(\overline{B}_1^k(0))=\begin{cases}\dfrac{\pi^{k/2}}{(k/2)!}, & \text{若 } k \text{ 是偶數；}\\[2ex] \dfrac{2^k((k-1)/2)!\ \pi^{(k-1)/2}}{k!}, & \text{若 } k \text{ 是奇數。} \|\end{cases}$$

練習題　5－3

1. 試舉出一個有界函數 $f: A \to \boldsymbol{R}$，使得 $|f|$ 與 f^2 都在集合 A 上可 Riemann 積分，但 f 在 A 上不可 Riemann 積分。
2. 試證系理6。
3. 試證定理18。
4. 試完成引理23的證明，亦即：若 $f: I \to \boldsymbol{R}$ 是緊緻區間 $I \subset \boldsymbol{R}^k$ 上的有界函數，$g: I \to \boldsymbol{R}$ 是 I 上的連續函數，則對於滿足
$$\inf\{f(x) \mid x \in I\} \leqslant s \leqslant \sup\{f(x) \mid x \in I\}$$
的任意實數 s，必可找到一個 $y \in I$，使得
$$\inf\{f(x)g(x) \mid x \in I\} \leqslant s\, g(y) \leqslant \sup\{f(x)g(x) \mid x \in I\}。$$
5. 試完成定理24第二段的證明，亦即：
   (1)若 $\varphi: U \to \boldsymbol{R}^k$ 是開集 $U \subset \boldsymbol{R}^k$ 上的開映射，則對每個函數 $f: \varphi(U) \to \boldsymbol{R}$ 及每個 $x \in U$，$\omega_{f\circ\varphi}(x) \geqslant \omega_f(\varphi(x))$。
   (2)若 $\varphi: U \to \boldsymbol{R}^k$ 是開集 $U \subset \boldsymbol{R}^k$ 上的連續函數，則對每個函數 $f: \varphi(U) \to \boldsymbol{R}$ 及每個 $x \in U$，$\omega_f(\varphi(x)) \geqslant \omega_{f\circ\varphi}(x)$。
6. 試證：若 $k \in \boldsymbol{N}$ 且 $k > 1$，則
$$\left(\int_0^{\pi/2} \cos^k\theta\, d\theta\right)\left(\int_0^{\pi/2} \cos^{k-1}\theta\, d\theta\right) = \pi/(2k)。$$
7. 設 $f: A \to \boldsymbol{R}$ 在 Jordan 可測集 $A \subset \boldsymbol{R}^k$ 上可 Riemann 積分。若其 Riemann 積分值爲 0 而且集合 $\{x \in A \mid f(x) < 0\}$ 的 k 維容量爲 0，則集合 $\{x \in A \mid f(x) \neq 0\}$ 的 k 維容量也爲 0。試證之。
8. 若函數 $f: A \to \boldsymbol{R}$ 在 Jordan 可測集 $A \subset \boldsymbol{R}^k$ 上可 Riemann 積分，而且 f 在內點 $a \in A^0$ 連續，試證：

$$\lim_{r\to 0}\frac{1}{c(B_r(a))}\int_{B_r(a)\cap A}f(x)dx=f(a)\text{ 。}$$

9.若 $A\subset \boldsymbol{R}^k$ 是一個有容量的連通集，函數 $f:A\to\boldsymbol{R}$ 在 A 上為連續且有界，又非負函數 $g:A\to[0,+\infty)$ 在 A 上可 Riemann 積分，則必可找到一個點 $x_0\in A$ 使得

$$\int_A f(x)g(x)dx=f(x_0)\int_A g(x)dx\text{ 。}$$

10.若函數 $f:[a,b]\times[c,d]\to\boldsymbol{R}$ 在 $[a,b]\times[c,d]$ 上連續，對每個 $(x,y)\in[a,b]\times[c,d]$。令

$$F(x,y)=\int_a^x ds\int_c^y f(s,t)dt\text{ ，}$$

則對每個內點 $(x,y)\in(a,b)\times(c,d)$，恆有

$$D_{21}F(x,y)=D_{12}F(x,y)=f(x,y)\text{。}$$

11.設 $f:[a,b]\to[0,+\infty)$ 是區間 $[a,b]$ 上的非負連續函數，S_f 為函數 f 的縱標集（參看§5－2練習題13），令

$$X_f=\{(x,y\cos\theta,y\sin\theta)\in\boldsymbol{R}^3\mid(x,y)\in S_f,\theta\in[0,2\pi]\}\text{，}$$

則 X_f 稱為 S_f 繞 x 軸旋轉所得的旋轉體。試利用定理25證明

$$c(X_f)=\pi\int_a^b(f(x))^2dx\text{ 。}$$

12.設 $f:[a,b]\to[0,+\infty)$ 是區間 $[a,b]$ 上的非負連續函數，$0\leqslant a\leqslant b$，令

$$Y_f=\{(x\cos\theta,y,x\sin\theta)\in\boldsymbol{R}^3\mid(x,y)\in S_f,\theta\in[0,2\pi]\}\text{，}$$

則 Y_f 稱為 S_f 繞 y 軸旋轉所得的旋轉體。試利用定理25證明

$$c(Y_f)=2\pi\int_a^b xf(x)dx\text{ 。}$$

13.試分別使用球面坐標代換與柱面坐標代換 $(r,\theta,z)\mapsto(r\cos\theta,r\sin\theta,z)$ 計算下列各集合的三維容量：

(1) $\{(x,y,z)\in\boldsymbol{R}^3\mid 0\leqslant x^2+y^2\leqslant 1/2,(x^2+y^2)^{1/2}\leqslant z\leqslant(1-x^2-y^2)^{1/2}\}$ 。

(2) $\{(x,y,z)\in \boldsymbol{R}^3 \mid x^2+y^2+z^2\leqslant 4a^2, z\geqslant a\}, a>0$。

(3) $\{(x,y,z)\in \boldsymbol{R}^3 \mid x^2+y^2+z^2\leqslant 2, x^2+y^2+z^2\leqslant 2z\}$。

14. 試求集合 $\{(x_1,x_2,\cdots,x_k)\in \boldsymbol{R}^k \mid |x_1|+|x_2|+\cdots+|x_k|\leqslant a\}$ 的 k 維容量。

15. 設 $[a_{ij}]$ 是一個 k 階實數元正定方陣，試求集合

$$\{x\in \boldsymbol{R}^k \mid \sum_{i=1}^{k}\sum_{j=1}^{k} a_{ij}x_i x_j\leqslant 1\}$$

的 k 維容量。

16. 設 $A\subset \boldsymbol{R}^k$ 與 $B\subset \boldsymbol{R}^l$ 都有容量。若有界函數 $f: A\times B\to \boldsymbol{R}$ 在 $A\times B$ 上均勻連續，對每個 $x\in A$，令

$$g(x)=\int_B f(x,y)dy,$$

則 g 在 A 上均勻連續。

17. 設 $A\subset \boldsymbol{R}^k$ 爲 Jordan 可測集，而 $\{f_n: A\to \boldsymbol{R}\}$ 爲一函數列。若 $\{f_n\}$ 在 A 上均勻收斂於函數 $f: A\to \boldsymbol{R}$，而且每個 f_n 都在 A 上可 Riemann 積分，則極限函數 f 在 A 上也可 Riemann 積分，而且

$$\int_A f(x)dx = \lim_{n\to\infty}\int_A f_n(x)dx。$$

18. 設 $A\subset \boldsymbol{R}^k$ 有容量，而函數 $f: A\times[a,b]\to \boldsymbol{R}$ 在 $A\times[a,b]$ 上連續。若對每個 $(x,t)\in A\times[a,b]$，偏導數 $f_t(x,t)$ 恆存在，而且偏導函數 $(x,t)\mapsto f_t(x,t)$ 在 $A\times[a,b]$ 上均勻連續，對每個 $t\in[a,b]$，令

$$g(t)=\int_A f(x,t)dx,$$

則 g 在 $[a,b]$ 上可微分，而且對每個 $t\in[a,b]$，恆有

$$g'(t)=\int_A f_t(x,t)dx。$$

19. 若函數 $f: [a,b]\times[c,d]\to \boldsymbol{R}$ 在 $[a,b]\times[c,d]$ 上連續可微分，對每個點 $(x,y,z)\in[a,b]\times[c,d]\times[c,d]$，令

$$F(x,y,z)=\int_y^z f(x,t)dt \ ,$$

試證：函數 F 在每個點$(x,y,z)\in[a,b]\times[c,d]\times[c,d]$的每個偏導數都存在，而且

$$F_1(x,y,z)=\int_y^z D_1 f(x,t)dt \ ,$$

$$F_2(x,y,z)=-f(x,y),$$

$$F_3(x,y,z)=f(x,z)。$$

20.若函數 $f:[a,b]\times[c,d]\to\boldsymbol{R}$ 在$[a,b]\times[c,d]$上連續可微分，而且函數 $\alpha,\beta:[a,b]\to[c,d]$在$[a,b]$上連續可微分，對每個點 $x\in[a,b]$，令

$$F(x)=\int_{\alpha(x)}^{\beta(x)} f(x,t)dt \ ,$$

試證：函數 F 在每個點$x\in[a,b]$的導數都存在，而且

$$F'(x)=\int_{\alpha(x)}^{\beta(x)} f_1(x,t)dt-f(x,\alpha(x))\alpha'(x)+f(x,\beta(x))\beta'(x) \ 。$$

參考書目

Apostol, T. M., *Mathematical Analysis*, Second Edition, Addison-Wesley, Reading, Mass., 1974.

Bartle, R. G., *The Elements of Real Analysis*, Second Edition, John Wiley & Sons, New York, 1976.

Buck, R. C., *Advanced Calculus*, Third Edition, McGraw-Hill, New York, 1978.

Courant, R. & John, F., *Introduction to Calculus and Analysis*, Springer-Verlag, New York, 1989.

Davis, H. F. & Snider A. D., *Introduction to Vector Analysis*, Fifth Edition, Allyn-Bacon, Boston, Mass., 1987.

Fleming, W. H., *Functions of Several Variables*, *Addison-Wesley*, Reading, Mass., 1965.

Fitzpatrick, P. M., *Advanced Calculus*, PWS Publishing, Boston, Mass., 1966.

Hummel, J. A., *Introduction to Vector Functions*, Addison-Wesley, Reading, Mass., 1967.

Knopp, K., *Theory and Application of Infinite Series*, Hafner, New York, 1951.

Loomis, L. H. & Sternberg, S., *Advanced Calculus*, Revised Edition, Jones-Bartlett, Boston, Mass., 1990.

Rudin, W., *Principles of Mathematical Analysis*, Third Edition, McGraw-Hill, New York, 1976.

Widder, D. V., *Advanced Calculus*, Prentice-Hall, Englewood Cliffs, N. J., 1961.

朱時，**數學分析札記**，貴州省教育出版社，1994年。

宋國柱，任福賢，許紹溥，姜東平，**數學分析教程**，南京大學出版社，南京，1992年。

林義雄，林紹雄，**理論分析初步**，問學出版社，台北，1977年。

林義雄，林紹雄，**理論分析**，正中書局，台北，1981年。

符號索引

【〇畫】

【一畫】

【二畫】

【三畫】

【四畫】

【五畫】

【六畫】

【七畫】

【八畫】

【九畫】

【十畫】

【十一畫】

【十二畫】

【十三畫】

【十四畫】

【十五畫】

【十六畫】

【十七畫】

【十八畫】

【十九畫】

【二十畫】

【二十三畫】

§1－2

6. 最小上界爲31/30，最大下界爲0。

13. $a_n=[(2^{n-2}+(-1)^{n-1})/3\cdot 2^{n-2}]\cdot\alpha+[(2^{n-1}-(-1)^{n-1})/3\cdot 2^{n-2}]\cdot\beta$，而其極限爲$(\alpha+2\beta)/3$。

14. 極限爲$(-\alpha+3\beta)/2$。

15. 極限爲$1-e^{-1}$。

18. (1)極限爲2。 (2)極限爲2。 (3)極限爲1。 (4)極限爲$\sqrt[3]{2}$。

23. (2)兩極限可能不相等。

§1－3

9. x是一個有理數，而且x表示成最簡分數時，其分母的質因數都是b的因數。

10. (1)$1/5=0.00110011\cdots_2$； $3/7=0.011011\cdots_2$。
    (2)$1/4=0.0202\cdots_3$； $9/13=0.200200\cdots_3$。

12. $\sqrt{2}-1=0.0110101\cdots_2$。

§2－1

3. 對每個$k\in\boldsymbol{N}$，設$l\in\boldsymbol{N}$滿足$l(l-1)/2<k\leq l(l+1)/2$，令$m=k-l(l-1)/2$及$n=l-m+1$，則$f(m,n)=k$。

5. $f(9/31)=(1/3,1/7)$。

§2－3

7. 閉包爲$\bigcup_{n=-\infty}^{+\infty}\{(x,n)\in\boldsymbol{R}^2\mid n\leq x\leq n+1\}$。

11. $A^d=\{(1/m,0)|m\in \boldsymbol{N}\}\cup\{(0,1/n)|n\in\boldsymbol{N}\}\cup\{(0,0)\}$，
$(A^d)^d=\{(0,0)\}$。

§ 3 − 1

4. $\{x_n\}$與$\{y_n\}$不一定都收斂。
9. 不能。
21. 對應的五個值由小而大依序爲 3,4,6,9,10 。
22. 對應的五個值由小而大依序爲 2,4,8,20,24 。
23. (1)$\underline{\lim}_{n\to\infty} x_n=-\infty$，$\overline{\lim}_{n\to\infty} x_n=+\infty$。
(2)$\underline{\lim}_{n\to\infty} x_n=-e$，$\overline{\lim}_{n\to\infty} x_n=e$。
(3)$\underline{\lim}_{n\to\infty} x_n=0$，$\overline{\lim}_{n\to\infty} x_n=0$。
(4)$\underline{\lim}_{n\to\infty} x_n=0$，$\overline{\lim}_{n\to\infty} x_n=3/4$。
26. 設$\{x_n\}=\{1/2,1/3,1/2^2,1/3^2,\cdots\}$，則可得$\underline{\lim}_{n\to\infty} x_{n+1}/x_n=0$，$\overline{\lim}_{n\to\infty} x_{n+1}/x_n=+\infty$，$\underline{\lim}_{n\to\infty}\sqrt[n]{x_n}=1/\sqrt{2}$，$\overline{\lim}_{n\to\infty}\sqrt[n]{x_n}=1/\sqrt{3}$。
27. (1)極限爲 $4/e$ 。　(2)極限爲 e 。

§ 3 − 2

1. (1)收斂範圍爲 $\boldsymbol{R}$；當 x 是整數時，極限爲1；當 x 不是整數時，極限爲0。
(2)收斂範圍爲$[0,+\infty)$；當 $x=0$時，極限爲1；當 $x\in(0,+\infty)$時，極限爲0。
(3)收斂範圍爲$[0,+\infty)$；極限恆爲0。
(4)收斂範圍爲$[0,+\infty)$；極限恆爲0。
(5)收斂範圍爲$[-1,1]$；極限恆爲0。
(6)收斂範圍爲$[0,+\infty)$；極限恆爲0。
(7)收斂範圍爲$[0,+\infty)$；當 $x\in[0,1)$時，極限爲0；當 $x=1$時，極限爲1/2；當 $x\in(1,+\infty)$時，極限爲1。
(8)收斂範圍爲$[0,+\infty)$；當 $x\in[0,1]$時，極限爲0；當 $x\in(1,$

$+\infty$)時，極限爲1。

(9)收斂範圍爲$[0,+\infty)$；當 $x\in[0,1)$時，極限爲0；當 $x=1$時，極限爲1/2；當 $x\in(1,+\infty)$時，極限爲0。

(10)收斂範圍爲$[0,1]$；當 $x\in[0,1)$時，極限爲0；當 $x=1$時，極限爲1/2。

2. (1)不是均勻收斂。但在每個不含整數的緊緻子集上都均勻收斂。

(2)不是均勻收斂。但在每個不含0的閉子集上都均勻收斂。

(3)(4)(5)(6)都均勻收斂。

(7)不是均勻收斂。但在每個不含1的閉子集上都均勻收斂。

(8)不是均勻收斂。但在$[0,1]$的每個閉子集及$(1,+\infty)$的每個閉子集上都均勻收斂。

(9)不是均勻收斂。但在$[0,1)$的每個閉子集及$(1,+\infty)$的每個閉子集上都均勻收斂。

(10)不是均勻收斂。但在$[0,1)$的每個閉子集上都均勻收斂。

§ 3－3

1. (1)極限爲4。 (2)極限不存在。 (3)極限不存在。 (4)極限爲0。
(5)極限不存在。 (6)極限爲0。 (7)極限爲0。 (8)極限爲0。

5. (1)1與－1。 (2)0與0。 (3)不存在與0。
(4)不存在與不存在。 (5)0與0。 (6)1與1。

7. 對每個 $c\in\boldsymbol{R}$，恆有$\overline{\lim}_{x\to c}f(x)=1$、$\underline{\lim}_{x\to c}f(x)=0$，而$\lim_{x\to c+}f(x)$與$\lim_{x\to c-}f(x)$則都不存在。

8. 對每個 $c\in\boldsymbol{R}$，恆有$\overline{\lim}_{x\to c}f(x)=\underline{\lim}_{x\to c}f(x)=0$。

§ 3－4

1. (1)函數 f 在0連續，而在其他點都不連續。

(2)函數 f 在1/2連續，而在其他點都不連續。

(3)函數 f 在所有整數點都不連續，而在其他點都連續。

(4)函數 f 在0不連續，而在其他點都連續。

(5)函數 f 在$(0,0)$連續，而在其他點都不連續。

(6)函數 f 在滿足$xy\neq 0$的點(x,y)都連續，而在其他點都不連續。

(7)函數 f 在x 軸上的點都不連續，而在其他點都連續。

(8)函數 f 在$(0,0)$不連續，而在其他點都連續。

14. (1)在0以外的有理點只有上半連續、在無理點只有下半連續。

(2)在$[0,1/2)$的有理點只有下半連續、在$[0,1/2)$的無理點只有上半連續、在$(1/2,1]$的有理點只有上半連續、在$(1/2,1]$的無理點只有下半連續。

(3)在每個整數點只有上半連續。

(4)在0既未上半連續、也未下半連續。

(5)在$\boldsymbol{Q}^2$ 中$(0,0)$以外的點只有上半連續、而在 $\boldsymbol{Q}^2$的餘集中的點只有下半連續。

(6)在滿足 $ab=0$ 的每個點(a,b)只有下半連續。

(7)在每個點$(a,0)\in\boldsymbol{R}^2$ 既未上半連續、也未下半連續。

(8)在點$(0,0)$既未上半連續、也未下半連續。

18. 設 $c=q/p$，$p\in\boldsymbol{N}$，$q\in Z$，$(p,q)=1$，則 $\omega_f(c)=1/p=f(c)$。

19. $\omega_f(0,0)=1$。

§ 3 − 6

3. (1)不是均勻連續函數。　(2)不是均勻連續函數。

(3)均勻連續函數。　(4)均勻連續函數。

§ 4 − 1

1. (1)$D_1f(x,y)=(x/\sqrt{x^2+y},y)$，

$D_2f(x,y)=(1/(2\sqrt{x^2+y}),x)$。

(2)$D_1f(x,y)=(yx^{y-1},2^xy^2\ln 2)$，$D_2f(x,y)=(x^y\ln x,2^{x+1}y)$。

(3)$D_1f(x,y)=(\cos y,\sin y)$，$D_2f(x,y)=(-x\sin y,x\cos y)$。

(4)$D_1f(x,y)=(-y/(x^2+y^2),(y^2-1)/(xy^2-x+y))$，

$D_2f(x,y)=(x/(x^2+y^2),(2xy+1)/(xy^2-x+y))$。

(5)$D_1f(x,y)=\cos y+y\cos x$ ，$D_2f(x,y)=-x\sin y+\sin x$ 。

(6)$D_1f(x,y)=(3x^2e^x\ln y+x^3e^x\ln y,2x\cos y)$，

$D_2f(x,y)=(x^3e^x/y,-x^2\sin y)$。

(7)$D_jf(x)=3x_j\|x\|x+\|x\|^3e_j$，$j=1,2,\cdots,k$ 。

(8)$D_jf(x)=-2(x_j-\delta_{jk})\|x-e_k\|^{-4}(x-e_k)+\|x-e_k\|^{-2}e_j$，$j=1,2\cdots,k$ 。

2. (1)$(2,-4)$。 (2)$((-4u+3v)/25,(3u+4v)/25)$。

(3)$3/\sqrt{5}$。

5. $f_{xxy}(0,0)=0$ ，$f_{xyx}(0,0)$不存在，$f_{yxx}(0,0)=0$ ，

$f_{xyy}(0,0)=0$ ，$f_{yxy}(0,0)$不存在，$f_{yyx}(0,0)=0$ 。

§4－2

13. $D_1F(r,\theta)=D_1f(r\cos\theta,r\sin\theta)\cos\theta+D_2f(r\cos\theta,r\sin\theta)\sin\theta$ ，

$D_2F(r,\theta)=-D_1f(r\cos\theta,r\sin\theta)r\sin\theta+D_2f(r\cos\theta,r\sin\theta)r\cos\theta$ ，

$D_{11}F(r,\theta)=D_{11}f(r\cos\theta,r\sin\theta)\cos^2\theta+D_{21}f(r\cos\theta,r\sin\theta)\cos\theta\sin\theta$
$+D_{12}f(r\cos\theta,r\sin\theta)\cos\theta\sin\theta+D_{22}f(r\cos\theta,r\sin\theta)\cos^2\theta$ ，

$D_{21}F(r,\theta)=-D_{11}f(r\cos\theta,r\sin\theta)r\cos\theta\sin\theta+D_{21}f(r\cos\theta,r\sin\theta)r\cos^2\theta$
$-D_{12}f(r\cos\theta,r\sin\theta)r\sin^2\theta+D_{22}f(r\cos\theta,r\sin\theta)r\cos\theta\sin\theta$
$-D_1f(r\cos\theta,r\sin\theta)\sin\theta+D_2f(r\cos\theta,r\sin\theta)\cos\theta$ ，

$D_{12}F(r,\theta)=-D_{11}f(r\cos\theta,r\sin\theta)r\cos\theta\sin\theta-D_{21}f(r\cos\theta,r\sin\theta)r\sin^2\theta$
$+D_{12}f(r\cos\theta,r\sin\theta)r\cos^2\theta+D_{22}f(r\cos\theta,r\sin\theta)r\cos\theta\sin\theta$
$-D_1f(r\cos\theta,r\sin\theta)\sin\theta+D_2f(r\cos\theta,r\sin\theta)\cos\theta$ ，

$D_{22}F(r,\theta)=D_{11}f(r\cos\theta,r\sin\theta)r^2\sin^2\theta-D_{21}f(r\cos\theta,r\sin\theta)r^2\cos\theta\sin\theta$

$-D_{12}f(r\cos\theta, r\sin\theta)r^2\cos\theta\sin\theta + D_{22}f(r\cos\theta, r\sin\theta)r^2\cos^2\theta$

$-D_1f(r\cos\theta, r\sin\theta)r\cos\theta - D_2f(r\cos\theta, r\sin\theta)r\sin^2\theta$ 。

§ 4 － 3

2. $f(y_1, y_2, \cdots, y_k) - f(x_1, x_2, \cdots, x_k)$

$= \sum_{j=1}^{k}[f(x_1, \cdots, x_{j-1}, y_j, \cdots, y_k) - f(x_1, \cdots, x_j, y_{j+1}, \cdots, y_k)]$

$= \sum_{j=1}^{k} D_j f(x_1, \cdots, x_{j-1}, z_j, y_{j+1}, \cdots, y_k)(y_j - x_j)$ 。

§ 4 － 4

8. (1)$\tan^{-1}\left(\frac{x}{y^2+1}\right) = x(1-y^2+y^4) - \frac{x^3}{3}(1-3y^2) + \frac{x^5}{5} + \cdots$ 。

(2)$\ln(1-x)(1-y)$

$= xy + \frac{xy^2}{2} + \frac{x^2y}{2} + \frac{xy^3}{3} + \frac{x^2y^2}{4} + \frac{x^3y}{3} + \frac{xy^4}{4} + \frac{x^2y^3}{6} + \frac{x^3y^2}{6} + \frac{x^4y}{4} + \cdots$ 。

§ 4 － 5

1. 對每個點$(x_0, y_0) \in \boldsymbol{R}^2$，令 $u_0 = \cos y_0$ 、$v_0 = \sin y_0$ ，則 f 在點(x_0, y_0)附近的局部反函數 g 是下述形式：對每個點$(u, v) \in \boldsymbol{R}^2 - \{(-tu_0, -tv_0) \mid t \geq 0\}$，若 $u_0v - v_0u \geq 0$ ，則

$g(u, v) = ((1/2)\ln(u^2+v^2), y_0 + \cos^{-1}((u_0u + v_0v)/\sqrt{u^2+v^2})$；

若 $u_0v - v_0u < 0$ ，則

$g(u, v) = ((1/2)\ln(u^2+v^2), y_0 - \cos^{-1}((u_0u + v_0v)/\sqrt{u^2+v^2})$ 。

2. 反函數 f^{-1}在點$(0,0,0)$不可微分。

4. 函數 g 在點(x_0, y_0)附近的局部反函數 h 是下述形式：對 $g(x_0, y_0)$附近的每個點(u, v)，設 x 是x_0 附近一點且滿足 $f(x) = u$ 、並令 $y = v - x^2u$ ，則 $h(u, v) = (x, y)$。

5. (1)隱函數爲$\varphi(z) = (z/(2z-2), (z-2z^2)/(2z-2))$，且

$\varphi'(z) = (-2/(2z-2)^2, (-2+8z-4z^2)/(2z-2)^2)$。

(2)隱函數爲$\varphi(x)=((-2x^2-x)/(2x-1),(2x)/(2x-1))$，且

$$\varphi'(x)=((-4x^2+4x+1)/(2x-1)^2,-2/(2x-1)^2)。$$

6. 隱函數爲 $\varphi(u,v,w)=(\varphi_1(u,v,w),\varphi_2(u,v,w))$，其中，

$\varphi_1(u,v,w)=[(u-v)-\sqrt{(u-v)^2+4(u^2vw+u-w)}]/2$，

$\varphi_2(u,v,w)=-1-uvw-[(u-v)-\sqrt{(u-v)^2+4(u^2vw+u-w)}]/2$，

而且

$$D_1\varphi_1(u,v,w)=\frac{1}{2}\left(1-\frac{(u-v)+4uvw+2}{\sqrt{(u-v)^2+4(u^2vw+u-w)}}\right),$$

$$D_1\varphi_2(u,v,w)=-vw-D_1\varphi_1(u,v,w);$$

$$D_2\varphi_1(u,v,w)=\frac{1}{2}\left[-1-\frac{-(u-v)+2u^2w}{\sqrt{(u-v)^2+4(u^2vw+u-w)}}\right],$$

$$D_2\varphi_2(u,v,w)=-uw-D_2\varphi_1(u,v,w);$$

$$D_3\varphi_1(u,v,w)=\frac{-u^2v+1}{\sqrt{(u-v)^2+4(u^2vw+u-w)}},$$

$$D_3\varphi_2(u,v,w)=-uv-D_3\varphi_1(u,v,w)。$$

由此可知:

$$J_\varphi(2,1,0)=\begin{bmatrix}0 & -1/3 & -1\\ 0 & 1/3 & -1\end{bmatrix}。$$

§ 4－6

1. (1)點(1,1)與(－1,－1)都是函數 f 的嚴格極大點，對應的極大值爲2。

(2)點(2,6)是函數 f 的嚴格極小點，對應的極小值爲－24。

(3)點(1,1)與(－1,－1)都是函數 f 的嚴格極小點，對應的極小值爲4。

(4)函數 f 沒有極值。

(5)點(0,－1)與點(0,2)都是函數 f 的嚴格極小點，對應的極小值

分別為 -5 與 -32。

(6)點 $(-2,1/2)$ 是函數 f 的嚴格極小點，對應的極小值為 $-251/8$。

(7)點 $(-1/4,-1/4,-1/4)$ 是函數 f 的嚴格極小點，對應的極小值為 $-3/8$。

2. 點 $(0,0)$ 既非函數 f 的極大點、亦非極小點。事實上，函數 f 在直線 $x=0$、$x=\sqrt{3}y$ 與 $x=-\sqrt{3}y$ 上各點的函數值都等於0。在此三直線所分割的六個區域中，從包含點 $(1,0)$ 的區域起依逆時針方向，函數 f 在各區域中各點的函數值依次為正、負、正、負、正、負。

4. 曲面 $xy-z^2=1$ 上與原點最近的點是 $(1,1,0)$ 與 $(-1,-1,0)$。

5. $a=\dfrac{n\cdot\sum_{i=1}^{n}x_iy_i-(\sum_{i=1}^{n}x_i)(\sum_{i=1}^{n}y_i)}{n\cdot\sum_{i=1}^{n}x_i^2-(\sum_{i=1}^{n}x_i)^2}$，

$b=\dfrac{(\sum_{i=1}^{n}x_i^2)(\sum_{i=1}^{n}y_i)-(\sum_{i=1}^{n}x_i)}{n\cdot\sum_{i=1}^{n}x_i^2-(\sum_{i=1}^{n}x_i)^2}$。

11. (1)在 $(x,y)=(0,1)$ 或 $(0,-1)$ 時有相對極大值 1。在 $(x,y)=(1/3,\sqrt{7}/3)$ 或 $(1/3,-\sqrt{7}/3)$ 時有相對極小值 $25/27$。在 $(x,y)=(1/\sqrt{2},0)$ 時有絕對極大值 $\sqrt{2}$。在 $(x,y)=(-1/\sqrt{2},0)$ 時有絕對極小值 $-\sqrt{2}$。

(2)在 $(x,y)=(-1/4,\sqrt{15}/4)$ 或 $(-1/4,-\sqrt{15}/4)$ 時有絕對極小值 $-17/8$。在 $(x,y)=(1,0)$ 時有絕對極大值 1。在 $(x,y)=(-1,0)$ 時有相對極大值 -1。

(3)函數 f 在 $(1,0,0)$、$(0,1,0)$ 與 $(0,0,1)$ 等三點有絕對極大值 1；在 $(-1/3,2/3,2/3)$、$(2/3,-1/3,2/3)$ 與 $(2/3,2/3,-1/3)$ 三點有絕對極小值 $5/9$。

(4)函數 f 在 $(0,0,\pm\sqrt{3},\pm 1)$ 等四點有絕對極小值 0；在 $(\pm 2,\pm 3,0,0)$ 等四點有絕對極大值 13。

12. 截痕曲線的參數式可選成 $x=2\cos\theta$、$y=2\sin\theta$、$z=3-6\cos\theta-$

$3\sin\theta$ 。

§5－1

3. $\overline{\int} f(x,y)d(x,y)=1, \underline{\int} f(x,y)d(x,y)=0$ ；

$\overline{\int_0^1} dx \overline{\int_0^1} f(x,y)dy=1, \underline{\int_0^1} dx \overline{\int_0^1} f(x,y)dy=0$ 。

$\overline{\int_0^1} dx \underline{\int_0^1} f(x,y)dy=0, \underline{\int_0^1} dx \underline{\int_0^1} f(x,y)dy=0$ 。

§5－3

13. (1)$\pi(2-\sqrt{2})/3$ 。 (2)$(5/3)a^3\pi$ 。 (3)$\pi(4\sqrt{2}-3)/3$ 。

14. $2^n a^n/n!$ 。

15. k 維單位球體的 k 維容量乘以$(\det[a_{ij}])^{-1/2}$。

國家圖書館出版品預行編目資料

高等微積分／趙文敏著. ——初版. ——臺北市：五南, 2000-2005 [民89-94]
冊； 公分
參考書目：面
含索引
ISBN 978-957-11-2151-2(上冊：平裝)
ISBN 978-957-11-3874-9(下冊：平裝)

1.微積分

314.1　　89010784

5B01

高等微積分(上)

作　　者— 趙文敏 (339.3)
發 行 人— 楊榮川
總 經 理— 楊士清
總 編 輯— 楊秀麗
主　　編— 王正華
責任編輯— 金明芬
出 版 者— 五南圖書出版股份有限公司
地　　址：106台北市大安區和平東路二段339號4樓
電　　話：(02)2705-5066　　傳　　真：(02)2706-6100
網　　址：https://www.wunan.com.tw
電子郵件：wunan@wunan.com.tw
劃撥帳號：01068953
戶　　名：五南圖書出版股份有限公司

法律顧問　林勝安律師事務所　林勝安律師

出版日期　2000年9月初版一刷
　　　　　2020年12月初版八刷
定　　價　新臺幣500元